基于机械合金化法的硅硼碳氮系非晶陶瓷

贾德昌　李达鑫　杨治华　周　玉　著

科学出版社

北　京

内 容 简 介

本书以基于机械合金化法的 SiBCN 系非晶陶瓷为对象，在介绍 SiBCN 系非晶陶瓷制备方法、微观组织结构特征力学性能及高温抗氧化性能的基础上，从材料科学角度系统阐述机械合金化的固态非晶化机理、等温析出 SiC 晶相动力学及其高温热稳定性，高压烧结制备完全非晶态 SiBCN 系块体陶瓷的制备工艺与成分优化设计，烧结压力、温度、成分对非晶组织结构特征与力学性能的影响规律，变温析出 BN(C)晶相的热力学和动力学机理，SiBCN 系亚稳块体陶瓷的高温氧化损伤行为与氧化动力学等内容。

本书可供“机械合金化技术制备亚稳态陶瓷及陶瓷基复合材料”领域的科研人员参考，也可供材料物理与化学和材料学等相关专业的师生参考。

图书在版编目（CIP）数据

基于机械合金化法的硅硼碳氮系非晶陶瓷 / 贾德昌等著. -- 北京 : 科学出版社, 2025. 2. -- ISBN 978-7-03-079316-4

Ⅰ. TB333.1

中国国家版本馆 CIP 数据核字第 20247WR032 号

责任编辑：张　庆　罗　娟 / 责任校对：杨　赛
责任印制：徐晓晨 / 封面设计：无极书装

科学出版社 出版
北京东黄城根北街 16 号
邮政编码：100717
http://www.sciencep.com
北京华宇信诺印刷有限公司印刷
科学出版社发行　各地新华书店经销
*
2025 年 2 月第　一　版　开本：720 × 1000　1/16
2025 年 2 月第一次印刷　印张：22
字数：442 000

定价：258.00 元

（如有印装质量问题，我社负责调换）

前　　言

20 世纪 90 年代中期，德国达姆施塔特工业大学 Ralf Riedel 等率先研发出密度低、微观组织结构独特、高温性能优异的硅硼碳氮（siliconboron carbonitride，SiBCN）系非晶陶瓷，掀起了先驱体转化制备 SiBCN 系非晶陶瓷及其复合材料的研究热潮，研究范围涉及高分子化学、无机化学、陶瓷材料学、金属有机化学等学科，涵盖纤维、薄膜或涂层、多孔陶瓷、块体陶瓷、纳米陶瓷、磁性陶瓷、陶瓷基复合材料、催化剂、微机电系统器件、3D 打印材料等众多领域。

2004 年，哈尔滨工业大学特种陶瓷研究所周玉教授、贾德昌教授团队开创了基于机械合金化的无机法制备 SiBCN 系亚稳陶瓷及其复合材料研究领域，对机械合金化球磨过程中的固态非晶化、非晶粉体与块体陶瓷的高温晶化、化学键构建与转变、显微组织结构演变规律与机理等前沿科学问题开展了较为系统的研究工作，相关报道填补了国际上该系块体陶瓷材料力学、热物理和烧蚀性能等数据的空白，使基于机械合金化的无机法成为该系致密块体陶瓷的有效制备手段，与有机先驱体转化法形成优势互补的态势。

全书共 5 章，由贾德昌承担本书的整体结构设计和内容规划，李达鑫负责最后的统稿定稿，具体内容和撰写分工如下：第 1 章绪论，介绍 SiBCN 系非晶陶瓷材料的研究进展、制备方法、组织结构特征及性能特点，作者为李达鑫、贾德昌、杨治华、周玉；第 2 章 SiBCN 系非晶陶瓷粉体的固态反应非晶化机理与等温析晶动力学，探讨机械合金化制备 SiBCN 系非晶陶瓷粉体的形成能力、固态非晶化机理及等温析出 SiC 晶相动力学与高温热稳定性，作者为贾德昌、李达鑫、杨治华；第 3 章 SiBCN 系非晶块体陶瓷的析晶热力学与变温析晶动力学，讨论高压烧结条件下非晶相的结晶析出与纳米相的形核、长大热力学和动力学关系，作者为贾德昌、李达鑫、周玉；第 4 章 SiBCN 系非晶块体陶瓷的组织结构与力学性能，探讨 SiBCN 系非晶块体陶瓷在高压条件下的烧结行为及组织结构演化，以及不同烧结工艺参数下的组织结构特征及力学性能变化规律，作者为李达鑫、贾德昌、杨治华、周玉；第 5 章 SiBCN 系亚稳块体陶瓷的高温氧化损伤行为与氧化动力学，重点讨论高温氧化产物及其结构演化，陶瓷的平均化学成分、相结构、显微组织与氧化动力学之间的关系，以及高温氧化损伤行为与氧化损伤机理，作者为李达鑫、贾德昌、周玉、杨治华。

本书的出版得到国家自然科学基金创新研究群体项目（项目编号：51621091）、

国家杰出青年科学基金项目（项目编号：51225203）、国家自然科学基金重点项目（项目编号：52232004、51832002）、国家自然科学基金面上项目（项目编号：52372059、52172068）、青年科学基金项目（项目编号：52002092、50902031）、国家重点研发计划项目（项目编号：2017YFB0310400）、黑龙江省优秀青年基金项目（项目编号：YQ2021E017）和博士后创新人才支持计划项目（项目编号：BX20190095），以及深圳市人才支持计划项目、黑龙江头雁团队计划项目和航天纵向/横向项目等的大力支持，在此一并表示感谢！

由于作者水平有限，书中难免有不足之处，恳请广大读者批评指正。

贾德昌

2023 年 8 月于哈尔滨工业大学科学园

目　　录

第1章 绪　　论

随着现代航空航天工业的快速发展，高超声速飞行器、动能拦截器姿控发动机喷管、航天飞机鼻锥/机翼前缘以及火箭发动机燃烧室/涡轮等面临着更加严苛的高温高压燃气流冲刷、烧蚀、氧化、热震等极端服役环境，而热防护系统和热防护材料是发展和保障空天飞行器等在极端环境下安全服役的关键技术之一[1]。因此，依托于国家战略部署和国防科技发展规划，基于国民经济的可持续发展，研发具有承载、质轻、高强韧、耐高温、抗氧化、抗热震、耐烧蚀和高可靠性等优异特性的多功能防热高温结构材料成为航空航天工业的迫切需求。

常用的高温防热结构材料有高温合金、SiC、Si_3N_4、SiO_2 等传统硅基陶瓷、超高温陶瓷、陶瓷基复合材料（ceramic matrix composites，CMCs）等（图 1-1）。以难熔金属为代表的高温合金密度大、比强度低，在高温燃气复杂环境下存在耐腐蚀性差和抗氧化性差等问题[2]。传统硅基陶瓷材料体积密度低、化学稳定性高、抗氧化性能好、高温抗蠕变性能优异，在各类高超声速导弹用天线罩、天线窗、弹头端帽、翼前缘等关键外防热部件，以及卫星、空间站、运载火箭等推进系统通道或喷管等内防热部件领域应用广泛；然而，当服役温度高于 1500℃时，传统硅基陶瓷材料的高温强度及抗氧化性能急剧下降。过渡金属硼化物、碳化物、氮化物等超高温结构陶瓷具有极高熔点、高导热和高强度等特性，经过近二十年的发展，有关超高温陶瓷的材料体系设计、制备工艺、烧结致密化、力学性能协同、高温氧化烧蚀损伤等方面的研究已经取得了较为全面的认知；然而，限制超高温陶瓷作为飞行器热端部件规模应用的实质在于其本征脆性和较差的加工性能。要获得服役性能满足工程需求的陶瓷基复合材料，一是需要合适陶瓷基复合材料的耐高温陶瓷纤维或晶须，二是要有可行的制备工艺。例如，浸渍裂解制备的 C_f/SiC CMCs 和 SiC_f/SiC CMCs 等，具有更加优异的高温强度、抗热震性能和抗蠕变性能，在 1600℃以下应用广泛[3]。

硅硼碳氮系非晶陶瓷是 20 世纪 90 年代中期才公开报道的一种新型结构功能一体化陶瓷材料[4]，相比于其他常见尖端部位用防热材料，这种非晶陶瓷材料在高温下表现出更为优异的性能特点。例如，该系非晶陶瓷材料具有非氧化物陶瓷中最低的氧化系数，热膨胀系数低，高温黏度大，高温力学性能优异，成为高温富氧气氛中长期稳定服役的首选材料之一。

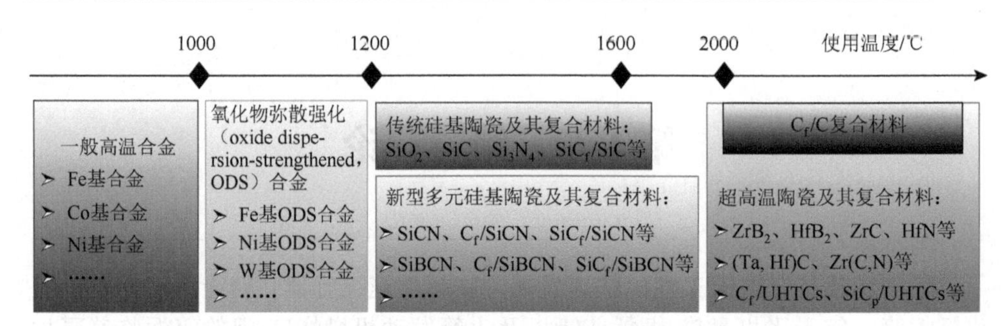

图 1-1　部分常见高温防热结构材料的使用温度范围[3]

1.1　SiBCN 系非晶陶瓷研究进展概述

硅基非晶陶瓷材料的研究工作可追溯到 20 世纪 60 年代初期，美国的 Ainger 等[5]和 Chantrell 等[6]率先提出采用有机先驱体转化法制备非氧化物陶瓷材料的观点。20 世纪 70 年代，美国的 Verbeek[7]和日本的 Yajima 等[8]采用有机先驱体转化法先后制备出 Si_3N_4/SiC 纤维和 SiC 纤维。20 世纪 70 年代后期，材料科学家针对新型有机先驱体和三元硅基非晶陶瓷材料的研发等做了大量创新性工作[9]。1986 年，Takamizawa 等[10]首次成功合成了同时含有 Si、B、C、N 四种元素的有机先驱体，为四元 SiBCN 系非晶陶瓷的制备奠定了物质基础。20 世纪 90 年代中期，德国的 Riedel 等[4]首次报道了具有优异组织稳定性和高温抗氧化性能的 SiBCN 系非晶陶瓷材料，受到国内外科技工作者的广泛关注。进入 21 世纪，单一追求可靠性的结构陶瓷已经满足不了现代科技的需求，随之而来的是对兼具优异力学、电学、热学等结构-功能一体化陶瓷材料的迫切需求，如何赋予四元 SiBCN 系非晶陶瓷更多的功能性已成为当前的研究热点之一（图 1-2）。

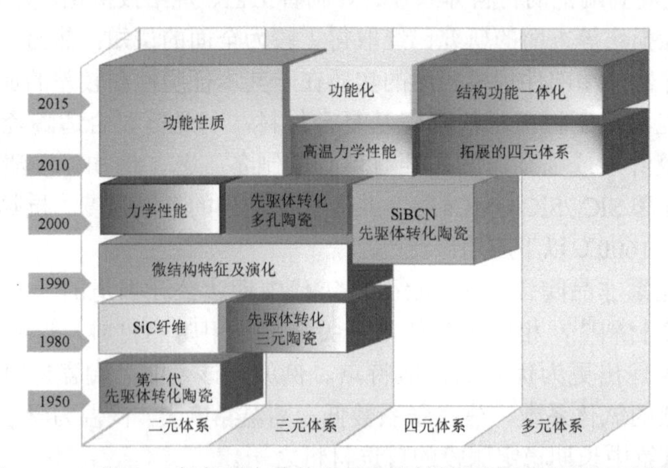

图 1-2　20 世纪 50 年代至今硅基非晶陶瓷材料领域研究进展示意图[11]

有机先驱体在适当加热条件下具有黏滞流动性，因此可采用多种成型工艺进行陶瓷零部件的成型。材料制备过程中常用的成型工艺，如铸造成型、注模成型、压力成型、流延成型、纤维拉拔成型、浸渍裂解成型、3D 打印等都可以用来对有机先驱体进行成型处理（图 1-3）[12]。随后在氩气或氮气气氛中对成型后的有机先驱体进行不熔化处理及高温裂解，可制备出 SiBCN 系非晶/纳米晶或完全非晶态陶瓷。迄今为止，有机先驱体裂解制备的 SiBCN 系非晶陶瓷的实际应用仍以高性能陶瓷纤维制品为主，大尺寸非晶块体陶瓷的制备由于制品中残留大量气孔而受到限制。

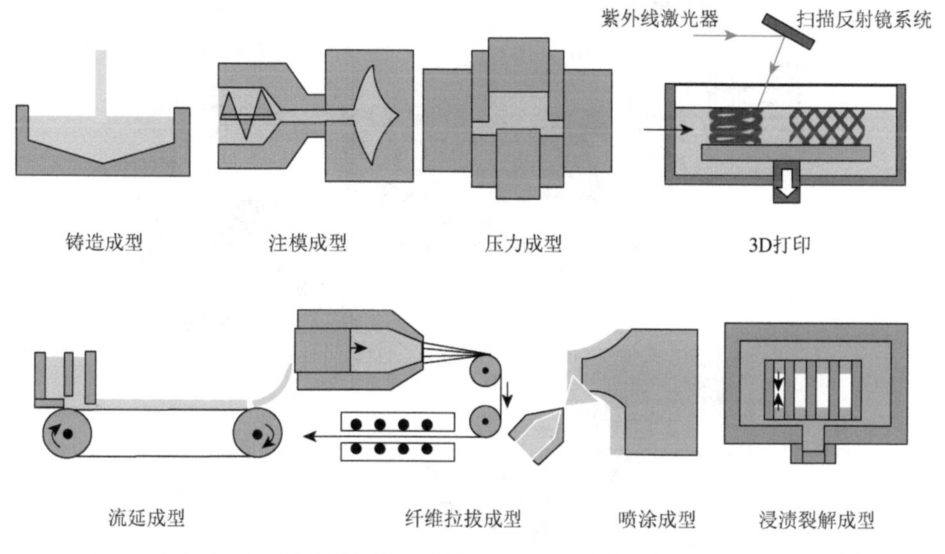

图 1-3 适用于有机先驱体裂解法制备 SiBCN 系非晶陶瓷材料的成型工艺[12]

在有机先驱体中引入 C_f、SiC_f 等增强相，可制备出综合性能优良的 SiBCN 系陶瓷基复合材料。例如，将熔融态的有机先驱体经过压力浸渍与碳纤维编织体复合，再经过高温裂解工艺可制备出 C_f/SiBCN 系陶瓷基复合材料[13]；若将浸渍的有机先驱体改为混合有碳化硅晶须的熔融聚合物，则可以制备出高致密的 C_f/SiC_w/SiBCN 系陶瓷基复合材料[14]。在 1700℃以上惰性气氛中，上述陶瓷基复合材料均表现出非灾难性的韧性断裂特征，有望在高性能机动车刹车片、高速飞行器端头帽或机翼前缘等严苛高温服役环境中得到应用。另外，采用涂覆与高温裂解相结合的工艺，还可以在金属或碳纤维表面制备出 SiBCN 系陶瓷涂层[15]。利用该系非晶陶瓷优异的高温组织稳定性与抗氧化特性，该系陶瓷涂层亦可以用作高温防氧化、防侵蚀等防护类材料以及气体提纯薄膜等功能性材料[16]。SiBCN 系非晶陶瓷薄膜还可能具有半导体、光致发光和透光等特性，在高温光电子、通信、控制等领域也具有广阔的应用前景[17]。迄今为止，硅基非晶陶瓷及其复合材料的研究范围涉及高分子化学、无机化学、陶瓷材料学及金属有机化学等各个学科，涵盖纤维、薄膜或涂层、多孔陶瓷、块体陶瓷、纳米陶瓷、磁性陶瓷、陶瓷基复合材料、催化剂、微机电系统器件、3D 打印材料等众多领域[18]（图 1-4）。

图 1-4 有机先驱体裂解制备的硅基陶瓷及其复合材料

（a）SiBCN 陶瓷纤维；（b）陶瓷基复合材料；（c）SiCN 陶瓷薄膜；（d）开口微孔 SiOC 泡沫陶瓷；（e）SiOC 陶瓷电热塞；（f）高精度复杂形状 SiBOCN 陶瓷构件；（g）3D 打印 SiOC 陶瓷；（h）SiOC 和 SiCN 陶瓷电极；（i）基于光刻技术的 SiOC 微结构；（j）C/C/SiC 复合材料刹车片；（k）有机先驱体的球棒模型[18]

目前，在有机先驱体裂解制备 SiBCN 系非晶陶瓷研究领域，德国、法国和美国等发达国家的研究水平处于领先地位，正在开展工程应用关键技术攻关[19-21]。我国相关工作起步于 21 世纪初，国内科研机构和高校包括西北工业大学、中国科学院上海硅酸盐研究所、厦门大学、清华大学、中国科学院化学研究所、天津大学、北京航空航天大学等，在新型先驱体研发、功能化、微纳结构-性能演变机理及制备工艺创新等方面取得了很大突破[22]。哈尔滨工业大学于 2004 年提出采用基于机械合金化技术的无机法制备 SiBCN 系亚稳陶瓷材料，在固态非晶化机理、非晶粉体与块体陶瓷的高温析晶行为、化学键构建与转变、显微组织结构演变规律与机理等基础科学问题上取得了诸多突破性成果[23]。

SiBCN系非晶陶瓷的发展至今已二十余年，但作为一种新兴的高温结构陶瓷材料，其研究仍然处于基础阶段，有关材料制备方法、组织结构表征与性能评价等研究都存在一定的不足，相关的基础理论和实验数据仍需补充完善。就结构表征而言，尽管近年来众多研究者从实验和模拟计算两方面对SiBCN系非晶陶瓷的相结构转变与组织演化进行了大量基础研究并取得了丰硕成果，但是对各非晶相的原子空间分布及成键状态认识仍不够清楚，对纳米BN(C)和SiC结晶析出的物理图像也不甚明了。就性能评价而言，先驱体裂解法制备的SiBCN系非晶陶瓷尺寸较小（直径约1.0cm），不易进行性能评价，相关的力学、热学、热物理等性能（如抗弯强度、抗热震性能、耐烧蚀性能等）数据欠缺。

总而言之，SiBCN系非晶陶瓷具有广阔的成分设计空间，提供了发现新成分、新现象、新功能等许多机会。然而，当前该系陶瓷材料的探索仍然基于科学的直觉，而不是建立在基础理论指导之上。SiBCN系非晶陶瓷探索进展缓慢是因为非晶陶瓷的材料体系设计、制备和性能评价大多依赖于传统耗时的密集型试错过程，当前研究模式长期依赖于科学直觉和实验尝试。

1.2 SiBCN系非晶陶瓷制备方法

SiBCN系非晶陶瓷的制备方法主要有以下几种：有机先驱体裂解法、无机粉体的机械合金化法、物理气相沉积法、化学气相沉积法、熔融纺丝法、静电纺丝法等。有机先驱体裂解法的研究最早，相关研究成果最丰富，也是当前的研究热点之一；物理气相沉积法和化学气相沉积法适合制备SiBCN系非晶陶瓷薄膜和涂层，近年来相关研究成果较少；熔融纺丝法和静电纺丝法主要用来制备SiBCN系非晶陶瓷纤维，目前距离商业化应用还有一段距离；基于机械合金化的无机法工艺简单，原料廉价易得，绿色环保，适合制备较高致密度的SiBCN系非晶/纳米晶或完全非晶态的块体陶瓷材料。

1.2.1 有机先驱体裂解法（有机法）

有机先驱体裂解法（有机法）研究最为广泛的材料体系为硅基非晶陶瓷材料。目前，可利用的有机硅聚合物包括聚硅烷、聚碳硅烷、聚硅氧烷、聚硅氮烷、聚硼硅氮烷等。相应的硅基非晶陶瓷根据元素种类可分为二元体系（SiC、SiO_2、Si_3N_4）、三元体系（SiCN、SiBN、SiON、SiOC等）、四元体系（SiBCN、SiBON、SiOCN、SiAlCN、SiAlCO、SiBOC等）和五元体系（SiAlOCN、SiBOCN、SiHfBCN等）等。

有机法制备 SiBCN 系非晶陶瓷的基本流程为：①含有目标元素的有机高分子单体或者低聚合物通过化学合成反应得到同时含有 Si、B、C、N 四种元素原子的有机（高）聚合物先驱体；②在加热条件下，高聚合物发生脱氢、交联、缩聚等反应，并伴随有侧链基团的断裂和低分子量物质的挥发，部分残留的低分子量物质在 300～400℃惰性气氛保护条件下经过蒸馏后完全去除，同时高分子化合物固化成不熔先驱体；③将所得先驱体粉碎研磨成粉末，在 200～400℃通过温压成型得到有机陶瓷坯体；④在 1000～1400℃惰性气氛保护条件下，有机先驱体充分裂解后即可获得具有无定形三维空间网络结构的 SiBCN 系非晶陶瓷（图 1-5）。

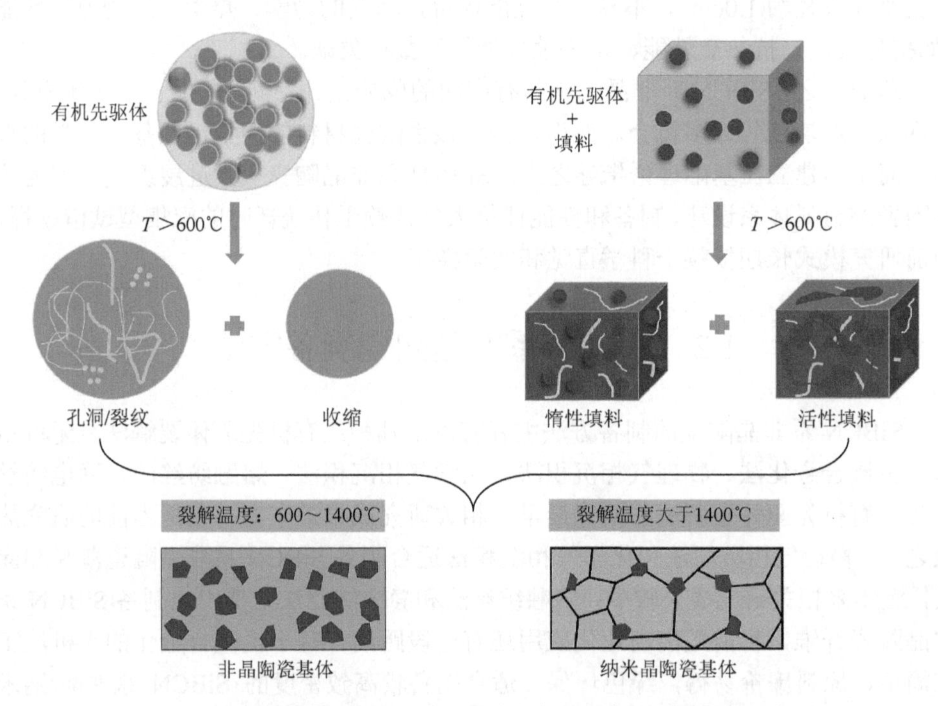

图 1-5 有机法制备 SiBCN 系非晶或纳米晶陶瓷的工艺原理示意图

有机先驱体的陶瓷化是一个复杂的物理化学过程，受多因素耦合影响，如先驱体属性、有无填料、填料形状和尺寸、裂解方式、气氛种类、气氛压力以及升温速率、保温温度和时间等[24]。其中，裂解气氛是最重要的影响因素之一，例如，以氢气作为保护气氛，则可以获得无自由碳的产物；而采用氩气或者氮气作为保护气氛，则裂解碳的产生不可避免。这是由于氢气气氛能够抑制有机先驱体中氢气的释放，有利于去除烷基和芳基基团以及以甲烷形式存在的自由碳。加热速率影响陶瓷化产率，如果升温过快，没有足够时间交联，则低聚物可能释放，导致陶瓷化产率降低；同时加热速率还影响产物成分，例如，有机先驱体薄膜在空气中固化处理，可以采用激光加热的方式使能量快速传递，从而尽量避免氧的污染。

与传统粉末冶金法相比，有机法制备 SiBCN 系非晶陶瓷的基本原理决定了采用该工艺制备得到的陶瓷材料具有一些无可比拟的优点，例如：①陶瓷成分均匀性好，有机先驱体中各原子之间相互成键，空间分布上较为均匀，因此裂解后得到的材料具有均匀的组织结构。②成分和组织结构可调控性好，根据有机先驱体的合成及裂解原理，可以通过选择不同的有机单体，优化合成路径和工艺参数等在原子水平上设计并得到具有一定分子结构、微观组织和相结构的目标陶瓷产物。③组织结构热稳定性高，有机先驱体纯度高，各原子之间相互成键并牢固结合在一起，制备陶瓷过程中不添加任何烧结助剂，因此制备的陶瓷材料具有很高的纯度。所制备的 SiBCN 系非晶陶瓷没有晶界，结晶态陶瓷也没有晶间玻璃相，从而具有很高的组织稳定性以及良好的高温强度、高温抗蠕变性能、高温抗氧化性能和耐腐蚀性能。

有机法制备的 SiBCN 系非晶陶瓷材料也存在一些不足，例如：①合成步骤复杂烦琐，工艺难以精确控制，合成环境要求苛刻；②有机原料价格较高，毒性较大，对环境和研究人员有害；③陶瓷化过程中会不可避免地释放出大量气体，体积收缩严重，导致陶瓷致密度低，存在残余应力甚至微裂纹。

1.2.2 无机粉体的机械合金化法（无机法）

无机粉体的机械合金化法（无机法）是借助高能球磨机将不同种类的粉末均匀混合，球磨过程中粉末经磨球的碰撞、挤压重复地发生变形、断裂和焊合，发生原子间相互扩散或固态反应从而制备合金粉末的一种手段。该方法最早由美国国际镍公司的本杰明等于 1969 年提出，20 世纪 70 年代初到 80 年代初主要用于制备弥散强化镍基、铁基、铝基等高温合金材料，而 20 世纪 80 年代初到 90 年代初主要用于制备非平衡态材料[25]。机械合金化技术所用原料丰富价廉、工艺简单、易于工业化生产，可制备出采用其他常规方法不能得到的非平衡材料和纳米材料，如今已经用于开发研制弥散强化材料、金属间化合物、过饱和固溶体、非晶、准晶、纳米晶等材料。

无机法制备 SiBCN 系块体陶瓷材料的基本流程为：首先以含有 Si、B、C、N 四种元素的单质或无机化合物为原料，高能球磨使无机晶态粉体发生机械化学反应，得到原子水平均匀混合的非晶陶瓷粉体，然后对非晶粉体进行压力烧结获得较为致密的 SiBCN 系非晶/纳米晶或完全非晶态块体陶瓷[23]（图 1-6）。共价键陶瓷中原子自扩散系数较低，其致密化需要借助烧结助剂或者在高温高压条件下进行烧结。然而，高温促进材料晶化，残留在烧结体中的第二相不利于其高温性能。因此，采用热压、热等静压、放电等离子烧结（spark plasma sintering，SPS）等方法烧结制备的 SiBCN 系块体陶瓷属于非晶/纳米晶复相陶瓷材料，其致密度仍有提升空间。通过降低烧结温度同时提高烧结压力（如高压低温烧结技术）制备高致密完全非晶态 SiBCN 系块体陶瓷成为一个具有挑战性的课题。

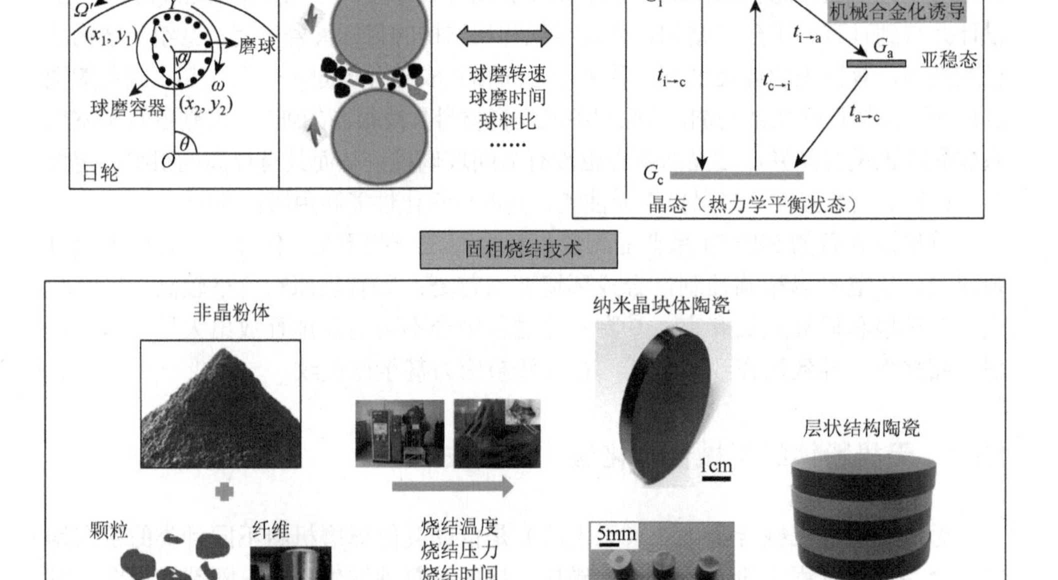

图 1-6 无机法制备 SiBCN 系非晶/纳米晶或完全非晶态块体陶瓷的工艺原理与工艺流程图

1.2.3 有机法与无机法的特色

无机法制备 SiBCN 系非晶或者非晶/纳米晶陶瓷的技术路线，基于自上而下和自下而上相结合的设计理念，属于“硬”的加工方式。该技术工艺简单、原料廉价易得、绿色环保，适于制备非晶陶瓷粉体、致密的块体陶瓷及耐高温结构件等。

有机法制备 SiBCN 系非晶或者非晶/纳米晶陶瓷的技术路线，基于自下而上的设计理念，属于“软”的加工方式。该工艺可设计性强，所制备的陶瓷成分纯度高、组织结构均匀，但是有机原料昂贵有毒、工艺复杂、环节可控性较差，适于制备 SiBCN 系多孔陶瓷以及薄膜、涂层、纤维等。

简而言之，两种方法在制备 SiBCN 系非晶陶瓷材料方面各具优势和特色，互补但又不能相互取代。

1.3 SiBCN 系非晶陶瓷的组织结构与热稳定性

一般认为，有机法和无机法两种技术制备的 SiBCN 系亚稳陶瓷材料均具有无定形的三维网络结构特征，这种短程有序而长程无序的非晶结构，在 X 射线衍射图谱上没有明显的衍射峰，在高分辨透射电子显微镜（high resolution transmission electron microscope，HRTEM）下整体表现为组织结构均匀、原子排列无序的状态。然而，SiBCN 系非晶陶瓷材料本质上是多元复杂体系，其微观组织与相结构会随着退火/烧结温度、压力、保温时间等变化发生演变。通常认为，当退火或保温温度高于 1200℃时，SiBCN 系陶瓷的无定形网络开始发生化学键重组，诱导局部元素偏聚、相分离、纳米晶形核和长大，并伴随着气体产物如 CO、CO_2、SiO、N_2 等释放。耐高温非晶纳米畴的存在是该系陶瓷材料微观结构的一大特色，也是其抗高温热解和结晶的物质基础。

无定形 SiBCN 的原子排列和分布很复杂，网络结构中的原子成键方式至今还没有公认的结果。早期研究者普遍认为，有机先驱体裂解法可以从原子、分子层面去设计和调控材料的微观组织结构，因此原子在三维空间内的分布是均匀的、各向同性的。例如，Heinemann 等[26]认为在 SiBCN 系陶瓷的三维非晶网络中，Si 与其他元素组成四面体结构，类似于硅酸盐玻璃中的[SiO_4]四面体。其中，Si 原子位于四面体的中心，而 B、C、N 随机占据四个角的位置，各原子的化学状态在完全相同、不存在非晶纳米畴的局域偏聚。然而，后续的核磁共振（nuclear magnetic resonance，NMR）、小角度 X 射线散射及中子散射等实验结果证实，SiBCN 系非晶陶瓷中各原子在三维空间上的分布不是绝对均匀的，而是由两种或两种以上的非晶相构成[27]。Haug 等[28]认为 SiBCN 系非晶陶瓷由具有石墨结构的$(BN)_cC_y$ 和 $SiC_{a-y}N_{b-c}$ 四面体构成，非晶相尺寸很小，在非晶相界面处可能存在 Si—C—B、Si—C—N 和 Si—N—B 等三元价键。

1.3.1 SiBCN 系非晶陶瓷的析晶热力学

根据对相分离的定量描述，最终相组成位于 C + Si_3N_4 + SiC 三相平衡区域的 SiC_aN_b 非晶陶瓷，由相互分离的非晶碳（石墨）和非晶 SiC_xN_b 相组成（图 1-7），SiC_aN_b 非晶陶瓷的成分由式（1-1）决定[29]：

$$SiC_aN_b = f_c(C) + (1 - f_c)(SiC_xN_b) \tag{1-1}$$

式中，变量 $x = (4-3b)/4$；变量 $f_c = (4a + 3b-4)/[4(1 + a + b)]$，为非晶碳的摩尔分数。

相应地，成分为 $SiC_aN_bB_c$ 的非晶陶瓷位于 $C + BN + Si_3N_4 + SiC$ 的四相平衡区域内，由相互分离的非晶$(BN)_cC_y$相和非晶 $SiC_{a-y}N_{b-c}$ 相组成，$SiC_aN_bB_c$ 非晶陶瓷的成分由式（1-2）决定[29]：

$$SiC_aN_bB_c = f_{BNC}[(BN)_cC_y] + (1 - f_{BNC})(SiC_{a-y}N_{b-c}) \tag{1-2}$$

式中，变量 $y = (4a + 3b - 3c - 4)/4$；变量 $f_{BNC} = (4a + 3b + 5c - 4)/[4(1 + a + b + c)]$为非晶$(BN)_cC_y$相的摩尔分数。

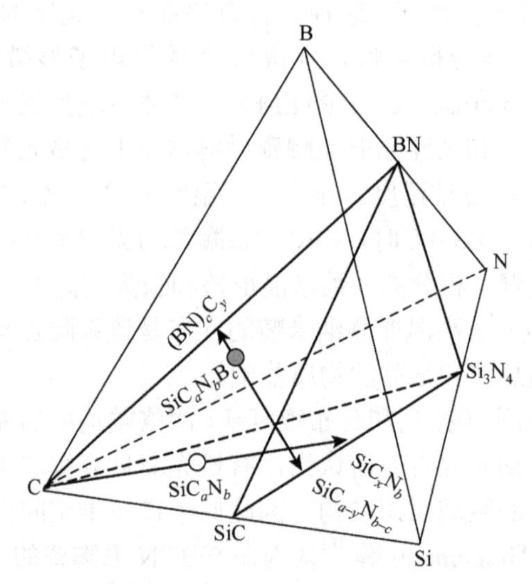

图 1-7 SiC_aN_b 和 $SiC_aN_bB_c$ 非晶陶瓷的相成分示意图[29]

非晶 $SiC_{a-y}N_{b-c}$ 相被认为是独立的热力学相，其化学成分位于 $SiC\text{-}Si_3N_4$ 成分线上。非晶 $SiC_{a-y}N_{b-c}$ 相由不同四面体结构单元构建而成，化学计量比为 $SiC_{i/4}N_{(4-i)/3}$（$i = 0$～4）[30, 31]。因此，非晶 $SiC_{a-y}N_{b-c}$ 相的组成如式（1-3）所示[29]：

$$SiC_{a-y}N_{b-c} = \sum_i f_i(SiC_{i-4}N_{(4-i)/3}) \tag{1-3}$$

式中，f_i为 $SiC_{i/4}N_{(4-i)/3}$ 的摩尔分数。因此，非晶 $SiC_{a-y}N_{b-c}$ 相的吉布斯自由能 $G^{am\text{-}SiCN}$ 可由式（1-4）定义[29]：

$$G^{am\text{-}SiCN}(T) = \sum_i f_i(T)G_i(T) + RT\sum_i f_i(T)\ln[f_i(T)] \tag{1-4}$$

式中，R 为气体常数；T 为温度；$G_i(T)$为 $SiC_{i/4}N_{(4-i)/3}$ 的吉布斯自由能，第二项为随机混合的熵。其中，$G_i(T)$的具体值由 SiC 和 Si_3N_4 的热力学数据，以及 SiC 和 Si_3N_4 非晶焓的实验数据计算得到。

非晶 $SiC_{a-y}N_{b-c}$ 相的吉布斯自由能 $G^{am\text{-}SiCN}$ 为 SiC 和 Si_3N_4 的结晶驱动力，考虑到 Si_3N_4 和 SiC 不会相互溶解，其完全结晶状态的吉布斯自由能 G^{cr} 如式（1-5）所示[29]：

$$G^{cr}(T) = f_{Si\text{-}N}G^{cr\text{-}Si_3N_4}(T) + (1 - f_{Si\text{-}N})G^{cr\text{-}SiC}(T) \tag{1-5}$$

式中，$G^{cr\text{-}Si_3N_4}(T)$ 为 Si_3N_4 晶体的吉布斯自由能；$G^{cr\text{-}SiC}(T)$ 为 SiC 晶体的吉布斯自由能；$f_{Si\text{-}N}$ 为非晶 $SiC_{a-y}N_{b-c}$ 相中 Si_3N_4 的摩尔分数。

因此，某相结晶析出的热力学驱动力 $\Delta G^{cr}(T)$ 是其非晶态和晶态之间吉布斯自由能的差值（式（1-6））[29]：

$$\Delta G^{cr}(T) = G^{cr}(T) - \Delta G^{am\text{-}SiCN}(T) \tag{1-6}$$

该公式可用于分析 SiBCN 系非晶陶瓷结晶过程的热力学问题：例如，先驱体裂解制备的不同成分 Si(B)CN 系非晶陶瓷中，非晶 $SiC_{a-y}N_{b-c}$ 相的结晶析出驱动力随着退火温度提高而增加，B 摩尔分数的增加促进了非晶 $SiC_{a-y}N_{b-c}$ 相的结晶析出（图 1-8）。

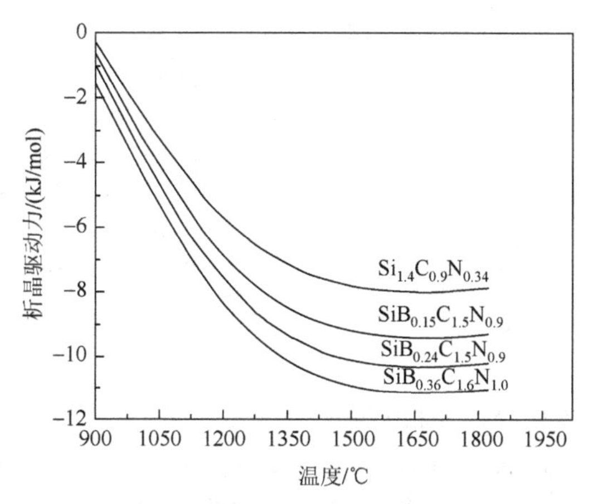

图 1-8　基于 Thermo-Calc 软件计算得到的不同成分 Si(B)CN 系非晶陶瓷中，非晶 $SiC_{a-y}N_{b-c}$ 相的析晶驱动力与退火温度关系曲线[29]

非晶 $SiC_{a-y}N_{b-c}$ 相的析晶驱动力变化与非晶-析晶转变的显微组织和相结构演化历程密切相关。导致析晶驱动能增加的主要结构变化出现在 900～1400℃，归因于混合四面体的转变，即 $SiC_{i/4}N_{4i/3}$（$i = 1$～3）逐渐转化为纯四面体[SiC_4]和[$SiN_{4/3}$]。退火温度大于 1400℃时，非晶 $SiC_{a-y}N_{b-c}$ 相几乎完全转变为纯四面体[SiC_4]和[$SiN_{4/3}$]，析晶驱动能在 1400～1800℃没有显著变化。[SiC_4]/[$SiN_{4/3}$]摩尔比随 B 摩尔分数增加而增加，反映了非晶$(BN)_cC_y$ 区域中 BN 相数量的增加将影响非晶 $SiC_{a-y}N_{b-c}$ 相中 SiC 组分的含量变化（图 1-9）。非晶$(BN)_cC_y$ 相的析晶驱动力随退火温度的变化趋势也可以采用此热力学分析模型获得，前提是需获得相应析出相及非晶$(BN)_cC_y$ 的热力学数据。应该指出的是，上述热力学模型的建立，并没有考虑非晶$(BN)_cC_y$ 和非晶 $SiC_{a-y}N_{b-c}$ 在退火过程中的相互作用，计算结果存在偏差。

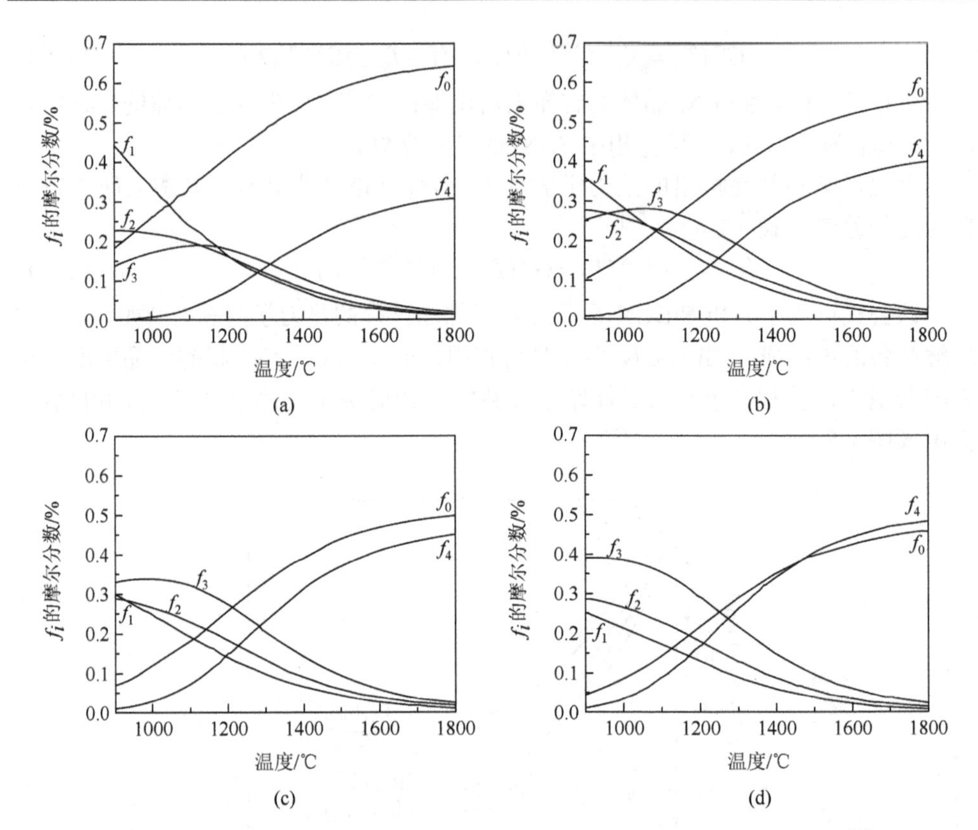

图 1-9　非晶 $SiC_{a-y}N_{b-c}$ 中相应组分 f_i 的摩尔分数与退火温度的关系曲线[29]

$f_0 = f_{SiN_{4/3}}$；$f_1 = f_{SiC_{1/4}N}$；$f_2 = f_{SiC_{1/2}N_{2/3}}$；$f_3 = f_{SiC_{3/4}N_{1/3}}$；$f_4 = f_{SiC}$；（a）$Si_{1.4}C_{0.9}N_{0.34}$；（b）$SiB_{0.15}C_{1.5}N_{0.9}$；（c）$SiB_{0.24}C_{1.5}N_{0.9}$；（d）$SiB_{0.36}C_{1.6}N_{1.0}$

1.3.2　SiBCN 系非晶陶瓷的计算相图

SiBCN 系非晶陶瓷的显微组织及其随化学成分、温度的相结构演化，对了解该系陶瓷的高温力学、热学行为尤为重要。四元 SiBCN 体系的相平衡可以通过从相关的一元、二元和三元体系外推到四元体系中计算出其平衡度。这种方法是有效的，因为在该四元体系中不存在固溶度和四元相。

SiBCN 系陶瓷相图中的四相平衡区通常为三角形或正方形（图 1-10）。例如，B 含量恒定为 10%（摩尔分数）的 SiBCN 系陶瓷相图，室温下一些组分位于 $Si_3N_4 + SiC +$ 石墨（C）$+ BN$ 构成的相区中，相平衡保持稳定，然而在高温条件下（如 2273K），材料将位于气体 + SiC + C + BN 的相区中，面临分解[32]。析出相 Si_3N_4 的碳热还原反应 $Si_3N_4(s) + 3C(s) \xlongequal{\quad} 3SiC(s) + 2N_2(g)$，将在 1757K/1bar① N_2

① $1bar = 10^5 Pa$。

条件下进行，在此温度之上将会发生热分解，且质量损失显著。实际上，即使在Si_3N_4分解温度（如2114K）之上进行等温处理，SiBCN陶瓷基体中仍保留有大量Si_3N_4纳米晶，均匀分布在湍层BN(C)和纳米SiC周围[33]。

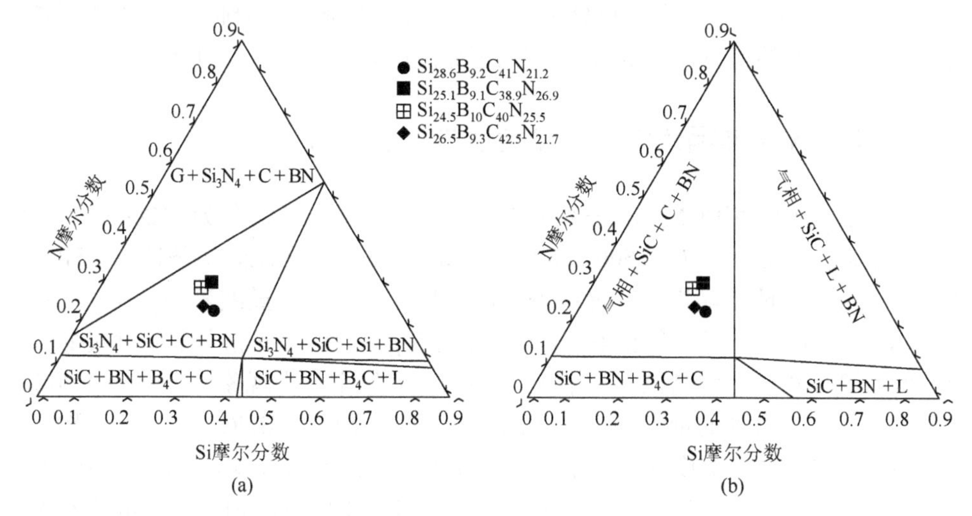

图1-10 B含量恒定为10%（摩尔分数）的SiBCN系陶瓷相图

（a）$T=1673$K；（b）$T=2273$K[32]

沿着上方的平衡线（1bar N_2），Si_3N_4、SiC、石墨（C）与气相（G）处于平衡状态（图1-11）。当越过该线时，其中一相将因Si_3N_4碳热还原反应进行而消失。

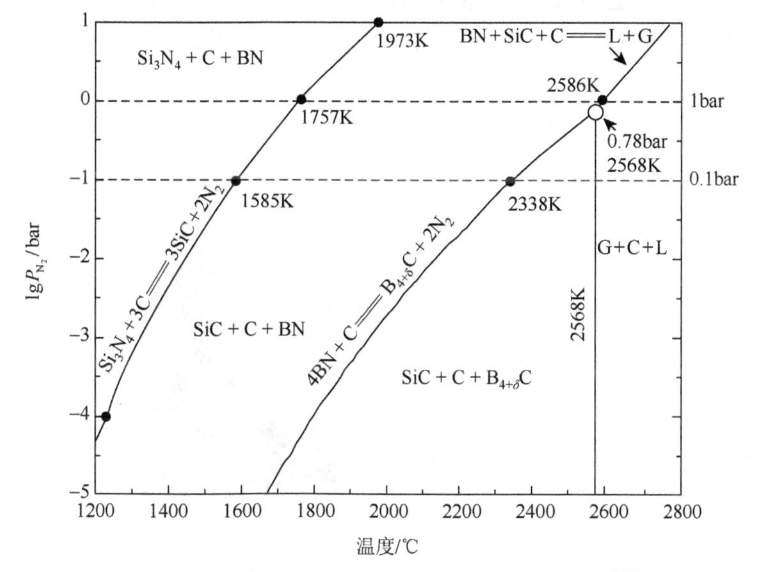

图1-11 氮气分压lgP_{N_2}与退火温度的关系曲线[32]

在平衡线上方，Si_3N_4、石墨、BN 固相与气相平衡；而在平衡线下方，石墨、SiC、BN 固相与气相平衡；N_2 压力从 1bar 增加到 10bar 时，SiC 的碳热还原反应温度从 1757K 上升到 1973K，提高压力 Si_3N_4 的稳定性上升。湍层 BN(C)对 Si_3N_4 和 SiC 晶粒存在“包封效应”，包裹 Si_3N_4 晶粒的湍层 BN(C)抑制了氮元素的消耗，增加了晶粒表面的氮分压，Si_3N_4 的碳热还原反应和分解反应温度随之提高。

1.3.3 SiBCN 系非晶陶瓷的热稳定性与析晶行为

无机法制备的 SiBCN 系陶瓷粉体具有无定形组织，通常在 $T \leqslant 1200℃$具有良好的非晶结构特征。在 $T \geqslant 1500℃$/80MPa/30min/1bar N_2 热压烧结条件下，SiBCN 非晶将不可避免地结晶析出，最终得到由少量非晶相、大量纳米 α/β-SiC、湍层 BN(C)构成的非晶/纳米晶复相陶瓷。SiC 晶型以 β 相为主，α 相含量相对较少，晶粒近似为等轴状，平均晶粒尺寸小于 100nm，无异常长大现象；大部分 α/β-SiC 晶粒内部存在高密度的堆垛层错、孪晶等原子排列缺陷。BN(C)相无固定形状，具有湍层结构特征（宽度几十纳米，长度几十到几百纳米），均匀分布于 α/β-SiC 晶粒周围，形成一种类似胶囊的“核壳”结构；BN(C)与 α/β-SiC 晶粒晶界区域很窄（≈1nm），晶界区域内不含低熔点玻璃相；局部区域内原子呈完全无序排列状态，即存在少量非晶相。

有机先驱体在 $T \leqslant 1400℃$裂解制备的 SiBCN 系陶瓷，绝大多数具有非晶态的组织结构特征；在更高温度退火后，非晶组织逐渐发生分相、形核和长大，逐渐转变为结晶态，该过程甚至伴随着某些晶相分解，进而产生气体导致材料失重，最终转变成主要由 α/β-SiC、湍层 BN(C)和/或 α/β-Si_3N_4 构成的纳米晶复相陶瓷[34]（图 1-12）。

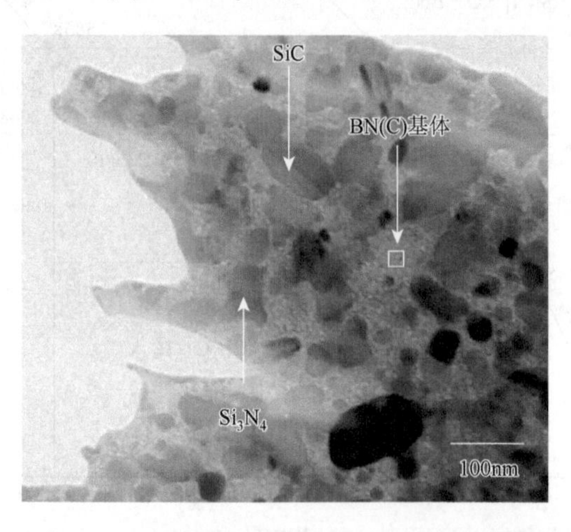

图 1-12　有机先驱体在 1800℃裂解制备的 SiBCN 系亚稳陶瓷材料的透射电子显微镜（transmission electron microscope，TEM）分析[34]

B原子分数与SiBCN系非晶陶瓷在高温下的质量损失有关，对陶瓷的组织结构稳定性起主导作用。例如，低硼氮原子比会导致陶瓷发生低温分解，直到硼氮原子比为0.22时，SiBCN系非晶陶瓷材料才具有较好的高温热稳定性[35]。B原子分数的增加会导致N和C原子的自扩散系数降低，同时C原子分数的增加导致Si原子的自扩散系数降低，均有利于提高非晶组织的结构稳定性[36]。从室温到1800℃，Si原子在SiBCN系陶瓷中的自扩散系数比在SiCN中的自扩散系数低一个数量级，空位扩散在扩散过程中占主导地位，与Si_3N_4/SiC复相陶瓷中原子的扩散机制相似[37]。

SiBCN系非晶陶瓷的结构稳定性并不仅仅与B原子分数相关，即便是B原子分数相近的陶瓷材料，其微结构随温度的演变规律也不尽相同。SiBCN系非晶陶瓷中与B元素原子相关的结构单元，包括六方BN相、湍层BN相和BN_2C相等[30]。通常B—C键随退火温度的升高而消失，这往往是析晶开始的标志。B原子分数较低的SiBCN系非晶陶瓷，其B—C键消失速度更快，该反应生成的自由碳随后可与Si_3N_4反应生成SiC[38]。

自由碳对SiBCN系非晶陶瓷热稳定性的削弱作用并不是绝对的。通常在没有自由碳的情况下，Si_3N_4相在1900℃时将迅速分解；自由碳能延缓BN(C)相的结晶析出，因此纳米Si_3N_4的分解被抑制。式（1-7）给出了Si_3N_4分解的平衡条件，考虑了碳和六方氮化硼（h-BN）之间的相互作用[39]。

$$\frac{a_{\mathrm{SiC}}^3 P_{\mathrm{N}_2}^2}{a_{\mathrm{Si_3N_4}} a_{\mathrm{C}}^3} = \exp\left(-\frac{\Delta G^0}{RT_{\mathrm{e}}}\right) \tag{1-7}$$

式中，a_i为成分i的化学势，其中i = SiC、C和Si_3N_4；P_{N_2}为氮气分压；ΔG^0为吉布斯自由能；T_e为平衡温度。

在高的氮气分压和低的自由碳活性条件下，反应的平衡温度升高，有利于SiBCN系非晶陶瓷的结构稳定性。降低自由碳的活性可以通过将碳完全整合到BN(C)相中实现，其化学势也将随之降低。

除了自由碳和B原子分数，影响SiBCN系非晶陶瓷结构稳定性的另一个重要因素是先驱体的化学结构。先驱体分子结构中引入环硼氮烷基团，可提高裂解态非晶陶瓷的高温稳定性[40]。例如，C—N键在600℃以上表现出不稳定性，但高温下C—N键可与周围[BN_3]和[SiN_4]结构单元进行桥联，从而变得稳定[41]。

1.4 SiBCN系非晶陶瓷的力学与高温抗氧化性能

1.4.1 力学性能

在基础科学研究中，无机法制备的高致密SiBCN系块体陶瓷圆柱体样品，其直径一般为30～50mm，厚度为5～10mm，可进行相应的性能测试与评价，获得相关的基础实验数据。其中原子比为 Si∶B∶C∶N = 2∶1∶3∶1 的 Si_2BC_3N 纳米晶块体陶瓷具有较好的综合力学性能，其断裂韧性（≈2.81MPa·$m^{1/2}$）与无压烧结或者反应烧结制备的 SiC 块体陶瓷断裂韧性相近，弹性模量（≈139.4GPa）仅为 SiC 陶瓷模量的 1/3；较高的强度和较低的弹性模量有利于其抗热震断裂能力，较低维氏硬度（≈5.7GPa）赋予其良好的机械加工性能（表 1-1）。

表 1-1 无机法制备 SiBCN 系纳米晶块体陶瓷的体积密度与力学性能[42-48]

陶瓷材料	体积密度/(g/cm^3)	抗弯强度/MPa	弹性模量/GPa	断裂韧性/(MPa·$m^{1/2}$)	维氏硬度/GPa
SiBCN//40*1, *2	—	312.8±5.2	136.3±17.8	3.31±0.02	4.2±0.5
SiBCN	2.52	331.0±40.5	139.4±16.0	2.81±0.89	5.7±0.4
SiBCN-Al//50/Ar	2.77	421.9±27.3	174.1±10.2	3.40±0.15	12.7±0.3
SiBCN-Al//50/N_2	2.90	526.8±10.4	222.1±27.7	5.25±0.20	11.6±0.5
SiBCN-Zr	4.11	400.0	251.6	3.16	9.6
SiBCN-Zr-Al	—	590.2±5.2	120.6±3.6	4.93±0.57	5.8±0.1
SiBCN-ZrO_2	2.83	575.4±73.7	159.2±21.7	3.67±0.01	6.7±0.7
SiBCN-AlN	2.74	415.7±147.3	148.4±8.3	4.08±1.18	6.4±1.2
SiBCN-MZS*3	2.78	394.2±41.7	152.9	5.86±0.06	8.3±0.6
SiBCN-ZrB_2*4	3.53	411.0±16.0	181.0±6.0	5.10±0.10	7.8±0.2
SiBCN-graphene*5	2.44	135.3±8.3	150.1±2.9	5.40±0.63	2.4±0.1
SiBCN-SiC_f	2.35～2.57	70.2～208.0	64.1～183.5	1.04～3.66	—
SiBCN-C_f	1.88～2.18	30.4～70.5	20.3～55.6	2.24～2.38	—
SiC*6	3.18	520.0	510.0	4.50	—
SiC*7	3.15	380.0	154.1±25.4	3.60	—

*1 SiBCN//40：制备工艺参数为 1900℃/40MPa/1bar N_2；无特殊注明者，制备工艺参数均为 1900℃/80MPa/1bar N_2。

*2 SiBCN//40：陶瓷在 1100℃和 1400℃的高温抗弯强度分别为 287.2MPa 和 225.3MPa。

*3 MZS：MgO-ZrO_2-SiO_2 作为烧结助剂。

*4 制备工艺参数为 SPS/2000℃/60MPa/5min/1bar N_2。

*5 制备工艺参数为 SPS/1800℃/40MPa/1bar N_2。

*6 以 SiC 粉体为主要原料，硼粉和碳粉作为烧结助剂，SPS/1700℃/40MPa/10min 烧结制备而成。

*7 以 Si 粉和碳粉为原料，机械合金化制备出 SiC 粉体，SPS/1700℃/40MPa/10min 烧结制备而成。

化学成分、烧结工艺（烧结温度/压力/时间、保护性气氛种类等）以及烧结助剂等都会影响 SiBCN 系块体陶瓷材料的体积密度与力学性能。随着 Si/C（硅碳原子比）增大，材料中 β-SiC 相对含量增加，陶瓷的力学性能呈线性增加趋势；当 Si/C = 3/4 时，Si_3BC_4N 纳米晶块体陶瓷的抗弯强度、弹性模量、断裂韧性、维氏硬度分别约为 511.0MPa、157.3GPa、5.64MPa·$m^{1/2}$ 和 5.9GPa[42]。引入适量 AlN、ZrO 或 MgO-Zr-SiO_2（MZS）等烧结助剂，显著改善了 Si_2BC_3N 纳米晶块体陶瓷的力学性能：添加5%（摩尔分数）ZrO_2后，陶瓷材料强化效果最佳，其三点弯曲强度达约575.4MPa[43]；添加10%（质量分数）MZS后，块体陶瓷的韧化效果最为理想，其断裂韧性达约5.86MPa·$m^{1/2}$[44]。通过引入适量超高温组元ZrB_2、HfB_2、TiB_2、ZrC、Ta_4HfC_5等，可在一定程度上提高Si_2BC_3N纳米晶块体陶瓷的综合室温力学性能[45-47]。热压烧结过程中，采用N_2气氛可有效抑制SiBCNAl系纳米晶块体陶瓷的分解，材料的体积密度、三点弯曲强度、弹性模量、断裂韧性比在氩气气氛烧结制备的同一成分陶瓷的性能要高，但两者的维氏硬度相近[48]。

有机法制备的SiBCN系块体陶瓷尺寸较小（直径≈1.0cm），孔隙率较高，不方便进行三点弯曲强度等力学性能测试。尽管采用压铸成型工艺可以制备尺寸较小但相对致密的非晶块体，采用熔融纺丝法或静电纺丝法可制备SiBCN非晶纤维，但是有关有机法制备SiBCN系非晶陶瓷力学性能的研究报道仍然较少[49-68]（表1-2～表1-4）。以硼改性的聚乙烯基硅氮烷为有机先驱体裂解制备的SiBCN系非晶陶瓷，纳米硬度和弹性模量分别约为16GPa和172GPa，经高温处理后得到的纳米晶复相陶瓷，其纳米硬度和弹性模量分别降低至约9GPa和92GPa。有机先驱体经熔融纺丝裂解得到的SiBCN系非晶陶瓷纤维密度低（≈2.0g/cm^3）、热膨胀系数低（$(3.0～3.5)\times10^{-6}K^{-1}$）、耐熔融硅侵蚀（1600℃），同时兼具优异的高温热稳定性和良好的力学性能。该纤维的室温拉伸强度高达3～4GPa，弹性模量160～350GPa；空气环境中最高使用温度可达1500℃，此温度下其拉伸强度仍不低于2GPa；1400℃条件下弹性模量仍能保持室温模量的80%～90%[69]。

表1-2 有机法制备硅基陶瓷材料的体积密度与力学性能[49-55]

陶瓷材料	体积密度/(g/cm^3)	开气孔率/%	弯曲强度/MPa	硬度/GPa	弹性模量/GPa
SiO_2（非晶态）	1.7～1.96	7～13	50～120	8.9	72
SiOC（非晶态）	2.35	—	385	7	98
SiCN（非晶态）	1.68～2.33	6～25	104～170	6.1～12.8	105～118
SiCN（结晶态）	2.30	≈0	1100	15～26	155±10
SiBCN（非晶态）	1.92～1.95	—	—	8.5～14.5	91～127
SiBCN（结晶态）*1	2.4～2.6	—	—	0.7～5.4	48～102
SiBCN（结晶态）*2	2.82	—	—	15±2	150±5
C_f/SiBCN	1.90	—	255	—	—
C_f/SiCN	—	—	150～200	—	—
$C_{f(Pyc)}$/SiCN	—	—	100～400	—	—
SiC（非晶态）	2.30～2.90	≈2	—	12	—
SiC（结晶态）	3.21	—	—	35±2	300±10
Si_3N_4（结晶态）	3.18～3.20	—	—	24.9±0.6	220±10

*1 烧结参数：SPS/1500～1900℃/100MPa/5min/1bar N_2。

*2 烧结参数：SPS/1800℃/100MPa/5min/1bar NH_3。

表 1-3 有机法制备硅基陶瓷材料的断裂韧性[56-61]

陶瓷材料	制备方法	分析计算方法	断裂韧性/(MPa·$m^{1/2}$)
SiC	冷压-裂解	单边切口梁法	1.65±0.09
SiCN	液相烧结	Anstis 方程	10.2
SiCN	压铸成型	预制裂纹/Ⅰ型断裂法	0.6～1.2
SiCN	温压-裂解	双悬臂梁法	≈0.7
SiCN	热等静压-裂解	Anstis 方程	2.1
SiCN*1	压铸成型	热加载技术	≈2.0
SiOC*2	热压-裂解	Anstis 方程或单边切口梁法	2.08～1.35(0.73～0.8)*4
SiHfOC	热压-裂解	Anstis 方程或单边切口梁法	1.55(0.99)*4
SiZrOC	热压-裂解	Anstis 方程或单边切口梁法	1.56(0.91)*4
SiCN*3	温压-裂解	裂纹开口位移法	−3.1±0.2
SiAlON	热等静压烧结	Anstis 方程	≈2.2
HfO_2/SiCN(O)	放电等离子烧结	裂纹开口位移法	0.8～1.2

*1 碳纳米管质量分数为 0%～2%。
*2 碳的质量分数为 1%～12%。
*3 碳纳米管质量分数为 1%。
*4 圆括号中的数值来源于单边切口梁法。

表 1-4 有机法制备硅基陶瓷材料的纳米硬度和弹性模量（数据来源于纳米压痕测试）[62-68]

陶瓷材料	制备方法	纳米硬度/GPa	弹性模量/GPa	E/H*2
熔石英	—	8.0	67.0	8.38
SiOC	放电等离子烧结	11.0±0.2	94.9±1.4	8.65
SiOC 微球	裂解	12.4	120.4	9.71
SiOC	裂解	7.5～11.0	86.7～107.9	9.81
SiCN	裂解	13.0±2.0	121.0±10.0	9.31
SiCN	裂解	18.0	137.0	7.62
SiCN*1	裂解	18.0	185.0	10.27
SiCN	裂解	17.4	141.0	8.10
SiCN/碳纳米管	裂解	20.0±0.4	182.0±2.0	9.10
SiBCN	温压-裂解	16.7±0.5	172.6±4.0	10.33
HfO_2/SiCN(O)	放电等离子烧结	18.2	313.0±14.0	17.19

*1 碳纳米管质量分数为 2%。
*2 E 表示弹性模量；H 表示纳米硬度。

1.4.2 高温抗氧化性能

无机法制备的 SiBCN 系块体陶瓷在干燥和潮湿空气中均具有优异的高温抗

氧化性能[42]。例如，在流动干燥空气 1200℃氧化 85h 后，Si_2BC_3N 纳米晶块体陶瓷的平均氧化层厚度小于 10μm；在静态干燥空气中，氧化温度达 1600℃时，Si_2BC_3N 纳米晶块体陶瓷仍具有良好的高温抗氧化性能，平均氧化层厚度小于 100μm；在潮湿空气（绝对湿度为 $0.816g/cm^3$）中，Si_2BC_3N 纳米晶陶瓷的氧化速率明显加快，经 1050℃氧化 85h 后，该纳米晶块体陶瓷的平均氧化层厚度约为 200μm。

引入适量 ZrO_2、AlN 或 MZS 等烧结助剂，将显著影响 Si_2BC_3N 纳米晶块体陶瓷的高温抗氧化性能[43]。引入适量 MZS 的 Si_2BC_3N 纳米晶块体陶瓷，在 1500℃氧化 10h 后，氧元素扩散深度为 10～20μm；引入 5%（摩尔分数）ZrO_2 或 5%（摩尔分数）AlN 后，Si_2BC_3N 纳米晶块体陶瓷在 1000℃即开始发生明显氧化，在 1200℃时发生快速氧化，距离氧化层表面下方约 100μm 处出现大量气孔。

有机法制备 SiBCN 系非晶陶瓷的高温抗氧化性能，研究多集中于陶瓷粉体（颗粒）和纤维等材料体系。与传统 SiC 和 Si_3N_4 陶瓷材料相比，有机法制备 SiBCN 系非晶陶瓷粉体具有更加优异的高温抗氧化性能（图 1-13）[70]。$SiBC_{0.8}N_{2.3}$ 陶瓷纤维在 1500℃静态空气中氧化 2h 后，样品表面生成厚度约 2.5μm 的均匀致密氧化层，扫描电子显微镜（scanning electron microscope，SEM）和 TEM 照片显示，其氧化层分为三层结构，从最内层到最外层，其氧含量逐步增加。未氧化的纤维芯部仍保持完整的非晶结构特征，而靠近芯部的最内层氧化层由非晶 SiBCNO 和湍层 BN 相构成；最外层由方石英组成；过渡层的结构非常复杂，靠近纤维芯部为纯 SiO_2，远离纤维芯部为氧含量更高的 SiO_2，其中分布着湍层 BN 和 h-BN；氧化过后纤维的抗拉强度急剧降低（图 1-14）[71]。

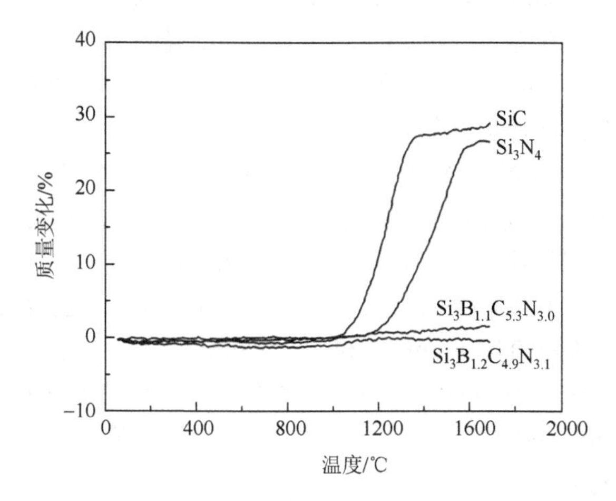

图 1-13 有机法制备的硅基陶瓷粉体在空气气氛中加热到 1650℃的热重曲线[70]

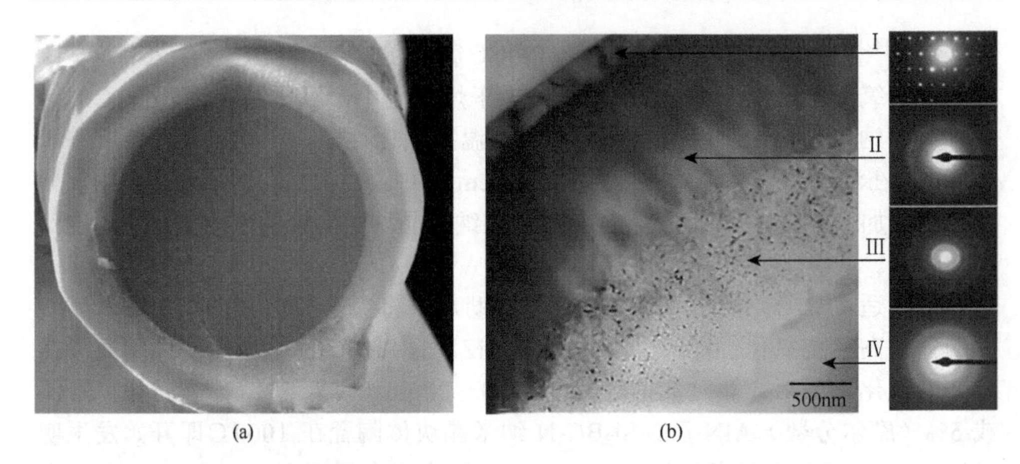

图 1-14　在 1500℃静态空气中氧化 2h 后 $SiBC_{0.8}N_{2.3}$ 纤维截面的微观组织结构[71]

（a）SEM 截面形貌；（b）TEM 形貌及相应的选区电子衍射花样

有机先驱体裂解制备的 $Si_{2.72}BC_{4.51}N_{2.69}$、$Si_{3.08}BC_{4.39}N_{2.28}$ 和 $Si_{4.46}BC_{7.32}N_{4.40}$ 三种非晶陶瓷颗粒（粒径为 2～3mm），在干燥合成空气氧化后发现：当氧化温度 $T \leqslant 1300$℃和氧化时间 $t < 24$h 时，三种非晶陶瓷颗粒表面均形成致密连续的氧化层，且与陶瓷基底结合良好（图 1-15（a））；仅当氧化时间超过 24h 后，氧化表面出现微裂纹萌生及部分氧化物剥落现象（图 1-15（b））。在 1500℃短时氧化 10h 后，$SiB_{3.08}C_{4.39}N_{2.28}$ 陶瓷表面同样形成了均匀致密的氧化膜；随着氧化时间进一步延长至 100h，在陶瓷颗粒表面出现大量气泡和少量孔洞（图 1-15（c））。若将粒径 2～3mm 的 $SiB_{3.08}C_{4.39}N_{2.28}$ 非晶陶瓷颗粒研磨后，进一步温压成型再次裂解得到相应成分的非晶块体陶瓷，其高温抗氧化性能将显著降低[72]。例如，在 1100℃干燥合成空气中氧化 24h 后，该非晶块体陶瓷表面即发生氧化起泡；经 1500℃氧化 24h 后，陶瓷表面呈疏松多孔形貌；这是因为经温压成型工艺将非晶陶瓷颗粒加工成块体生坯，进一步裂解得到的块体陶瓷中非晶颗粒间存在“伪晶界”，“伪晶界”可作为氧的扩散通道，促进氧扩散（图 1-15（d））。

与化学气相沉积制备的 SiC 陶瓷（CVD-SiC）相比，相同氧化条件下[72]，$Si_{2.72}BC_{4.51}N_{2.69}$、$Si_{3.08}BC_{4.39}N_{2.28}$ 和 $Si_{4.46}BC_{7.32}N_{4.40}$ 三种非晶陶瓷颗粒（粒径为 2～3mm）的平均氧化层厚度更小。在 1500℃/100h 氧化条件下，$Si_{2.72}BC_{4.51}N_{2.69}$ 和 $Si_{3.08}BC_{4.39}N_{2.28}$ 两种非晶陶瓷颗粒的氧化动力学曲线符合抛物线速率规律，氧化速率常数（k_p）分别为 $0.0599\mu m^2/h$ 和 $0.0593\mu m^2/h$；与之相反，$Si_{4.4}6BC_{7.32}N_{4.40}$ 非晶陶瓷颗粒的氧化动力学曲线并不符合抛物线速率规律（图 1-16）。由于氧化产物 B_2O_3 的挥发及硼硅酸盐发生黏滞流动等因素，早期报道的 SiBCN 系非晶陶瓷的氧化速率可能偏小。

图 1-15 有机法制备的 $SiB_{3.08}C_{4.39}N_{2.28}$ 非晶陶瓷在干燥合成空气中不同温度氧化 24h 后的氧化层表面形貌

（a）颗粒，1300℃/24h 氧化；（b）颗粒，1300℃/100h 氧化；（c）颗粒，1500℃/24h 氧化；（d）块体，1500℃/24h 氧化[72]

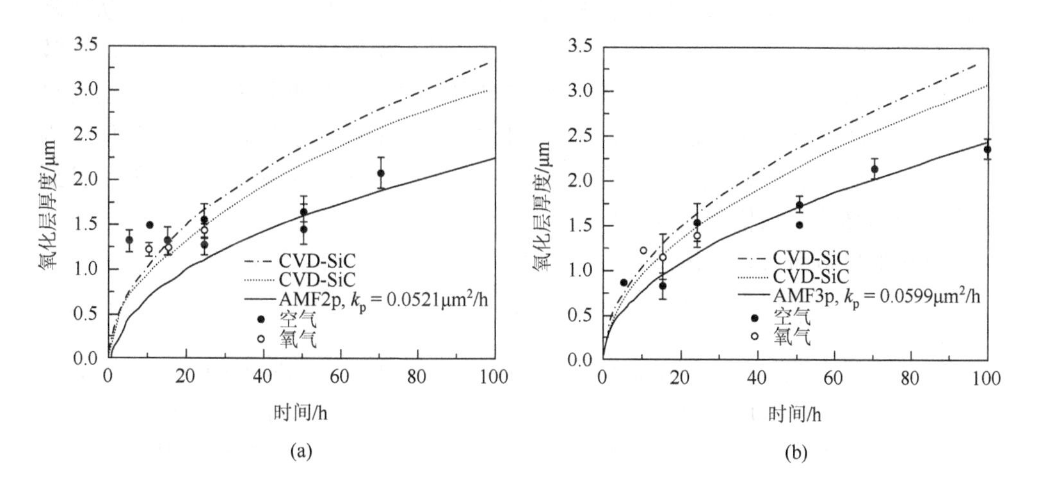

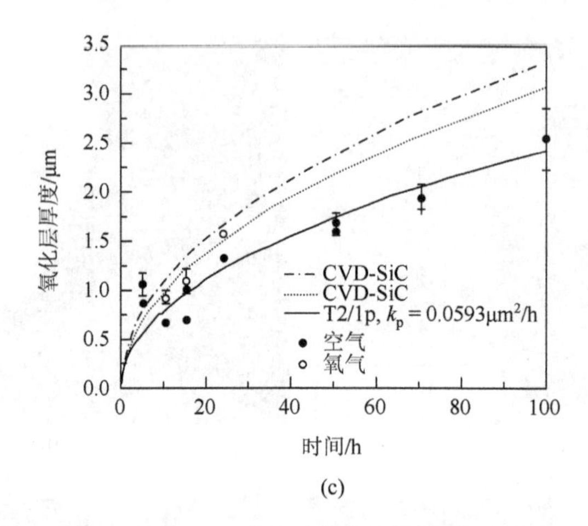

(c)

图 1-16　不同成分 SiBCN 系非晶陶瓷颗粒的氧化动力学曲线[72]

（a）（$Si_{4.46}BC_{7.32}N_{4.40}$）AMF2p；（b）（$Si_{2.72}BC_{4.51}N_{2.69}$）AMF3p；（c）（$SiB_{3.08}C_{4.39}N_{2.28}$）T2/1p

1.5　SiBCN 系非晶陶瓷的高压合成

1.5.1　高压烧结工艺特点

高压烧结是指在不低于 1GPa 的压力条件下，快速实现块体陶瓷材料致密化的烧结方法。与传统烧结方法（无压烧结、热压烧结、放电等离子烧结等）相比，高压烧结制备 SiBCN 系非晶块体陶瓷材料具有诸多优点：①降低烧结温度，可实现材料的快速致密化，高压提供的机械力能够压碎陶瓷粉体中的团聚体，促进颗粒快速滑移重排和变形，消除颗粒间气孔，颗粒紧密堆积有利于表面原子的相互键合，提高扩散传质速率，同时高压提供的机械能可以增加烧结驱动力，从而降低材料的烧结温度。②细化组织结构，高压可以实现材料的快速低温烧结，有效抑制晶粒的析出和长大，进而获得组织结构均匀的高致密纳米晶材料。③实现材料特殊化（合成新相或者新材料），高压可改变材料的热力学状态，改变晶体结构甚至原子、电子状态，赋予材料在传统烧结工艺条件下不具备的特殊性能，甚至可获得新的高致密结构相或新材料。

对纳米材料而言，高压烧结过程中的烧结驱动力 δ 可以表示为[3]

$$\delta = \delta_s + \delta_f / 3 \tag{1-8}$$

式中，δ_s 为没有施加外力时的烧结驱动力，主要由颗粒表面曲率的变化而造成的体积压力差、空位浓度以及蒸气压差决定；δ_f 为外力作用下的烧结驱动力。

由式（1-8）可知，施加的外力越大，总的烧结驱动力越大，因此高压烧结可显著增加烧结驱动力，促进材料的致密化烧结。同时，施加外力可以增加总的烧结驱动力。

高压烧结过程中压力可以促进烧结致密化，并降低烧结温度，可由默瑞的热压致密化方程（塑性流动理论）来解释[3]：

$$\ln\frac{1}{1-\rho_{\mathrm{x}}}=\frac{\sqrt{2}\gamma n^{\frac{1}{\mathrm{s}}}}{\tau_{\mathrm{c}}}\left(\frac{\rho_{\mathrm{x}}}{1-\rho_{\mathrm{x}}}\right)^{\frac{1}{3}}\left(\frac{4\pi}{3}\right)^{\frac{1}{3}}+\frac{P}{\sqrt{2\tau_{\mathrm{c}}}} \tag{1-9}$$

式中，ρ_{x}为材料的致密度；γ为材料的表面张力；n为致密材料球壳单位体积内的孔隙数；τ_{c}为材料的屈服极限，主要由烧结温度决定；P为烧结压力。

由式（1-9）可知，当烧结温度不变，即材料的屈服极限τ_{c}一定时，增加压力P可以提高材料的致密度ρ_{x}；当烧结压力不变时，升高烧结温度，既可以减小材料的屈服极限，也可以提高材料的致密度ρ_{x}；当致密度保持不变时，提高烧结压力，可增加材料的屈服极限，即降低材料的烧结温度。

1.5.2 非晶态物质的压力效应

制备大尺寸非晶块体陶瓷材料，压力成型是行之有效的方法。非晶态物质在能量上处于高能态，在较高压力或温度作用下，非晶态将自发向晶态转变，其转变驱动力来源于晶相和非晶相之间的吉布斯自由能差。研究非晶态物质的压力成型，首先需要考虑的是非晶态物质在压力作用下的结构稳定性。因此，SiBCN非晶的压力效应对理解析晶过程的热力学、动力学、固态相变本质及制定压力成型工艺参数等均有现实指导意义。

诸多研究表明[73]，非晶材料的非晶稳定性在压力作用下得到提高，具体体现在析晶温度随压力增大不同程度地提高。绝大多数学者把压力抑制晶化现象归结于压力作用下原子扩散缓慢，导致析晶温度不同程度地升高。然而，该说法缺乏有力的实验证据。部分研究结果显示[74]，压力作用下非晶态物质的热稳定性降低，即压力促进晶化。

非晶态物质的压力效应主要体现在以下四个方面[75]：①体积效应，非晶态向晶态转变的过程一般伴随着1%的体积收缩，这意味着在压力不为零的情况下，环境对体系做功，使晶化转变向着体积收缩的方向进行。②原子扩散，对于受扩散控制的初晶型相变，新相与母相化学成分相差较大，因此需要元素原子做长距离扩散才能实现；共晶型相变在局域范围内存在成分再分布，受扩散影响较小；而多晶型转变由于新旧两相平均化学成分相同，受扩散影响最小。③界面的形成，新相的产生必然伴随着晶相/非晶相界面的生成，只有当相变释放能量大于界面形成能时，界面才能产生；界面的形成是一个体积膨胀过程，因此压力限制界面形成。④形变，压力作用下，非晶内部发生各种弹性和塑性变形。一方面，形变导致缺陷产生，降低异质形核势垒；另一方面，形变促进原子迁移，利于原子短程扩散；此外，形变过程原子团簇摩擦可能导致局部高温，促进原子扩散重排，因此形变有利于析晶。

压力可以通过上述几个主要因素对非晶析晶过程产生不同程度的影响。大量研究表明[73-75]，析晶过程伴随着体积收缩和体积密度增加，只有在高压下才较为明显，较低压力下，原子扩散仍然是主要因素。然而，仅以原子扩散效应难以解释很多实验现象，在高压作用下，原子扩散存在两种截然相反的结果。对于少数材料体系，高压作用下仍需要考虑新相/旧相的相界面以及弹性、塑性变形等影响因素。

1.5.3 高压烧结陶瓷研究进展

目前，仅有国内外少数学者致力于陶瓷材料的高压烧结致密化研究，且鲜有高压烧结制备非晶块体陶瓷的相关报道。大多研究均采用结晶态（纳米）粉体为原料，经高压烧结后获得纳米晶陶瓷，主要包括 Al_2O_3/ZrO_2、SiC、Si_3N_4、AlN 等陶瓷材料体系。

采用高压低温烧结技术（200℃/1GPa）可制备出 Al_2O_3/ZrO_2 非晶块体陶瓷[76]：在 500℃/600MPa 烧结条件下 Al_2O_3/ZrO_2 陶瓷仍保持非晶态；经 200℃/1GPa 烧结得到的 Al_2O_3-ZrO_2 非晶块体陶瓷，相对密度高达 95%；在 1GPa 压力烧结条件下，Al_2O_3/ZrO_2 陶瓷的晶化起始温度约为 300℃。在晶化开始时，t-ZrO_2 较 m-ZrO_2 先析出，原因是：①非晶 ZrO_2 与 t-ZrO_2 的结构相近，非晶 ZrO_2 只需克服较小的晶格畸变能即可向 t-ZrO_2 转变。②t-ZrO_2 相对于 m-ZrO_2 具有更低的表面能，更容易优先析出。

以粒径 5～50μm 的 SiC 颗粒为原料，高压烧结（1700～1900℃/7GPa/2min）制备出致密的 SiC 纳米晶块体陶瓷，其体积密度、断裂韧性、维氏硬度和显微硬度分别为 3.08g/cm^3、4.60MPa·mm$^{1/2}$、15.0GPa 和 23.8GPa[77]。引入 2.0%（质量分数）Al_2O_3 作为烧结助剂，采用两面顶高压烧结技术（1200～1300℃/4.5GPa/20min）制备出的纳米晶 β-SiC 块体陶瓷（晶粒尺寸约为 22nm），其硬度达 34.0～35.0GPa，体积密度约为 3.2g/cm^3，与理论密度相接近，实现了在较低温度、少量烧结助剂条件下 SiC 块体陶瓷的烧结致密化[78]。

在 1200℃/4GPa/20s 烧结条件下制备的 SiC(C)/Si_3N_4 纳米晶块体陶瓷，晶粒尺寸为 50～350nm，材料的体积密度、维氏硬度和断裂韧性分别为 3.20g/cm^3、25.7GPa 和 9.5MPa·mm$^{1/2}$。随着烧结时间延长（30s），陶瓷中 SiC(C)相对含量提高，Si_3N_4 相对含量有所降低[79]。

高压 5GPa 烧结制备的 Si_3N_4 纳米晶块体陶瓷（含 1.5%（质量分数）AlN 烧

结助剂），由层片状的 β-Si_3N_4 晶粒构成，这与传统烧结方法得到的陶瓷组织形貌不同[80]。烧结温度仅为 700℃时，材料具有层片状结构，层片间距较大，结合较为疏松，存在未烧结的陶瓷颗粒，断裂韧性较低，为穿晶与沿晶混合型断裂方式；烧结温度升高，层片逐渐长大，结合也更加紧密；烧结温度高于约 1150℃时，块体陶瓷断口表面凹凸不平，裂纹扩散路径较长，可以观察到类似于金属层错的撕裂棱，此特殊结构可以阻碍裂纹扩展，提高材料的强度和断裂韧性；烧结温度升高至 1500℃后，Si_3N_4 纳米晶块体陶瓷材料完成烧结致密化，断口表面致密无孔隙。

采用六面顶压机在 1500℃/5.0GPa/50min 条件下可获得致密度约为 99.4%的 Al/AlN 块体陶瓷，晶粒多为六角晶形，中间相多分布于三叉晶界区。在 1700℃/5.15GPa/115min 条件下，采用两面顶压机可以获得高致密、组织结构均匀的 AlN 块体陶瓷（含 1%～7%（质量分数）Y_2O_3 烧结助剂）；陶瓷材料中除 AlN 主相外，还含有 $Al_5Y_3O_{12}$ 第二相，其热导率高达 200W/(m·K)。部分学者还研究了高压烧结条件下氧化锆（含 3%（摩尔分数）Y_2O_3-ZrO_2）、h-BN、Ti_3SiC_2、碳化钽（TaC）、c-BN/TiN/Al 等陶瓷材料的组织结构和力学性能演化规律[81-83]。

参 考 文 献

[1] 江东亮，李龙土，欧阳世翕，等. 中国材料工程大典：无机非金属材料工程（上）：8 卷[M]. 北京：化学工业出版社，2006.

[2] 徐强，张幸红，韩杰才，等. 先进高温材料的研究现状和展望[J]. 固体火箭技术，2002，3：51-55.

[3] 梁斌. 高压烧结 Si_2BC_3N 非晶陶瓷的晶化和高温氧化机制[D]. 哈尔滨：哈尔滨工业大学，2017.

[4] Riedel R，Kienzle A，Dressler W，et al. A silicoboron carbonitride ceramic stable to 2,000℃[J]. Nature，1996，382：796-798.

[5] Ainger F，Herbert J. The Preparation of Phosphorus-Nitrogen Compounds as Non-porous Solids[M]. New York：Academic Press，1960.

[6] Chantrell P G，Popper P. Inorganic Polymers for Ceramics[M]. New York：Academic Press，1965.

[7] Verbeek W. Production of shaped articles of homogeneous mixtures of silicon carbide and nitride：US 3853567[P]. 1974.

[8] Yajima S，Hayashi J，Omori M，et al. Development of a silicon carbide fibre with high tensile strength[J]. Nature，1976，261（5562）：683-685.

[9] Yajima S，Hasegawa Y，Okamura K，et al. Development of high tensile strength silicon carbide fibre using an organosilicon polymer precursor[J]. Nature，1978，273（5663）：525-527.

[10] Takamizawa M，Kobayashi T，Hayashida A，et al. Method for the preparation of an inorganic fiber containing silicon，carbon，boron and nitrogen：US 682796[P]. 1986.

[11] Sujith R，Jothi S，Zimmermann A，et al. Mechanical behaviour of polymer derived ceramics-a review[J]. International Materials Reviews，2021，66（6）：426-449.

[12] Colombo P，Mera G，Riedel R，et al. Polymer-derived ceramics：40 years of research and innovation in advanced ceramics [J]. Journal of the American Ceramic Society，2010，93（7）：1805-1837.

[13] Lee S H，Weinmann M，Aldinger F. Processing and properties of C/Si-B-C-N fiber-reinforced ceramic matrix composites prepared by precursor impregnation and pyrolysis[J]. Acta Materialia，2008，56（7）：1529-1538.

[14] Lee S H，Weinmann M. C_{fiber}/SiC_{filler}/Si-B-C-N_{matrix} composites with extremely high thermal stability[J]. Acta Materialia，2009，57（15）：4374-4381.

[15] Kern F，Gadow R. Liquid phase coating process for protective ceramic layers on carbon fibers[J]. Surface and Coatings Technology，2002，151-152：418-423.

[16] Goerke O，Feike E，Heine T，et al. Ceramic coatings processed by spraying of siloxane precursors（polymer-spraying）[J]. Journal of the European Ceramic Society，2004，24（7）：2141-2147.

[17] Prasad R M，Iwamoto Y，Riedel R，et al. Multilayer amorphous-Si-B-C-N/γ-Al_2O_3/α-Al_2O_3 membranes for hydrogen purification[J]. Advanced Engineering Materials，2010，12（6）：522-528.

[18] Wen Q B，Yu Z J，Riedel R. The fate and role of in situ formed carbon in polymer-derived ceramics[J]. Progress in Materials Science，2020，109：100623.

[19] Viard A，Fonblanc D，Lopez-Ferber D，et al. Polymer derived Si-B-C-N ceramics：30 years of research[J]. Advanced Engineering Materials，2018，20（10）：No. 1800360.

[20] 杨治华，贾德昌，周玉，等. 无机法制备硅硼碳氮系亚稳陶瓷及其复合材料[M]. 北京：科学出版社，2019.

[21] Zhang P F，Jia D C，Yang Z H，et al. Progress of a novel non-oxide Si-B-C-N ceramic and its matrix composites[J]. Journal of Advanced Ceramics，2012，1（3）：157-178.

[22] 梁斌，杨治华，贾德昌，等. 无机法制备 Si-B-C-N 系非晶/纳米晶新型陶瓷及复合材料研究进展[J]. 科学通报，2015，60（3）：236-245.

[23] Jia D C，Liang B，Yang Z H，et al. Metastable Si-B-C-N ceramics and their matrix composites developed by inorganic route based on mechanical alloying：Fabrication，microstructures，properties and their relevant basic scientific issues[J]. Progress in Materials Science，2018，98：1-67.

[24] 封波. 聚合物裂解多元硅基陶瓷助烧 ZrB_2 陶瓷的致密化行为研究[D]. 北京：北京航空航天大学，2019.

[25] Suryanarayana C. Mechanical alloying and milling[J]. Progress in Materials Science，2001，46（1-2）：1-184.

[26] Heinemann D，Assenmacher W，Mader W，et al. Structural characterization of amorphous ceramics in the system Si-B-N-(C) by means of transmission electron microscopy methods[J]. Journal of Materials Research，1999，14（9）：3746-3753.

[27] Haug J，Lamparter P，Weinmann M，et al. Diffraction study on the atomic structure and phase separation of amorphous ceramics，1：SiCN ceramic[J]. Chemistry of Materials，2004，16（1）：72-82.

[28] Haug J，Lamparter P，Weinmann M，et al. Diffraction study on the atomic structure and phase separation of amorphous ceramics in the Si-(B)-C-N system，2：Si-B-C-N ceramics[J]. Chemistry of Materials，2004，16（1）：83-92.

[29] Tavakoli A H，Gerstel P，Golczewski J A，et al. Kinetic effect of boron on the crystallization of Si_3N_4 in Si-B-C-N polymer-derived ceramics[J]. Journal of Materials Research，2011，26（4）：600-608.

[30] Schuhmacher J，Berger F，Weinmann M，et al. Solid-state NMR and FTIR studies of the preparation of Si-B-C-N ceramics from boron-modified polysilazanes[J]. Applied Organometallic Chemistry，2001，15（10）：809-819.

[31] Janakiraman N，Weinmann M，Schuhmacher J，et al. Thermal stability，phase evolution，and crystallization in Si-B-C-N ceramics derived from a polyborosilazane precursor[J]. Journal of the American Ceramic Society，2004，85（7）：1807-1814.

[32] Seifert H J，Peng J Q，Golczewski J，et al. Phase equilibria of precursor-derived Si-(B-)C-N ceramics[J]. Applied Organometallic Chemistry，2001，15（10）：794-808.

[33] Wang Z C，Aldinger F，Riedel R. Novel silicon-boron-carbon-nitrogen materials thermally stable up to 2200℃[J]. Journal of the American Ceramic Society，2004，84（10）：2179-2183.

[34] Jalowiecki A，Bill J，Aldinger F，et al. Interface characterization of nanosized B-doped Si_3N_4/SiC ceramics[J]. Composites Part A：Applied Science and Manufacturing，1996，27（9）：717-721.

[35] Müller A，Gerstel P，Weinmann M，et al. Correlation of boron content and high temperature stability in Si-B-C-N ceramics[J]. Journal of the European Ceramic Society，2000，20（14-15）：2655-2659.

[36] Matsunaga K，Iwamoto Y，Fisher C A J，et al. Molecular dynamics study of atomic structures in amorphous Si-C-N ceramics[J]. Journal of the Ceramic Society of Japan，1999，107（1251）：1025-1031.

[37] Matsunaga K，Iwamoto Y. Molecular dynamics study of atomic structure and diffusion behavior in amorphous silicon nitride containing boron[J]. Journal of the American Ceramic Society，2004，84（10）：2213-2219.

[38] Sarkar S，Gan Z H，An L N，et al. Structural evolution of polymer-derived amorphous SiBCN ceramics at high temperature[J]. The Journal of Physical Chemistry C，2011，115（50）：24993-25000.

[39] Schmidt H. Si-(B-)C-N ceramics derived from preceramic polymers：Stability and nano-composite formation[J]. Soft Materials，2007，4（2-4）：143-164.

[40] Jäschke T，Jansen M. Improved durability of Si/B/N/C random inorganic networks[J]. Journal of the European Ceramic Society，2005，25（2-3）：211-220.

[41] Sehlleier Y H，Verhoeven A，Jansen M. Solid-state NMR investigations on the amorphous network of precursor-derived $Si_2B_2N_5C_4$ ceramics[J]. Zeitschrift für Anorganische und Allgemeine Chemie，2012，638（11）：1804-1809.

[42] 杨治华. Si-B-C-N机械合金化粉体及陶瓷的组织结构与高温性能[D]. 哈尔滨：哈尔滨工业大学，2008.

[43] 张鹏飞. 机械合金化2Si-B-3C-N陶瓷的热压烧结行为与高温性能研究[D]. 哈尔滨：哈尔滨工业大学，2013.

[44] Li D X，Yang Z H，Mao Z B，et al. Microstructures，mechanical properties and oxidation resistance of SiBCN ceramics with the addition of MgO，ZrO_2 and SiO_2（MZS）as sintering additives[J]. RSC Advances，2015，5（64）：52194-52205.

[45] 胡成川. Si-B-C-N-Zr机械合金化粉末及陶瓷的组织结构与性能[D]. 哈尔滨：哈尔滨工业大学，2013.

[46] 苗洋. ZrB_2/SiBCN陶瓷基复合材料制备及抗氧化与耐烧蚀机理[D]. 哈尔滨：哈尔滨工业大学，2017.

[47] 赵杨. 热压烧结制备ZrC/SiBCN复相陶瓷的组织结构与性能研究[D]. 哈尔滨：哈尔滨工业大学，2016.

[48] 叶丹. 机械合金化Si-B-C-N-Al粉末及陶瓷的组织结构与抗氧化性[D]. 哈尔滨：哈尔滨工业大学，2012.

[49] Renlund G M，Prochazka S，Doremus R H. Silicon oxycarbide glasses：Part Ⅱ. Structure and properties[J]. Journal of Materials Research，1991，6（12）：2723-2734.

[50] Moysan C，Riedel R，Harshe R，et al. Mechanical characterization of a polysiloxane-derived SiOC glass[J]. Journal of the European Ceramic Society，2007，27（1）：397-403.

[51] Stabler C，Ionescu E，Graczyk-Zajac M，et al. Silicon oxycarbide glasses and glass-ceramics："All-Rounder" materials for advanced structural and functional applications[J]. Journal of the American Ceramic Society，2018，101（11）：4817-4856.

[52] Riedel R，Seher M，Mayer J，et al. Polymer-derived Si-based bulk ceramics，part Ⅰ：Preparation，processing and properties[J]. Journal of the European Ceramic Society，1995，15（8）：703-715.

[53] Shah S R，Raj R. Mechanical properties of a fully dense polymer-derived ceramic made by a novel pressure casting process[J]. Acta Materialia，2002，50（16）：4093-4103.

[54] Ziegler G，Kleebe H J，Motz G，et al. Synthesis，microstructure and properties of SiCN ceramics prepared from tailored polymers[J]. Materials Chemistry and Physics，1999，61（1）：55-63.

[55] Janakiraman N，Aldinger F. Fabrication and characterization of fully dense Si-C-N ceramics from a poly（ureamethylvinyl）silazane precursor[J]. Journal of the European Ceramic Society，2009，29（1）：163-173.

[56] Janakiraman N，Aldinger F. Fracture in precursor-derived Si-C-N ceramics：Analysis of crack roughness and damage mechanisms[J]. Journal of Non-Crystalline Solids，2009，355（43-44）：2114-2121.

[57] Bauer A，Christ M，Zimmermann A，et al. Fracture toughness of amorphous precursor derived ceramics in the silicon-carbon-nitrogen system[J]. Journal of the American Ceramic Society，2004，84（10）：2203-2207.

[58] Katsuda Y，Gerstel P，Narayanan J，et al. Reinforcement of precursor-derived Si-C-N ceramics with carbon nanotubes[J]. Journal of the European Ceramic Society，2006，26（15）：3399-3405.

[59] To T，Stabler C，Ionescu E，et al. Elastic properties and fracture toughness of SiOC-based glass-ceramic nanocomposites[J]. Journal of the American Ceramic Society，2020，103（1）：491-499.

[60] Sujith R，Zimmermann A，Kumar R. Crack evolution and estimation of fracture toughness of HfO_2/SiCN(O) polymer derived ceramic nanocomposites[J]. Advanced Engineering Materials，2015，17（9）：1265-1269.

[61] Nishimura T，Haug R，Bill J，et al. Mechanical and thermal properties of Si-C-N material from polyvinylsilazane[J]. Journal of Materials Science，1998，33（21）：5237-5241.

[62] Shopova-Gospodinova D，Burghard Z，Dufaux T，et al. Mechanical and electrical properties of polymer-derived Si-C-N ceramics reinforced by octadecylamine：Modified single-wall carbon nanotubes[J]. Composites Science and Technology，2011，71（6）：931-937.

[63] Sujith R，Kumar R. Indentation response of pulsed electric current sintered polymer derived HfO_2/Si-C-N(O) nanocomposites[J]. Ceramics International，2013，39（8）：9743-9747.

[64] Sujith R，Kumar R. Experimental investigation on the indentation hardness of precursor derived Si-B-C-N ceramics[J]. Journal of the European Ceramic Society，2013，33（13-14）：2399-2405.

[65] Szymanski W，Lipa S，Fortuniak W，et al. Silicon oxycarbide（SiOC）ceramic microspheres-structure and mechanical properties by nanoindentation studies[J]. Ceramics International，2019，45（9）：11946-11954.

[66] Sorarù G D，Kunadanati L，Santhosh B，et al. Influence of free carbon on the Young's modulus and hardness of polymer-derived silicon oxycarbide glasses[J]. Journal of the American Ceramic Society，2019，102（3）：907-913.

[67] Galusek D，Riley F L，Riedel R. Nanoindentation of a polymer-derived amorphous silicon carbonitride ceramic[J]. Journal of the American Ceramic Society，2001，84（5）：1164-1166.

[68] Burghard Z，Schön D，Garstel P，et al. Polymer derived Si-C-N ceramics reinforced by single-wall carbon nanotubes[J]. International Journal of Materials Research，2006，97（12）：1667-1672.

[69] Cooke T F. Inorganic fibers-a literature review[J]. Journal of the American Ceramic Society，1991，74（12）：2959-2978.

[70] Weinmann M，Schuhmacher J，Kummer H，et al. Synthesis and thermal behavior of novel Si-B-C-N ceramic precursors[J]. Chemistry of Materials，2000，12（3）：623-632.

[71] Cinibulk M K，Parthasarathy T A. Characterization of oxidized polymer-derived SiBCN fibers[J]. Journal of the American Ceramic Society，2004，84（10）：2197-2202.

[72] Butchereit E，Nickel K G，Müller A. Precursor-derived Si-B-C-N ceramics：Oxidation kinetics[J]. Journal of the American Ceramic Society，2004，84（10）：2184-2188.

[73] 张博，汪卫华. 金属塑料的研究进展[J]. 物理学报，2017，66（17）：337-348.

[74] 汪卫华. 非晶态物质的本质和特性[J]. 物理学进展，2013，33（5）：177-351.

[75] 叶丰. 非晶态固体在压力下的晶化[J]. 中国材料科技与设备，2007，4（2）：101-104，110.

[76] 王奕，刘家臣，郭安然，等. Al_2O_3-ZrO_2 非晶陶瓷高压析晶研究[J]. 稀有金属材料与工程，2013，42（S1）：366-369.

[77] Kovtun V I，Volkogon V M，Semenenko N P，et al. Structure and properties of α-SiC polycrystals sintered under high static pressures[J]. Soviet Powder Metallurgy and Metal Ceramics，1990，29：69-71.

[78] 谢茂林，罗德礼，鲜晓斌，等. 高温超高压烧结纳米 SiC 的研究[J]. 无机材料学报，2008，23（4）：811-814.

[79] Gadzyra N F，Gnesin G G. Structuring and mechanical properties of composite ceramics SiC(C)-Si_3N_4，sintered under high pressure[J]. Powder Metallurgy and Metal Ceramics，2001，40（11-12）：625-629.

[80] Solozhenko V L，Peun T. Compression and thermal expansion of hexagonal graphite-like boron nitride up to 7 GPa and 1800 K[J]. Journal of Physics and Chemistry of Solids，1997，58（9）：1321-1323.

[81] Jordan J L，Sekine T，Kobayashi T，et al. High pressure behavior of titanium-silicon carbide（Ti_3SiC_2）[J]. Journal of Applied Physics，2003，93（12）：9639-9643.

[82] Lahiri D，Singh V，Rodrigues G R，et al. Ultrahigh-pressure consolidation and deformation of tantalum carbide at ambient and high temperatures[J]. Acta Materialia，2013，61（11）：4001-4009.

[83] Rong X Z，Tsurumi T，Fukunaga O，et al. High-pressure sintering of cBN-TiN-Al composite for cutting tool application[J]. Diamond & Related Materials，2002，11（2）：280-286.

第 2 章　SiBCN 系非晶陶瓷粉体的固态反应非晶化机理与等温析晶动力学

非晶形成能力是非晶材料固有的问题。SiBCN 非晶的形成实际上是控制机械合金化过程中晶体相的形核和长大，使得混合粉体随温度、压力和密度的变化不向晶态转变而形成亚稳的、非平衡的非晶相。原子间的键合对 SiBCN 非晶的形成至关重要，是理解 SiBCN 非晶形成机理的主要途径之一，这涉及非晶形成的热力学、动力学以及粒子间的相互作用。因此，SiBCN 非晶的形成能力和固态非晶化机理可从机械合金化的热力学（自由能）与动力学、复合粉体的化学键合和组织结构演化等四个方面来研究讨论。

SiBCN 非晶在一定外场（温度、压力、辐照等）条件下，会发生成分及结构失稳进而析出相应的晶体。理解 SiBCN 非晶析晶转变行为，析出相形核和长大的热力学、动力学及其与外部环境和条件的关系等是认识 SiBCN 非晶热稳定能力的主要途径。本章探讨原料种类及球磨参数对机械合金化诱导 SiBCN 非晶形成过程的影响规律及固态非晶化机理，研究不同 C 和 B 含量 SiBCN 系非晶陶瓷粉体的等温析出 SiC 晶相动力学特征及其高温热稳定性。

2.1　SiBCN 系陶瓷粉体的非晶形成能力

2.1.1　球磨参数的影响

以晶态立方硅（c-Si）、石墨粉和 h-BN 粉体为原料，在球料比为 20∶1（质量比）和球磨时间为 20h 的条件下，当球磨罐转速为 400r/min 时，所制备的 Si_2BC_3N 陶瓷粉体在 X 射线衍射（X-ray diffraction，XRD）图谱上没有显示石墨和氮化硼的晶体衍射峰，c-Si 的衍射峰强度明显减弱[1-3]（图 2-1）。说明此球磨强度下，石墨和 h-BN 都已经转变为完全非晶态结构，c-Si 的晶化程度也显著降低，但粉体中仍然存在大量细化的晶体硅。当球磨罐转速为 600r/min 或 800r/min 时，所制备粉体的 XRD 图谱上未发现可以辨别的晶体衍射峰。说明在此球磨强度下，c-Si 晶体也转变为非晶态结构。当球磨罐转速提高到 1000r/min 时，所制备 Si_2BC_3N 陶瓷粉体的 XRD 图谱上出现了微弱的 SiC 晶体衍射峰。将使用的 Si_3N_4 磨球清洗干净后发现，磨球发生了严重的磨损，磨球表面出现较多的凹坑。由此可见，过高的球磨转速将促进晶态 SiC 的生成，也会加速磨球和球磨罐的磨损。

当球磨罐转速为 600r/min 时，所制备的 Si_2BC_3N 陶瓷粉体具有良好的非晶组织，在 HRTEM 下很难发现晶体存在（图 2-2）。当球磨罐转速为 800r/min 时，TEM 显示除非晶组织外，粉体中还含有少量 β-SiC 晶体，尺寸为 1～5nm。较高的球磨罐转速意味着在复合粉体中短时间内输入了更多能量，Si 和 C 原子更易反应形成 Si—C 化学键，更利于 Si、C 原子富集区域内结晶析出 SiC 晶体。

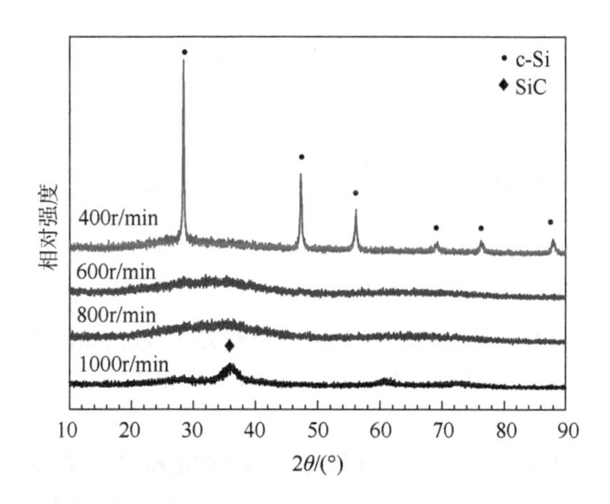

图 2-1　原料混合粉体以及采用不同球磨罐转速（球料比 20∶1，球磨时间 20h）制备的 Si_2BC_3N 陶瓷粉体的 XRD 图谱[1-3]

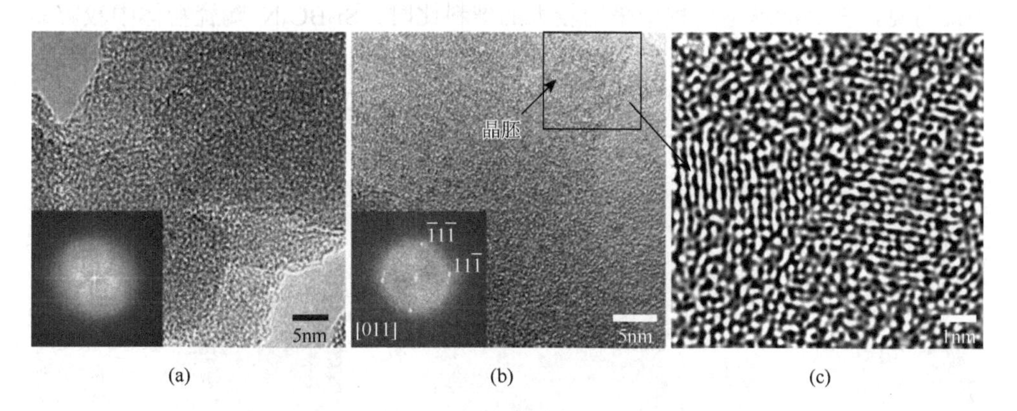

图 2-2　采用不同球磨罐转速（球料比 20∶1，球磨时间 20h）制备的 Si_2BC_3N 陶瓷粉体的 TEM 分析[1-3]

（a）600r/min；（b）（c）800r/min

在球磨罐转速和球磨时间分别为 600r/min 和 25h 条件下，当球料比为 15∶1 时，所制备 Si_2BC_3N 陶瓷粉体 XRD 图谱上显示微弱的 c-Si 晶体衍射峰，说明该球磨强度下原始混合粉体中的 c-Si 晶体尚未完全实现非晶化。当球料比等于或大于 20∶1 时，所制备的 Si_2BC_3N 陶瓷粉体表现出良好的非晶组织结构特征（图 2-3）。

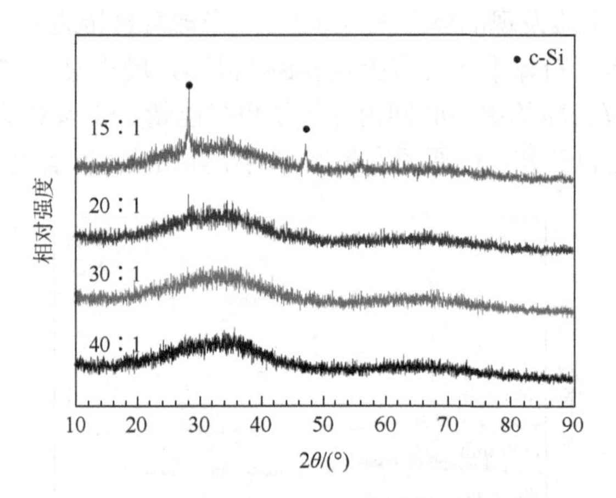

图 2-3　原料混合粉体以及采用不同球料比（球磨罐转速 600r/min，球磨时间 25h）制备的 Si_2BC_3N 陶瓷粉体的 XRD 图谱[1-3]

当球料比为 20∶1 时，所制备的 Si_2BC_3N 陶瓷粉体中很难发现微晶存在；当球料比为 30∶1 时，粉体局部可能含有少量 SiC 微晶；当球料比增大到 40∶1 时，所制备的陶瓷粉体中含有相对较多的 SiC 微晶，微晶的尺寸也有所增加（图 2-4）。由此可见，在高能球磨过程中采用较大的球料比时，Si_2BC_3N 陶瓷粉体中较容易生成尺寸较大的 SiC 微晶（图 2-5）。采用较大的球料比，意味着在球磨罐中装入较多的磨球和较少的原料粉体，在一定的转速下，单位时间内粉体被撞击的频率

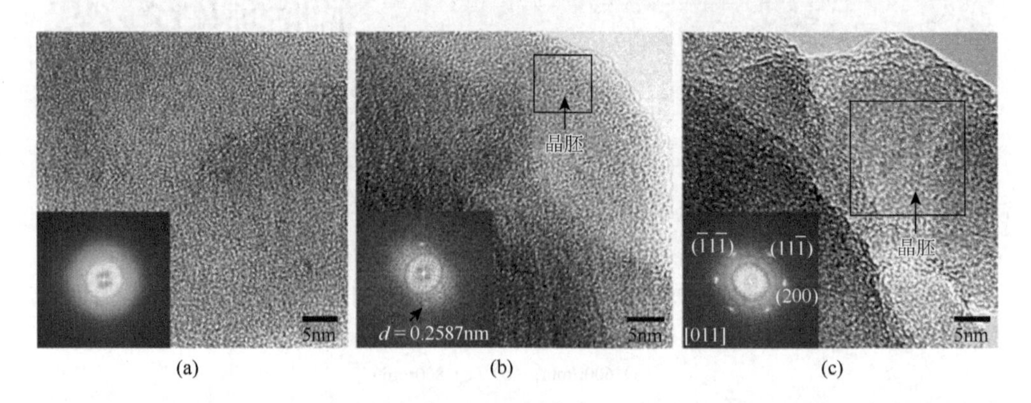

图 2-4　采用不同球料比（球磨罐转速 600r/min，球磨时间 25h）制备的 Si_2BC_3N 陶瓷粉体的 TEM 分析[1-3]

（a）20∶1；（b）30∶1；（c）40∶1

相比于较小的球料比会有所增加，因而输入粉体的功率也会增大。这一方面有利于晶态原料粉体的非晶化，另一方面也会促进晶态化合物的生成。增大球料比对制备 Si_2BC_3N 陶瓷粉体显微结构的影响效果类似于提高球磨罐转速的效果。因此，球料比和球磨罐转速都会影响输入粉体的功率，进而影响晶态原料的固态非晶化和 SiC 微晶的生成。

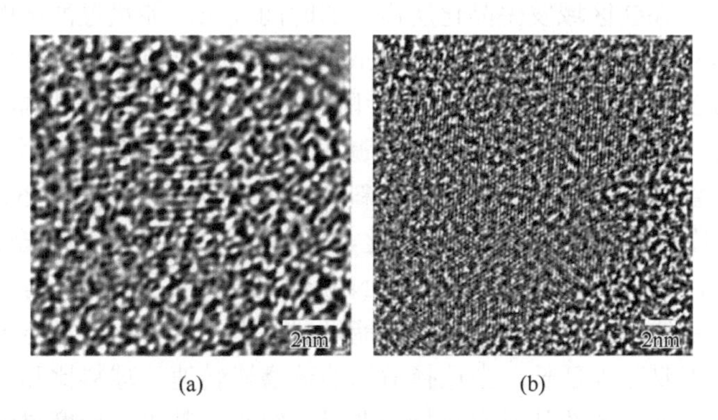

图 2-5　采用不同球料比（球磨罐转速 600r/min，球磨时间 20h）制备的 Si_2BC_3N 陶瓷粉体中 SiC 微晶附近区域的傅里叶逆变换图像[1-3]

（a）30∶1；（b）40∶1

球料比和球磨罐转速固定为 20∶1 和 600r/min。球磨时间为 15h 时，原料混合粉体中的石墨和 h-BN 都已经完全转变为非晶组织，但尚有部分晶体硅存在于复合粉体中；球磨时间延长至 20h 及以上时，晶体硅也完全转变为非晶组织，复合粉体 XRD 图谱上不含有可识别的晶体衍射峰（图 2-6）。

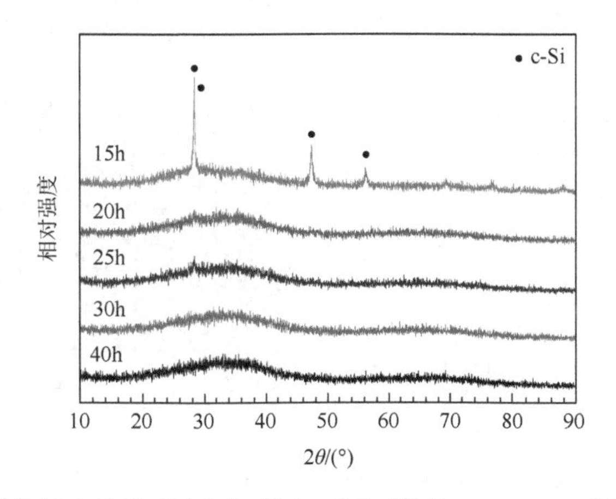

图 2-6　原料混合粉体以及采用不同球磨时间（球磨罐转速 600r/min，球料比 20∶1）制备的 Si_2BC_3N 陶瓷粉体的 XRD 图谱[1-3]

球磨时间为 30h 或 40h 时，采用较长球磨时间制备的 Si_2BC_3N 陶瓷粉体中仅含有少量的 SiC 微晶，微晶尺寸也较小（图 2-7）。由此可见，延长球磨时间对粉体微观组织的影响并没有像增大球磨罐转速或增大球料比那般显著。延长球磨时间并不能增加单位时间内粉体受到撞击的频率或强度，因此不能提高输入粉体的功率。换言之，延长球磨时间对原料粉体的非晶化是有益的，但因为输入功率不变，粉体中非晶 SiC 区域发生晶化所需要的时间较长。能量过滤透射电子显微镜（energy filtration transmission electron microscope，EFTEM）表征结果显示（图 2-8）：当球磨时间为 25h 时，所制备的 Si_2BC_3N 陶瓷粉体中含有较多的非晶硅；而当球磨时间为 40h 时，粉体中的非晶硅含量显著减少，大部分硅原子以化合物的形式存在。因此在固定球磨罐转速（600r/min）和球料比（20∶1）不变的条件下，延长球磨时间有利于晶态原料粉体的固态反应非晶化，也有利于各种原子间化合成键。

综上所述，当以 c-Si、石墨粉和 h-BN 粉体为原料，基于机械合金化工艺制备 Si_2BC_3N 陶瓷粉体时，球磨罐的转速不能设置过高，球料比也不能过大，但球磨时间可以根据需要适当延长。当选择适当的球磨罐转速、球料比和球磨时间时，所制备的 Si_2BC_3N 陶瓷粉体具有良好的非晶态组织。其中，球磨罐转速、球料比改变使输入粉体的功率变化较大，因而对粉体的非晶态组织影响也较大。

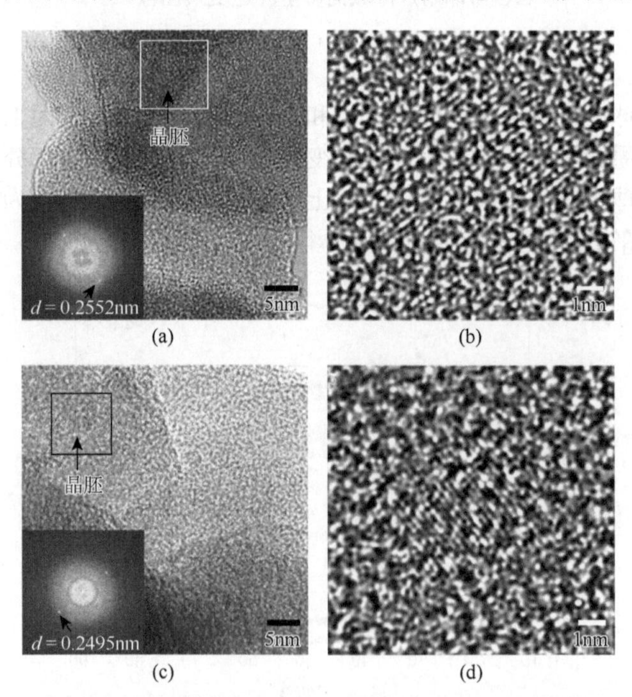

图 2-7　采用不同球磨时间（球磨罐转速 600r/min，球料比 20∶1）制备的 Si_2BC_3N 陶瓷粉体的 TEM 分析[1-3]

（a）（b）30h；（c）（d）40h

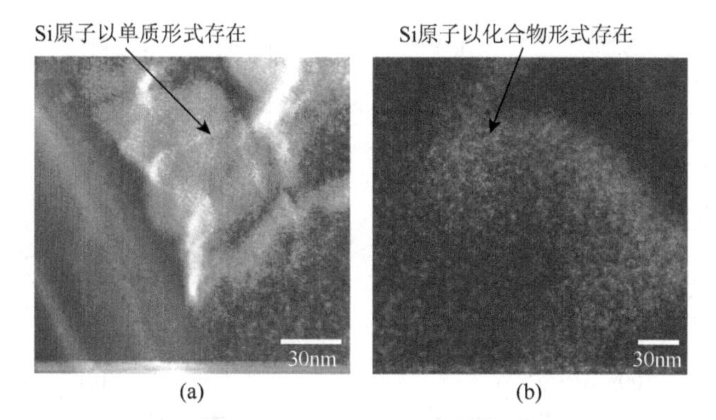

图 2-8　采用不同球磨时间（球磨罐转速 600r/min，球料比 20∶1）制备的 Si_2BC_3N 陶瓷粉体的 EFTEM 图像[1-3]

（a）25h；（b）40h

机械合金化制备 Si_2BC_3N 非晶陶瓷粉体在热压条件下的烧结致密化行为受粉体表面物理结构影响较大[4]（图 2-9）。粉体的粒度分布及粒度统计结果表明：在保证粉体具有良好非晶态组织的前提下，采用不同机械合金化工艺参数所制备的 Si_2BC_3N 非晶陶瓷粉体具有相似的粒度分布。其中，粉体的中值粒径 $d_{50\%}$≈4.0～5.0μm，平均粒径 d_a≈4.5～5.5μm，90%粒径 $d_{90\%}$≤11.5μm（表 2-1）。

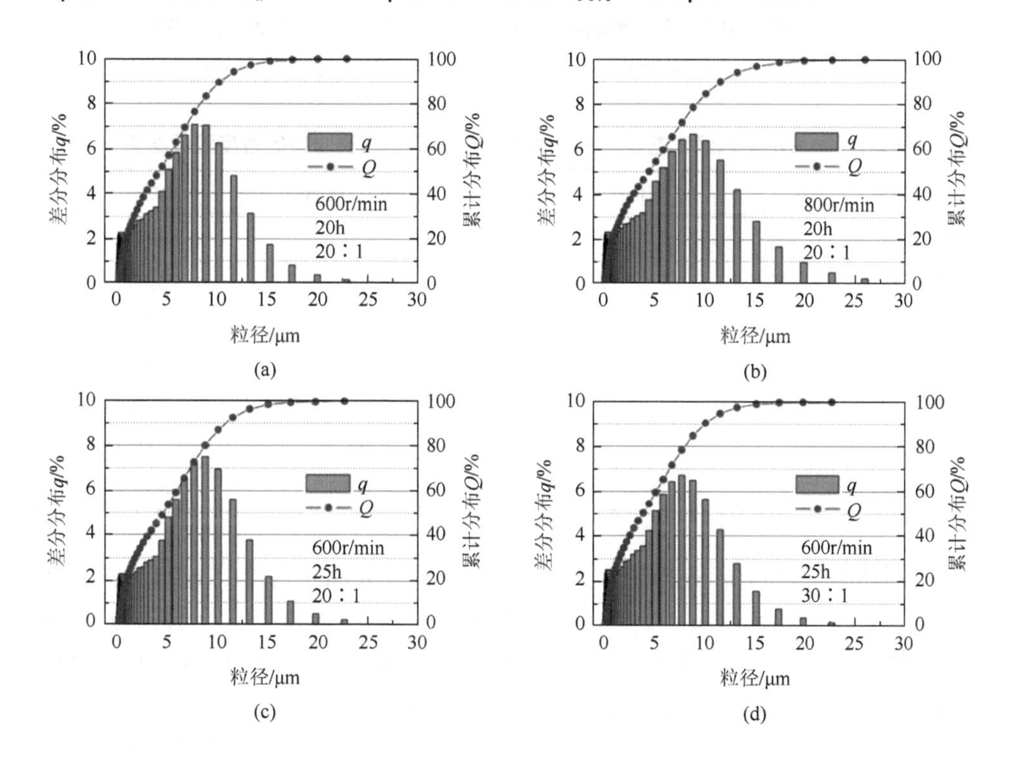

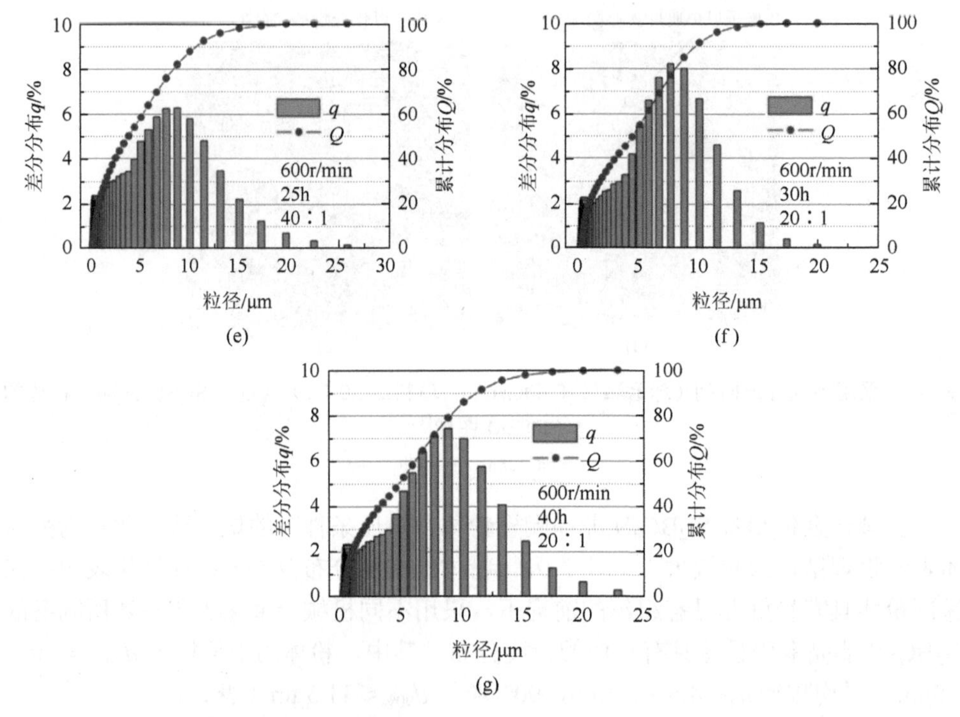

图 2-9 采用不同球磨参数制备的 Si_2BC_3N 非晶陶瓷粉体的粒度分布图[4]

（a）（b）不同球磨罐转速；（c）（e）（f）不同球料比；（d）（g）不同球磨时间

表 2-1 采用不同球磨工艺参数制备的 Si_2BC_3N 非晶陶瓷粉体的粒度统计结果[1]

球磨工艺参数	中值粒径 $d_{50\%}$/μm	90%粒径 $d_{90\%}$/μm	平均粒径 d_a/μm
600r/min（20：1；20h）	4.0	10.1	4.9±3.9
800r/min（20：1；20h）	4.5	11.5	5.3±4.5
20：1（600r/min；25h）	4.7	10.9	5.2±4.1
30：1（600r/min；25h）	3.9	10.0	4.6±3.9
40：1（600r/min；25h）	4.0	10.9	4.9±4.2
30h（600r/min；20：1）	4.5	9.8	4.8±3.7
40h（600r/min；20：1）	4.8	11.1	5.3±4.3

不同球磨工艺制备 Si_2BC_3N 非晶陶瓷粉体的比表面积为 21.5～24.5m²/g，比孔体积为 0.12～0.15cm³/g，平均孔径为 19.9～24.7nm（表 2-2）。一般认为，在机械合金化起始阶段，复合粉体的粒度会随球磨时间延长而不断减小，当粉体粒度细化到一定程度后，细小的颗粒会发生团聚，此时复合粉体粒度会适量增大。当大颗粒的破碎与细颗粒的团聚达到平衡时，粉体将保持一种变化幅度较小的粒径

分布。因此，当原料无机晶态粉体转变成非晶态结构后，所选用的球磨参数足以使粉体粒径变化达到平衡状态。

表 2-2　采用不同球磨工艺参数制备的 Si_2BC_3N 非晶陶瓷粉体的比表面积、比孔体积及平均孔径统计结果[1]

球磨时间*	比表面积/(m²/g)	比孔体积/(cm³/g)	平均孔径/nm
20h	22.2	0.15	24.7
25h	24.0	0.14	19.9
30h	21.5	0.12	23.0
40h	24.5	0.14	20.3

*其他球磨参数：球磨罐转速 600r/min；球料比 20∶1。

2.1.2　原材料种类的影响

以非晶硅（a-Si）、六方石墨和 h-BN 三种晶态粉体（三者摩尔比为 1∶1∶1）为原料。在同等球磨时间（10h）条件下，球料比越大，XRD 图谱中非晶峰强度越低，非晶峰的半高宽（full width at half maximum，FWHM）越大[5-8]（图 2-10）。说明在机械合金化过程中，随着球料比增大，混合粉体与磨球的碰撞概率和磨削面积增大，球磨的效率相应提高。但球料比增大到 60∶1 时，XRD 图谱中出现了微弱的 ZrO_2（来源于磨球和球磨罐）晶体衍射峰。

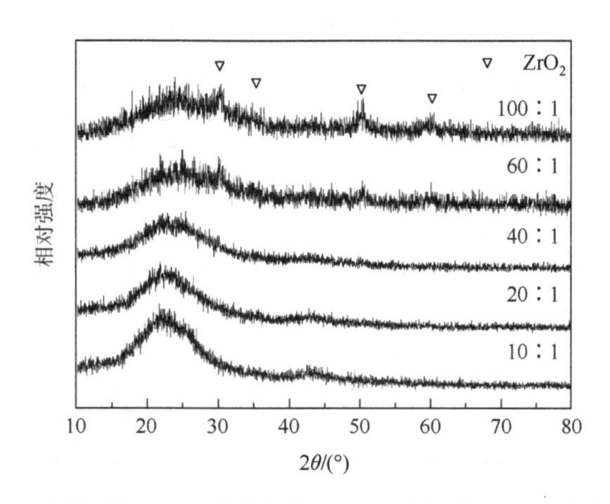

图 2-10　不同球料比（球磨时间 10h，磨球直径 10mm）制备的 SiBCN 陶瓷粉体的 XRD 图谱[6]

选区电子衍射（selected area electron diffraction，SAED）花样显示：在球料比为 100∶1、磨球直径为 10mm 的条件下高能球磨 10h，SiBCN 陶瓷粉体颗粒的边缘基本非晶化，只有少量 SiC 纳米晶存在。HRTEM 结果表明：在颗粒中心部位，SiC 纳米晶（4～5nm）数量较边缘部位有所增加（图 2-11）。电子能量损失谱（electron energy loss spectroscopy，EELS）谱线显示：SiBCN 陶瓷粉体的非晶部分和晶体部位的 EELS 曲线都出现了 Si_{L1}、B_K、C_K、N_K 及 O_K 的特征峰，说明在非晶及晶体两个部位均含有 Si、B、C 和 N 四种元素原子，且元素分布非常均匀；O 可能来源于原材料表面氧化层或表面吸附氧（图 2-12）。

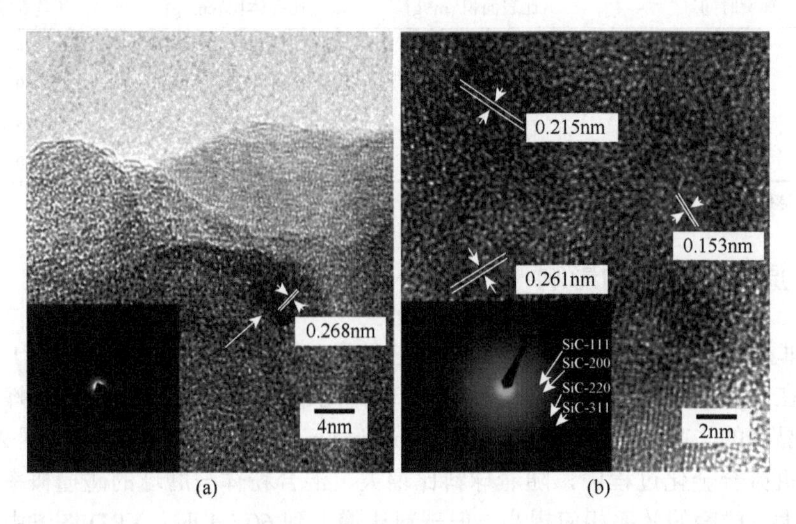

图 2-11　高能球磨 10h（球料比 100∶1，磨球直径 10mm）制备的 SiBCN 陶瓷粉体的 HRTEM 精细结构及相应的 SAED 花样[6]

（a）颗粒边缘；（b）颗粒芯部

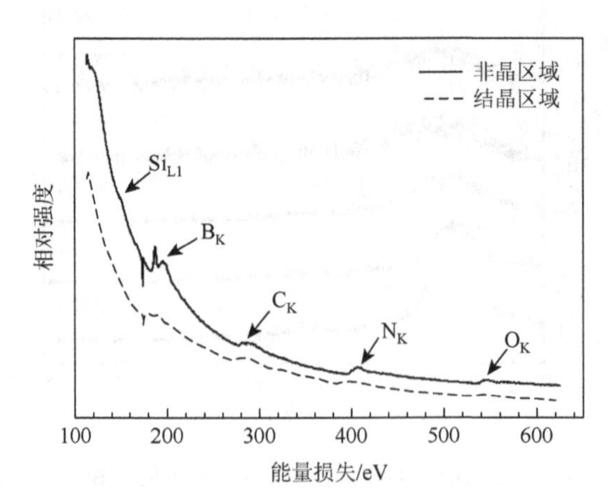

图 2-12　高能球磨 10h（球料比 100∶1，磨球直径 10mm）制备的 SiBCN 陶瓷粉体的 EELS 谱线[6]

当球料比为 20∶1、磨球直径为 10mm 时，经高能球磨 2h 后，h-BN 和石墨的最强衍射峰强度迅速降低；球磨 5h 后，晶态 h-BN 和石墨已经完全非晶化；当球磨时间达到 20h 时，XRD 图谱中显示微弱的 ZrO_2 杂质峰；球磨时间延长至 30h 时，晶态 ZrO_2 也被球磨成非晶（图 2-13）。当球料比增加到 60∶1 时，h-BN 和石墨高能球磨 5h 后也实现了全部非晶化，并在球磨 20h 后复合粉体出现了较强的 ZrO_2 晶体衍射峰，且 ZrO_2 在球磨 30h 后未能全部实现非晶化（图 2-14）。

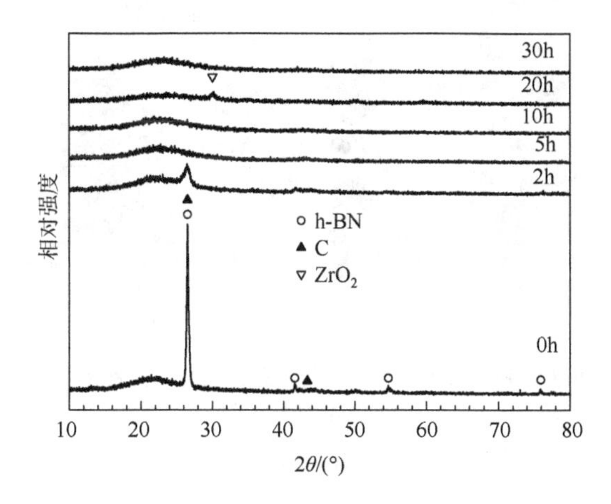

图 2-13　不同球磨时间（球料比 20∶1，磨球直径 10mm）制备的 SiBCN 陶瓷粉体的 XRD 图谱[6]

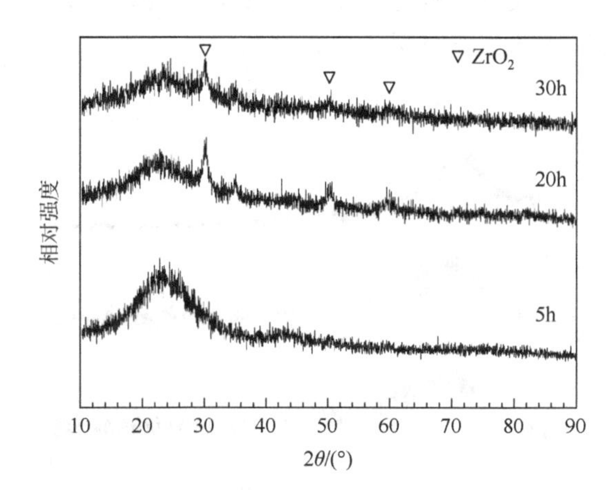

图 2-14　不同球磨时间（球料比 60∶1，磨球直径 10mm）制备的 SiBCN 陶瓷粉体的 XRD 图谱[6]

经过 10h 的高能球磨，SiBCN 陶瓷粉体的颗粒尺寸均小于 50nm；高能球磨 30h 后，复合粉体颗粒尺寸没有发生明显变化（图 2-15）。如前所述，进入稳态球磨阶段后，复合粉体颗粒的焊合速率与破碎速率得到平衡，进一步延长球磨时间将不会引起颗粒尺寸的进一步变化。

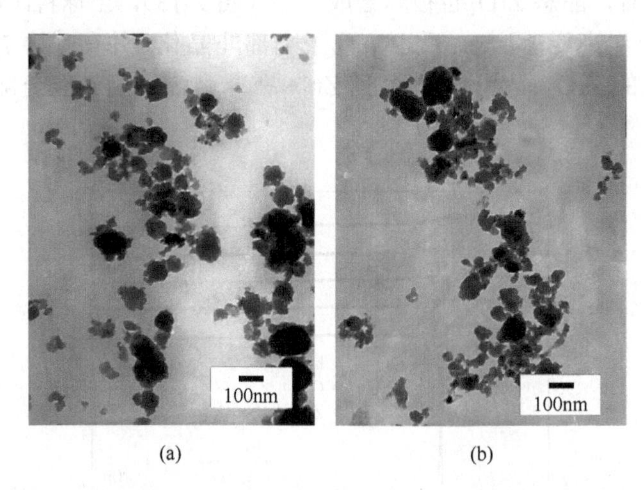

图 2-15　不同球磨时间（球料比 20∶1，磨球直径 10mm）制备的 SiBCN 陶瓷粉体的 TEM 分析[6]

(a) 10h；(b) 20h

在球料比为 20∶1、球磨时间为 10h 条件下，使用 8mm 的磨球进行高能球磨，SiBCN 陶瓷粉体的非晶漫散射峰强度最低，FWHM 最大，表明此球磨强度下无机晶态粉体更容易转化成非晶态组织（图 2-16）。

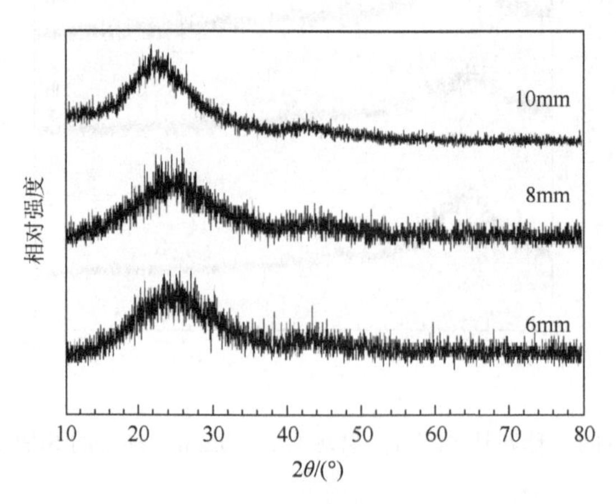

图 2-16　不同直径磨球（球料比 20∶1，球磨时间 10h）制备的 SiBCN 陶瓷粉体的 XRD 图谱[6]

以无机晶态 Si_3N_4、B_4C、c-Si、h-BN、石墨和无定形碳粉体为原料。先将 Si_3N_4、B_4C 和无定形碳球磨 8h，同时 c-Si 和石墨（摩尔比为 1∶1）也球磨 8h，两者混合后加入剩余的 h-BN 和石墨再球磨 4h。Si_3N_4、B_4C 和无定形碳复合粉体经 8h 的高能球磨后，XRD 图谱显示主要物相仍为 Si_3N_4 和 B_4C，但相应的晶体衍射峰强度有所降低。将 c-Si 和石墨（摩尔比为 1∶1）复合粉体高能球磨 8h 后，石墨的晶体衍射峰完全消失，单质 c-Si 的衍射峰强度明显减弱，并出现了非晶衍射峰。所有粉体混合并高能球磨 4h 后，Si_3N_4、B_4C 和 c-Si 的晶体衍射峰进一步减弱，非晶衍射峰凸显（图 2-17）。

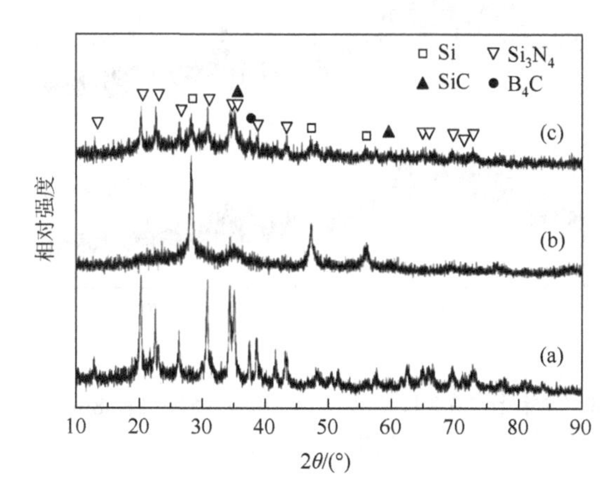

图 2-17　不同原料（球料比 20∶1，球磨时间 10h，磨球直径 8mm）制备的陶瓷粉体的 XRD 图谱[6]

（a）Si_3N_4、B_4C 和无定形碳的复合粉体；（b）c-Si 和石墨的复合粉体；（c）Si_2BC_3N 陶瓷粉体

2.1.3　球磨方式的影响

一步球磨法：将所有原始粉末按照一定的摩尔比混合均匀后高能球磨 20h。两步球磨法：预先将摩尔比为 1∶1 的 c-Si 和石墨高能球磨 15h，后将剩余石墨和 h-BN 加入，混合粉体再高能球磨 5h。结果表明，高能球磨 20h 后，XRD 图谱显示一步球磨法和两步球磨法制备的 SiBCN 陶瓷粉体中均存在少量 SiC 微晶，但两步球磨法制备的陶瓷粉体中不含晶态单质硅（图 2-18）。

HRTEM 形貌显示，两步球磨法制备的 SiBCN 陶瓷粉体边缘处，微观结构主要为非晶相及少量 SiC 纳米晶粒（4～5nm）。傅里叶逆变换再生像显示，SiC 晶体内发生了部分非晶化（图中白色线所括范围），且非晶区域两侧发生了晶格畸变，两侧晶面发生了约 5°的偏转（图 2-19）。在 SiBCN 陶瓷粉体中心部位存在较多的 SiC 纳米晶，弥散分布在非晶基体中。傅里叶逆变换图显示，在晶粒 B 与晶粒 C 的结合处存在大量位错（图 2-20）。从热力学上看，在 298K 条件下，Si 与 C 反应生成 SiC 的自由能变化值为负，即 $Si(s)+C(s)=\!=\!=SiC(s)$，$\Delta G_{298K}=-70.85kJ/mol$ 为自发反应过程，但该反应在动力学上存在较大势垒，需要较高的激活能量。

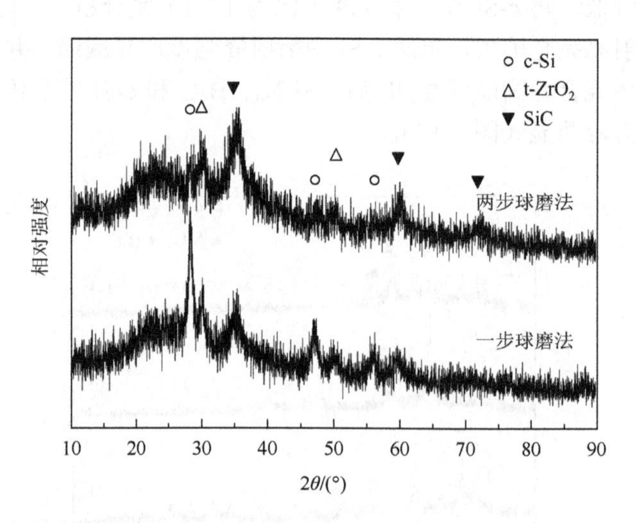

图 2-18　不同球磨方式（球料比 20∶1，球磨时间 20h，磨球直径 8mm）制备的 SiBCN 陶瓷粉体的 XRD 图谱[6]

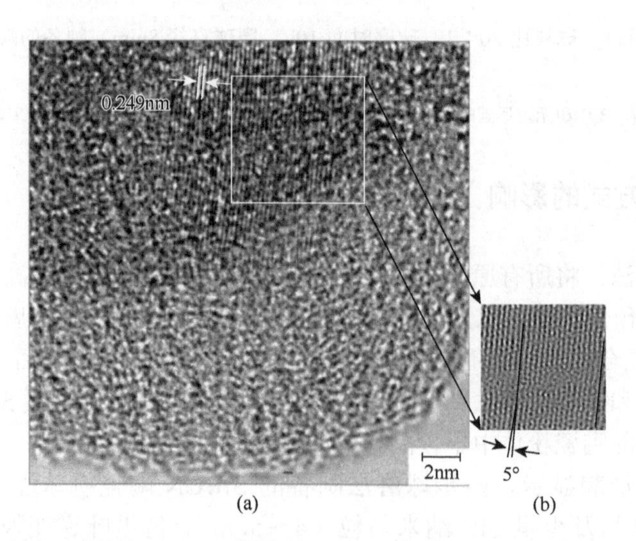

图 2-19　两步球磨法（球料比 20∶1，球磨时间 20h，磨球直径 8mm）制备的 SiBCN 陶瓷粉体边缘部位的 TEM 分析[6]

(a) HRTEM 精细结构；(b) 傅里叶逆变换图

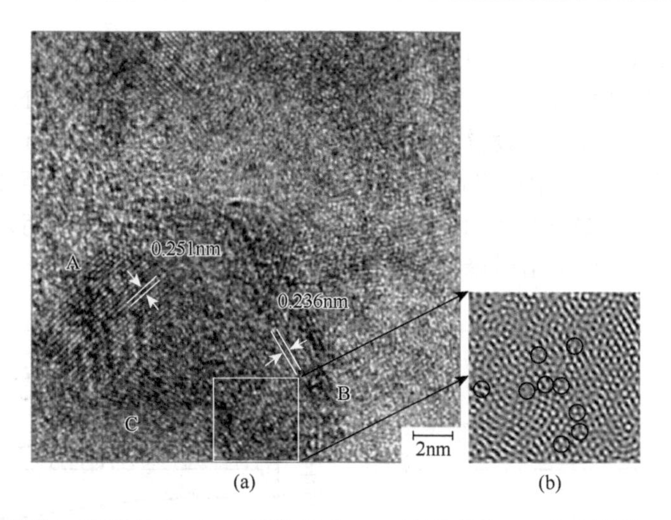

图 2-20　两步球磨法（球料比 20∶1，球磨时间 20h，磨球直径 8mm）制备的 SiBCN 陶瓷粉体中心部位的 TEM 分析[6]

（a）HRTEM 精细结构；（b）傅里叶逆变换图

2.2　SiBCN 系陶瓷粉体的固态反应非晶化机理

2.2.1　球磨过程的组织结构及价键演化

固态反应非晶化是通过固体中固相反应的界面运动，将固体晶态相转变为非晶相的过程。通常相同成分的 SiBCN 结晶相比其非晶相的吉布斯自由能更低，结构更为稳定，为使其固态反应非晶化得以持续进行，必须以某种方法将其吉布斯自由能提高到比相应非晶相高的某种起始高能状态，使得 SiBCN 固态反应非晶化具有热力学上的驱动力（图 2-21）。

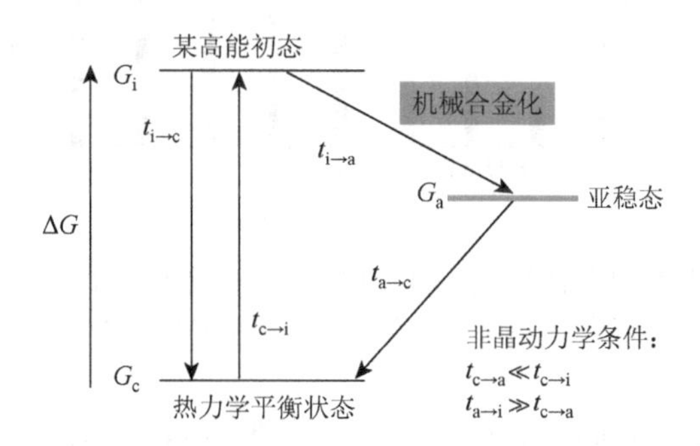

图 2-21　基于机械合金化法的固态反应非晶化的热力学和动力学示意图

为阐明机械合金化过程中 SiBCN 非晶的形成机理，需探究晶态-非晶转变的中间态组织结构及价键演化过程[9, 10]。以无机晶态 c-Si、石墨和 h-BN 粉体为原料，球料比和球磨罐转速分别设置为 20∶1 和 600r/min。高能球磨 0.5h 后，混合粉体中 h-BN 和石墨的晶体衍射峰消失（图 2-22）；继续延长球磨时间至 20h，XRD 图谱显示属于 c-Si 的最强晶体衍射峰 FWHM 逐渐增大（图 2-23），衍射峰强度逐渐降低，球磨 30～40h 后衍射峰消失。

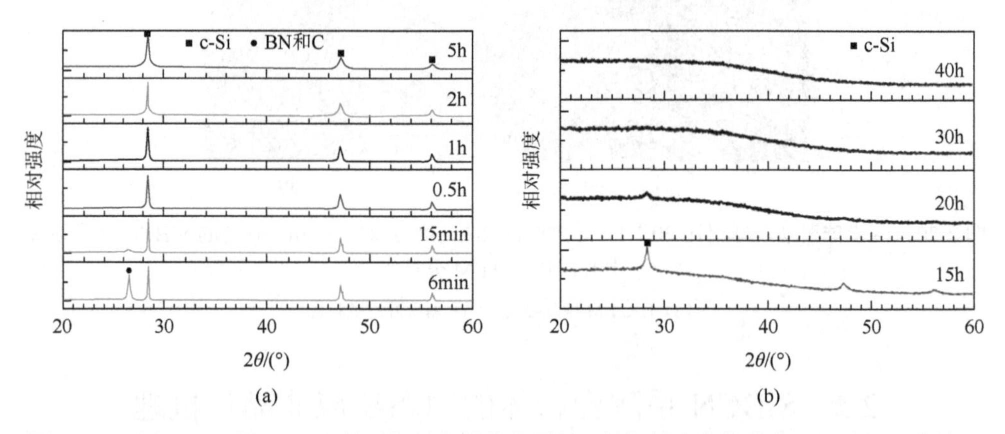

图 2-22　以 c-Si、石墨、h-BN 等无机晶态粉体为原料，经机械合金化球磨不同时间（球料比 20∶1，球磨罐转速 600r/min，磨球直径 10mm）制备的 Si_2BC_3N 陶瓷粉体的 XRD 图谱[10]

（a）球磨 0.1～5h；（b）球磨 15～40h

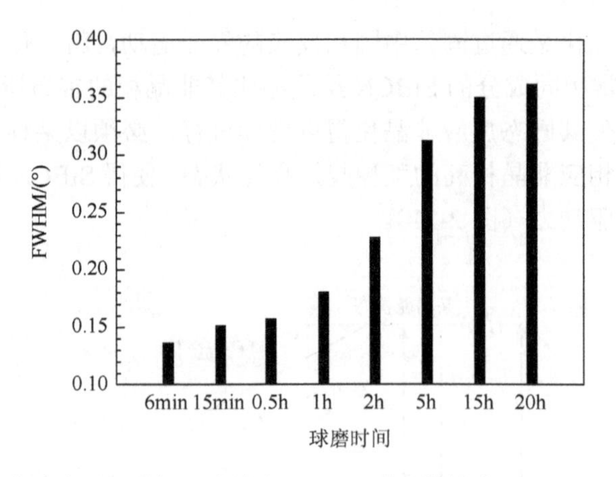

图 2-23　机械合金化球磨不同时间（球料比 20∶1，球磨罐转速 600r/min，磨球直径 10mm）制备的 Si_2BC_3N 陶瓷粉体中，c-Si 最强峰的 FWHM 随球磨时间的变化图[10]

从复合粉体 SEM 表面形貌可知，高能球磨 6min 后复合粉体中片层状 h-BN 和片层状石墨厚度减小，径向尺寸减小，此时 c-Si 颗粒仍保持无规则形状；继续高能球磨至 0.5h，c-Si 颗粒尺寸极大地减小，部分呈球状，此时复合粉体中片层状结构消失，h-BN 和石墨以非晶形态包覆在 c-Si 颗粒表面；随着球磨时间进一步延长至 20h，复合粉体颗粒历经反复的变形、破碎、团聚、局部瞬间高温、冷焊、局部短程扩散、局部化学反应等物理化学过程，最终实现了无机晶态混合粉体向非晶态结构转变。通过机械合金化制备的 Si_2BC_3N 非晶粉末团聚体，由粒径更小的 100～200nm 陶瓷颗粒构成，从颗粒间边界形貌来看，这些纳米颗粒之间更像是冶金结合导致的硬团聚（图 2-24）。

图 2-24　机械合金化球磨不同时间（球料比 20∶1，球磨罐转速 600r/min，磨球直径 10mm）制备的 Si_2BC_3N 陶瓷粉体的 SEM 表面形貌[10]

（a）6min；（b）15min；（c）0.5h；（d）1h；（e）3h；（f）10h；（g）15h；（h）20h

从复合粉体表面元素（Si-$K_{\alpha1}$）面分布结果来看，高能球磨 6min 后复合粉体仍有大粒径单质 c-Si，但仍显示少量 Si 与 B、C、N 元素原子均匀混合；继续高能球磨 0.5h 后，复合粉体中单质 c-Si 颗粒尺寸小于 10μm；进一步延长球磨时间，单质 c-Si 颗粒尺寸持续减小，至 20h 后各元素原子达到原子尺度均匀混合（图 2-25）。

TEM 结果显示，高能球磨 15min 后，复合粉体中出现了少量的非晶相，富含 B、C、N 及少量 Si 元素原子；此球磨时间下，在非晶区域观察到部分扭折状 BN(C)、湍层 BN(C)及片层状 BN(C)；非晶相分布在晶体结构完整的 c-Si 晶体周围（图 2-26）。

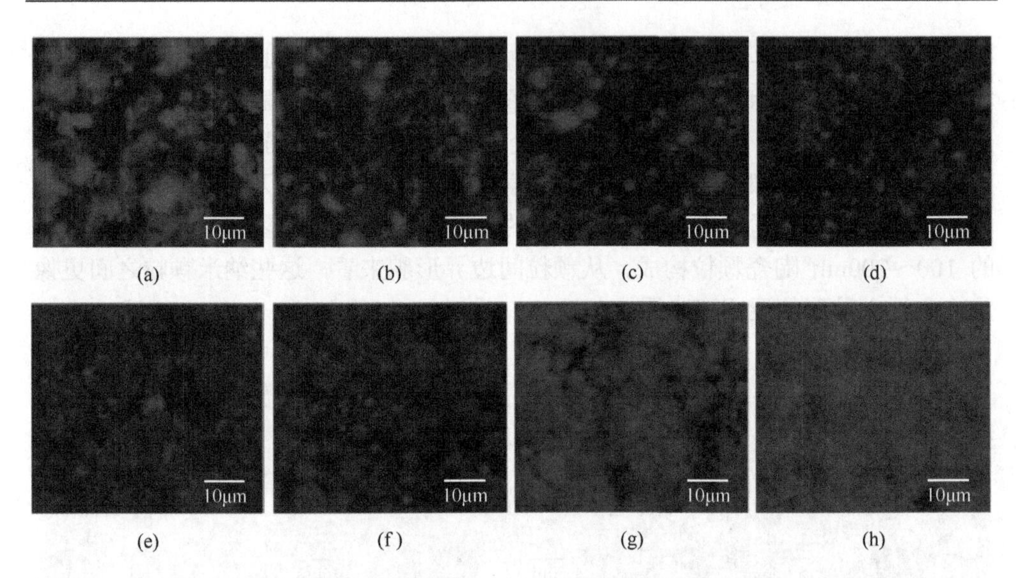

图 2-25　机械合金化球磨不同时间（球料比 20∶1，球磨罐转速 600r/min，磨球直径 10mm）制备的 Si_2BC_3N 陶瓷粉体的元素（Si-$K_{\alpha1}$）面扫描结果[10]

（a）6min；（b）15min；（c）0.5h；（d）1h；（e）3h；（f）10h；（g）15h；（h）20h

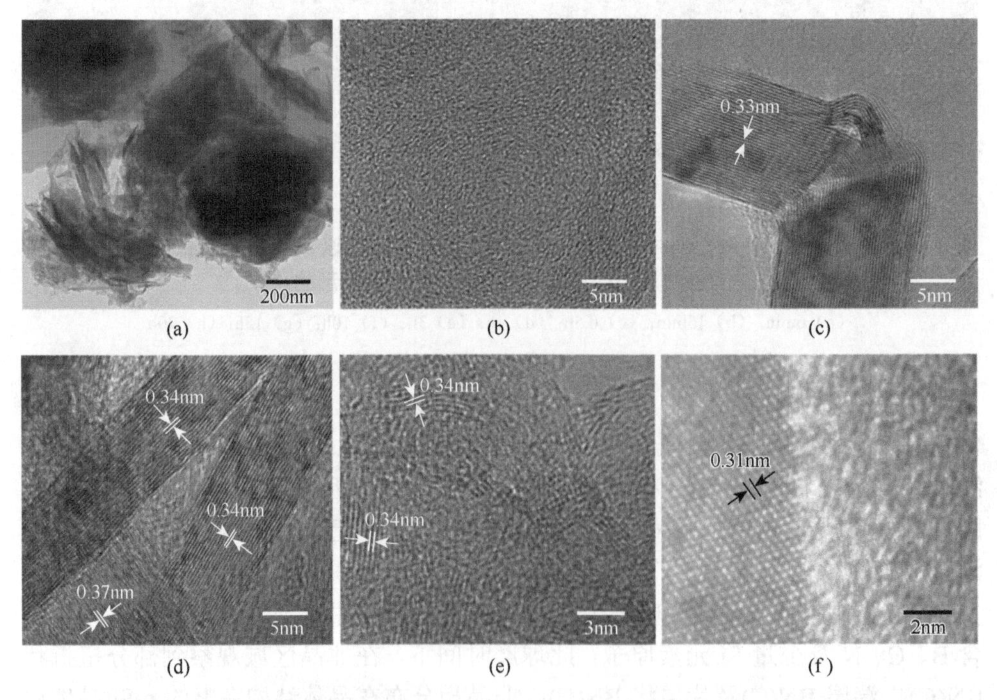

图 2-26　机械合金化球磨 15min 制备的 Si_2BC_3N 陶瓷粉体的 TEM 分析[10]

（a）TEM 明场像；（b）局域非晶区域的 HRTEM 精细结构；（c）扭折状 BN(C)的 HRTEM 精细结构；（d）片层状 BN(C)的 HRTEM 精细结构；（e）湍层 BN(C)的 HRTEM 精细结构；（f）c-Si 晶相的 HRTEM 精细结构

延长高能球磨时间至 0.5h，复合粉体中非晶相含量增加，非晶区域内扭折状及片层状 BN(C)含量降低；球磨时间延长至 15h，非晶相含量不断增加，伴随着晶态 c-Si 含量的不断降低及晶粒尺寸持续减小；球磨时间延长至 20h，SAED 显示非晶衍射圆环，高分辨形貌显示衬度均匀的非晶相结构；需要指出的是，在球磨时间为 15～20h 时，Si_2BC_3N 非晶基体中出现了少量 β-SiC（≈2nm）(图 2-27 中圈起的区域)。随着球磨时间的进一步延长（50h），高分辨形貌照片显示非晶基体中纳米 β-SiC 晶粒长大，晶体数量增加（图 2-28）。长时间的球磨将输入过剩的机械能量，这可能导致随机分布的元素原子偏聚进而形成原子团簇，并最终引发新生晶体的形核和长大，即部分非晶相到纳米晶相的转变。提高球磨罐转速至 800～1200r/min 或增大球料比至 30∶1～50∶1，也会导致类似的“再结晶”现象。

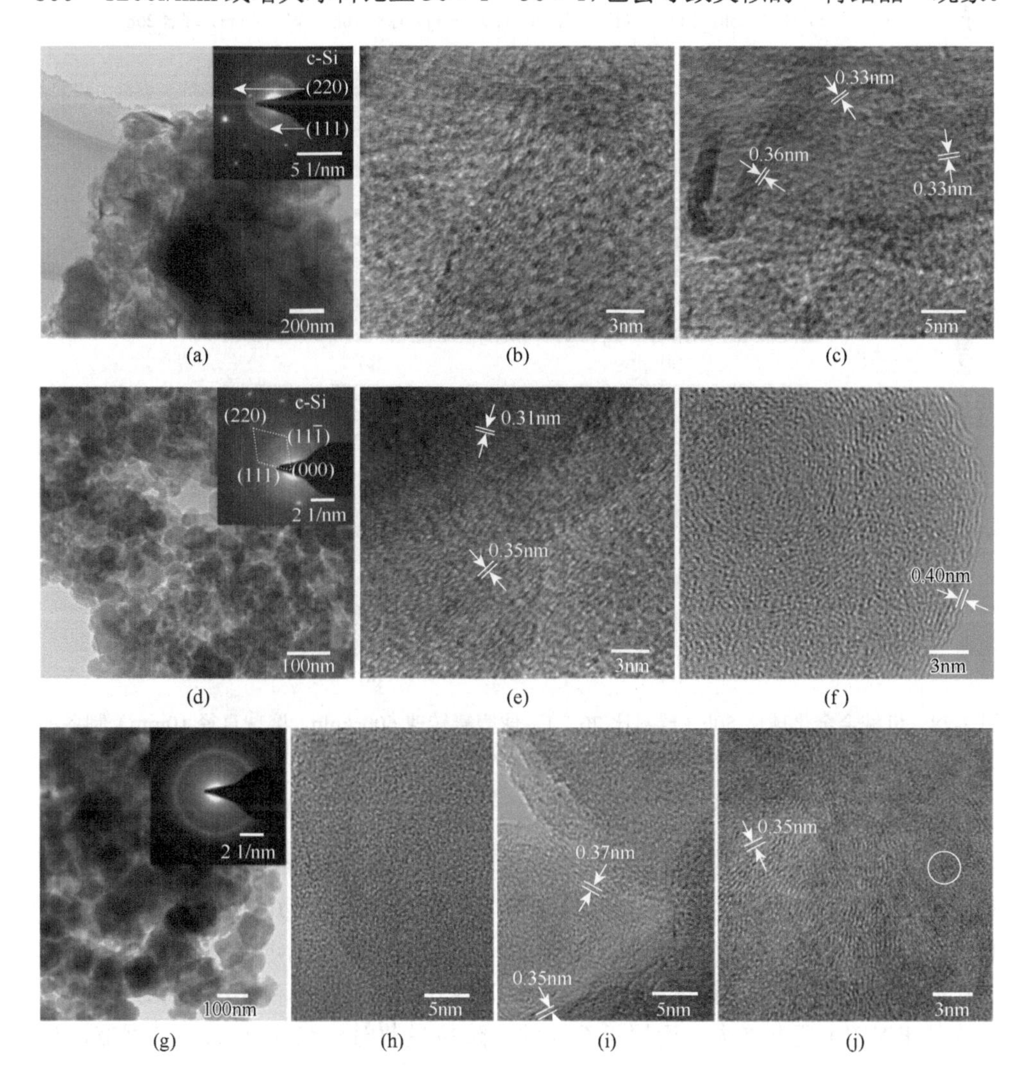

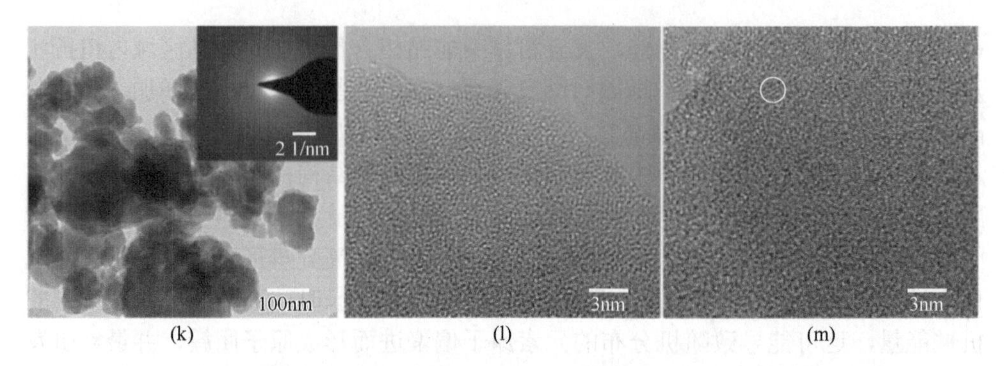

图 2-27　机械合金化球磨不同时间（球料比 20∶1，球磨罐转速 600r/min，磨球直径 10mm）制备的 Si_2BC_3N 陶瓷粉体的 TEM 分析[10]

（a）～（c）球磨 0.5h；（d）～（f）球磨 1h；（g）～（j）球磨 10h；（k）～（m）球磨 20h

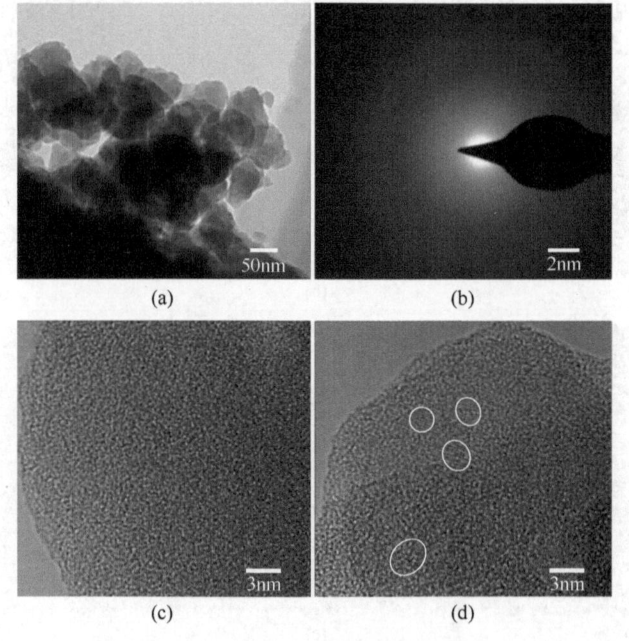

图 2-28　机械合金化球磨 50h（球料比 20∶1，球磨罐转速 600r/min，磨球直径 10mm）制备的 Si_2BC_3N 陶瓷粉体的 TEM 分析[10]

（a）TEM 明场像；（b）SAED 花样；（c）完全非晶区域；（d）少量 β-SiC 分布于非晶基体

拉曼光谱显示，属于单质 c-Si 的振动峰在约 510cm^{-1} 和约 931cm^{-1} 处凸显[11, 12]；石墨和 h-BN 的 D 边峰在约 1358cm^{-1} 处展宽[13]；石墨的 G 边峰处于约 1575cm^{-1}，其二阶拉曼散射峰在约 2720cm^{-1} 处展宽[13]；通常，属于无定形碳的振动峰在约 1530cm^{-1} 展宽[14]。复合粉体机械合金化时间≤10h 时，石墨和 h-BN 的 D 和 G 振动峰的 FWHM 逐渐增大，而属于石墨的二阶拉曼散射峰在约 2720cm^{-1} 展宽，说明部分 B、C 和 N 元素原子在原子尺度均匀混合，形成了非晶相（图 2-29）。延长球磨时间至 15h，此时属于单质 c-Si 的振动峰强度锐减，非晶相衍射峰强度不断升高并展宽；球磨时间大于等于 20h 时，拉曼光谱上观察不到单质 c-Si 的晶体振动峰，此时几乎所有 Si、B、C 和 N 元素原子实现了原子尺度上的均匀混合。

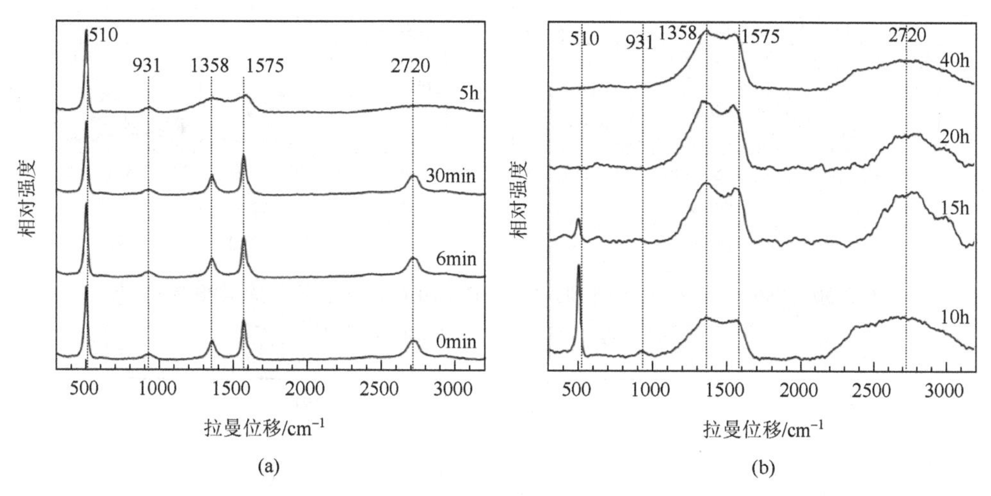

图 2-29　机械合金化球磨不同时间制备的 Si_2BC_3N 陶瓷粉体的拉曼光谱[10]

光电子能谱仪（X-ray photoelectron spectroscopy，XPS）结果进一步表明，随着球磨时间延长，Si—Si 键含量不断降低，Si—C 键、C—B 键含量不断提高；球磨时间为 20h 时，Si_2BC_3N 非晶中含有 Si—C、B—C、N—C、B—N—C、B—C—N 等多种新生化学键[15-17]（图 2-30）。与原始混合粉体相比，非晶相中各化学键峰位均发生了不同程度的偏移，Si—O 键和 B—O 键来源于原始晶态粉体表面吸附氧或表面极薄的氧化层[18, 19]（图 2-31）。

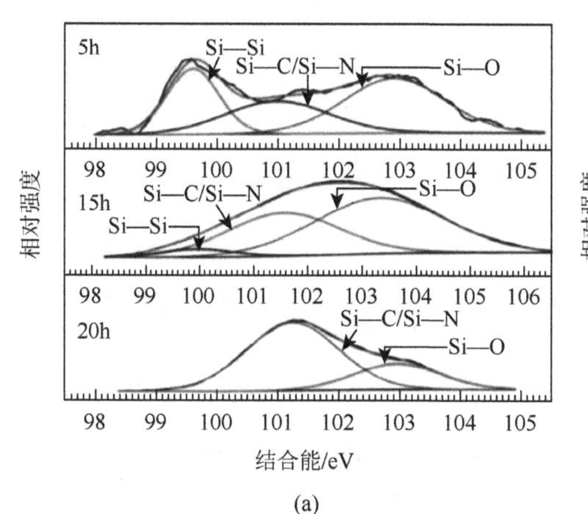

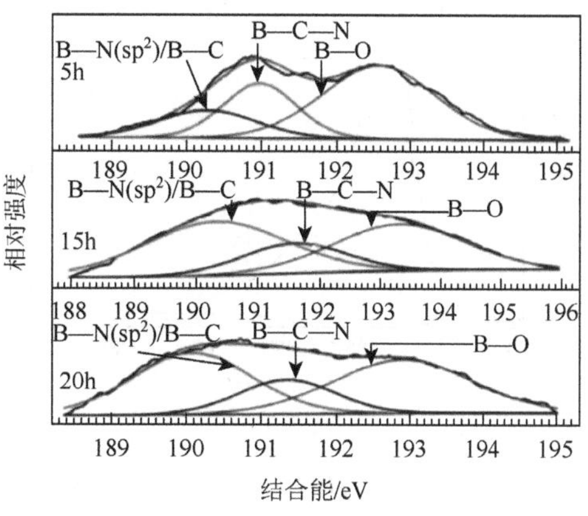

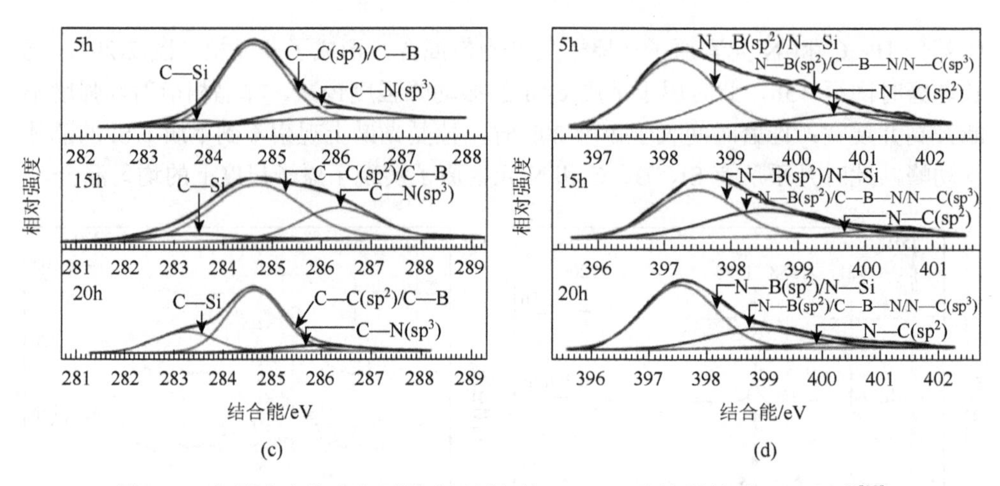

图 2-30　机械合金化球磨不同时间制备的 Si_2BC_3N 陶瓷粉体的 XPS 图谱[10]

（a）Si 2p；（b）B 1s；（c）C 1s；（d）N 1s

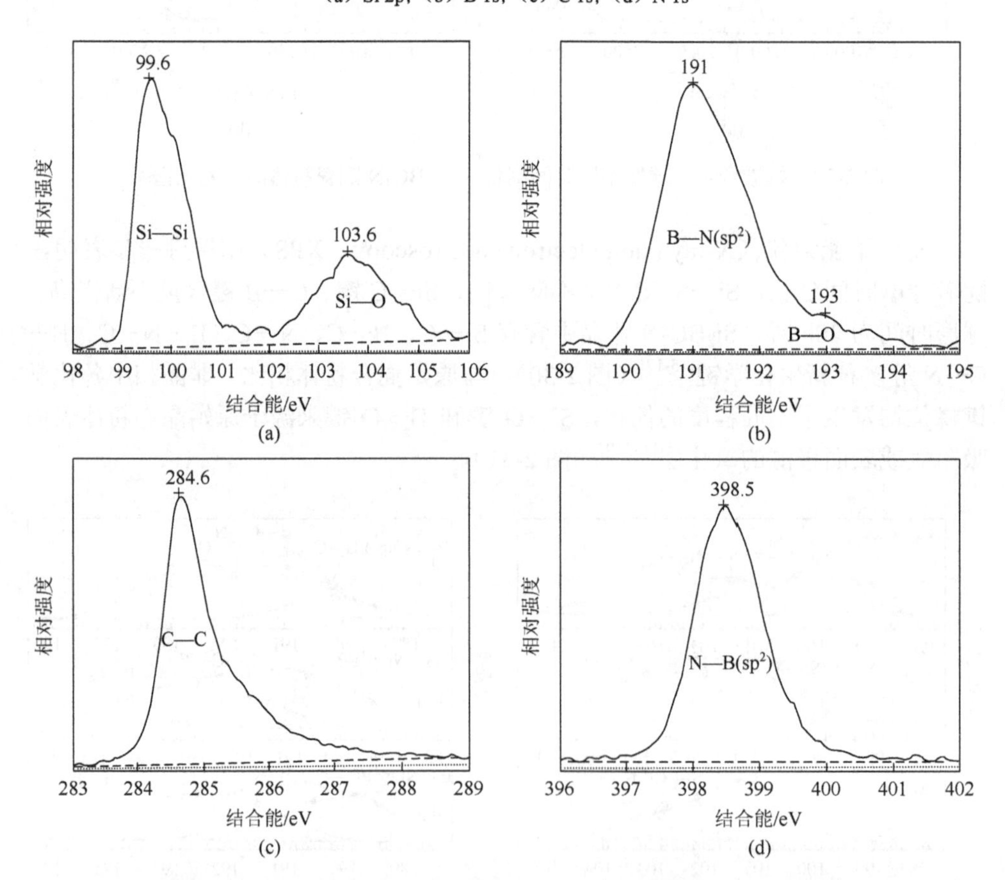

图 2-31　原始无机晶态 c-Si、石墨、h-BN 混合粉体的 XPS 图谱[10]

（a）Si 2p；（b）B 1s；（c）C 1s；（d）N 1s

高能球磨 1～5h 后，^{29}Si 的固体核磁共振图谱显示，$Si_2BC_{0.5}N$ 陶瓷粉体中单质 c-Si 的晶体振动峰强度仍然很高，并未观察到其他成分或物相的振动峰；高能球磨 20h 后，$Si_2BC_{0.5}N$ 陶瓷粉体 ^{29}Si 固体核磁共振图谱上出现一个宽化的振动峰，在$(-40～20)\times10^{-6}$ 化学位移范围内展宽，属于非晶 SiC_xN_{3-x}（$0\leqslant x\leqslant3$）四面体，此时陶瓷粉体中仍存在部分单质 c-Si（-80×10^{-6}），但其振动峰的 FWHM 有所增大[20]。与之相比，$Si_2BC_{3.5}N$ 陶瓷粉体在高能球磨 5h 后，^{29}Si 固体核磁共振图谱上已经显示出非晶 SiC_xN_{3-x}（$0\leqslant x\leqslant3$）四面体的振动峰；随着球磨时间延长至 20h，该非晶相衍射峰强度增强，峰形对称展宽；与此同时，单质 c-Si 的晶体振动峰强度大大降低，FWHM 也随之增大。随着球磨时间进一步延长，粉体的固态反应非晶化程度进一步提高（图 2-32）。

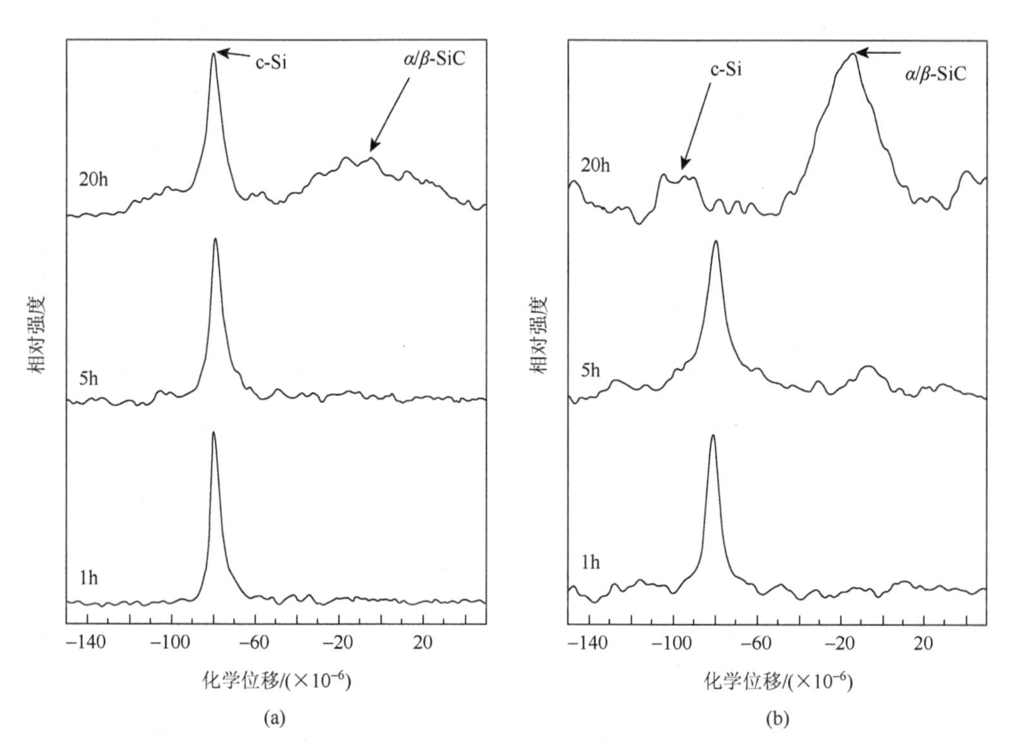

图 2-32　不同 C 摩尔比的 SiBCN 系陶瓷粉体在不同球磨时间条件下的 ^{29}Si 固体核磁共振图谱[21]

（a）$Si_2BC_{0.5}N$；（b）$Si_2BC_{3.5}N$

高能球磨 40h 后，不同 B 含量 SiBCN 系陶瓷粉体（引入硼粉提高体系中 B 含量）中，^{11}B 的核磁共振峰在$(0～100)\times10^{-6}$范围内展宽，表明绝大多数 B 原子具有相似的化学环境，且含 B 的化合物处于非晶状态（图 2-33）。无机法制备 SiBCN

系陶瓷粉体中 B 原子所处的化学环境可能包括以下五种：c-BN、BN_3、BCN_2、BC_2N 和 BC_3。其中，c-BN 化学位移在约 1.6×10^{-6}，BN_3 在$(24\sim30)\times10^{-6}$，BCN_2 在$(33\sim40)\times10^{-6}$，BC_2N 在$(45\sim55)\times10^{-6}$，BC_3 在$(70\sim80)\times10^{-6}$范围展宽[21-25]；从振动峰结构来看，$Si_2B_{1.5}C_2N$ 陶瓷粉体的主峰化学位移在约 30×10^{-6}，而次峰在约 1.6×10^{-6}；主峰可以认为是 BN_3、BCN_2、BC_2N 三个共振峰的叠加结果，而次峰则来源于 c-BN 的振动；随着 B 摩尔比增加，$Si_2B_2C_2N$ 非晶陶瓷粉体主次峰交换位置，说明 B 原子周围的化学环境发生了很大的变化；对于更高 B 摩尔比的 $Si_2B_3C_2N$ 和 $Si_2B_4C_2N$ 陶瓷粉体，BC_3 共振峰开始分离凸显，表明 B 含量的增加倾向于和部分 C 形成此结构。与纯 h-BN 相比，复合粉体的共振峰峰位往高化学位移方向偏移，说明 B 原子费米能级附近的电子云密度增加。综上所述，旧键（原始晶体粉体）的断裂和新键的形成有助于高能球磨过程中的固态反应非晶化。

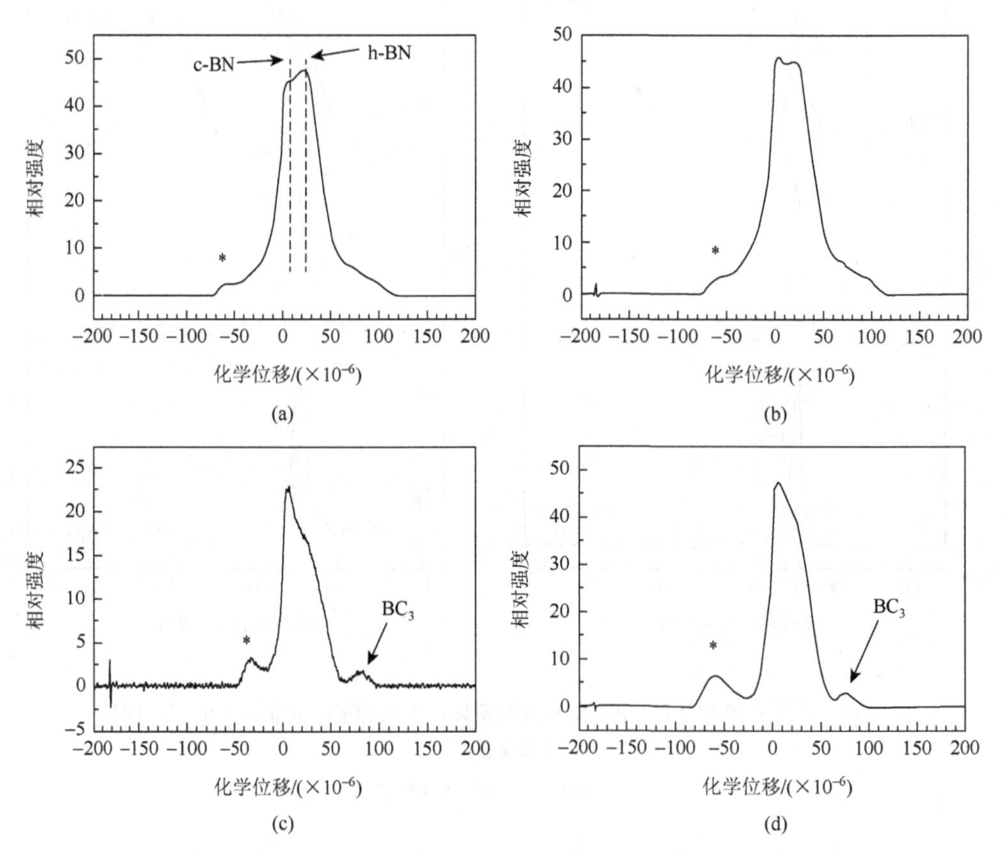

图 2-33　不同 B 摩尔比的 SiBCN 系陶瓷粉体经高能球磨 40h 后 ^{11}B 的固体核磁共振谱[21]

（a）$Si_2B_{1.5}C_2N$；（b）$Si_2B_2C_2N$；（c）$Si_2B_3C_2N$；（d）$Si_2B_4C_2N$

*标注由旋转边带引起的峰

2.2.2　机械合金化诱导固态反应非晶化机理

基于机械合金化的无机法制备的 SiBCN 系非晶陶瓷粉体，不具有有序排列的微观结构，导致其相比平衡态下的晶体有更高的吉布斯自由能，但又由于其受到原子短程扩散等动力学因素限制，SiBCN 非晶相处于一种相对稳定的亚稳态。处在高能态的体系，随着局域温度降低或压力升高，总是趋向低能量的稳定平衡晶态，因此机械合金化过程可以看成 SiBCN 非晶相、其他亚稳相与结晶相之间的竞争过程。这个竞争过程取决于各物相间的反应热力学和动力学。如何估算一个四元体系的热力学自由能相图是个难题，目前只能对简单体系的自由能图进行粗略估算。

SiBCN 非晶相的各种形成途径可以由一个假想的二元系稳定/亚稳自由能图与相图加以定性描述[26]（图 2-34）。根据自由能图，可以估判非晶形成的成分区域、非晶形成能力、非晶形成驱动力等。从反应路径来看，无机晶态 c-Si、h-BN、石墨、硼粉等混合粉体最初处于热力学平衡态 G_c，经过机械合金化激发到某高能状态 G_i，再经热激活达到非晶状态 G_a，即固态反应非晶化路径为晶态→某高能态→亚稳态。各相之间竞争受到各自自由能的影响。图中实线代表稳定相图和自由能图，虚线代表亚稳相情况，可见非晶相的自由能总是高于其平衡相 α、β、γ 的自由能，因此在 $T=T_r$（反应温度）时非晶相不可能出现。考虑到机械合金化诱导 SiBCN 固态反应非晶化总是在较低的温度下进行，且热力学稳定相 γ 的出现被遏制，于是在一定成分范围内非晶相自由能便是最低的，由此可按公切线法则建立相应的亚稳平衡相图，从而给出机械合金化所得非晶相的形成成分区间。

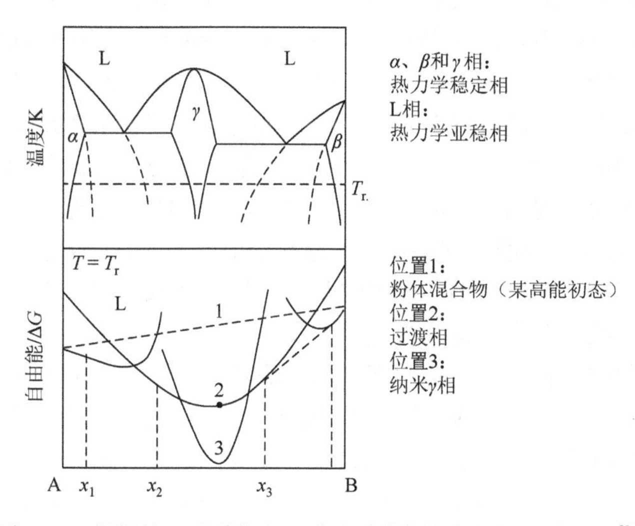

图 2-34　假想的二元系稳定/亚稳自由能图与相图（示意图）[26]

从能量角度来看，平衡自由能 $\Delta G = \Delta U - T\Delta S$，SiBCN 非晶相的获得是体系内能 U 和熵 S 竞争的结果。Si、B、C 和 N 四种元素原子间的相互作用会导致 U 降低，倾向于有序化，而温度 T 和熵 S 使得体系无序化，所以熵 S 和内能 U 的竞争导致 SiBCN 非晶相或相应晶相的形成。如果体系内能 U 足够大，即原子间关联很强，关联范围趋于无穷，则系统有长程序，高能球磨即可得到结晶相；如果 U 较小，则关联作用只限于近邻原子，系统只有短程序，形成长程无序 SiBCN 非晶相。鉴于机械合金化诱导 SiBCN 固态反应非晶化的温度较低，熵对非晶相自由能的贡献不大，体系须有足够大的负值形成能。因此，当高能球磨过程使无机晶态混合粉体系统因熵值增加而引起的能量降低大于因内能增加而引起的能量增加时，四元 SiBCN 体系将自发转变为非晶态的无序结构。当粉体转变为完全的非晶态结构后，如果进一步提高转速或增大球料比，系统熵值进一步增加的幅度会变小，但系统的内能会因为原子热振动的加剧或原子之间势能的增加而进一步增大。持续增加的能量将使系统变得不稳定，当系统的能量增加到一定程度时，局部非晶组织便会自发转变成晶态有序结构。因为在系统内能很高的情况下，转变成有序结构时内能降低引起的能量降低将大于因熵值减小而引起的能量增加，从而使系统的自由能降低。相对而言，球磨时间的延长不能改变输入粉体系统的功率，因此当粉体转变成完全非晶态组织后，进一步延长球磨时间对粉体结构转变的影响相对较小。

由上述热力学讨论可见，机械合金化诱导 SiBCN 固态反应非晶化必须满足下述条件：①须有足够高的激发能量（机械能）输入，为此要求机械合金化要有足够的高能球磨强度。②复合粉体体系中应有储存这种激发能量的形式和条件，如体系的结构缺陷能（点阵的点线面缺陷）、纯弹性畸变能、表面能与界面能形式等。显然，对机械合金化而言，使陶瓷复合粉体颗粒球磨到足够细的粒度是必不可少的条件。③固相反应还应维持在一个适当低的温度以避免非晶-晶态转变过程发生，因而球磨要有一定的冷却条件（球磨间隔冷却）。④高能初态-非晶态转变仍需要热激活，例如，要使元素原子经高能球磨后真正形成非晶相结构肯定少不了组元原子在界面的短程相互扩散，而扩散就需要一定的激活能（局部高温或成分/结构起伏等）。⑤为尽量增大固态反应非晶化的驱动力，即增大能量差 $\Delta G = G_i$(晶相自由能) $- G_a$(非晶相自由能)，要求非晶相有尽可能低的自由能，非晶相中四种元素原子配比需在一个合理范围内。

机械合金化非晶化过程是基于混合粉体高能球磨时，首先形成精细的复合结构，进而发生固态非晶化反应，因此 Schwarz 等[26]认为混合粉体的机械合金化诱导固态非晶化等同于多层膜退火的固相反应非晶化过程，故二元系合金非晶化的条件仍然是大而负的混合热及非对称扩散行为。Weeber 等[27]将机械合金化诱导固态非晶化反应分为三种类型：第一种为微晶极度碎化直接导致的非晶化，表现为衍射峰的连续宽化，微晶尺寸达几纳米；第二种为多层膜固相扩散反应导致的非晶化，表现为晶体衍射峰的移位和衍射强度的降低及独立非晶漫散峰的出现；第三种为首先形成过渡态化合物，进一步球磨转化为非晶相。

在三元系合金的机械合金化过程中，三种元素粉末经过不断撞击，经反复破碎和冷焊接并产生新的界面[28-30]。球磨一定时间后，撞碎效应和冷焊接效应趋于平衡，粉末颗粒的粒度也趋于一定值，这时虽然颗粒尺寸大小不一，但其内部不同原子组成的层状结构却越来越薄。在高能球磨作用下，当其中两个颗粒撞合到一块时，便形成一个界面，如界面两侧为异类原子，界面均为新界面，虽然此时温度较低，但原子的活性很大，且有巨大的负混合热，扩散驱动力较大，导致界面附近几个原子层的原子快速相互扩散。此时温度较低、原子扩散速度又快，使得原子来不及形成有序结构而形成无序结构状态，这样在界面处就形成了很薄的无序区域，称为非晶初始区域层。非晶初始区域随球磨进行不断增大。开始时，由于颗粒较大，表面不纯净，形成非晶初始区域层极为困难，故存在孕育期 τ，在孕育期 τ 内，不能形成非晶初始区域层。根据热扩散原理，在一般情况下，原子在低温下扩散是极其困难的，一旦开始扩散形成非晶初始区域后，就很难再向内部发展。而在三元系机械合金化过程中，由于粉末颗粒高速撞击产生缺陷，原子可以以缺陷扩散等方式进行，这就使原子扩散经历非晶区域后的进一步扩散成为可能。由于原先的晶格产生严重畸变以及原子的迅速扩散，这就使得原先的“晶态-非晶态”区域界面向晶态一侧转移，称为“非晶初始区域层的生长”。在非晶相的形成过程中，非晶初始区域层的不断形成起主导作用。因为低温下原子扩散长度是有限的，所以非晶初始区域层扩散起次要作用。上述转变称为“非晶态的直接形成机制”。

机械合金化诱导固态非晶化的第二种转变机制是在特定的球磨条件下，先形成过渡化合物，后继续球磨促使这些中间产物变为非晶态，称为“非晶态的间接形成机制”[30]。在低于液相温度时，正常情况下系统以晶体形式存在是稳定的，因而有些粉末在球磨初始阶段先形成晶体，在进一步的球磨过程中，晶体的粒度不断减小，同时晶粒的内应力不断增大，严重的变形转变成高密度缺陷，晶格发生严重畸变，从而导致体系的自由能提高。若此时合金结晶相的自由能与畸变能之和大于相应非晶相的自由能，晶体便自发地转变成非晶。非晶态的间接机制还有另外一种：在机械合金化过程中，溶质原子不断地溶入溶剂的同时，晶粒尺寸不断减小，内应力不断增大。当溶质原子在溶剂的含量超过其饱和度时，溶剂晶格体系失稳崩溃，形成非晶态。

对于 SiBCN 系陶瓷，以 c-Si、h-BN、石墨、硼粉等无机晶态粉体为原料，高能球磨初期（球磨时间小于等于 5h），原材料石墨和 h-BN 就实现了完全固态非晶化，此时大部分 c-Si 仍为晶态，因此少量非晶 Si、非晶 BN、无定形碳和/或非晶 BN(C)

相形成了非晶初始区域层。非晶初始区域层随球磨时间延长不断增多，部分非晶相附着在晶态 c-Si 颗粒表面，形成新界面。在机械外力持续作用下，晶态 c-Si 粉体颗粒反复被挤压、变形、断裂、冷焊，趋于形成球形粒子。持续的高能球磨导致 c-Si 球形粒子加工硬化，晶格产生严重畸变进而产生微裂纹失稳崩塌，粒子尺寸恒定在纳米尺度范围。纳米尺度球形粒子的冷焊和破碎达到动态平衡，使得晶态 c-Si 颗粒与非晶初始区域层两者界面处的原子活性增大，且有巨大的负混合热，互扩散驱动力增大，导致界面附近几个原子层的原子快速相互扩散，使“晶态-非晶态”区域界面向晶态一侧转移，发生了“非晶初始区域层的生长”，直至完全形成 SiBCN 非晶相。机械合金化过程中，c-Si 晶体衍射峰强度随着球磨进行逐渐降低，FWHM 增大（衍射峰连续宽化），且出现了晶体衍射峰的移位及独立非晶漫散射峰的萌生，因此 SiBCN 固态非晶化应为层膜固相扩散反应导致的非晶化（主导）和微晶极度碎化直接导致的非晶化。c-Si、h-BN、石墨、硼粉等无机晶态粉体在机械合金化过程中，并没有发现过渡态中间相形成，因此非晶的间接形成机制不起作用。

在增大球料比至 30∶1～50∶1 或提高球磨罐转速至 800～1200r/min 或延长有效球磨时间大于 20h 时，SiBCN 非晶基体中出现了少量 α/β-SiC 纳米晶。由于原材料石墨和 h-BN 在高能球磨初期（小于等于 5h）就实现了完全非晶化，部分非晶 C 原子将附着在单质 c-Si 颗粒表面，在应力场和缺陷辅助扩散条件下，部分 Si 原子与 C 原子短程相互扩散可能形成非晶 α/β-SiC 或纳米 α/β-SiC 晶胚。在机械外力作用下，部分 Si 和 C 原子也可以直接碰撞短程扩散形核，即均匀形核。晶态或非晶态 α/β-SiC 的生成，取决于当前球磨强度下两者吉布斯自由能的高低及其形核、长大的动力学过程。然而，无论是均匀形核还是非均匀形核，均涉及新相与母相吉布斯自由能、界面能和弹性应变能的变化，由式（2-1）表示[31]：

$$\Delta G_{\mathrm{T}} = \varepsilon + \Delta G_{\mathrm{S}} + \Delta G_{\mathrm{N}} \tag{2-1}$$

式中，ΔG_{T} 为总吉布斯自由能的变化，kJ/mol；ε 为新相引起的弹性应变能，kJ/mol；ΔG_{S} 为新相与母相之间的界面能变化，kJ/mol；ΔG_{N} 为新相与母相之间的吉布斯自由能变化，kJ/mol。

假设析出的新相 α/β-SiC 为球形，则 ε 和 G_{S} 可以表达为[32]

$$\varepsilon = \frac{4}{3}\pi r^3 \Delta G_{\mathrm{V}} \tag{2-2}$$

$$\Delta G_{\mathrm{S}} = 4\pi r^2 \sigma \tag{2-3}$$

式中，r 为新相单胞半径，nm；ΔG_{V} 为单位体积 α/β-SiC 与非晶母相的吉布斯自由能变化，kJ/mol；σ 为单位体积 α/β-SiC 与非晶母相的界面能，kJ/mol。

在恒定球磨强度下，ΔG_{V} 和 σ 保持不变。根据经典形核和长大理论，异质形核的ΔG_S都非常小，因此析出相纳米α/β-SiC更加倾向于非均匀形核。实际上，在较低温及常压高能球磨环境下，α/β-SiC的形核和长大都强烈依赖于元素原子的短程扩散。在机械化学作用下，附着在c-Si颗粒上的无定形碳易通过空位等缺陷相互扩散，形成与晶态α/β-SiC相似原子结构的胚体。这些胚体在持续球磨过程中可能会消失，但在热力学和动力学条件允许的情况下，如浓度起伏、结构起伏和温度起伏（局部高温），胚体将突破临界形核尺寸，生成稳定尺寸的α/β-SiC晶核。需要指出的是，由于磨球、球磨罐及杂质等缺陷存在，纳米α/β-SiC晶相亦可能在此缺陷处形核和长大以降低体系能量。需强调的是，并不是所有扩散、碰撞都是有效的，α/β-SiC晶核始终处在一个动态破碎—再结晶过程，需要在足够球磨强度下才能形核和长大（充足的球磨时间或增加球料比或提高球磨罐转速，均可提高总的碰撞频率）。因此，对SiBCN系陶瓷而言，充足的球磨时间是固态非晶化的必要条件，但这也不可避免地促使少量纳米α/β-SiC结晶析出。实际上，球磨强度一定时，对于某些化学组成的SiBCN系非晶陶瓷粉体，即使进一步延长球磨时间，析出相纳米α/β-SiC的晶粒尺寸和数量仍大体上保持不变。

综上所述，在现有技术条件下，以c-Si、h-BN、石墨、硼粉等无机晶态粉体为原料，通过高能球磨尚不能实现完全意义上的SiBCN非晶，在HRTEM下能观察到少量有序结构。例如，Si_2BC_3N成分的陶瓷粉体经高能球磨40h后，TEM明场像及元素面分布结果证实四种元素在原子尺度上均匀混合，而HRTEM精细结构和SAED花样却表明在局部区域存在极少量的纳米α/β-SiC（1～2nm）。这说明SiBCN系陶瓷粉体的固态反应非晶化与陶瓷平均化学成分、新相生成焓等存在密切联系，固态非晶化和形核由热力学和动力学条件所决定，是各种因素互相竞争的结果。因此，基于机械合金化的无机法制备SiBCN系非晶陶瓷粉体，固态反应非晶化机制可能由以下几个因素共同主导：①扩散诱导非晶化；②缺陷辅助扩散诱导非晶化；③应力诱导非晶化；④化学成分诱导非晶化。

2.3　SiBCN系非晶陶瓷粉体等温析出SiC晶相动力学

2.3.1　碳含量的影响

当温度升高或延长保温时间时，亚稳态非晶相的原子扩散和迁移将随之增强，若其体系的能量超过势垒高度，非晶相将发生晶化。基于约翰逊-梅尔-阿弗拉密-科尔莫戈罗夫（Johnson-Mehl-Avrami-Kolmogorov，JMAK）形核和长大理论，可采用XRD相分析方法来阐明不同C摩尔比Si_2BC_xN（$x=1$～4）系非晶陶瓷粉体的等温析晶动力学行为与机理。对于析出相某个特定晶面指数（*hkl*），其 X 射线衍射积分强度正比于相应（*hkl*）晶面数量，如式（2-4）所示[33, 34]：

$$X_i(t) = I_i / I_i^{\max} \tag{2-4}$$

式中，$X_i(t)$为特定保温温度下析出相某个晶面指数（*hkl*）的积分强度比；I_i 为特定退火温度下析出相某个（*hkl*）晶面的积分强度，s^{-1}；$I_i^{\max}$ 为特定退火温度下析出相某个（*hkl*）晶面的最大积分强度，s^{-1}。

在恒定保温温度下，随着退火时间延长，非晶粉体逐渐发生晶化，析出相 β-SiC 的晶体衍射峰强度逐渐升高；在相同退火时间的条件下，退火温度越高，析出相 β-SiC 衍射峰强度也越高（图 2-35）。

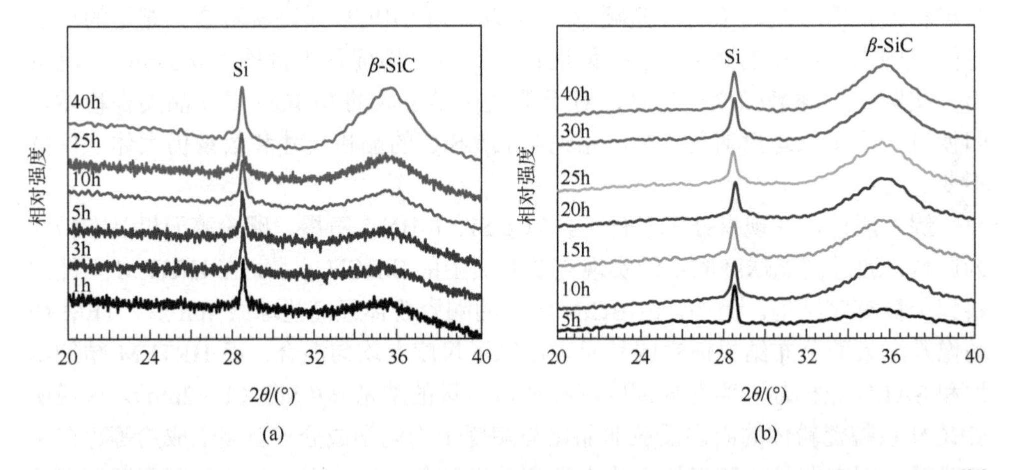

图 2-35 机械合金化制备的 Si_2BCN 非晶陶瓷粉体在 1000℃保温不同时间条件下的 XRD 图谱[21]

（a）1000℃；（b）1100℃

恒定温度下，析出相 β-SiC 相对含量随着保温时间延长逐渐增大；保温温度越高，β-SiC 形核的弛豫时间越短（图 2-36）。Si_2BCN 非晶陶瓷粉体在 1000℃保温时，β-SiC 的形核和长大时间可达约 100h，温度升高到 1300℃时，其形核和长大时间缩短为约 3h；Si_2BC_2N 非晶陶瓷粉体在 1000℃保温时，β-SiC 的形核和长大时间可达约 150h，温度升高到 1300℃时，其形核和长大时间缩短为约 3.5h；随着 C 摩尔比进一步增大，Si_2BC_3N 和 Si_2BC_4N 非晶陶瓷粉体在 1000℃保温时，β-SiC 的形核和长大时间为约 100h，温度升高到 1300℃时，其析晶时间则缩短为约 3h。从析晶弛豫时间来看，Si_2BC_2N 非晶陶瓷粉体的析晶弛豫时间较长，在 1000～1300℃范围内，其析晶弛豫时间大致分别为约 15h、约 10h、约 5h 和约 1h；而其他成分的非晶陶瓷粉体在 1000～1300℃范围内，析晶弛豫时间大致为约 10h、约 5h、约 5h 和约 0.5h。

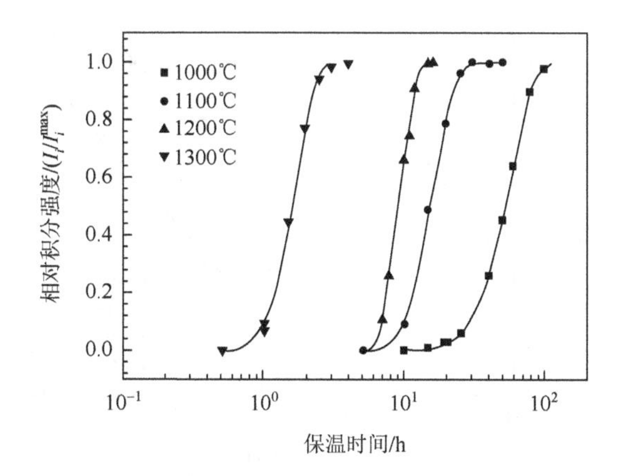

图2-36 机械合金化制备的Si_2BCN非晶陶瓷粉体在不同时间条件下β-SiC相对含量随保温温度的关系曲线[21]

根据JMAK形核和长大理论，SiBCN系非晶陶瓷粉体中等温析出相β-SiC的体积分数在特定温度下与保温时间的关系如式（2-5）所示[35-39]：

$$X_i(t) = \frac{I_i}{I_i^{\max}} = 1 - \exp\left[-k(t-\tau)^n\right] \tag{2-5}$$

式中，t为等温保温时间，h；τ为SiC形核弛豫时间，h；k为与保温温度相关的晶化速率常数，h^{-1}；n为JMAK指数；$t-\tau$为有效析晶时间，h。

拟合结果显示，$\ln\{-\ln[1-x(t)]\}$与$\ln(t-\tau)$具有较好的线性关系（图2-37）。通过作晶化速率常数k的自然对数$\ln k$与温度倒数$1/T$的关系图，根据拟合的直线斜率可以求得相应成分非晶陶瓷粉体的有效析晶激活能（式（2-6））[35-39]：

$$k = k_0 \exp\left(\frac{Q^c}{RT}\right) \tag{2-6}$$

式中，k为晶化速率常数，h^{-1}；k_0为指前因子，h^{-1}；Q^c为有效析晶激活能，kJ/mol；R为气体常数，8.314J/(mol·K)；T为退火温度，℃。

计算结果表明，Si_2BCN、Si_2BC_2N、Si_2BC_3N和Si_2BC_4N四种非晶陶瓷粉体的有效析晶激活能分别为199.99kJ/mol、229.10kJ/mol、200.87kJ/mol和179.10kJ/mol，有效析晶激活能随着C摩尔比增大先升高后降低；相应的JMAK指数n的平均值分别为2.45、2.45、2.48和2.3（图2-38）。由此可见，机械合金化制备的不同C摩尔比的Si_2BC_xN（$x=1\sim4$）系非晶陶瓷粉体，其n值相差不大，表明在Si∶B∶C∶N＝2∶1∶（1～4）∶1（摩尔比）范围内，析出相β-SiC的析晶机制与C含量关系不大。根据JMAK理论，n数值大小代表不同的形核和长大机制：$n=2.5$表示析出相β-SiC为连续形核，为体积扩散控制的三维长大方式。

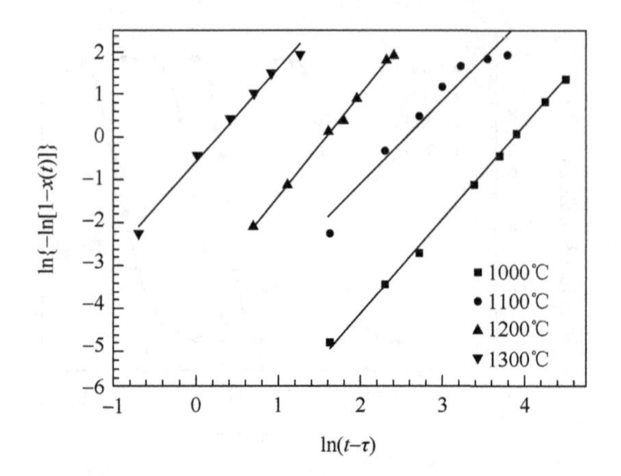

图 2-37　Si_2BCN 非晶陶瓷粉体在不同保温温度/时间条件下 ln{ln[1−$x(t)$]}与 ln(t−τ)的线性关系图[21]

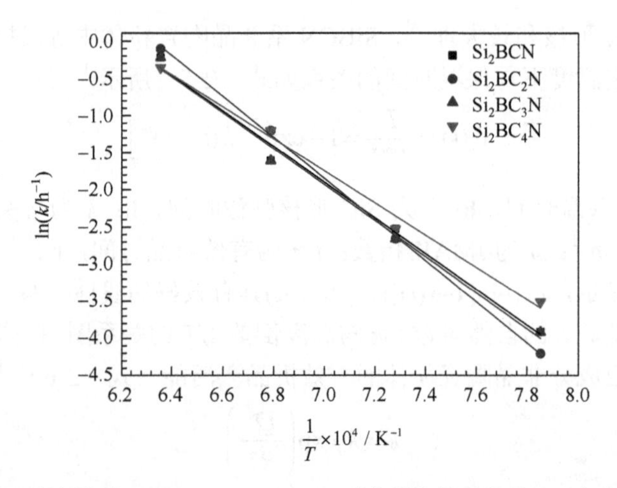

图 2-38　不同 C 摩尔比的 Si_2BC_xN（$x = 1$～4）系非晶陶瓷粉体的 ln k 与温度倒数 1/T 的关系图[21]

根据谢乐方程可以粗略计算析出相 β-SiC 的晶粒尺寸，如式（2-7）所示[40]：

$$\langle d\rangle = \frac{0.9\lambda}{B(2\theta)\times\cos(\theta)} \tag{2-7}$$

式中，$\langle d\rangle$为析出相的平均晶粒尺寸，nm；λ 为 CuK_α 入射波的波长，m；B 为析出相某个（hkl）晶面的 FWHM，rad；θ 为析出相（hkl）晶面对应的 Bragg 角，(°)。

随着保温温度升高，析出相 SiC 的晶粒尺寸逐渐减小（析出相 β-SiC 析晶时间随着保温温度升高急剧缩短）；在特定温度下，析出相 β-SiC 晶粒尺寸随退火时间延长基本保持不变；在相同退火条件下，随着 C 摩尔比增大，析出相 β-SiC 平均晶粒尺寸先减小后增大。总体而言，析出相 β-SiC 平均晶粒尺寸较小（<7nm）。需要指出的是，析出相 β-SiC 的实际晶粒尺寸比谢乐方程计算所得稍小（图 2-39）。谢乐方程计算的 β-SiC 平均晶粒尺寸大小对应的是 β-SiC（110）晶面法线方向的厚度，且由于所选取的 β-SiC 密排面（110）2θ 较小及 β-SiC 晶粒尺寸太小，计算结果有误差。

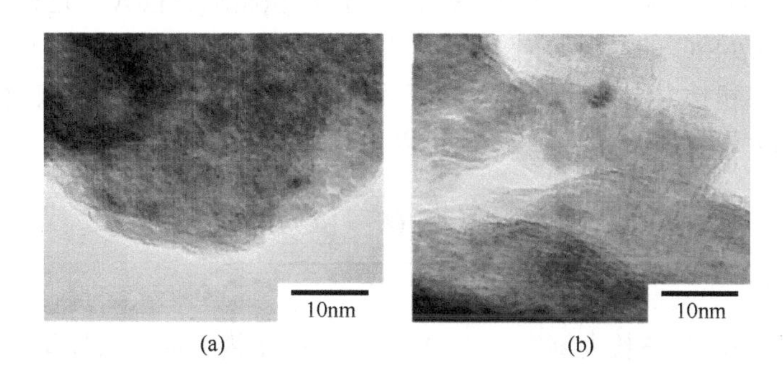

图 2-39　机械合金化制备的 Si_2BC_2N 非晶陶瓷粉体在不同退火条件下析出相 β-SiC 的高分辨形貌照片[21]

（a）1300℃/1h；（b）1200℃/15h

2.3.2　硼含量的影响

基于 JMAK 形核和长大理论，同样基于 XRD 相分析的方法，研究不同 B 摩尔比的 $Si_2B_yC_2N$（$y=1\sim4$）系非晶陶瓷粉体等温析出 β-SiC 晶相的析晶动力学行为。结果表明，随着 B 摩尔比增大，$Si_2B_yC_2N$（$y=1\sim4$）系非晶陶瓷粉体的有效析晶激活能逐渐降低，分别为 192.94kJ/mol、190.85kJ/mol、149.29kJ/mol 和 153.16kJ/mol。假设析出相 β-SiC 的晶粒为球形且晶粒间不发生重叠，则在晶化后期 β-SiC 晶核数量 N^c 由以下表达式确定：

$$N^c = V^c \Big/ \frac{\pi\langle d\rangle^3}{6} \tag{2-8}$$

式中，V^c 为析出相 β-SiC 的总体积，nm^3；$\frac{\pi\langle d\rangle^3}{6}$ 为单个 β-SiC 的平均体积，nm^3。

N^c 可认为正比于单位体积超临界核的数量 N^*，因此任何可能改变 N^* 的因素都将改变析出相 β-SiC 最终的晶粒尺寸。根据经典形核理论，对于凝聚态材料，单位体积超临界核数量 N^* 由式（2-9）确定：

$$N^* = N\times\exp\left(-\frac{\Delta G^*}{RT}\right) \tag{2-9}$$

式中，N 为析出相 SiC 的单位体积原子数；R 为气体常数，8.314J/(mol·K)；ΔG^* 为形核功，kJ/mol。

对于析出相 β-SiC，形核功 ΔG^*与 β-SiC 晶核/非晶界面表面自由能和形核驱动力有关，即 ΔG^*可以近似认为与 $A/\Delta T^2$ 成正比。其中，A 为常数、ΔT 为过热度。因此，提高保温温度可以提高过热度 ΔT 和降低形核功 ΔG^*。根据方程（2-9），降低形核功和提高退火温度均有效地提高了单位体积超临界核 N^*，这样等同于提高了在晶化后期 β-SiC 的晶核数量 N^c，因此 β-SiC 平均晶粒尺寸 $\langle d\rangle$ 有所降低。根据 JMAK 形核和长大理论计算所得的有效析晶激活能，包含了形核激活能 Q^N 和长大激活能 Q^G。有效析晶激活能 Q^c 可以由式（2-10）来表示[41]：

$$Q^c = \frac{\left(n - \dfrac{d}{m}\right)Q^N + (d/m)Q^G}{n} \tag{2-10}$$

式中，d 为 β-SiC 晶核长大维度（$d = 1$、2、3）；m 为界面长大模型（$m = 1$ 界面控制的长大，$m = 2$ 扩散控制的长大）；Q^N 为形核激活能，kJ/mol；Q^G 为长大激活能，kJ/mol。

对于受连续形核和三维扩散控制生长的 β-SiC 晶胚，即 $n = 2.5$、$d = 3$、$m = 2$，其有效析晶激活能 Q^c 可以表示为[42]

$$Q^c = \frac{2}{5}Q^N + \frac{3}{5}Q^D \tag{2-11}$$

式中，Q^D 为扩散激活能，等同于长大激活能 Q^G，kJ/mol。

通过将 Si、B、C 和 N 四种元素原子在非晶基体中的扩散激活能加以平均，近似地获得 SiBCN 系非晶陶瓷的扩散激活能 Q^D，进而可求得相应的形核激活能 Q^N（需要指出的是，该近似并没有考虑四种元素原子间的相互作用，因此估算有误差）[43-46]。Tavakoli 等[41, 42]和 Schmidt 等[43]在研究 SiBCN 系非晶陶瓷颗粒的等温析出 Si_3N_4 晶相动力学行为时发现，其形核激活能 Q^N＞扩散激活能 Q^D（约为三倍关系），因此他们认为等温析出 Si_3N_4 晶相的过程主要受形核动力学因素控制。据此可以解释，为什么在恒定保温温度/不同保温时间条件下，析出相 β-SiC 的平均晶粒尺寸基本保持恒定大小（晶粒尺寸随着保温时间延长而略有增加主要是晶化后期形核率较小以及部分晶核长大所致）。较小的扩散激活能 Q^D 表明，当某个晶胚突破形核障碍时，该晶胚将迅速长大（具体长大速度仍需参考动力学条件）。假定无机法制备的不同成分的 SiBCN 系非晶陶瓷粉体中，等温析出 β-SiC 晶相的形核激活能和长大激活能有上述近似关系（即 $Q^N/Q^D \approx 3$），可以粗略求得不同 C 摩尔比和 B 摩尔比的 SiBCN 系非晶陶瓷粉体的 Q^N 和 Q^D 值。

2.4　SiBCN 系非晶陶瓷粉体高温热稳定性

2.4.1　碳含量的影响

SiBCN 系非晶陶瓷粉体的析晶激活能直接决定了其非晶组织结构的高温热稳定性。不同 C 摩尔比的 Si_2BC_xN（$x=1\sim4$）系非晶陶瓷粉体在不同气氛中加热到 1200℃后，热重（thermogravimetry，TG）结果表明，该系非晶陶瓷粉体在 Ar 和 N_2 气氛中均表现出相似的失重-增重规律。在 400℃以下，非晶陶瓷粉体的失重可能归结于表面吸附水分子、二氧化碳、一氧化碳等气体小分子的脱附；在 400～1200℃范围内，陶瓷粉体略微增重，这可能是粉体与惰性气体中少量 O_2 发生氧化反应导致的。这在 C 摩尔比较小的 $Si_2BC_{0.1}N$ 和 Si_2BCN 非晶陶瓷粉体中尤为明显，其差示扫描量热法（differential scanning calorimetry，DSC）曲线上均显示出一个小的放热峰（≈960℃）。综上所述，非晶粉体在 800℃以下具有较好的抗氧化性能，在该温度之上粉体快速增重（图 2-40）。

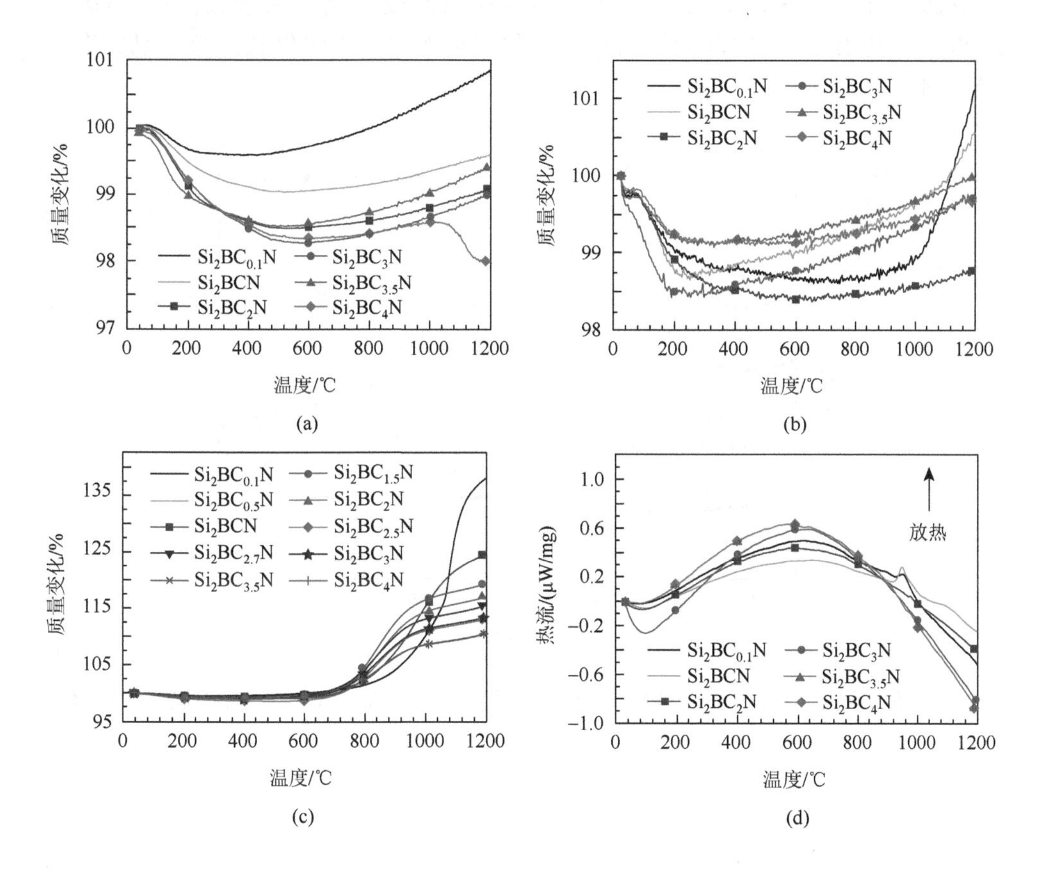

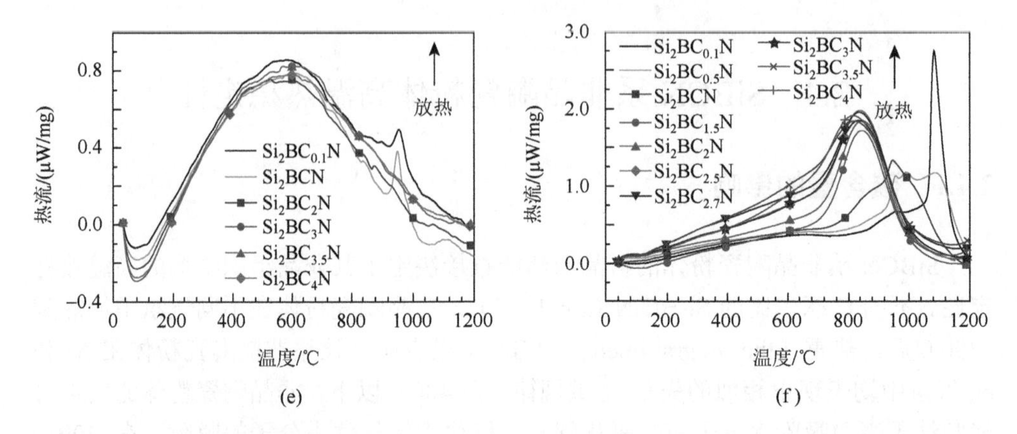

图 2-40 不同 C 摩尔比的 Si_2BC_xN（$x=1\sim4$）系非晶陶瓷粉体在不同气氛中加热到 1200℃时的 TG 曲线（a）～（c）和 DSC 曲线（d）～（f）[21]

（a）（d）氮气气氛；（b）（e）氩气气氛；（c）（f）空气气氛

将 Si_2BC_3N 非晶陶瓷粉体在 1200～1500℃保温 2h，XRD 结果表明非晶基体中优先析出 β-SiC 晶相，其含量随着保温温度提高不断增加；在 1600～1700℃保温 2h 后，XRD 图谱仍显示宽化的衍射峰，说明仍有部分非晶相存在（图 2-41）。

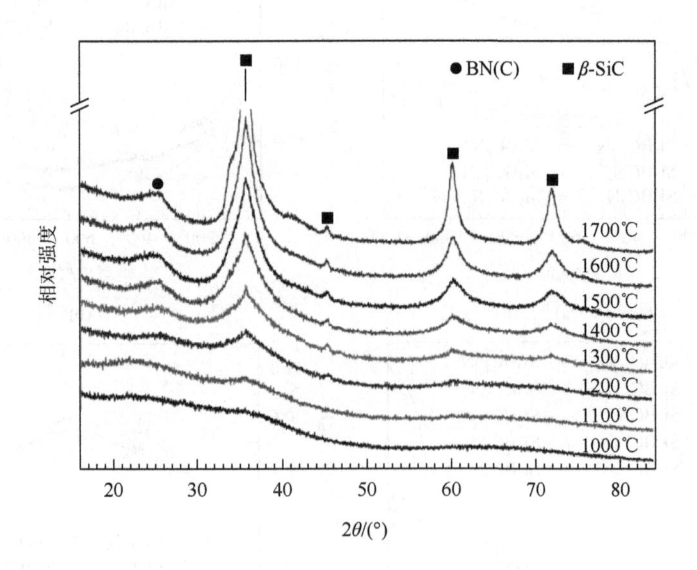

图 2-41 机械合金化制备的 Si_2BC_3N 非晶陶瓷粉体在 1bar 氮气 1000～1700℃保温 2h 后粉体的 XRD 图谱[10]

TEM 结果表明，Si_2BC_3N 非晶陶瓷粉体在 1300℃等温 2h 后，SAED 的衍射环劈裂成两个漫散的衍射晕，高分辨形貌显示非晶基体中蕴含少量 β-SiC 晶体；保温温度提高至 1400～1500℃，两个漫散衍射晕亮度提高，说明析出晶体数量增加，但 Si_2BC_3N 陶瓷粉体中仍保留有大量非晶相；在 1700℃等温 2h 后，SAED 花样显示 β-SiC 衍射斑点，Si_2BC_3N 非晶基体大量析出 β-SiC 和 BN(C)晶体（图 2-42），晶粒尺寸 5～7nm，非晶的析晶转变尚未完全。

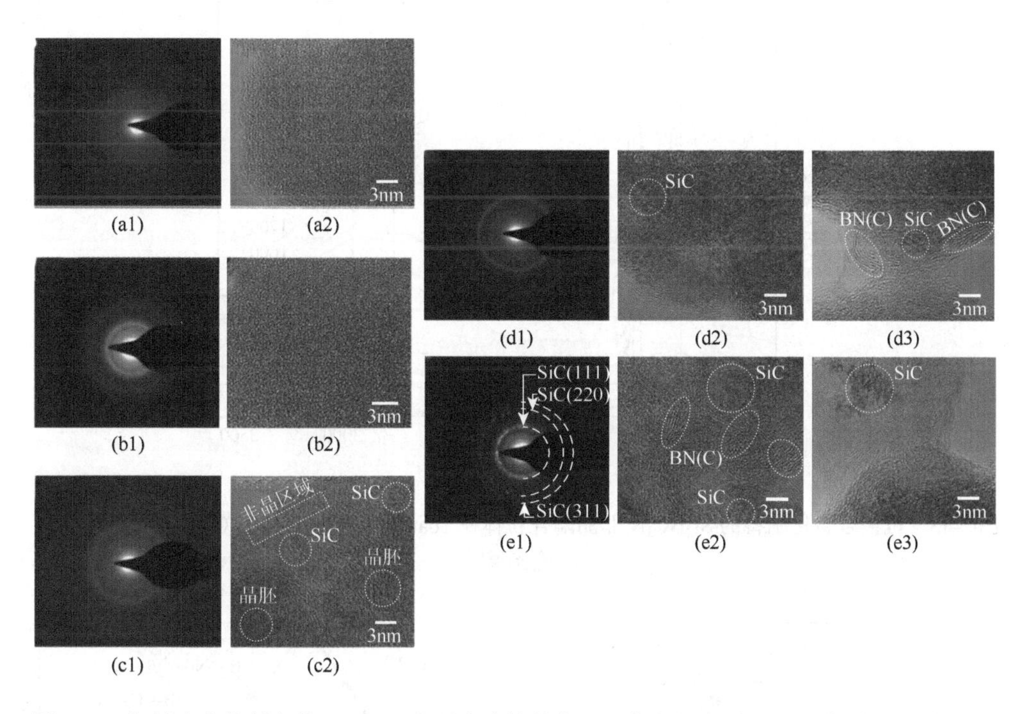

图 2-42　机械合金化制备的 Si_2BC_3N 非晶陶瓷粉体在 1bar 氮气 1000～1700℃保温 2h 后粉体的 TEM 分析[10]

（a）1300℃；（b）1400℃；（c）1500℃；（d）1600℃；（e）1700℃

拉曼光谱结果进一步表明，随着保温温度提高，属于自由碳的 D 振动峰、G 振动峰及二阶拉曼振动峰强度随之提高，非晶 C 和 BN 沿（0002）晶面有序度提高，非晶基体中逐渐析出 BN(C)晶体（图 2-43）。在 1bar 氮气 1000～1700℃保温 2h 后，Si_2BC_3N 陶瓷粉体含有 Si—C、C—C、C—B、C—N、N—B、C—B—N 和 B—C—N 等化学键（图 2-44）。保温温度的提高没有明显地改变各化学键的峰位移，但显著改变了化学键的相对含量，例如，Si—C 键含量随保温温度提高而增加，但 B—C—N 键含量降低。

从 NMR 峰形来看，随着保温温度提高，其 FWHM 逐渐减小，峰形越发尖锐，说明材料结晶度提高，析出晶体数量增加（图 2-45）。^{29}Si NMR 图谱显示，在 1700℃保温 2h 后，Si_2BC_3N 非晶陶瓷粉体中除了析出 β-SiC 晶体（约 15.9×10^{-6}），还有少量的单质 Si（约 57×10^{-6}）和 SiO_2（约 -91×10^{-6}）。保温温度从 1000℃提高至 1400℃，^{11}B NMR 主峰峰位从约 28.5×10^{-6} 往约 20.4×10^{-6} 偏移，说明

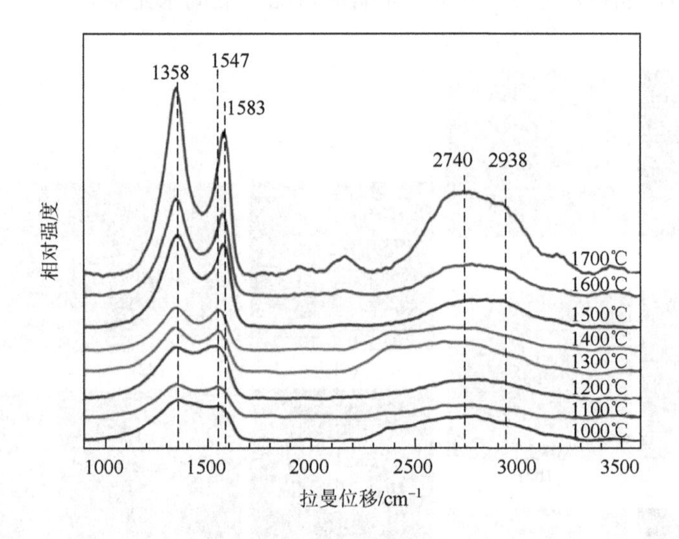

图 2-43 机械合金化制备的 Si_2BC_3N 非晶陶瓷粉体在 1bar 氮气 1000～1700℃保温 2h 后粉体的拉曼光谱[10]

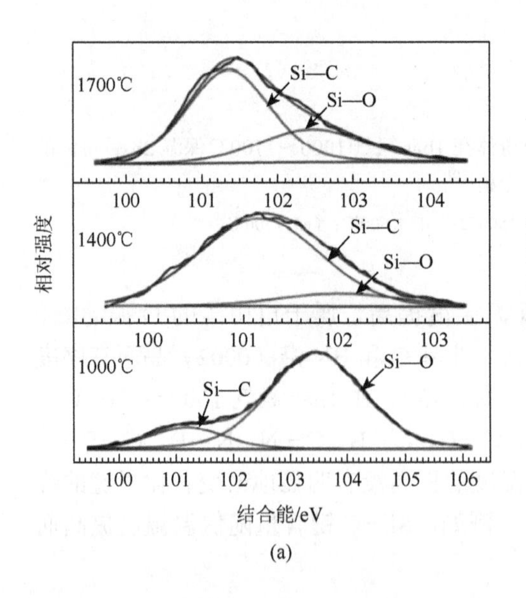

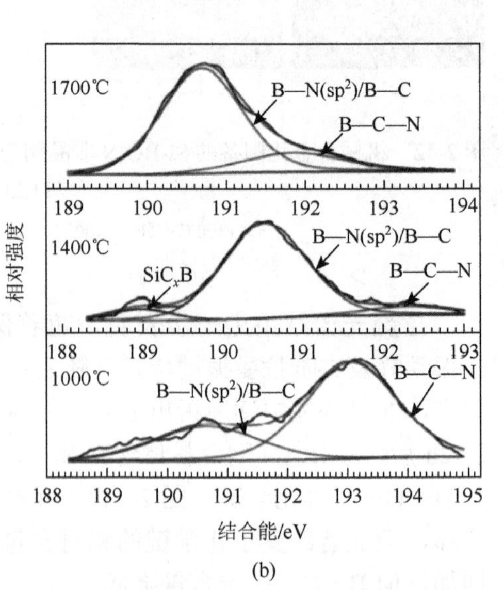

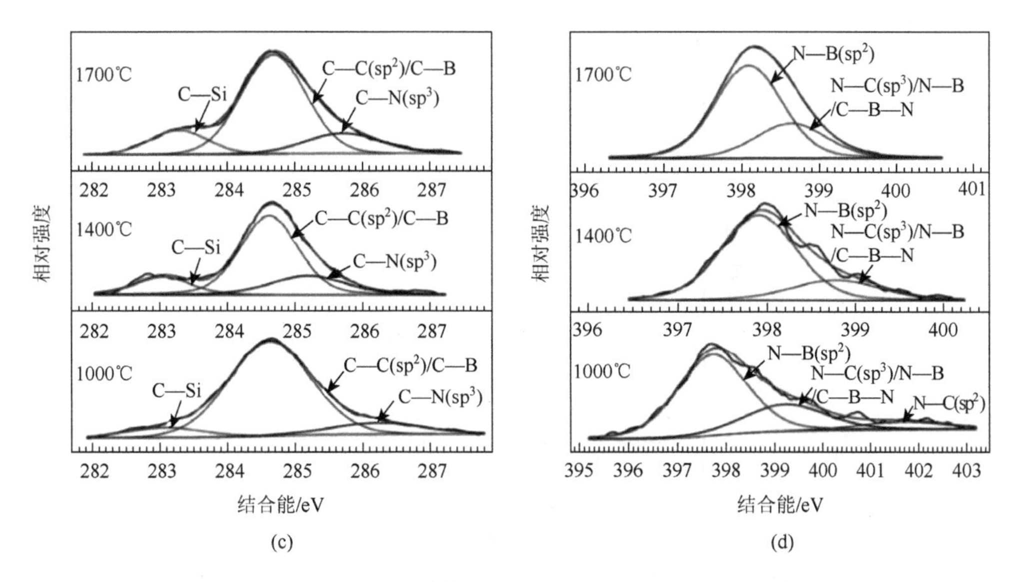

图 2-44　机械合金化制备的 Si_2BC_3N 非晶陶瓷粉体在 1bar 氮气 1000～1700℃保温 2h 后粉体的 XPS 图谱[10]

（a）Si 2p；（b）B 1s；（c）C 1s；（d）N 1s

陶瓷基体中 BN_2C 结构单元含量减少而 BN_3 结构含量增加；温度升高至 1700℃后，^{11}B NMR 主峰劈裂出两个峰，说明部分 h-BN 相逐渐从湍层或非晶 BN(C)相分离，在一定温度下聚集和重排形成相对有序的 h-BN 结构。

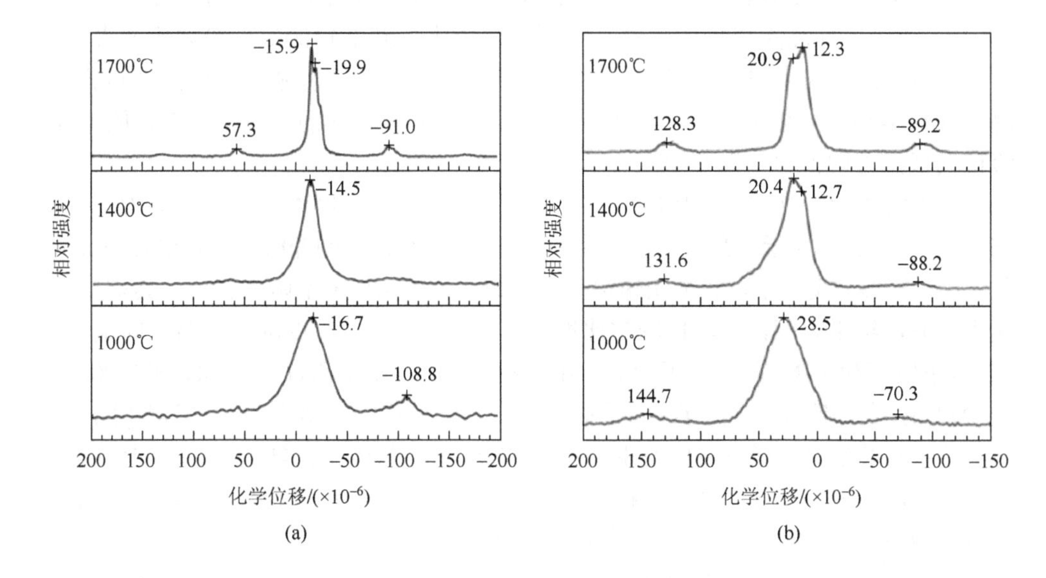

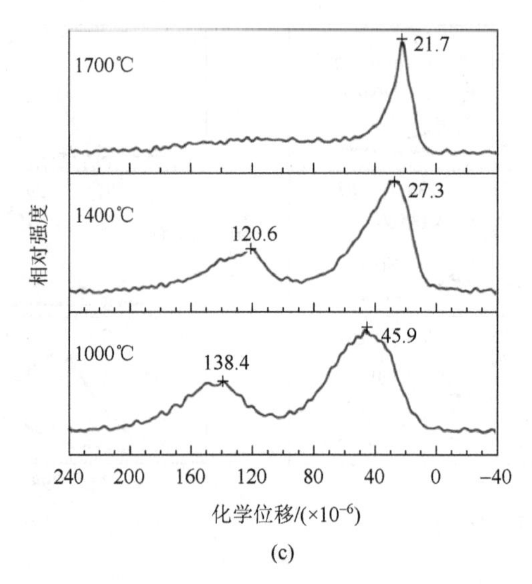

图 2-45　机械合金化制备 Si_2BC_3N 非晶陶瓷粉体在 1bar 氮气 1000～1700℃保温 2h 后粉体的 NMR 图谱[10]

（a）^{29}Si；（b）^{11}B；（c）^{13}C

2.4.2　硼含量的影响

将不同 B 摩尔比的 $Si_2B_yC_2N$（$y=1$～4）系非晶陶瓷粉体在氩气气氛中加热到 1500℃，TG 结果显示，该系非晶陶瓷粉体均表现出相似的失重规律：在温度低于约 400℃时，非晶陶瓷粉体的快速失重来源于吸附气体的脱附；在 400～1400℃，非晶陶瓷粉体质量几乎不发生变化；超过 1400℃后粉体快速失重。DSC 结果表明，不同 B 摩尔比的 $Si_2B_yC_2N$（$y=1$～4）系非晶陶瓷粉体，其放热峰均在约 1400℃。随着 B 摩尔比增大，该系非晶陶瓷粉体的失重率降低，放热峰峰位向低温方向偏移（图 2-46）。

将不同 B 摩尔比的 $Si_2B_yC_2N$（$y=1$～4）系非晶陶瓷粉体在氩气气氛中加热到 1500℃，TG 结果显示，在温度低于约 800℃时，该系非晶陶瓷粉体具有很好的抗氧化性能；在该温度以上，粉体快速增重，B 摩尔比越大的非晶陶瓷粉体，其增重率越大。DSC 结果表明，随着 B 摩尔比增加，非晶粉体放热峰峰位向低温方向偏移。通常，单质硼和 h-BN 在约 450℃就开始氧化生成 B_2O_3(s, l)和 N_2(g)，B_2O_3 在约 900℃开始剧烈挥发导致失重。而 TG 结果却表明，在约 800℃以上粉体开始快速增重，说明应该还有其他氧化增重反应发生。单质 Si 和 SiC 晶体在此氧化条件下均可以发生钝化反应生成 SiO_2(s, l)进而导致粉体增重。即使部分单质 Si 和 SiC 发生激活氧化生成 SiO(g)，其在氧含量高的地方仍能部分转变成 SiO_2(s, l)。

在氩气气氛 1000℃保温 2h 后，粉体 XRD 图谱显示漫散衍射峰，说明不同 B 摩

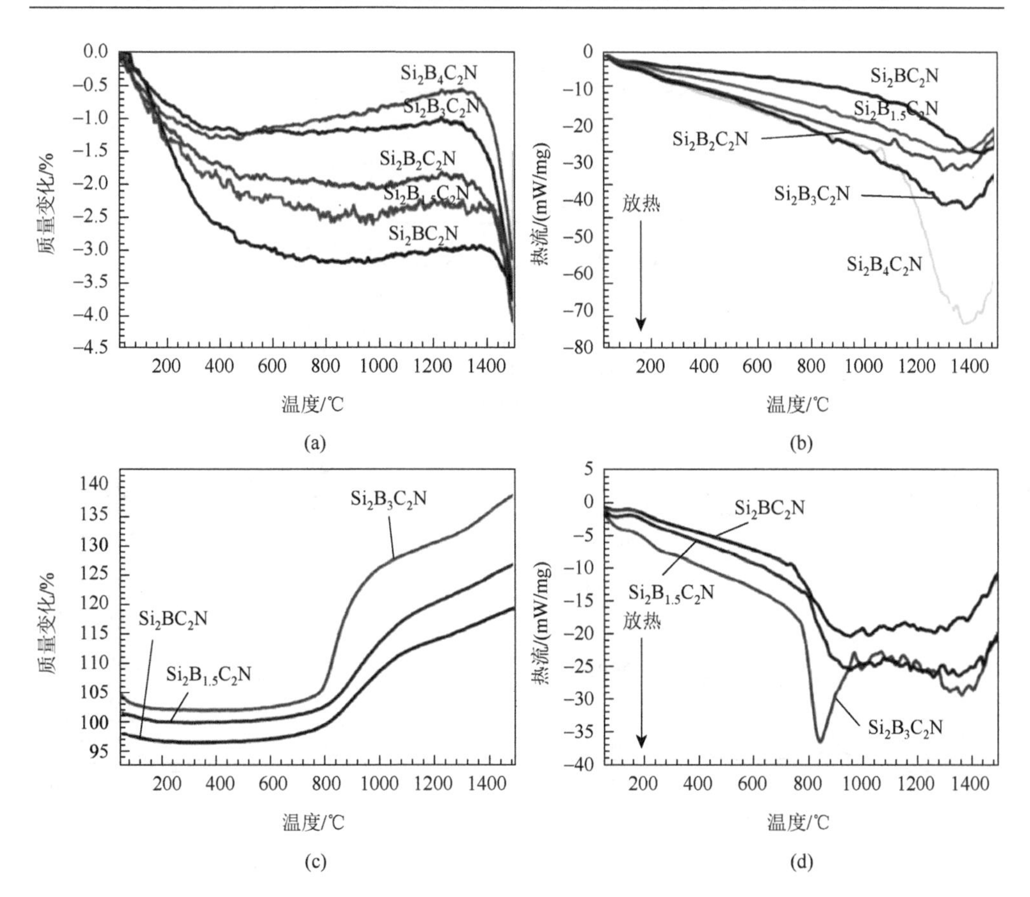

图 2-46　不同 B 摩尔比的 $Si_2B_yC_2N$（$y=1\sim4$）系非晶陶瓷粉体分别在氩气和空气气氛中加热到 1500℃的 TG-DSC 曲线[21]

（a）（b）氩气气氛；（c）（d）空气气氛

尔比的 $Si_2B_yC_2N$（$y=1\sim4$）系非晶陶瓷粉体仍具有良好的非晶组织结构；保温温度提高至 1200℃，Si_2BC_2N 陶瓷粉体 XRD 图谱仍显示宽化的非晶衍射峰，但随着 B 摩尔比增大，β-SiC 的晶体衍射峰逐渐增强；在 1400℃保温 2h 后，所有非晶陶瓷粉体显示 β-SiC 的晶体衍射峰。其中，BN(C)的晶体衍射峰在 B 摩尔比较大的 $Si_2B_yC_2N$（$y=2\sim4$）陶瓷粉体中凸显；保温温度进一步提高至 1600℃，B 摩尔比越大的陶瓷粉体析出 β-SiC 晶体峰形越尖锐，说明高温下 B 促进了非晶相的结晶析出；需要提及的是在 1000～1600℃范围内，BN(C)晶体衍射峰强度很低，说明其结晶度很低或者晶粒大小处于纳米尺度范围（图 2-47）。TEM 分析结果表明，在 1000℃保温 2h 后，Si_2BC_2N 和 $Si_2B_{1.5}C_2N$ 两种陶瓷粉体仍保持良好的非晶组织结构特征，与 XRD 结果一致；在 1200℃保温 2h 后，$Si_2B_{1.5}C_2N$ 陶瓷粉体 SAED 花样上出现了明显的晶体衍射斑点，说明非晶组织已经开始结晶析出；在更高温度下保温（1400～1600℃），多

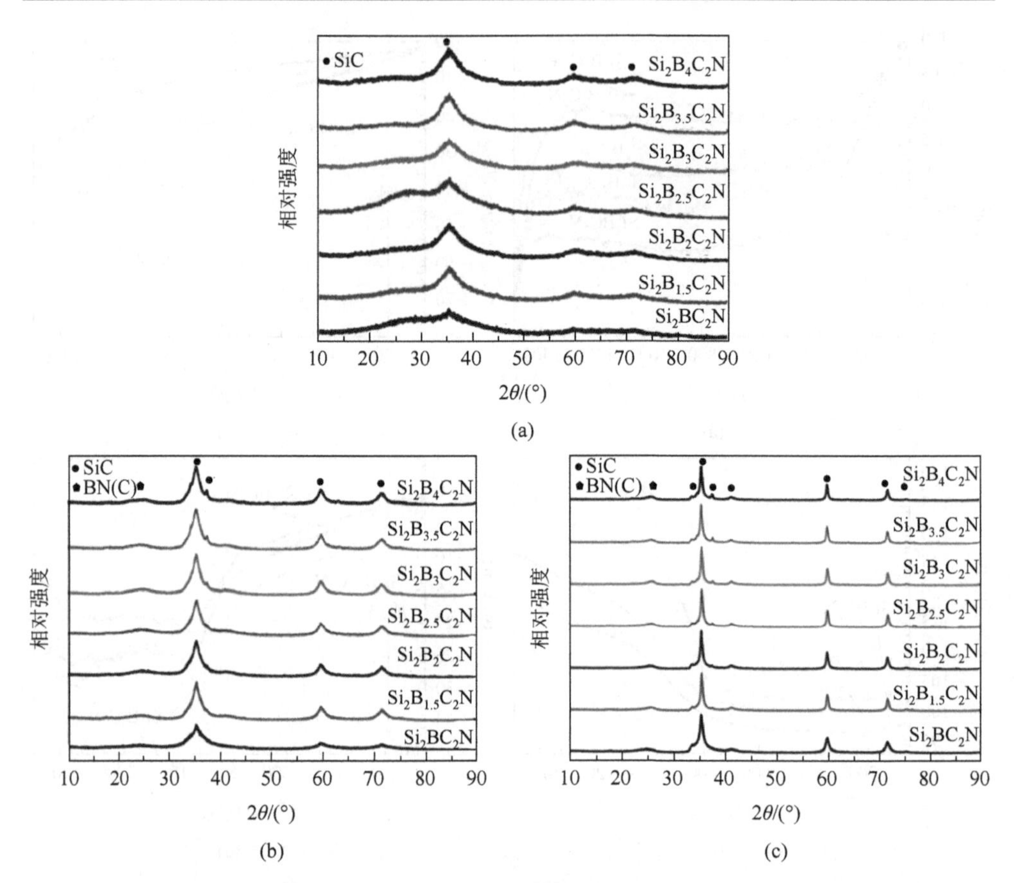

图 2-47 不同 B 摩尔比的 $Si_2B_yC_2N$（$y=1\sim4$）系非晶陶瓷粉体在氩气气氛 1000～1700℃保温 2h 后粉体的 XRD 图谱[21]

（a）1200℃；（b）1400℃；（c）1600℃

晶衍射环开始变得明锐，说明部分析出相 β-SiC 和 BN(C)晶体已经开始长大；在相同保温温度/时间条件下，$Si_2B_{1.5}C_2N$ 陶瓷粉体中析出相 β-SiC 的平均晶粒尺寸明显大于 Si_2BC_2N 粉体中的 β-SiC 晶粒；BN(C)的结晶度非常低，分布在纳米 SiC 相周围，形成胶囊状的壳核结构（图 2-48）。

在氩气气氛中加热到 1200℃保温 2h，SEM 结果表明 Si_2BC_2N 非晶陶瓷粉体仍由约几微米球形团聚体构成，而这些团聚体则进一步由 100～200nm 的球形小颗粒复合而成；随着 B 摩尔比增大，$Si_2B_{1.5}C_2N$ 非晶陶瓷粉体中组成大团聚体的小颗粒逐渐失去球形结构；随着 B 摩尔比进一步增大，$Si_2B_3C_2N$ 非晶陶瓷粉体中结晶析出 SiC 纳米线。由于原料 c-Si 及石墨粉中都含有少量 Fe、Cu、Al 等金属杂质，当非晶陶瓷粉体在高温下保温时，金属杂质将与 Si、C 等原子形成低熔点固溶体，并以液相形式存在。液滴不断吸收气态 Si、SiO、CO 等直至液滴中的 Si

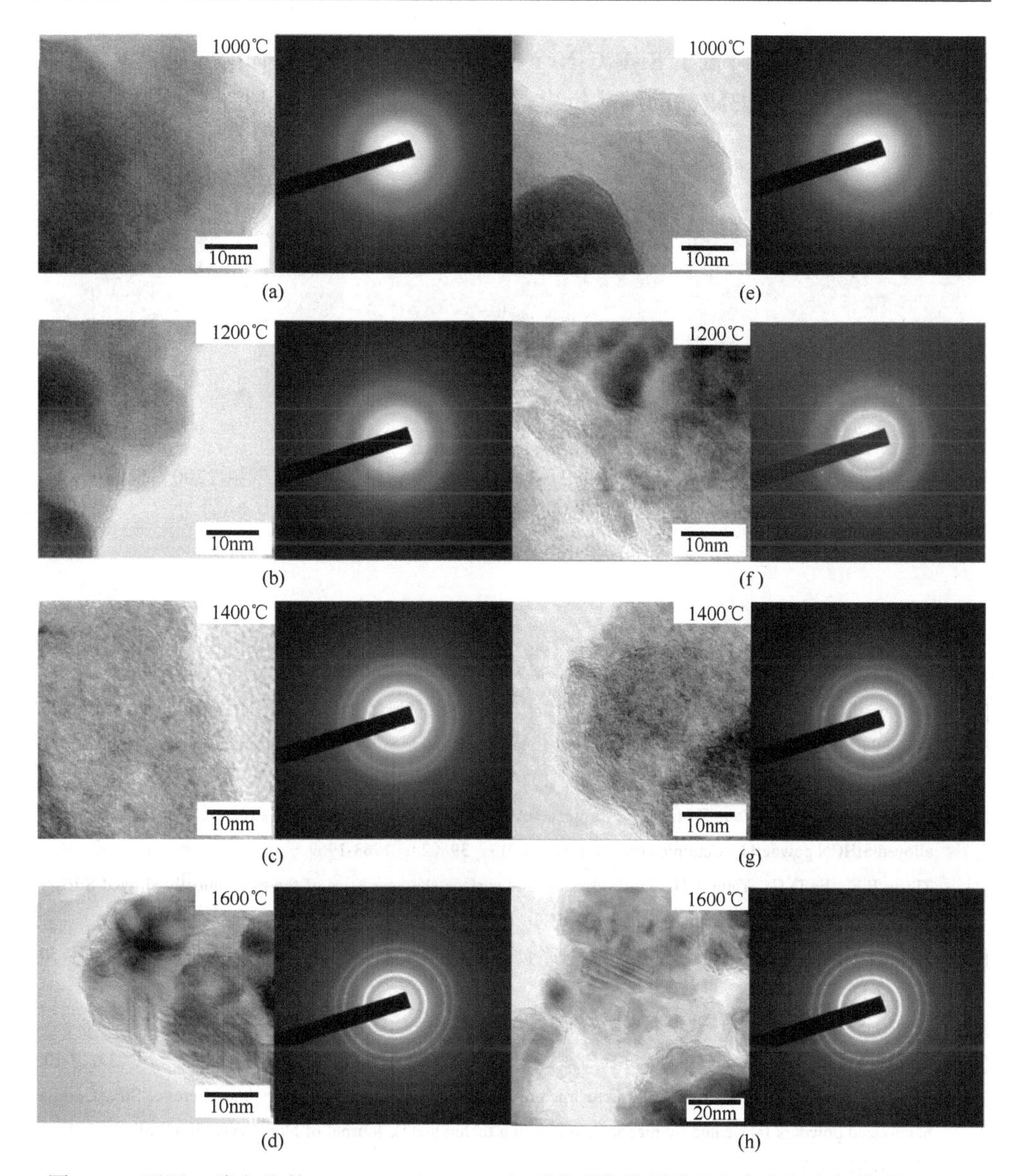

图2-48　不同B摩尔比的$Si_2B_yC_2N$（$y=1$～4）系非晶陶瓷粉体在氩气气氛中加热到1000～1600℃的TEM分析[21]

（a）～（d）Si_2BC_2N；（e）～（h）$Si_2B_{1.5}C_2N$

和C原子达到饱和，Si和C原子便会以SiC晶体的形式从液滴中析出。液相中析出β-SiC晶体后，Si、C原子含量减少，又会再次从气态Si、SiO、CO等中吸收此类原子。如此往复，β-SiC晶体便沿着某一个方向（通常为密排面方向以降低长大激活能）长大成为纳米线，金属杂质在此过程中起到催化剂作用。综上所述，

B 摩尔比的增大显著降低了 $Si_2B_yC_2N$（$y=1\sim4$）系非晶陶瓷粉体的起始析晶温度，促进了纳米 β-SiC 和 BN(C)的结晶析出，β-SiC 析晶温度比 BN(C)低（图 2-49）。

图 2-49　不同 B 摩尔比的 $Si_2B_yC_2N$（$y=2\sim4$）系非晶陶瓷粉体在氩气气氛 1200℃保温 2h 后的 SEM 表面形貌图[21]

（a）Si_2BC_2N；（b）$Si_2B_{1.5}C_2N$；（c）$Si_2B_3C_2N$

参考文献

[1] 张鹏飞. 机械合金化 2Si-B-3C-N 陶瓷的热压烧结行为与高温性能研究[D]. 哈尔滨：哈尔滨工业大学，2013.

[2] Zhang P F，Jia D C，Yang Z H，et al. Progress of a novel non-oxide Si-B-C-N ceramic and its matrix composites[J]. Journal of Advanced Ceramics，2012，1（3）：157-178.

[3] Zhang P F，Jia D C，Yang Z H，et al. Influence of ball milling parameters on the structure of the mechanically alloyed SiBCN powder[J]. Ceramics International，2013，39（2）：1963-1969.

[4] Zhang P F，Jia D C，Yang Z H，et al. Physical and surface characteristics of the mechanically alloyed SiBCN powder[J]. Ceramics International，2012，38（8）：6399-6404.

[5] 贾德昌，张鹏飞，杨治华，等. Si-B(Al)-C-N 系非晶和纳米陶瓷材料研究进展[J]. 中国材料进展，2011，30（1）：5-11.

[6] 杨治华. Si-B-C-N 机械合金化粉末及陶瓷的组织结构与高温性能[D]. 哈尔滨：哈尔滨工业大学，2008.

[7] 杨治华，贾德昌，周玉. SiC-BN 及 Si-B-C-N 复合陶瓷的研究进展[J]. 机械工程材料，2005，29（3）：7-10.

[8] Yang Z H，Jia D C，Duan X M，et al. Microstructure and thermal stabilities in various atmospheres of $SiB_{0.5}C_{1.5}N_{0.5}$ nano-sized powders fabricated by mechanical alloying technique[J]. Journal of Non-Crystalline Solids，2010，356（6-8）：326-333.

[9] Liang B，Liao X Q，Zhu Q S，et al. Synthesis mechanism of amorphous Si_2BC_3N powders：Structural evolution of 2Si-BN-3C mixtures during mechanical alloying[J]. Journal of the American Ceramic Society，2020，103（8）：4189-4202.

[10] 梁斌. 高压烧结 Si_2BC_3N 非晶陶瓷的晶化和高温氧化机制[D]. 哈尔滨：哈尔滨工业大学，2017.

[11] Parker J H，Feldman D W，Ashkin M. Raman scattering by silicon and germanium[J]. Physical Review，1967，155（3）：712-714.

[12] Mishra P，Jain K P. First- and second-order Raman scattering in nanocrystalline silicon[J]. Physical Review B：Condensed Matter，2001，64（7）：073304.

[13] Zhang Y F，Tang Y H，Lee C S，et al. Nanocrystalline C-BN synthesized by mechanical alloying[J]. Diamond and Related Materials，1999，8（2-5）：610-613.

[14] Yoshikawa M，Katagiri G，Ishida H，et al. Raman spectra of diamond-like amorphous carbon films[J]. Solid State Communications，1988，66（11）：1177-1180.

[15] Binner J，Zhang Y. Characterization of silicon carbide and silicon powders by XPS and zeta potential measurement[J]. Journal of Materials Science Letters，2001，20（2）：123-126.

[16] Liang B，Jia D C，Liao X Q，et al. Microstructural evolution of amorphous Si_2BC_3N nanopowders upon heating at high temperatures：High pressures reverse the nucleation order of SiC and BN(C)[J]. Journal of the American Ceramic Society，2018，101（9）：4321-4330.

[17] Ogwu A A，Magill D，Maguire P，et al. Nitrogen doping of amorphous DLC films by RF plasma dissociated nitrogen atom surface bombardment in a vacuum[J]. Surface Engineering，2000，16（5）：427-430.

[18] Lei M K，Li Q，Zhou Z F，et al. Characterization and optical investigation of BCN film deposited by RF magnetron sputtering[J]. Thin Solid Films，2001，389（1-2）：194-199.

[19] Xie X Q，Yang Z G，Ren R M，et al. Solid state ^{29}Si magic angle spinning NMR：Investigation of bond formation and crystallinity of silicon and graphite powder mixtures during high energy milling[J]. Materials Science and Engineering：A，1998，255（1-2）：39-48.

[20] Li D X，Yang Z H，Jia D C，et al. Boron-dependent microstructural evolution，thermal stability，and crystallization of mechanical alloying derived SiBCN[J]. Journal of the American Ceramic Society，2018，101（7）：3205-3221.

[21] 李达鑫. SiBCN 非晶陶瓷析晶动力学及高温氧化行为[D]. 哈尔滨：哈尔滨工业大学，2018.

[22] Gervais C，Babonneau F，Ruwisch L，et al. Solid-state NMR investigations of the polymer route to SiBCN ceramics[J]. Canadian Journal of Chemistry，2003，81（11）：1359-1369.

[23] Marchetti P S，Kwon D，Schmidt W R，et al. High-field boron-11 magic-angle spinning NMR characterization of boron nitrides[J]. Chemistry of Materials，1991，3（3）：482-486.

[24] Bill J，Aldinger F. Precursor-derived covalent ceramics[J]. Advanced Materials，1995，7（9）：775-787.

[25] Schmidt W R，Narsavage-Heald D M，Jones D M，et al. Poly(borosilazane)precursors to ceramic nanocomposites[J]. Chemistry of Materials，1999，11（6）：1455-1464.

[26] Schwarz R B，Petrich R R，Saw C K. The synthesis of amorphous Ni-Ti alloy powders by mechanical alloying[J]. Journal of Non-Crystalline Solids，1985，76（2-3）：281-302.

[27] Weeber A W，Bakker H. Amorphous transition metal-zirconium alloys prepared by milling[J]. Materials Science and Engineering，1988，97：133-135.

[28] 梁国宪. 机械合金化形成二元非晶态合金过程的研究[D]. 哈尔滨：哈尔滨工业大学，1992.

[29] Yang Z H，Jia D C，Zhou Y，et al. Fabrication and characterization of amorphous SiBCN powders[J]. Ceramics International，2007，33（8）：1573-1577.

[30] Suryanarayana C. Mechanical alloying and milling[J]. Progress in Materials Science，2001，46：1-184.

[31] Zhang Y J，Yin X W，Ye F，et al. Effects of multi-walled carbon nanotubes on the crystallization behavior of PDCs-SiBCN and their improved dielectric and EM absorbing properties[J]. Journal of the European Ceramic Society，2014，34（5）：1053-1061.

[32] Liang B，Yang Z H，Chen Q Q，et al. Crystallization behavior of amorphous Si_2BC_3N ceramic monolith subjected to high pressure[J]. Journal of the American Ceramic Society，2015，98（12）：3788-3796.

[33] Tavakoli A H，Gerstel P，Golczewski J A，et al. Crystallization kinetics of Si_3N_4 in Si-B-C-N polymer-derived ceramics[J]. Journal of Materials Research，2010，25（11）：2150-2158.

[34] Schmidt H，Borchardt G，Kaïtasov O，et al. Atomic diffusion of boron and other constituents in amorphous Si-B-C-N[J]. Journal of Non-Crystalline Solids，2007，353（52-54）：4801-4805.

[35] Avrami M P. Kinetics of phase change. Ⅰ：General theory[J]. The Journal of Chemical Physics，1939，7（12）：1103-1112.

[36] Avrami M P. Kinetics of phase change. Ⅱ：Transformation-time relations for random distribution of nuclei[J]. The Journal of Chemical Physics，1940，8（2）：212-224.

[37] Avrami M P. Kinetics of phase change. Ⅲ：Granulation，phase change and microstructure[J]. The Journal of Chemical Physics，1941，9（2）：177-184.

[38] Johnson W A，Mehl R F. Reaction kinetics in processes of nucleation and growth[J]. Transaction of AIME，1940，135：416-442.

[39] Shiryayev A N. On The Statistical Theory of Metal Crystallization[M]//Shiryayev A N. Selected Works of A. N. Kolmogorov. Mathematics and Its Applications（Soviet Series），vol 26. Dordrecht：Springer，1992：355-360.

[40] Scherrer P. Estimation of the size and structure of colloidal particles by röntgen rays[J]. Nachrichten von der Gesellschaft der Wissenschaften zu Göttingen，1918，2：96-100.

[41] Tavakoli A H，Gerstel P，Golczewski J A，et al. Effect of boron on the crystallization of amorphous Si-(B-)C-N polymer-derived ceramics[J]. Journal of Non-Crystalline Solids，2009，355（48-49）：2381-2389.

[42] Tavakoli A H，Gerstel P，Golczewski J A，et al. Kinetic effect of boron on the crystallization of Si_3N_4 in Si-B-C-N polymer-derived ceramics[J]. Journal of Materials Research，2011，26（4）：600-608.

[43] Schmidt H，Borchardt G，Weber S. et al. Self-diffusion studies of ^{15}N in amorphous $Si_3BC_{4.3}N_2$ ceramics with ion implantation and secondary ion mass spectrometry[J]. Journal of Applied Physics，2000，88（4）：1827-1830.

[44] Schmidt H，Borchardt G，Baumann H，et al. Tracer self-diffusion studies in amorphous Si-(B)-C-N ceramics using ion implantation and SIMS[J]. Defect & Diffusion Forum，2001，194-199（2）：941-946.

[45] Schmidt H. Fundamentals of self-diffusion in amorphous Si-(B-)C-N[J]. Diffusion Fundamentals，2005，2：59.1-59.2.

[46] Schmidt H，Borchardt G，Weber S，et al. Comparison of ^{30}Si diffusion in amorphous Si-C-N and Si-B-C-N precursor-derived ceramics[J]. Journal of Non-Crystalline Solids，2002，298（2-3）：232-240.

第3章 SiBCN 系非晶块体陶瓷的析晶热力学与变温析晶动力学

亚稳的 SiBCN 非晶在长时间高温或压力作用下会晶化成稳定的晶体，其物理性质也随之改变，因此非晶在高温或压力作用下的结构稳定性是 SiBCN 系非晶块体陶瓷的重要性能指标之一。这种非晶-析晶现象决定了该系非晶块体陶瓷材料的使用温度、压力容限，如何阻滞或控制这个转变过程是更好地生产和应用此类材料的先决条件。压力作用下 SiBCN 非晶的结晶析出与纳米相的形核、长大热力学和动力学密切相关，不同压力下晶化产物及相的析出顺序也会有所改变，因此研究压力对 SiBCN 非晶晶化过程的作用对理解 SiBCN 系非晶块体陶瓷的析晶热力学和动力学机制具有重要意义。

3.1 SiBCN 系非晶块体陶瓷的析晶热力学

为了更好地解释 SiBCN 系非晶块体陶瓷材料的析晶行为与析晶机理，针对该体系进行热力学计算并预测析晶过程中原子的偏聚行为，即材料发生晶化后最可能形成的稳定相。在常压（1bar）N_2 条件下，SiBCN 系非晶块体陶瓷材料在析晶过程中可能发生的反应如下：

$$Si + C \longrightarrow SiC \tag{3-1}$$

$$Si + 6B \longrightarrow SiB_6 \tag{3-2}$$

$$Si + 3B \longrightarrow SiB_3 \tag{3-3}$$

$$4B + C \longrightarrow B_4C \tag{3-4}$$

热力学计算结果显示，在所计算的温度范围内，四个反应的吉布斯自由能变化均为负值，且反应（3-1）的吉布斯自由能变化值比其余三个反应的吉布斯自由能变化值更负，这表明 SiBCN 系非晶材料发生晶化后，最易析出的稳定物相为 β-SiC，其次依次是 SiB_6、SiB_3 和 B_4C（图 3-1）。

通过第一性原理量子力学计算方法，可计算 c-Si、h-BN 以及石墨三种晶体在高压（1～7GPa）条件下的焓差变化，以此分析它们在热力学上的相对稳定能力，预测其在 SiBCN 系非晶陶瓷晶化过程中的形核优先级[1, 2]（图 3-2）。计算结果表明，高压作用下，h-BN 和石墨的焓差总是低于 β-SiC 的焓差；随着压力升高，三者的焓差逐渐增大，且 h-BN 和石墨的焓差变化幅度明显小于 β-SiC 的焓差变化幅度。说明在相同条件下，h-BN 和石墨比 β-SiC 更稳定，更容易在非晶基体中析出。无机法制备的 SiBCN 系非晶块体陶瓷材料发生晶化后，析出的湍层 BN(C)相由分布不均匀的湍层 BN、湍层碳以及 B 原子固溶的湍层碳和 C 原子固溶的湍层 BN 等原子层构成。由此推断，湍层 BN(C)相的焓差范围在 h-BN（上限）和石墨（下限）的焓差变化线之间。因此，高压（＞1GPa）作用下 BN(C)相比 β-SiC 更容易在 SiBCN 系非晶基体中析出或者说前者优先于后者析出。

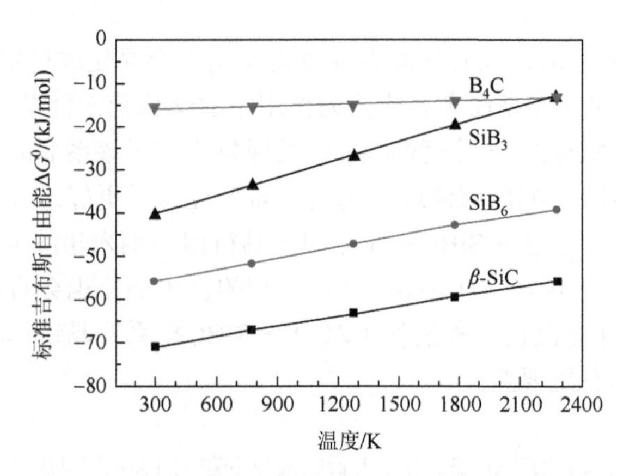

图 3-1　SiBCN 的四种元素原子之间可能发生的反应的吉布斯自由能与温度关系曲线[1]

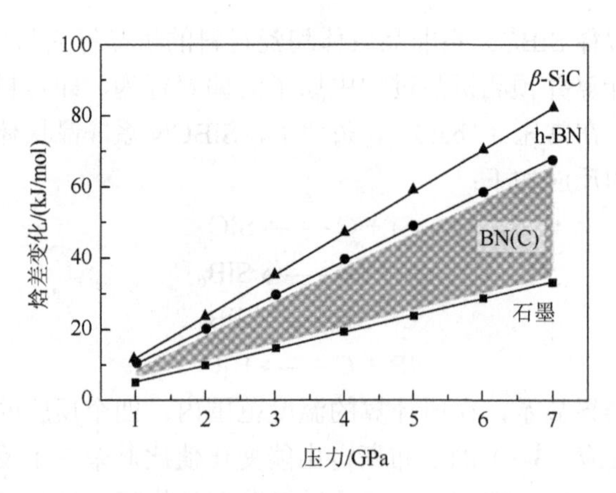

图 3-2　β-SiC、h-BN 和石墨三种晶相在不同压力 P（1～7GPa）下的焓差变化[1, 2]

当压力 P 降至兆帕级直至大气压力时，c-Si、h-BN 以及石墨三种晶相的焓差大小顺序与吉帕级压力作用时的情况并不相同（图 3-3）。当 0.1MPa≤P＜36MPa 时，β-SiC 的焓差总是低于 h-BN 和石墨的焓差，说明此时 β-SiC 在此环境压力下比 h-BN 和石墨更稳定，更容易在 SiBCN 系非晶基体中析出。当 P＝80MPa 时，石墨焓差＜β-SiC 焓差＜h-BN 焓差，说明此时三者在 SiBCN 系非晶基体中析出的顺序为石墨→β-SiC→h-BN。因此，将 SiBCN 系非晶陶瓷粉体在大气压/惰性气氛（N_2 或 Ar）中等温处理时，晶化过程中 β-SiC 将优先 BN(C)相形核并长大。前期 TEM 和 XRD 研究结果均表明[3,4]，在 1500～1900℃/80MPa/30min/1bar N_2 热压烧结条件下，β-SiC 晶相最先在非晶基体中形核并长大。可能的原因如下：①SiBCN 体系中石墨晶体的晶面发生扭转弯曲，形成湍层结构。畸变的结晶导致本应产生的衍射转变成程度不同的弥散散射，晶化之初极低的结晶度也导致衍射峰强度极弱且宽化，从而消失在背底中。②石墨与 β-SiC 的形核起始温度相差不够大，在石墨晶核发育好之前，β-SiC 已经开始形核，且形核后原子排列比较规则，具有较强的衍射能力。因此，在 SiBCN 系非晶陶瓷晶化之初，X 射线衍射花样中 β-SiC 晶相的衍射峰比较明显，但很难显现出石墨的晶体衍射峰，同时 HRTEM 分析中很难观察和分辨出发育极不完整的石墨晶核。

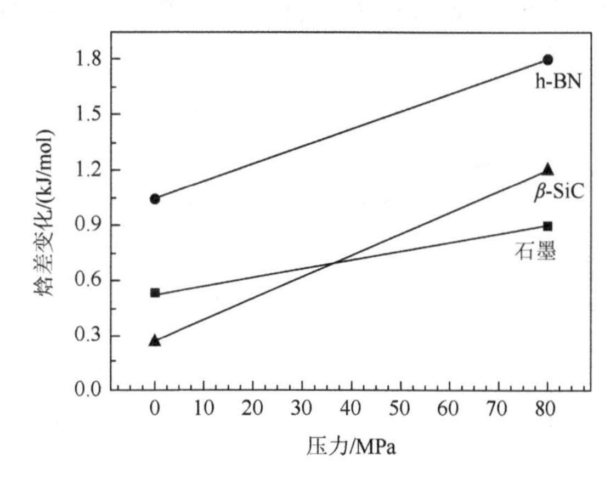

图 3-3　β-SiC、h-BN 和石墨三种晶相在不同压力（≤100MPa）下的焓差变化[1,2]

3.2　SiBCN 系非晶块体陶瓷的变温析晶动力学

基于机械合金化法制备的 SiBCN 系非晶块体陶瓷，在高压烧结条件下，SiBCN 系非晶块体陶瓷内部存在较高的内应力，微观上体系能量较高，析晶驱动力较强。除不同析晶转变机制外，非晶结构特征及原料分子结构也是影响该系非晶块体陶瓷析晶行为的重要因素。前驱体裂解法制备的 SiBCN 系非晶陶瓷，通过低温温压（200～400℃）成型陶瓷生坯，高温裂解后得到的实为非晶 SiBCN 陶瓷颗粒[5,6]。基于等温析晶转变动力学理论，有机法制备的 SiBCN 系非晶陶瓷颗粒中，变温析出 Si_3N_4 晶相的形核激活能高达 7.8～11.5eV[7,8]。

探讨烧结压力对 SiBCN 系非晶块体陶瓷析晶行为的影响，在理论和技术方面都是有意义的[7]。非晶材料的体积密度总是低于其结晶状态，按照 Lechatelier 理论，增大压力将促使非晶材料析晶，但由于压力作用下原子短程扩散受到很大限制，阻碍其扩散重排，因而实际情况更加复杂。非晶材料的化学成分、非晶相和结晶相之间局域原子结构差异和化学短程有序差异等，导致该系陶瓷材料的高温热稳定性也有所不同。

将 1000℃/3GPa/30min 高压烧结制备的 Si_2BCN 系非晶块体陶瓷，以不同升温速率在氩气气氛中加热到 1500℃。相应的 DSC 曲线表明，随着升温速率升高，晶化放热峰逐渐尖锐，析晶温度有所提高（图 3-4）。C 摩尔比较低的 Si_2BCN 非晶块体陶瓷在不同的加热速率下存在两个析晶峰，说明该体系非晶块体陶瓷存在两个固态析晶反应，分别对应低温和高温两个放热峰，低温放热峰对应的是单质 Si 的结晶析出而高温放热峰对应的是 BN(C)相的析晶；而 Si_2BC_2N、Si_2BC_3N 和 Si_2BC_4N 三种非晶块体陶瓷在 DSC 曲线上仅有一个高温放热峰。通过 Kissinger 方程、Ozawa 方程和 Crane 方程[9]分别对单质 Si 和 BN(C)晶相的表观析晶激活能 ΔE、晶化速率常数 A 和反应级数 n 进行计算。

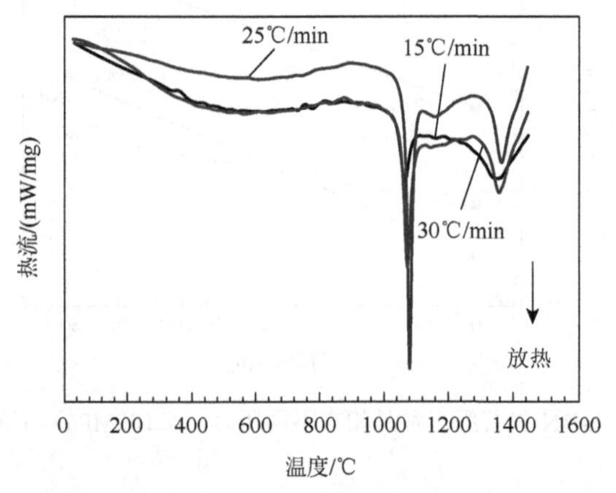

图 3-4 1000℃/3GPa/30min 高压烧结制备的 Si_2BCN 非晶块体陶瓷在氩气气氛中分别以 15℃/min、25℃/min、30℃/min 加热速率加热到 1500℃的 DSC 曲线[10]

1. Kissinger 方程

$$\ln\frac{T_{\Phi}^{2}}{\Phi}=\frac{\Delta E}{RT_{\Phi}}+A \tag{3-5}$$

式中，T_{Φ} 为升温速率为 Φ 时，析晶反应进行到一定程度时的温度，K；ΔE 为表观析晶激活能，kJ/mol；R 为气体常数，8.314J/(mol·K)；A 为晶化速率常数，min^{-1}。

作 $\ln\frac{T_{\Phi}^{2}}{\Phi}$ 与温度倒数 $1/T_{\Phi}$ 的关系图，得到不同烧结压力制备的 Si_2BCN 系非晶

块体陶瓷的 Kissinger 关系曲线（图 3-5）。结果表明，$\ln\frac{T_{\Phi}^2}{\Phi}$ 与温度倒数 $1/T_{\Phi}$ 具有很好的线性关系，通过拟合直线的斜率和截距，可分别求得相应的表观析晶激活能 ΔE 和晶化速率常数 A（图 3-6）。

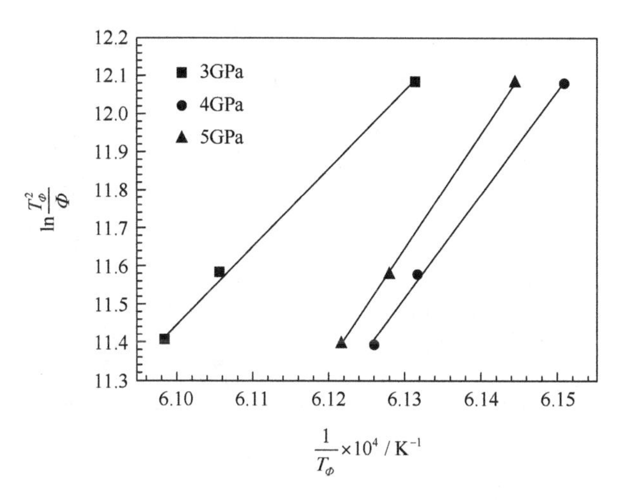

图 3-5　1000℃/3～5GPa/30min 高压烧结制备的 Si_2BCN 非晶块体陶瓷的 Kissinger 曲线图[10]

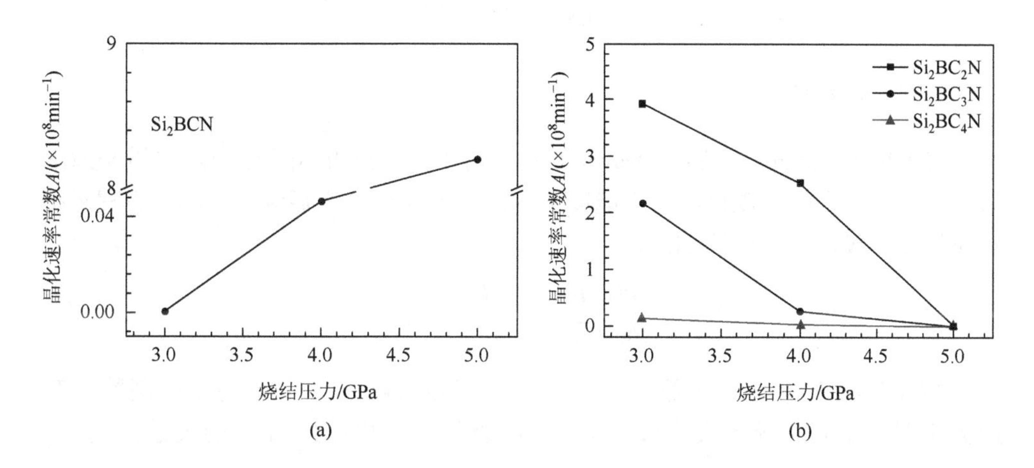

图 3-6　1000℃/3～5GPa/30min 高压烧结制备的不同 C 摩尔比的 Si_2BC_xN（$x=1$～4）系非晶块体陶瓷的晶化速率常数与烧结压力的关系图[10]

（a）Si_2BCN；（b）Si_2BC_2N、Si_2BC_3N 和 Si_2BC_4N

2. Ozawa 方程

$$\ln\Phi = \frac{1.052\Delta E}{RT_{\Phi}} \tag{3-6}$$

式中，T_Φ为升温速率为 Φ 时，晶化反应进行到一定程度时的温度，K；ΔE 为表观析晶激活能，kJ/mol；R 为气体常数，8.314J/(mol·K)。

根据 Ozawa 方程，作 $\ln\Phi$ 与温度倒数 $1/T_\Phi$ 的关系图，两者同样具有很好的线性关系，通过斜率求得相应的表观析晶激活能 ΔE（图 3-7）。

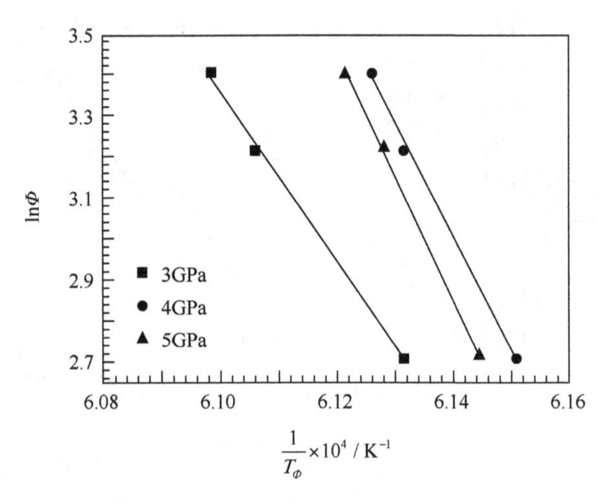

图 3-7　1000℃/3～5GPa/30min 高压烧结制备 Si_2BCN 非晶块体陶瓷的 Ozawa 曲线图[10]

3. Crane 方程

将上述 Kissinger 方程和 Ozawa 方程分别计算得到的不同 C 摩尔比的 SiBCN 系非晶块体陶瓷的表观析晶激活能取平均值（图 3-8），而后利用 Crane 方程求得相应的反应级数 n，如下式所示：

$$\frac{d(\ln\Phi)}{d(1/T_\Phi)} = -\frac{\Delta E}{nR} + 2T_\Phi \tag{3-7}$$

$\Delta E/nR \gg 2T_\Phi$，因此方程（3-7）中 $2T_\Phi$ 可以忽略，作 $\ln\Phi$ 与温度倒数 $1/T_\Phi$ 的关系图，由斜率求得反应级数 n，反应级数 n 与烧结压力 P 的关系如图 3-9 所示。

上述结果表明，基于 Kissinger 方程和 Ozawa 方程求得的不同 C 摩尔比的 Si_2BC_xN（$x = 1$～4）系非晶块体陶瓷变温析出 BN(C)晶相的表观析晶激活能相差不大；四种不同 C 摩尔比的非晶块体陶瓷，其反应级数 n 介于 0.94～0.97，可以认为单质 Si 晶相和 BN(C)晶相的结晶析出是一级反应。对于 Si_2BCN 非晶块体陶瓷，第一析晶温度（对应单质 Si 析晶）和第二析晶温度（对应 BN(C)析晶）对应的表观析晶激活能 ΔE 和晶化速率常数 A 随着烧结压力增大而析晶增大；Si_2BC_2N、

Si_2BC_3N 和 Si_2BC_4N 三种非晶块体陶瓷，BN(C)析出相的表观析晶激活能 ΔE 和晶化速率常数 A 随着烧结压力 P 增大而减小。综上所述，在相同烧结条件下，C 摩尔比增大，降低了 Si_2BC_xN（$x = 1 \sim 4$）系非晶块体陶瓷中 BN(C)析出相的表观析晶激活能。

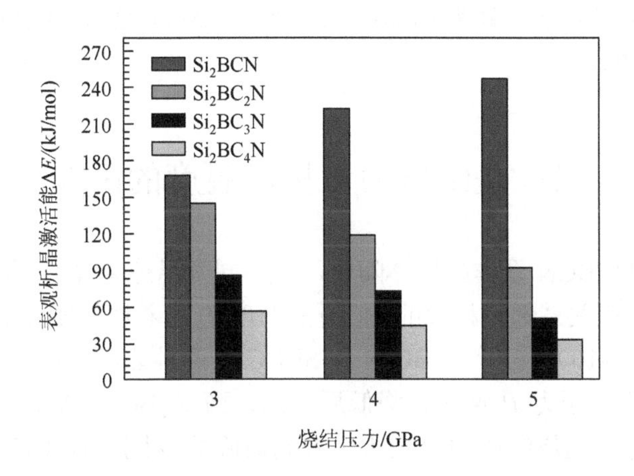

图 3-8　1000℃/3～5GPa/30min 高压烧结制备的不同 C 摩尔比的 Si_2BC_xN（$x = 1 \sim 4$）系非晶块体陶瓷的表观析晶激活能 ΔE 与烧结压力 P 的关系[10]

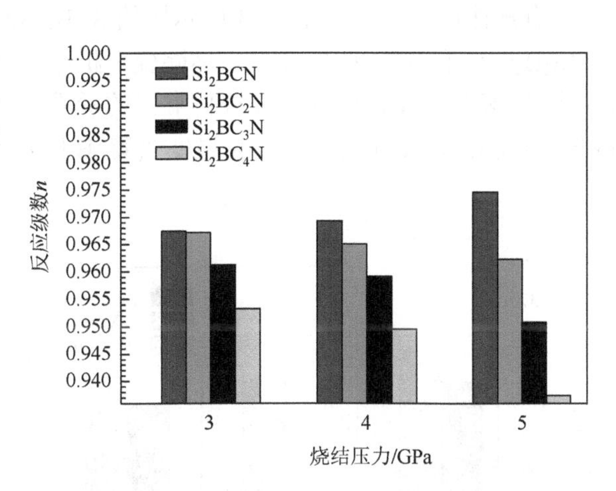

图 3-9　1000℃/3～5GPa/30min 高压烧结制备的不同 C 摩尔比的 Si_2BC_xN（$x = 1 \sim 4$）系非晶块体陶瓷的反应级数 n 与烧结压力 P 的关系[10]

基于 JMAK 形核和长大理论，同样基于 DSC 热分析方法，计算获得了不同 B 摩尔比的 $Si_2B_yC_2N$（$y = 1 \sim 4$）系非晶块体陶瓷的析晶动力学参数。结果表明，随着烧结压力提高，不同 B 摩尔比的 $Si_2B_yC_2N$（$y = 1 \sim 4$）系非晶块体陶瓷的晶化速率常数 A 不断降低；B 摩尔比越大，非晶块体陶瓷的晶化速率常数 A 就越小。从反应级数 n 来看，不同 B 摩尔比的非晶块体陶瓷的反应级数 n 在 0.94～0.96 范围，反应级数 n 随 B 摩尔比增大而降低；相反，反应级数随着烧结压力 P 增大而增大，同样可认为 BN(C)晶相的结晶析出是一级反应。不同 B 摩尔比的 $Si_2B_yC_2N$（$y=1$～4）系非晶块体陶瓷，BN(C)析出相的表观析晶激活能随烧结压力 P 增大逐渐增大；B 摩尔比越大，非晶块体陶瓷 BN(C)析出相的表观析晶激活能 ΔE 越低。

3.3 烧结压力对析晶温度的影响

相同成分的 SiBCN 系非晶块体陶瓷，在不同升温速率 Φ 下的析晶温度 T_Φ 与烧结压力 P 的依赖关系都是相似的，但析晶温度 T_c 随着烧结压力的变化并非简单的线性关系（图 3-10）。对于 Si_2BC_3N 和 Si_2BC_4N 两种非晶块体陶瓷，BN(C)相的析晶温度 T_c 随烧结压力 P 增大先降低后升高，而 Si_2BC_2N 非晶陶瓷析出 BN(C)晶相的析晶温度 T_c 随烧结压力 P 增大先升高后降低；对于 Si_2BCN 非晶块体陶瓷，单质 Si 的析晶温度 T_c 随烧结压力 P 增大先升高后降低，而 BN(C)析出晶相的析晶温度 T_c 随烧结压力 P 增大先降低后升高。在相同烧结压力 P 下，析晶温度 T_c 随 C 摩尔比增大并没有规律可言。对于不同 B 摩尔比的 $Si_2B_yC_2N$（$y=1$～4）系非晶块体陶瓷，如 $Si_2B_2C_2N$ 和 $Si_2B_3C_2N$ 非晶块体陶瓷，析晶温度 T_c 随着烧结压力 P 增大先降低后升高；相反，$Si_2B_4C_2N$ 非晶块体陶瓷的析晶温度 T_c 随烧结压力 P 增大先升高后降低。在相同烧结压力下，析晶温度 T_c 随 B 摩尔比增大同样没有规律可言。

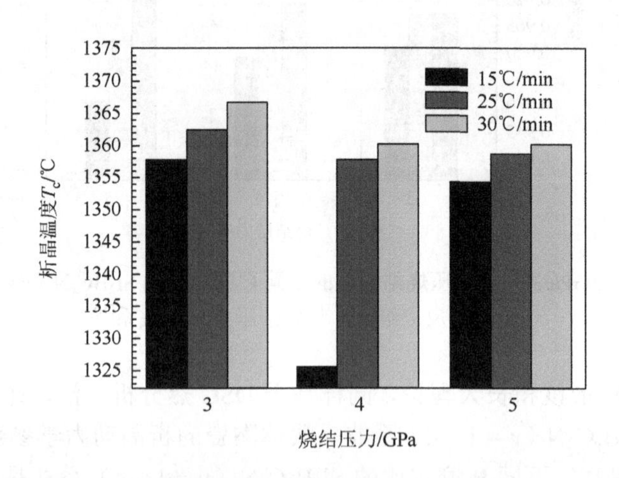

图 3-10 Si_2BCN 非晶块体陶瓷变温析出 BN(C)晶相的析晶温度 T_c 与烧结压力 P 的关系[10]

SiBCN系非晶块体陶瓷这种非线性变化的压力效应，其内在机制尚未清楚，但其纳米析出相析晶温度的压力效应与块体陶瓷的平均化学成分有关。此外，与元素原子种类及原子尺寸、析出相成分与原陶瓷平均化学成分差、晶化前后比容差等也有很大的关系。四元SiBCN系非晶块体陶瓷高温析晶时，可能形成组分及结构较为复杂的相（如BN(C)晶相），而复杂结构晶相的结晶析出需要元素原子做较大的迁移和调整，而这种较长距离的原子扩散在高压下是难以进行的。此外，复杂的合金化，尤其是体系中存在电负性较大的非金属原子时（如C原子和N原子），原子间结合能增大将导致原子的远距离迁移更加难以进行。需要指出的是，当SiBCN系非晶陶瓷材料的平均化学成分与析出相的成分较为接近时，析晶过程中元素原子只需短程移动和调整，此时析出相的析晶温度受到的压力效应会小一些。

3.4　烧结压力对表观析晶激活能的影响

不同B摩尔比的$Si_2B_yC_2N$（$y=1\sim4$）系非晶块体陶瓷，其BN(C)析出相的表观析晶激活能ΔE随烧结压力P提高而增大；而Si_2BC_2N、Si_2BC_3N和Si_2BC_4N三种不同C摩尔比的非晶块体陶瓷，表观析晶激活能ΔE与烧结压力P有近乎线性的递减关系。

SiBCN系非晶块体陶瓷的析晶过程包含形核和长大两阶段，因而可以将这样的ΔE-P关系看成形核激活能和长大激活能分别受烧结压力影响的耦合结果。高压对非晶保持能力的影响，目前学术界有两种主流观点[11-13]：一种观点认为高压抑制非晶的结晶析出；另外一种观点则认为高压促进非晶的析晶。高压对表观析晶激活能ΔE的影响还与非晶陶瓷材料的平均化学成分有关。晶化相的长大是一个扩散控制的过程，因此无机法制备的SiBCN系非晶块体陶瓷的晶核长大激活能可认为等同于扩散激活能。假如在实验的烧结温度和烧结压力范围内，扩散机制没有发生根本性变化，那么扩散激活能正比于原子间结合力大小，而后者与材料所受到的外界压力P呈线性关系，因此烧结压力P的增大将提高SiBCN系非晶陶瓷材料的扩散激活能，这与不同B摩尔比的$Si_2B_yC_2N$（$y=1\sim4$）系非晶块体陶瓷的ΔE-P关系较为符合。SiBCN系非晶块体陶瓷的结晶析出属于固态相变，其形核功ΔG有如下表达式[14]：

$$\Delta G = -\frac{4}{27} - \frac{\eta^3\sigma^3}{(\Delta G_v - E_s)^2} \tag{3-8}$$

式中，η为临界晶核中原子数量，个；σ为平均表面能，kJ/mol；E_s为临界晶核中每个原子的应变能，kJ/mol；ΔG_v为新相与母相之间原子自由能差，kJ/mol。

由式（3-8）可知，增大 σ 或降低 ΔG_v，E_s 都能增大形核功 ΔG。平均表面能 σ 与烧结压力 P 的关系如式（3-9）所示[15]：

$$\sigma = \sigma_0\left(1+\frac{2}{3}K_i P\right) \tag{3-9}$$

式中，σ_0 为压力 $P=0$ 时的表面能，kJ/mol；K_i 为析出相 i 的可压缩系数，MPa^{-1}。

由此可见，提高烧结压力 P 有助于提高析出相的平均表面能 σ。热力学的基本表达式为[16]

$$dG = VdP - SdT \tag{3-10}$$

在等温等压条件下，有 $G(P)=G_0+PV$，G_0 为压力 $P=0$ 时的吉布斯自由能。假定 SiBCN 系非晶块体陶瓷在高压（3～5GPa）、低温（1000～1100℃）烧结条件下，析出相 a 和非晶相 b 之间压力保持平衡，那么有 $G^a(P)=G_0^a+PV^a$ 与 $G_0^b(P)=G_0^b+PV^b$，因此新旧两相的吉布斯自由能差为[17]

$$\Delta G(P)=\Delta G_0^{a-b}+P(V^a-V^b) \tag{3-11}$$

式（3-11）结果表明，烧结压力 P 的增大使得新旧两相吉布斯自由能差的绝对值增大（因为 $V^b>V^a$）。一般而言，析出相的比容要比非晶母相小，因此非晶的析晶过程是一个体积收缩的过程。为了维持新旧相之间的连续性，两者之间必然产生一个应变场，从而产生一定的应变能 E_s。烧结压力 P 的增大会使新旧相的比容差减小，进而会减小析出相形核时的应变能。需要指出的是，当烧结压力 P 增大到一定程度时，烧结压力 P 对比容差的影响减弱，且这种减弱的规律不一定是线性的。综上所述，提高烧结压力 P 可以提高新旧两相自由能差 ΔG_v，但是降低了应变能 E_s，因此烧结压力 P 对 BN(C)形核激活能的影响有正负两个方面，这里以负影响为主，即降低了形核功 ΔG。由此可见，提高烧结压力 P，增大了 BN(C)析出相的长大激活能，但降低了其形核激活能，两者在烧结压力作用下的耦合结果就是非线性的。因此，烧结压力 P 对不同 B 摩尔比的 $Si_2B_yC_2N$（$y=1$～4）系非晶块体陶瓷的析晶行为的影响，主要体现在 BN(C)相长大阶段（因为形核激活能和长大激活能的耦合结果是高压抑制了 BN(C)相的结晶析出）。

在相同烧结压力 P 下，B 摩尔比的增大降低了 $Si_2B_yC_2N$（$y=1$～4）系非晶块体陶瓷材料的表观析晶激活能 ΔE，即 B 摩尔比增大促进了非晶块体陶瓷基体中 BN(C)相的结晶析出。Tavakoli 等[18]的研究结果表明，B 摩尔比的增大促进了有机法制备 SiBCN 系非晶块体陶瓷中纳米 SiC 晶相的结晶析出，但抑制了 Si_3N_4 相的结晶析出。但热力学计算结果却表明[7]，随着 B 摩尔比增大，整体上促进有机法制备 SiBCN 系非晶陶瓷的结晶析出。

在高压（≥1GPa）作用下，陶瓷粉体颗粒桥联区域作为一种缺陷界面，不利于非晶粉体保持非晶稳定性，BN(C)相将在此处优先析出，其主要原因是：

①高压使得粉体颗粒之间发生较大的弹性变形，两者的紧密接触有利于原子短程扩散；②高压作用下陶瓷颗粒接触点之间的摩擦导致局部高温，进而促进原子的短程扩散；③高压作用下界面处陶瓷颗粒破碎重排，产生较大的比表面积和缺陷，因此界面处具有较高的界面能，为异质形核降低了形核势垒；④高压破坏了陶瓷颗粒接触面处的化学键，产生悬键，有利于新键的形成。此外，B摩尔比的增大使得非晶陶瓷粉体颗粒接触面处B原子浓度较高，有利于BN(C)相在此形核析出，以降低形核功。但是必须考虑到，B原子在Si、B、C和N四种元素原子中自扩散系数最低，BN(C)相的后续长大需要B原子做较长距离的扩散，因此高压将提高BN(C)相的长大激活能。从两者的耦合结果来看，B摩尔比的增大主要是影响了$Si_2B_yC_2N$（$y = 1$～4）系非晶陶瓷中BN(C)相的形核动力学过程（因为B的增加整体上降低BN(C)相的表观析晶激活能）。基于上述分析可知，高压对该SiBCN系非晶块体陶瓷表观析晶激活能的影响，要看形核和长大两个阶段中哪个占据主导位置，这与无机法制备SiBCN系非晶块体陶瓷的平均化学成分密切相关。

烧结压力对Si_2BC_xN（$x = 1$～4）系非晶块体陶瓷析晶行为的影响，亦可以通过经典形核动力学理论加以阐述。非晶材料中析出相的形核率可由式（3-12）表达[19]：

$$I = I_o \exp\left(-\frac{\Delta G^* + \Delta G^m}{k_B T}\right) \tag{3-12}$$

式中，I_o为常数；ΔG^m为原子扩散激活能，kJ/mol；ΔG^*为形核功，即临界形核自由能，kJ/mol；k_B为玻尔兹曼常数，$1.38064852 \times 10^{-23}$J/K；$T$为烧结温度，K。

一般而言，提高烧结压力P降低了临界形核自由能ΔG^*，提高了原子扩散激活能ΔG^m，使得$\Delta G^m + \Delta G^*$的绝对值减小，其值为负值。因此，提高烧结压力P有助于提高材料的形核率。另外，晶核长大速率取决于原子扩散。烧结压力P与原子扩散系数d的关系由式（3-13）表达[20]：

$$\left(\frac{\partial \ln d}{\partial P}\right)_T = -\frac{V^*}{k_B T} \tag{3-13}$$

式中，V^*为活化体积，nm^3。

因此，随着烧结压力P的增加，原子扩散系数d降低，晶核的长大速率也降低。式（3-12）和式（3-13）表明，提高烧结压力提高了形核率，即降低了形核功，但是抑制了晶核的后续长大，即提高了长大激活能。因此，烧结压力P对不同C摩尔比的Si_2BC_xN（$x = 1$～4）系非晶块体陶瓷析晶行为的影响，主要体现在BN(C)相形核阶段（因为形核激活能和长大激活能的耦合结果是高压促进BN(C)相的结晶析出）。

相同烧结压力下，随着C摩尔比的增大，Si_2BC_xN（$x = 1$～4）系非晶块体陶瓷中析出相BN(C)的表观析晶激活能降低。说明C摩尔比的增大降低了该系非晶块体陶瓷中BN(C)相的非晶稳定性。可能原因是，C摩尔比的增大使得局域内原子的浓度起伏更接近析出相BN(C)的晶体结构，因此更易结晶析出。

对比SiBCN系非晶陶瓷粉体和块体陶瓷的表观析晶激活能，发现非晶块体陶瓷的析晶激活能要比相同成分非晶粉体的激活能低得多，说明高压极大地促进了SiBCN系非晶陶瓷的析晶，考虑到高压抑制了晶核的长大，因此在不同成分SiBCN系非晶块体陶瓷的析晶过程中，析出相形核应该占主导地位。然而，这与不同B摩尔比的$Si_2B_yC_2N$（$y=1\sim4$）系非晶陶瓷的ΔE_P-P关系相矛盾，说明高压对析晶过程的影响绝不是一个简单的线性过程。本节所选取的烧结压力区间（3～5GPa）较窄，在烧结压力小于3GPa时，不同B摩尔比的$Si_2B_yC_2N$（$y=1\sim4$）系非晶块体陶瓷的ΔE_P-P关系可能存在一个极小值。

3.5　高压下析晶温度与析晶激活能的相关性

毫无疑问，表观析晶激活能ΔE是影响析晶温度的一个重要因素。对比BN(C)析出相的表观析晶激活能与烧结压力ΔE-P、析晶温度与烧结压力T-P的关系，可发现两者在3～5GPa压力范围内无明显的对应关系，说明除表观析晶激活能外，压力还通过别的因素影响析晶温度。Chen[21]对Kissinger方程进行变形，求得在恒定压力下某析出相x的表观析晶激活能ΔE_x，如式（3-14）所示：

$$\ln\frac{T_x^2}{\Phi}=\frac{\Delta E_x}{k_B}\times\frac{1}{T_x}+\ln\left(\frac{\Delta E_x}{k_B}\times\frac{1}{v_o}\right) \tag{3-14}$$

式中，T_x为某析出相x的析晶温度，K；k_B为玻尔兹曼常数，1.38064852×10^{-23}J/K；Φ为加热速率，K/min；v_o为频率因子，表示析晶时物质从母相向新相转移的频率。

式（3-14）也可以写成函数形式（式3-15）[17]：

$$T_x=f(\Delta E_x, v_o) \tag{3-15}$$

将式（3-15）对压力进行微分可得

$$\frac{dT_x}{dP}=\frac{\partial T_x}{\partial \Delta E_x}\times\frac{\partial \Delta E_x}{\partial P}+\frac{\partial T_x}{\partial v_o}\times\frac{\partial v_o}{\partial P} \tag{3-16}$$

考虑到式（3-14），并注意到$k_BT_x\ll\Delta E_x$，故有$2k_BT_x+\Delta E_x\approx\Delta E_x$，式（3-16）可以写成

$$\frac{dT_x}{dP}=\frac{T_x}{\Delta E_x}\times\frac{\Delta E_x}{\partial P}+\frac{\Phi}{v_o^2}\times\exp\left(-\frac{\Delta E_x}{k_BT_x}\right)\times\frac{\partial v_o}{\partial P} \tag{3-17}$$

式（3-17）可以粗略地描述ΔE_x-P与T_x-P的相关性。由于参数v_o与烧结压力

相关（实际上 v_0 的物理意义不明确，它包含原子振动的本振频率、原子组态扩散的指前因子以及形核长大等动力学因素，压力如何对其影响不得而知），当加热速率 Φ 不为零时，式（3-17）前后两条曲线斜率不能完全对应（因为参数 v_0 必然受到烧结压力的影响），因此沈中毅等[22]认为表观析晶激活能 ΔE_x 和析晶温度 T_x 之间并不是简单的对应关系。

Buschow[23]在研究$(Fe_{0.1}Co_{0.55}Ni_{0.35})_{78}Si_8B_{14}$金属玻璃的热稳定性时指出，某析出相 x 表观析晶激活能 ΔE_x 与析晶温度 T_x 两者随成分的变化规律没有简单的对应关系。他认为仅当位形熵与温度无关时，析晶温度与表观析晶激活能才成正比，即两者有简单的线性关系。而实际上位形熵与表观析晶激活能一样受到非晶中化学短程有序的影响，而烧结压力会改变非晶组织中的化学短程有序。Shen 等[15, 17]和 Chen[21]在$(Fe_{0.1}Co_{0.55}Ni_{0.35})_{78}Si_8B_{14}$金属玻璃和含 SiO_2 氧化物玻璃的晶化温度与压力的关系研究中也指出：①压力将改变金属玻璃在高温下各结晶相之间的相对稳定性，促进某些致密的结晶相优先生成，从而改变了结晶相的内容；②压力将改变金属玻璃在高温下各结晶相之间的平衡条件，使各结晶相的相对数量、析出顺序甚至析出方式发生变化，使对应相图中相区产生移动，从而导致晶化模式的变化；③晶化温度随压力增大不一定是单调的，更不是线性增加的，而是以复杂的方式变化的。这种行为除了取决于激活能的压力依赖关系外，还在很大程度上受到指前因子的压力依存关系的影响；④随着压力增加，晶化成核的动力变大（即晶化成核的激活能减小），与此相反，以扩散激活能为表征的长大激活能随压力线性增加，严重阻碍结晶相的长大过程，从而抑制了金属玻璃的晶化。

而对于不同成分的 SiBCN 系非晶块体陶瓷的析晶动力学，其非晶结构中的化学短程有序明显是不一样的，它们在很大程度上也影响析晶温度，从而掩盖或者模糊析晶激活能的作用。即使是相同成分的 SiBCN 系非晶块体陶瓷，高压不仅改变了析晶激活能，也使得材料的位形熵发生改变，从而使得析晶温度和析晶激活能两者没有简单的对应关系，使得 T_x-ΔE_x 的关系更加复杂。

3.6　变温析晶动力学机制

基于 Kissinger 方程和 Ozawa 方程，分别求得不同成分 SiBCN 系非晶块体陶瓷变温析出 BN(C)相的表观析晶激活能，两者数值相差不大。但 Kissinger 方程和 Ozawa 方程在计算过程中并不考虑析出相具体的形核和长大转变机制，且假定在恒定温度下，已晶化的非晶占原有非晶总量的百分比是一个定值。为此，Matusita 等[24]针对变温相转变过程中析出相形核和长大的具体形式提出了以下公式：

$$\ln\frac{T_P^2}{\Phi^n}=\frac{m\Delta E_P}{RT_P}+c \tag{3-18}$$

式中，n 和 m 为与形核、长大转变机制相关的参数；c 为常数。

式（3-18）由式（3-19）导出：

$$\frac{\mathrm{d}x}{\mathrm{d}t}=A\Phi^{(1-n)}\ (1-x)^{k_\mathrm{B}}\exp\left(-\frac{m\Delta E_P}{RT_P}\right) \tag{3-19}$$

式中，ΔE_P 为表观析晶激活能，kJ/mol；x 为结晶相的体积分数，%；T_P 为析晶温度，K；t 为转变时间，h；Φ 为加热速率，K/min；A 为常数。

考虑到 $\mathrm{d}T/\mathrm{d}t=\Phi$，因此最大晶化速率可由式（3-20）表达[15]：

$$\left(\frac{\mathrm{d}x}{\mathrm{d}t}\right)_P=\Phi B^{-1}\ (1-x_P)^{k_\mathrm{B}}\frac{m\Delta E_P}{RT_P^2} \tag{3-20}$$

式中，Φ 为加热速率，K/min；B 为温度，K；k_B 为玻尔兹曼常数，1.38064852×10^{-23}J/K；R 为气体常数，8.314472J/(K·mol)；T_P 为压力 P 下的析晶温度，K。

作 $\ln\frac{T_P^2}{\Phi^n}$ 与 $1/T_P$ 的关系曲线，通过斜率可以求得四种不同析晶转变机制下，特定成分 Si_2BC_2N 非晶块体陶瓷的表观析晶激活能。例如，表面形核 $k=2/3$ 且长大维度为 1，$n=m=1$ 时，Si_2BC_2N 非晶块体陶瓷材料的表观析晶激活能最小；体形核 $k=1$ 且长大维度为 1，$n=2m=1$ 时，Si_2BC_2N 非晶块体陶瓷材料的表观析晶激活能最大。

由于 SiBCN 系非晶块体陶瓷材料表面存在较多的缺陷，因此实际高温析晶过程中，BN(C)相可能在表面优先形核以降低体系能量。已有的实验结果已经证实，采用 5GPa/30min 高压烧结制备的 Si_2BC_3N 非晶块体陶瓷，当烧结温度低于 1100℃时，非晶 BN(C)原子团簇在陶瓷颗粒桥联处偏聚，而非晶 SiC 原子团簇则在陶瓷颗粒内部偏聚；随着烧结温度升高，BN(C)相优先在陶瓷颗粒桥联处析晶和长大。在高压作用下，SiBCN 非晶陶瓷颗粒表面很容易产生形变，进而诱导颗粒表面缺陷产生，使得体系能量升高；缺陷作为形核位点可提供形核驱动力，因此 BN(C)晶胚的析出可以降低整个体系的能量。因此，高压低温烧结制备的 SiBCN 系非晶块体陶瓷，在高温析晶过程中，BN(C)相优先在陶瓷颗粒接触界面处形核。对于 BN(C)相，微观上其具有湍层状结构，通常倾向于沿着（0002）密排面（低能量面）方向上长大以降低体系能量，因而 BN(C)相即使在体内形核，也趋于向一维方向长大，然而，这种析晶转变方式的表观析晶激活能最大。

参 考 文 献

[1] 梁斌. 高压烧结 Si_2BC_3N 非晶陶瓷的晶化和高温氧化机制[D]. 哈尔滨：哈尔滨工业大学，2017.

[2] Liang B，Jia D C，Liao X Q，et al. Microstructural evolution of amorphous Si_2BC_3N nanopowders upon heating at high temperatures：High pressures reverse the nucleation order of SiC and BN(C)[J]. Journal of the American Ceramic Society，2018，101（9）：4321-4330.

[3] Liang B，Yang Z H，Chen Q Q，et al. Crystallization behavior of amorphous Si_2BC_3N ceramic monolith subjected to high pressure[J]. Journal of the American Ceramic Society，2015，98（12）：3788-3796.

[4] Jia D C，Liang B，Yang Z H，et al. Metastable Si-B-C-N ceramics and their matrix composites developed by inorganic route based on mechanical alloying：Fabrication，microstructures，properties and their relevant basic scientific issues[J]. Progress in Materials Science，2018，98：1-67.

[5] 张鹏飞. 机械合金化 2Si-B-3C-N 陶瓷的热压烧结行为与高温性能研究[D]. 哈尔滨：哈尔滨工业大学，2013.

[6] Tavakoli A H，Gerstel P，Golczewski J A，et al. Quantitative X-ray diffraction analysis and modeling of the crystallization process in amorphous Si-B-C-N polymer-derived ceramics[J]. Journal of the American Ceramic Society，2010，93（5）：1470-1478.

[7] Tavakoli A H，Gerstel P，Golczewski J A，et al. Crystallization kinetics of Si_3N_4 in Si-B-C-N polymer-derived ceramics[J]. Journal of Materials Research，2010，25（11）：2150-2158.

[8] Tavakoli A H，Gerstel P，Golczewski J A，et al. Kinetic effect of boron on the crystallization of Si_3N_4 in Si-B-C-N polymer-derived ceramics[J]. Journal of Materials Research，2011，26（4）：600-608.

[9] Jackson K A. Kinetic Processes-crystal Growth，Diffusion，and Phase Transitions in Materials[M]. Weinheim：Wiley-VCH，2004.

[10] 李达鑫. SiBCN 非晶陶瓷析晶动力学及高温氧化行为[D]. 哈尔滨：哈尔滨工业大学，2018.

[11] Kramer J. Noncondueting modification of metal[J]. Journal of Annln Physik，1934，19（1）：37-64.

[12] Wang W H. The nature and properties of amorphous matter[J]. Progress in Physics，2013，33（5）：177-351.

[13] Zhang B，Wang W H. Research progress of metallic plastic[J].Acta Physica Sinica，2017，66（17）：176411.

[14] 徐祖耀. 材料热力学[M]. 北京：高等教育出版社，2009.

[15] Shen Z Y，Zhang Y，Yin X J，et al. The crystallization process of metglass $(Fe_{0.1}Co_{0.55}Ni_{0.35})_{78}Si_8B_{14}$ and the effect of high pressure(Ⅰ)：The phase precipitation process[J]. Acta Physica Sinica，1983，32（9）：1159-1169.

[16] 西泽泰二. 微观组织热力学[M]. 郝士明，译. 北京：化学工业出版社，2006.

[17] Shen Z Y，Yin X J，Zhang Y，et al. The Crystallization process of metglass$(Fe_{0.1}Co_{0.55}Ni_{0.35})_{78}Si_8B_{14}$ and the effect of high pressure(Ⅱ)：The crystallization temperature and the crystallization activation energy[J]. Acta Physica Sinica，1985，34（10）：1327-1335.

[18] Tavakoli A H，Gerstel P，Golczewski J A，et al. Effect of boron on the crystallization of amorphous Si-(B-)C-N polymer-derived ceramics[J]. Journal of Non-Crystalline Solids，2009，355（48-49）：2381-2389.

[19] 胡赓祥，蔡珣. 材料科学基础[M]. 上海：上海交通大学出版社，2010.

[20] 叶丰. 压力对非晶态固体晶化动力学的影响[D]. 沈阳：中国科学院金属研究所，1999.

[21] Chen H S. A method for evaluating viscosities of metallic glasses from the rates of thermal transformations[J]. Journal of Non-Crystalline Solids，1978，27（2）：257-263.

[22] 沈中毅，陈立泉，张云，等. 一种含 SiO_2 氧化物玻璃的晶化温度-压力依赖关系[J]. 高压物理学报，1990，4（4）：254-258.

[23] Buschow K H J. Effect of short-range ordering on the thermal stability of amorphous Ti-Cu alloys[J]. Scripta Metallurgica，1983，17（9）：1135-1139.

[24] Matusita K，Sakka S. Kinetic study of crystallization of glass by differential thermal analysis：Criterion on application of Kissinger plot[J]. Journal of Non-Crystalline Solids，1980，38-39（2）：741-746.

第 4 章　SiBCN 系非晶块体陶瓷的组织结构与力学性能

SiBCN 系非晶块体陶瓷的显微组织结构特征是决定其力学性能最本质的因素。宏观上非晶块体陶瓷各向同性且均匀，但在微观上又具有微纳尺度的结构不均匀性和动力学不均匀性，导致其宏观力学性能与原子尺度结构特征在空间尺度上存在巨大差异。工程陶瓷构件尤其是高温结构件在进行设计使用时，需承载冲击应力、机械应力等，还要抵抗环境介质的侵蚀和热冲击，因此 SiBCN 系非晶块体陶瓷材料的力学性能指标尤为重要。本章探讨 SiBCN 系非晶块体陶瓷在高压作用下的烧结行为及不同烧结工艺参数下的组织结构特征及力学性能变化规律。

4.1　SiBCN 系非晶块体陶瓷的结构特征

无机法制备的 SiBCN 系陶瓷粉体具有良好的非晶态组织结构[1-8]，但烧结温度相对较高（1800～2000℃），最终得到的是 SiBCN 系纳米晶复相陶瓷[9-14]。例如，经 1900℃/80MPa/30min 热压烧结制备的 Si_2BC_3N 块体陶瓷，主要由 β-SiC、α-SiC 和 BN(C)纳米晶相以及少量非晶相构成[15, 16]（图 4-1）。而采用高压低温烧结技术可在相对较低温度条件下制备出组织结构均匀，并具有完全非晶结构特征的高致密 SiBCN 系块体陶瓷材料[17, 18]。例如，经 1000℃/3GPa/30min 烧结制备的 $Si_2B_{1.5}C_2N$ 块体陶瓷，微观上元素原子呈短程有序长程无序分布，SAED 的衍射环呈“月晕”花样，扫描透射电子显微镜（scanning transmission electron microscope，STEM）显示良好的非晶组织结构特征[14]（图 4-2）。

低温裂解条件下（通常 T＜1400℃），有机法制备的 SiBCN 系陶瓷材料大多具有非晶态的组织结构[19-22]。但在更高温度保温后，非晶陶瓷发生分相、形核和长大，逐渐转变为结晶态，该过程甚至伴随着某些晶相分解和气体释放，导致材料失重，最终转变成主要由纳米 α/β-SiC 和湍层 BN(C)等构成的纳米晶复相陶瓷[23-25]（图 4-3）。有机法制备的 SiBCN 系非晶陶瓷材料的显微组织结构及热稳定性取决于有机原料种类、平均化学成分、合成工艺/裂解工艺等多种因素。例如，材料中 Si 或 N 摩尔分数较高时，裂解温度不足以使 Si_3N_4 纳米晶相发生分解，微观组织还可能由 SiC + Si_3N_4 + BN(C)或 Si_3N_4 + BN(C)或 SiC_xN_y + BN 等晶相构成（图 4-4）[25]。

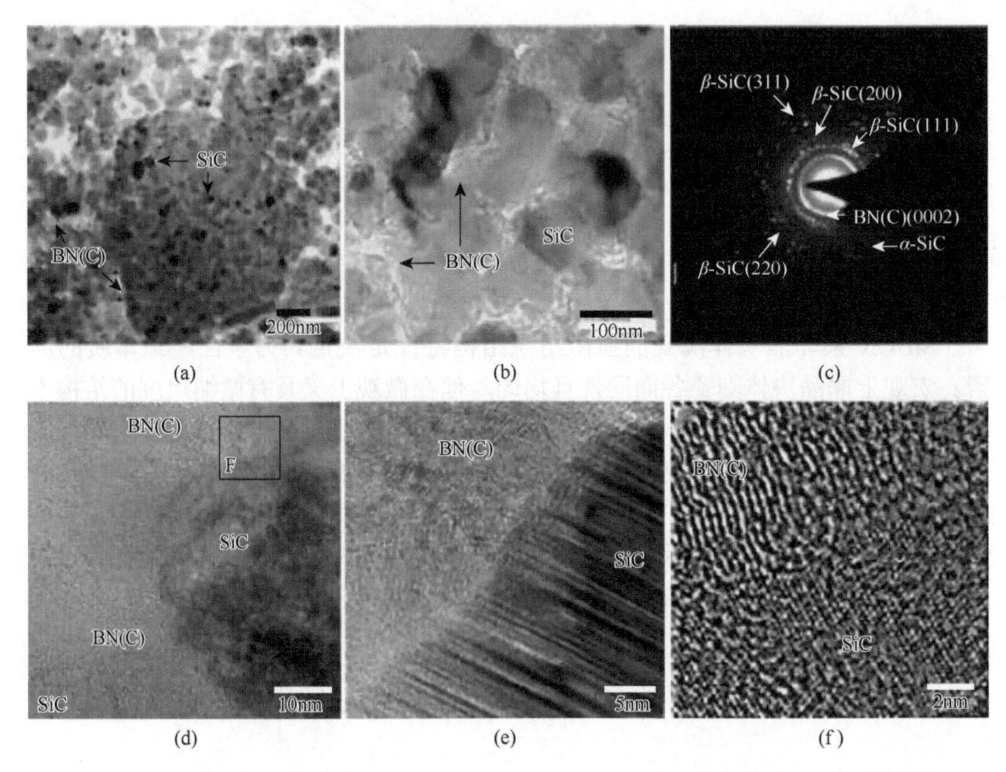

图 4-1 无机法（1900℃/80MPa/30min）制备的 Si_2BC_3N 块体陶瓷的 TEM 分析[9]

（a）（b）TEM 明场像；（c）SAED 花样；（d）～（f）HRTEM 精细结构

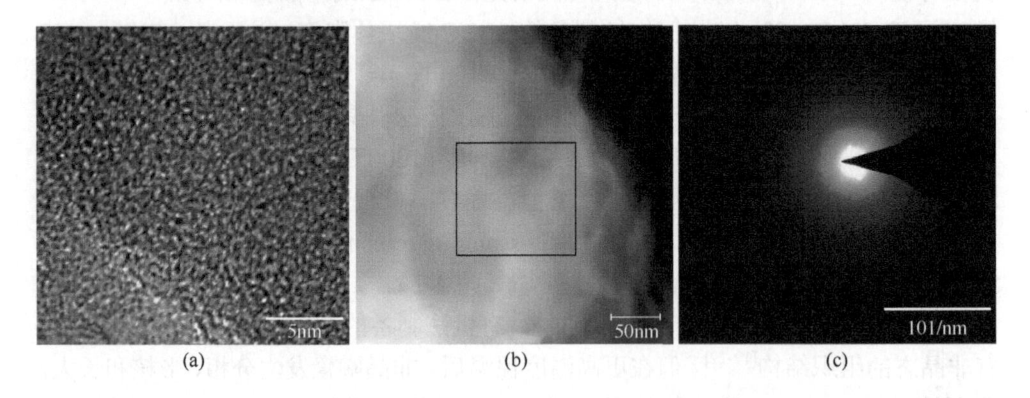

图 4-2 无机法（1000℃/3GPa/30min）制备的 $Si_2B_{1.5}C_2N$ 非晶块体陶瓷的 STEM 分析[14]

（a）HRTEM 精细结构；（b）STEM 衬度形貌；（c）图（b）方框区域的 SAED 花样

采用不同方法制备的 SiBCN 系非晶块体陶瓷材料具有相似的微观组织结构特征，即存在长程无序、短程有序的非晶三维网络共价键结构。例如，有机法制备的 SiBCN 系非晶陶瓷，若选择合适的原料使其最终化学成分位于 SiC + BN + C + B_4C

或 Si_3N_4 + SiC + BN + C 两种四相区的边界区域，那么高温裂解得到的纳米晶复相陶瓷，其所含物相与无机法制备的陶瓷材料所含物相相似，即两者都由 β-SiC、α-SiC、BN(C)晶相以及少量非晶相构成。

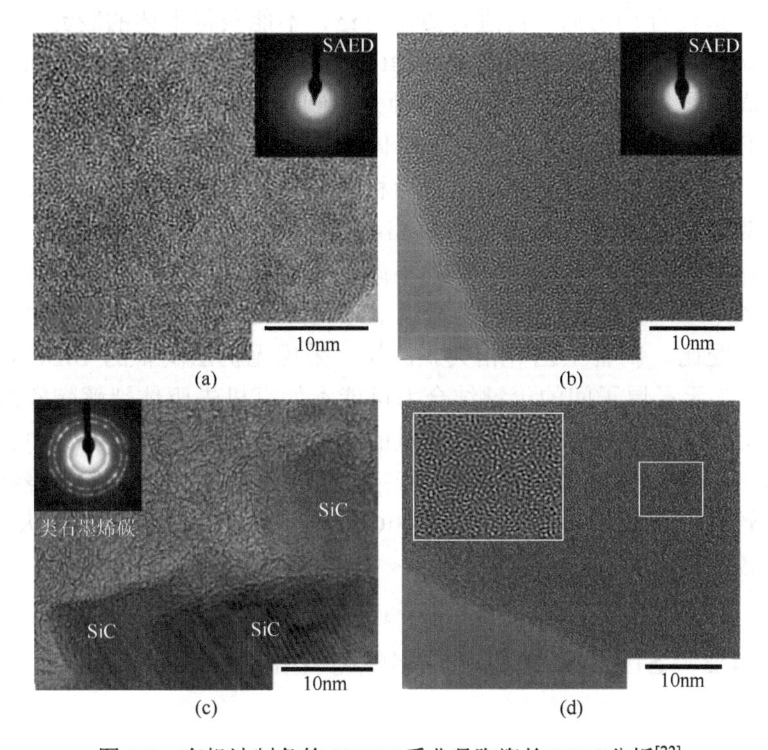

图 4-3　有机法制备的 SiBCN 系非晶陶瓷的 TEM 分析[22]

（a）1100℃裂解的陶瓷粉体；（b）1100℃裂解的块体陶瓷；（c）1400℃裂解的陶瓷粉体；（d）1400℃裂解的块体陶瓷

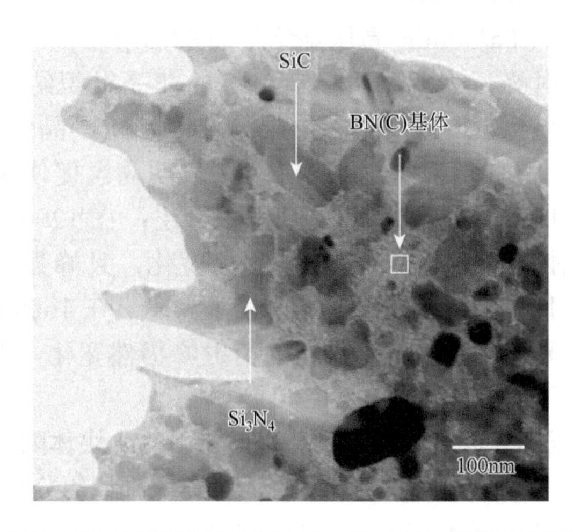

图 4-4　有机先驱体 1800℃裂解制备的 SiBCN 系非晶亚稳陶瓷材料的 TEM 分析[25]

有机法和无机法制备的 SiBCN 系纳米晶块体陶瓷均有一个相同的显微组织结构特征，即纳米相 SiC（和/或纳米相 Si_3N_4）与湍层纳米 BN(C)相互包裹形成胶囊结构。而采用其他传统陶瓷制备工艺，如将 SiC 和 h-BN 或者 Si_3N_4、B_4C 和 C 球磨混合均匀后，再进行热压烧结，不能获得上述的胶囊结构。研究人员普遍认为，该胶囊结构有利于 SiBCN 系纳米晶块体陶瓷材料的高温抗蠕变性能与高温抗氧化性能[25-27]。但两种方法制备的 SiBCN 系纳米晶陶瓷又有所差别：①机械化学合成的非晶陶瓷粉体中元素分布的均匀性低于有机化学合成的材料，这也许是前者非晶稳定能力相对较低的一个重要原因。②有机法制备的纳米晶陶瓷材料中可能含有纳米 Si_3N_4 晶相，在特定条件下甚至 2000℃不发生分解，目前无机法制备的一系列不同成分的陶瓷材料中，高温析晶过程无原位析出纳米 Si_3N_4 晶相。材料显微组织结构上的差异与制备过程中所用原料种类、成分配比、制备工艺等相关。例如，采用无机法制备的 SiBCN 系非晶陶瓷粉体，其元素原子间的价键结合力可能不如有机先驱体裂解陶瓷的价键结合力强，无机粉体中不含或者含有痕量的 Si—N 键，而有机先驱体中含有结合力很强的 Si—N 键。③无机法制备的高致密 SiBCN 系块体陶瓷的烧结温度和烧结压力较高，导致块体陶瓷中 α/β-SiC 晶粒尺寸（＜100nm）较大，BN(C)相结晶度较高。

4.2 SiBCN 系非晶块体陶瓷的组织结构演化

4.2.1 高压条件下烧结温度的影响

经 $T\leqslant$1100℃/5GPa/30min 高压烧结制备的 Si_2BC_3N 块体陶瓷，XRD 图谱显示宽化的漫散射峰，表明材料具有良好的非晶组织结构或者结晶度非常低[28]。烧结温度升高到 1200℃，宽化的 β-SiC 和 BN(C)晶体衍射峰开始凸显；随着烧结温度升高，晶体衍射峰越来越尖锐，表明高温促使 Si_2BC_3N 非晶基体发生晶化，β-SiC 和 BN(C)晶粒在非晶基体中析出；在 1200～1600℃温度范围内，BN(C)晶体衍射峰始终比 β-SiC 的衍射峰宽化，且峰强很低，说明 BN(C)的晶粒尺寸可能处于纳米尺度或者其结晶度非常低；在 1600℃/5GPa 高压烧结时，XRD 图谱显示 β-SiC 和 BN(C)晶相的衍射峰仍然宽化，此时陶瓷材料结晶并不完全（图 4-5）。

总体来说，高压 5GPa/30min 烧结制备的 Si_2BC_3N 块体陶瓷在低于 1100℃条件下保持非晶状态，随着烧结温度升高，块体陶瓷依次经历分相（1100～1200℃）、形核（1200～1300℃）与晶粒长大（＞1300℃）过程[17]。

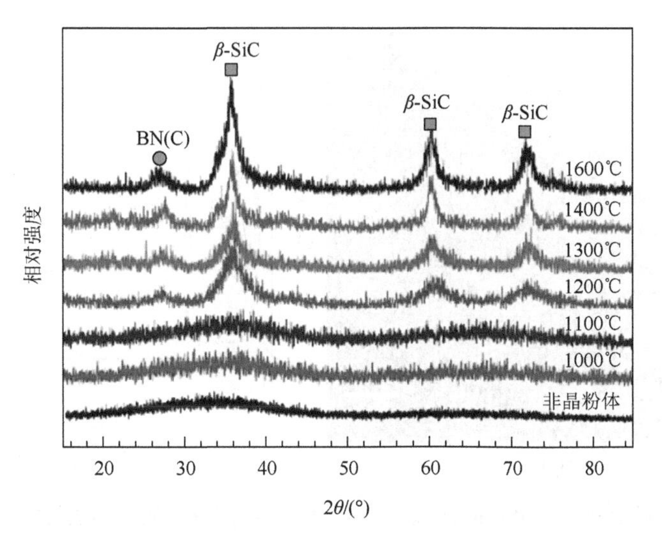

图 4-5　机械合金化制备的非晶 Si_2BC_3N 陶瓷粉体以及高压烧结（1000～1600℃/5GPa/30min）制备的 Si_2BC_3N 块体陶瓷的 XRD 图谱[28]

1. 非晶

在 1000℃/5GPa/30min 烧结条件下制备的 Si_2BC_3N 块体陶瓷，SAED 仅显示一个宽泛的衍射晕，说明材料具有良好的非晶组织结构；但 TEM 明场像显示陶瓷材料明显分为“亮区”和“暗区”两部分，“亮区”对应陶瓷颗粒的桥联区域；能量色散 X 射线谱（X-ray energy dispersive spectrometer，EDS）分析结果进一步表明，此时材料中元素原子发生了轻微偏聚，“暗区”富集 Si 和 C 元素；高分辨形貌照片没有观察到长程范围内有序排列的原子团簇（图 4-6）。

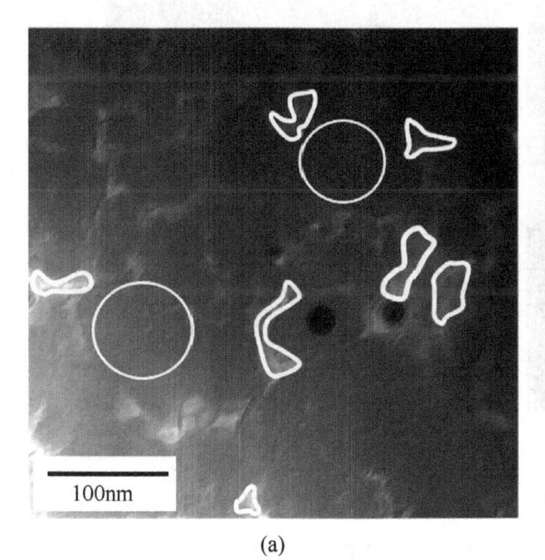

(a)

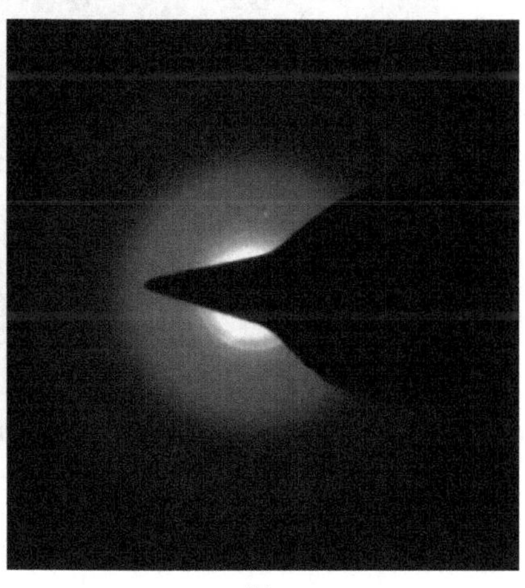

(b)

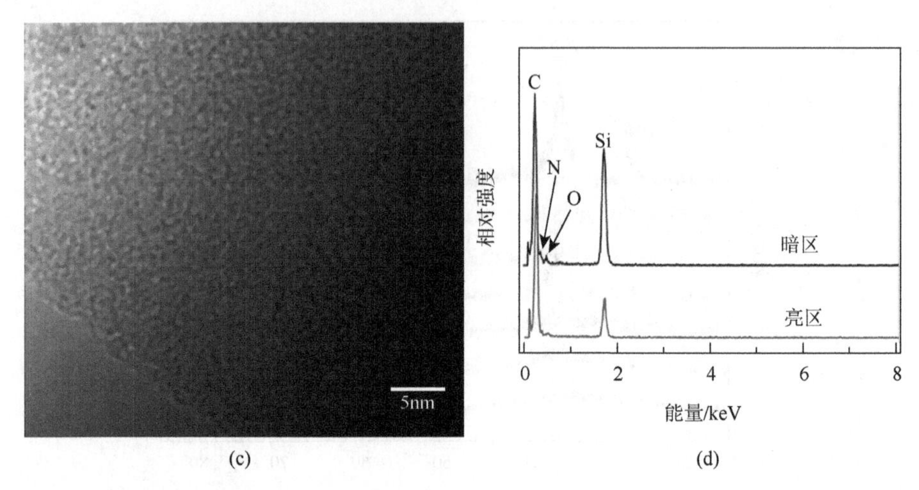

图 4-6 经 1000℃/5GPa/30min 烧结制备的 Si_2BC_3N 块体陶瓷的透射电镜分析[28]

（a）TEM 明场像；（b）相应的 SAED 花样；（c）HRTEM 精细结构；（d）亮区和暗区对应的 EDS 图谱

在 1050℃/5GPa/30min 高压烧结条件下，Si_2BC_3N 块体陶瓷的“亮区”演变成褶皱结构，SAED 花样仍由一个衍射晕构成，长程范围内的原子仍为无序排列，此时材料仍有良好的非晶态组织结构，同时也表明非晶陶瓷中原子偏聚导致晶化的发生存在一个孕育期（图 4-7）。在 1100℃/5GPa/30min 高压烧结条件下，SAED 花样由一个中心衍射晕和一个暗淡宽化的衍射环构成；高分辨形貌照片显示材料仍具有长程无序的结构特征；傅里叶逆变换形貌表明，仅在局部褶皱区域存在极少量的原子团簇，趋于有序排列。因此，可认为 1100℃/5GPa/30min 烧结制备的 Si_2BC_3N 块体陶瓷材料，仍能保持近乎完全的非晶态组织结构（图 4-8）。

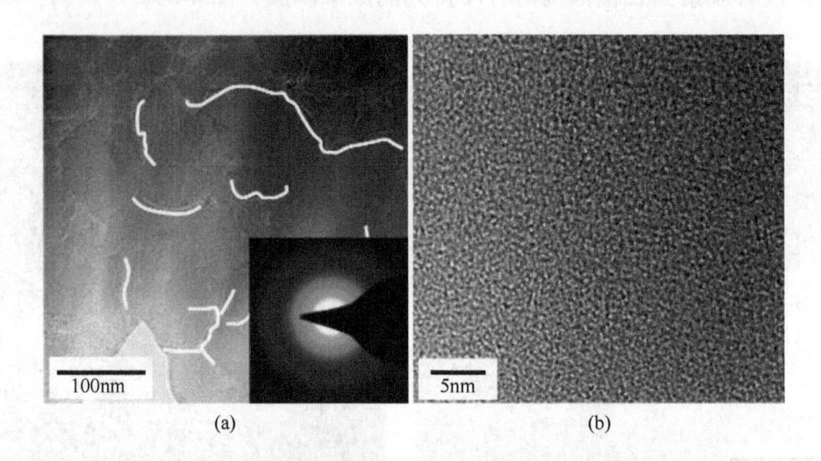

图 4-7 经 1050℃/5GPa/30min 烧结制备的 Si_2BC_3N 块体陶瓷的 TEM 分析[28]

（a）TEM 明场像及相应的 SAED 花样；（b）HRTEM 精细结构

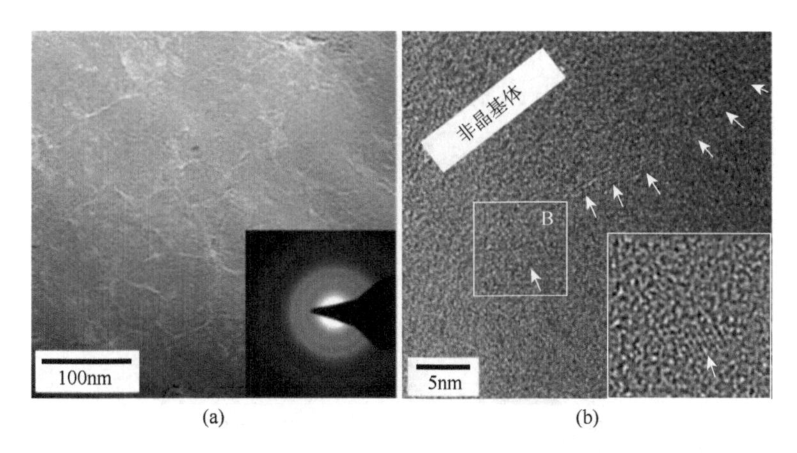

(a) (b)

图4-8 经1100℃/5GPa/30min烧结制备的Si_2BC_3N块体陶瓷的TEM分析[28]

（a）TEM明场像及相应的SAED花样；（b）HRTEM精细结构及区域B的傅里叶逆变换形貌

2. 分相

烧结温度升高至1150℃时，Si_2BC_3N块体陶瓷的SAED花样仍由一个中心衍射晕构成，但中心衍射晕趋于劈裂成两个衍射环；高分辨形貌照片显示，材料大部分区域仍具有长程无序的结构特征，但局部存在趋于有序排列的原子团簇（图4-9）。经1200℃/5GPa/30min高压烧结制备的Si_2BC_3N块体陶瓷，明场像照片仍显示清晰的褶皱结构；SAED花样明显由两个独立且宽化的衍射环构成，表明材料的结晶度非常低，仍保持较好的非晶态结构（图4-10）。结合XRD结果（图4-5），这两个衍射环分别对应BN(C)的（0002）晶面和β-SiC的（111）晶面；从HRTEM照片可明显观察到材料内部尤其是褶皱区域几个纳米尺寸原子团簇的出现，但这些原子团簇中原子排列并没有完全有序化，属于发育非常不完全的BN(C)和/或β-SiC晶核。上述结果表明，1200℃/5GPa/30min烧结条件制备的Si_2BC_3N块体陶瓷的局部区域已经开始分化成SiC非晶相和BN(C)非晶相，标志着形核阶段的开始。

3. 形核

烧结温度升高到1250℃，TEM明场像显示，Si_2BC_3N块体陶瓷中褶皱结构趋于消失，SAED花样中对应SiC和BN(C)晶相的衍射环变窄，亮度有所增强；高分辨形貌照片中可清晰观察到明显的纳米晶核，结合傅里叶逆变换技术可以初步确定这些晶核所对应的物相；其中，BN(C)晶核沿着褶皱区域呈带状分布，晶面发生严重扭曲，SiC晶核分布在BN(C)晶核附近，发育很不完全，晶面尚不清晰；高分辨形貌照片显示陶瓷基体中仍存在完全非晶态区域（图4-11）。

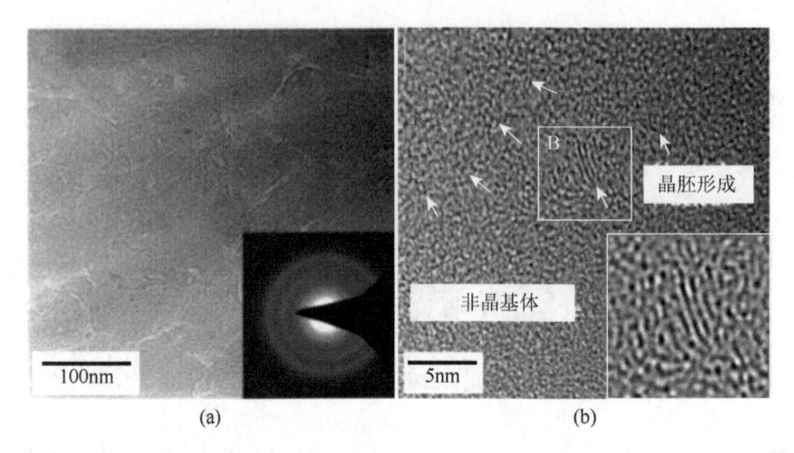

图 4-9　经 1150℃/5GPa/30min 烧结制备的 Si_2BC_3N 块体陶瓷的 TEM 分析[28]

（a）TEM 明场像及相应的 SAED 花样；（b）HRTEM 精细结构及区域 B 的傅里叶逆变换形貌

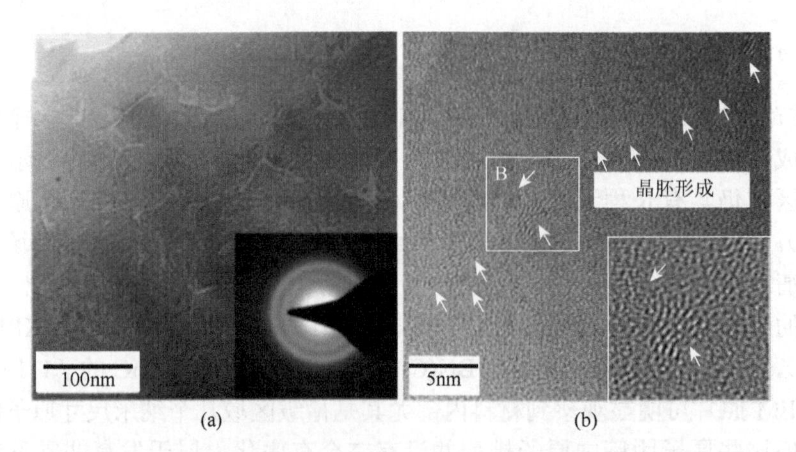

图 4-10　经 1200℃/5GPa/30min 烧结制备的 Si_2BC_3N 块体陶瓷的 TEM 分析[28]

（a）TEM 明场像及相应的 SAED 花样；（b）HRTEM 精细结构及区域 B 的傅里叶逆变换形貌

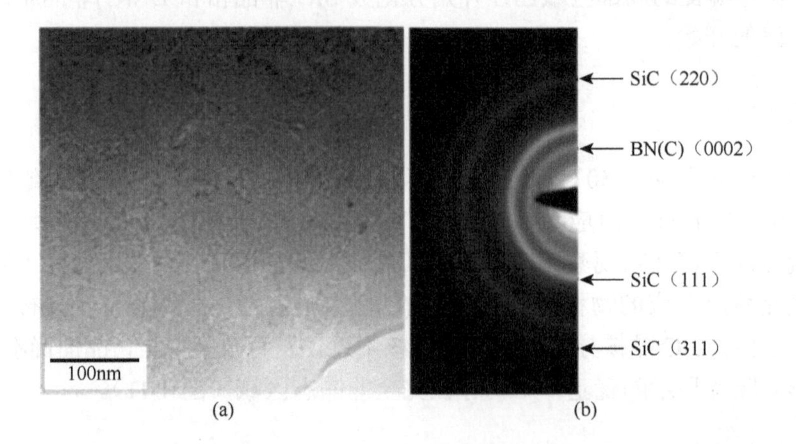

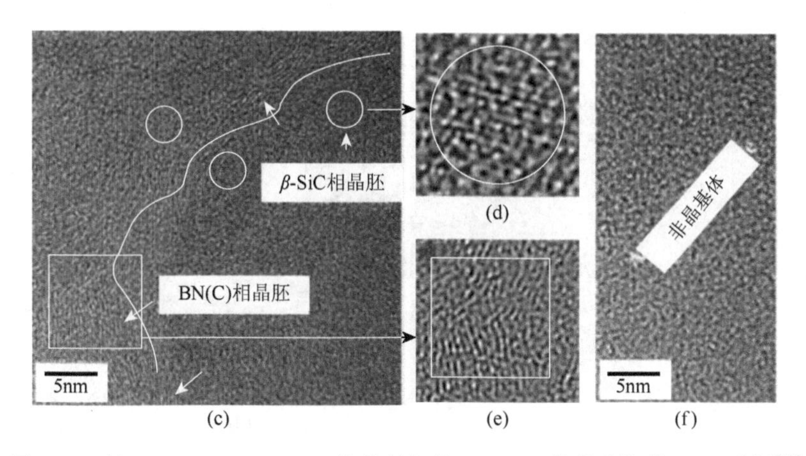

图 4-11　经 1250℃/5GPa/30min 烧结制备的 Si_2BC_3N 块体陶瓷的 TEM 分析[28]

（a）TEM 明场像；（b）SAED 花样；（c）～（f）相应的 HRTEM 精细结构

经 1300℃/5GPa/30min 高压烧结制备的 Si_2BC_3N 块体陶瓷，高指数晶面的 SiC 衍射环变得更加清晰，高分辨形貌图片也显示更多的纳米晶核生成，其晶粒尺寸约为 5nm，材料结晶度有所提高；此时褶皱区域变得更加模糊，BN(C)晶核的带状分布特征不如之前明显；结合傅里叶逆变换形貌照片，可清楚地观察到 SiC 和 BN(C)的晶面，但此时晶核发育尚不完全，仍存在很多排列混乱的原子。因此，当烧结温度高于 1250℃时，Si_2BC_3N 非晶块体陶瓷中新晶核不断形成的同时，晶核也开始长大，但初期阶段晶粒形核占主导地位（图 4-12）。

上述结果表明，高压 5GPa/30min 烧结过程中，Si_2BC_3N 陶瓷颗粒桥联区域出现特殊的褶皱结构，且 BN(C)晶核趋于沿着该区域分布。该现象普遍存在于高压烧结制备的 SiBCN 系非晶块体陶瓷的形核过程，说明褶皱结构的演变与纳米相的形核密切相关。EFTEM 形貌照片进一步证实，B 元素和 N 元素主要富集于褶皱区域，Si 元素主要富集于非褶皱区域，C 元素几乎分布于整个区域，但也部分

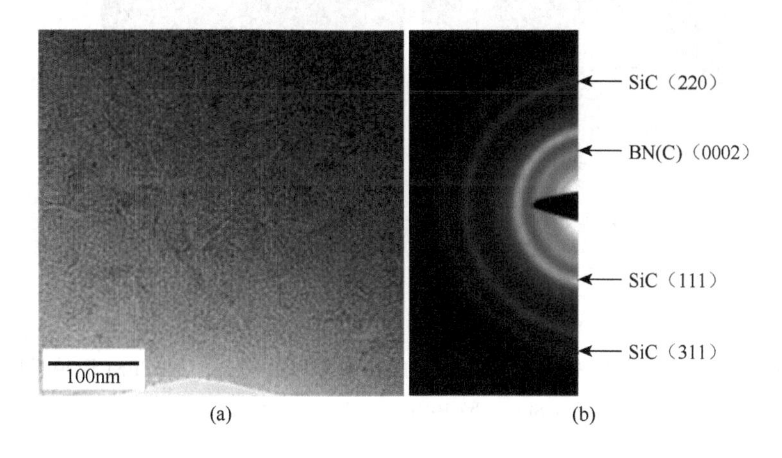

图 4-12　经 1300℃/5GPa/30min 烧结制备的 Si_2BC_3N 块体陶瓷的 TEM 分析[28]

（a）TEM 明场像；（b）SAED 花样；（c）HRTEM 精细结构；（d）图（c）方框 D 区域的傅里叶逆变换形貌

富集于褶皱区域。也就是说，褶皱区域富集 BN(C)相，而非褶皱区域富集 SiC 相（图 4-13）。高分辨形貌照片显示，褶皱区域对应晶面发生扭曲的 N(C)相，SiC 核分布在 BN(C)晶核周围，两者彼此“包裹”，形成类似于胶囊的结构（图 4-14）。

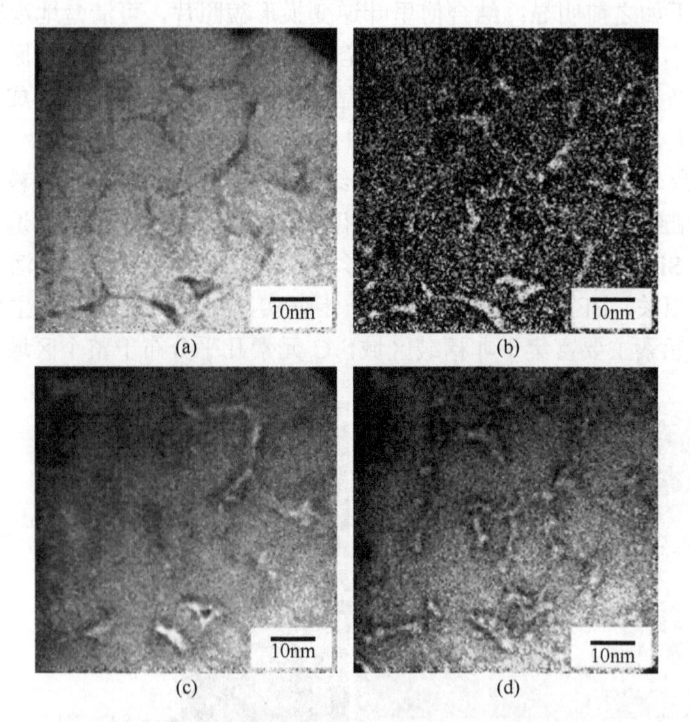

图 4-13　经 1300℃/5GPa/30min 烧结制备的 Si_2BC_3N 块体陶瓷的 EFTEM 形貌照片[29]

（a）Si-L；（b）B-K；（c）C-L；（d）N-L

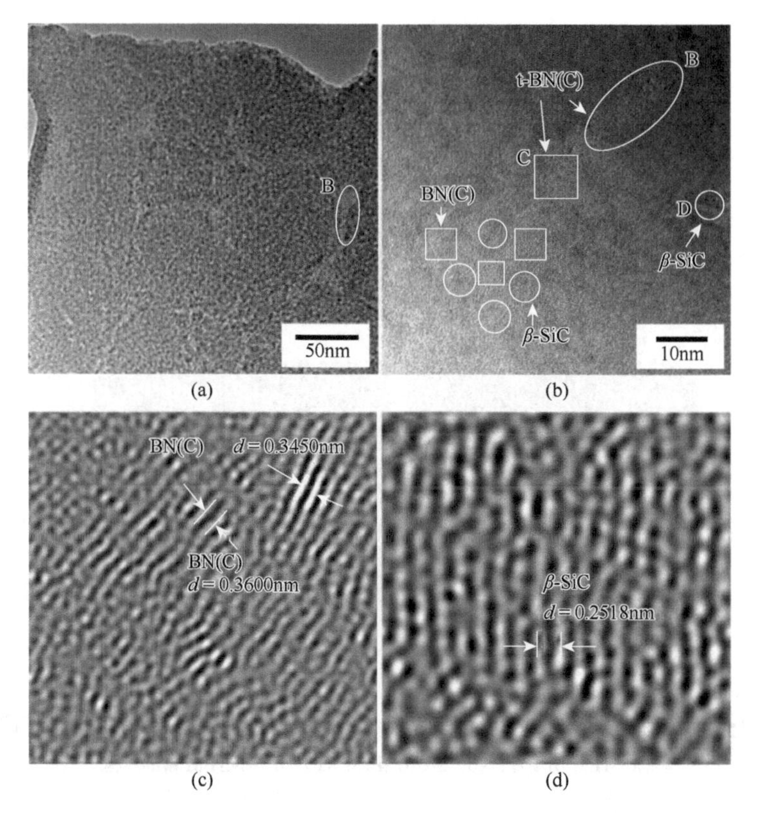

图 4-14 经 1300℃/3GPa/30min 烧结制备的 Si_2BC_3N 块体陶瓷的 TEM 分析[17]

（a）（b）HRTEM 精细结构；（c）（d）图（b）中区域 C 和 D 的傅里叶逆变换形貌

4. 晶粒长大

当烧结温度提高至 1400℃时，TEM 明场像显示褶皱结构消失，可以清晰地观察到纳米析出相的晶粒形貌；SAED 花样中衍射环亮暗程度略显不均匀，表明材料中纳米晶粒有所长大[29]。高分辨形貌照片明显观察到发育良好的 SiC 和 BN(C)晶粒，晶粒尺寸为 5～10nm；部分 SiC 晶粒中存在堆垛层错，SiC 和 BN(C)晶粒周围仍存在排列无序的原子团簇（图 4-15）。

在 1600℃/5GPa/30min 高压烧结条件下，TEM 明场像显示非晶基体中析出大量 SiC 和 BN(C)晶粒，晶粒尺寸长大至 10～30nm，两者彼此“包裹”分布形成十分明显的胶囊结构特征；衍射环的亮暗程度不均，某些衍射环变得不连续，说明晶粒持续长大；高分辨形貌照片显示，SiC 和 BN(C)两种晶粒发育比较完全，结构特征分明；堆垛层错和孪晶在某些 SiC 晶粒中形成，BN(C)晶粒具有典型的类似于湍层石墨或湍层 BN 的结构；在 SiC 和 BN(C)晶粒边界区域，部分原子团簇排列混乱甚至存在非晶的结构，表明此烧结条件下材料的结晶并不完全（图 4-16）。

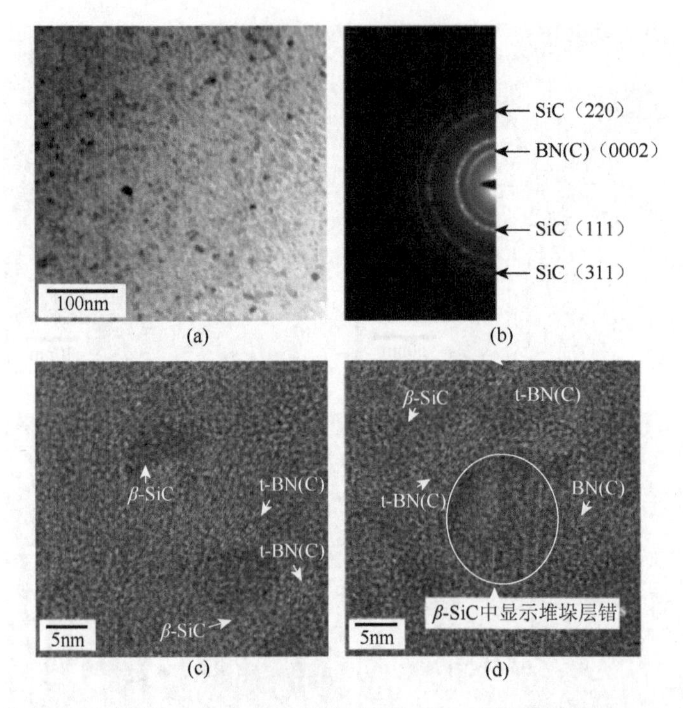

图 4-15　经 1400℃/5GPa/30min 烧结制备的 Si_2BC_3N 块体陶瓷的 TEM 分析[17]

（a）TEM 明场像；（b）SAED 花样；（c）（d）HRTEM 精细结构

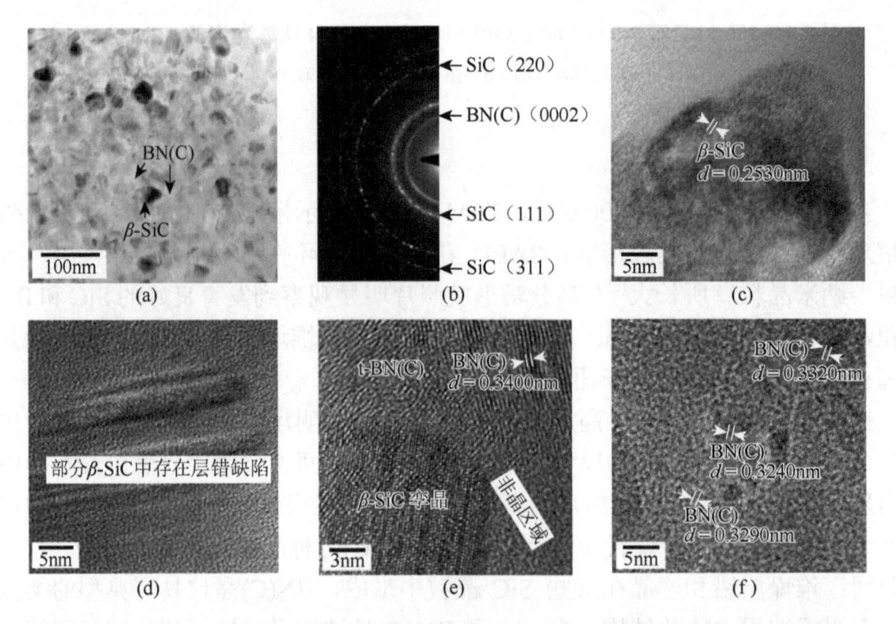

图 4-16　经 1600℃/5GPa/30min 烧结制备的 Si_2BC_3N 块体陶瓷的 TEM 分析[17]

（a）TEM 明场像；（b）SAED 花样；（c）～（f）相应的 HRTEM 精细结构

经 1000～1600℃/5GPa/30min 高压烧结制备的 Si_2BC_3N 块体陶瓷，样品表面无孔隙和微裂纹，致密度较高；在机械加工工艺完全相同的条件下，低于 1100℃烧结制备的块体陶瓷样品表面有明显划痕；而高于 1100℃烧结时，样品表面光滑度明显提高；烧结温度从 1200℃升至 1600℃，块体陶瓷表面光滑度变化不再明显（图 4-17）。

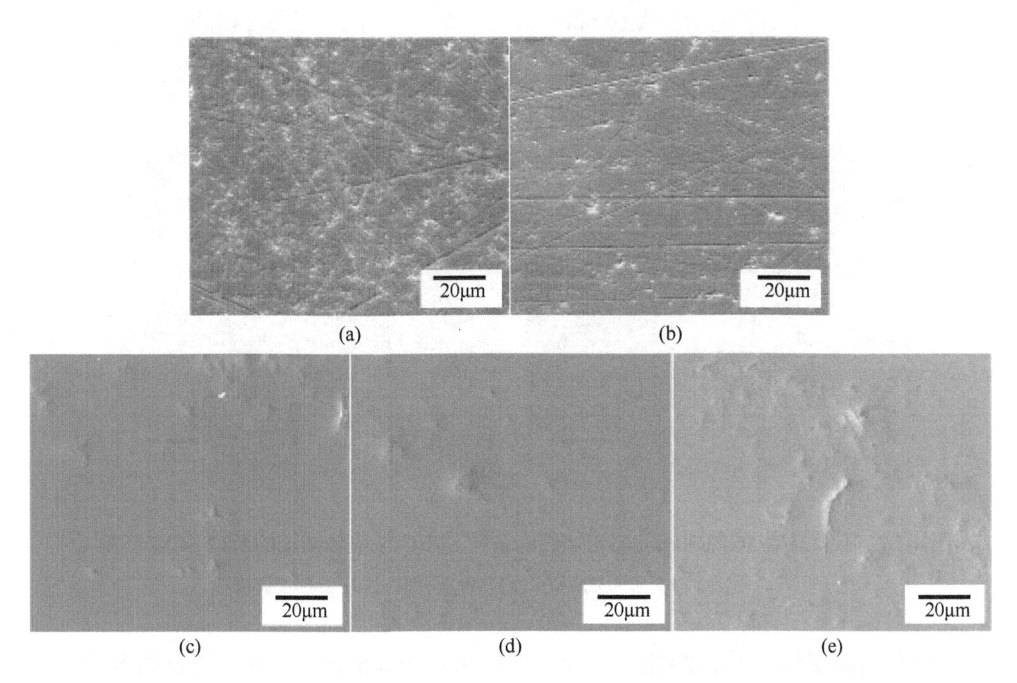

图 4-17　不同温度/5GPa/30min 高压烧结制备的 Si_2BC_3N 块体陶瓷的表面 SEM 形貌[17]

（a）1000℃烧结；（b）1100℃烧结；（c）1200℃烧结；（d）1400℃烧结；（e）1600℃烧结

室温条件下，经 5GPa/30min 高压制备的 Si_2BC_3N 陶瓷，生坯断口形貌与机械合金化制备的非晶陶瓷粉体表面形貌相似，仍能清楚地观察到近似球状的陶瓷颗粒，但这些颗粒堆积变得更加紧密，初步证实高压烧结确实可以有效促进陶瓷颗粒的重排与紧密堆积。经 1100℃/5GPa/30min 高压烧结制备的 Si_2BC_3N 块体陶瓷，断口非常致密平整，观察不到任何晶粒，该形貌特征与其他烧结温度（1200～1600℃）制备的块体陶瓷断口形貌相比有明显区别。1200～1600℃烧结温度范围内，随着烧结温度升高，Si_2BC_3N 块体陶瓷发生致密化烧结，非晶结构也逐渐向晶态演变，断裂过程中晶粒拔出或者分离导致断口变得凹凸不平。经 1600℃烧结制备的块体陶瓷，断口可以观察到结构紧凑、近似球状的纳米晶粒，晶粒之间通过烧结颈连接在一起（图 4-18）。

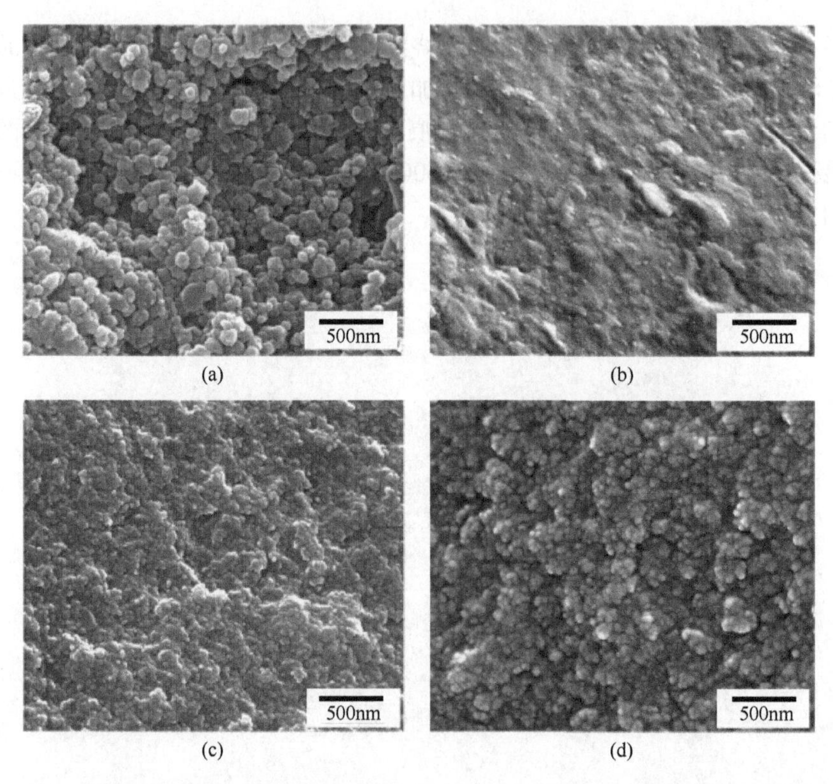

图 4-18 不同温度/5GPa/30min 高压烧结制备的 Si_2BC_3N 块体陶瓷的断口 SEM 形貌[17]

（a）室温；（b）1100℃烧结；（c）1400℃烧结；（d）1600℃烧结

由上述微观组织结构演化分析可知，1100℃/5GPa/30min 烧结制备的 Si_2BC_3N 块体陶瓷材料仍保持非晶组织；当烧结温度为 1200～1400℃时，经 5GPa/30min 高压烧结制备的 Si_2BC_3N 块体陶瓷已经发生晶化，断口观察到的纳米晶粒应该是非晶基体中结晶析出的 SiC 和 BN(C)纳米相，而室温条件下获得的陶瓷坯体断口显现的仍是非晶态的纳米陶瓷颗粒；随着烧结温度升高至 1600℃，块体陶瓷材料明显发生晶化，大量纳米晶粒在非晶基体中析出，同时材料发生致密化烧结，此时材料处于烧结初期即将结束或者烧结中期开始阶段。

Si_2BC_3N 非晶块体陶瓷的高压烧结致密化机理为：高的机械应力有利于打破陶瓷颗粒团聚体，促进颗粒快速重排，甚至引起颗粒有限形变，从而降低材料的气孔率，获得紧密堆积的结构；紧凑的微结构有利于提高原子短程扩散以及界面物质传递，从而有效促进材料的烧结致密化。为此采用高压低温烧结技术（1100℃/5GPa/30min）可制备出高致密的完全非晶 Si_2BC_3N 块体陶瓷。高压烧结 Si_2BC_3N 陶瓷的致密化温度（1100℃）远低于热压烧结温度（1800～2000℃），高压有效阻碍了原子的单纯扩散，从而抑制了非晶陶瓷粉体的结晶析出，最终获得的高致密块体陶瓷仍能保持良好的非晶态组织结构[30, 31]。

在一定的烧结压力下，SiBCN 系非晶块体陶瓷的析晶主要取决于烧结温度。烧结温度对析晶的影响可以基于析晶动力学来分析，晶化涉及晶粒形核与长大两个主要阶段。根据经典的晶粒形核与长大理论，温度 T 与形核率 I 具有以下关系[32]：

$$I = \frac{nD}{a_0^2}\exp\left(-\frac{\Delta G^*}{k_B T}\right) \tag{4-1}$$

式中，n 为单位体积内晶胚的个数；D 为原子扩散系数；a_0 为原子间距；ΔG^*为形核临界自由能，即形核热力学势垒；k_B 为玻尔兹曼常数。

显然，形核率 I 随着温度 T 升高而增大。烧结温度对晶粒长大也会有影响，温度 T 与晶粒长大速率 u 具有以下关系[33]：

$$u = r_a v_0 \exp\left(-\frac{Q_g}{RT}\right) \tag{4-2}$$

式中，r_a 为原子直径；v_0 为原子跃迁频率；Q_g 为晶粒长大活化能；R 为气体常数。

显然，晶粒长大速率 u 随烧结温度 T 升高而增大。式（4-1）和式（4-2）表明，高温可以同时促进晶粒形核与长大，因此可以解释 SiBCN 系非晶块体陶瓷在高压烧结过程中的微观组织结构演变规律。

经 1100～1600℃/5GPa/30min 烧结制备的 Si_2BC_3N 块体陶瓷，XPS 分峰拟合图谱表明，晶化前后 Si_2BC_3N 块体陶瓷中含有几乎相同的价键（Si—C、Si—O、C—C、C—B、C—N、C—B—N 等）类型，其峰位也无明显偏移；略有不同的是，1100℃/5GPa/30min 高压烧结制备的 Si_2BC_3N 非晶块体陶瓷含有较少 sp^2 杂化的 C—N 键，较多的 C—N（sp^3）键、Si—C 键和 C—B—N 键（图 4-19 和表 4-1）。

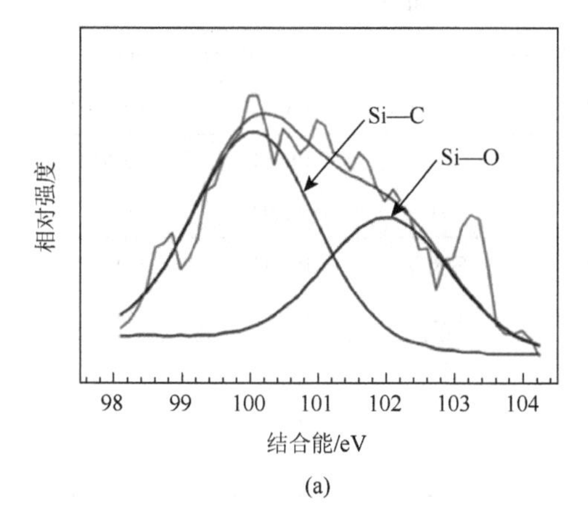

(a)

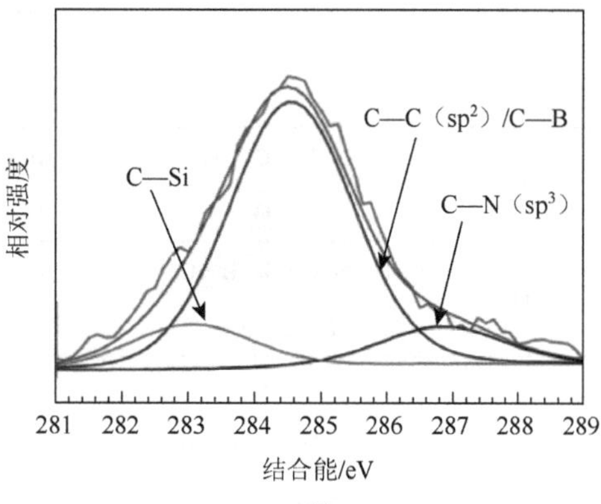

(b)

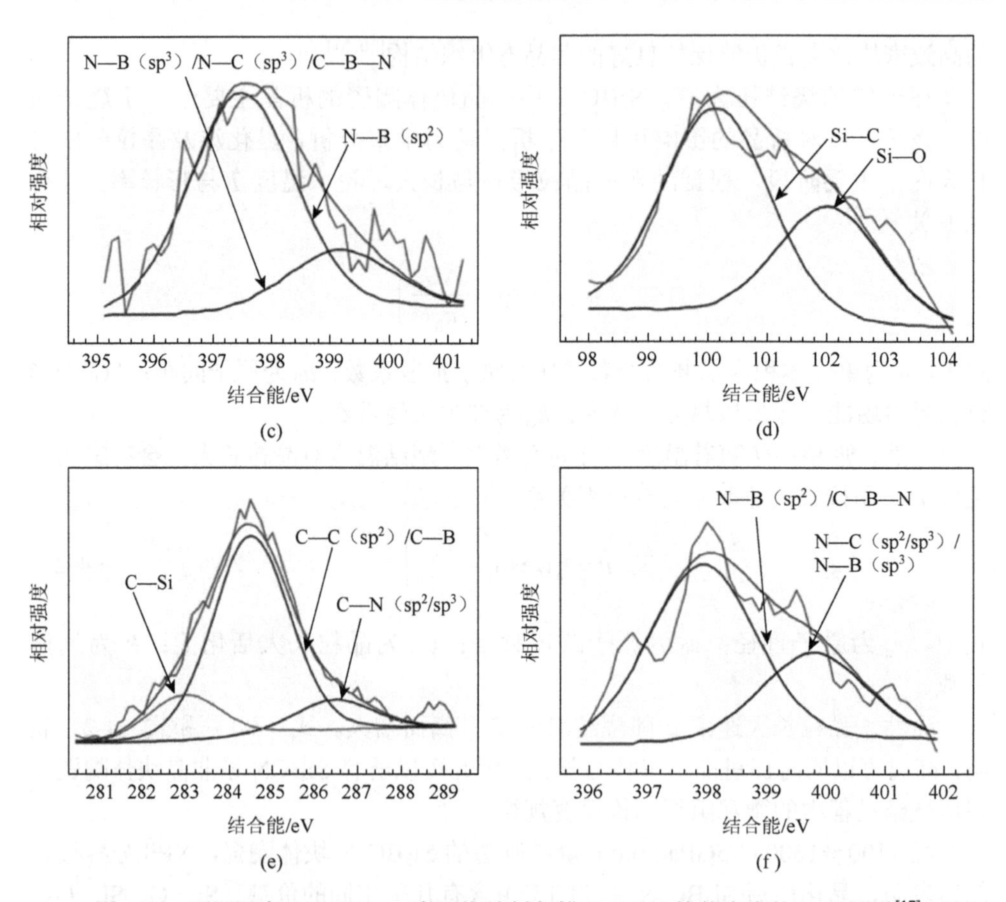

图 4-19　不同温度/5GPa/30min 高压烧结制备的 Si_2BC_3N 块体陶瓷的 XPS 图谱[17]

（a）～（c）1100℃烧结制备；（d）～（f）1600℃烧结制备

表 4-1　不同温度/5GPa/30min 高压烧结制备的 Si_2BC_3N 块体陶瓷的 XPS 图谱分峰拟合结果[17]

元素电子轨道谱线	化学键种类	Si_2BC_3N 块体陶瓷			
		1100℃/5GPa/30min		1600℃/5GPa/30min	
		峰位/eV	原子分数/%	峰位/eV	原子分数/%
Si 2p	Si—C	100.10	14.30	100.14	13.62
	Si—O	102.04	9.51	102.02	7.62
B 1s	B—N（sp²）、B—C	190.40	5.06	190.32	5.94
	B—C—N	192.93	4.15	192.11	3.44
C 1s	C—Si	283.14	7.43	282.59	8.56
	C—C（sp²）、C—B	284.62	44.15	284.37	44.91
	C—N（sp³）	286.80	6.21	286.00	7.52

续表

元素电子轨道谱线	化学键种类	Si_2BC_3N 块体陶瓷			
		1100℃/5GPa/30min		1600℃/5GPa/30min	
		峰位/eV	原子分数/%	峰位/eV	原子分数/%
N 1s	N—B（sp^2）	397.50	7.23	397.92	5.64
	N—C（sp^3）、N—B（sp^3）、C—B—N	399.19	1.96	399.78	2.75

石墨中的 C—C 键为 sp^2 杂化，形成平面层状结构，碳环或长链中所有 sp^2 原子对的面内伸缩运动所引起的拉曼散射峰（G 边峰，G-band）位于约 1580cm^{-1}，晶格缺陷和无序诱导产生的拉曼散射峰（D 边峰，D-band）位于约 1370cm^{-1}，其二阶峰位于约 2430cm^{-1}、约 2749cm^{-1}、约 2960cm^{-1} 和约 3243cm^{-1}；微晶石墨的散射发生在布里渊区边界，其拉曼散射峰位于约 1355cm^{-1}；无定形碳具有无序结构，其拉曼散射峰位于约 1530cm^{-1} 附近的宽带区域[34, 35]；金刚石和石墨结构差异很大，两者拉曼散射谱不同，在金刚石中 C—C 键为 sp^3 杂化，形成正四面体结构，其拉曼散射峰位于 1332cm^{-1} 附近[36]；h-BN 的拉曼峰位于约 1367cm^{-1}[37]，c-BN 的拉曼散射峰位在约 1304cm^{-1} 和约 1056cm^{-1}[38]，B_4C 的拉曼峰位于 1069cm^{-1} 附近[39]，β-SiC 的拉曼峰位于 940cm^{-1} 和约 790cm^{-1} 附近[40]，c-Si 的一阶和二阶拉曼峰位于约 520cm^{-1} 和约 970cm^{-1}[41]。

机械合金化制备的 Si_2BC_3N 非晶陶瓷粉体在高波数区的信号易受到荧光性杂质干扰，仅在低波数区（1000～1700cm^{-1}）存在一个宽化的拉曼散射峰，其最高峰在 1370～1570cm^{-1} 范围内展宽，表明 Si_2BC_3N 非晶陶瓷粉体中各原子长程范围内处于无序排列状态。1000℃/5GPa/30min 烧结制备的 Si_2BC_3N 非晶块体陶瓷仅在 1200～1800cm^{-1} 波数范围内显示一个宽化的拉曼散射峰，其最大峰值位于约 1510cm^{-1}，进一步表明此烧结工艺制备的 Si_2BC_3N 块体陶瓷中各原子呈无序排列，具有非晶态组织结构特征；当烧结温度升高至 1100℃时，拉曼散射峰仍在 1200～1800cm^{-1} 范围内展宽，稍有不同的是，在 1528cm^{-1} 附近出现一个微弱散射峰，对应的是无定形碳的拉曼散射峰，表明 Si_2BC_3N 块体陶瓷中部分碳原子汇聚形成了原子团簇，对应区域已不再具有非晶结构特征；在 1600℃/5GPa/30min 高压烧结条件下，石墨的二阶峰在约 2740cm^{-1} 和约 2938cm^{-1} 处展宽，在约 1374cm^{-1} 和约 1588cm^{-1} 附近信号峰的强度明显增强且稍有宽化，前者由石墨的 D 边峰和 h-BN 的拉曼散射峰叠加而成，后者对应石墨的 G 边峰。这表明 Si_2BC_3N 块体陶瓷的非晶基体发生了晶化，各原子趋于有序排列，部分纳米晶在局部区域结晶析出（图 4-20）。

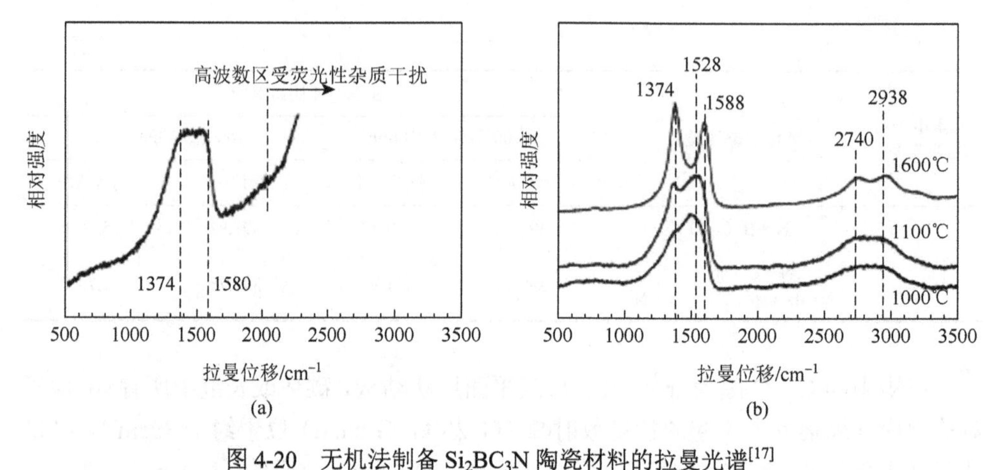

图 4-20 无机法制备 Si_2BC_3N 陶瓷材料的拉曼光谱[17]

（a）机械合金化制备的非晶陶瓷粉体；（b）1000～1600℃/5GPa/30min 高压烧结制备的块体陶瓷

一般而言，β-SiC 的 NMR 峰在-17×10^{-6}化学位移处凸显，而 α-SiC 的信号峰在-15×10^{-6}、-20×10^{-6}和-25×10^{-6}化学位移处凸显[42]；B 原子周围可能存在的化学环境包括：40×10^{-6}化学位移附近三配位的 BN_2C 结构形式、30×10^{-6}化学位移附近三配位的 BN_3 结构形式（h-BN）以及 22×10^{-6}化学位移附近三配位的 BN_3 结构形式（湍层 BN（turbostratic BN，t-BN））[43, 44]。在 1100℃/5GPa/30min 高压烧结时，^{29}Si 的核磁共振峰在$(-40\sim30)\times10^{-6}$化学位移范围内展宽，表明 Si 原子与 C 原子在长程范围内排列无序，其主峰在约-11.37×10^{-6}化学位移处凸显，表明部分 Si 原子与 C 原子在短程范围内以 SiC_4 四面体结构形式结合成 S—C 键；位于-107.43×10^{-6}化学位移附近较弱的共振峰，表明 Si_2BC_3N 陶瓷块体中少量 Si 原子与 O 原子以 SiO_4 四面体结构形式键合成 Si—O 键（非晶粉体的原料、制备、储存、运输及陶瓷块体的烧结以及样品加工等都有可能导致氧污染）；^{11}B 的共振峰在$(-5\sim70)\times10^{-6}$化学位移范围内展宽，表明 B 原子周围的化学环境是无序的，而其主峰在约 27.45×10^{-6}化学位移处凸显，表明部分 B 原子可能与 N 原子以 BN_3 的结构形式（近似于 h/t-BN）存在，部分 B 原子与 N、C 原子以 BN_2C 的结构形式存在（图 4-21）。

当烧结温度提高到 1600℃时，Si_2BC_3N 非晶/纳米晶块体陶瓷的 ^{29}Si NMR 图谱显示，NMR 图谱发生了负偏移，在$(-40\sim0)\times10^{-6}$化学位移范围内展宽，其主峰出现在约-20.21×10^{-6}化学位移处，表明此烧结工艺制备的非晶/纳米晶块体陶瓷中仍存在部分无序排列的 Si 原子，而大部分 Si 原子与 C 原子以 SiC_4 四面体结构形式存在。相似地，^{11}B 的 NMR 图谱也发生了负偏移，在$(-40\sim40)\times10^{-6}$化学位移范围内展宽，其主峰出现在约 11.65×10^{-6}化学位移处，表明该非晶/纳米晶块体陶瓷中除了存在部分无序排列的 B 原子，还存在 BN_3 结构形式（近似于 h/t-BN），不存在或者存在极少量的 BN_2C 结构形式，且高温条件下

含 B、N、C 原子的结构部分分离为 BN 和 C 两种结构形式（图 4-22）。

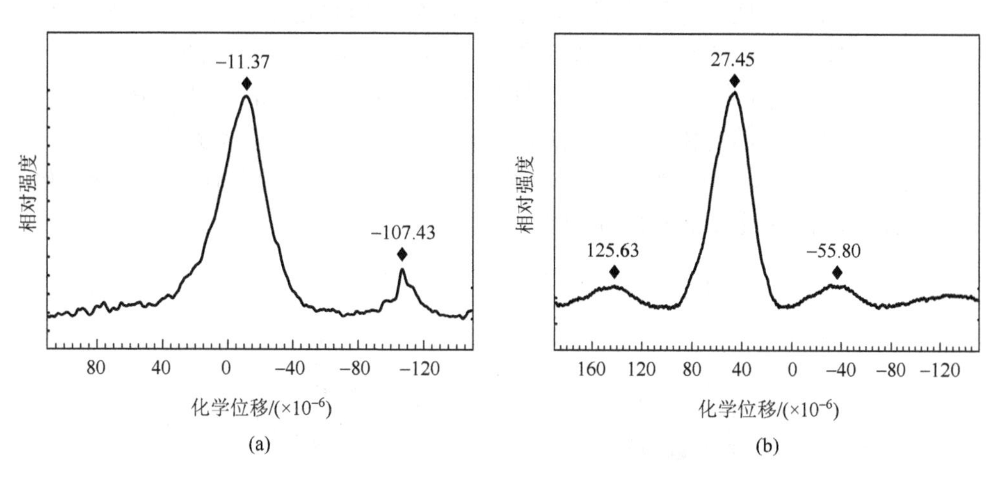

图 4-21　经 1100℃/5GPa/30min/烧结制备的 Si_2BC_3N 块体陶瓷的 NMR 图谱[17]

（a）^{29}Si；（b）^{11}B

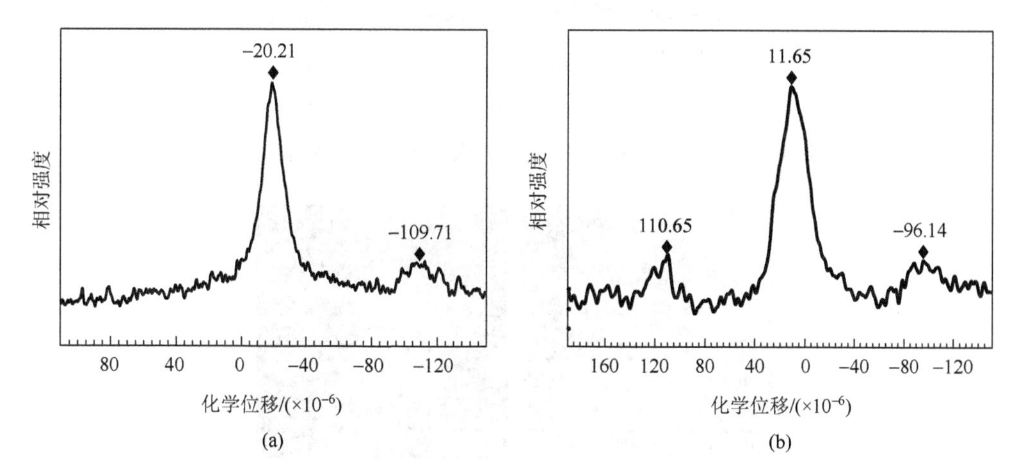

图 4-22　经 1600℃/5GPa/30min 烧结制备的 Si_2BC_3N 块体陶瓷的 NMR 图谱[17]

（a）^{29}Si；（b）^{11}B

4.2.2　烧结压力的影响

烧结压力较低时（≤3GPa/30min 烧结条件下），XRD 图谱显示一个漫射的衍射峰，说明 1200℃烧结制备的 Si_2BC_3N 块体陶瓷仍具有良好的非晶态组织结构；当烧结压力提高至 5GPa 时，β-SiC 和 BN(C)的晶体衍射峰较为明显，衍射峰宽化且 FWHM 增大，说明析出相晶粒尺寸处于纳米级水平或者晶粒发育尚不完全(图 4-23)。

在 1200℃/30min 烧结条件下，当烧结压力低于 3GPa 时，Si_2BC_3N 非晶基体中没有任何纳米相析出，不存在原子有序排列的微区，SAED 花样由一个衍射晕和/或两三个亮度较低且宽化的衍射环组成，高分辨形貌照片显示原子处于无序排列，表明块体陶瓷具有完全的非晶态结构；烧结压力增加至 5GPa 时，TEM 明场像显示均匀的衬度形貌，但 SAED 花样显示 SiC 的（111）晶面以及 BN(C)相的（0002）晶面所对应的宽化衍射环，高分辨形貌照片可进一步观察到连续的原子有序排列微区（几纳米到几十纳米大小），说明此烧结工艺下非晶基体发生部分晶化，且处于晶粒形核阶段（图 4-24 和图 4-25）。

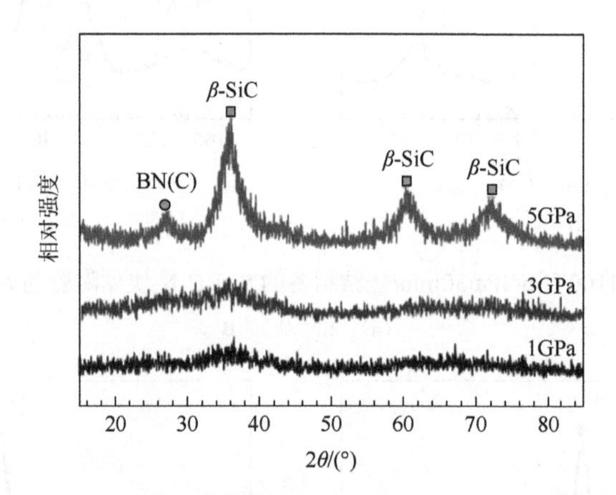

图 4-23　经 1200℃/1～5GPa/30min 高压烧结制备的 Si_2BC_3N 块体陶瓷的 XRD 图谱[17]

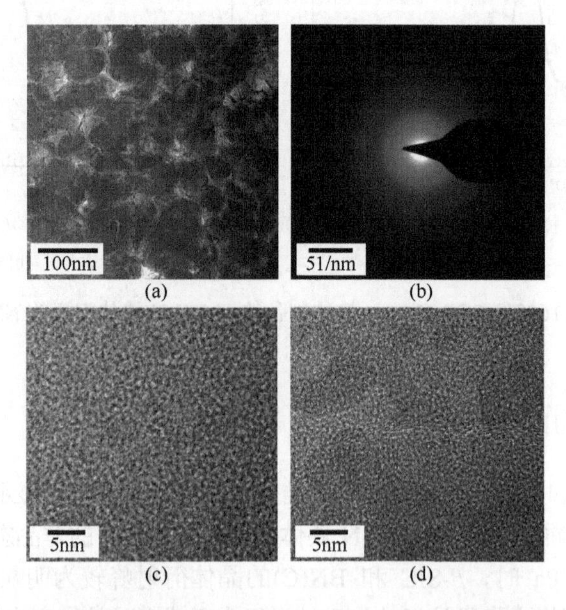

图 4-24　经 1200℃/1GPa/30min 高压烧结制备的 Si_2BC_3N 块体陶瓷的 TEM 分析[17]

（a）TEM 明场像；（b）SEAD 花样；（c）（d）HRTEM 精细结构

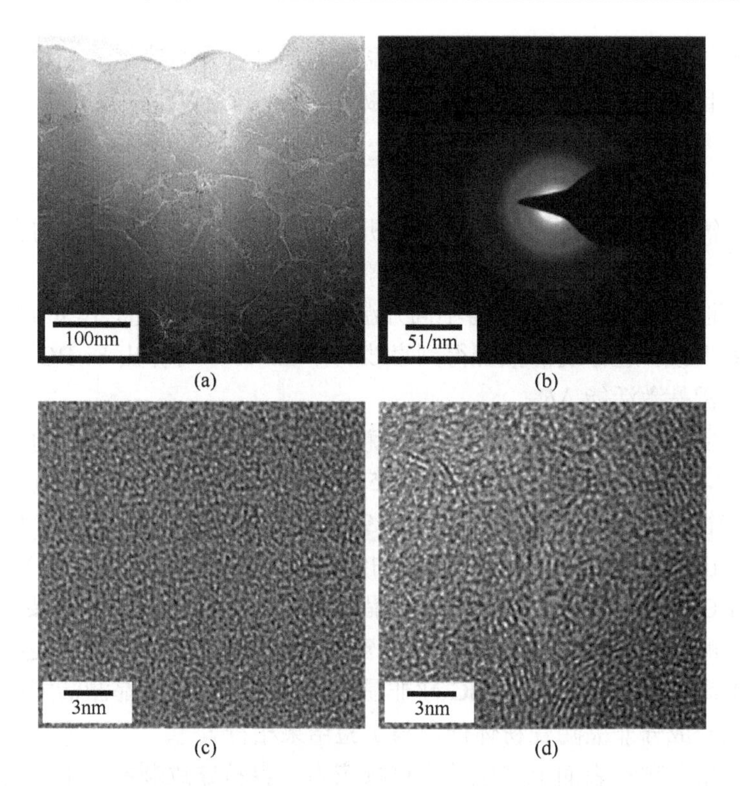

图 4-25　经 1200℃/3GPa/30min/高压烧结制备的 Si_2BC_3N 块体陶瓷的 TEM 分析[17]

（a）TEM 明场像；（b）SEAD 花样；（c）（d）HRTEM 精细结构

上述结果表明，在 5GPa/30min 高压烧结条件下，无机法制备 Si_2BC_3N 块体陶瓷在 1200℃烧结时即发生明显晶化；而在 80MPa/30min 热压条件下，同一成分块体陶瓷材料在 1500℃烧结时才开始结晶析出[9]；有机法制备的 $Si_6B_{1.1}C_{10}N_{3.4}$ 非晶陶瓷在 1700℃/1bar 氮气气氛中退火 2h 后仍能保持良好的非晶结构[45]，说明除了化学成分等因素，压力也是影响该系陶瓷非晶保持能力的重要因素之一，即高压能够促进 SiBCN 系非晶陶瓷材料的晶化，降低结晶的起始温度。

当然，除高压作用外，前文提到的析出相 SiC 与 BN(C)晶粒相互包裹形成的胶囊结构也有利于抑制晶粒的后续长大发育；由于晶粒的长大主要取决于长程范围内的原子扩散，而 BN(C)作为扩散障碍，阻碍了 Si 原子和 C 原子的长程扩散；类似地，SiC 也阻碍了 B 原子、C 原子和 N 原子的扩散。因此，高压更有利于获得细小均匀的纳米晶结构，进而可有效制备具有优异力学性能以及特殊热物理性能的 SiBCN 系亚稳陶瓷材料。

SiBCN 系非晶陶瓷材料在加热过程中会不可避免地析晶释放能量，在差热分析（differential thermal analysis，DTA）曲线上表现出相应的放热峰[46-49]。研究结果表明，放热峰峰值温度（特征热力学温度）T_c随着升温速率 u 的增大会向高温方向位移，且两者与析出相的表观析晶激活能 ΔE 满足以下关系[50]：

$$\ln\frac{u}{T_c^2}=-\frac{\Delta E}{RT_c}+c \quad (4\text{-}3)$$

式中，R 为气体常数；T_c 为特征热力学析晶温度；c 为新相与母相的吉布斯自由能差。

因此，通过 DTA 曲线可获得不同升温速率 u 对应的 T_c 值，作 $\ln(u/T_c^2)$与 $1/T_c$ 之间的关系曲线，进行线性拟合得到直线斜率 $\Delta E/R$ 即可算出 Si_2BC_3N 非晶陶瓷材料的表观析晶激活能 ΔE。

将机械合金化制备的 Si_2BC_3N 非晶陶瓷粉体在 Ar 气氛中以不同升温速率加热到 1350℃时，DTA 曲线显示升温速率为 5℃/min、10℃/min、15℃/min 和 20℃/min 时对应的特征热力学析晶温度分别为 1190.2℃、1210.0℃、1231.9℃和 1261.8℃（图 4-26），由此得到 $\ln(u/T_c^2)$与 $1/T_c$ 间的线性拟合关系曲线（图 4-27），进一步计算得到 Si_2BC_3N 非晶陶瓷粉体的表观析晶激活能为 215.3kJ/mol。需要指出的是，高压烧结能够促进 SiBCN 系非晶块体陶瓷材料的晶化，降低结晶的起始温度点；因此理论上高压烧结制备的 Si_2BC_3N 非晶块体陶瓷的表观析晶激活能比机械合金化制备的同一成分非晶陶瓷粉体低，与实验结果相符。

高压作用在颗粒表面上产生的高机械应力很容易导致颗粒产生形变，表面产生缺陷，能量升高，进而可以提供形核驱动力。缺陷作为形核点（利于优先异质形核），晶胚的析出可以降低整个体系的能量[51]。因此，在 1～5GPa/30min 高压烧结条件下，Si_2BC_3N 非晶块体陶瓷在晶化过程中 BN(C)和 SiC 晶粒倾向于通过

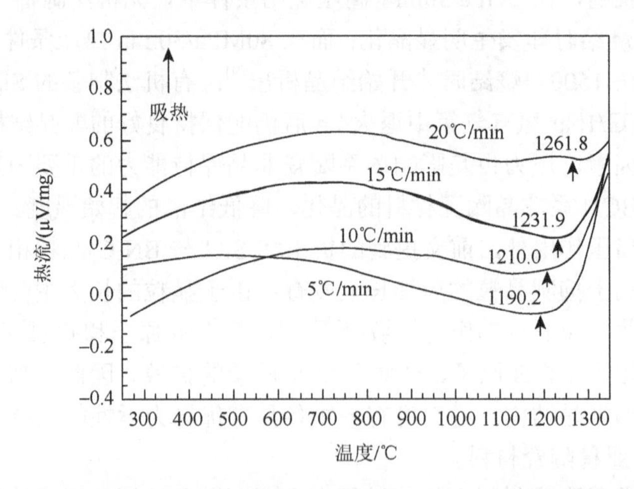

图 4-26 机械合金化制备的 Si_2BC_3N 非晶陶瓷粉体在氩气气氛中以不同升温速率加热到 1350℃时的 DTA 曲线[17]

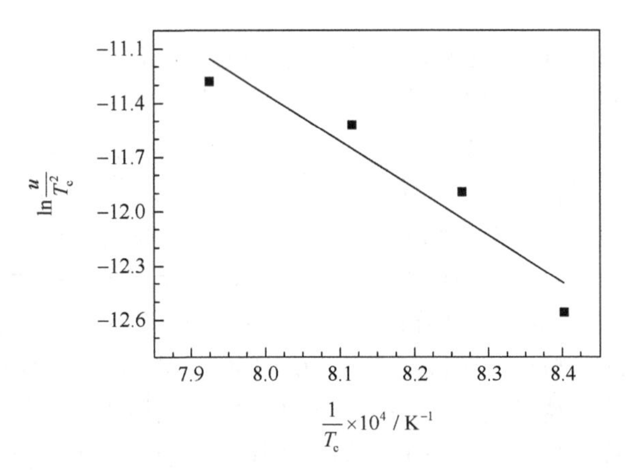

图 4-27　机械合金化制备的 Si_2BC_3N 非晶陶瓷粉体 $\ln(u/T_c^2)$与 $1/T_c$ 的拟合曲线[17]

异质形核在非晶基体中结晶析出。BN(C)和 SiC 的形核可以视为一种固态相变，涉及新相与母相的吉布斯自由能、界面能以及弹性应变能变化。在异质形核过程中，位错、晶界等缺陷可作为一种不稳定的因素，成为晶粒形核位点。晶粒在缺陷位置形核可以减小吉布斯自由能，从而释放自由能，降低形核能，有利于进一步形核。形核过程中体系能量变化可表示为[52]

$$\Delta G_N = \Delta G + \varepsilon + \gamma - \Delta G_I \tag{4-4}$$

式中，ΔG_N 为形核能；ΔG 为新相与母相的自由能差；ε 为生成新相时引起的弹性应变能；γ 为体系可能存在的额外的界面能；ΔG_I 为原始界面消失引起的界面能减小。

可以看出，ΔG_I 增大引起 ΔG_N 减小。因此，异质形核可以通过减小原始界面的总面积来降低形核能，即降低形核势垒。

基于以下几点考虑，可将高压作用下 Si_2BC_3N 陶瓷颗粒的桥联区域视为一种存在缺陷的界面，进而视为一种不稳定的因素。第一，高的机械应力促进颗粒重排甚至导致颗粒形变，进而破坏颗粒表面的化学键，产生悬键，有利于新化学键的形成；第二，高压作用下的陶瓷颗粒表面的非晶结构受到扰动，进而产生缺陷，使得陶瓷颗粒具有高的界面能，相当于降低了形核势垒，更有利于发生固相反应[53]；第三，机械合金化合成的非晶陶瓷粉体比表面积高，反应活性高，因此陶瓷颗粒表面也为晶粒形核提供了活性反应点。因此，高压作用下 Si_2BC_3N 陶瓷颗粒表面将成为晶粒形核的优先位点。

高压作用下 Si_2BC_3N 非晶块体陶瓷的显微组织与相结构演变过程如下：在足够高的烧结温度，B 原子、N 原子和部分 C 原子或者 B—N、B—N—C 以及 B—C—N 等原子团簇开始扩散，并在颗粒桥联区域聚集，而 Si 原子和 C 原子或者 Si—C 原子团簇在颗粒内部扩散和重排；原子扩散一旦充分，将导致分相，此时非晶陶瓷由非晶 SiC 和非晶 BN(C)结构单元构成；进一步的原子偏聚又导致 BN(C)和 SiC 晶粒先后形核，一旦晶胚结构稳定，形核结束；随着进一步的原子扩散以及偏聚，晶粒形核以及后续长大同时发生，晶粒的后续长大将占主导地位。

①非晶阶段：尽管受高压（5GPa）作用，但是低温不能为原子扩散提供足够的驱动力，因此 T≤1100℃烧结制备的块体陶瓷仍能保持良好的非晶结构特征。②分相阶段：当烧结温度升高至 1100～1200℃时，原子短程扩散导致非晶材料发生相分离，BN(C)非晶原子团簇在陶瓷颗粒桥联处偏聚，SiC 非晶原子团簇在陶瓷颗粒内部偏聚。③晶粒形核阶段：在 1200～1300℃烧结后，BN(C)和 β-SiC 晶粒在非晶基体中形核，纳米尺寸（3～5nm）的 BN(C)晶核优先在陶瓷颗粒桥联处形成，而 β-SiC 晶核（尺寸约 5nm）在陶瓷颗粒内部形成。④晶粒长大阶段：当烧结温度 T≥1300℃时，大量 BN(C)和 β-SiC 晶核在 SiBCN 非晶基体中析出并长大，此时晶粒长大占主导地位；在 1400℃烧结后，Si_2BC_3N 陶瓷材料由 β-SiC（＜10nm）、宽度为 3～5nm 的湍层 BN(C)晶粒以及残余非晶相构成；在 1600℃烧结后，BN(C)和 β-SiC 晶粒长大至 10～30nm，材料结晶仍未完全（图 4-28）。

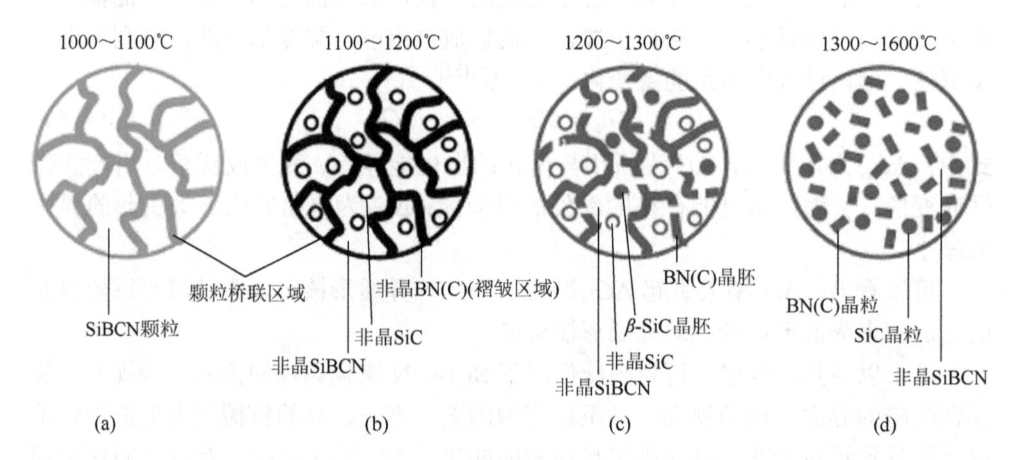

图 4-28 经 1000～1600℃/5GPa/30min 高压烧结制备的 Si_2BC_3N 块体陶瓷的显微组织与相结构演变过程示意图[17]

（a）非晶 SiBCN；（b）相分离；（c）形核；（d）长大

4.2.3 化学成分的影响

经 1000℃/3GPa/30min 烧结制备的 Si_2BCN 和 Si_2BC_4N 非晶块体陶瓷，SEM 结果显示样品表面有明显孔洞；随着烧结压力增大，块体陶瓷孔隙率逐渐降低，致密度得到提高；在 5GPa 烧结压力作用下，Si_2BC_3N 和 Si_2BC_4N 非晶块体陶瓷表面光滑平整（图 4-29）。

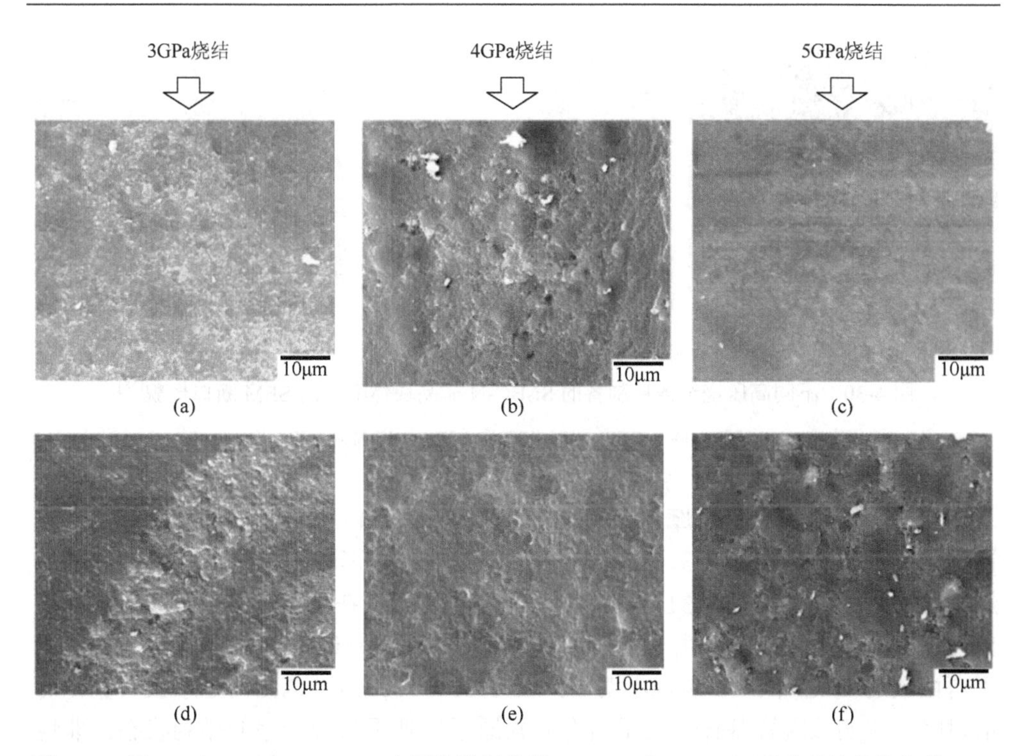

图4-29　经1000℃/3～5GPa/30min高压烧结制备的Si_2BC_3N和Si_2BC_4N系非晶块体陶瓷的SEM表面形貌[18]

(a)～(c) Si_2BC_3N；(d)～(f) Si_2BC_4N

在3GPa烧结压力作用下，Si_2BC_2N非晶块体陶瓷断口表面仍然能观察到近似球形的陶瓷颗粒，断口表面没有明显孔洞和微裂纹，表明在此烧结条件下，粉体颗粒之间进行有限烧结（图4-30）。在4GPa烧结压力作用下，Si_2BC_2N非晶块体陶瓷断口无孔洞和微裂纹，此时断口呈现河流状形貌，说明存在局部微观“塑性”；烧结压力提高到5GPa，这种河流状断口形貌更加明显，河流状条纹间距变短，陶瓷致密度得到明显提高。室温下加压5GPa，非烧结态Si_2BC_2N非晶块体陶瓷断口表面观察到明显的球形粉体颗粒堆积，表面孔隙率较多，烧结迹象不明显或不存在烧结，陶瓷颗粒为机械结合，但高压能够有效促进陶瓷粉体颗粒的紧密堆积。

综上所述，室温5GPa烧结制备的不同C摩尔比的Si_2BC_xN（$x=1$～4）系非晶块体陶瓷，坯体断口呈非晶纳米颗粒紧密堆积形貌；在1000℃烧结温度下，紧密堆积的颗粒通过有限形变、短程扩散等进行低温烧结；随着烧结压力（3～5GPa）提高，粉体颗粒通过快速形变、摩擦、移动和重排，进而更加紧密地堆积在一起；伴随着颗粒形变量增大，颗粒发生“软化”进而陶瓷孔隙率降低；给原子短程扩散提供便利。

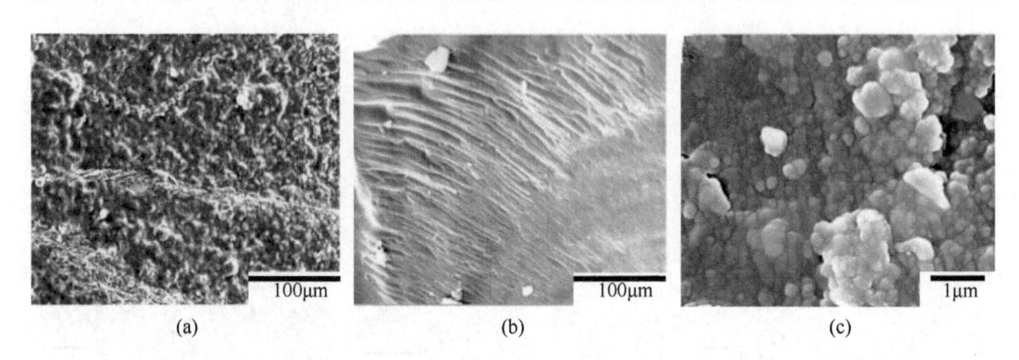

图 4-30　不同高压烧结条件制备的 Si_2BC_2N 非晶块体陶瓷的 SEM 断口形貌[18]

（a）1000℃/3GPa；（b）1000℃/5GPa；（d）室温/5GPa

高压烧结制备不同 C 摩尔比的 Si_2BC_xN（$x = 1$～4）系非晶块体陶瓷，拉曼光谱显示属于自由碳的 D、G、2D 和 D + G 振动峰，峰形较为宽化，说明 C 原子的结构排列较为混乱（图 4-31）；Si_2BCN 非晶块体陶瓷在 500～1000cm^{-1} 范围内还出现一个宽化的馒头峰，由 Si—Si 键振动引起；对于 Si_2BC_2N 非晶块体陶瓷，属于自由碳的 D 边峰和 G 边峰不明显，在 1100～1700cm^{-1} 范围内显示极其宽化的衍射峰，说明该陶瓷基体中几乎所有元素原子均处于长程无序的排列状态；非烧结态 Si_2BC_2N 非晶块体陶瓷的两个衍射峰在 1100～1700cm^{-1} 和 2100～3000cm^{-1} 范围内展宽，表明在 5GPa 压力作用下，非晶基体没有发生明显的元素偏聚或者析晶。XPS 结果表明，C—C、Si—C、B—N 等价键含量随着 C 含量增加而增加（图 4-32）。

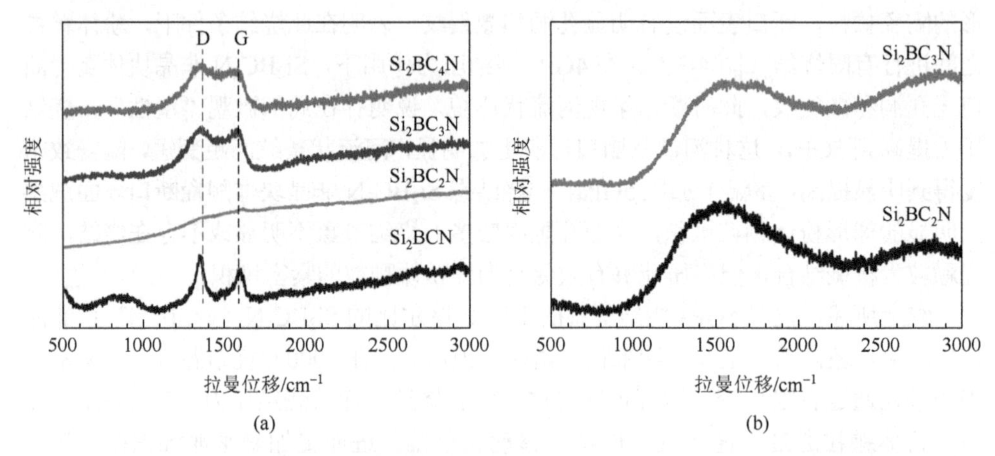

图 4-31　高压烧结制备不同 C 摩尔比的 Si_2BC_xN（$x = 1$～4）系非晶块体陶瓷的拉曼光谱[18]

（a）1000℃/5GPa；（b）室温/5GPa

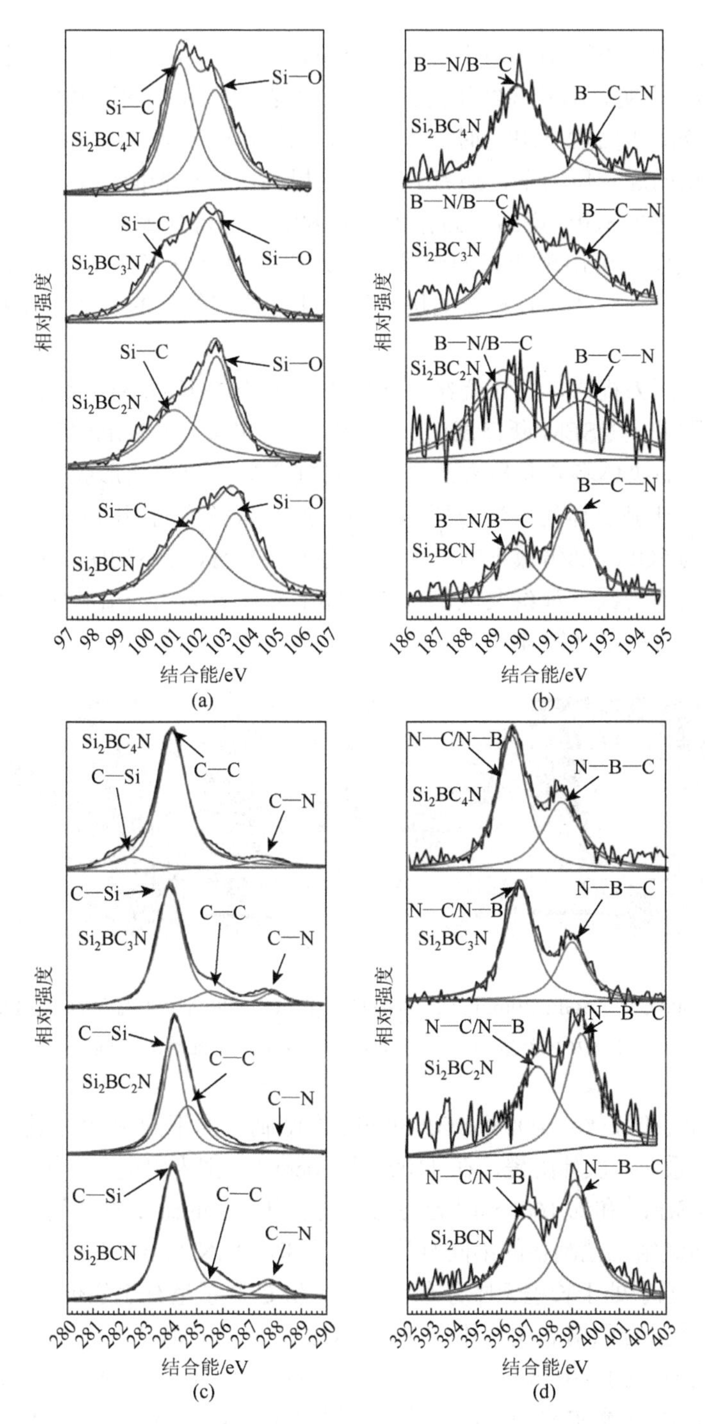

图 4-32　高压烧结制备不同 C 摩尔比的 Si_2BC_xN（$x=1\sim4$）系非晶块体陶瓷的 XPS 图谱[18]

（a）Si 2p；（b）B 1s；（c）C 1s；（d）N 1s

高压烧结制备不同 B 摩尔比的 $Si_2B_yC_2N$（$y=1$～4）系非晶块体陶瓷，样品 SEM 表面形貌表明，随着烧结压力提高，陶瓷表面孔隙率逐渐降低，表面逐渐光滑平整。当烧结压力达 5GPa 时，各成分非晶块体陶瓷表面几乎看不到微孔洞和微裂纹；在相同烧结压力下，随着 B 摩尔比提高，材料表面逐渐变得不平整，孔隙率也增加，这在 3GPa 烧结压力作用下尤为明显。高 B 摩尔比的 $Si_2B_4C_2N$ 非晶块体陶瓷的表面甚至出现明显的微裂纹，说明 B 摩尔比的增大不利于 $Si_2B_yC_2N$（$y=1$～4）系非晶块体陶瓷材料的烧结致密化，这可能与 B 元素原子极低的自扩散系数有关。

随着烧结压力提高，高压烧结制备的不同 B 摩尔比的 $Si_2B_yC_2N$（$y=1$～4）系非晶块体陶瓷，其 SEM 断口表面逐渐变得光滑平整。在 3GPa 烧结压力作用下，$Si_2B_{1.5}C_2N$ 非晶块体陶瓷断口表面仍然能看到明显的河流状形貌；烧结压力提高至 4GPa 时，非晶块体陶瓷断口变得平整，河流状条纹间距明显变窄；烧结压力进一步提高到 5GPa，低倍数下断口表面较为平整光滑，看不到明显的河流状形貌；然而，在更高的倍数下观察发现，材料整体上并没有失去河流状断口形貌，河流状条纹间距变得更窄（图 4-33）。

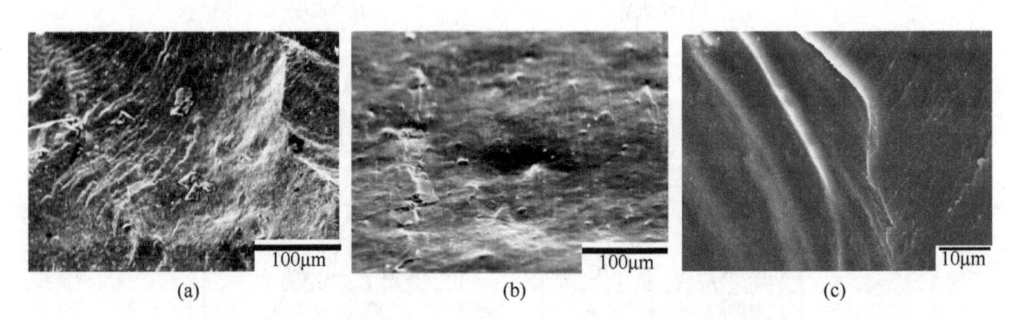

图 4-33　经 1000℃/3～5GPa/30min 烧结制备的 $Si_2B_{1.5}C_2N$ 非晶块体陶瓷的 SEM 断口形貌[18]

（a）3GPa 烧结；（b）5GPa 烧结，低倍；（c）5GPa 烧结，高倍

拉曼光谱表明，经 1000℃/5GP/30min 烧结制备的不同 B 摩尔比的 $Si_2B_yC_2N$（$y=1.5$～4）系非晶块体陶瓷，在 1100～1700cm^{-1} 范围内出现一个极其宽化的衍射峰，在约 1348cm^{-1} 和约 1600cm^{-1} 处还凸显属于自由碳的微弱的 D 边峰和 G 边峰。综上所述，该烧结工艺制备的不同 B 摩尔比的 $Si_2B_yC_2N$（$y=1.5$～4）系非晶块体陶瓷，四种元素原子处于长程无序分布状态，少量 C 原子呈有序分布（图 4-34）。

XPS 分峰拟合图谱表明，不同 B 摩尔比的 $Si_2B_yC_2N$（$y=1.5$～4）系非晶块体陶瓷的内部形成了 Si—C、B—C、B—N、N—C、B—C—N 和 C—B—N 等多种化学键；随着 B 摩尔比增大，上述化学键峰位没有明显偏移，但相对含量有所变化（图 4-35）。

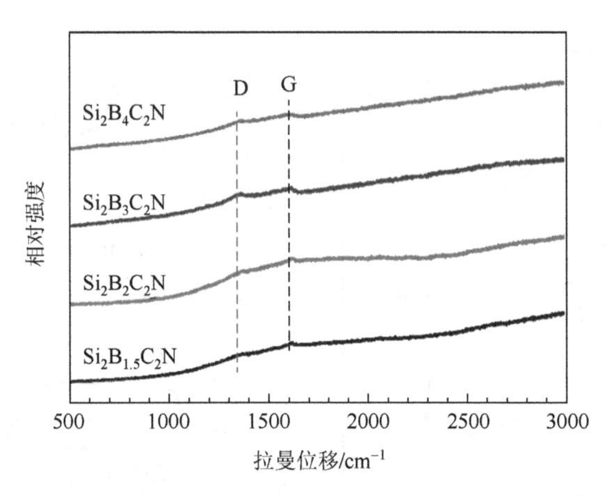

图 4-34　经 1000℃/5GPa/30min 高压烧结制备的不同 B 摩尔比的 $Si_2B_yC_2N$（y = 1.5～4）系非晶块体陶瓷的拉曼光谱[18]

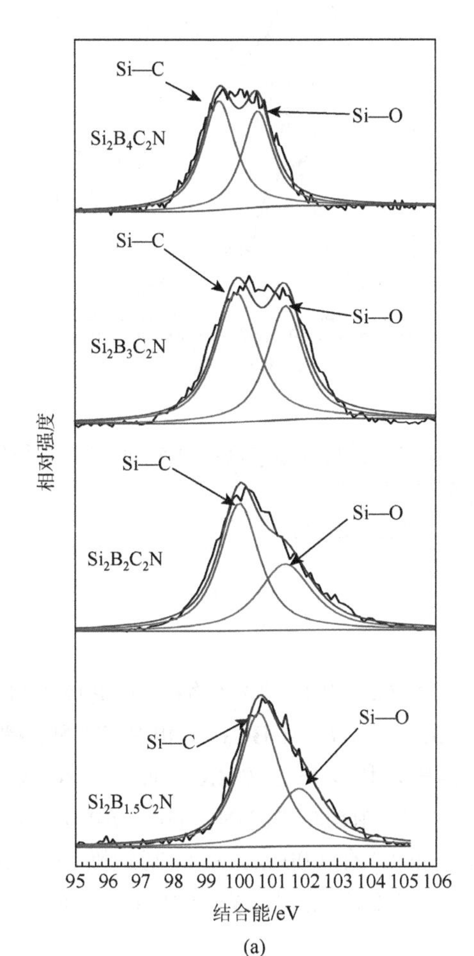

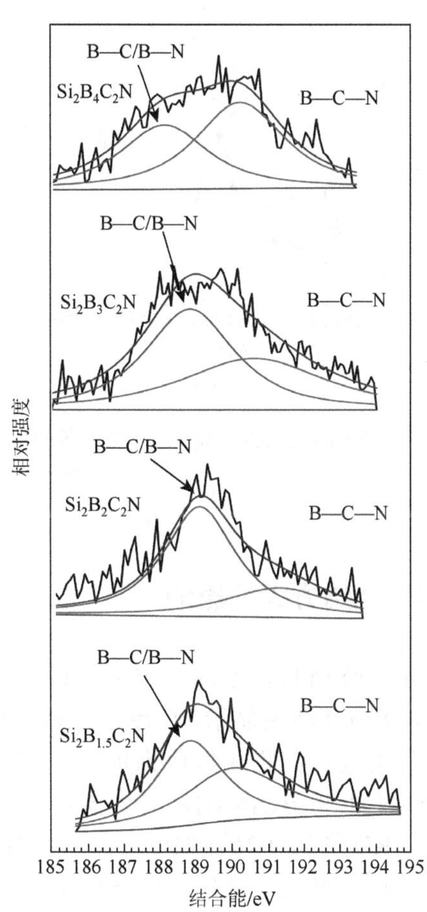

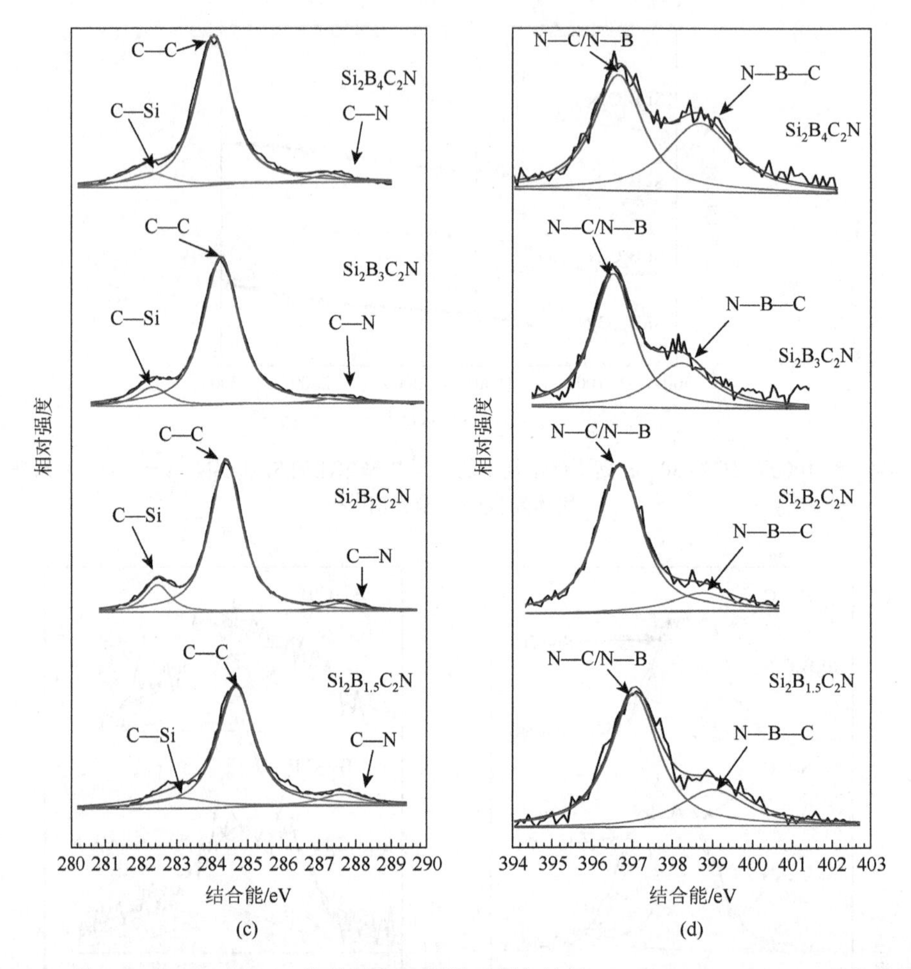

图 4-35　经 1000℃/5GPa/30min 烧结制备的不同 B 摩尔比的 $Si_2B_yC_2N$（$y = 1.5$～4）系非晶块体陶瓷的 XPS 图谱[18]

（a）Si 2p；（b）B 1s；（c）C 1s；（d）N 1s

4.2.4　烧结方式的影响

热压烧结制备不同 C 摩尔比的 Si_2BC_xN（$x = 0.1$～4）系纳米晶块体陶瓷，其 XRD 图谱结果显示，C 摩尔比较小的 $Si_2BC_{0.1}N$、$Si_2BC_{0.5}N$ 和 Si_2BCN 纳米晶块体陶瓷，其物相组成为单质 c-Si、h-BN 和少量 α/β-SiC；而 Si_2BC_2N、Si_2BC_3N 和 Si_2BC_4N 纳米晶块体陶瓷，最终物相组成为 BN(C)和 α/β-SiC 相。慢扫 XRD 图谱（$2\theta = 25°$～$28°$）表明，BN(C)的（0002）晶面间距随着 C 含量增加逐渐增大。热压烧结条件下，纳米 α/β-SiC 晶相优先于 BN(C)相形核和长大（图 4-36）。

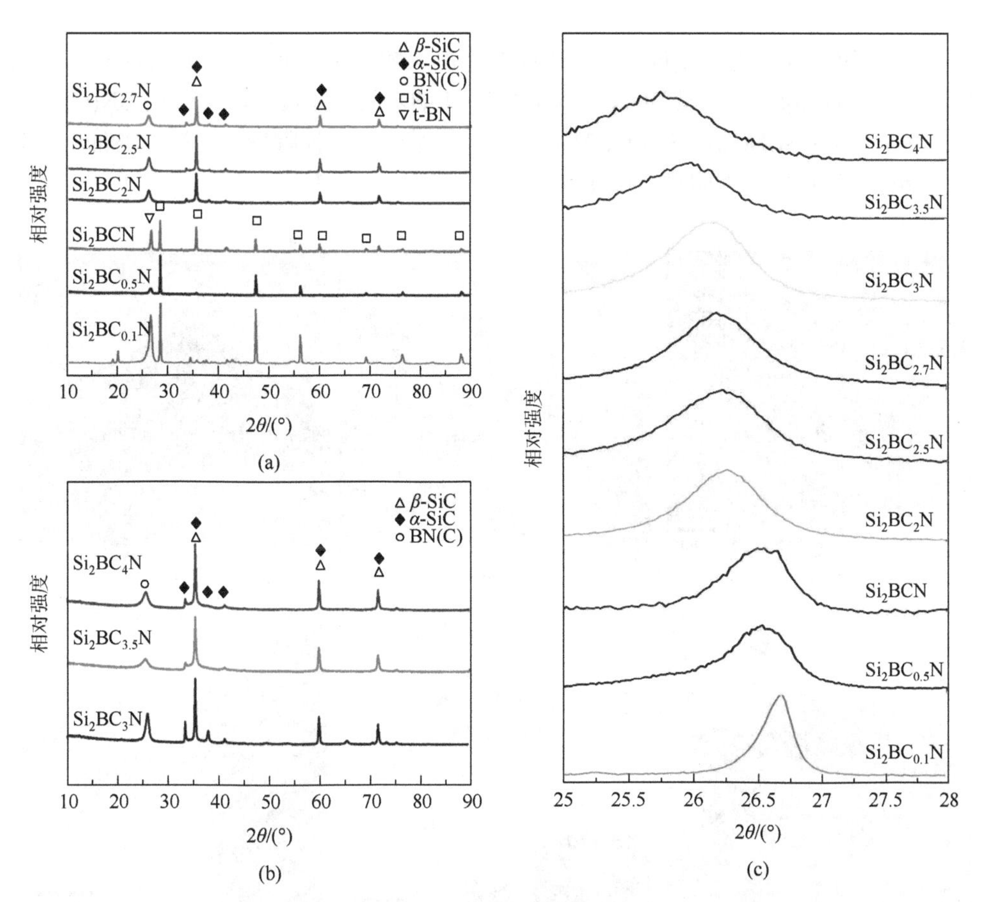

图 4-36　经 1900℃/60MPa/30min 热压烧结制备的不同 C 摩尔比的 Si_2BC_xN（$x = 0.1$～4）系纳米晶块体陶瓷的 XRD 图谱[18]

（a）$x = 0.1$～2.7；（b）$x = 3$～4；（c）$2\theta = 25°$～28°

TEM 结果表明，C 摩尔比较低的 $Si_2BC_{0.5}N$ 和 Si_2BCN 纳米晶块体陶瓷中存在大量单质 Si，其晶粒尺寸为 100～500nm，BN 均匀分布在单质 Si 和 SiC 纳米晶相周围，SiC 晶粒尺寸较小，约为 40nm（图 4-37）；此外，陶瓷基体中还保留有少量非晶相，分布在纳米析出相周围，与 XRD 结果一致。对于 Si_2BC_2N 和 $Si_2BC_{2.5}N$ 纳米晶块体陶瓷，TEM 明场像视野下可清晰地观察到湍层 BN(C)相，均匀分布在纳米 SiC 晶相周围形成胶囊状的壳核结构；SiC 晶粒尺寸相比之前有所长大，纳米 SiC 和 BN(C)析出相界面清晰干净，没有低熔点相存在，在 SiC 晶粒内部还存在大量的层错和孪晶（图 4-38）。

对于 C 摩尔比较大的 Si_2BC_xN（$x = 3.5$～4）系纳米晶块体陶瓷，随着 C 摩尔比增大，SiC 晶粒尺寸增大；Si_2BC_4N 纳米晶块体陶瓷中出现了异常长大的 SiC 晶粒，此时 BN(C)相形貌也发生了较大改变（图 4-39）。SEM 断口形貌显示，C 摩尔比的

较小的 $Si_2BC_{0.1}N$、$Si_2BC_{0.5}N$ 和 Si_2BCN 纳米晶块体陶瓷，断口表面有大片 BN 和 Si 颗粒拔出；而 Si_2BC_2N、$Si_2BC_{2.5}N$ 和 $Si_2BC_{2.7}N$ 纳米晶块体陶瓷，片层状 BN(C)拔出增韧效果明显；Si_2BC_3N、$Si_2BC_{3.5}N$ 和 Si_2BC_4N 纳米晶块体陶瓷，其断口表面较为粗糙，陶瓷颗粒拔出较为明显（图 4-40）。

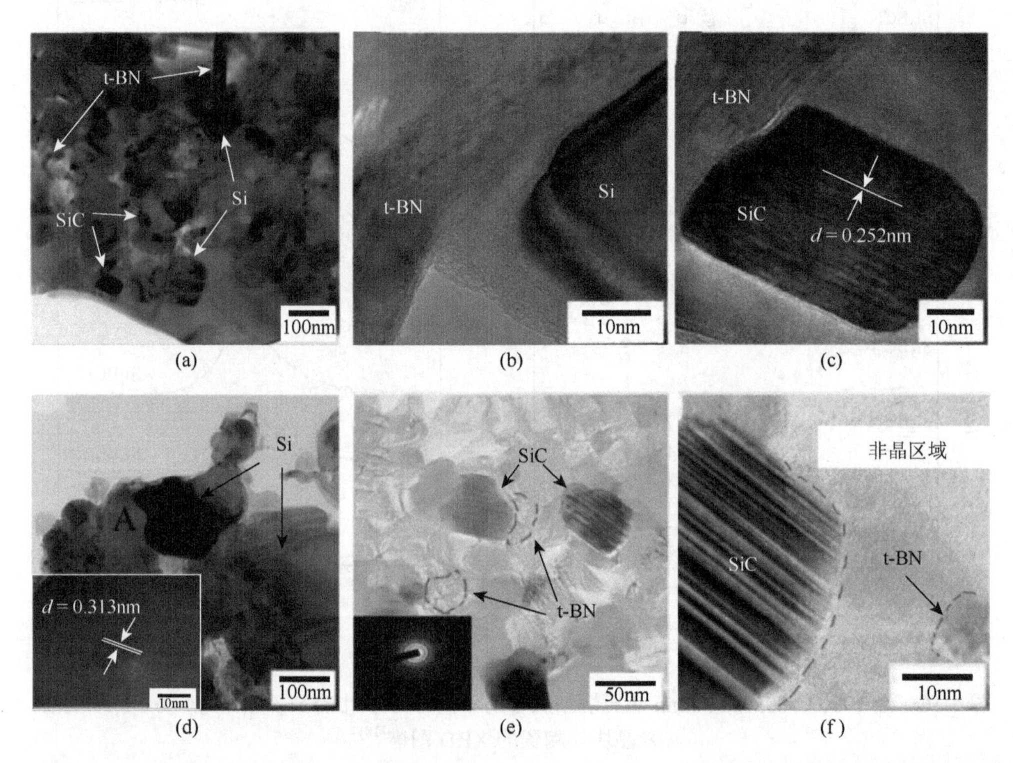

图 4-37　经 1900℃/60MPa/30min 热压烧结制备 Si_2BC_xN（$x = 0.5 \sim 1$）系纳米晶块体陶瓷的 TEM 分析[18]

（a）～（c）$Si_2BC_{0.5}N$；（d）～（f）Si_2BCN

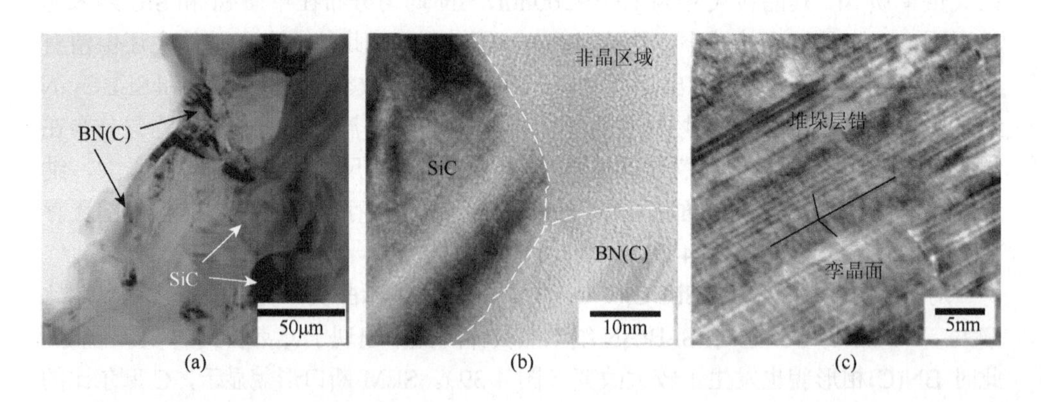

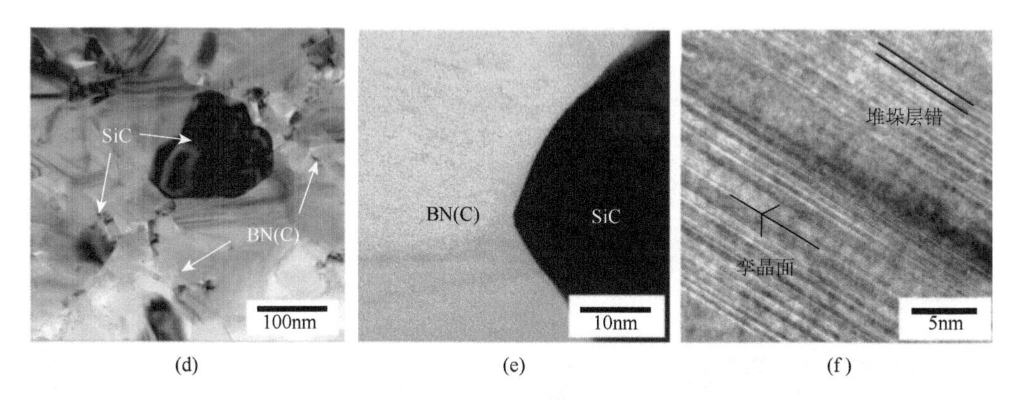

图 4-38　经 1900℃/60MPa/30min 热压烧结制备的 Si_2BC_xN（$x=2\sim2.5$）系纳米晶块体陶瓷的 TEM 分析[18]

（a）～（c）Si_2BC_2N；（d）～（f）$Si_2BC_{2.5}N$

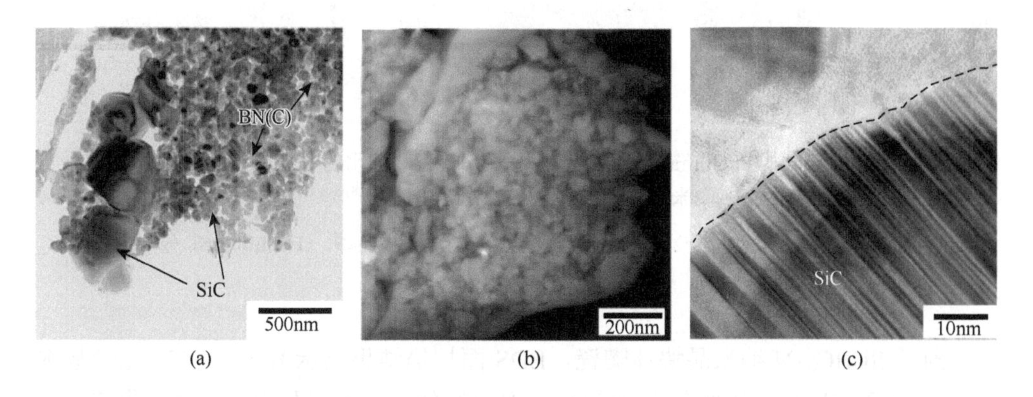

图 4-39　经 1900℃/60MPa/30min 热压烧结制备的 C 摩尔比较大的 Si_2BC_4N 纳米晶块体陶瓷的 TEM 分析[18]

（a）TEM 明场像；（b）STEM 衬度形貌；（c）HRTEM 精细结构

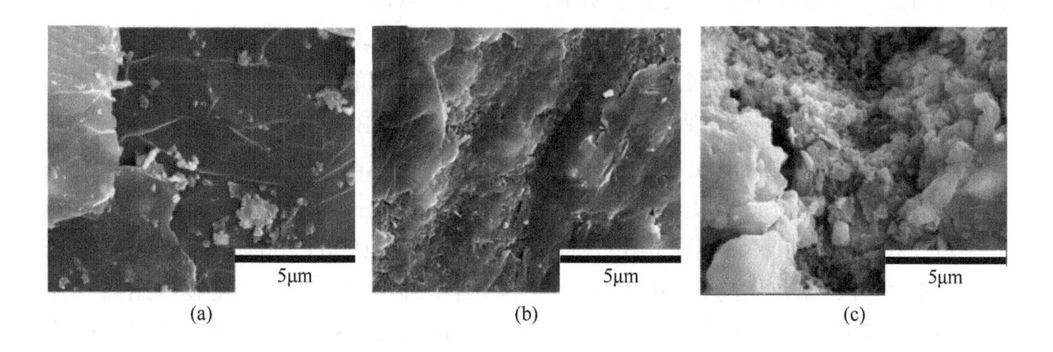

图 4-40 经 1900℃/60MPa/30min 热压烧结制备的不同 C 摩尔比的 Si_2BC_xN（$x = 0.1$～4）系纳米晶块体陶瓷的 SEM 断口形貌[18]

（a）$Si_2BC_{0.1}N$；（b）$Si_2BC_{0.5}N$；（c）Si_2BCN；（d）Si_2BC_2N；（e）$Si_2BC_{2.5}N$；（f）$Si_2BC_{2.7}N$；（g）Si_2BC_3N；（h）$Si_2BC_{3.5}N$；（i）Si_2BC_4N

对于 $Si_2BC_{0.5}N$ 纳米晶块体陶瓷，EDS 面扫描结果显示 B 元素和 N 元素基本重叠在一起，Si 元素和部分 C 元素具有相似的分布，BN 区域内 C 含量非常少，与 XRD 结果保持一致。随着 C 摩尔比增大，Si_2BC_2N 纳米晶块体陶瓷基体中逐渐形成了 BN(C)和 SiC 相，其中 BN(C)相含量随 C 摩尔比增大而增多，均匀分布在 SiC 相周围，其微观形貌也发生了明显改变（图 4-41）。

不同 C 摩尔比的 Si_2BC_xN（$x = 0.5$～4）系纳米晶块体陶瓷，原位析出 SiC 晶相的平均晶粒尺寸统计结果表明：析出相 SiC 的平均晶粒尺寸与 C 摩尔比含量的变化曲线大体符合抛物线规律。对于 $Si_2BC_{0.5}N$ 和 Si_2BCN 纳米晶块体陶瓷，SiC 的平均晶粒尺寸小于 45nm；对于 C 摩尔比较大的纳米晶 $Si_2BC_{3.5}N$ 和 Si_2BC_4N 块体陶瓷，SiC 的平均晶粒尺寸最大，达到约 128nm（图 4-42）。

以无机晶态 c-Si、石墨和 h-BN 粉体为原材料，经 1900℃/60MPa/30min 热压烧结制备的不同 C 摩尔比的 Si_2BC_xN（$x = 1$～4）纳米晶块体陶瓷，最终物相组成中并没有 Si_3N_4 和 B_4C 相。热力学计算结果表明，反应式（4-9）～反应式（4-12）在热力学上是可行的，而原位反应生成 Si_3N_4 和 B_4C 在热力学上并不可行。即使在非

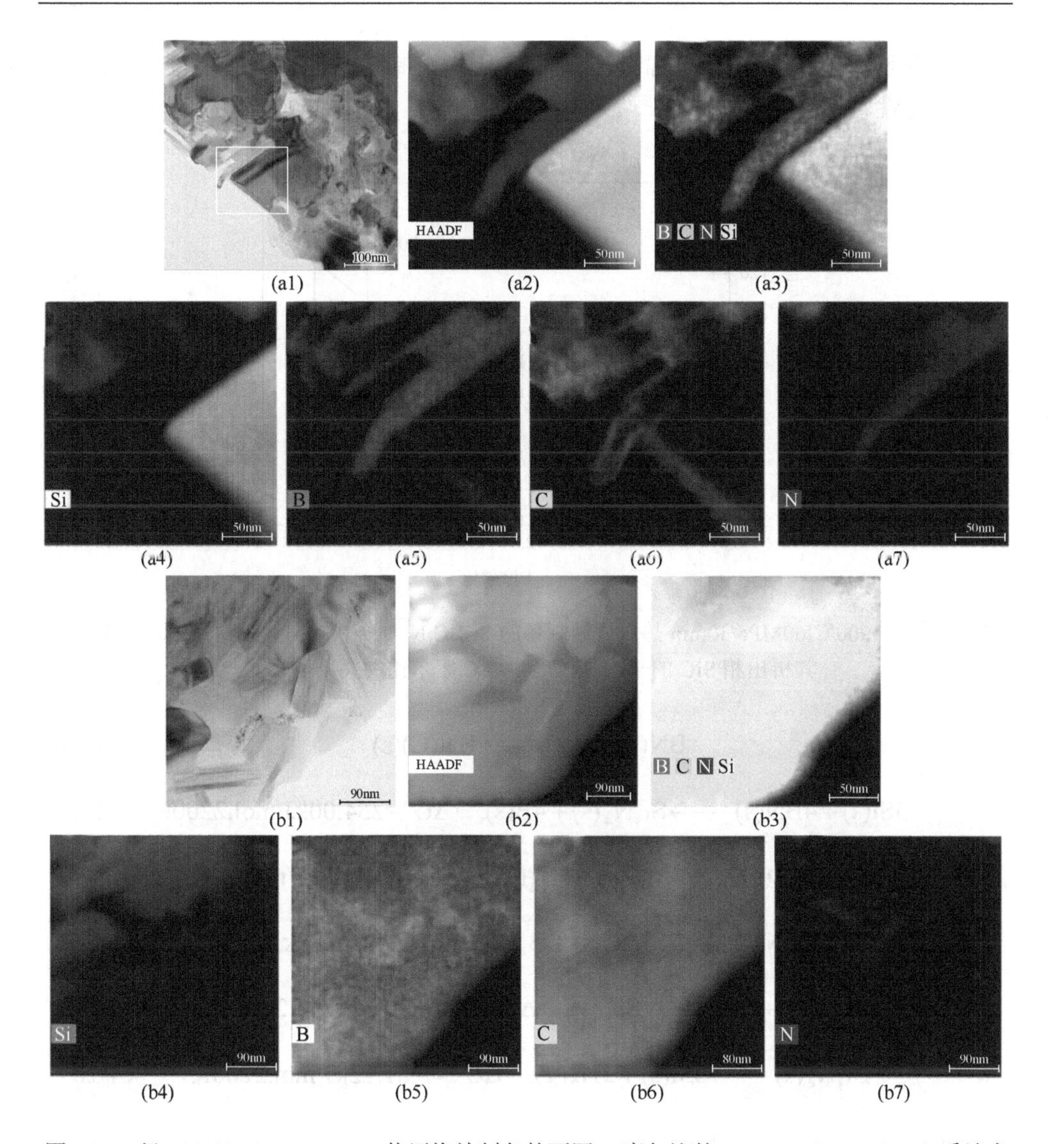

图 4-41　经 1900℃/60MPa/30min 热压烧结制备的不同 C 摩尔比的 Si_2BC_xN（$x = 0.5$～2）系纳米晶块体陶瓷的 STEM-EDS 图[18]

（a1）～（a7）$Si_2BC_{0.5}N$；（b1）～（b7）Si_2BC_2N

平衡条件下，非晶基体中结晶析出 Si_3N_4 和 B_4C 相，其也会在 2200K 烧结温度下发生分解。由此可见，有机法制备的 SiBCN 系亚稳陶瓷的计算相图[26, 54-56]，其结果并不完全适用于无机法制备的 SiBCN 系块体陶瓷，这与两种方法制备的陶瓷的非晶组织结构特征、化学键种类、原子短程序、平均化学成分等密切相关。机械合金化制备的 SiBCN 系非晶陶瓷粉体的非晶组织中并不存在或少量存在 Si—N

键，且所形成的化学键强度不高，这可能是无机法制备 SiBCN 系非晶陶瓷粉体高温热稳定性较低的主要原因之一。

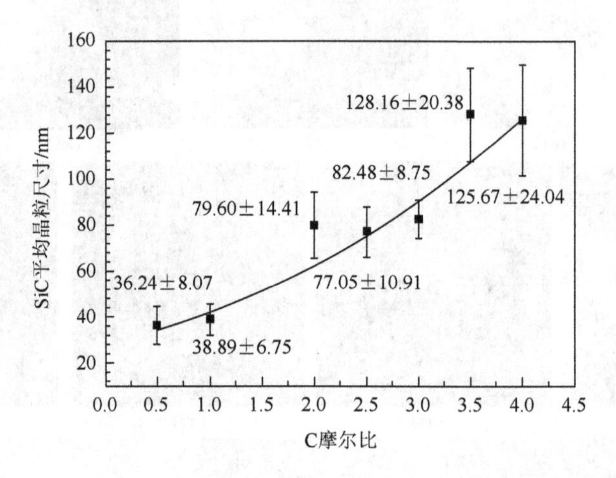

图 4-42　经 1900℃/60MPa/30min 热压烧结制备的 Si_2BC_xN（$x = 0.5$～4）系纳米晶块体陶瓷，其析出相 SiC 的平均晶粒尺寸与 C 摩尔比的关系曲线[18]

$$BN(s) + C(s) \longrightarrow BN(C)(s) \tag{4-5}$$

$$3Si(s) + 4BN(s) \longrightarrow Si_3N_4(s) + 4B(s), \quad \Delta G^0 = 254.00 kJ/mol, 2200K \tag{4-6}$$

$$4BN(s) + C(s) \longrightarrow B_4C(s) + 2N_2(g), \quad \Delta G^0 = 180.20 kJ/mol, 2200K \tag{4-7}$$

$$3Si(s) + C(s) + 4BN(s) \longrightarrow Si_3N_4(s) + B_4C(s), \quad \Delta G^0 = 155.80 kJ/mol, 2200K \tag{4-8}$$

$$Si(s) + C(s) \longrightarrow SiC(s), \quad \Delta G^0 = -56.19 kJ/mol, 2200K \tag{4-9}$$

$$Si_3N_4(s) \longrightarrow 3Si(s) + 2N_2(g), \quad \Delta G^0 = -21.12 kJ/mol, 2200K \tag{4-10}$$

$$\frac{1}{3}Si_3N_4(s) + C(s) \longrightarrow SiC(s) + \frac{2}{3}N_2(g), \quad \Delta G^0 = -48.08 kJ/mol, 2200K \tag{4-11}$$

$$\frac{1}{2}Si_3N_4(s) + \frac{1}{2}B_4C(s) + C(s) \longrightarrow \frac{3}{2}SiC(s) + 2BN(s), \quad \Delta G^0 = -166.22 kJ/mol, 2200K \tag{4-12}$$

拉曼光谱表明，C 摩尔比较小的 $Si_2BC_{0.5}N$ 和 Si_2BCN 纳米晶块体陶瓷，属于 Si—Si 价键的振动峰强度很高，属于自由碳的 D 边峰和 G 边峰强度很低；而 Si_2BC_2N、$Si_2BC_{2.5}N$ 和 $Si_2BC_{2.7}N$ 纳米晶块体陶瓷，在 1000～2000cm^{-1} 范围内显示出极其宽化的衍射峰，表明基体中存在大量的无定形碳或非晶 BN；随着 C 摩尔比进一步增大，陶瓷基体中出现了明显的 D 边峰和 G 边峰，还伴随着 2D 边峰和 D + G 边峰的生成，说明基体中除无定形碳外，还存在局部有序排列的自由碳；对于 Si_2BC_3N、$Si_2BC_{3.5}N$ 和 Si_2BC_4N 纳米晶块体陶瓷，其 I(D)/I(G)的强度比值分别为 1.42nm、1.35nm 和 1.21nm，说明自由碳的石墨化程度随着 C 摩尔比增大逐渐提高（图 4-43）。

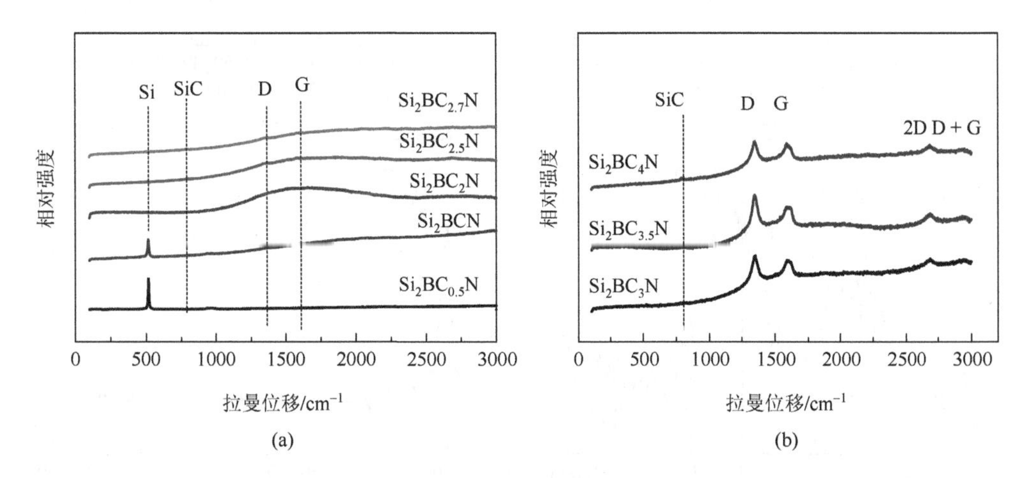

图 4-43 经 1900℃/60MPa/30min 热压烧结制备的不同 C 摩尔比的 Si_2BC_xN（$x = 0.5$～4）系纳米晶块体陶瓷的拉曼光谱[18]

（a）$x = 0.5$～2.7；（b）$x = 3$～4

^{13}C 和 ^{29}Si 的固体 NMR 图谱显示，热压烧结制备的 $Si_2BC_{0.5}N$ 纳米晶块体陶瓷基体中存在大量的 Si—Si 键及少量的 Si—C 键，此外还有少量的 C—N 键和 C—B 键；Si_2BC_2N 纳米晶块体陶瓷的基体中不存在 Si—Si 键，但 Si—C 键强度非常高，且含有较多的 C—N 键和 C—B 键；Si_2BC_4N 纳米晶块体陶瓷基体中除 Si—C、C—N 和 C—B 等化学键外，还存在 C—C(sp^2)键，与 XRD 和 TEM 分析结果高度吻合（图 4-44）。

HRTEM 结果表明，C 摩尔比较小的 $Si_2BC_{0.1}N$、$Si_2BC_{0.5}N$ 和 Si_2BCN 纳米晶块体陶瓷，随着 C 摩尔比增大，BN 的（0002）晶面间距增大，BN(C)纳米片开始劈裂、分层、扭曲并随机堆垛在一起；C 摩尔比最小的 $Si_2BC_{0.1}N$ 纳米晶块体陶瓷，基体中几乎看不到非晶或原子紊乱排列区域，相应的 BN(C)纳米片横向、径向尺寸较大，晶面有序度最高，结构上与 h-BN 相似；Si_2BCN 纳米晶块体陶瓷，大部分 BN(C)相倾向于沿着其（0002）晶面劈裂导致细化，并无序堆垛（图 4-45）。

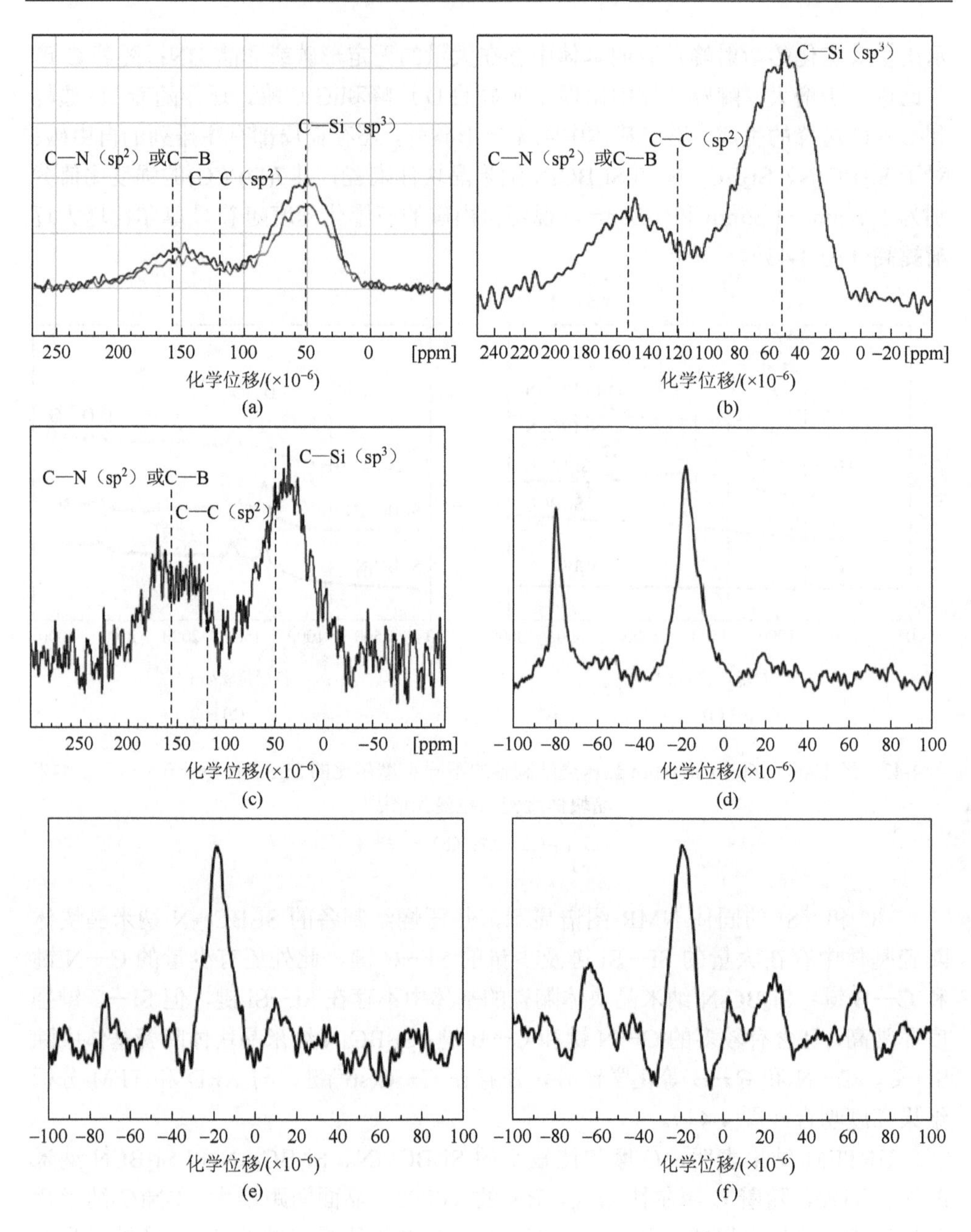

图 4-44　经 1900℃/60MPa/30min 热压烧结制备的不同 C 摩尔比的 Si_2BC_xN（$x = 0.5$～4）系纳米晶块体陶瓷的 ^{13}C（a）～（c）和 ^{29}Si（d）～（f）NMR 图谱[18]

（a）（d）$Si_2BC_{0.5}N$；（b）（e）Si_2BC_2N；（c）（f）Si_2BC_4N

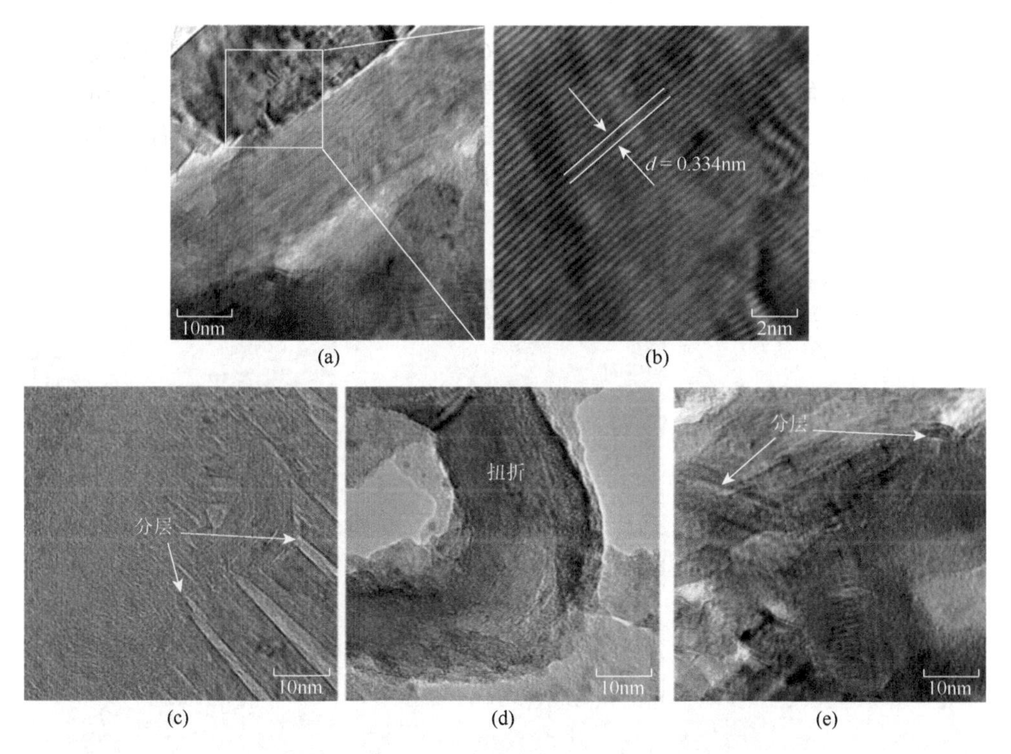

图 4-45　经 1900℃/60MPa/30min 热压烧结制备的不同 C 摩尔比的 Si_2BC_xN（$x = 0.1$～1）系纳米晶块体陶瓷，其析出相 BN(C)的 HRTEM 精细结构[18]

（a）（b）$Si_2BC_{0.1}N$；（c）（d）$Si_2BC_{0.5}N$；（e）Si_2BCN

与上述 C 摩尔比较小的纳米晶块体陶瓷相比，Si_2BC_2N 和 $Si_2BC_{2.5}N$ 纳米晶块体陶瓷中 BN(C)相具有湍层状结构，其径向尺寸 L_c 仅为几个原子厚度；但在某些区域，仍然存在少量横向尺寸 L_a 较大的 BN(C)纳米片（图 4-46）；随着 C 摩尔比增大，$Si_2BC_{3.5}N$ 纳米晶块体陶瓷中 BN(C)相逐步失去了湍层状结构特征，取而代之形成 L_c 和 L_a 尺寸较大（约 30nm）的 BN(C)纳米片；Si_2BC_4N 纳米晶块体陶瓷中几乎观察不到任何湍层状的 BN(C)相，BN(C)纳米片 L_c 和 L_a 尺寸最大，约为 50nm，大量 BN(C)纳米片无序堆垛在一起（图 4-47）。

石墨和 h-BN 具有相似的晶体结构，因此在热压烧结过程中两者可以机械化地混合在一起，形成具有不同结构和形貌特征的 BN(C)相（图 4-48）。C 摩尔比较小的 Si_2BC_xN（$x = 0.1$～2）系纳米晶块体陶瓷，少量 C 可以插入 h-BN 的（0002）基面形成 BN(C)相，插层的 C 越多，则 h-BN（0002）基面的缺陷浓度越高。h-BN（0002）基面缺陷浓度的增加将导致（0002）基面发生劈裂、扭曲、旋转和膨胀。当插入的 C 摩尔比增大到一定阈值时，高度有序的 h-BN 将失稳崩塌形成湍层状结构。对于 C 摩尔比较大的 Si_2BC_xN（$x = 3.5$～4）系纳米晶块体陶瓷，可认为部分 h-BN 插入石墨（0002）基面形成 BN(C)相结构。即使经过高温热压烧结，石墨（0002）晶面有序度较 h-BN（0002）晶面有序度要低得多，因而 C 摩尔比较大的 Si_2BC_xN（$x = 3.5$～4）系纳米晶块体陶瓷基体中 BN(C)相纳米片有序度较低，L_c 尺寸较大，断口上并没有片层 BN(C)拔出增韧效果，显示出粗糙的陶瓷颗粒断口形貌。

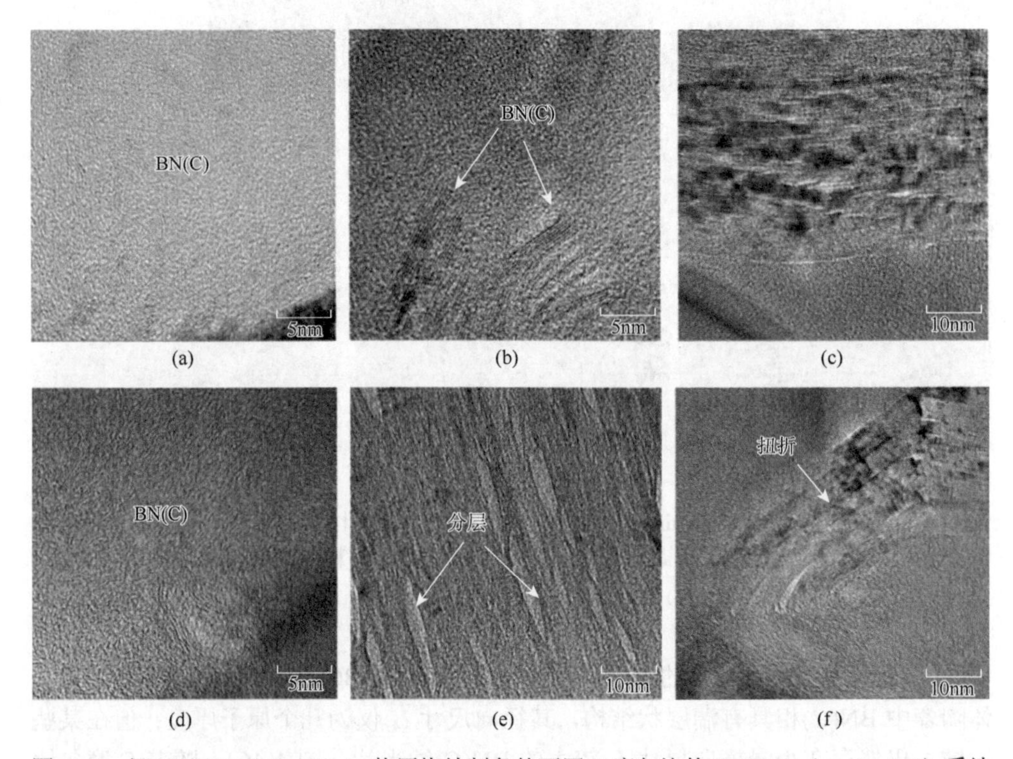

图 4-46 经 1900℃/60MPa/30min 热压烧结制备的不同 C 摩尔比的 Si_2BC_xN（$x = 2$～2.5）系纳米晶块体陶瓷，其析出相 BN(C)的 HRTEM 精细结构[18]

（a）～（c）Si_2BC_2N；（d）～（f）$Si_2BC_{2.5}N$

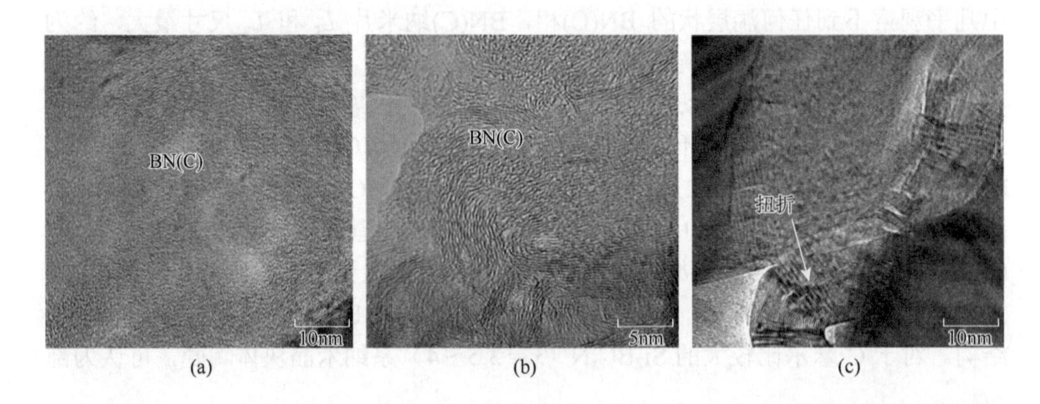

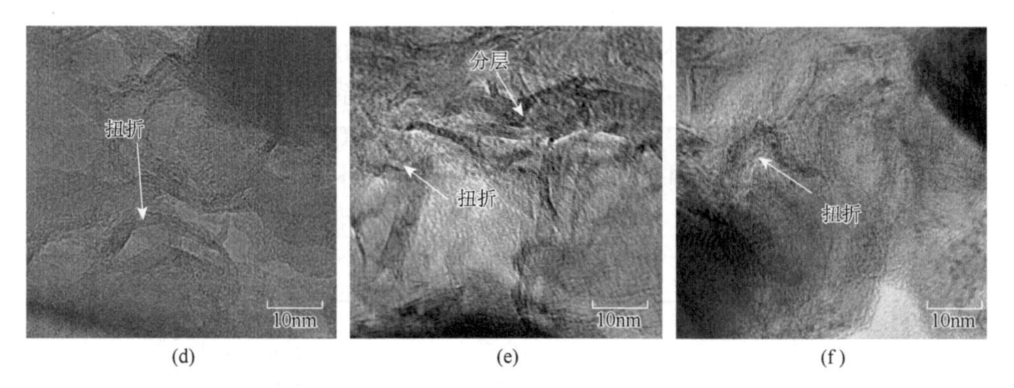

图 4-47　经 1900℃/60MPa/30min 热压烧结制备的不同 C 摩尔比的 Si_2BC_xN（$x=3\sim4$）系纳米晶块体陶瓷析出相 BN(C)的 HRTEM 精细结构[18]

（a）（b）Si_2BC_3N；（c）（d）$Si_2BC_{3.5}N$；（e）（f）Si_2BC_4N

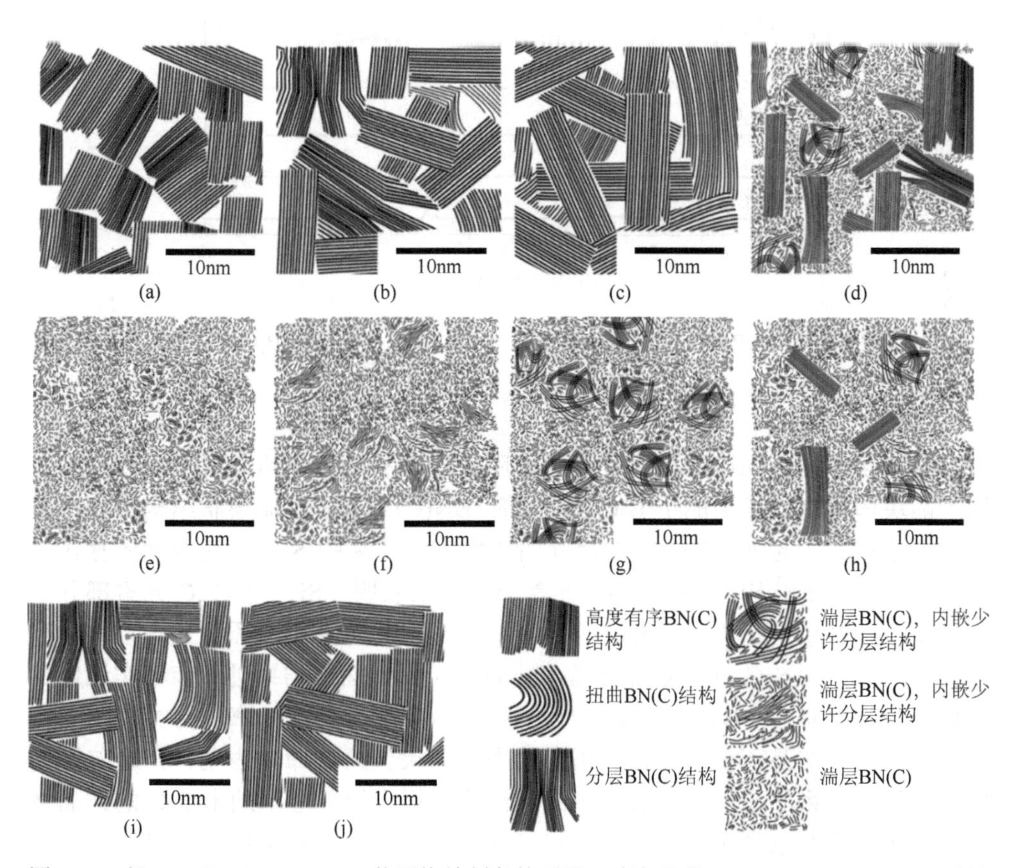

图 4-48　经 1900℃/60MPa/30min 热压烧结制备的不同 C 摩尔比的 Si_2BC_xN（$x=0.1\sim4$）系纳米晶块体陶瓷，其析出相 BN(C)随 C 摩尔比变化的组织结构演化示意图[18]

（a）～（d）$x=0.1\sim1.5$；（e）～（h）$x=2\sim3$；（i）（j）$x=3.5\sim4$

采用无机硼粉作为额外硼源，经 1900℃/60MPa/30min 热压烧结后，XRD 图谱显示，随着 B 摩尔比增大，$Si_2B_yC_2N$（$y=1$～4）系纳米晶块体陶瓷中 BN(C) 相 FWHM 逐渐降低，BN(C)2θ 角往高角偏移，BN(C)（0002）晶面间距逐渐减小，晶化程度有所提高；陶瓷基体中除 α/β-SiC 和 BN(C)外，还生成了 B_xC 纳米晶相（图 4-49）。

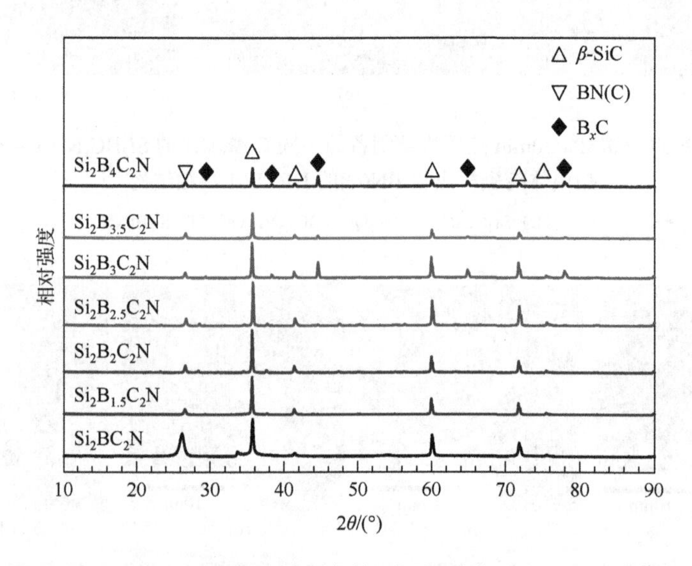

图 4-49　经 1900℃/60MPa/30min 热压烧结制备的不同 B 摩尔比的 $Si_2B_yC_2N$（$y=1$～4）系纳米晶块体陶瓷的 XRD 图谱[18]

TEM 结果进一步证实，陶瓷基体中除了 SiC 和 BN(C)纳米相外，$Si_2B_{1.5}C_2N$ 纳米晶块体陶瓷中还生成了 B_xC 相，此时 BN(C)相失去了湍层状结构特征，其横向尺寸较大；此外，SiC 晶粒尺寸明显增大，在某些 SiC 晶粒内部还存在结晶度很差的球形结构（图 4-50）。元素面扫结果表明，Si 元素和 C 元素部分重合，B_xC 相中并不含其他元素原子（图 4-51）；HRTEM 形貌照片显示，该球形结构中包含大量 SiC、BN(C)纳米晶和非晶相，元素面扫结果进一步证实该球形结构中同时含有 Si、B、C 和 N 四种元素（图 4-52）。不同 B 摩尔比的 $Si_2B_yC_2N$（$y=1$～4）系非晶陶瓷粉体，其析晶动力学结果（第 2 章）表明，B 摩尔比的增加降低了该系非晶陶瓷的表观析晶激活能，极大地促进了纳米 SiC 的结晶析出。在热压烧结条件下，由于烧结温度较高，原子做长程扩散存在可能，纳米 SiC 形核后将快速长大，以至于将部分非晶/纳米晶陶瓷粉体包裹在晶粒内部，形成该球形结构。

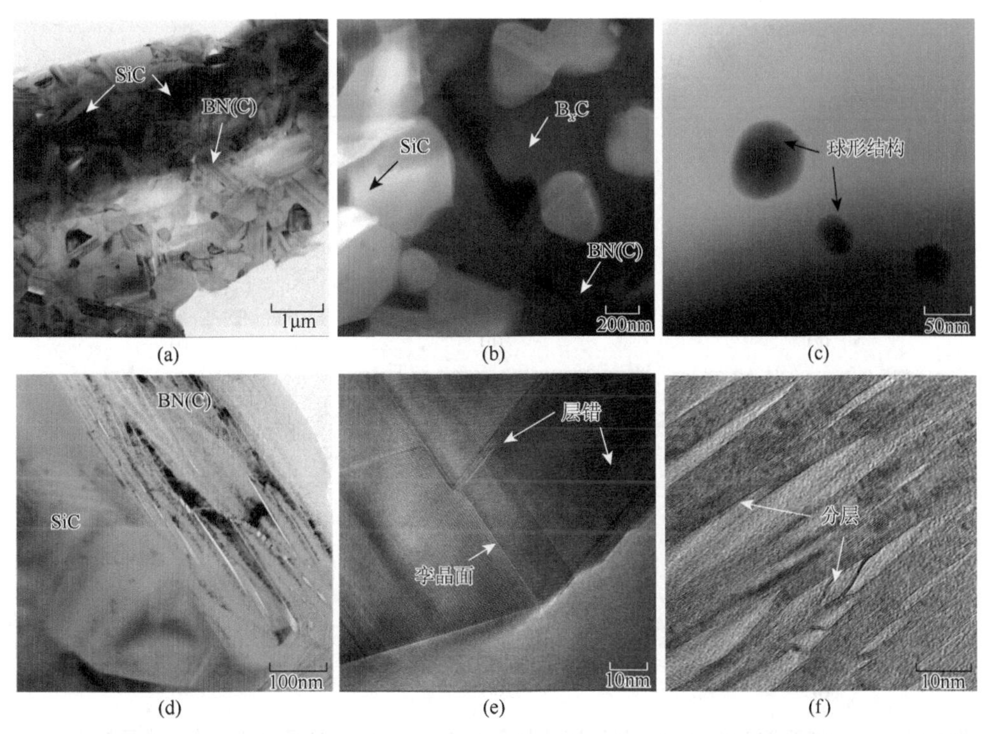

图 4-50　经 1900℃/60MPa/30min 热压烧结制备的 $Si_2B_{1.5}C_2N$ 纳米晶块体陶瓷的 TEM 分析[18]

（a）（d）TEM 明场像；（b）（c）STEM 衬度形貌；（e）（f）HRTEM 精细结构

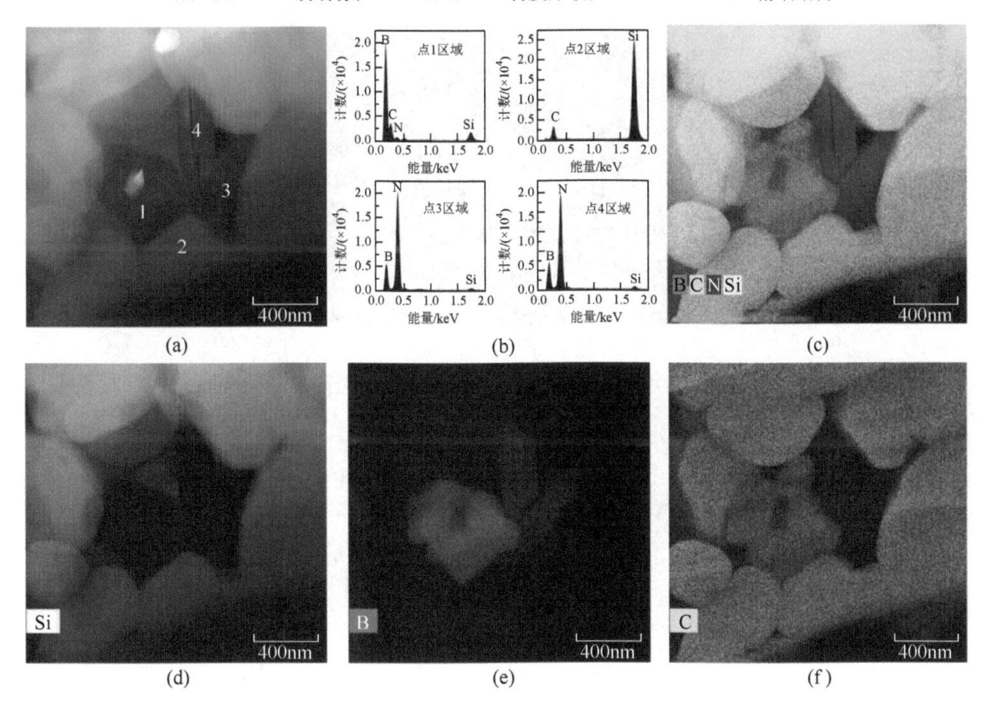

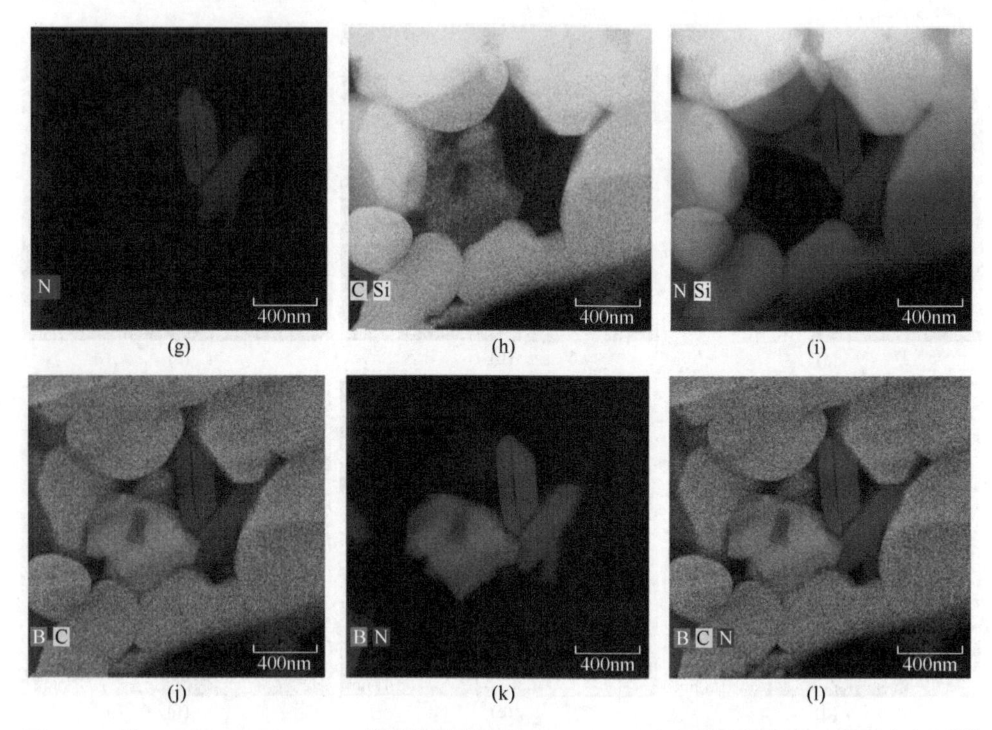

图 4-51 经 1900℃/60MPa/30min 热压烧结制备的 $Si_2B_{1.5}C_2N$ 纳米晶块体陶瓷元素面分布图[18]

（a）STEM 衬度形貌；（b）EDS 点分析结果；（c）～（l）相应的元素面分布图

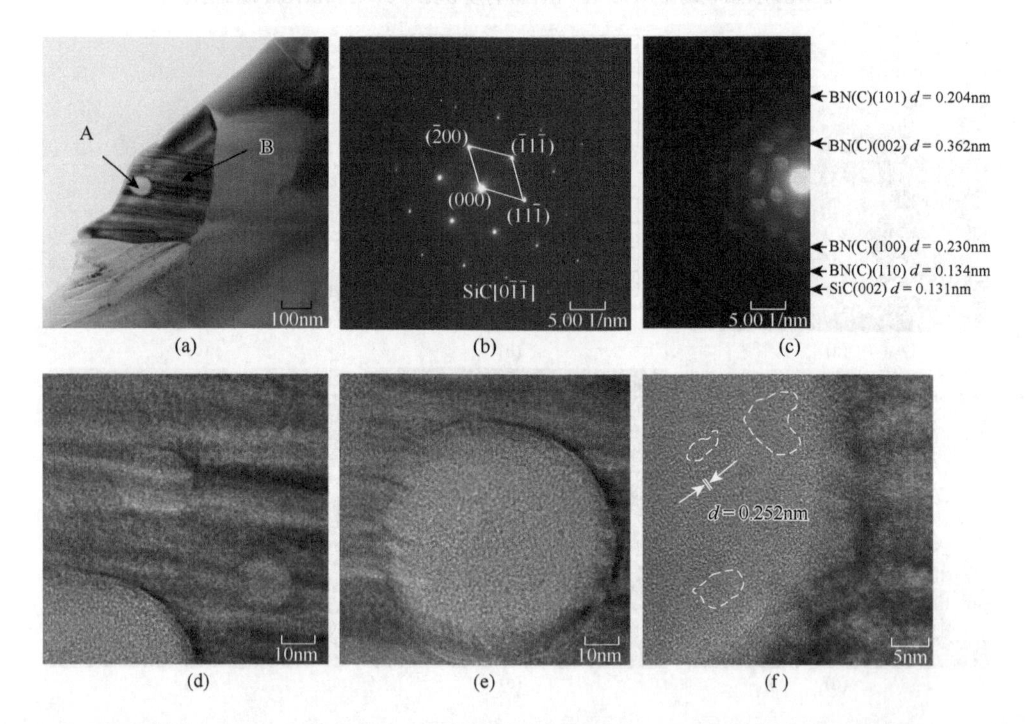

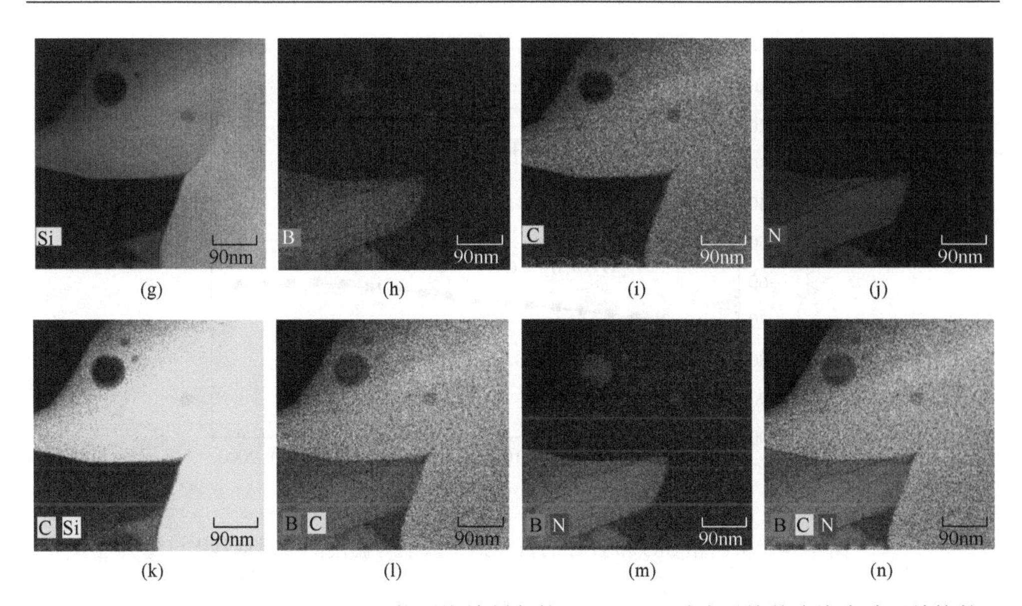

(g)　(h)　(i)　(j)

(k)　(l)　(m)　(n)

图 4-52　经 1900℃/60MPa/30min 热压烧结制备的 $Si_2B_{1.5}C_2N$ 纳米晶块体陶瓷中球形结构的 TEM 分析[18]

（a）TEM 明场像；（b）（c）SAED 花样；（d）～（f）HRTEM 精细结构；（g）～（n）相应的元素面分布图

不同 B 摩尔比的 $Si_2B_yC_2N$（$y = 1$～2）系纳米晶块体陶瓷，其 SEM 断口形貌表明，BN(C)相的晶粒尺寸随 B 摩尔比增加逐渐增大，片层拔出效果明显（图 4-53）。析出相 SiC 和 B_4C 的吉布斯自由能与烧结温度的变化曲线显示，热压烧结过程中 Si 与 C 的反应优先级高于 B 和 C（图 4-54）；实验结果也证实，B_xC 的形成优先级也高于 BN(C)，因此 B_xC 中的 C 可能来源于基体中的自由碳或者是 BN(C)中的 C，当体系内部自由碳被消耗完之后，增加的部分 B 将与 BN 争夺碳源，由此形成了不同结构/形貌的 BN(C)晶相，这将显著影响 SiBCN 系纳米晶块体陶瓷的体积密度和力学性能。

(a)　(b)　(c)　(d)

图 4-53　经 1900℃/60MPa/30min 热压烧结制备的不同 B 摩尔比的 $Si_2B_yC_2N$（$y = 1$～2）系纳米晶块体陶瓷的 SEM 断口形貌[18]

（a）Si_2BC_2N；（b）$Si_2B_{1.1}C_2N$；（c）$Si_2B_{1.5}C_2N$；（d）$Si_2B_2C_2N$

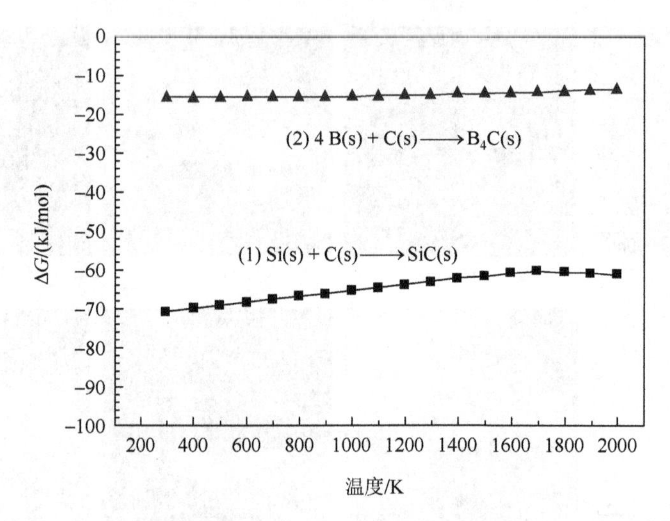

图 4-54　析出相 SiC 和 B_4C 的吉布斯生成能与温度的关系曲线[18]

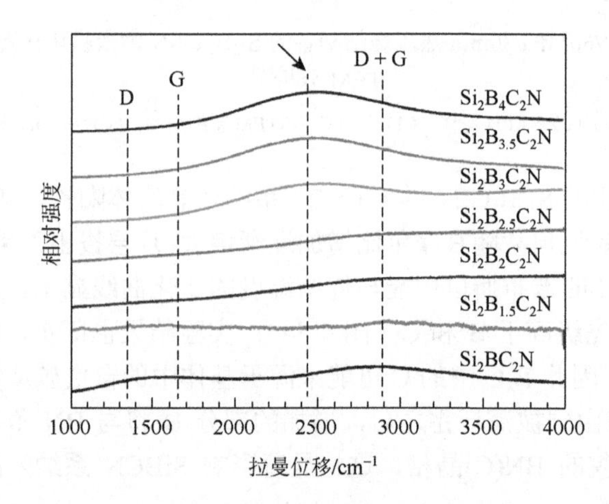

图 4-55　经 1900℃/60MPa/30min 热压烧结制备的不同 B 摩尔比的 $Si_2B_yC_2N$（$y = 1$～4）系纳米晶块体陶瓷的拉曼光谱[18]

经 1900℃/60MPa/30min 热压烧结制备的 Si_2BC_2N 纳米晶块体陶瓷，拉曼光谱显示两个极其宽化的衍射峰，分别在 1300～1800cm^{-1} 和 2500～3000cm^{-1} 范围内展宽（图 4-55）；对于 $Si_2B_{1.5}C_2N$ 纳米晶块体陶瓷，上述两个宽化的拉曼衍射峰已经消失；B 摩尔比进一步增大，$Si_2B_3C_2N$ 纳米晶块体陶瓷在约 2450cm^{-1} 出现了一个极其宽化的拉曼衍射峰；结合 XRD 和 TEM 结构表征分析，推断此拉曼衍射峰属于 B_xC 相。在拉曼光谱上没有发现属于自由碳的 D 边峰和 G 边峰，表明基体当中不存在或者存在少量自由碳。

XPS 图谱表明，热压烧结制备的不同 B 摩尔比的 $Si_2B_yC_2N$（$y = 1$～4）系纳米晶块体陶瓷，B在陶瓷基体中有三种化学键存在，分别为B—C键、B—N键和C—B—N键；随着B摩尔比增大，体系中B—C键含量增加；对于$Si_2B_{3.5}C_2N$纳米晶块体陶瓷，B—C键相对含量最高，而B—N和C—B—N键的相对含量降低，这进一步说明体系中的C倾向于优先与B结合形成B_xC相，而这部分C可能来源于BN(C)相中的C（图4-56）。

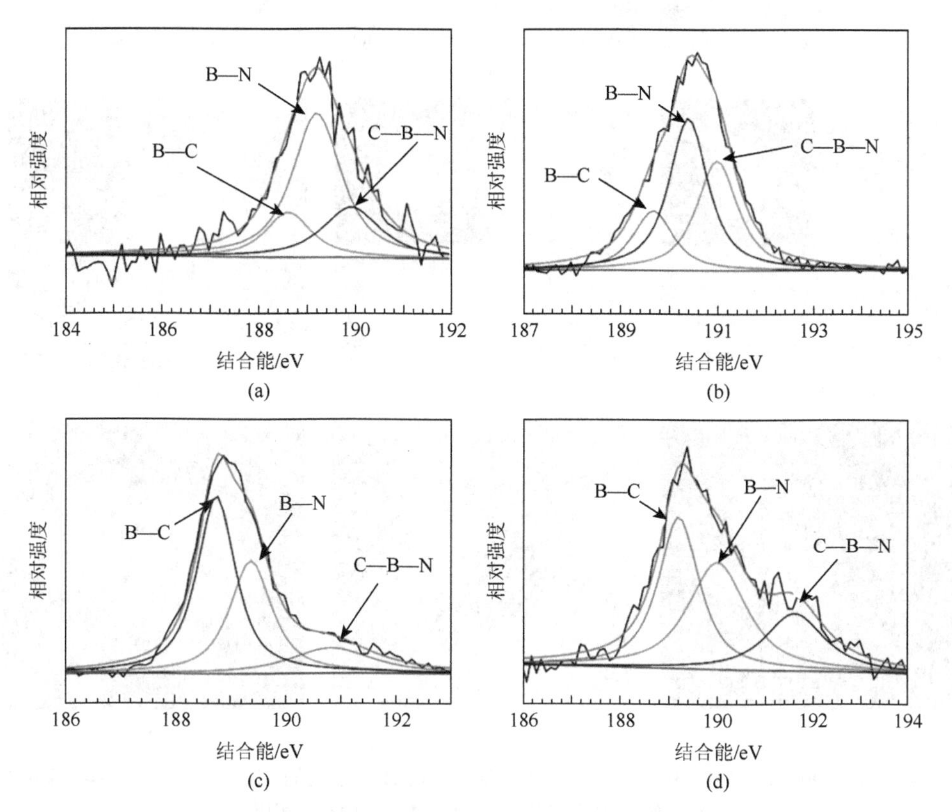

图4-56 经1900℃/60MPa/30min热压烧结制备的不同B摩尔比的$Si_2B_yC_2N$（$y=2\sim4$）系纳米晶块体陶瓷中B 1s的XPS图谱[18]

（a）$Si_2B_2C_2N$；（b）$Si_2B_3C_2N$；（c）$Si_2B_{3.5}C_2N$；（d）$Si_2B_4C_2N$

热压烧结制备的Si_2BC_2N纳米晶块体陶瓷，BN(C)相具有高度紊乱的湍层状结构；随着B摩尔比增大，$Si_2B_{1.5}C_2N$纳米晶块体陶瓷中BN(C)沿其（0002）晶面有序化程度得到提高，横向尺寸为3～5nm；B摩尔比为2时，纳米晶陶瓷基体中BN(C)相失去了湍层状结构特征，此时BN(C)相纳米片L_c厚度约为20nm；随着B摩尔比进一步增大，BN(C)纳米片L_c厚度也增加，沿着（0002）晶面有序化程度进一步提高；SiC和B_xC晶粒尺寸同样随B摩尔比增大而增大（图4-57）。

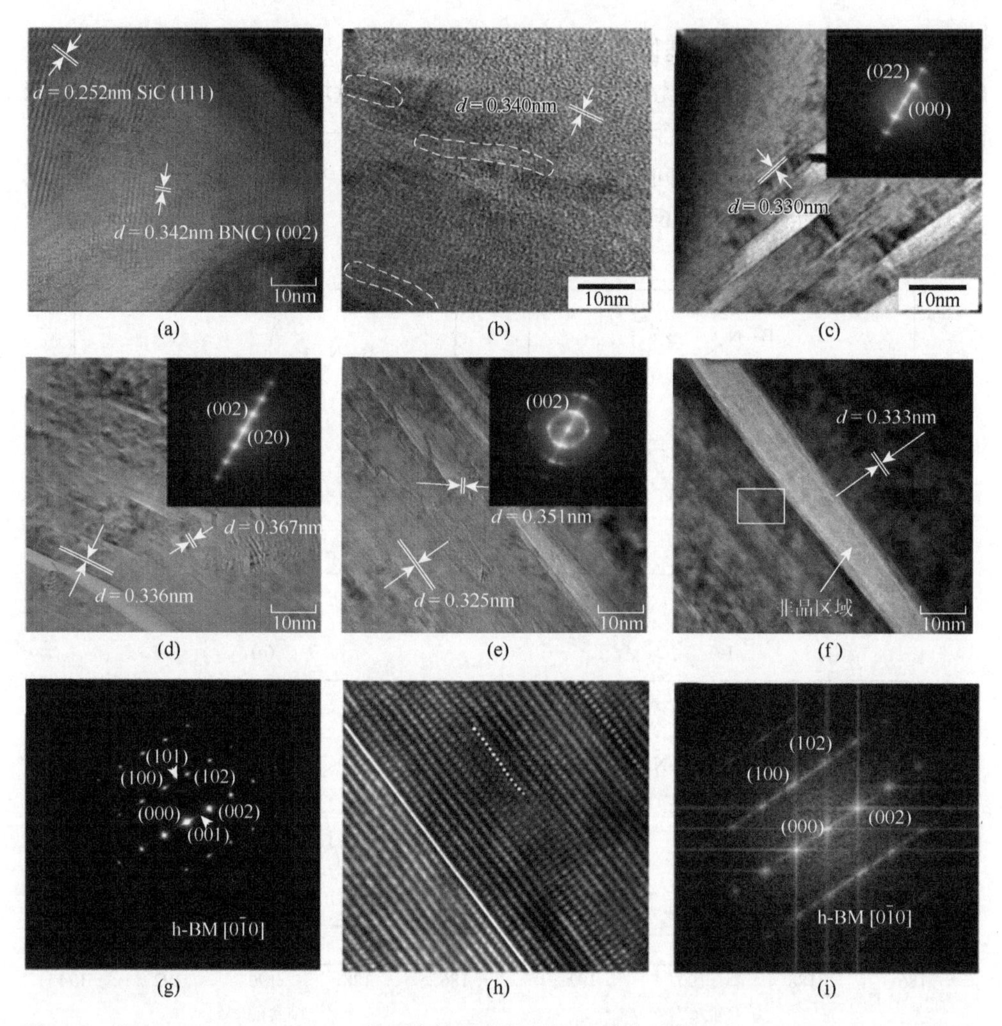

图 4-57　经 1900℃/60MPa/30min 热压烧结制备的不同 B 摩尔比的 $Si_2B_yC_2N$（$y = 1$～4）系纳米晶块体陶瓷中，析出相 BN(C)的 TEM 分析[18]

（a）Si_2BC_2N；（b）$Si_2B_{1.5}C_2N$；（c）$Si_2B_2C_2N$；（d）$Si_2B_3C_2N$；（e）$Si_2B_{3.5}C_2N$；（f）～（i）$Si_2B_4C_2N$

4.3　SiBCN 系非晶块体陶瓷的力学性能

4.3.1　高压烧结温度的影响

高压烧结制备的 SiBCN 系非晶陶瓷材料的体积密度与烧结温度呈正相关关系，即随着烧结温度升高，块体陶瓷的体积密度呈现递增趋势。低于 1100℃烧结时，随着温度升高，Si_2BC_3N 块体陶瓷体积密度变化幅度较大；经 1100℃/5GPa/30min

高压烧结制备的 Si_2BC_3N 非晶块体陶瓷，体积密度约为 2.75g/cm^3，比 1900℃/80MPa/30min 热压烧结相同成分纳米晶块体陶瓷的体积密度（约 2.60g/cm^3）高约 5.8%；高于 1100℃烧结时，Si_2BC_3N 块体陶瓷的体积密度变化趋势逐渐趋于平缓，尤其是烧结温度高于 1500℃时，其体积密度（约 2.83g/cm^3）几乎不发生变化。由此推断，在 5GPa/30min 烧结条件下，高压对 Si_2BC_3N 块体陶瓷的致密化作用主要体现在低温和中温烧结阶段（图 4-58）。

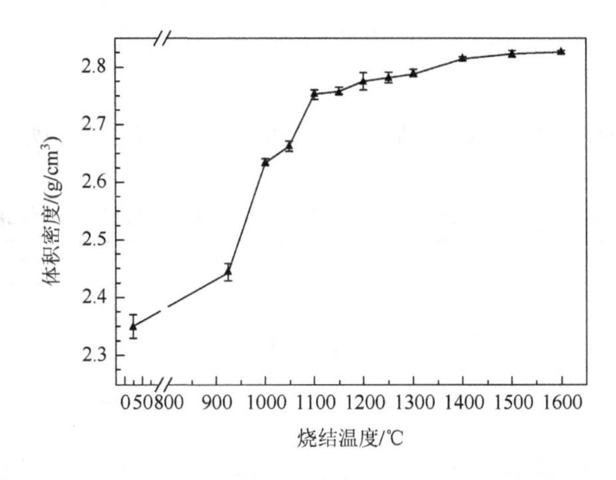

图 4-58　不同温度/5GPa/30min 烧结制备的 Si_2BC_3N 块体陶瓷的体积密度[17]

在 5GPa/30min 烧结条件下，室温（约 25℃）成形制备的 Si_2BC_3N 陶瓷生坯，其体积密度约为 2.35g/cm^3，而经 1000℃/5GPa/30min 烧结制备的 Si_2BC_3N 块体陶瓷，其体积密度约为 2.63g/cm^3，与热压烧结制备的相同成分纳米晶块体陶瓷的体积密度接近[15, 16]，因此高压烧结有利于获得高致密的块体陶瓷材料。

随着烧结温度升高，Si_2BC_3N 块体陶瓷的纳米硬度与弹性模量呈先增大后减小的趋势。例如，1100℃/5GPa/30min 烧结制备的 Si_2BC_3N 非晶块体陶瓷，其具有最高的纳米硬度和弹性模量，分别为约 29.4GPa 和约 291GPa；而 1600℃/ 5GPa/30min 烧结制备的非晶/纳米晶块体陶瓷，其纳米硬度仍高达约 20GPa，弹性模量达约 220GPa（图 4-59）。采用纳米压痕法（获得纳米硬度以及弹性模量）和常规力学性能测试法（维氏硬度试验机获得维氏硬度而力学性能试验机获得弹性模量）对两种陶瓷材料 A（1600℃/5GPa/30min 烧结制备）和 B（1950℃/80MPa/ 30min 烧结制备）进行力学性能测试（表 4-2）。对比数据可知，采用纳米压痕仪获得的纳米硬度与弹性模量数据具有很好的可靠性。

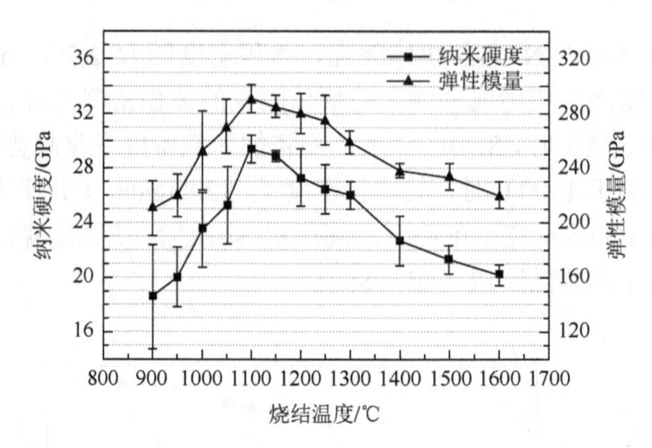

图 4-59　不同温度/5GPa/30min 烧结制备的 Si_2BC_3N 块体陶瓷的纳米硬度和弹性模量[17]

表 4-2　两种力学测试方法得到的 Si_2BC_3N 块体陶瓷的力学性能结果对比[17]

Si_2BC_3N 块体陶瓷	纳米压痕测试		维氏硬度测试	
	纳米硬度/GPa	弹性模量/GPa	维氏硬度/GPa	弹性模量/GPa
样品 A	20.4±3.9	233.6±4.4	27.0	—
样品 B	7.1	106.6±8.4	6.5±0.6	117.1±3.3

较低的断裂韧性表明，高压烧结制备的 Si_2BC_3N 块体陶瓷具有本征脆性特征（图 4-60）。随着烧结温度升高，Si_2BC_3N 块体陶瓷材料的断裂韧性呈先降低后升高的趋势，但其变化幅度不大（平均值约为 4.0MPa·m$^{1/2}$）；经 1100℃/5GPa/30min 烧结制备的 Si_2BC_3N 非晶块体陶瓷，其断裂韧性最低，约为 3.6MPa·m$^{1/2}$。

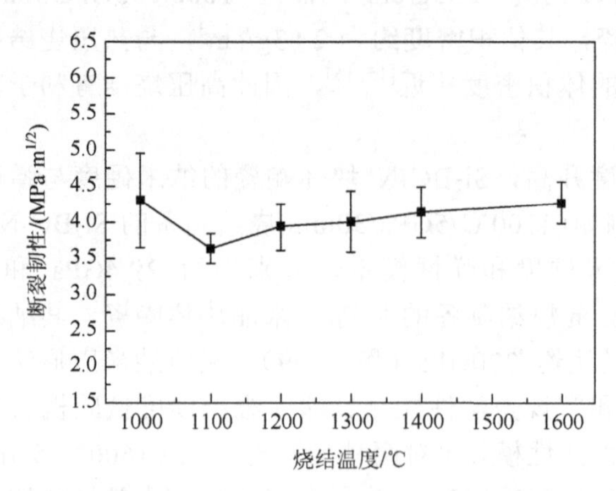

图 4-60　不同温度/5GPa/30min 高压烧结制备 Si_2BC_3N 块体陶瓷的断裂韧性[17]

Si_2BC_3N 纳米晶块体陶瓷的硬度可以视为非晶基体及纳米晶 SiC、BN(C)、

h-BN 和石墨硬度的耦合结果。而经 1100℃/5GPa/30min 烧结制备的 Si_2BC_3N 块体陶瓷，具有近乎完全非晶态的组织结构，内部 Si—C、C—B、C—N(sp^3)、N—B(sp^3)以及 C—B—N 等多种化学键组成了坚固的无定形三维网络结构，因而材料具有最高的硬度以及弹性模量。随着烧结温度升高（>1100℃），非晶基体逐渐析出纳米 SiC 和 BN(C)晶相，破坏了原有致密的非晶三维网络结构。虽然 SiC 硬度高达约 30GPa，但 BN(C)相硬度较低，其值可能与 h-BN 和石墨硬度接近，因此大量软相 BN(C)析出将降低 Si_2BC_3N 块体陶瓷的硬度；即便 Si—C、C—B、C—N(sp^3)以及 C—B—N 等化学键有助于提高材料的硬度，随着非晶陶瓷的晶化，这些化学键的相对含量仍有所降低，导致析晶后 Si_2BC_3N 的力学性能低于相同成分完全非晶态的 Si_2BC_3N 块体陶瓷的力学性能。

在烧结温度足够高（T>1600℃）的条件下，Si_2BC_3N 块体陶瓷几乎完全晶化，最终演变成主要由 α/β-SiC 和 BN(C)晶相构成的纳米晶复相陶瓷。根据霍尔-佩奇（Hall-Petch）公式[57, 58]：

$$H = H_o + Kd^{-1/2} \tag{4-13}$$

式中，H 为陶瓷材料的硬度；H_o 为单晶的硬度；K 为与材料性质有关的常数；d 为平均晶粒尺寸。随着 Si_2BC_3N 块体陶瓷中晶粒平均尺寸 d 增大，材料的硬度 H 逐渐减小，即在更高烧结温度条件下（T>1600℃），α/β-SiC 和 BN(C)晶粒的持续长大或者粗化，将导致 Si_2BC_3N 块体陶瓷硬度逐渐降低。

经 1100～1200℃/5GPa/30min 高压烧结制备的 Si_2BC_3N 块体陶瓷，在测试温度 T<1200℃时具有相对较低的热膨胀系数（$<5\times10^{-6}℃^{-1}$）；不同的是，1100℃/5GPa 烧结制备的非晶块体陶瓷材料，在 1200℃<T<1400℃范围内热膨胀系数急剧增大，而 1200℃烧结制备的 Si_2BC_3N 非晶/纳米晶块体陶瓷，热膨胀系数变化幅度相对较小；此外，1600℃/5GPa/30min 高压烧结制备的 Si_2BC_3N 非晶/纳米晶块体陶瓷，具有相对较高的热膨胀系数，但在测试温度范围内，尤其是在 700℃<T<1400℃温度范围，热膨胀系数变化相对缓慢（图 4-61）。

无机法制备的 SiBCN 系块体陶瓷材料，其热膨胀系数随温度的变化关系，可能与材料在测试过程中的微观组织与相结构演化相关。经 1100℃/5GPa/30min 烧结制备的 Si_2BC_3N 非晶块体陶瓷，在测试温度 T>1200℃后，非晶基体将逐步析出纳米晶相，随着测试温度提高，析出相的晶粒进一步长大。这一系列微纳尺度上的组织结构变化，最终引起宏观层次上陶瓷尺寸的变化，表现为热膨胀系数随测试温度升高不断增大。而在 1200℃/5GPa/30min 和 1600℃/5GPa/30min 烧结条件制备的 Si_2BC_3N 非晶/纳米晶块体陶瓷，在 T<1400℃测试温度范围内，其显微组织和相结构变化不大，热膨胀系数随温度的变化幅度相对较小。

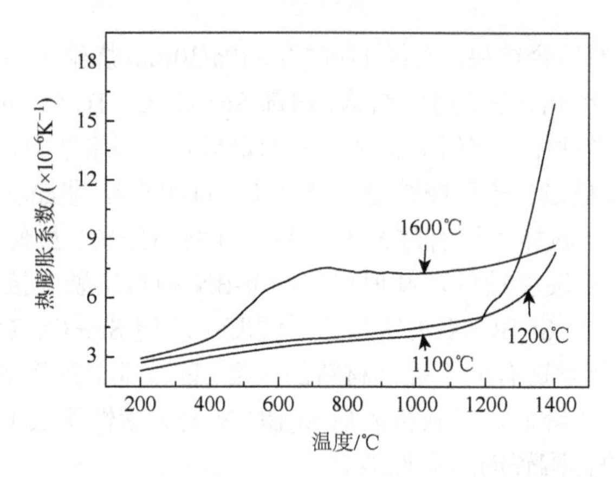

图 4-61　不同温度/5GPa/30min 高压烧结制备的 Si_2BC_3N 块体陶瓷的热膨胀系数[17]

4.3.2　高压烧结压力的影响

在 1200℃/1～5GPa/30min 烧结条件下，随着烧结压力升高，Si_2BC_3N 块体陶瓷的体积密度呈单调升高趋势；在 1200℃/1～3GPa 条件下，随着烧结压力升高，Si_2BC_3N 块体陶瓷体积密度变化幅度比较大；在 1200℃/3～5GPa 条件下，Si_2BC_3N 块体陶瓷材料的体积密度变化趋势相对较小（图 4-62）。

与体积密度的变化趋势相似，经 1200℃/30min 不同压力烧结制备的 Si_2BC_3N 块体陶瓷，其力学性能随烧结压力增大而单调增加；在 1200℃/1～3GPa 条件下，随着烧结压力增大 Si_2BC_3N 块体陶瓷的纳米硬度和弹性模量增幅较大；在 1200℃/3～5GPa 条件下，随着烧结压力增大，Si_2BC_3N 块体陶瓷的纳米硬度和弹性模量增幅相对较小（图 4-63）。

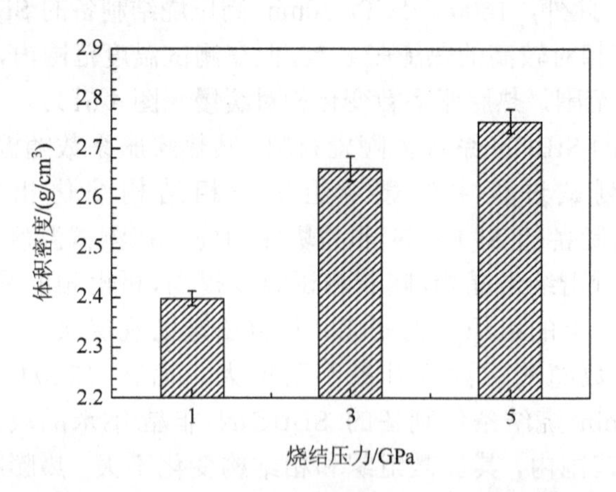

图 4-62　经 1200℃/30min 不同压力烧结制备的 Si_2BC_3N 块体陶瓷的体积密度[17]

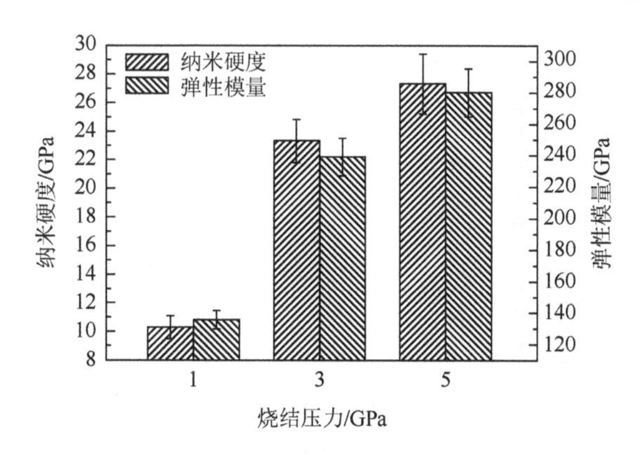

图 4-63　经 1200℃/30min 不同压力烧结制备的 Si_2BC_3N 块体陶瓷的纳米硬度和弹性模量[17]

4.3.3　化学成分的影响

经 1000℃/5GPa/30min 高压烧结制备的 Si_2BC_xN（$x = 1\sim4$）系非晶块体陶瓷，力学性能测试结果表明：随着烧结压力增大（3～5GPa），不同 C 摩尔比的非晶块体陶瓷的体积密度升高，在 3～4GPa 压力范围内增幅较大；在相同烧结压力下，陶瓷材料的体积密度随着 C 摩尔比增大先升高后降低；在 3～4GPa 烧结压力下，C 摩尔比较小的 Si_2BCN 非晶块体陶瓷，其体积密度最低；不同 C 摩尔比的 Si_2BC_xN（$x = 1\sim4$）系非晶块体陶瓷，其纳米硬度和弹性模量均表现出随烧结压力增大而升高的变化趋势（图 4-64）。综上所述，Si_2BC_xN（$x = 1\sim4$）系非晶块体陶瓷中，C 摩尔比越小，其纳米硬度和弹性模量也越低，Si_2BC_2N 非晶块体陶瓷的综合力学性能较好。

在 1050℃/5GPa/30min 烧结条件下，不同 C 摩尔比的 Si_2BC_xN（$x = 1\sim4$）系非晶块体陶瓷，其纳米硬度和弹性模量随 C 摩尔比增大先升高后降低，而体积密度则单调下降（图 4-65）；综上所述，高压烧结制备的 Si_2BC_xN（$x = 1\sim4$）系非晶块体陶瓷，其力学性能高低主要取决于陶瓷的体积密度和陶瓷的平均化学成分；陶瓷的体积密度越高，相应的纳米硬度和弹性模量也越高，这与该体系陶瓷中非晶组织结构、价键种类及其含量有关；C 摩尔比较小的 $Si_2BC_{1.5}N$ 非晶块体陶瓷，即使其体积密度最高，但其非晶组织中含有 Si—Si 等“软价键”存在，其纳米硬度和模量依然较低；可以预见，进一步提高烧结温度和或烧结压力，Si_2BC_xN（$x = 1\sim4$）系非晶块体陶瓷的体积密度和力学性能也将随之升高。

在 1000℃/3～5GPa/30min 烧结条件下，不同 B 摩尔比的 $Si_2B_yC_2N$（$y = 1.5\sim4$）系非晶块体陶瓷，其体积密度、纳米硬度和弹性模量均随着烧结压力增大而增大（图 4-66）。B 摩尔比越大的非晶块体陶瓷，相同烧结压力下材料的体积

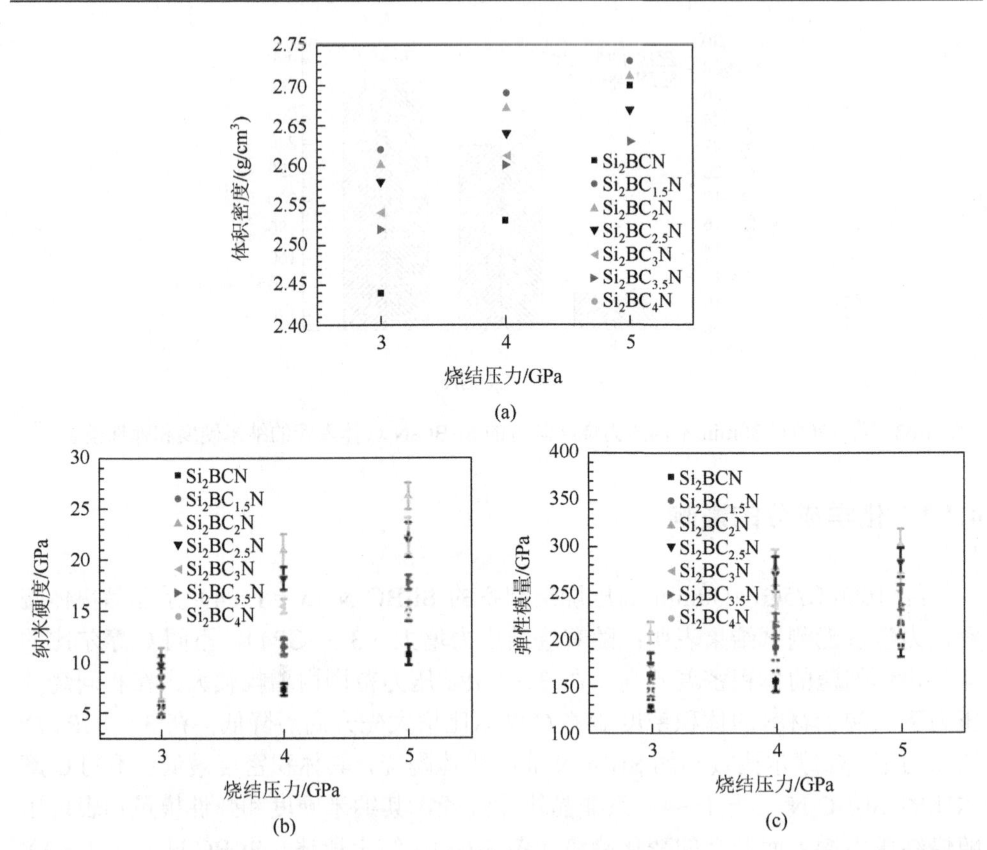

图 4-64　经 1000℃/5GPa/30min 烧结制备的不同 C 摩尔比的 Si_2BC_xN（$x = 1 \sim 4$）系非晶块体陶瓷的体积密度和力学性能[18]

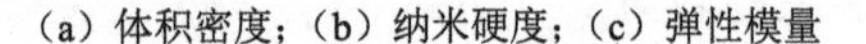

（a）体积密度；（b）纳米硬度；（c）弹性模量

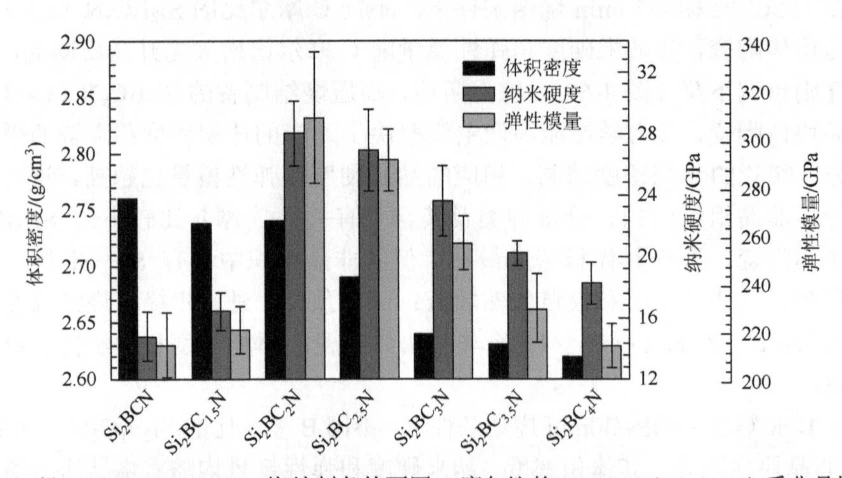

图 4-65　经 1050℃/5GPa/30min 烧结制备的不同 C 摩尔比的 Si_2BC_xN（$x = 1 \sim 4$）系非晶块体陶瓷的体积密度和力学性能[18]

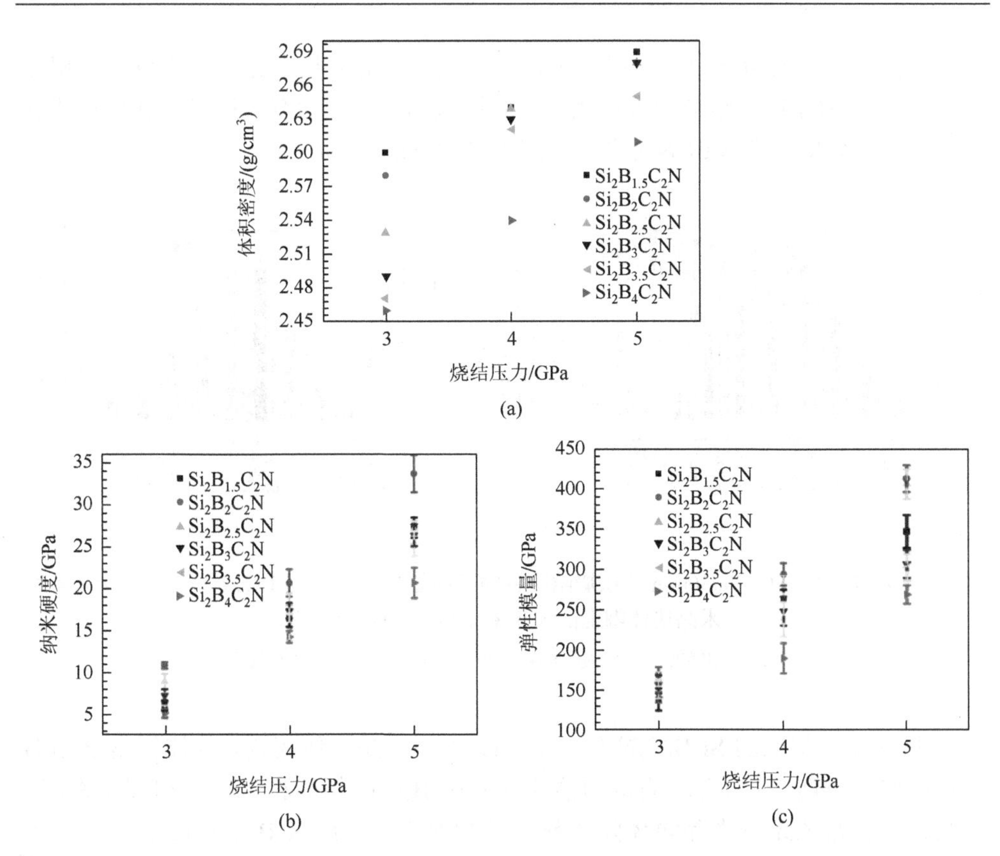

图 4-66　经 1000℃/3～5GPa/30min 烧结制备不同 B 摩尔比的 $Si_2B_yC_2N$（$y = 1.5$～4）系非晶块体陶瓷的体积密度和力学性能[18]

（a）体积密度；（b）纳米硬度；（c）弹性模量

密度越低；相同烧结压力下，陶瓷材料的纳米硬度和弹性模量随 B 摩尔比增大先升高后降低；经 1000℃/5GPa/30min 烧结制备的 $Si_2B_2C_2N$ 非晶块体陶瓷，其体积密度、纳米硬度和弹性模量最高，分别为 2.68g/cm^3、(33.6±2.2) GPa 和 (414.2±16.5) GPa。

4.3.4　烧结方式的影响

经 1900℃/60MPa/30min 热压烧结制备的 Si_2BC_xN（$x = 0.1$～4）系纳米晶块体陶瓷，其体积密度和力学性能随 C 摩尔比增大先升高后降低（图 4-67）。C 摩尔比较小的 $Si_2BC_{0.1}N$、$Si_2BC_{0.5}N$ 和 Si_2BCN 纳米晶块体陶瓷，其体积密度要大于 C 摩尔比最大的 Si_2BC_4N 纳米晶块体陶瓷，而其综合力学性能最差，这要归结于软相单质 Si 和 h-BN 较差的力学性能。C 摩尔比为 2 时，Si_2BC_2N 纳米晶块体陶瓷的体积密度最高，力学性能最优，这与该纳米晶复相陶瓷的物相组成、相界面结构及 BN(C)相结构/形貌密切相关。片层状 BN(C)相的有效拔出、桥联和裂纹偏转，均有效提高了 SiBCN 系纳米晶块体陶瓷的断裂韧性。

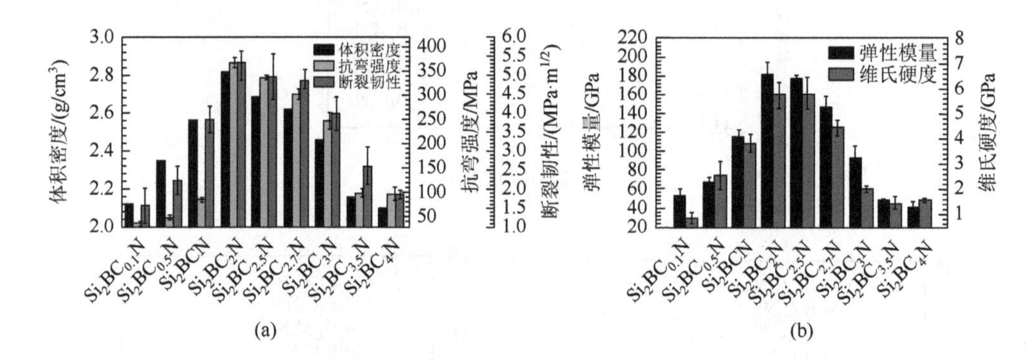

图 4-67 经 1900℃/60MPa/30min 热压烧结制备的不同 C 摩尔比的 Si_2BC_xN（$x = 0.1$～4）系纳米晶块体陶瓷的体积密度和力学性能图[18]

（a）体积密度、抗弯强度和断裂韧性；（b）弹性模量和维氏硬度

不同 B 摩尔比的 $Si_2B_yC_2N$（$y = 1$～4）系纳米晶块体陶瓷，其体积密度随 B 摩尔比增大不断降低。无法测定和估算体系中 B_xC 晶相的相对含量和理论密度，因此无法获得该系纳米晶块体陶瓷材料的相对密度。随着 B 摩尔比增大，该系纳米晶块体陶瓷的抗弯强度、弹性模量和维氏硬度先升高后降低；当 B 摩尔比为 1.5 时，该纳米晶块体陶瓷的综合力学性能最优（图 4-68）。不同 B 摩尔比的 $Si_2B_yC_2N$（$y = 1$～4）系纳米晶块体陶瓷，其维氏硬度可视为非晶相、纳米 SiC、BN(C)和 B_xC 相硬度的耦合结果；随着 B 摩尔比进一步增大，纳米晶块体陶瓷材料的硬度不断降低，这可能是软相 BN(C)晶化程度的大幅度提高以及纳米晶块体陶瓷体积密度下降所致。在制备的 SiBCN 系非晶块体陶瓷中，原子的各种运动，包括振动、跃迁、扩散、弛豫等都与原子间键合密切相关，反映在宏观性质上就与弹性模量相关，这是弹性模量与 SiBCN 非晶结构、平均化学成分、特性和性能关联性的物理原因。由于 SiBCN 非晶的各向同性，宏观上陶瓷成分和结构是均匀的，反映的是整个非晶共价键网络对弹性模量的贡献。而 SiBCN 系纳米晶块体陶瓷，其物相种类及其含量、分布不同，相应的价键种类及其含量也不同，其对弹性模量的贡献也不一。而热压烧结制备的 $Si_2B_{1.5}C_2N$、$Si_2B_2C_2N$ 和 $Si_2B_{2.5}C_2N$ 纳米晶块体陶瓷，具有较高的弹性模量，部分归功于纳米相 B_xC 相对含量增加。

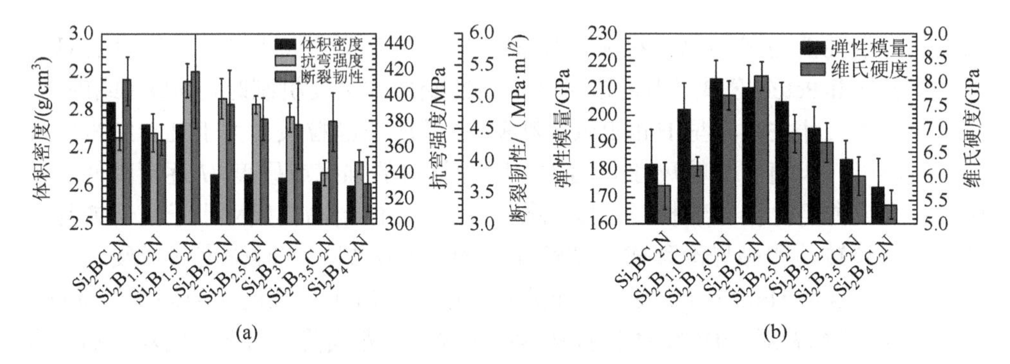

图 4-68　热压烧结制备的不同 B 摩尔比的 $Si_2B_yC_2N$（$y=1\sim4$）系纳米晶块体陶瓷的体积密度和力学性能图[18]

（a）体积密度、抗弯强度和断裂韧性；（b）弹性模量和维氏硬度

与有机法制备的 SiBCN 系非晶陶瓷相比，采用 1000～1050℃/5GPa/30min 高压烧结工艺制备的不同 B 摩尔比的 $Si_2B_yC_2N$（$y=1\sim4$）系非晶块体陶瓷，其纳米硬度和弹性模量较高。即便是析晶后的纳米复相陶瓷，其体积密度和力学性能几乎优于有机先驱体裂解法结合放电等离子烧结制备的 SiBCN 系纳米晶块体陶瓷的力学性能（表 4-3）[59]。

表 4-3　有机先驱体裂解法结合放电等离子烧结技术（1500～1900℃/100MPa/5min）制备的不同成分 SiBCN 系纳米晶块体陶瓷的体积密度和力学性能[59]

陶瓷编号*	体积密度/(g/cm³)	弹性模量/GPa	维氏硬度/GPa
SP1-1500	2.40	48±2	0.7±0.1
SP1-1600	2.40	58±3	0.8±0.1
SP1-1700	2.50	85±4	1.5±0.3
SP1-1800	2.57	90±4	3.3±0.3
SP1-1850	2.55	103±5	5.1±0.6
SP1-1900	2.60	102±5	5.4±1.2
SP2-1800	2.82	150±5	15.0±2.0

* SP1：烧结气氛为氮气；SP2：烧结气氛为氨气；忽略氧含量。

综上所述，高压烧结制备的不同 C 摩尔比的 Si_2BC_xN（$x=0.1\sim4$）系非晶块体陶瓷和不同 B 摩尔比的 $Si_2B_yC_2N$（$y=1\sim4$）系非晶块体陶瓷，其力学性能主要取决于体积密度、非晶相结构特征、化学短程有序性、化学键种类及其含量等。热压烧结后，非晶基体中具体的析出相结构及其含量取决于相应非晶相成分及其结构、陶瓷平均化学成分和相关的反应优先级等。SiBCN 系纳米晶块体陶瓷的力学性能与最终物相组成、界面结构、晶粒尺寸大小和体积密度息息相关。根据 Hall-Petch 公式，当位错滑移是塑性变形的主要机制时，强度（或硬度）与晶粒平均尺寸关系将呈 Hall-Petch 效应，该效应在晶粒尺寸大于几十纳米的尺度下起作用，即随着晶粒尺寸 d 增大，陶瓷材料的强度或硬度 H 逐渐降低（晶粒的长大或者粗化会导致材料强度或硬度下降）。但当晶粒尺寸小于几十或几纳米时，晶粒转动和晶界滑移成为塑性变形的主要机制，这时强度（或硬度）与晶粒尺寸呈现反 Hall-Petch 关系，即随着晶粒尺寸减小，强度（或硬度）降低。

当前，研究者对 SiBCN 系非晶块体陶瓷材料在外载荷作用下的宏观失稳断裂和裂纹尖端的微观结构演化认知还远远不够。关于非晶材料的断裂理论（主要基于非晶合金），Taylor 认为当某一黏性流体被迫穿过一个空穴或者一个更低黏度的流体时，两者的界面将发生并发展成为“河流状”或“指尖状”形貌。经典格里菲斯（Griffith）断裂理论认为，非晶材料是各向同性的弹性体（实际上非晶宏观上各向同性，在微纳尺度是各向异性），变形前体系内部存在一个半无限扩展的微裂纹，微裂纹的尺度决定材料的断裂强度。对于不同成分的 SiBCN 系非晶块体陶瓷，宏观上表现出脆性断裂行为，微观上显示出有限的“塑性”，在其断口形貌上普遍观察到了软化和劈裂机制相互竞争形成的周期性“河流状”结构，这完全不同于氧化物玻璃的完全脆性断裂模式。无机法制备 SiBCN 系非晶块体陶瓷的断裂行为与局域活化陶瓷颗粒（或原子团簇）的变形与剪切相关，而剪切带的非均匀变形并不稳定，容易发生失稳，最终导致材料的宏观断裂。

因此，高压烧结制备的 SiBCN 系非晶块体陶瓷，微观上断裂能主要以裂纹尖端塑性功形式耗散，表面能只占据很小的一部分。由于没有晶体中的位错、晶界等缺陷，具有无定形三维网络共价键结构的 SiBCN 系非晶块体陶瓷反而具有很高的强度、硬度和弹性模量，其微观变形量较小，韧性较差。非晶组织析晶后，形成的 SiBCN 系纳米晶复相陶瓷，同样具有极强的共价键网络结构，在断裂过程中虽然实现了有限的晶界滑移、裂纹偏转、片层状结构拔出等，但其断裂韧性与相同成分的 SiBCN 系非晶块体陶瓷相当。

SiBCN 系非晶块体陶瓷作为结构材料有个致命的缺陷，即缺乏宏观室温塑性变形能力。由于非晶的三维共价键网络结构弛豫时间太长，在常规应变速率作用下，仅有少量局域活化陶瓷颗粒或局域原子团簇发生剧烈变形，这种变形并不会形成像晶体材料那样的滑移剪切，而是形成了局域的软化剪切带，并很快转变形成裂纹，裂纹一旦形成并迅速扩展终将导致材料的脆性断裂。

参 考 文 献

[1] Zhang P F，Jia D C，Yang Z H，et al. Influence of ball milling parameters on the structure of the mechanically alloyed SiBCN powder[J]. Ceramics International，2013，39（2）：1963-1969.

[2] Zhang P F，Jia D C，Yang Z H，et al. Progress of a novel non-oxide Si-B-C-N ceramic and its matrix composites[J]. Journal of Advanced Ceramics，2012，1（3）：157-178.

[3] Zhang P F，Jia D C，Yang Z H，et al. Physical and surface characteristics of the mechanically alloyed SiBCN powder[J]. Ceramics International，2012，38（8）：6399-6404.

[4] Yang Z H，Jia D C，Duan X M，et al. Microstructure and thermal stabilities in various atmospheres of $SiB_{0.5}C_{1.5}N_{0.5}$ nano-sized powders fabricated by mechanical alloying technique[J]. Journal of Non-Crystalline Solids，2010，356（6-8）：326-333.

[5] Ye D，Jia D C，Yang Z H，et al. Microstructure and thermal stability of amorphous SiBCNAl powders fabricated by mechanical alloying[J]. Journal of Alloys and Compounds，2010，506（1）：88-92.

[6] Yang Z H，Jia D C，Zhou Y，et al. Fabrication and characterization of amorphous Si-B-C-N powders[J]. Ceramics International，2007，33（8）：1573-1577.

[7] Ye D，Jia D C，Yang Z H，et al. Structural and microstructural characterization of $SiB_{0.5}C_{1.5}N_{0.8}Al_{0.3}$ powders prepared by mechanical alloying using aluminum nitride as aluminum source[J]. Ceramics International，2011，37（7）：2937-2940.

[8] Ye D，Jia D C，Yang Z H，et al. Microstructure and valence bonds of Si-B-C-N-Al powders synthesized by mechanical alloying[J]. Procedia Engineering，2012，27：1299-1304.

[9] 张鹏飞. 机械合金化 2Si-B-3C-N 陶瓷的热压烧结行为与高温性能研究[D]. 哈尔滨：哈尔滨工业大学，2013.

[10] 杨治华. SiBCN机械合金化粉末及陶瓷的组织结构与高温性能[D]. 哈尔滨：哈尔滨工业大学，2008.

[11] Yang Z H，Jia D C，Duan X M，et al. Effect of Si/C ratio and their content on the microstructure and properties of Si-B-C-N ceramics prepared by spark plasma sintering techniques[J]. Materials Science and Engineering：A，2011，528（4-5）：1944-1948.

[12] Li D X，Yang Z H，Jia D C，et al. Preparation，microstructures，mechanical properties and oxidation resistance of SiBCN/ZrB_2-ZrN ceramics by reactive hot pressing[J]. Journal of the European Ceramic Society，2015，35（16）：4399-4410.

[13] 叶丹. 机械合金化 Si-B-C-N-Al 粉体及陶瓷的组织结构与抗氧性[D]. 哈尔滨：哈尔滨工业大学，2012.

[14] Li D X，Yang Z H，Jia D C，et al. Microstructural evolution and mechanical performance of high-pressure sintered dense amorphous SiBCN monoliths[J]. Chinese Journal of Nature，2020，42（3）：1-13.

[15] Zhang P F，Jia D C，Yang Z H，et al. Crystallization and microstructural evolution process from the mechanically alloyed amorphous SiBCN powder to the hot-pressed nano SiC/BN(C)ceramic[J]. Journal of Materials Science，2012，47（20）：7291-7304.

[16] Zhang P F，Jia D C，Yang Z H，et al. Microstructural features and properties of the nano-crystalline SiC/BN(C)composite ceramic prepared from the mechanically alloyed SiBCN powder[J]. Journal of Alloys and Compounds，2012，537：346-356.

[17] 梁斌. 高压烧结 Si_2BC_3N 非晶陶瓷的晶化和高温氧化机制[D]. 哈尔滨：哈尔滨工业大学，2017.

[18] 李达鑫. SiBCN非晶陶瓷析晶动力学及高温氧化行为[D]. 哈尔滨：哈尔滨工业大学，2018.

[19] Riedel R，Kienzle A，Dressler W，et al. A silicoboron carbonitride ceramic stable to 2,000℃[J]. Nature，1996，382（6594）：796-798.

[20] Wang Z C，Aldinger F，Riedel R. Novel silicon-boron-carbon-nitrogen materials thermally stable up to 2200℃[J]. Journal of the American Ceramic Society，2004，84（10）：2179-2183.

[21] Riedel R，Ruswisch L M，An L N，et al. Amorphous silicoboron carbonitride ceramic with very high viscosity at

temperatures above 1500℃[J]. Journal of the American Ceramic Society，1998，81（12）：3341-3344.

[22] Gao Y，Mera G，Nguyen H，et al. Processing route dramatically influencing the nanostructure of carbon-rich SiCN and SiBCN polymer-derived ceramics，part I：Low temperature thermal transformation[J]. Journal of the European Ceramic Society，2012，32（9）：1857-1866.

[23] Seifert H J，Aldinger F. Phase equilibria in the Si-B-C-N system[M]//Structure and Bonding. Berlin，Heidelberg：Springer Berlin Heidelberg，2002：1-58.

[24] Müller A，Gerstel P，Weinmann M，et al. Si-B-C-N ceramic precursors derived from dichlorodivinylsilane and chlorotrivinylsilane. 1. Precursor synthesis[J]. Chemistry of Materials，2002，14（8），3398-3405.

[25] Jalowiecki A，Bill J，Aldinger F，et al. Interface characterization of nanosized B-doped Si_3N_4/SiC ceramics[J]. Composites Part A：Applied Science and Manufacturing，1996，27（9）：717-721.

[26] Janakiraman N，Weinmann M，Schuhmacher J，et al. Thermal stability，phase evolution，and crystallization in Si-B-C-N ceramics derived from a polyborosilazane precursor[J]. Journal of the American Ceramic Society，2002，85（7）：1807-1814.

[27] Cai Y，Zimmermann A，Prinz S，et al. Nucleation phenomena of nano-crystallites in as-pyrolysed Si-B-C-N ceramics[J]. Scripta Materialia，2001，45（11）：1301-1306.

[28] Liang B，Yang Z H，Chen Q Q，et al. Crystallization behavior of amorphous Si_2BC_3N ceramic monolith subjected to high pressure[J]. Journal of the American Ceramic Society，2015，98（12）：3788-3796.

[29] Liang B，Yang Z H，Rao J C，et al. Highly dense amorphous Si_2BC_3N monoliths with excellent mechanical properties prepared by high pressure sintering[J]. Journal of the American Ceramic Society，2015，98（12）：3782-3787.

[30] Zou Y T，He D W，Wei X K，et al. Nanosintering mechanism of $MgAl_2O_4$ transparent ceramics under high pressure[J]. Materials Chemistry and Physics，2010，123（2-3）：529-533.

[31] 梁斌，杨治华，贾德昌，等. 无机法制备 Si-B-C-N 系非晶/纳米晶新型陶瓷及复合材料研究进展[J]. 科学通报，2015，60（3）：236-245.

[32] Dai D S，Han N Q. Amorphous Physics[M]. Beijing：Electronic Industry Press，1989.

[33] Lu K. Phase transformation from an amorphous alloy into nanocrystalline materials[J]. Acta Metal Sinica，1994，30（13）：1-21.

[34] Wang Y，Alsmeyer D C，McCreery R L. Raman spectroscopy of carbon materials：Structural basis of observed spectra[J]. Chemistry of Materials，1990，2（5）：557-563.

[35] Fuertes A B，Centeno T A. Mesoporous carbons with graphitic structures fabricated by using porous silica materials as templates and iron-impregnated polypyrrole as precursor[J]. Journal of Materials Chemistry，2005，15（10）：1079-1083.

[36] Nemanich R J，Glass J T，Lucovsky G，et al. Raman scattering characterization of carbon bonding in diamond and diamondlike thin films[J]. Journal of Vacuum Science & Technology A：Vacuum，Surfaces，and Films，1988，6（3）：1783-1787.

[37] Saha S，Muthu D，Golberg D V S，et al. Comparative high pressure Raman study of boron nitride nanotubes and hexagonal boron nitride[J]. Chemical Physics Letters，2006，421（1-3）：86-90.

[38] Sachdev H. Comparative aspects of the homogeneous degradation of c-BN and diamond[J]. Diamond and Related Materials，2001，10（3-7）：1390-1397.

[39] Vast N，Besson J M，Baroni S，et al. Atomic structure and vibrational properties of icosahedral α-boron and B_4C boron carbide[J]. Computational Materials Science，2000，17（2-4）：127-132.

[40] Jin B H，Shi N L. Analysis of microstructure of silicon carbide fiber by Raman spectroscopy[J]. Journal of Materials Science & Technology，2008，24（2）：261-264.

[41] Khajehpour J，Daoud W A，Williams T，et al. Laser-induced reversible and irreversible changes in silicon nanostructures：One- and multi-phonon Raman scattering study[J]. The Journal of Physical Chemistry C，2011，115（45）：22131-22137.

[42] Apperley D C，Harris R K，Marshall G L，et al. Nuclear magnetic resonance studies of silicon carbide polytypes[J]. Journal of the American Ceramic Society，1991，74（4）：777-782.

[43] Marchetti P S，Kwon D，Schmidt W R，et al. High-field boron-11 magic-angle spinning NMR characterization of boron nitrides[J]. Chemistry of Materials，1991，3（3）：482-486.

[44] Gervais C，Babonneau F，Ruwisch L，et al. Solid-state NMR investigations of the polymer route to SiBCN ceramics[J]. Canadian Journal of Chemistry，2003，81（11）：1359-1369.

[45] Weinmann M，Schuhmacher J，Kummer H，et al. Synthesis and thermal behavior of novel Si-B-C-N ceramic precursors[J]. Chemistry of Materials，2000，12（3）：623-632.

[46] Sarkar S，Gan Z H，An L N，et al. Structural evolution of polymer-derived amorphous SiBCN ceramics at high temperature[J]. The Journal of Physical Chemistry C，2011，115（50）：24993-25000.

[47] Wu W，Li W，Sun H Y et al. Pressure-induced preferential growth of nanocrystals in amorphous $Nd_9Fe_{85}B_6$[J]. Nanotechnology，2008，19（28）：285603-285606.

[48] Faupel F，Frank W，Macht M P，et al. Diffusion in metallic glasses and supercooled melts[J]. Reviews of Modern Physics，2003，75（1）：237-280.

[49] 周玉. 材料分析方法[M]. 2 版. 北京：机械工业出版社，2004.

[50] Kissinger H E. Reaction kinetics in differential thermal analysis[J]. Analytical Chemistry，1957，29（11）：1702-1706.

[51] Lahiri D，Singh V，Giovani R R，et al. Ultrahigh-pressure consolidation and deformation of tantalum carbide at ambient and high temperatures[J]. Acta Materialia，2013，61（11）：4001-4009.

[52] Zhang Y J，Yin X W，Ye F，et al. Effects of multi-walled carbon nanotubes on the crystallization behavior of PDCs-SiBCN and their improved dielectric and EM absorbing properties[J]. Journal of the European Ceramic Society，2014，34（5）：1053-1061.

[53] Suffner J，Scherer T，Wang D，et al. Microstructure and high-temperature deformation behavior of Al_2O_3-TiO_2 obtained from ultra-high-pressure densification of metastable powders[J]. Acta Materialia，2011，59（20）：7592-7601.

[54] Tavakoli A H，Gerstel P，Golczewski J A，et al. Effect of boron on the crystallization of amorphous Si-(B-)C-N polymer-derived ceramics[J]. Journal of Non-Crystalline Solids，2009，355（48-49）：2381-2389.

[55] Tavakoli A H，Gerstel P，Golczewski J A，et al. Kinetic effect of boron on the thermal stability of Si-(B-)C-N polymer-derived ceramics[J]. Acta Materialia，2010，58（18）：6002-6011.

[56] Tavakoli A H，Gerstel P，Golczewski J A，et al. Quantitative X-ray diffraction analysis and modeling of the crystallization process in amorphous Si-B-C-N polymer-derived ceramics[J]. Journal of the American Ceramic Society，2010，93（5）：1470-1478.

[57] Hall E O. The deformation and ageing of mild steel：Ⅲ Discussion of results[J]. Proceedings of the Physical. Section B，1951，64（9）：747-753.

[58] Petch N J. The cleavage strength of polycrystals[J]. The Journal of the Iron and Steel Institute，1953，174：25-28.

[59] Bechelany M C，Salameh C，Viard A，et al. Preparation of polymer-derived Si-B-C-N monoliths by spark plasma sintering technique[J]. Journal of the European Ceramic Society，2015，35（5）：1361-1374.

第5章 SiBCN系亚稳块体陶瓷的高温氧化损伤行为与氧化动力学

为厘清高温含氧服役环境下SiBCN系亚稳块体陶瓷材料的退化过程动力学和氧化层的显微组织特征，需正确认识高温氧化反应时某一具体物相或组元与氧化源中的某一组元或者凝聚相的反应优先级与动力学过程。从平衡热力学上讲，不同成分SiBCN系亚稳陶瓷中各组元的氧化形成自由能不同（与氧的亲和力不同），可能形成多种氧化物，氧化物之间可能存在一定的固溶度；此外，各种离子、分子在氧化物中的扩散速率不同，多种元素原子或组元在陶瓷内部的扩散速率也不尽相同，氧在陶瓷中的溶解可能导致一种或多种组元氧化物在陶瓷亚表面析出（内氧化）等，导致该系亚稳陶瓷的高温氧化过程变得非常复杂。

在实际服役环境中，SiBCN系亚稳块体陶瓷材料的高温氧化进程更多受到动力学过程控制。高温氧化后，SiBCN系亚稳陶瓷要么发生惰性氧化形成相对致密的保护性氧化层，要么以活性氧化的方式生成逃逸性或挥发性产物，后者的产生主要取决于环境中氧化气氛种类及其分压、反应界面处实际温度和氧化层性质等诸多影响因素。本章通过热力学计算SiBCN系亚稳陶瓷中各物相、组元的氧化反应优先级，基于同位素示踪法研究表面氧化层的生长机制，明确氧化膜的传质、氧化物的挥发与结晶析出、氧化过程中应力作用、陶瓷的平均化学成分、相结构、显微组织与氧化之间的关系等，阐明SiBCN系亚稳块体陶瓷材料的高温氧化损伤行为与氧化损伤机理。

5.1 高温氧化产物及其结构演化

5.1.1 SiBCN系非晶块体陶瓷

1. C摩尔比的影响

不同C摩尔比的Si_2BC_xN（$x = 2\sim4$）系非晶块体陶瓷，在1500℃流动干燥空气中氧化不同时间后，XRD结果显示：该系非晶块体陶瓷表面氧化产物主要是方石英，氧化后非晶基体中结晶析出纳米β-SiC和BN(C)晶相；由于氧化产物方石英极强的晶体衍射峰强度，XRD 图谱上不能有效地检测到非晶 SiO_2 及可能存在的硼硅玻璃（图 5-1）。

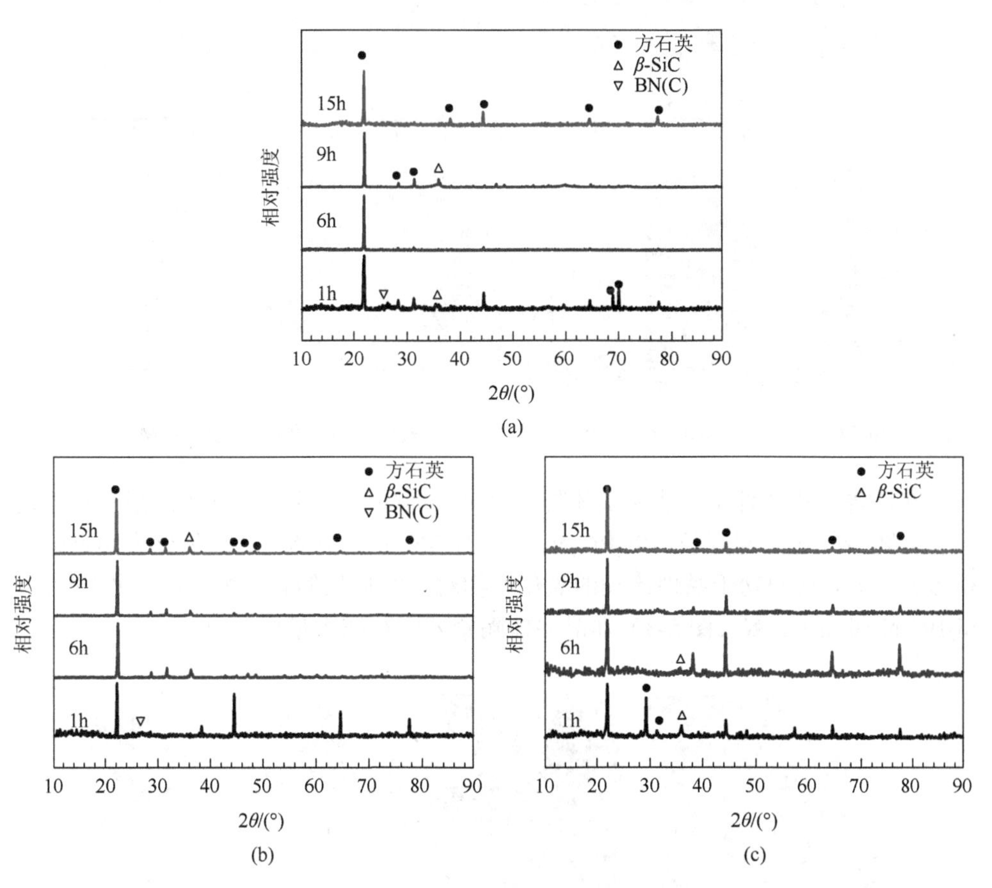

图 5-1　不同 C 摩尔比的 Si_2BC_xN（$x=2\sim4$）系非晶块体陶瓷，在 1500℃流动干燥空气氧化不同时间后氧化层表面的 XRD 图谱[1]

（a）Si_2BC_2N；（b）Si_2BC_3N；（c）Si_2BC_4N

从 SEM 氧化表面形貌来看，Si_2BCN 非晶块体陶瓷在 1500℃流动干燥空气氧化 1～6h 后，氧化表面较为粗糙，但没有看到明显的孔洞和裂纹；随着氧化时间延长，氧化表面逐渐变得光滑平整。Si_2BC_2N 非晶块体陶瓷，氧化时间为 1h 时，氧化表面粗糙多孔，表面鼓泡并伴随着裂纹萌生；氧化时间达 3h 时，Si_2BC_2N 非晶陶瓷表面粗糙度降低，但鼓泡扩展连接成片，且局部发生破裂；氧化时间延长至 6h 后，表面氧化层致密连续，可观察到部分鼓泡破裂后遗留的痕迹；随着氧化时间进一步延长，氧化层表面逐渐变得致密光滑，方石英析出处有微裂纹萌生（图 5-2）。

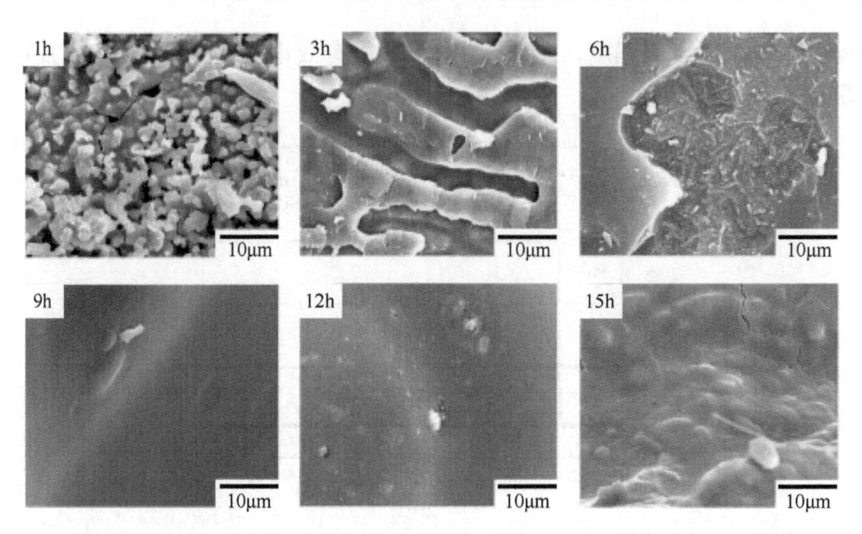

图 5-2 Si_2BC_2N 非晶块体陶瓷在 1500℃流动干燥空气氧化不同时间后氧化层 SEM 表面形貌[1]

在同等氧化条件下，非晶块体陶瓷氧化表面随着 C 摩尔比增大逐渐变得粗糙多孔。随着氧化时间延长，Si_2BC_3N 和 Si_2BC_4N 非晶块体陶瓷的氧化表面逐渐变得致密平整，这归功于黏性流动的氧化产物对表面缺陷的有效填充；氧化 15h 后，Si_2BC_3N 和 Si_2BC_4N（图 5-3）非晶块体陶瓷表面存在大量微裂纹。

图 5-3 Si_2BC_4N 非晶块体陶瓷在 1500℃流动干燥空气氧化不同时间后氧化层 SEM 表面形貌[1]

从氧化层 SEM 截面形貌看，随着氧化时间延长，Si_2BCN 非晶块体陶瓷氧化层逐渐增厚，氧化层与陶瓷基体结合非常好；在相同氧化条件下，Si_2BC_2N 陶瓷氧化层较前者稍厚，但氧化层很致密，与基体结合界面处没有看到明显的孔洞和微裂纹，说明氧化初期氧化表面生成的鼓泡和裂纹并没有贯穿整个氧化层（图 5-4）。C 摩尔比较大的 Si_2BC_4N 非晶块体陶瓷，氧化层断口形貌较为粗糙，存在分层现象（图 5-5）。上述结果表明，随着 C 摩尔比增大，Si_2BC_xN（$x=1\sim4$）系非晶块体陶瓷的高温抗氧化性能降低。

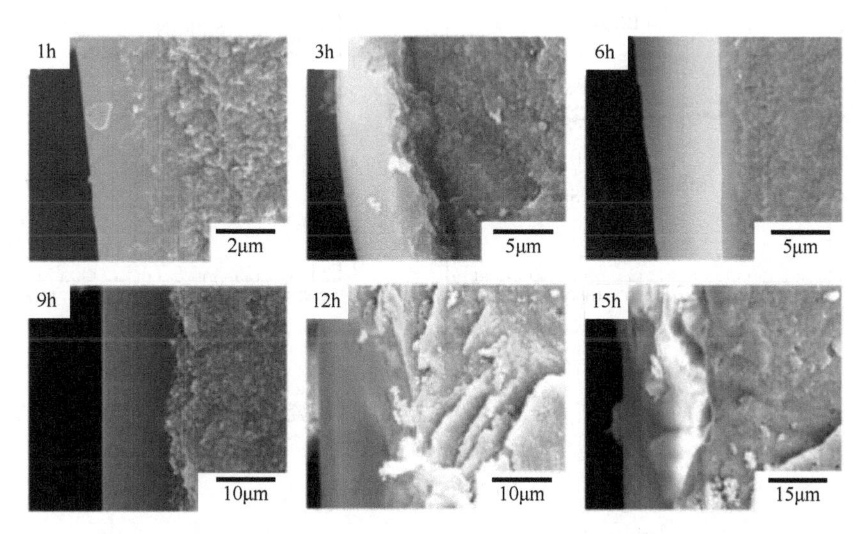

图 5-4　Si_2BC_2N 非晶块体陶瓷在 1500℃流动干燥空气氧化不同时间后氧化层 SEM 截面形貌[1]

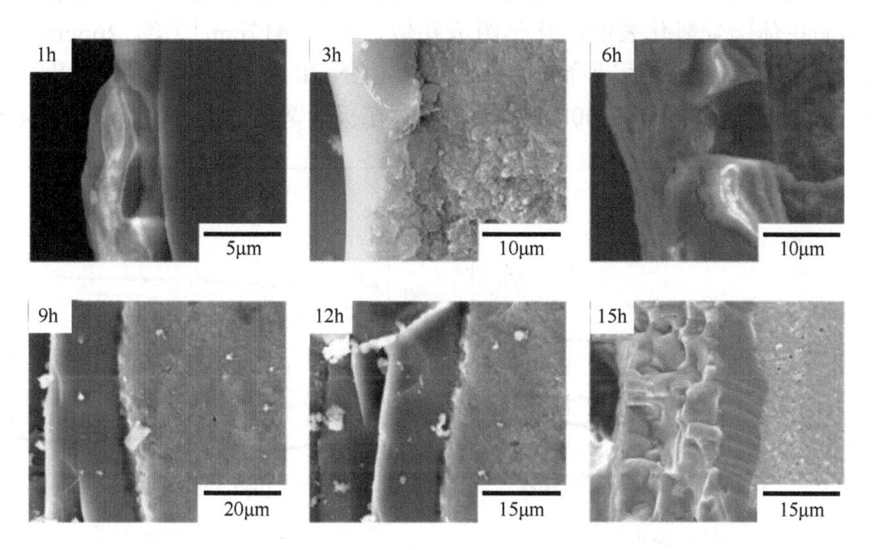

图 5-5　Si_2BC_4N 非晶块体陶瓷在 1500℃流动干燥空气氧化不同时间后氧化层 SEM 截面形貌[1]

不同 C 摩尔比的 Si_2BC_xN（$x=1\sim4$）系非晶块体陶瓷，在流动干燥空气气氛中加热到 1500℃后，TG 结果表明：四种不同 C 摩尔比的非晶块体陶瓷，在 1000～

1500℃温度范围内其质量几乎不发生变化；温度低于 200℃时，仪器热漂移导致曲线出现波动；在约 1250℃，四种成分的非晶块体陶瓷 DSC 曲线上均出现一个明显的放热峰，对应非晶块体陶瓷的高温氧化反应或高温析晶反应（图 5-6）。

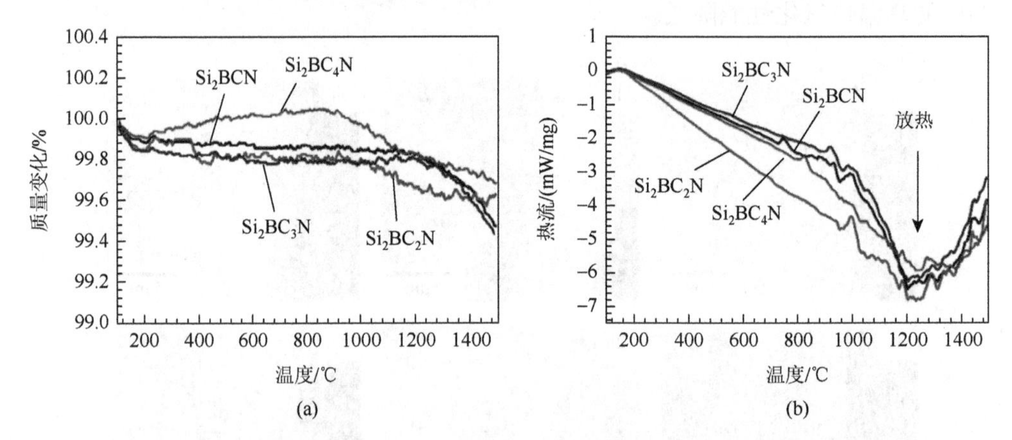

图 5-6 不同 C 摩尔比的 Si_2BC_xN（$x=1\sim4$）系非晶块体陶瓷，在流动干燥空气气氛中加热到 1500℃的 TG-DSC 曲线[1]

（a）TG 曲线；（b）DSC 曲线

在 1500℃流动干燥空气中氧化不同时间后，氧化层表面拉曼光谱结果显示：四种非晶块体陶瓷氧化表面的化学组成相似，在约 $417cm^{-1}$、约 $266cm^{-1}$ 和约 $25cm^{-1}$ 处显示方石英的振动峰（图 5-7）；Si_2BCN 和 Si_2BC_3N 非晶块体陶瓷，在 $1000\sim1800cm^{-1}$ 和 $2000\sim3000cm^{-1}$ 范围内存在极其宽化的振动峰，说明氧化层中

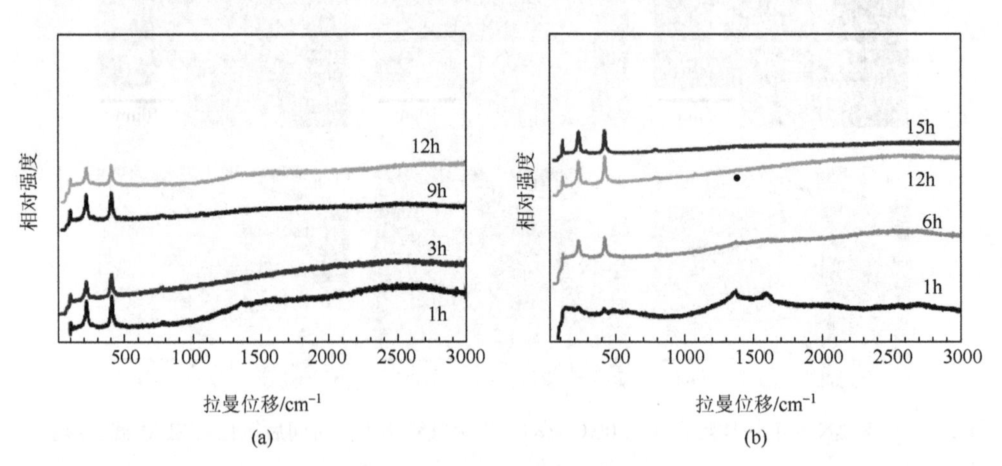

图 5-7 Si_2BCN 和 Si_2BC_4N 非晶块体陶瓷，在 1500℃流动干燥空气氧化不同时间后氧化层表面拉曼光谱[1]

（a）Si_2BCN；（b）Si_2BC_4N

四种元素原子处于良好的非晶态；Si_2BC_4N 非晶块体陶瓷，在氧化时间较短约 1h 时出现了属于自由碳的 D 边峰和 G 边峰，说明该非晶块体陶瓷氧化层中存在少量有序碳，随着氧化时间延长，该有序碳逐渐非晶化或氧化殆尽。

在 1500℃流动干燥空气中氧化不同时间后，不同 C 摩尔比的 Si_2BC_xN（$x=1$～4）系非晶块体氧化层表面除 Si—O 键和 B—O 键外，还存在 Si—C、C—B、C—C、C—O 等多种化学键；此外，C 摩尔比的较小的 Si_2BCN 非晶块体陶瓷，氧化层表面检测到 Si—Si 键，说明非晶氧化层中还存在非晶 Si 单元（图 5-8）。

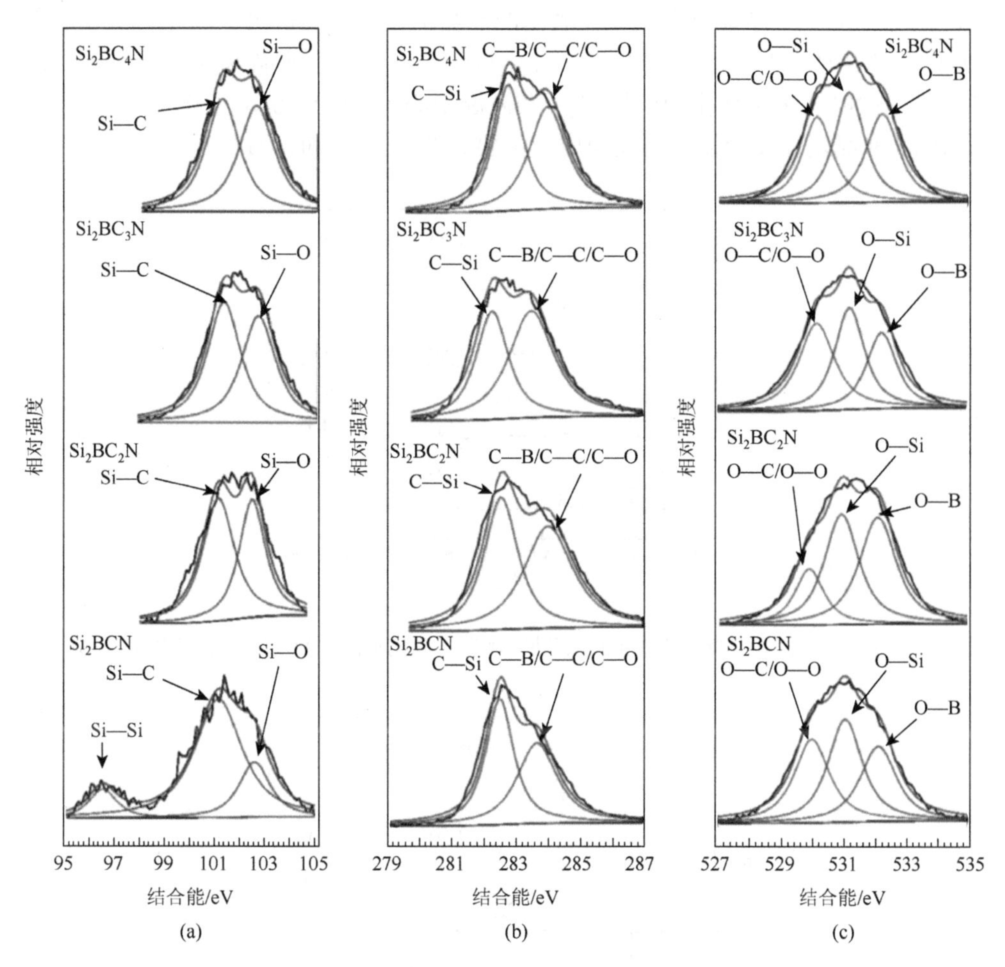

图 5-8　不同 C 摩尔比的 Si_2BC_xN（$x=1$～4）系非晶块体陶瓷在 1500℃流动干燥空气中氧化不同时间后氧化层表面 XPS 图谱[1]

（a）Si 2p；（b）C 1s；（c）O 1s

Si_2BC_3N 非晶块体陶瓷在 1600～1700℃流动干燥空气氧化不同时间后，XRD

图谱显示 β-SiC 和方石英的特征衍射峰，且该特征峰在 $2\theta = 30° \sim 40°$范围内FWHM 较大（图 5-9 和图 5-10）。在 1600℃氧化温度条件下，随着氧化时间延长，β-SiC 和方石英的晶体衍射峰强度逐渐增加，峰形变得尖锐，说明长时间氧化导致非晶陶瓷晶化程度有所增加，氧化层的结晶度有所提高。在 1700℃氧化 0.5～4h 后，氧化表面各物相的衍射峰强度随氧化时间延长表现出相似的变化规律；继续氧化 8h 后，在 $2\theta \approx 32°$处方石英的特征峰强度有所降低，在 $2\theta \approx 22°$处出现了非晶 SiO_2 的馒头峰。高温氧化实验中相对较长的升温时间（5～6h）以及较长的保温时间（$t \geqslant 0.5h$），使靠近陶瓷氧化表面的非晶基体中结晶析出了部分纳米 SiC 和 BN(C)，析出的纳米 SiC 进一步发生钝化氧化生成了部分非晶 SiO_2，导致析出相的晶体衍射峰发生了宽化。由此可知，在高温 1600～1700℃流动干燥空气氧化后，Si_2BC_3N 非晶块体陶瓷氧化层表面成分主要是非晶 SiO_2 和方石英。

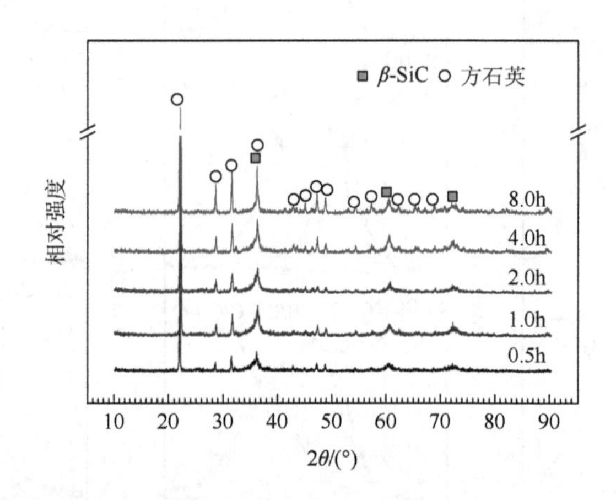

图 5-9 Si_2BC_3N 非晶块体陶瓷在 1600℃流动干燥空气氧化不同时间后氧化层表面 XRD 图谱[2]

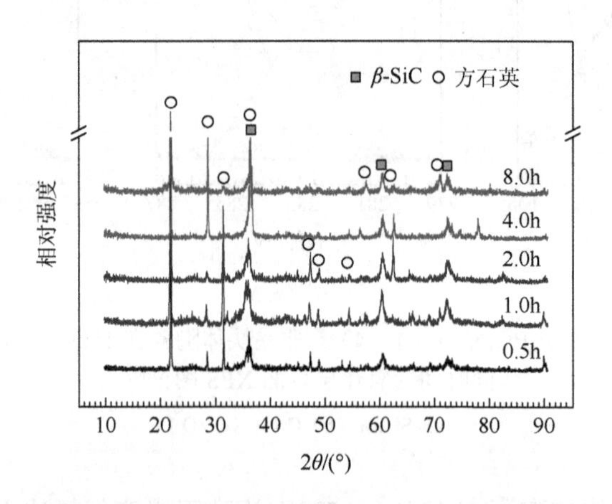

图 5-10 Si_2BC_3N 非晶块体陶瓷在 1700℃流动干燥空气氧化不同时间后氧化层表面 XRD 图谱[2]

Si_2BC_3N 非晶块体陶瓷在 $T≤1600$℃氧化后，样品宏观形貌可见陶瓷表面形成白灰色的氧化膜，而在 1700℃$≤T≤$1800℃氧化后，该陶瓷表面形成带有玻璃光泽的氧化膜。由于在 1600℃$≤T≤$1800℃温度范围内氧化生成的 SiO_2 具有较好的流动性，可起到愈合裂纹的效果，因此氧化后 Si_2BC_3N 非晶块体陶瓷宏观表面并没有观察到明显的裂纹。需要指出的是，高压烧结制备的非晶块体陶瓷内部存在残余应力，氧化过程伴随的非晶结晶析出，将导致材料宏观体积发生变化，高温氧化（尤其在 $T≤1500$℃）后 Si_2BC_3N 非晶块体陶瓷易发生开裂（图 5-11）。

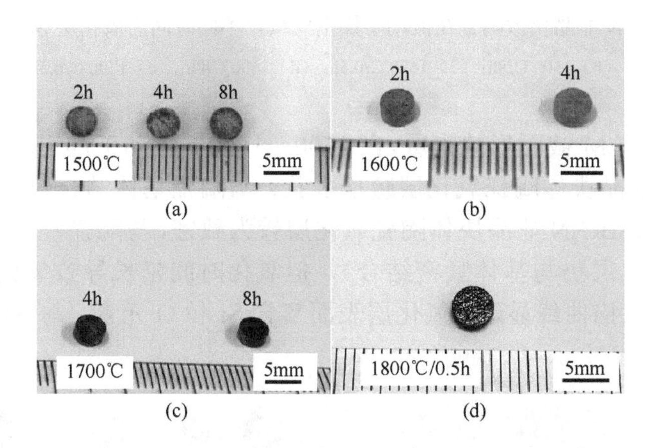

图 5-11　Si_2BC_3N 非晶块体陶瓷在流动干燥空气氧化不同时间后的宏观形貌数码照片[2]

（a）1500℃；（b）1600℃；（c）1700℃；（d）1800℃

Si_2BC_3N 非晶块体陶瓷在 1500℃流动干燥空气氧化不同时间后，陶瓷氧化表面均出现了局部鼓泡；氧化温度升高至 1600℃，非晶块体陶瓷氧化程度增加，表面鼓泡更加严重，大部分鼓泡破裂形成孔洞；在 1700℃氧化 8h 后，Si_2BC_3N 非晶块体陶瓷表面无鼓泡，氧化层平整致密，但氧化表面发生龟裂（图 5-12）。

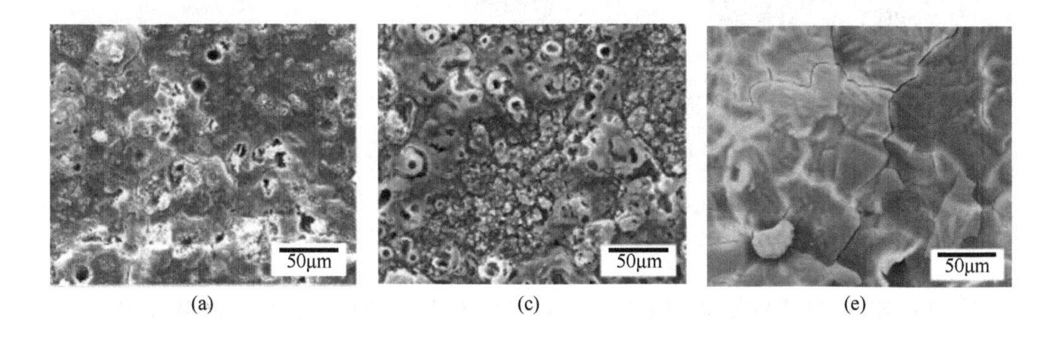

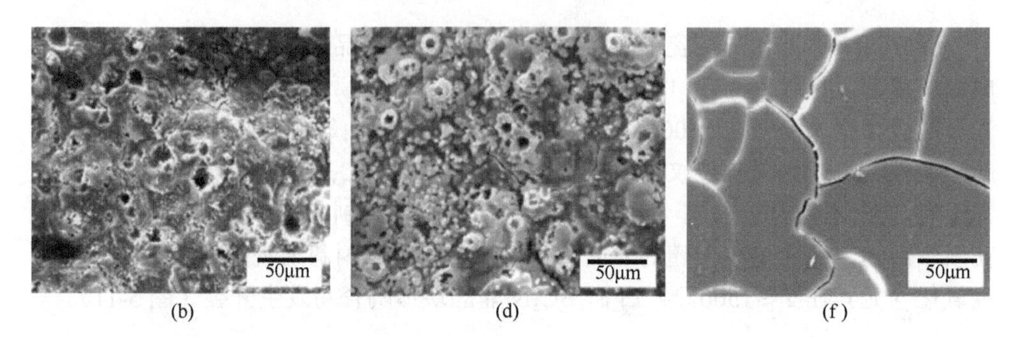

图 5-12 Si_2BC_3N 非晶块体陶瓷在流动干燥空气氧化不同时间后氧化层 SEM 表面形貌[2]

（a）1500℃/0.5h；（b）1500℃/8h；（c）1600℃/0.5h；（d）1600℃/8h；（e）1700℃/0.5h；（f）1700℃/8h

从氧化层 SEM 截面形貌来看，在 1500～1600℃流动干燥空气氧化 0.5～8h 后，Si_2BC_3N 非晶块体陶瓷氧化层疏松多孔，与陶瓷基体结合较弱；在 1700℃氧化 0.5h 后，Si_2BC_3N 非晶块体陶瓷氧化层较为致密，与陶瓷基体结合较强（经机械抛光后氧化层仍与基体紧密结合），但氧化时间延长导致氧化层厚度有所增加；EDS 线扫描曲线显示，氧化层表面富含 Si 和 O 元素，与 XRD 结果一致（图 5-13）。

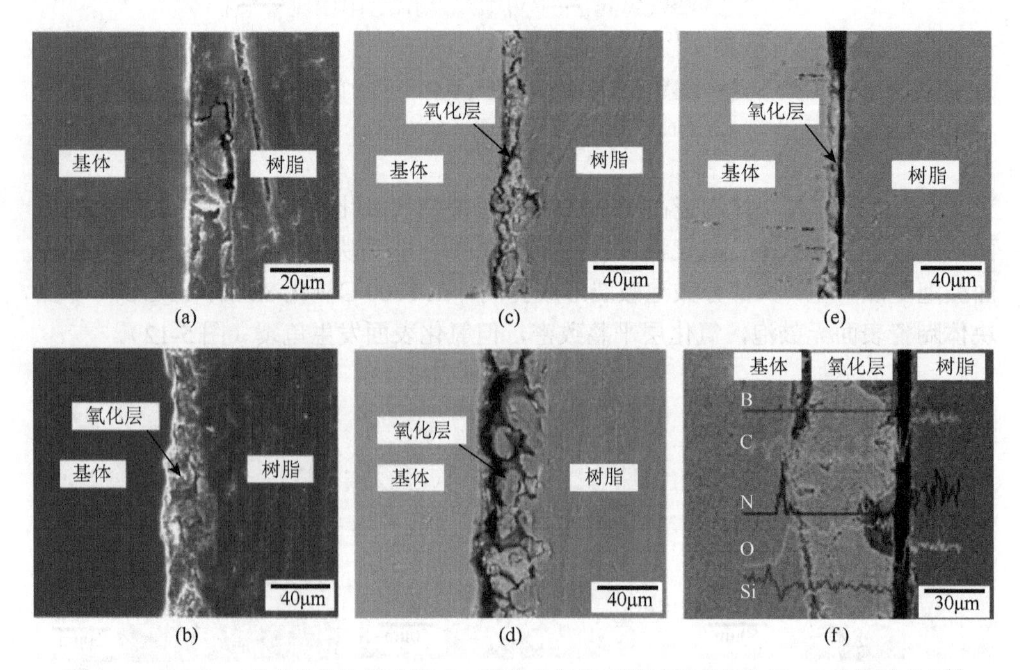

图 5-13 Si_2BC_3N 非晶块体陶瓷在流动干燥空气氧化不同时间后氧化层 SEM 截面形貌[2]

（a）1500℃/0.5h；（b）1500℃/8h；（c）1600℃/0.5h；（d）1600℃/8h；（e）1700℃/0.5h；（f）1700℃/8h

综上所述，在 1500～1600℃流动干燥空气条件下，Si_2BC_3N 非晶块体陶瓷氧化层表面较为疏松多孔，氧化层较薄，氧化过程中气体（CO、CO_2、N_2 等）释放与 SiO、B_2O_3 等挥发导致表面鼓泡，部分鼓泡破裂形成疏松多孔的氧化层结构；随着氧化温度升高或氧化时间延长，氧化层厚度增加，氧化层逐渐致密，所形成的致密氧化层有效阻碍了氧的扩散，减缓了氧化侵蚀过程。当氧化温度 $T>$ 1700℃后，Si_2BC_3N 非晶块体陶瓷氧化层表面发生龟裂，主要存在两方面原因：①高温氧化实验结束后采用随炉冷却，SiO_2 氧化层（约 0.5×10^{-6}℃$^{-1}$）与 SiBCN 陶瓷基体（约 4.5×10^{-6}℃$^{-1}$）热膨胀系数失配导致氧化层龟裂[3, 4]；②氧化产物，如非晶 SiO_2 的晶化以及方石英的晶型转变（$\beta\rightarrow\alpha$）均引起体积的变化，进而导致氧化层裂纹萌生和扩展[5, 6]。

值得注意的是，Si_2BC_3N 非晶块体陶瓷在 1700℃氧化 8h 后，在相对致密的最外层氧化层与几乎尚未受损的陶瓷基体之间存在一层相对疏松的结构（图 5-14）。陶瓷基体与疏松层界面处的气体释放及 B_2O_3、SiO_2 等的挥发，可能是该疏松结构形成的主要原因。氧化层界面处反应生成的气体“逃离”主要有两个途径：①气体分子由内向外经氧化层扩散到材料表面（外界环境）；②气体分子聚集形成气泡做长程迁移。气体能否经氧化层扩散主要取决于气体压力以及其化学势梯度（受氧化层厚度与气体周围微环境的共同影响）；当内部压力足够小（小于外界环境压力）时，陶瓷与氧化层界面的反应（氧化反应以及界面反应）最终造成反应界面“吞噬”式的氧化损伤。

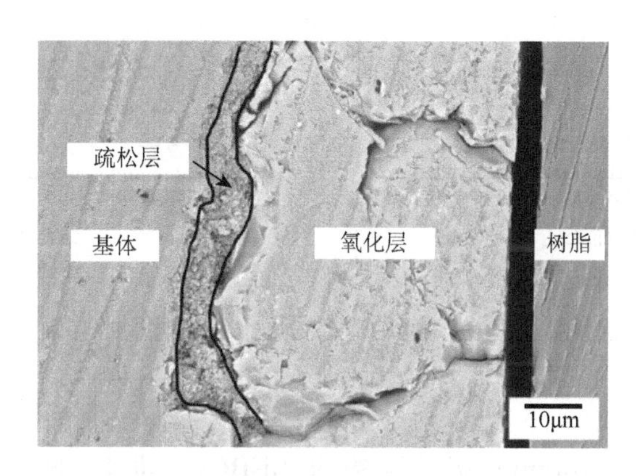

图 5-14　Si_2BC_3N 非晶块体陶瓷在 1700℃流动干燥空气中氧化 8h 后氧化层 SEM 截面形貌（高放大倍数）[2]

Si_2BC_3N 非晶块体陶瓷在 1700℃流动干燥空气中氧化 0.5h 后，氧化层表面除了 Si—O 键，还存在 B—C—N、C—B、C—B—N 和 C—N 等化学键（图 5-15）。

通常认为 B、C 和 N 三种原子之间形成的三元化学键有效降低了各原子的反应活性，从而赋予 BN(C)相更好的高温稳定性，有利于该系陶瓷材料的高温抗氧化性能[7, 8]。Si_2BC_3N 非晶块体陶瓷析晶后，纳米 SiC 与 BN(C)彼此包裹形成的胶囊结构同样抑制了彼此之间的原子扩散，也有助于提高非晶块体陶瓷的高温抗氧化损伤性能[9]。

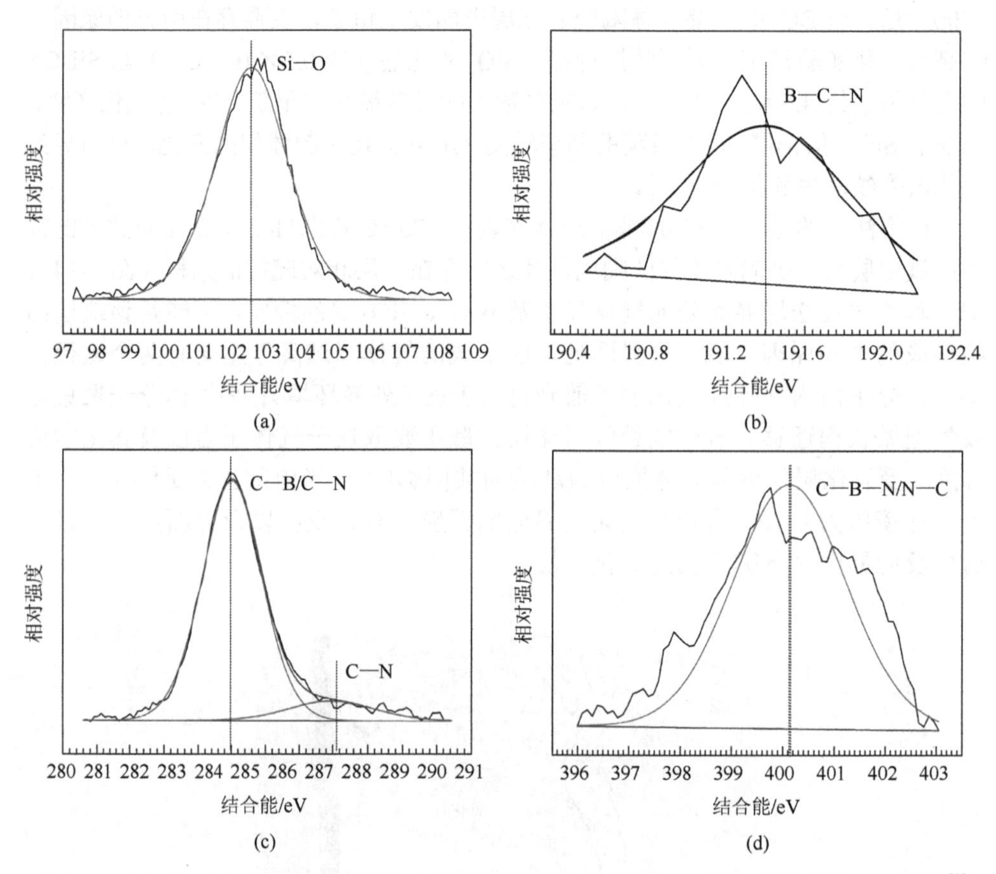

图 5-15　Si_2BC_3N 非晶块体陶瓷在 1700℃流动干燥空气氧化 0.5h 后氧化层表面 XPS 图谱[2]

（a）Si 2p；（b）B 1s；（c）C 1s；（d）N 1s

经 1600℃/5GPa/30min 烧结制备的 Si_2BC_3N 非晶/纳米晶块体陶瓷，在 1500℃流动干燥空气氧化 5min 后（热重实验），样品仍保持其原始轮廓，宏观表面没有观察到氧化产物生成；在 1500℃氧化 4h 后，样品宏观表面可见白灰色氧化皮；在 1600℃氧化 0.5～4h 后，样品宏观表面同样可观察到白灰色氧化产物；值得注意的是，当氧化温度上升到 1700℃时，样品宏观表面呈亮黑色（接近烧结态样品颜色）（图 5-16）。

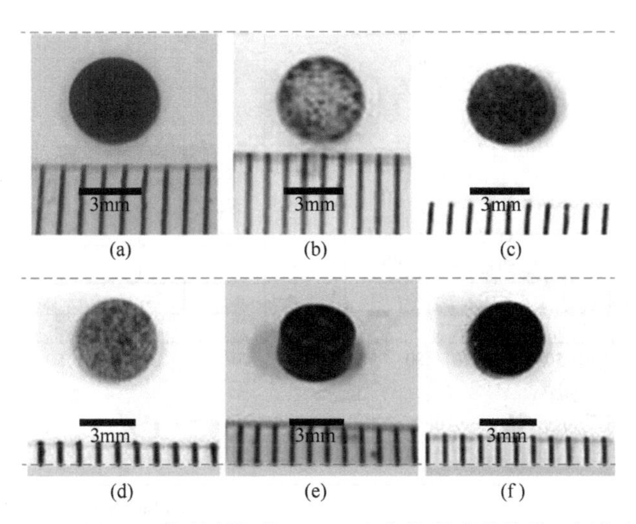

图 5-16　经 1600℃/5GPa/30min 烧结制备的 Si_2BC_3N 非晶/纳米晶块体，在流动干燥空气中氧化不同时间后的宏观形貌数码照片[2]

（a）1500℃/5min（热重实验）；（b）1500℃/4h；（c）1600℃/0.5h；（d）1600℃/4h；（e）1700℃/1h；（f）1700℃/8h

TG 结果表明，Si_2BC_3N 非晶/纳米晶和完全非晶态 Si_2BC_3N 块体陶瓷在 1500℃流动干燥空气条件下均具有优异的高温抗氧化性能，但后者的高温抗氧化性能更好（图 5-17）。Si_2BC_3N 非晶/纳米晶块体陶瓷的物相组成为纳米 α/β-SiC、BN(C)和非晶相；在 1500℃流动干燥空气氧化 5min 后，陶瓷氧化表面生成方石英；随着氧化温度的升高及氧化时间延长，氧化层表面方石英含量逐渐增加（图 5-18）。

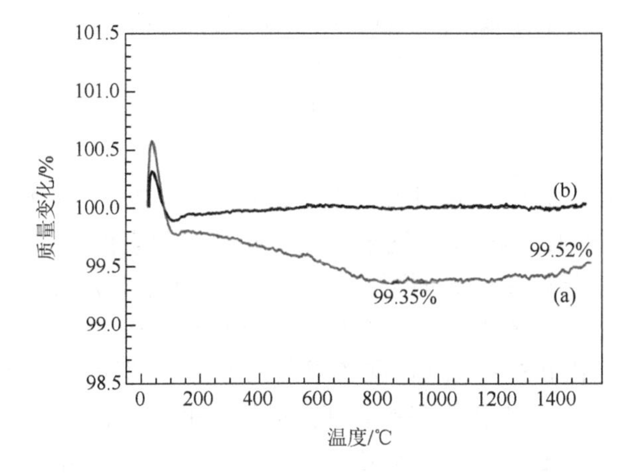

图 5-17　Si_2BC_3N 块体陶瓷在流动干燥空气中以 20℃/min 速率从室温加热到 1500℃的 TG 曲线[2]

（a）非晶/纳米晶陶瓷；（b）完全非晶态陶瓷

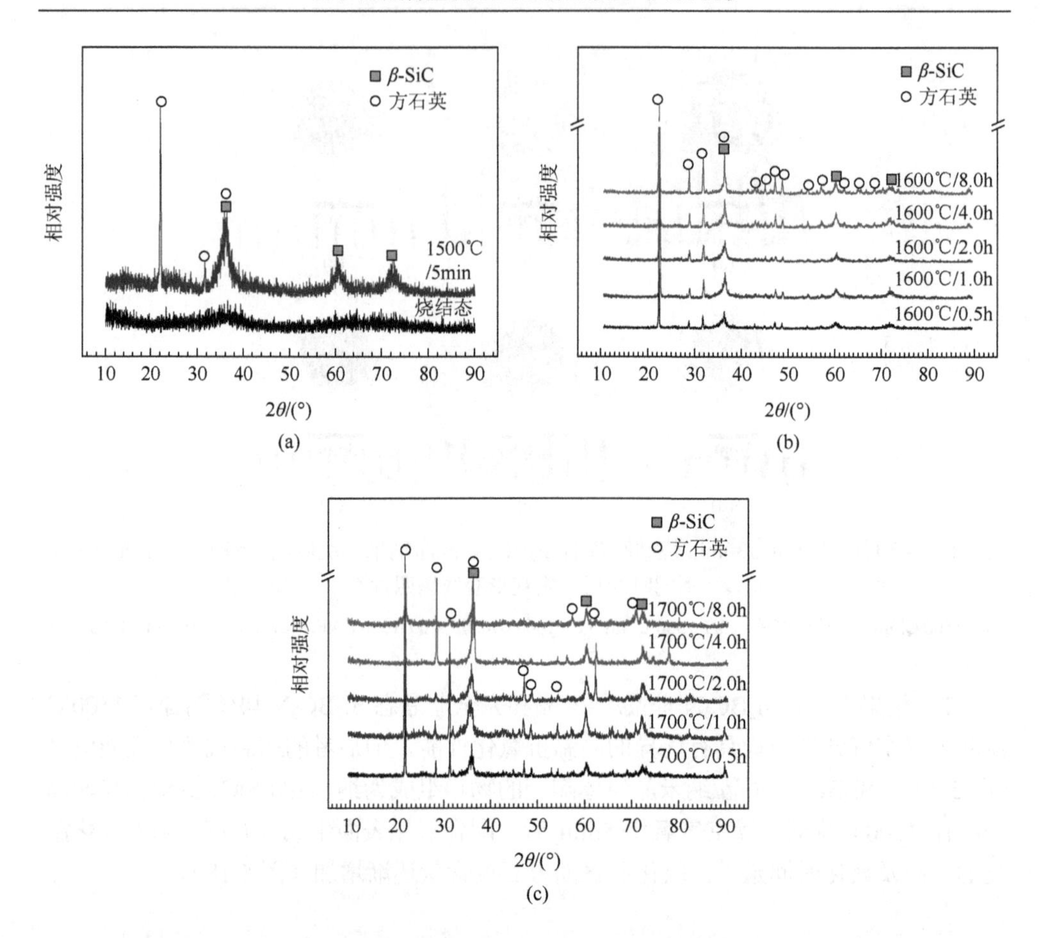

图 5-18　Si_2BC_3N 非晶/纳米晶块体陶瓷在流动干燥空气不同氧化条件下的氧化层表面 XRD 图谱[2]

（a）1500℃；（b）1600℃；（c）1700℃

从氧化层 SEM 表面及截面形貌来看，在 1500℃流动干燥空气氧化 5min 后（热重实验），Si_2BC_3N 非晶/纳米晶块体陶瓷氧化表面部分出现鼓泡，氧化层较薄，氧化层与陶瓷基体界面不清晰；氧化时间延长至 12h，氧化表面鼓泡数量增加，表面粗糙度增大，氧化层与陶瓷基体结合较差，部分氧化产物发生脱落。在 1600℃氧化 0.5～12h 后，陶瓷氧化层厚度分别为约 14.0μm、约 40.0μm 和约 42.0μm，氧化表面仍粗糙多孔，部分鼓泡合并长大破裂，氧化层与陶瓷基体界面结合较弱。氧化温度进一步提高至 1700℃，陶瓷氧化表面可观察到大量方石英，氧化层表面较为平整，表面有部分裂纹萌生；在 1700℃氧化 0.5～12h 后，Si_2BC_3N 非晶/纳米晶块体陶瓷的氧化层厚度分别为约 11.0μm、约 45.6μm

和约 21.9μm，其氧化层厚度随氧化时间延长而降低，可能来源于 SiC 和/或 Si 的活化氧化反应（图 5-19）。

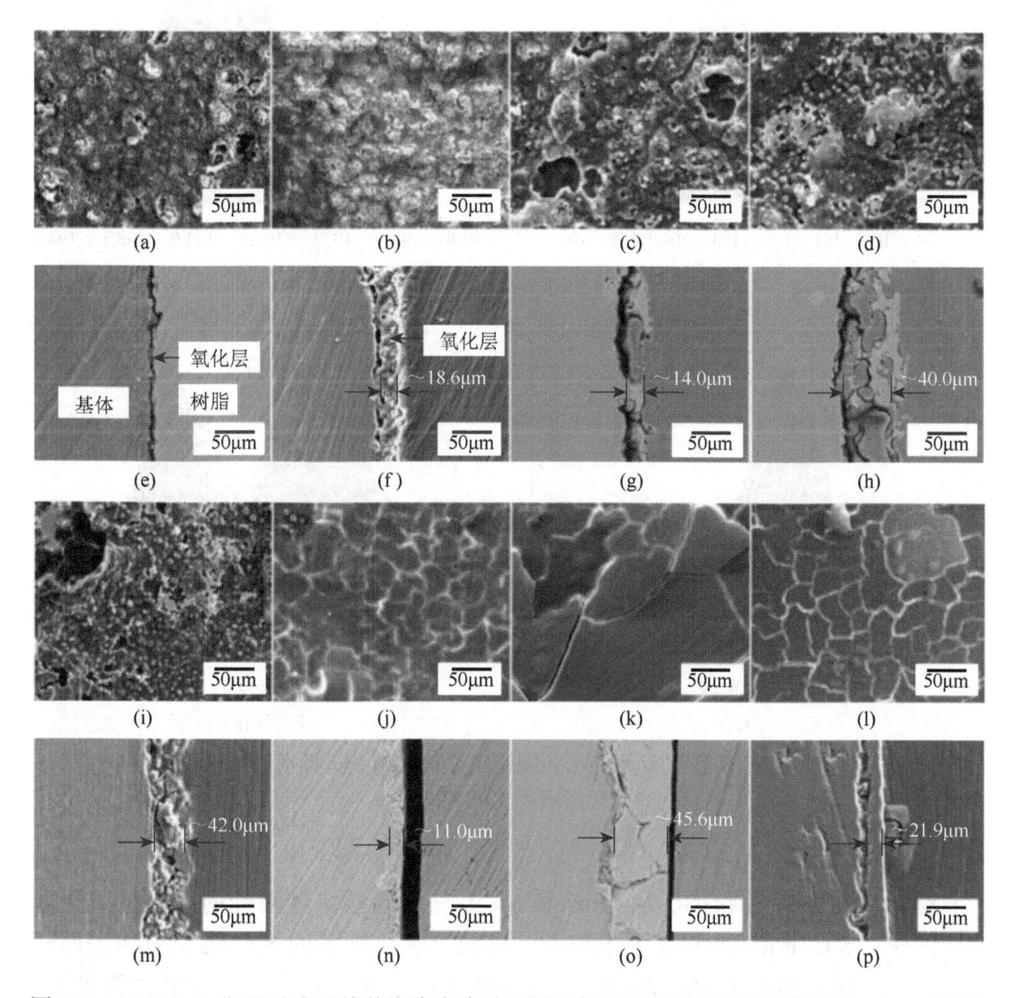

图 5-19　Si_2BC_3N 非晶/纳米晶块体陶瓷在流动干燥空气不同氧化条件下的氧化层 SEM 表面及截面形貌[2]

（a）（e）1500℃/5min（热重实验）；（b）（f）1500℃/12h；（c）（g）1600℃/0.5h；（d）（h）1600℃/8h；（i）（m）1600℃/12h；（j）（n）1700℃/0.5h；（k）（o）1700℃/8h；（l）（p）1700℃/12h

XPS 图谱拟合结果表明，Si_2BC_3N 非晶/纳米晶块体陶瓷在 1700℃流动干燥空气中氧化 0.5h 后，氧化层表面含有 Si—O、Si—N—O、Si—N、B—C—N、C—B、C—B—N、C—N 等多种化学键（图 5-20）。与相同成分氧化后的非晶块体陶瓷相比，该非晶/纳米晶块体陶瓷氧化表面的价键种类不变，但价键相对含量有所区别。

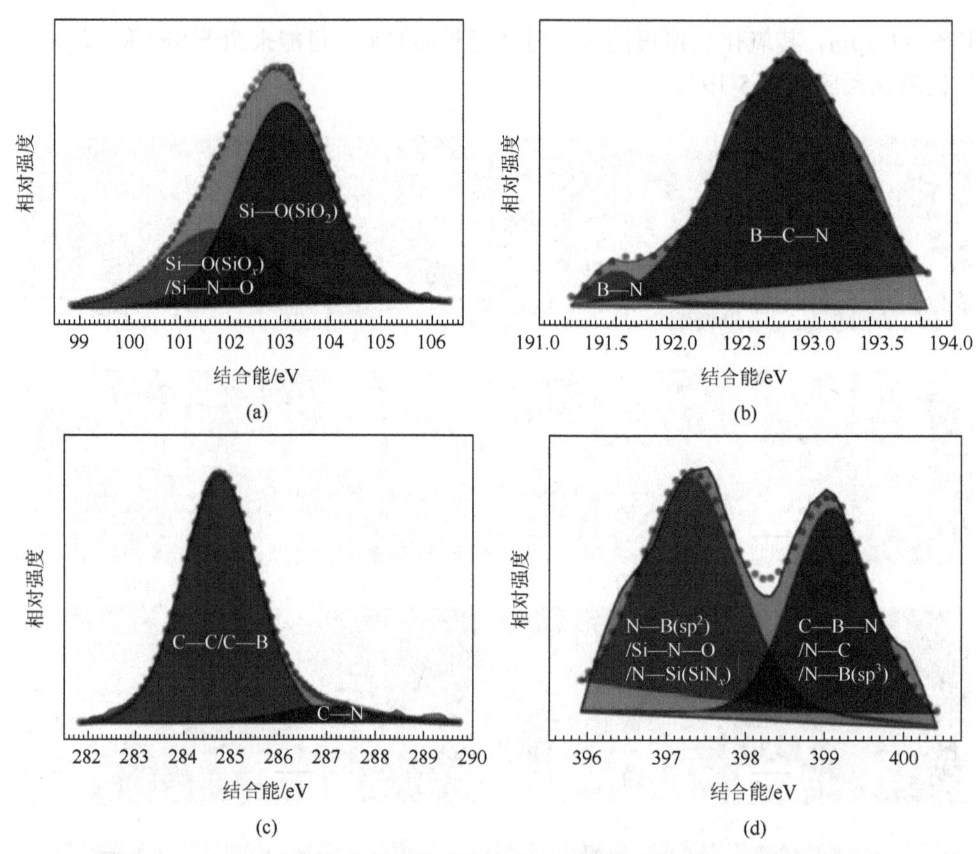

图 5-20　Si_2BC_3N 非晶/纳米晶块体陶瓷在 1700℃流动干燥空气氧化 0.5h 后氧化层表面 XPS 图谱[2]

(a) Si 2p；(b) B 1s；(c) C 1s；(d) N 1s

综合对比分析了 Si_2BC_3N、SiC 和 Si_3N_4 三种硅基块体陶瓷的高温抗氧化能力。其中，SiC 非晶/纳米晶块体陶瓷以机械合金化制备的 SiC 陶瓷粉体为原料（图 5-21），经 1100～1200℃/5GPa/30min 高压烧结而成（图 5-22），其体积密度、纳米硬度和弹性模量分别为 2.99～3.06g/cm^3、34.0～38.3GPa 和 378～403GPa（表 5-1）；SiC 纳米晶块体陶瓷以平均粒径为 40nm 的市售 β-SiC 粉体为原料，经 1900℃/80MPa/30min/1bar Ar 热压烧结而成，相对密度约为 82%；市售 Si_3N_4 纳米晶块体陶瓷的相对密度约为 99%。

在 1500℃流动干燥空气氧化 5min 后，不同烧结方式制备的 Si_3N_4 和 SiC 块体陶瓷，宏观表面形貌均没有明显变化（图 5-23）。在 1600℃氧化 8h 后，SiC 非晶/纳米晶块体陶瓷仍具有光滑的表面，宏观上显示出良好的高温抗氧化性能；在 1600℃氧化 1h 后，Si_3N_4 纳米晶块体陶瓷氧化损伤严重，样品局部表面覆盖残留氧化产物；在 1700℃氧化 2h 后，SiC 非晶/纳米晶和 SiC 纳米晶块体陶瓷均发生

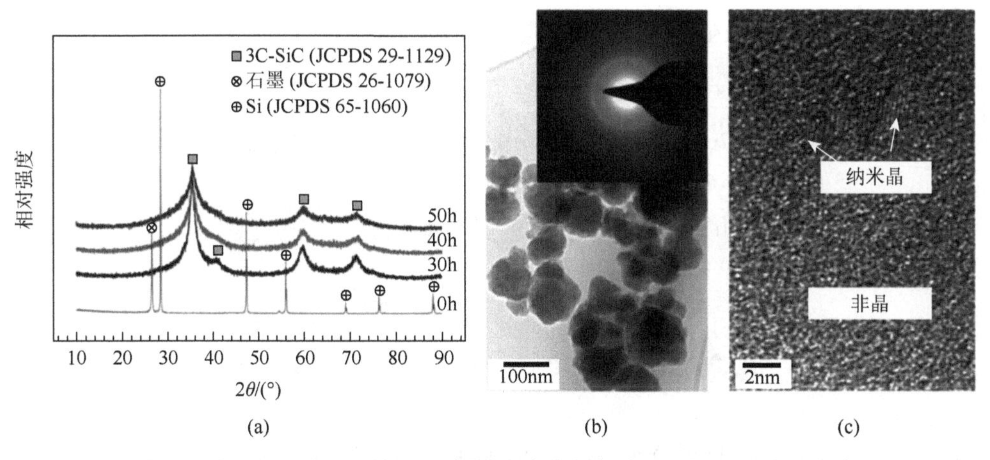

图 5-21　以单质 Si 粉和石墨粉为原料，经机械合金化制备的 SiC 非晶/纳米晶陶瓷粉体的结构分析[10]

（a）XRD 图谱；（b）TEM 明场像及 SAED 花样；（c）HRTEM 精细结构

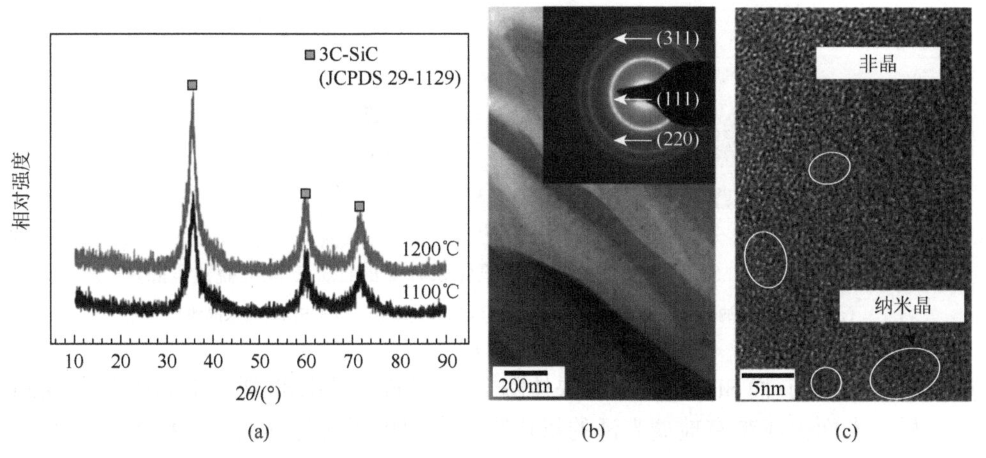

图 5-22　经 1100～1200℃/5GPa/30min 高压烧结制备的 SiC 非晶/纳米晶块体陶瓷的结构分析[10]

（a）XRD 图谱；（b）TEM 明场像及 SAED 花样；（c）HRTEM 精细结构

表 5-1　高压（1100～1200℃/5GPa/30min）烧结制备的 SiC 非晶/纳米晶块体陶瓷的体积密度和力学性能[2]

材料的密度与力学性能	烧结工艺参数	
	1100℃/5GPa/30min	1200℃/5GPa/30min
体积密度/(g/cm³)	2.99	3.06
相对密度/%	93.0	95.2
纳米硬度/GPa	34.0±0.8	38.3±1.0
弹性模量/GPa	378±14	403±8

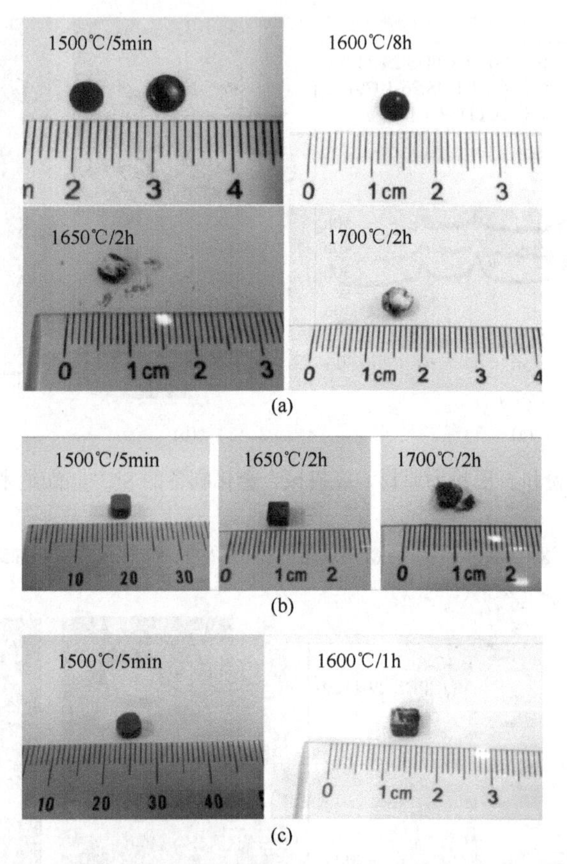

图 5-23　SiC 和 Si_3N_4 块体陶瓷在不同氧化条件下的样品宏观形貌数码照片[2]

（a）SiC 非晶/纳米晶块体陶瓷；（b）SiC 纳米晶块体陶瓷；（c）Si_3N_4 纳米晶块体陶瓷

严重的氧化损伤；而 Si_2BC_3N 非晶块体陶瓷在 1700℃氧化 8h 或者 1800℃氧化 0.5h 后，样品表面生成带有玻璃光泽的氧化膜，表现出极为优异的高温抗氧化能力。

TG 曲线结果表明：在流动干燥空气条件下，从室温加热到 1500℃时，高压烧结制备的 Si_2BC_3N 非晶块体陶瓷和 SiC 非晶/纳米晶陶瓷几乎没有质量变化；但在相同氧化条件下，Si_3N_4 和 SiC 纳米晶块体陶瓷均表现出明显的氧化增重。其中，Si_3N_4 纳米晶块体陶瓷在 1200～1500℃持续增重约 0.5%；而 SiC 纳米晶块体陶瓷在 600～1070℃温度范围内持续增重约 3.7%，但在温度 $T>1070$℃后，SiC 纳米晶陶瓷质量几乎保持不变（图 5-24）。

SiC 非晶/纳米晶块陶瓷在 1500～1700℃氧化后，氧化层表面主要由非晶 β-SiO_2 和方石英组成，这与 Si_2BC_3N 非晶块体陶瓷的氧化产物相同（图 5-25）。经 1500℃氧化不同时间后，SiC 非晶/纳米晶块陶瓷氧化表面致密连续，表面可见大量方石英析出，氧化层较薄，氧化层与陶瓷基体结合良好（图 5-26）。

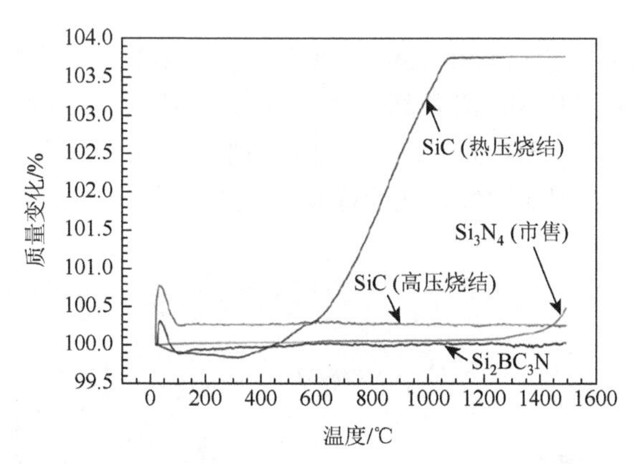

图 5-24　不同烧结工艺制备的 Si_2BC_3N 非晶块体陶瓷、SiC 非晶/纳米晶块体陶瓷、SiC 纳米晶块体陶瓷和 Si_3N_4 纳米晶块体陶瓷，在流动干燥空气中以 20℃/min 速率从室温加热到 1500℃的 TG 曲线[2]

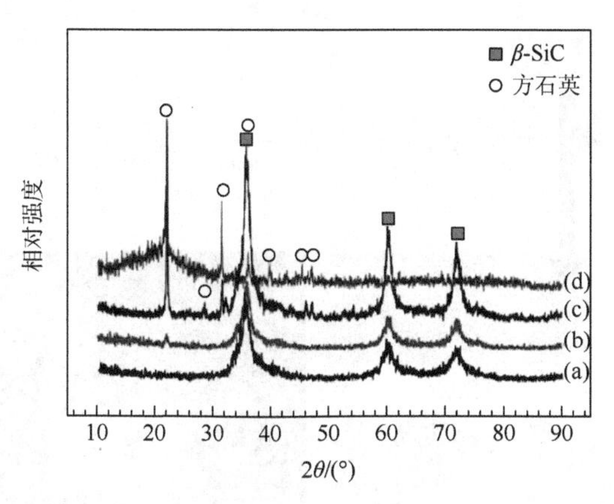

图 5-25　SiC 非晶/纳米晶块体陶瓷在不同温度氧化不同时间后氧化层表面 XRD 图谱[2, 10]

（a）氧化前；（b）1500℃氧化 5min；（c）1600℃氧化 8h；（d）1700℃氧化 2h

图 5-26　SiC 非晶/纳米晶块体陶瓷在流动干燥空气中加热到 1500℃后，氧化层的 SEM 表面及截面形貌[2, 10]

（a）表面形貌；（b）截面形貌

SiC 纳米晶块体陶瓷材料在 1600℃氧化 8h 后，氧化层为单层结构（图 5-27）。值得注意的是，氧化层与 SiC 陶瓷基体之间并没有出现疏松的多孔层，但非晶 SiO_2 氧化层内有部分纳米方石英晶体析出，这些纳米方石英晶体在一定程度上降低了非晶 SiO_2 的高温黏度和连续性，从而提高了氧在氧化层的扩散速率[11]。

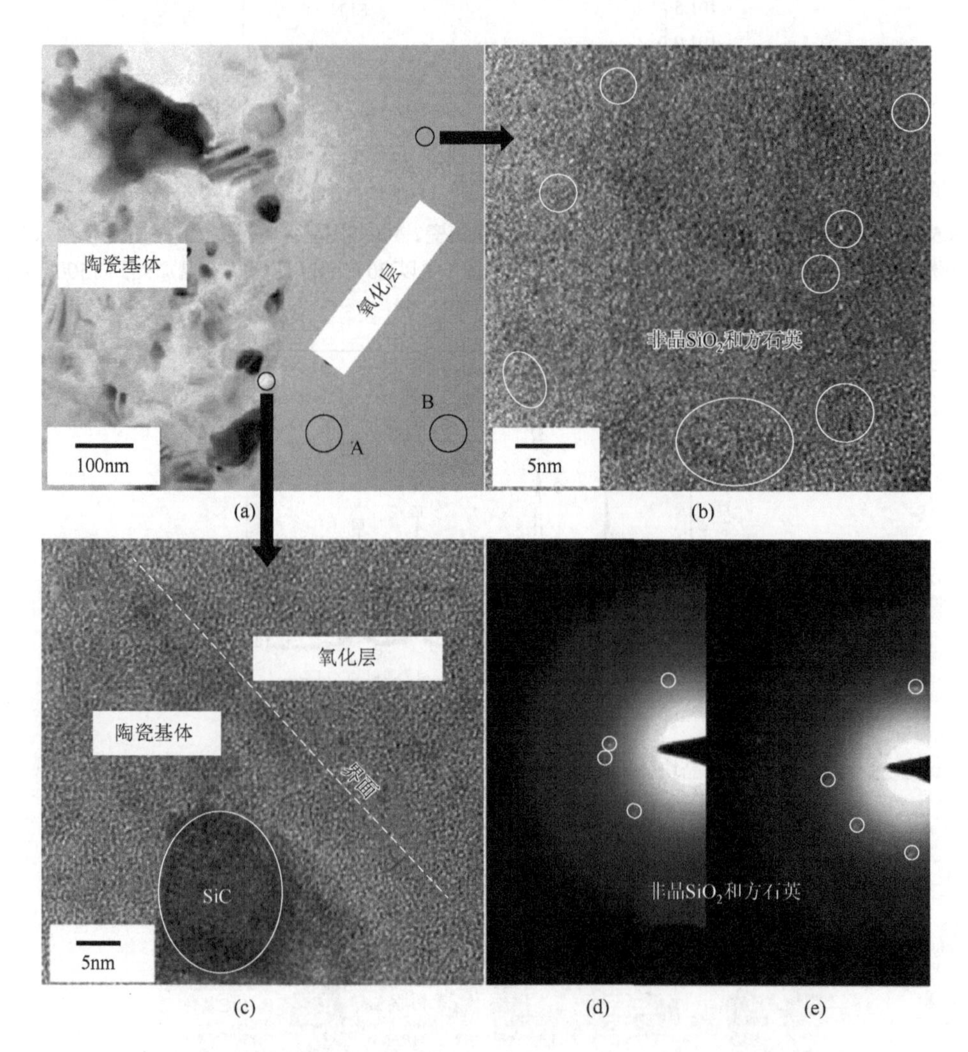

图 5-27　SiC 非晶/纳米晶块体陶瓷在 1600℃氧化 8h 后氧化层的透射电镜分析[2, 10]

（a）TEM 明场像；（b）非晶氧化层内析出纳米方石英（圆框所示位置）；（c）界面处 HRTEM 精细结构；（d）（e）图（a）中区域 A 和 B 的 SAED 花样

2. B 摩尔比的影响

不同 B 摩尔比的 $Si_2B_yC_2N$（$y = 1.5$～4）系非晶块体陶瓷，在 1500℃流动干

燥空气氧化不同时间后，非晶基体部分结晶析出了纳米 β-SiC 晶体，其衍射峰较为宽化；在高温氧化环境下，部分硅基非晶单元和纳米析出 SiC 晶相将进一步氧化生成非晶 SiO_2，部分非晶 SiO_2 晶化转变成方石英。因此，不同 B 摩尔比的 $Si_2B_yC_2N$（$y=1.5\sim4$）系非晶块体陶瓷在 1500℃高温氧化后，表面氧化产物主要是非晶 SiO_2 和方石英（图 5-28）。

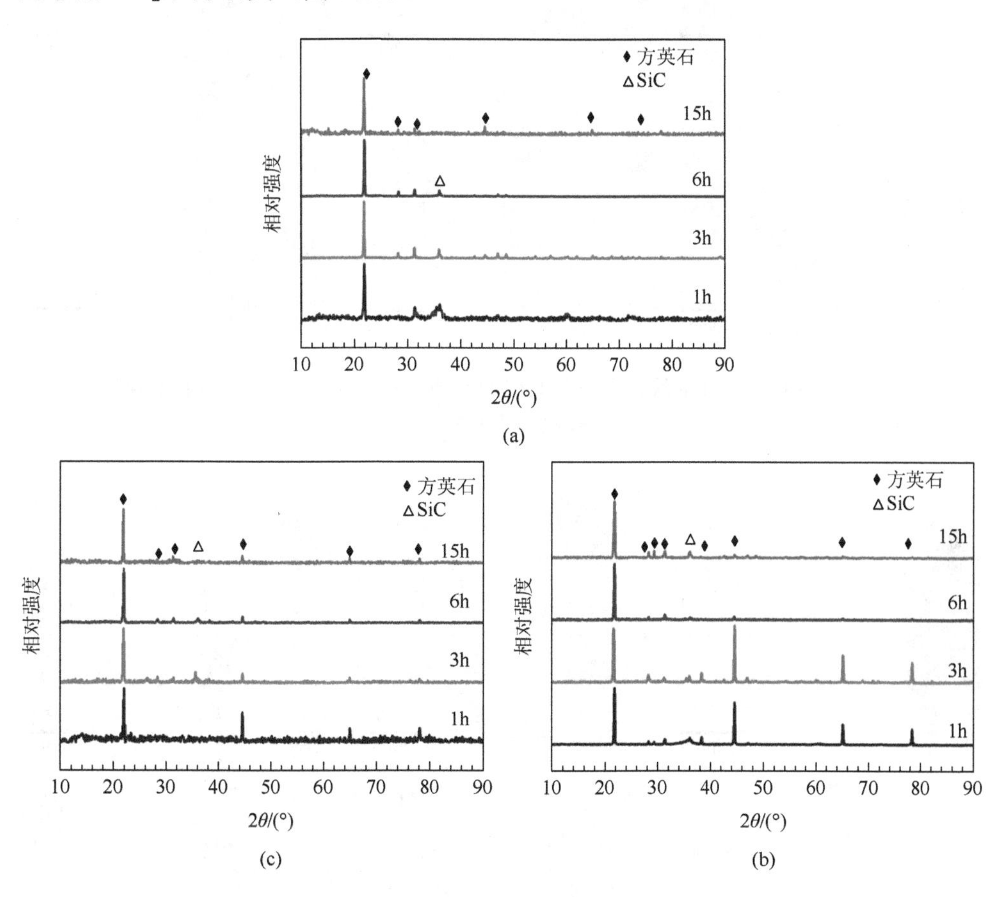

图 5-28　不同 B 摩尔比的 $Si_2B_yC_2N$（$y=1.5\sim4$）系非晶块体陶瓷，在 1500℃流动干燥空气氧化不同时间后氧化层表面 XRD 图谱[1]

（a）$Si_2B_{1.5}C_2N$；（b）$Si_2B_2C_2N$；（c）$Si_2B_4C_2N$

从氧化层 SEM 表面形貌来看，在 1500℃流动干燥空气氧化 1～6h 后，$Si_2B_3C_2N$ 非晶块体陶瓷氧化表面萌生大量微裂纹；氧化时间为 6～15h 时，氧化表面裂纹数量减少，且大量方石英从非晶 SiO_2 中结晶析出（图 5-29）。相应的氧化层 SEM 截面形貌显示，氧化层随氧化时间延长不断增厚，氧化层与陶瓷基体结合良好；非晶块体陶瓷中 B 摩尔比越大，相同氧化条件下氧化层越厚（图 5-30）。

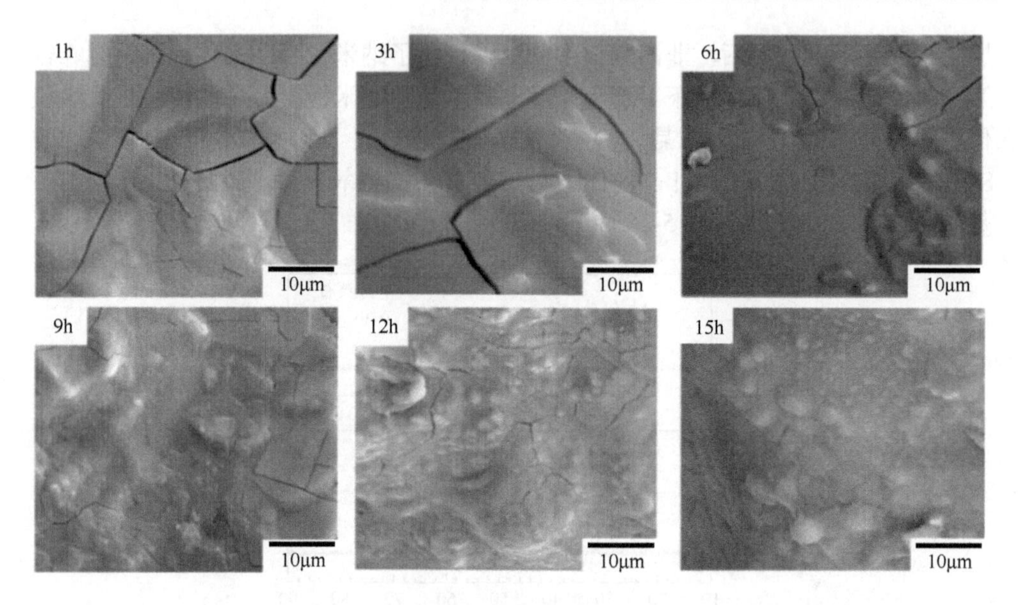

图 5-29　$Si_2B_3C_2N$ 非晶块体陶瓷在 1500℃流动干燥空气氧化不同时间后氧化层 SEM 表面形貌[1]

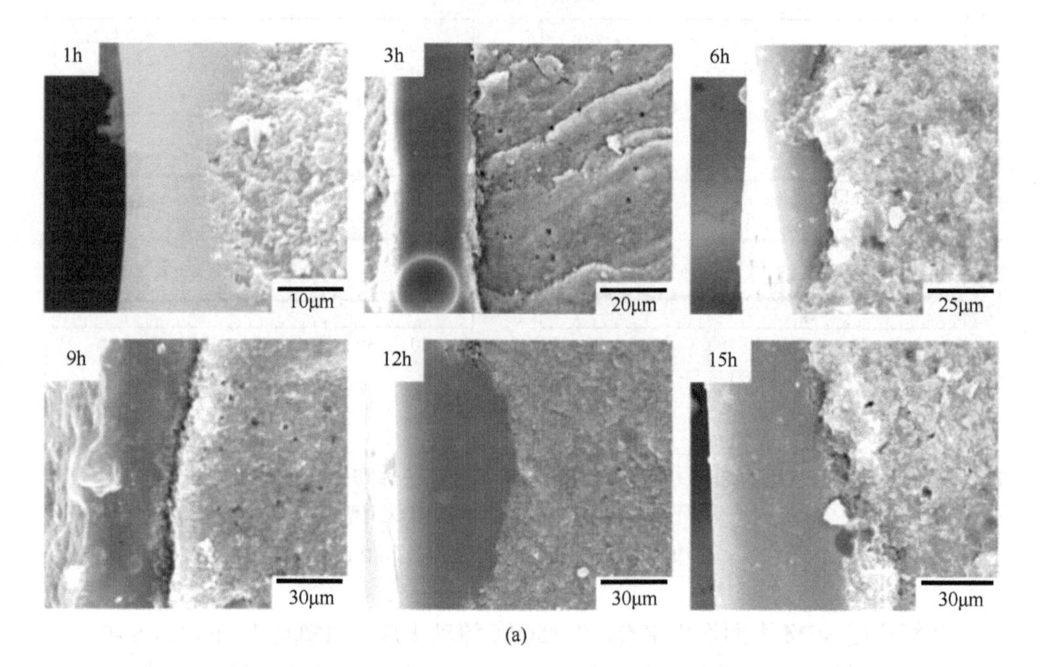

(a)

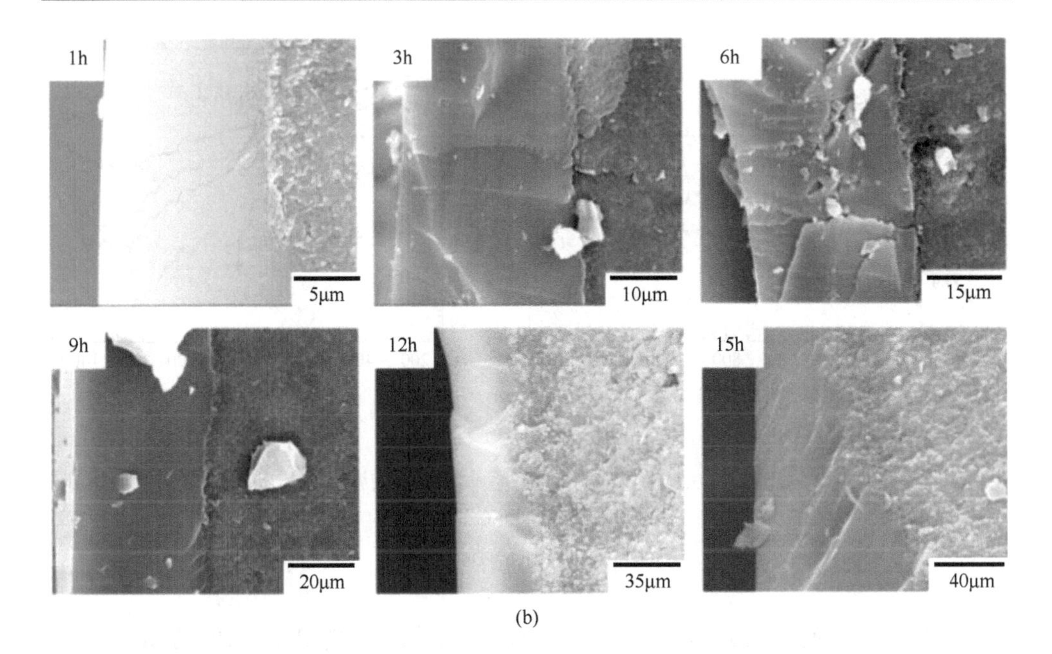

图 5-30　不同 B 摩尔比的 $Si_2B_yC_2N$（y = 3, 4）系非晶块体陶瓷，在 1500℃流动干燥空气氧化不同时间后氧化层 SEM 截面形貌[1]

（a）$Si_2B_3C_2N$；（b）$Si_2B_4C_2N$

需要指出的是，氧化实验结束后，同样发现部分非晶块体陶瓷样品劈裂，可能原因是：①B 在 Si、B、C、N 四种元素原子中自扩散系数最低，较多的 B 使得材料难以烧结致密化，陶瓷基体存在更大内应力；②B 摩尔比的增大进一步促进了非晶的结晶析出，高温氧化过程析晶导致的陶瓷宏观体积变化进而导致材料开裂。

氧化初期（t≤6h），不同 B 摩尔比的 $Si_2B_yC_2N$（y = 1.5～4）系非晶块体陶瓷表面龟裂的主要原因是：①冷却过程中，氧化层与陶瓷基体热膨胀系数失配导致龟裂；②大量非晶 SiO_2 向方石英转变引起氧化层体积变化；③B 摩尔比的增大，导致气体产物产量增加。但随着氧化时间延长（t>6h），氧化生成的非晶 SiO_2 含量增多且流动性较好，有效愈合了氧化层表面的微裂纹和孔洞。

TG-DSC 曲线显示，不同 B 摩尔比的 $Si_2B_yC_2N$（y = 1～3）系非晶块体陶瓷，在流动干燥空气加热到 1500℃后，陶瓷质量几乎不发生变化；随着 B 摩尔比的增大，非晶块体陶瓷少量氧化增重；不同 B 摩尔比的非晶块体陶瓷，在约 1250℃均显示明显的放热峰，对应的是该系非晶块体陶瓷的氧化反应或析晶反应；随着 B 摩尔比的进一步增大，该放热峰峰位往低温方向偏移，因此 B 摩尔比的增大，降低了该系非晶块体陶瓷的高温抗氧化性能（图 5-31）。

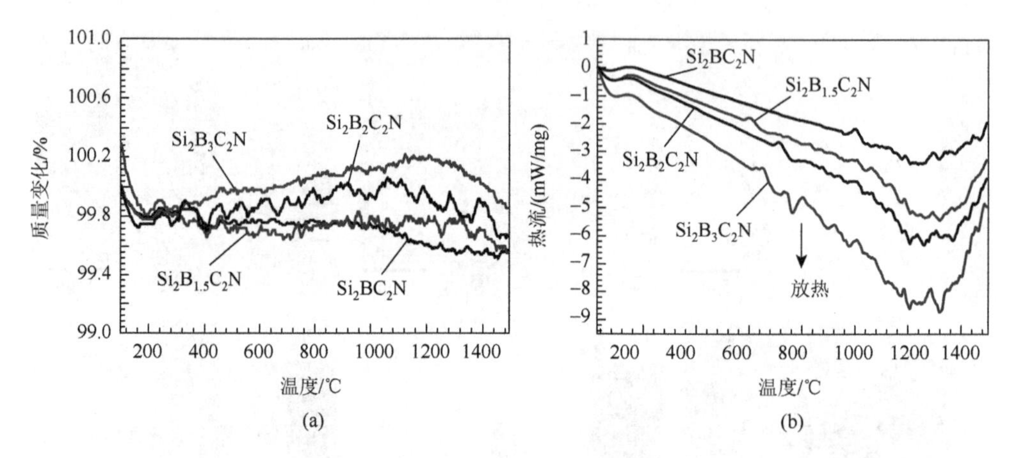

图 5-31　不同 B 摩尔比的 $Si_2B_yC_2N$（$y = 1$～3）系非晶块体陶瓷，在流动干燥空气中加热到 1500℃的 TG-DSC 曲线[1]

（a）TG 曲线；（b）DSC 曲线

氧化表面拉曼光谱显示，除方石英的特征峰外，不同 B 摩尔比的 $Si_2B_yC_2N$（$y = 1.5, 3$）系非晶块体陶瓷，其氧化层表面还存在属于自由碳的振动峰。在 1～12h 氧化时间范围内，$Si_2B_{1.5}C_2N$ 非晶块体陶瓷拉曼光谱显示属于自由碳的 D 边峰和 G 边峰，氧化 15h 后部分有序碳向非晶碳转变；随着基体中 B 摩尔比进一步增大，$Si_2B_3C_2N$ 非晶块体陶瓷氧化层中，碳主要以非晶态形式存在（图 5-32）。XPS 图谱拟合结果表明，不同 B 摩尔比的非晶块体陶瓷，氧化层表面除 Si—O 键和 B—O 键外，还存在 C—B、C—N 和 C—O 等化学键（图 5-33）。

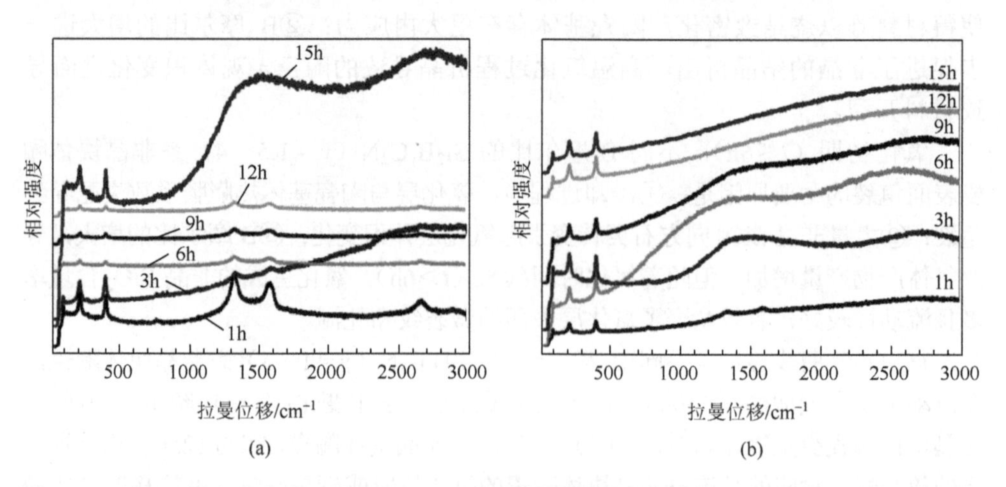

图 5-32　不同 B 摩尔比的 $Si_2B_yC_2N$（$y = 1.5, 3$）系非晶块体陶瓷，在 1500℃氧化不同时间后氧化层表面拉曼光谱[1]

（a）$Si_2B_{1.5}C_2N$；（b）$Si_2B_3C_2N$

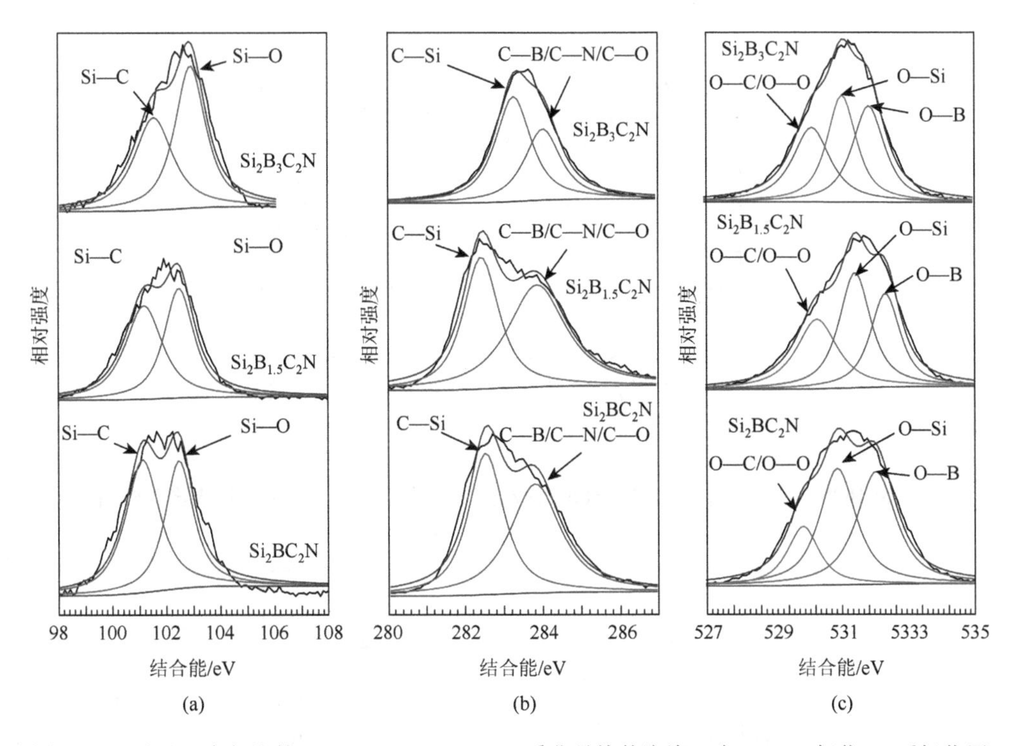

图 5-33　不同 B 摩尔比的 $Si_2B_yC_2N$（$y=1\sim3$）系非晶块体陶瓷，在 1500℃氧化 6h 后氧化层表面 XPS 图谱[1]

（a）Si 2p；（b）C 1s；（c）O 1s

5.1.2　SiBCN 系纳米晶块体陶瓷

1. C 摩尔比的影响

不同 C 摩尔比的 Si_2BC_xN（$x=1\sim3$）系纳米晶块体陶瓷，在 1500℃流动干燥空气中氧化不同时间后，随着氧化时间延长，方石英的晶体衍射峰强度不断升高，而非晶 SiO_2 衍射峰强度较低，因此主要的氧化产物是非晶 SiO_2 和方石英；C 摩尔比较小的 Si_2BCN 和 $Si_2BC_{1.5}N$ 纳米晶块体陶瓷，除陶瓷基体的 β-SiC 和 BN(C)晶相外，在 XRD 检测范围内并没有检测到单质 Si 的衍射峰，说明其已经被氧化殆尽（图 5-34 和图 5-35）。

氧化层 SEM 表面形貌显示：在 1500℃氧化不同时间后，Si_2BCN 纳米晶块体陶瓷氧化表面随着氧化时间延长逐渐变得粗糙多孔，表面方石英含量较多，与 XRD 结果一致。从氧化层 SEM 截面形貌来看，氧化层厚度随着氧化时间延长逐渐增大，陶瓷基体和氧化层结合界面强度逐渐降低；与相同成分的非晶块体陶瓷相比，Si_2BCN 纳米晶块体陶瓷的高温抗氧化性能稍差（图 5-36）。

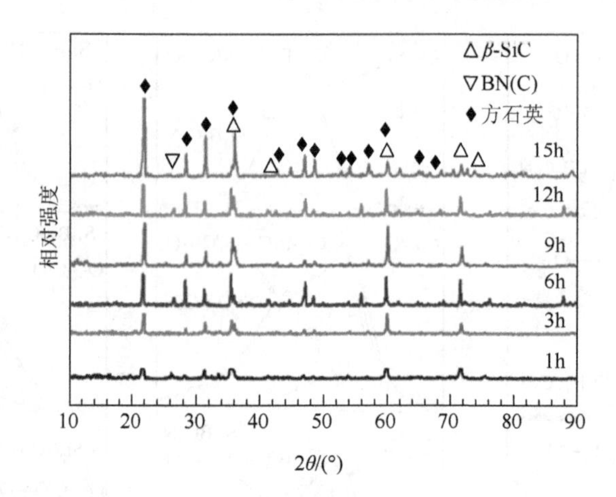

图 5-34　Si_2BCN 纳米晶块体陶瓷在 1500℃流动空气氧化不同时间后氧化层表面 XRD 图谱[1]

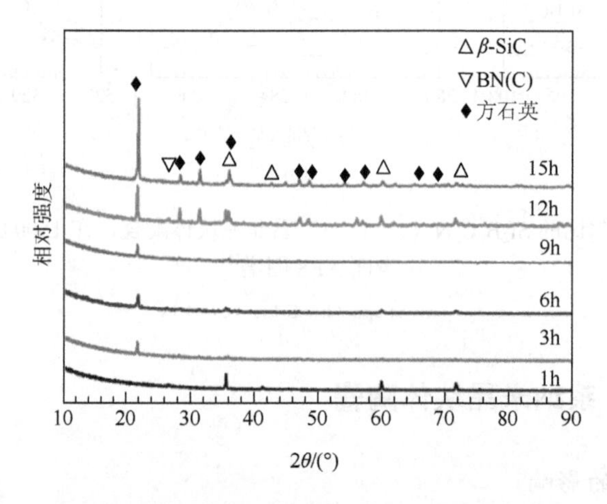

图 5-35　$Si_2BC_{1.5}N$ 纳米晶块体陶瓷在 1500℃流动干燥空气氧化不同时间后氧化层表面 XRD 图谱[1]

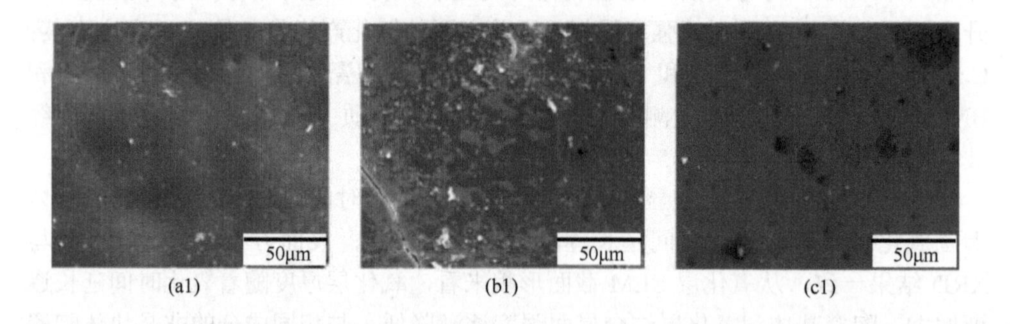

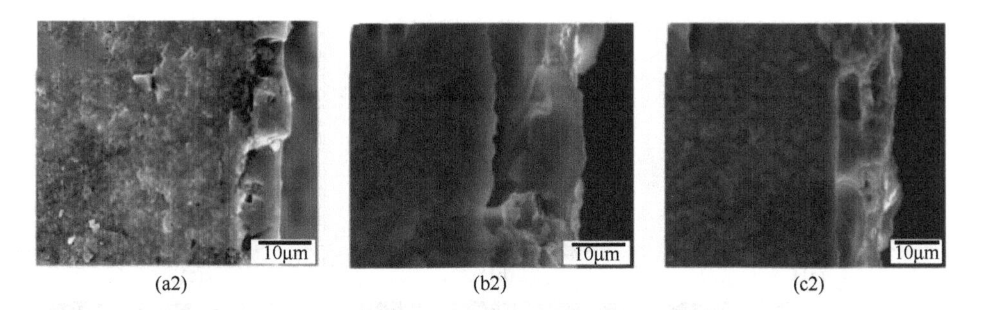

图 5-36　Si_2BCN 纳米晶块体陶瓷在 1500℃流动干燥空气氧化不同时间后氧化层 SEM 表面（a1）～（c1）及截面（a2）～（c2）形貌[1]

（a）1h；（b）3h；（c）6h

Si_2BC_2N 和 Si_2BC_3N 纳米晶块体陶瓷，氧化表面随氧化时间延长逐渐变得粗糙多孔、表面微裂纹萌生，但氧化层与陶瓷基体结合良好，界面处无明显孔洞聚集（图 5-37 和图 5-38）。C 摩尔比较大的 Si_2BC_4N 纳米晶块体陶瓷，在氧化初期（$t \leqslant 6h$）氧化层表面疏松多孔，存在较多的鼓泡；随着氧化时间延长，氧化表面鼓泡更加严重，大部分鼓泡破裂形成孔洞；氧化层 SEM 截面形貌显示，氧化时间 $t<6h$ 时，Si_2BC_4N 纳米晶块体陶瓷基体与氧化层界面结合较强，没有明显的孔洞聚集；随着氧化时间延长，界面处变得疏松多孔，氧化层厚度急剧增大（图 5-39）。

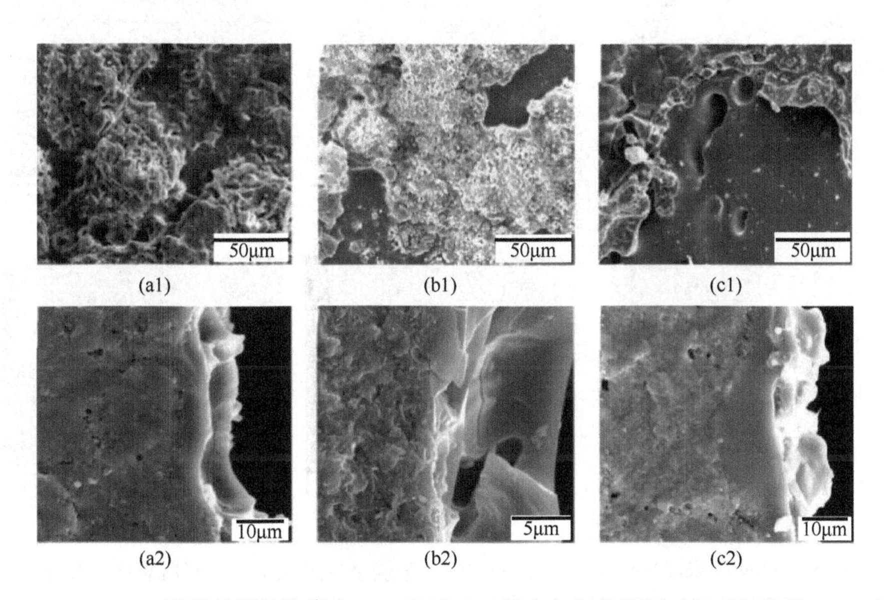

图 5-37　Si_2BC_2N 纳米晶块体陶瓷在 1500℃流动干燥空气氧化不同时间后氧化层 SEM 表面（a1）～（c1）及截面（a2）～（c2）形貌[1]

（a）1h；（b）3h；（c）6h

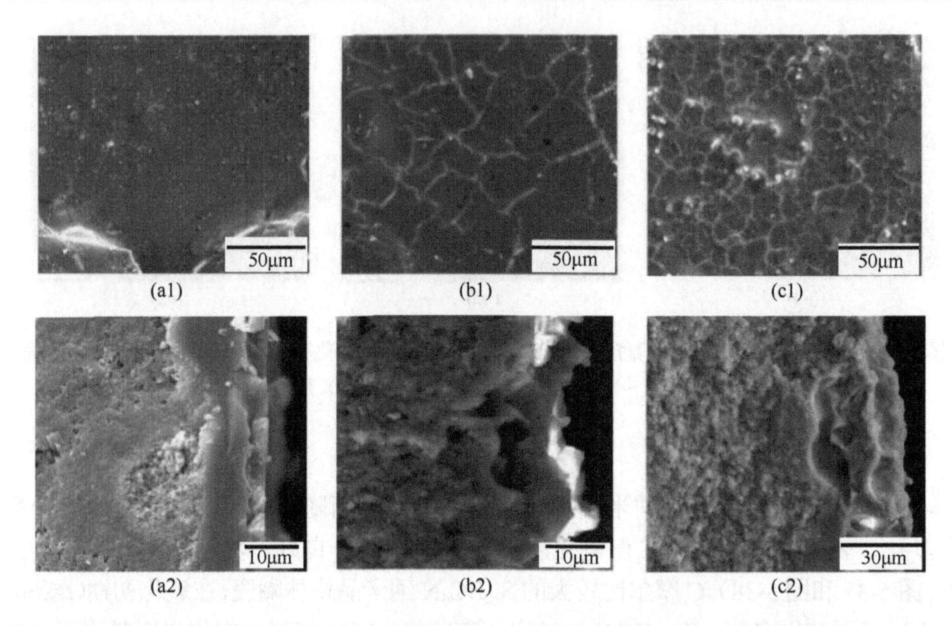

图 5-38　Si_2BC_3N 纳米晶块体陶瓷在 1500℃流动干燥空气氧化不同时间后氧化层 SEM 表面（a1）～（c1）及截面（a2）～（c2）形貌[1]

（a）9h；（b）12h；（c）15h

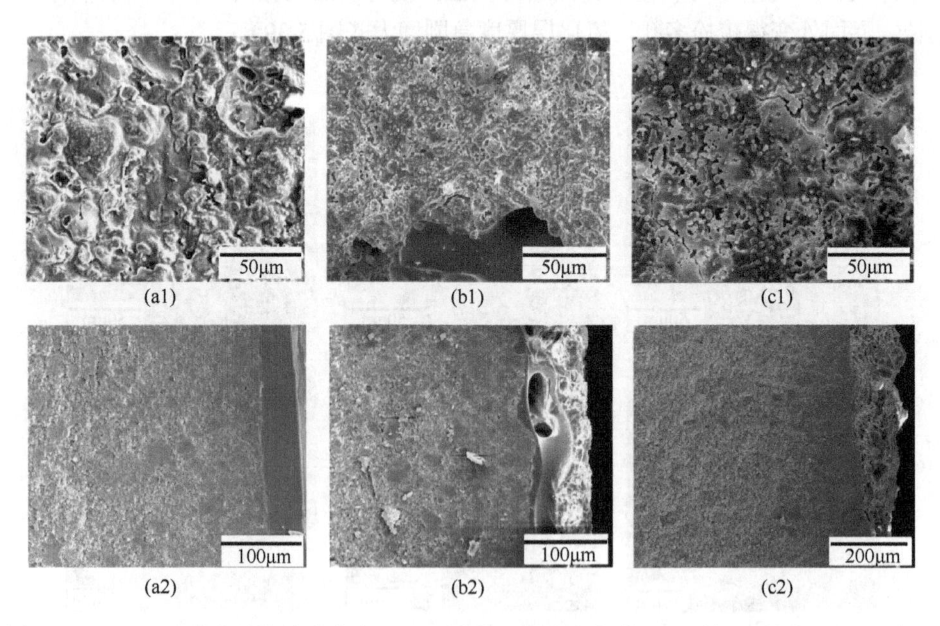

图 5-39　Si_2BC_4N 纳米晶块体陶瓷在 1500℃流动干燥空气氧化不同时间后氧化层 SEM 表面（a1）～（c1）及截面（a2）～（c2）形貌[1]

（a）9h；（b）12h；（c）15h

TG 结果表明：随着氧化温度升高，Si_2BCN、Si_2BC_2N 和 Si_2BC_3N 三种纳米晶块体陶瓷逐渐氧化增重，C 摩尔比较大的 Si_2BC_4N 纳米晶陶瓷则快速失重。DSC 曲线显示，Si_2BC_4N 纳米晶块体陶瓷在约 1000℃处有个明显的放热峰，其他成分的纳米块体陶瓷放热峰不明显（图 5-40）。

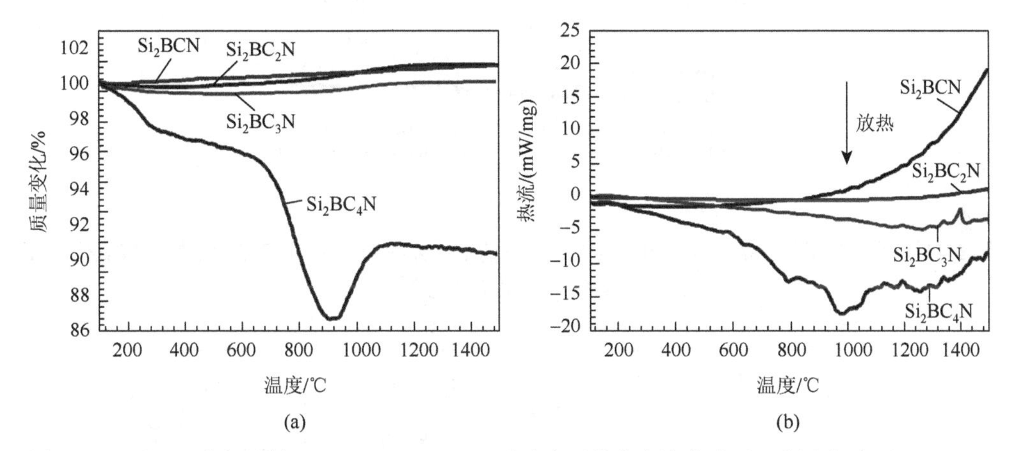

图 5-40　不同 C 摩尔比的 Si_2BC_xN（$x = 1～4$）系纳米晶块体陶瓷在流动干燥空气中以 20℃/min 加热到 1500℃时的 TG-DSC 曲线[1]

（a）TG 曲线；（b）DSC 曲线

在 1500℃流动干燥空气氧化 15h 后，拉曼光谱显示：C 摩尔比较小的 Si_2BCN 和 $Si_2BC_{1.5}N$ 纳米晶块体陶瓷，氧化层表面出现了属于自由碳的 D 边峰、G 边峰、2D 边峰和 D + G 边峰，说明氧化表面存在部分有序碳；而三种 Si_2BC_2N、Si_2BC_3N 和 Si_2BC_4N 纳米晶块体陶瓷，振动峰在 1100～1800cm^{-1} 和 2500～3000cm^{-1} 范围内展宽，表明 C 原子在非晶氧化层中处于无序排列状态；当氧化时间较短时，Si_2BC_2N 纳米晶块体陶瓷氧化层中有少量有序碳，随着氧化时间延长，自由碳逐渐转变为无定形碳（图 5-41）。

不同 C 摩尔比的 Si_2BC_xN（$x = 1～4$）系纳米晶块体陶瓷在 1500℃流动干燥空气氧化 15h 后，XPS 图谱拟合结果显示：氧化层表面除 Si—O 键和 B—O 键外，还存在诸如 Si—C、C—C、C—B 和 C—N 等化学键，其峰位随 C 摩尔比增大有少许偏移；与相同成分的非晶块体陶瓷相比，纳米晶陶瓷氧化层表面化学键种类不变，但价键相对含量不同（图 5-42）。

2. B 摩尔比的影响

不同 B 摩尔比的 $Si_2B_yC_2N$（$y = 1.5～3.5$）系纳米晶块体陶瓷，在 1500℃流动干燥空气氧化不同时间后，XRD 图谱显示 β-SiC 和 BN(C)的晶体衍射峰，并没有检测到方石英的晶体衍射峰，这与相同成分非晶块体陶瓷的高温氧化产物不同（图 5-43）。

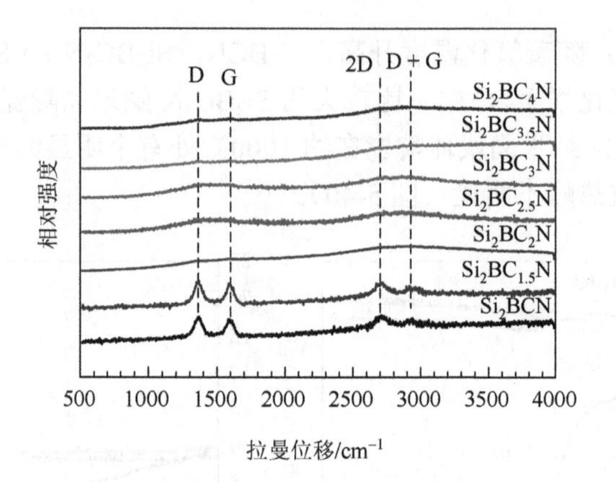

图 5-41 不同 C 摩尔比的 Si_2BC_xN（$x = 1\sim4$）系纳米块体陶瓷在 1500℃流动干燥空气氧化 15h 后氧化层表面拉曼光谱[1]

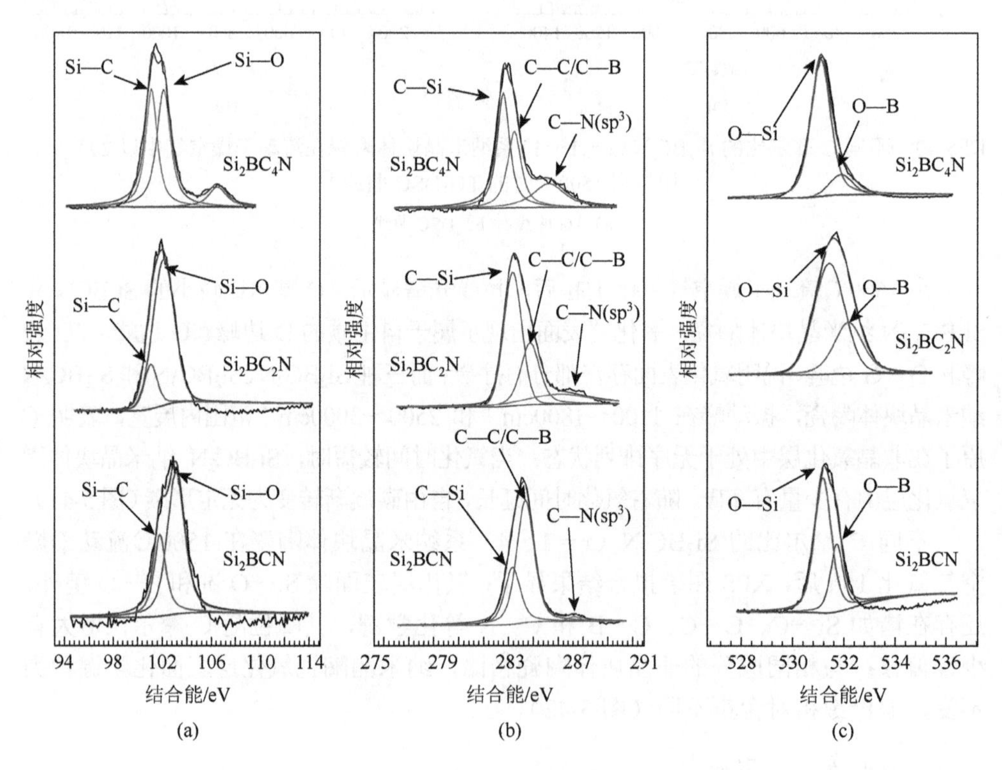

图 5-42 不同 C 摩尔比的 Si_2BC_xN（$x = 1\sim4$）系纳米晶块体陶瓷在 1500℃流动干燥空气氧化 15h 后氧化层表面 XPS 图谱[1]

（a）Si 2p；（b）C 1s；（c）O 1s

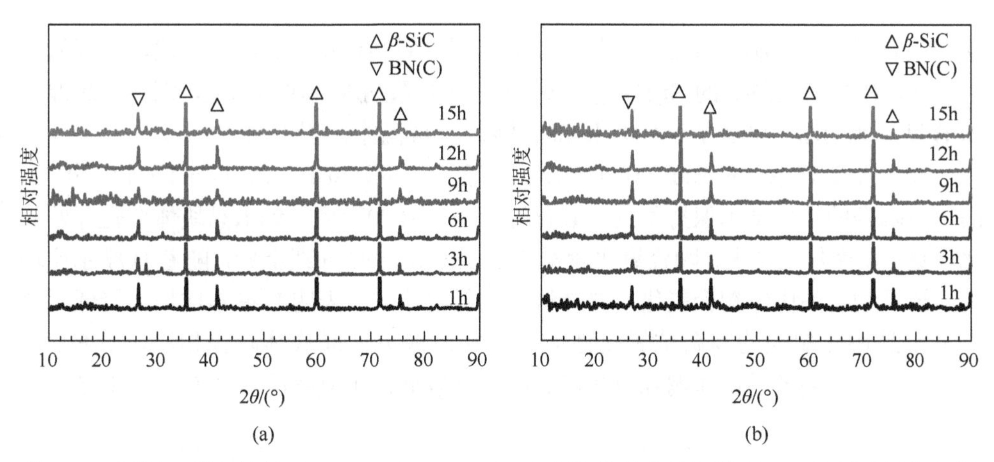

图 5-43　不同 B 摩尔比的 $Si_2B_yC_2N$（$y = 1.5$～3.5）系纳米晶块体陶瓷在 1500℃流动干燥空气氧化不同时间后氧化层表面 XRD 图谱[1]

（a）$Si_2B_{1.5}C_2N$；（b）$Si_2B_{3.5}C_2N$

$Si_2B_{1.5}C_2N$ 纳米晶块体陶瓷在 1500℃流动干燥空气氧化不同时间后，氧化表面光滑致密平整，随着氧化时间延长，表面孔洞逐渐消失；SEM 截面形貌显示，氧化层与陶瓷基体结合良好，界面处无孔洞和微裂纹聚集；与相同成分的非晶块体陶瓷相比，相同氧化条件下，纳米晶块体陶瓷氧化层较厚，氧化表面没有明显微裂纹和方石英（图 5-44）；随着 B 摩尔比进一步增大，即使在氧化初期（t<6h），陶瓷氧化表

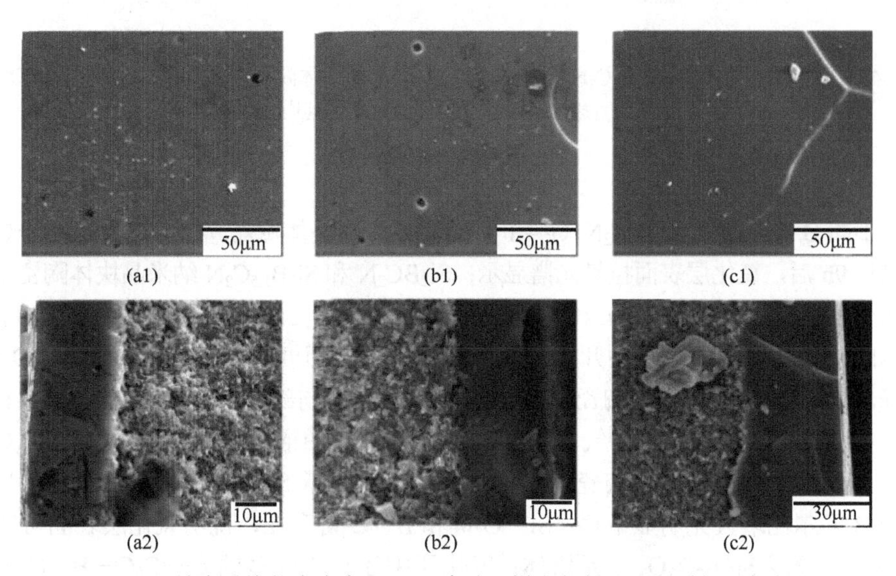

图 5-44　$Si_2B_{1.5}C_2N$ 纳米晶块体陶瓷在 1500℃流动干燥空气氧化不同时间后氧化层 SEM 表面（a1）～（c1）及截面（a2）～（c2）形貌[1]

（a）1h；（b）3h；（c）6h

面也没有明显的孔洞和微裂纹，基体和氧化层界面结合良好。综上所述，相同氧化条件下，B 摩尔比越大的 $Si_2B_yC_2N$（$y=1.5$～4）系纳米晶块体陶瓷，氧化层越厚，即 B 摩尔比的增大削弱了该系纳米晶块体陶瓷的高温抗氧化性能。

TG 结果表明：在 100～1000℃测试温度范围内，$Si_2B_yC_2N$（$y=1$～4）系纳米晶块体陶瓷的质量基本保持不变；氧化温度 $T>1000$℃后，纳米晶块体陶瓷开始氧化增重，B 摩尔比越大，陶瓷氧化增重量越大。从 DSC 曲线上看，随着 B 摩尔比增大，该系纳米晶块体陶瓷氧化放热峰峰位向低温偏移，表明 B 摩尔比增大降低了该系纳米晶块体陶瓷的高温抗氧化性能；与相同成分非晶块体陶瓷相比，$Si_2B_yC_2N$（$y=1$～4）系纳米晶块体陶瓷放热峰起始温度较低，抗氧化能力稍差（图 5-45）。

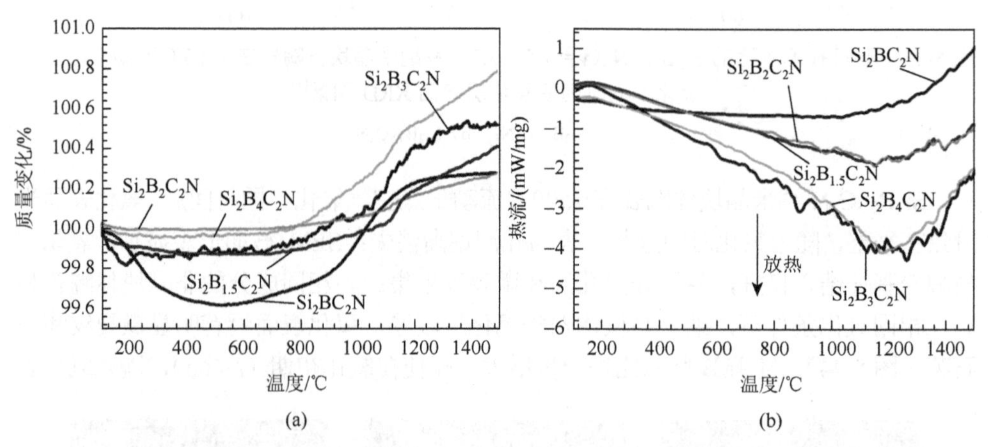

图 5-45 不同 B 摩尔比的 $Si_2B_yC_2N$（$y=1$～4）系纳米晶块体陶瓷在流动干燥空气以 20℃/min 加热到 1500℃的 TG-DSC 曲线[1]

（a）TG 曲线；（b）DSC 曲线

不同 B 摩尔比的 $Si_2B_yC_2N$（$y=1$～2）系纳米晶块体陶瓷，在 1500℃流动干燥空气氧化 9h 后，氧化层表面拉曼光谱显示：Si_2BC_2N 和 $Si_2B_{1.5}C_2N$ 纳米晶块体陶瓷中出现两个宽化的振动峰，分别在 1000～2000cm^{-1} 和 2500～3000cm^{-1} 范围内展宽；随着 B 摩尔比进一步增大，氧化层中开始出现属于自由碳的 D 边峰、G 边峰、2D 边峰和 D + G 边峰，说明该系纳米晶块体陶瓷氧化层中，碳由非晶态向部分有序结构转变（图 5-46）。

在 1500℃流动干燥空气氧化 15h 后，XPS 图谱拟合结果显示：$Si_2B_yC_2N$（$y=1$～4）系纳米晶块体陶瓷，氧化层表面含有大量 Si—O 键和 B—O 键，其峰位随 B 摩尔比增大无明显偏移；Si—O 键和 B—O 键存在，说明氧化层表面可能存在硼硅玻璃或 SiO_2-B_2O_3 二元熔体；氧化层中还存在较多的 C—C/C—B、C—N、C—B—N 和 B—N 等化学键；与相同成分的非晶块体陶瓷相比，纳米晶块体陶瓷氧化层表面 C—N（sp^3）键的振动峰较为明显（图 5-47）。

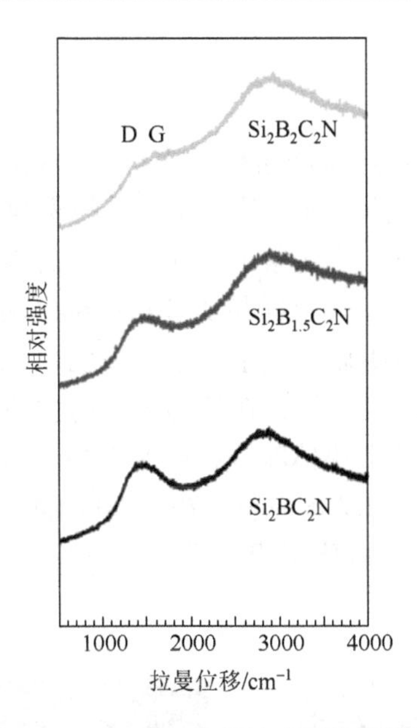

图 5-46　不同 B 摩尔比的 $Si_2B_yC_2N$（$y = 1$～2）系纳米晶块体陶瓷在 1500℃流动干燥空气氧化 9h 后氧化层表面拉曼光谱[1]

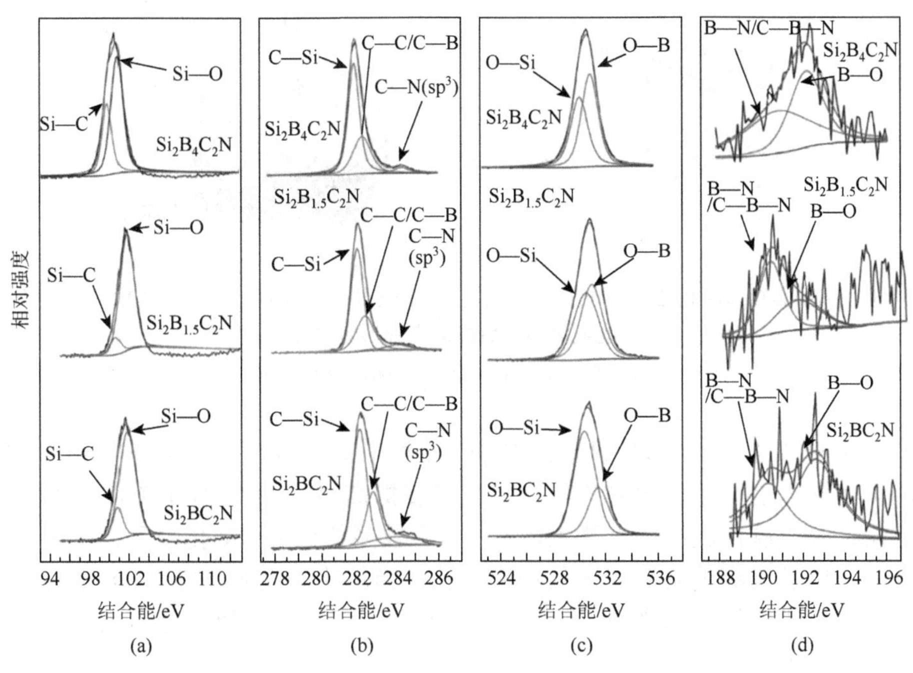

图 5-47　不同 B 摩尔比的 $Si_2B_yC_2N$（$y = 1$～4）系纳米晶块体陶瓷在 1500℃流动干燥空气氧化 15h 后氧化层表面 XPS 图谱[1]

（a）Si 2p；（b）C 1s；（c）O 1s；（d）B 1s

3. 氧化温度的影响

将1900℃/80MPa/30min热压烧结制备的Si_2BC_3N纳米晶块体陶瓷置于空气炉中1000～1600℃静态干燥氧化10h。从氧化样品的宏观形貌来看，在1000℃氧化后，样品表面氧化层很薄，氧化现象不明显，表面有少量鼓泡突起；氧化温度升高至1200℃时，宏观形貌显示陶瓷样品的棱角局部区域发生了轻微氧化，而在样品其余区域，氧化现象并不明显，此条件下生成的氧化层仍然较薄，但能观察到大量气泡破裂的遗留痕迹，说明材料在低温氧化时生成并释放了大量气体；当氧化温度升高至1400℃时，整个块体陶瓷样品都发生了较为严重的氧化，氧化层厚度明显增加，但样品外形轮廓基本完整；在1600℃静态干燥空气氧化10h后，陶瓷样品的棱角部位变得圆滑，氧化层明显增厚且在陶瓷表面分布不均匀（图5-48）。

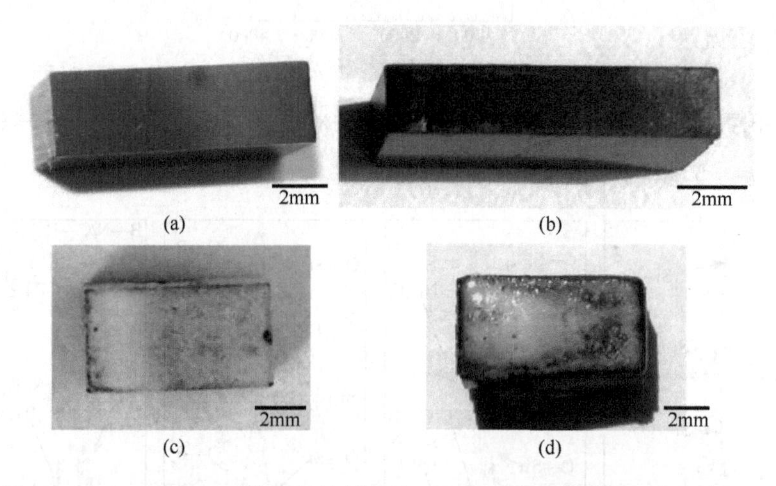

图5-48 经1900℃/80MPa/30min热压烧结制备的Si_2BC_3N纳米晶块体陶瓷在静态干燥空气不同温度氧化10h后样品宏观形貌照片[12]

（a）1000℃；（b）1200℃；（c）1400℃；（d）1600℃

氧化层SEM表面形貌显示：Si_2BC_3N纳米晶块体陶瓷在1000℃氧化10h后，氧化层光滑平整、致密连续；氧化温度提高至1200～1400℃时，纳米晶块体陶瓷表面氧化膜粗糙度增大，膜内分布较多的微裂纹、孔洞和大量未破裂的气泡，以及气泡破裂后留下的细密气孔；当氧化温度升高至1600℃时，样品表面氧化膜变得透明光滑，氧化层较为致密完整，氧化膜内分布大量针状晶体（图5-49）。

Si_2BC_3N纳米晶块体陶瓷与SiC纳米晶块体陶瓷的高温氧化行为有相似之处，但前者每一阶段的氧化温度都比后者相应氧化温度升高了100～200℃[12-14]。推测可能与前者的氧化层中同时含有 SiO_2-B_2O_3 和硼硅玻璃有关；相同氧化温度条件下，黏流态硼硅玻璃的高温黏度比单一 SiO_2 黏度大，从而导致 Si_2BC_3N 纳米晶块体陶瓷氧化行为的滞后。

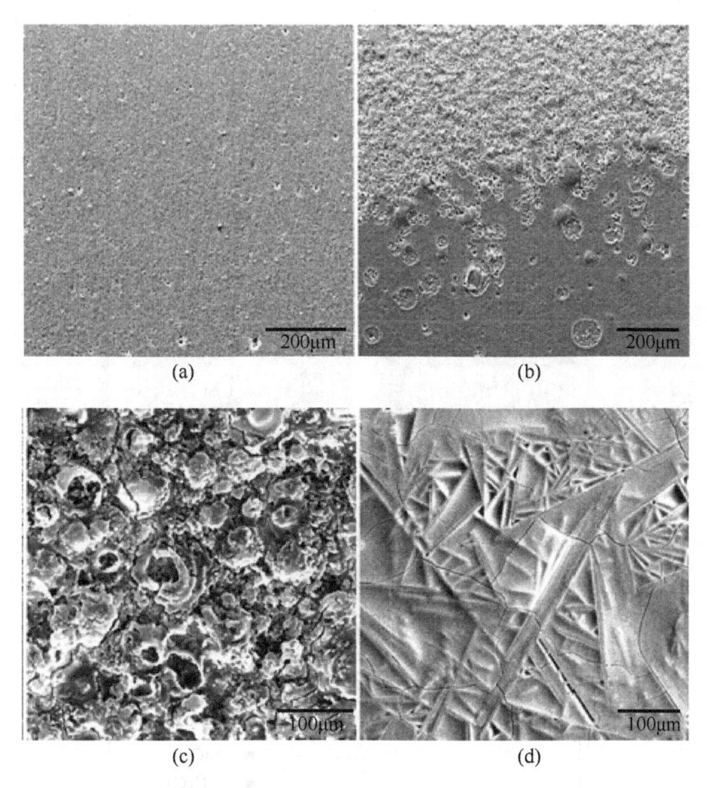

图 5-49　Si_2BC_3N 纳米晶块体陶瓷在静态干燥空气不同温度氧化 10h 后氧化层 SEM 表面形貌[12]

（a）1000℃；（b）1200℃；（c）1400℃；（d）1600℃

氧化层 SEM 截面形貌进一步证实，当氧化温度为 1000℃或 1200℃时，样品表面生成的氧化层较薄，与陶瓷基体之间没有明确的分界线，氧含量从氧化层表面至材料内部基体呈现连续下降趋势。氧化温度为 1400℃时，氧化层迅速增厚至 40～100μm，此时氧化层疏松多孔，与陶瓷基体结合较弱，但氧化层与陶瓷基体界面分明，氧元素含量在界面处陡然下降。氧化温度升高至 1600℃时，Si_2BC_3N 纳米晶块体陶瓷表面氧化层变得致密连续，氧化层与基体界面结合力较强，但氧化层厚度不均匀，为 20～100μm；氧化层与陶瓷基体界面明显，氧在界面两侧浓度差别较大；界面处 EDS 结果表明，氧化层表面 B 元素和 O 元素的质量分数明显高于陶瓷基体，但 N 元素和 Si 元素较少，而 C 在氧化层及基体中的含量差别较小（图 5-50）。XRD 结果显示，当氧化温度小于等于 1200℃

时，高温氧化产物以方石英为主；氧化温度为 1400℃时，氧化层表面方石英的含量显著增加；氧化温度升高至 1600℃时，氧化层中的晶体部分以鳞石英和方石英为主（图 5-51）。

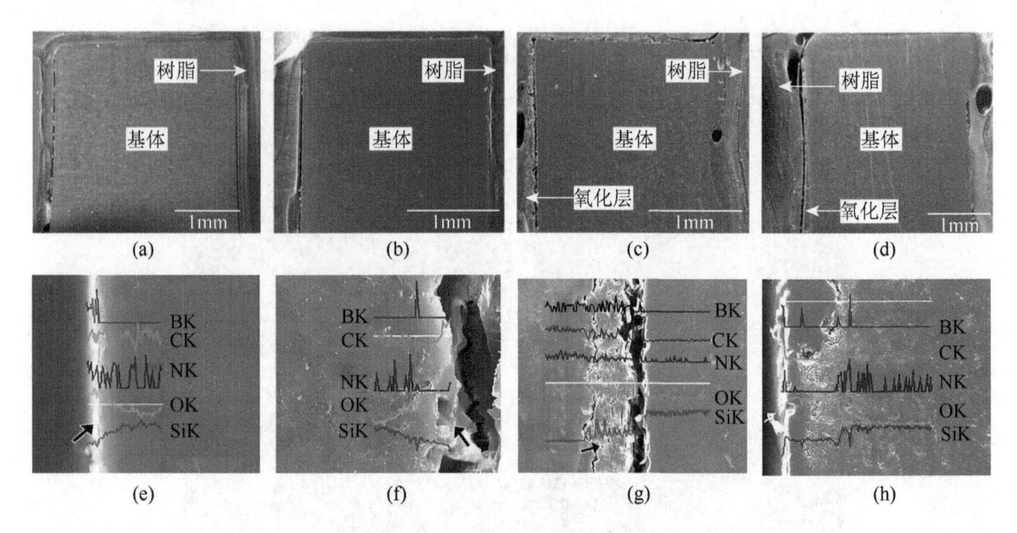

图 5-50　Si_2BC_3N 纳米晶块体陶瓷在静态干燥空气不同温度氧化 10h 后，氧化层 SEM 表面、截面形貌及相应的 EDS 元素线分析[12]

（a）（e）1000℃；（b）（f）1200℃；（c）（g）1400℃；（d）（h）1600℃

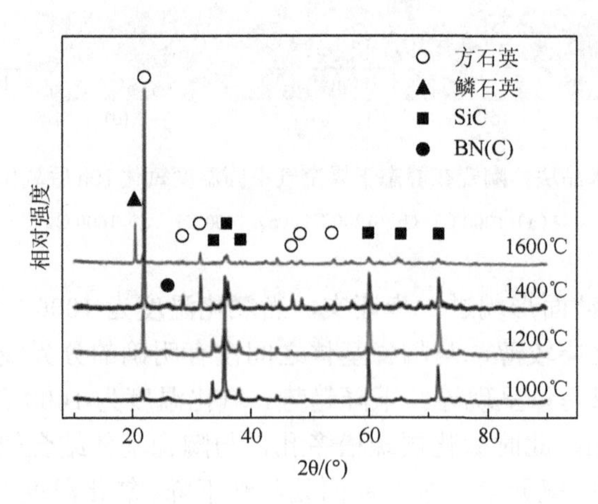

图 5-51　Si_2BC_3N 纳米晶块体陶瓷在静态干燥空气不同温度氧化 10h 后氧化层表面 XRD 图谱[12]

综上所述，热压烧结制备的 Si_2BC_3N 纳米晶块体陶瓷在 1000℃流动干燥空气中氧化后，氧化层表面 B 元素质量分数较高，气体产物挥发在陶瓷表面形成了小尺寸鼓泡，此时材料氧化速度较慢，氧化层中 B_2O_3 含量相对较高，B_2O_3

挥发并不严重。当氧化温度升高至 1200℃时，纳米晶块体陶瓷氧化速度加快，氧化产物 SiO_2 含量增加，气体产物挥发较为严重，氧化层表面分布大量破裂气泡，氧化层具有一定的厚度，与陶瓷基体结合牢固，两者之间没有明确的界面。在 1400℃氧化温度下，Si_2BC_3N 纳米晶块体陶瓷表面氧化膜明显增厚，与基体结合力较弱；此温度下纳米晶块体陶瓷快速氧化，黏稠熔融的氧化产物不能充分覆盖样品所有表面，氧化层变得疏松多孔；材料在 1600℃氧化时，氧化层变得致密连续，黏度适中的熔融氧化产物在陶瓷表面形成了连续致密的氧化层，降低了氧在氧化层中的扩散速率；在该氧化条件下，Si_2BC_3N 纳米晶块体陶瓷的高温氧化行为可能同时受氧在氧化层的扩散速率和界面氧化反应速率控制。

4. 球磨方式、烧结技术与含水环境的影响

SiBCN 系纳米晶块体陶瓷材料的制备工艺和氧化环境（干燥和潮湿）是影响其高温氧化层成分及相结构的重要因素。采用基于机械合金化的一步球磨法（c-Si、石墨和 h-BN 同时球磨 20h）和两步球磨法（c-Si 和石墨以摩尔比 1∶1 先球磨 15h，随后加入剩余的 h-BN 和石墨再球磨 5h）制备的 Si_2BC_3N 非晶陶瓷粉体，经 1900℃/40MPa/30min 热压烧结分别制备出两种 Si_2BC_3N 纳米晶块体陶瓷。TG 结果表明，两种纳米晶块体陶瓷在 700～1000℃温度范围出现了少量失重，但两步球磨法制备的 Si_2BC_3N 纳米晶块体陶瓷氧化失重量较大（图 5-52）。

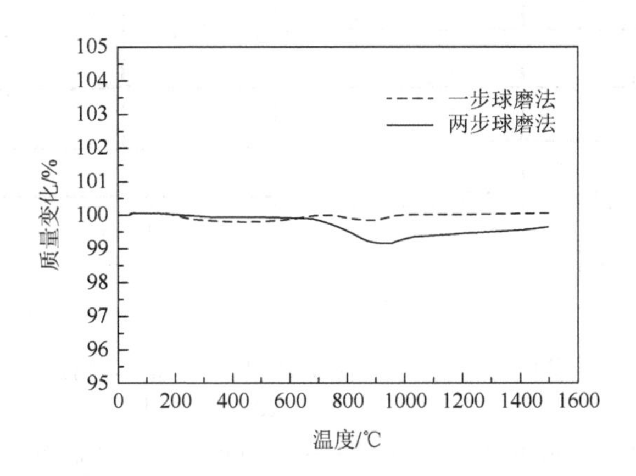

图 5-52　一步球磨法和两步球磨法结合热压烧结技术（1900℃/40MPa/30min）制备的 Si_2BC_3N 纳米晶块体陶瓷，在流动干燥空气中以 20℃/min 升温至 1500℃时的 TG 曲线[15]

一步球磨法结合热压烧结技术制备的 Si_2BC_3N 纳米晶块体陶瓷，在流动干燥空气（混合气体分别经过 $CaCl_2$ 和 P_2O_5 后进入石英管，混合气体为 40%（体积分数）的 O_2 和 60%（体积分数）的 N_2），氧化不同时间，氧化层表面 XRD 图谱表明：在 900℃氧化时间小于 5h 条件下，氧化层表面物相种类没有明显变化，BN(C)的晶体衍

射峰强度有所降低；氧化 85h 后，氧化层表面检测到少量方石英（ZrO_2 来源于磨球/球罐材质的污染），α/β-SiC 的晶体衍射峰强度基本没有变化；在静态干燥空气中，随着氧化温度升高和氧化时间延长，方石英的晶体衍射峰强度逐渐增加（图 5-53）。

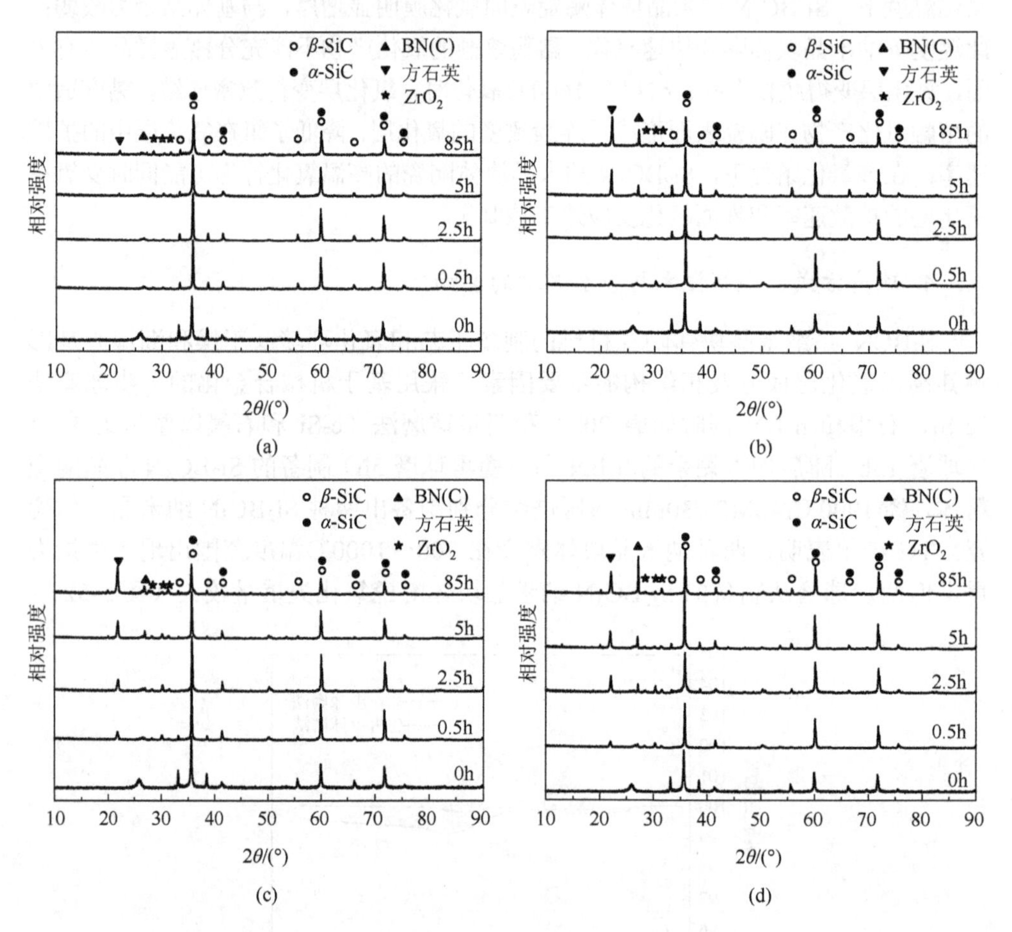

图 5-53　一步球磨法结合热压烧结技术制备的 Si_2BC_3N 纳米晶块体陶瓷，在不同环境氧化不同时间后氧化层表面 XRD 图谱[15]

（a）900℃，流动干燥空气；（b）1050℃，流动干燥空气；（c）1050℃，流动潮湿空气；（d）1200℃，流动干燥空气

在 1050℃流动潮湿空气（混合气体经过沸腾的蒸馏水后进入石英管，混合气体为 40%（体积分数）的 O_2 和 60%（体积分数）的 N_2，绝对湿度 $0.816g/cm^3$）中氧化不同时间后，同干燥空气氧化环境相比，在相同氧化时间内，Si_2BC_3N 纳米晶块体陶瓷的氧化产物方石英的晶体衍射峰强度有所增强，BN(C)的晶体衍射峰强度降低，说明潮湿气氛弱化了 Si_2BC_3N 纳米晶块体陶瓷的高温抗氧化性能。

XPS 图谱拟合结果表明：在低温短时间氧化后，氧化层表面仍能探测到少量 B 元素和 N 元素，同一氧化温度下，Si 元素和 O 元素的原子分数随氧化时间延长而降低，C 的原子分数增加（表 5-2）。

表 5-2　一步球磨法结合热压烧结技术制备的 Si_2BC_3N 纳米晶块体陶瓷，在不同环境氧化 0.5h 和 85h 后氧化层表面元素相对含量（数据来源于 XPS 统计结果）[15]

制备技术	氧化温度及气氛	氧化时间/h	原子分数/%				
			Si	B	C	N	O
一步球磨法结合热压烧结技术	900℃，流动干燥空气	0.5	30.66	3.17	11.52	0.96	53.69
		85	21.97	0	34.00	1.28	42.75
	1050℃，流动干燥空气	0.5	27.60	2.55	20.43	0.86	48.56
		85	18.77	0	46.8	0.67	33.76
	1050℃，流动潮湿空气	0.5	24.81	0	28.94	0	46.25
		85	21.13	0	29.26	0	49.61
	1200℃，流动干燥空气	0.5	30.36	0	12.05	0	57.59
		85	18.16	0	27.14	0.75	53.95

与一步球磨法相比，两步球磨法结合热压烧结技术制备的 Si_2BC_3N 纳米晶块体陶瓷，其在不同氧化条件下的氧化产物种类保持一致，氧化表面均检测到 α/β-SiC、BN(C)、方石英以及少量的 ZrO_2；从氧化产物相对含量来看，两步球磨法制备的纳米晶块体陶瓷在 1050℃和 1200℃氧化后，氧化表面方石英含量明显增加，BN(C)相对含量明显降低（图 5-54）；在相同氧化温度和氧化气氛条件下，两步球磨法制备的 Si_2BC_3N 纳米晶块体陶瓷，其表面元素的相对含量变化规律同一步球磨法一致（表 5-3）。

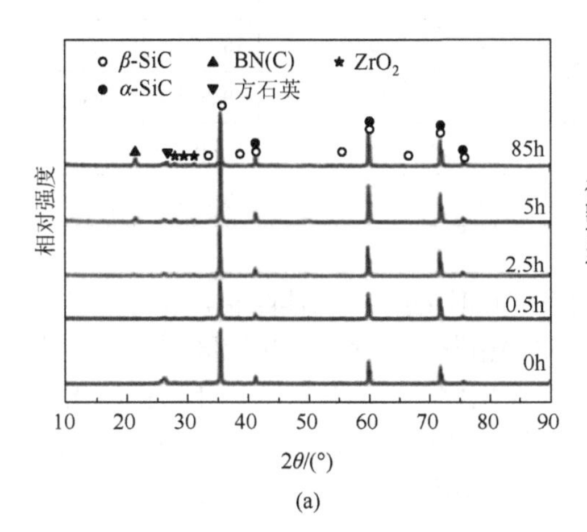

(a)

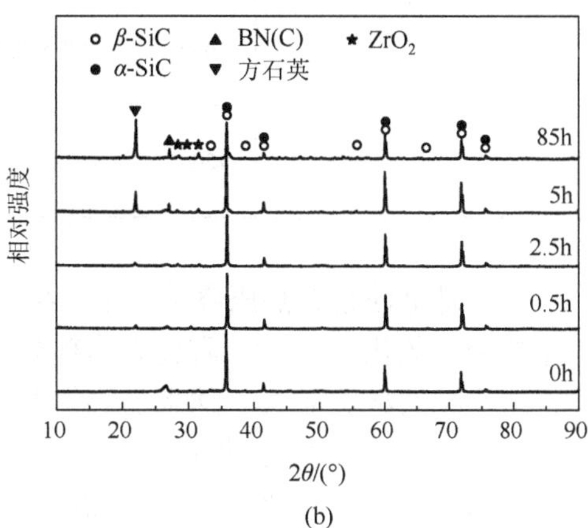

(b)

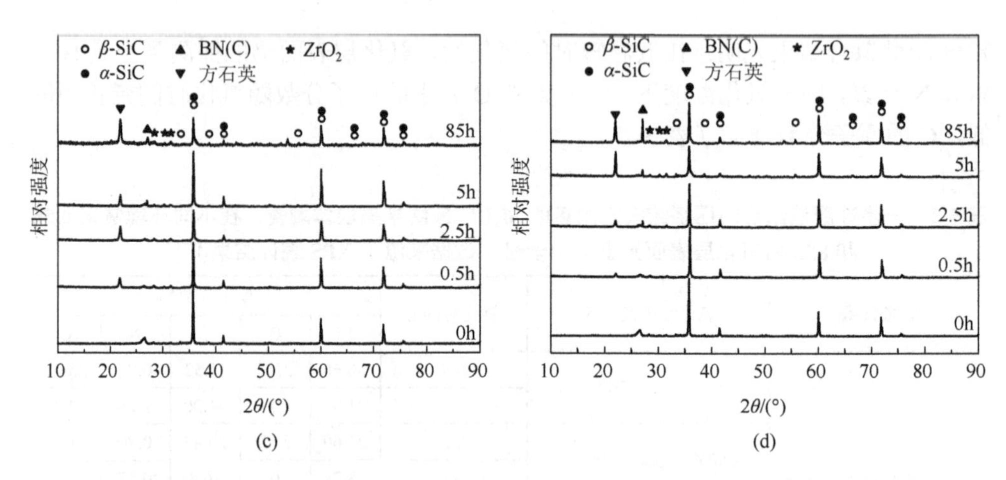

图 5-54 两步球磨法结合热压烧结技术制备 Si_2BC_3N 纳米晶块体陶瓷，在不同环境氧化不同时间后氧化层表面 XRD 图谱[15]

（a）900℃，流动干燥空气；（b）1050℃，流动干燥空气；（c）1050℃，流动潮湿空气；（d）1200℃，流动干燥空气

表 5-3 两步球磨法结合热压烧结技术制备的 Si_2BC_3N 纳米晶块体陶瓷，在不同环境氧化 0.5h 和 85h 后氧化层表面元素含量（数据来源于 XPS 统计分析）[15]

制备技术	氧化温度及气氛	氧化时间/h	原子分数/%				
			Si	B	C	N	O
两步球磨法结合热压烧结技术	900℃，流动干燥空气	0.5	29.76	6.64	2.80	1.58	59.22
		85	19.66	0	38.46	0	41.88
	1050℃，流动干燥空气	0.5	29.46	1.43	18.99	0.39	49.73
		85	20.80	0	46.00	0	33.20
	1050℃，流动潮湿空气	0.5	29.69	0	18.74	0.10	51.47
		85	18.29	0	19.36	1.59	60.76
	1200℃，流动干燥空气	0.5	27.72	0	18.06	0.33	53.89
		85	9.99	0	63.39	0	26.62

一步球磨法结合热压烧结技术制备的 Si_2BC_3N 纳米晶块体陶瓷，在 900℃流动干燥空气氧化 0.5h 后，陶瓷表面部分 BN(C)相发生氧化，在相应区域形成了孔洞；氧化时间延长至 5h，纳米晶块体陶瓷表面生成了较为致密的氧化层；氧化时间延长至 85h，氧化表面仍保持完整致密的结构；氧化层 SEM 截面形貌显示，经过 85h 长时间高温氧化后，Si_2BC_3N 纳米晶块体陶瓷表面氧化层厚度小于 1μm，显示出优异的高温抗氧化性能（图 5-55）。

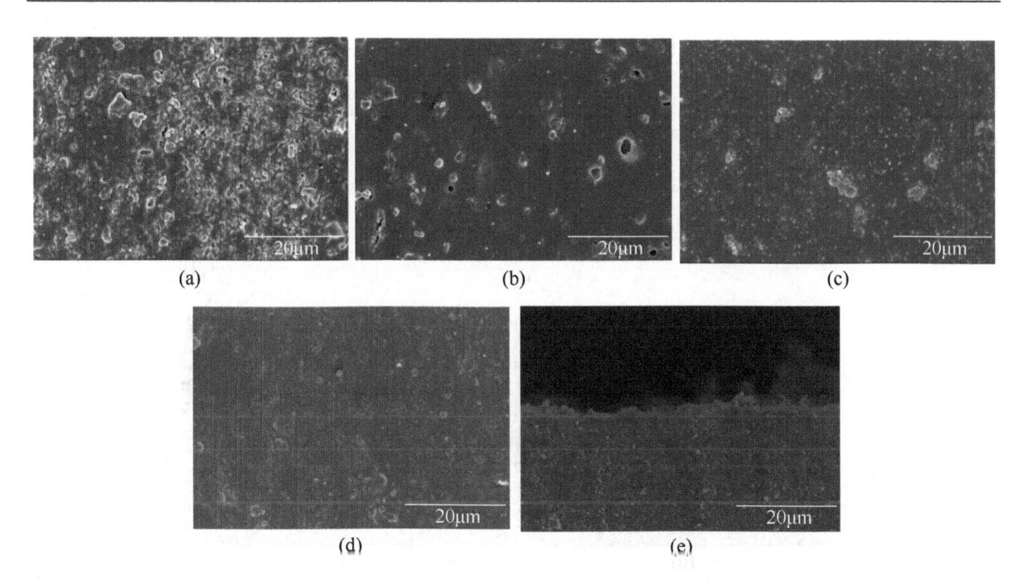

图 5-55　一步球磨法结合热压烧结技术制备的 Si_2BC_3N 纳米晶块体陶瓷，在 900℃流动干燥空气氧化不同时间后氧化层 SEM 表面（a）～（d）及截面（e）形貌[15]

（a）0.5h；（b）2.5h；（c）5h；（d）（e）85h

一步球磨法结合热压烧结技术制备的 Si_2BC_3N 纳米晶块体陶瓷，在 1050℃流动干燥空气中氧化 0.5h 后，氧化层表面存在少量孔洞；随着氧化时间延长，氧化表面小尺寸孔洞逐渐弥合，但局域形成了尺寸较大的孔洞区；氧化 85h 后，氧化表面有大量的晶体析出，氧化层厚度约为 7.1μm（图 5-56）；DES 能谱分析表明，晶体中主要含 Si 和 O 元素（原子分数分别约为 25.3%和 74.7%），对应方石英晶体，而氧化层分别含有 Si、C 和 O 三种元素（原子分数分别约为 35.6%、23.2%和 41.2%）。

在 1050℃流动潮湿空气中氧化 0.5h 后，Si_2BC_3N 纳米晶块体陶瓷表面存在较大尺寸孔洞；氧化时间延长至 2.5～5h，氧化表面部分孔洞被有效填充弥合；在 1050℃氧化 85h 后，氧化表面分为致密区和多孔区，氧化层与陶瓷基体界面处疏松多孔，氧化层厚度约为 20.2μm，可见潮湿环境下该纳米晶块体陶瓷的高温抗氧化性能有所降低（图 5-57）。

在 1200℃流动干燥空气氧化 0.5h 后，Si_2BC_3N 纳米晶块体陶瓷氧化表面较为致密平整；随着氧化时间延长（2.5～85h），纳米晶块体陶瓷的氧化层仍然致密连续，但存在少量微裂纹，氧化层与陶瓷基体界面紧密结合，氧化层厚度约为 9.6μm（图 5-58）。

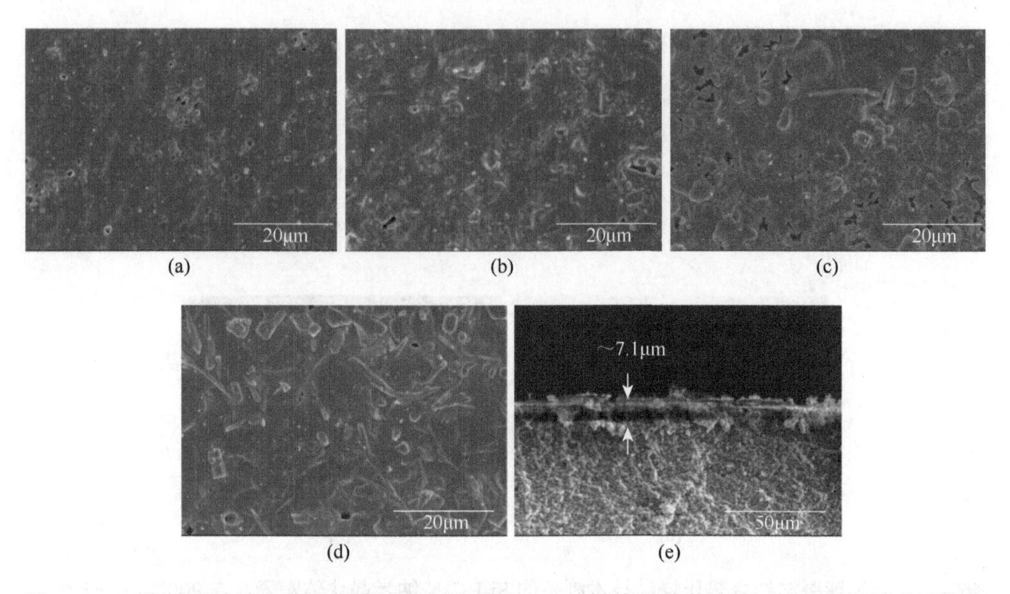

图 5-56　一步球磨法结合热压烧结技术制备的 Si_2BC_3N 纳米晶块体陶瓷，在 1050℃流动干燥空气氧化不同时间后氧化层 SEM 表面（a）～（d）及截面（e）形貌[15]

（a）0.5h；（b）2.5h；（c）5h；（d）（e）85h

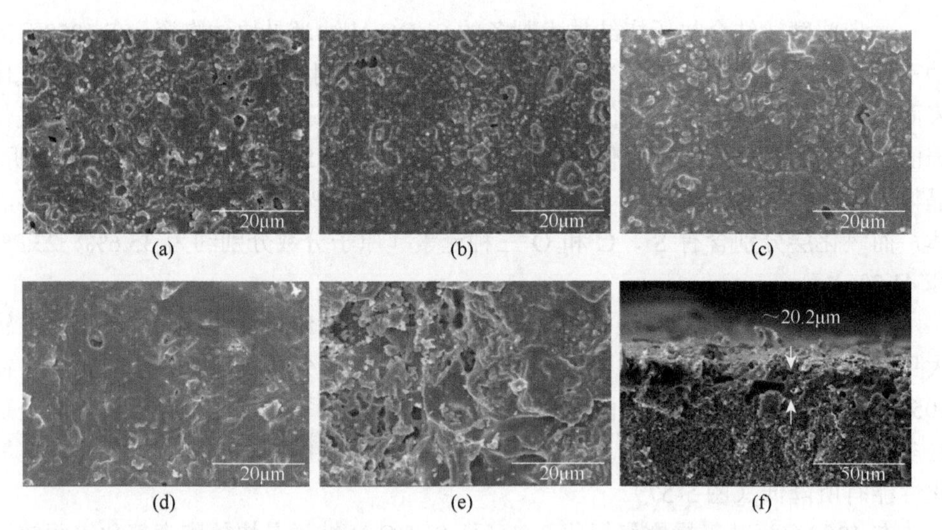

图 5-57　一步球磨法结合热压烧结技术制备的 Si_2BC_3N 纳米晶块体陶瓷，在 1050℃流动潮湿空气氧化不同时间后氧化层 SEM 表面（a）～（e）及截面（f）形貌[15]

（a）0.5h；（b）2.5h；（c）5h；（d）～（f）85h

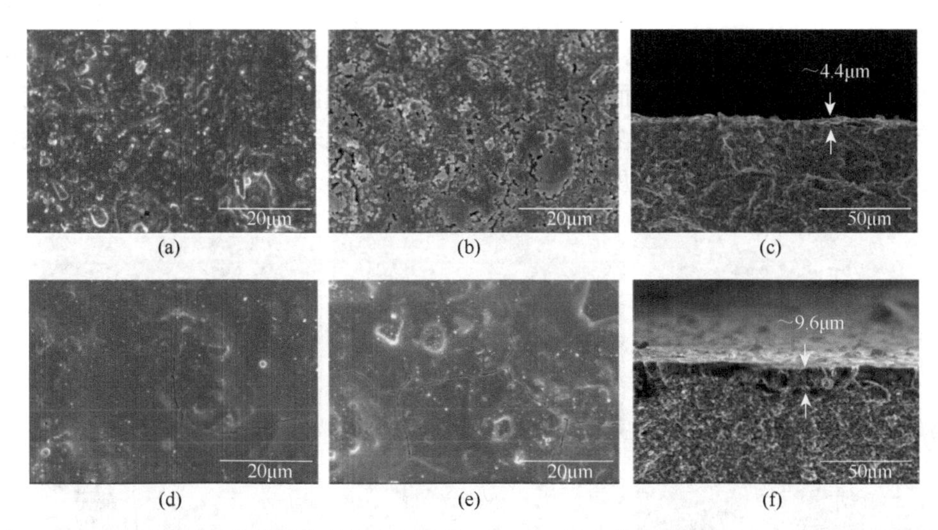

图 5-58　一步球磨法结合热压烧结技术制备的 Si_2BC_3N 纳米晶块体陶瓷，在 1200℃流动干燥空气氧化不同时间后氧化层 SEM 表面（a）（b）（d）（e）及截面（c）（f）形貌[15]

（a）0.5h；（b）（c）2.5h；（d）5h；（e）（f）85h

两步球磨法结合热压烧结技术制备的 Si_2BC_3N 纳米晶块体陶瓷，在 900℃流动干燥空气中氧化 0.5～5h 后，氧化表面存在较多孔洞；氧化层 SEM 截面形貌显示，氧化 5h 和 85h 后，陶瓷表面氧化层厚度分别约为 1.3μm 和 7.8μm，明显高于相同氧化条件下一步法制备陶瓷的氧化层厚度（图 5-59）。

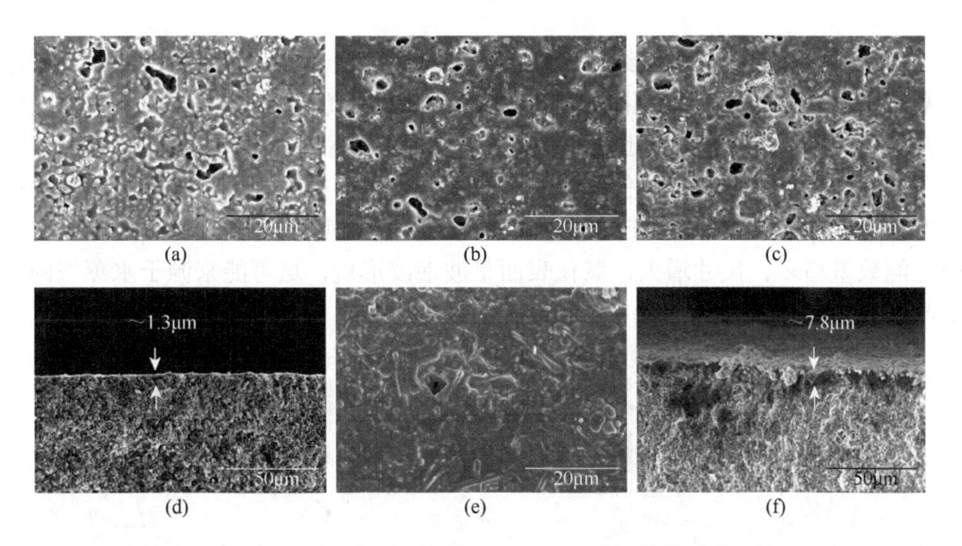

图 5-59　两步球磨法结合热压烧结技术制备的 Si_2BC_3N 纳米晶块体陶瓷，在 900℃流动干燥空气氧化不同时间后氧化层 SEM 表面（a）（b）（c）（e）及截面（d）（f）形貌[15]

（a）0.5h；（b）2.5h；（c）（d）5h；（e）（f）85h

在 1050℃干燥空气氧化 2.5h 后，Si_2BC_3N 纳米晶块体陶瓷氧化表面孔洞数量减少，氧化 5h 后氧化层表面无明显孔洞；从 SEM 截面形貌来看，氧化层厚度不均匀，氧化层内部较为疏松多孔；氧化 85h 后，氧化表面形成了部分凸起，氧化层仍为多孔结构，氧化层厚度约为 7.4μm（图 5-60）。

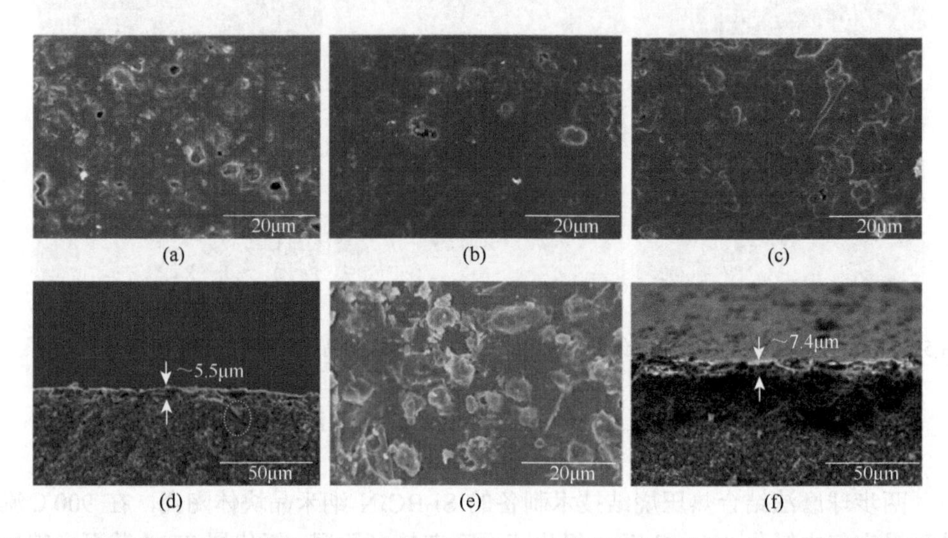

图 5-60 两步球磨法结合热压烧结技术制备的 Si_2BC_3N 纳米晶块体陶瓷，在 1050℃流动干燥空气氧化不同时间后氧化层 SEM 表面（a）（b）（c）（e）及截面（d）（f）形貌[15]

（a）0.5h；（b）2.5h；（c）（d）5h；（e）（f）85h

两步球磨法结合热压烧结技术制备的 Si_2BC_3N 纳米晶块体陶瓷，在 1050℃流动潮湿空气氧化 0.5h 后，氧化层表面较为平整致密；氧化 2.5h 后，陶瓷表面 BN(C) 相在 H_2O 和 O_2 共同作用下迅速氧化挥发，形成多孔氧化层结构；氧化 5h 后，陶瓷氧化表面孔洞数量减少，但氧化层凹凸不平，仍存在部分大尺寸气孔，氧化层厚度约为 6.2μm；氧化时间延长至 85h 后，氧化层厚度增加至约 21.3μm，氧化膜内孔洞数量增多、尺寸增大，氧化表面呈波浪纹形貌，这可能来源于水蒸气的流动冲刷（图 5-61）。

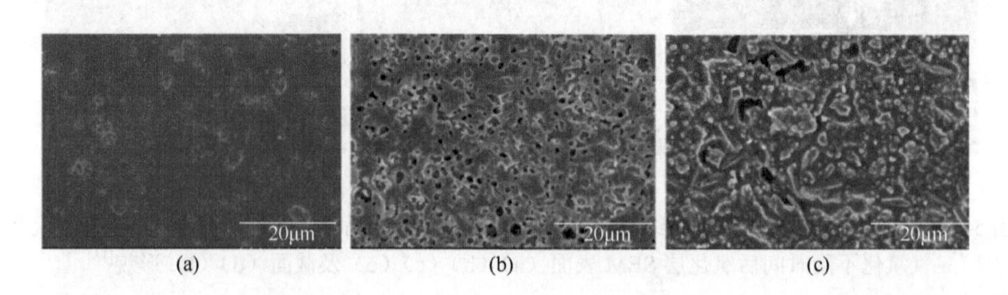

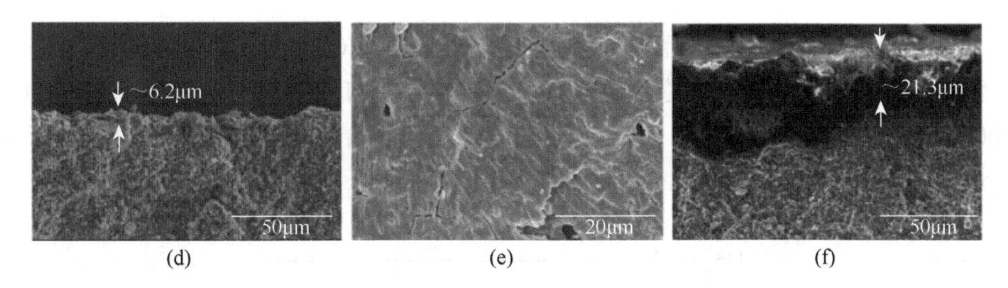

图 5-61　两步球磨法结合热压烧结技术制备的 Si_2BC_3N 纳米晶块体陶瓷，在 1050℃流动潮湿空气氧化不同时间后氧化层 SEM 表面（a）（b）（c）（e）及截面（d）（f）形貌[15]

（a）0.5h；（b）2.5h；（c）（d）5h；（e）（f）85h

氧化温度升高至 1200℃，Si_2BC_3N 纳米晶块体陶瓷在流动干燥空气氧化 0.5～2.5h 后，氧化层平整致密，表面存在部分方石英；氧化时间延长至 5h，陶瓷氧化表面凹凸不平，方石英相对含量增加；SEM 截面形貌显示氧化层内部仍存在较多孔洞，氧化层厚度约为 4.9μm；氧化 85h 后，氧化表面变得光滑平整致密，氧化膜增厚至约 7.5μm（图 5-62）。

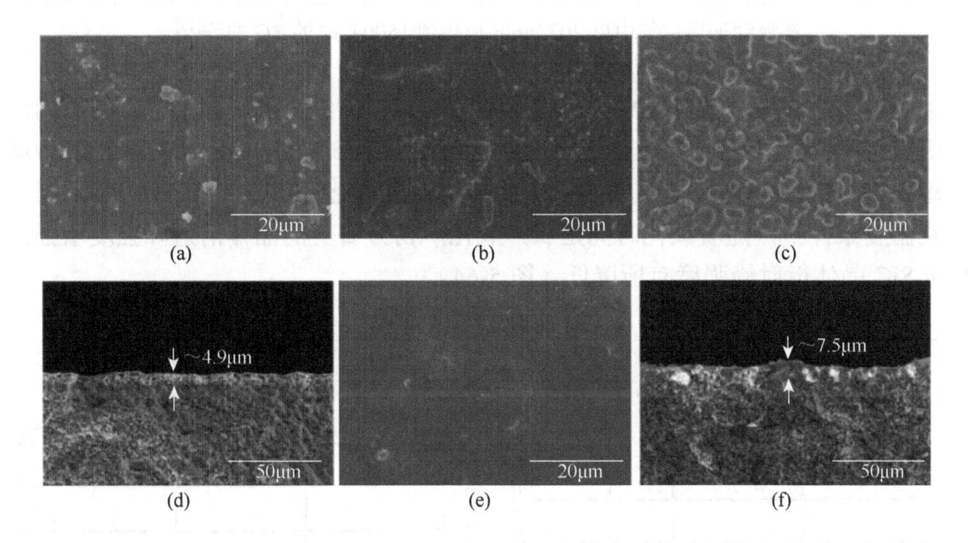

图 5-62　两步球磨法结合热压烧结技术制备的 Si_2BC_3N 纳米晶块体陶瓷，在 1200℃流动干燥空气氧化不同时间后氧化层 SEM 表面（a）（b）（c）（e）及截面（d）（f）形貌[15]

（a）0.5h；（b）2.5h；（c）（d）5h；（e）（f）85h

总体而言，在 1200℃相同氧化条件下，虽然两步球磨法结合热压烧结制备的 Si_2BC_3N 纳米晶块体陶瓷，其表面氧化层厚度较一步球磨法制备陶瓷的氧化膜要薄，但后者的氧化层多为疏松多孔结构，不能有效延缓氧的进一步氧化侵蚀。

TG 结果表明，两步球磨法结合放电等离子烧结（1800℃/40MPa/3min）烧结制备的不同 Si/C 摩尔比 $SiBC_2N$、Si_2BC_3N 和 Si_3BC_4N 纳米晶块体陶瓷，在 700～1100℃均发生氧化失重，在 900℃时氧化失重量最大；Si/C 摩尔比越大的纳米晶块体陶瓷，氧化失重量越小，高温抗氧化性能越优异（图 5-63）。

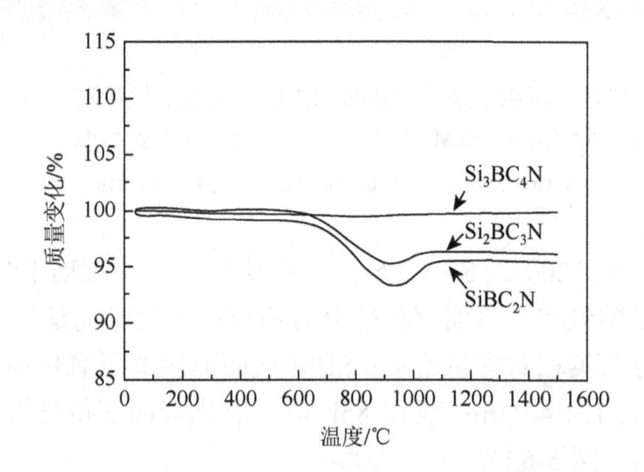

图 5-63　两步球磨法结合放电等离子烧结制备的不同 Si/C 摩尔比的 SiBCN 系纳米晶块体陶瓷，在流动干燥空气中以 20℃/min 加热到 1500℃时的 TG 曲线[15]

两步球磨法结合放电等离子烧结制备的 Si_2BC_3N 纳米晶块体陶瓷，在不同温度/湿度环境氧化不同时间后，氧化产物均为方石英和 ZrO_2（ZrO_2 来源于磨球/球磨罐材质污染），与热压烧结 Si_2BC_3N 纳米晶块体陶瓷的高温氧化产物一致；相同氧化温度条件下，随着氧化时间延长，氧化产物方石英的晶体衍射峰强度增强，而 β-SiC 晶体衍射峰强度有所降低（图 5-64）。

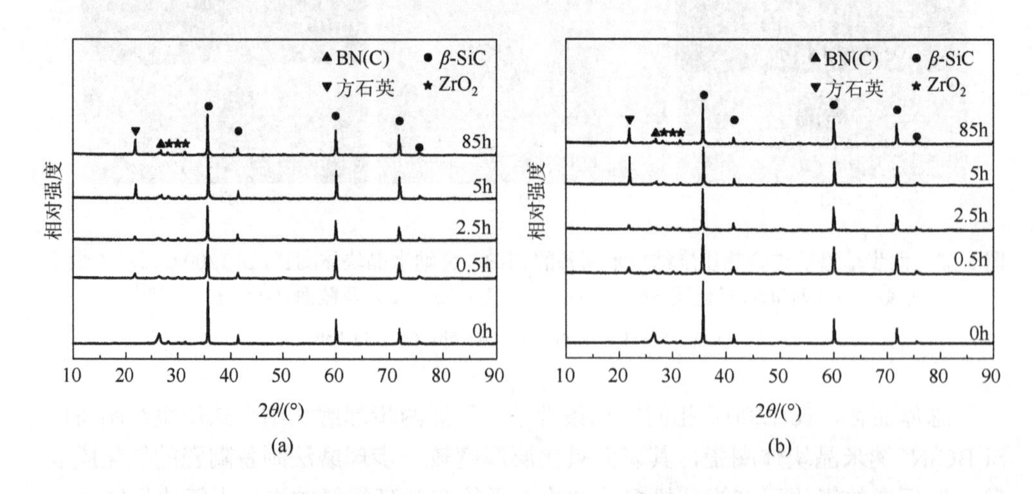

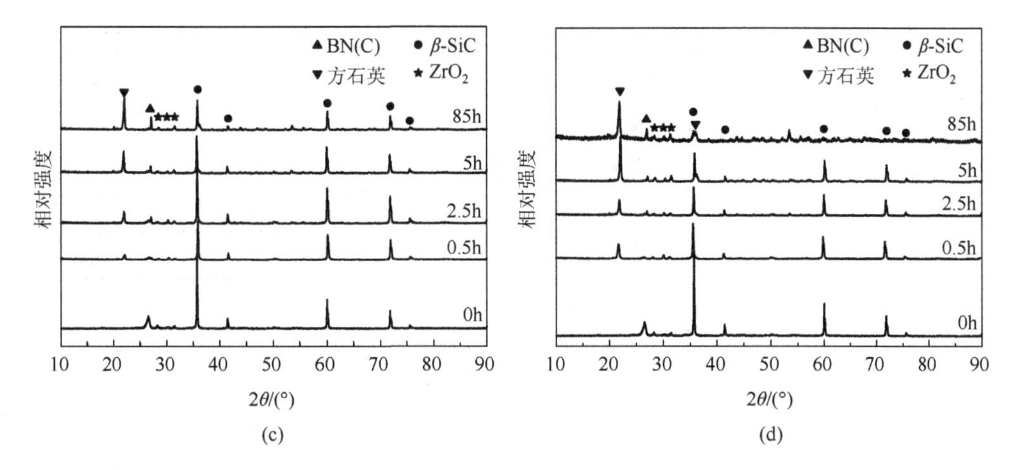

图 5-64　两步球磨法结合放电等离子烧结制备的 Si_2BC_3N 纳米晶块体陶瓷，在不同温度/湿度环境氧化不同时间后氧化层表面 XRD 图谱[15]

（a）900℃，流动干燥空气；（b）1050℃，流动干燥空气；（c）1050℃，流动潮湿空气；（d）1200℃，流动干燥空气

在干燥流动空气中氧化 85h 后，XRD 图谱上显示出较弱的方石英晶体衍射峰；Si/C 摩尔比越大的纳米晶块体陶瓷，越能在短时间内生成保护性氧化膜，进而有效延缓陶瓷的氧化速度；在流动潮湿空气条件下，Si/C 摩尔比最大的 Si_3BC_4N 纳米晶块体陶瓷，其氧化产物方石英的晶体衍射峰强度最高，说明 SiC 与水蒸气/氧气发生氧化反应析出大量方石英（图 5-65）。

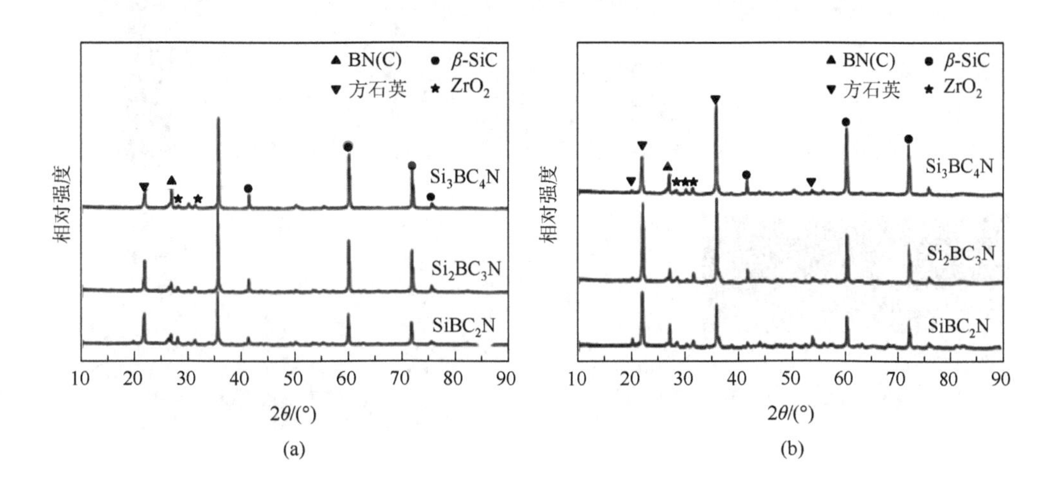

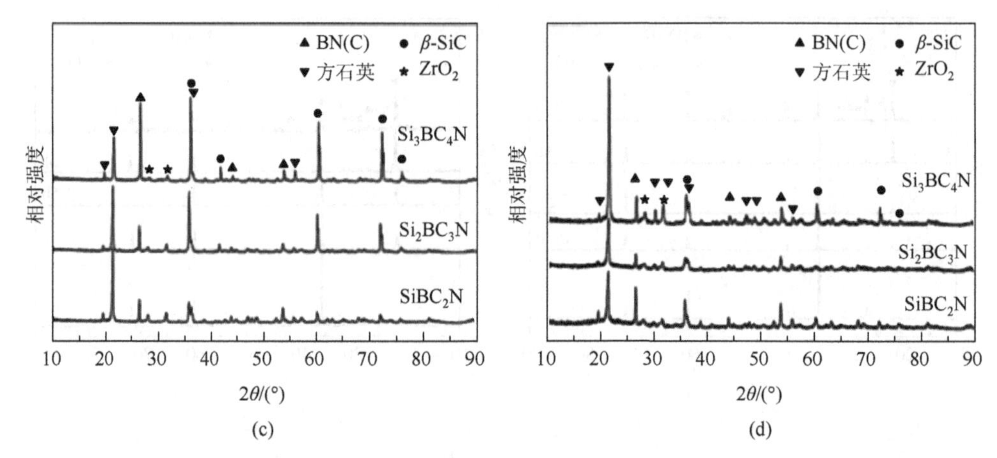

图 5-65 两步球磨法结合放电等离子技术烧结制备的不同 Si/C 摩尔比的 SiBCN 系纳米晶块体陶瓷，在不同温度/湿度环境氧化 85h 后氧化层表面 XRD 图谱[15]

（a）900℃，流动干燥空气；（b）1050℃，流动干燥空气；（c）1050℃，流动潮湿空气；（d）1200℃，流动干燥空气

在流动干燥空气条件下，随着 Si/C 摩尔比增大，放电等离子烧结制备的纳米晶块体陶瓷的高温抗氧化性能越好。在 900℃氧化 85h 后，Si_3BC_4N 纳米晶块体陶瓷表面氧化层平均厚度小于 1μm（图 5-66）；氧化温度提高，Si/C 摩尔比最小的 $SiBC_2N$ 纳米晶块体陶瓷，其氧化表面凹凸不平，氧化层分布较大尺寸孔洞，

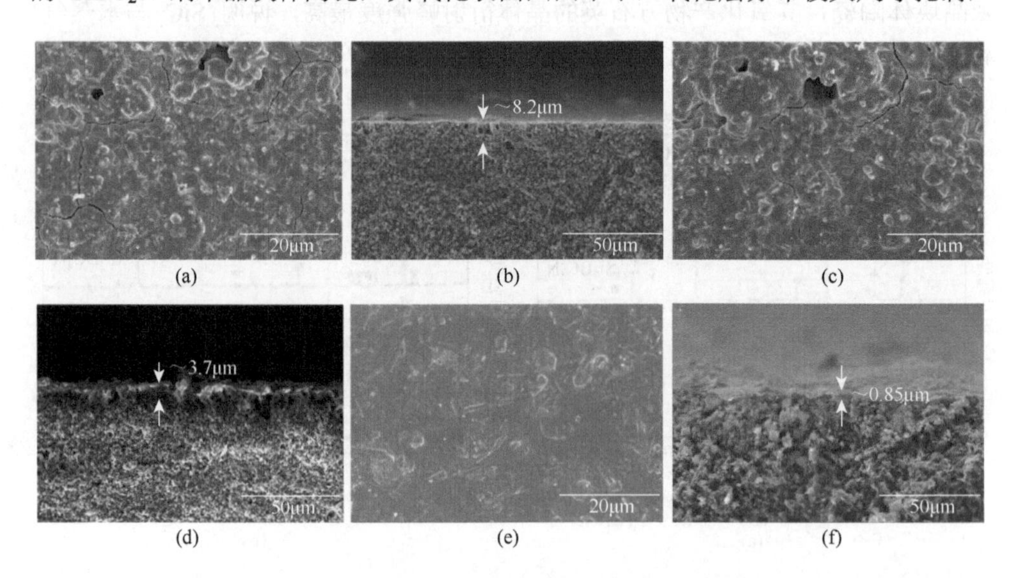

图 5-66 放电等离子烧结制备的不同 Si/C 摩尔比的 SiBCN 系纳米晶块体陶瓷，在 900℃流动干燥空气氧化 85h 后氧化层 SEM 表面（a）（c）（e）及截面（b）（d）（f）形貌[15]

（a）（b）$SiBC_2N$；（c）（d）Si_2BC_3N；（e）（f）Si_3BC_4N

而 Si/C 摩尔比最大的 Si_3BC_4N 纳米晶块体陶瓷，其氧化表面覆盖一层致密连续的氧化层（图 5-67）；氧化层 SEM 截面形貌显示，随着 Si/C 摩尔比增加，纳米晶块体陶瓷氧化层越致密；在 1200℃氧化 85h 后，$SiBC_2N$、Si_2BC_3N 和 Si_3BC_4N 三种纳米晶块体陶瓷的氧化层厚度分别约为 86.9μm、29.3μm 和 7.5μm（图 5-68）。

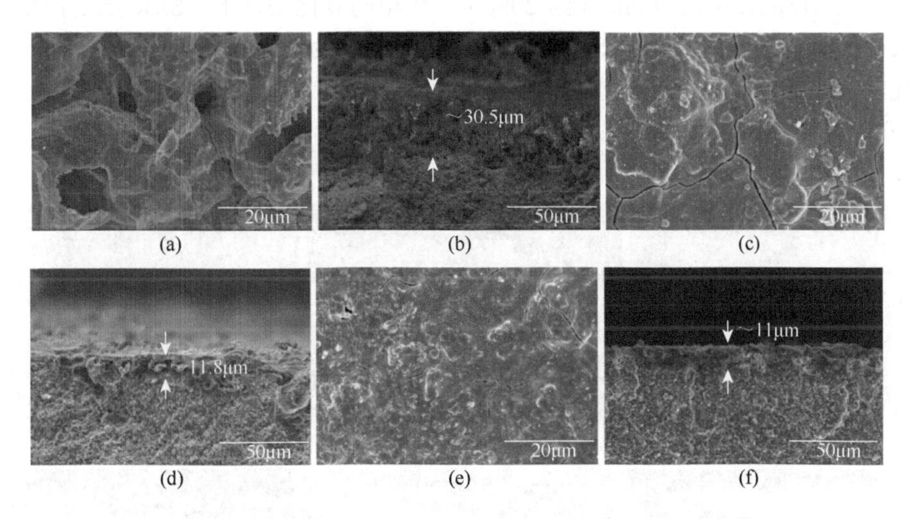

图 5-67　放电等离子烧结制备的不同 Si/C 摩尔比的 SiBCN 系纳米晶块体陶瓷，在 1050℃流动干燥空气氧化 85h 后氧化层 SEM 表面（a）（c）（e）及截面（b）（d）（f）形貌[15]

（a）（b）$SiBC_2N$；（c）（d）Si_2BC_3N；（e）（f）Si_3BC_4N

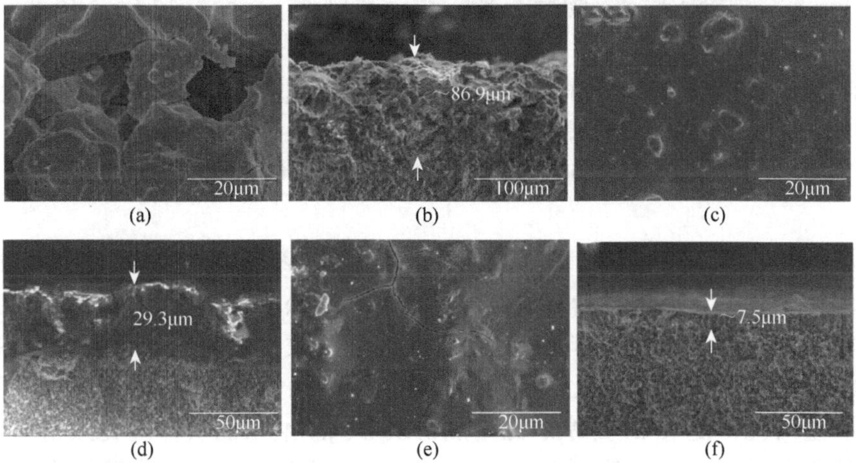

图 5-68　放电等离子烧结制备的不同 Si/C 摩尔比的 SiBCN 系纳米晶块体陶瓷，在 1200℃流动干燥空气氧化 85h 后氧化层 SEM 表面（a）（c）（e）及截面（b）（d）（f）形貌[15]

（a）（b）$SiBC_2N$；（c）（d）Si_2BC_3N；（e）（f）Si_3BC_4N

在 1050℃潮湿空气氧化不同时间后，SEM 表面及截面形貌显示，水蒸气削弱了三种不同 Si/C 摩尔比的 Si_2BC_3N 纳米晶块体陶瓷的高温抗氧化性能。在 1050℃干燥空气条件下，$SiBC_2N$、Si_2BC_3N 和 Si_3BC_4N 三种纳米晶块体陶瓷的氧化层平均厚度分别约为 30.5μm、11.8μm 和 11.0μm；而在潮湿空气条件下，三者的厚度分别为约 315μm、约 330μm 和约 209μm。在相同氧化条件下，$SiBC_2N$ 纳米晶块体陶瓷的氧化层厚度稍小于 Si_2BC_3N 陶瓷，这是因为前者高温氧化后生成了疏松多孔的氧化层结构，在流动水蒸气作用下容易脱落，其氧化层的平均厚度应大于 315.0μm（图 5-69）。

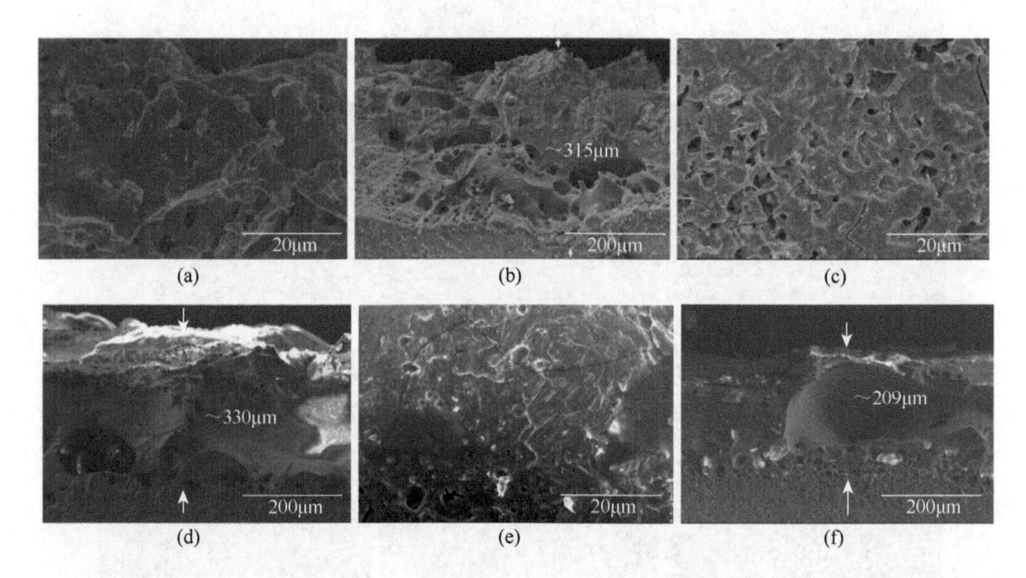

图 5-69 放电等离子烧结制备的不同 Si/C 摩尔比的 SiBCN 系纳米晶块体陶瓷，在 1050℃流动潮湿空气氧化 85h 后氧化层 SEM 表面（a）（c）（e）及截面（b）（d）（f）形貌[15]

（a）（b）$SiBC_2N$；（c）（d）Si_2BC_3N；（e）（f）Si_3BC_4N

在 1200℃流动干燥空气氧化 85h 后，放电等离子烧结制备的 Si_2BC_3N 纳米晶块体陶瓷，其氧化层为双层结构，外层为疏松多孔结构，内层为致密层。在疏松多孔区域，主要含有 Si 元素和 O 元素，致密氧化内层主要含有 Si 元素、O 元素和 C 元素，以及少量 B 元素和 N 元素；致密层与陶瓷基体界面处分布少量气孔；随着 Si/C 摩尔比增加，Si_2BC_3N 纳米晶块体陶瓷致密氧化层所占体积分数增加；一般而言，相同氧化层成分条件下，氧在疏松多孔的外层氧化层中自扩散系数较大，但在致密的内层氧化层中自扩散系数相对较低（图 5-70）。

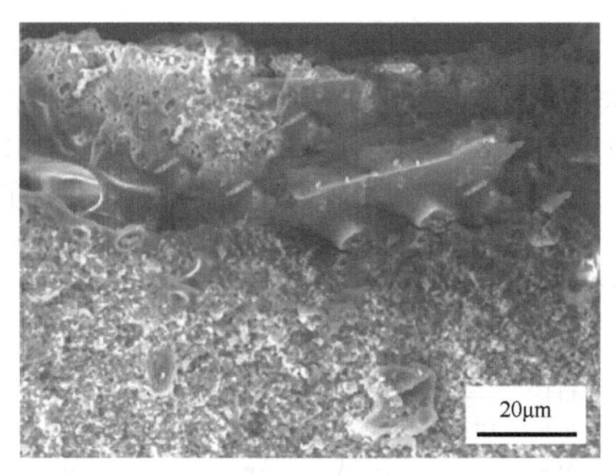

图 5-70　放电等离子烧结制备的 Si_2BC_3N 纳米晶块体陶瓷，在 1200℃流动干燥空气中氧化 85h 后氧化层 SEM 截面形貌[15]

综上所述，不同球磨工艺/不同烧结方式制备的 SiBCN 系纳米晶块体陶瓷，其高温抗氧化性能差别较大（表 5-4）。一步球磨法结合热压烧结技术制备的 Si_2BC_3N 纳米晶块体陶瓷，在 900℃流动干燥空气中表现出极优异的抗氧化性能，氧化 85h 后其氧化层平均厚度小于 1μm；两步球磨法结合热压烧结制备的块体陶瓷，在干燥空气环境下氧化层厚度基本不随温度升高而增厚；而两步球磨法结合放电等离子烧结制备的 Si_2BC_3N 纳米晶块体陶瓷，其氧化层厚度随氧化温度升高而快速增加；在流动干燥空气条件下，放电等离子烧结制备的纳米晶块体陶瓷，其高温抗氧化性能随 Si/C 摩尔比增加而提高；在流动潮湿环境下，放电等离子烧结的块体陶瓷，其高温抗氧化性能明显弱于热压烧结的纳米晶块体陶瓷，前者在 1050℃氧化 85h 后，氧化层平均厚度大于 200μm。

表 5-4　不同球磨工艺/烧结方式制备的 SiBCN 系纳米晶块体陶瓷，在 900～1200℃氧化 85h 后氧化膜的平均厚度（数据来源于 SEM 统计结果）[15]

氧化条件	热压烧结工艺：1900°C/40MPa/30min		放电等离子烧结工艺：1800°C/40MPa/3min		
	*1 Si_2BC_3N	*2 Si_2BC_3N	$SiBC_2N$	Si_2BC_3N	Si_3BC_4N
900℃/流动干燥空气	<1.0μm	≈7.8μm	≈8.2μm	≈3.7μm	≈0.85μm
1050℃/流动干燥空气	≈13.5μm	≈7.4μm	≈30.5μm	≈11.8μm	≈11.0μm
1050℃/流动潮湿空气	≈20.2μm	≈21.3μm	≈315μm	≈330.0μm	≈209.0μm
1200℃/流动干燥空气	≈9.6μm	≈7.5μm	≈86.9μm	≈29.3μm	≈7.5μm

*1 一步球磨法。

*2 两步球磨法。

5. BN(C)的影响

C—B—N 价键的含量是影响 Si_2BC_3N 纳米晶块体陶瓷高温抗氧化性能的关键

性因素之一。TG 结果显示，高能球磨 15h 制备的 BN(C)非晶陶瓷粉体，在 600～900℃温度范围内失重率较低，氧化反应峰位往高温方向偏移，所制备的 BN(C)非晶陶瓷粉体的高温抗氧化性能较好（图 5-71）。例如，热压烧结后 Si_2BC_3N 纳米晶块体陶瓷中 C—B—N 键含量较高，其高温抗氧化性能优异；而等离子烧结制备的 Si_2BC_3N 纳米晶块体陶瓷，非晶相含量较高，BN(C)相晶化不完全（C—B—N 键含量较低），高温抗氧化性能相对较差（表 5-5）。

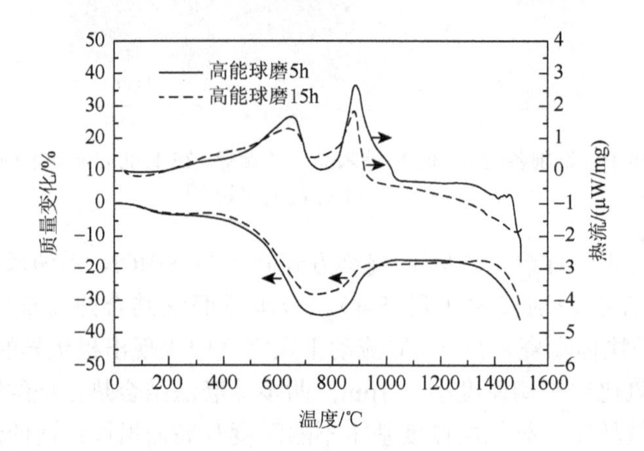

图 5-71 高能球磨不同时间制备的 BN(C)非晶陶瓷粉体，在 $Ar + O_2$ 混合气体中加热到 1500℃时的 TG-DTA 曲线[15]

表 5-5 不同球磨工艺/烧结方式制备的 Si_2BC_3N 纳米晶块体陶瓷，在 1050℃氧化 85h 后氧化层表面的价键种类及其相对含量[15]

元素电子轨道	价键	1*Si_2BC_3N（热压烧结工艺：1900℃/40MPa/30min）			2*Si_2BC_3N（热压烧结工艺：1900℃/40MPa/30min）			2*Si_2BC_3N（放电等离子烧结工艺：1800℃/40MPa/3min）		
		未氧化	干燥空气氧化	潮湿空气氧化	未氧化	干燥空气氧化	潮湿空气氧化	未氧化	干燥空气氧化	潮湿空气氧化
Si 2p	Si—C	9.1	5.2	8.5	9.3	7.6	8.2	18.2	5.0	5.2
	Si—O	0.0	9.5	23.9	0.0	9.6	20.3	0.0	14.3	14.5
B 1s	B—N	7.3	0.0	0.0	20.7	0.0	0.0	21.1	0.0	0.0
	C—B—N	6.7	0.0	0.0	4.7	0.0	0.0	3.8	0.0	0.0
C 1s	C—Si	20.7	21.6	13.7	19.6	13.3	11.9	14.3	5.0	17.0
	C—C	17.3	29.0	32.6	23.6	32.6	25.5	18.2	22.7	10.3
	C—B—N	25.3	0.0	0.0	10.5	0.0	0.0	9.8	0.0	0.0
N 1s	N—B	9.6	0.0	0.0	9.2	0.0	0.0	10.6	0.0	0.0
	C—B—N	4.0	0.0	0.0	2.4	0.0	0.0	4.0	0.0	0.0
O 1s	O—Si	0.0	34.7	21.3	0.0	36.9	34.1	0.0	53.0	53.0

1*一步球磨法。

2*两步球磨法。

6. 相组成的影响

经机械合金化 20h 后，XRD 图谱显示 SiC 与 SiC-BN 陶瓷粉体仍保持部分结晶态，而 Si_2BC_3N 陶瓷粉体则为完全非晶态；经 1900℃/80MPa/30min 热压烧结后，三种块体陶瓷材料均发生了较明显的析晶，SiC 块体陶瓷的物相组成为 α/β-SiC，而 SiC-BN 块体陶瓷的物相组成为 α/β-SiC 和 h-BN，Si_2BC_3N 块体陶瓷的物相组成为 α/β-SiC 和 BN(C)；三种纳米晶块体陶瓷的晶体衍射峰都有一定的宽化，可见三种纳米晶块体陶瓷中均含有部分非晶相（图 5-72）。

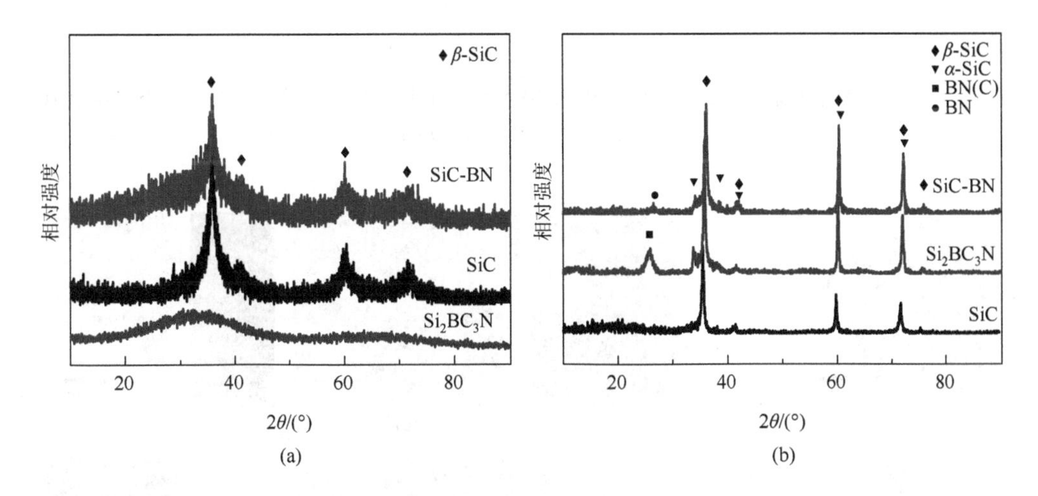

图 5-72　经 1900℃/80MPa/30min 热压烧结制备的 SiC、Si_2BC_3N 和 SiC-BN 三种纳米晶陶瓷材料的 XRD 图谱[16]

（a）陶瓷粉体；（b）块体陶瓷

热压烧结制备的 SiC、Si_2BC_3N 和 SiC-BN 纳米晶块体陶瓷，在流动干燥空气不同温度氧化 10h 后，XRD 图谱显示主要氧化产物为方石英和非晶 SiO_2，XRD 没有检测到含 B 的氧化产物，而基体 SiC 相的晶体衍射峰较为明显（图 5-73）。

在 1100℃流动干燥空气氧化 1h 后，SiC 纳米晶块体陶瓷表面生成大量均匀分布的方石英针状晶体，氧化表面存在一定起伏；随着氧化时间延长，针状结晶态物质逐渐覆盖表面，氧化时间达 10h 时，表面已完全被针状晶体覆盖；氧化时间达 20h 时，方石英生成量增加并长大，针状晶体堆积在一起，氧化表面反而趋于平整；在 1100℃氧化温度条件下，SiC 陶瓷基体与氧化层结合良好，界面处无孔洞和微裂纹聚集，显示出优异的高温抗氧化能力（图 5-74）。

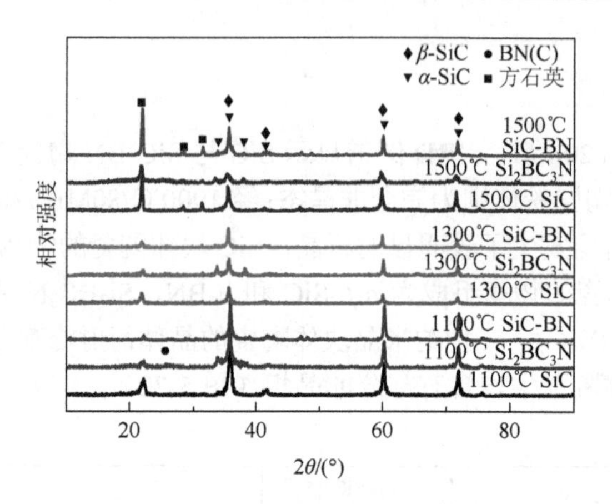

图 5-73　热压烧结制备的 SiC、Si_2BC_3N 和 SiC-BN 纳米晶块体陶瓷在流动干燥空气不同温度氧化 10h 后氧化层表面 XRD 图谱[16]

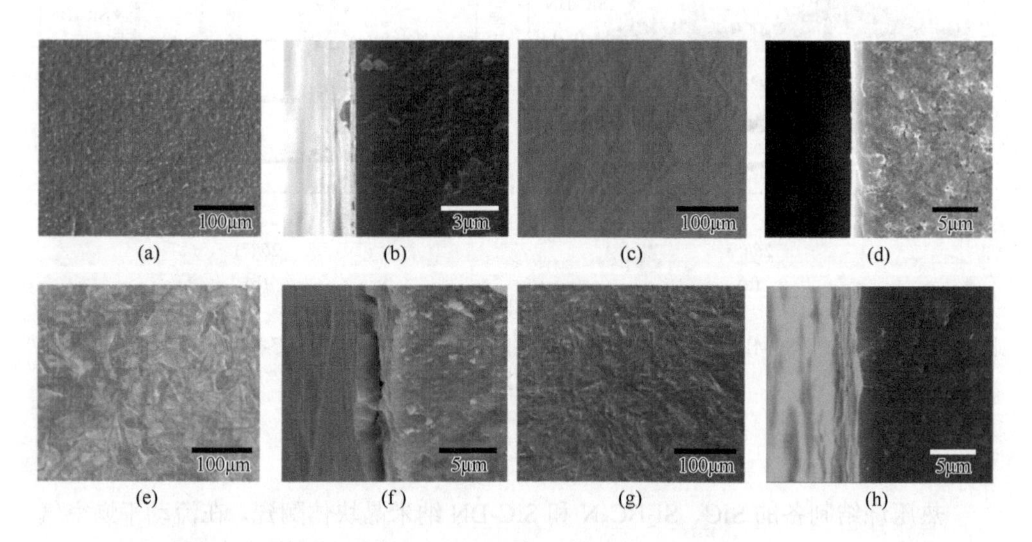

图 5-74　SiC 纳米晶块体陶瓷在 1100℃流动干燥空气氧化不同时间后氧化层 SEM 表面（a）（c）（e）（g）及截面（b）（d）（f）（h）形貌[16]

（a）（b）1h；（c）（d）5h；（e）（f）10h；（g）（h）20h

Si_2BC_3N 纳米晶块体陶瓷在 1100℃流动干燥空气中氧化 1h 后，氧化表面较为致密平整，部分氧化区域存在直径仅几微米的小孔洞；氧化时间延长至 20h 时，氧化表面孔洞数量有所降低，氧化层保持连续致密，氧化层与陶瓷基体紧密结合（图 5-75）。

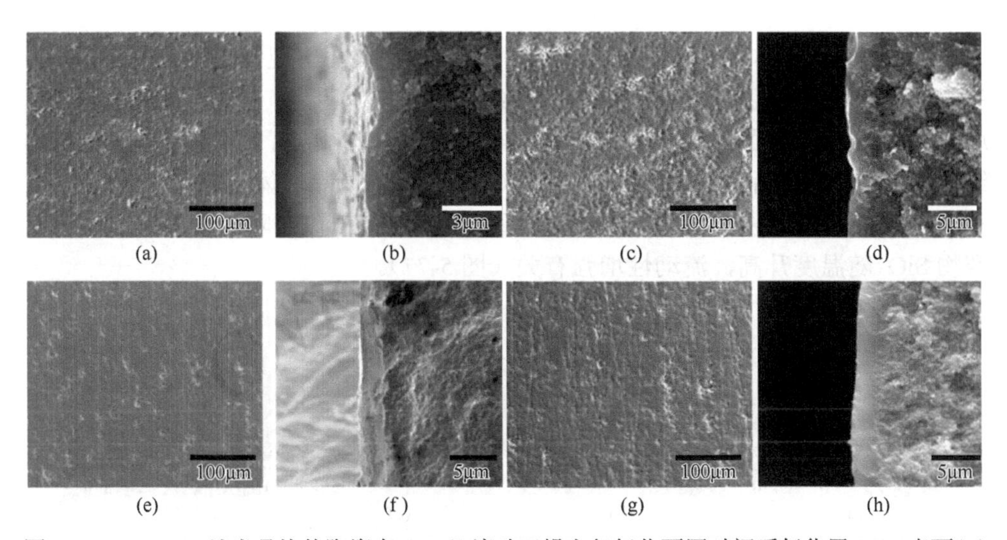

图 5-75　Si_2BC_3N 纳米晶块体陶瓷在 1100℃流动干燥空气氧化不同时间后氧化层 SEM 表面（a）（c）（e）（g）及截面（b）（d）（f）（h）形貌[16]

（a）（b）1h；（c）（d）5h；（e）（f）10h；（g）（h）20h

在 1100℃流动干燥空气中氧化 1h 后，SiC-BN 纳米晶块体陶瓷氧化表面分布大量小尺寸孔洞；持续氧化 5h 后，氧化表面出现非均匀分布鼓泡，直径约为 10μm，鼓泡在 BN(C)含量较为集中的表面区域或缺陷较多的区域优先生成；氧化时间延长至 20h，SiC-BN 纳米晶块体陶瓷氧化表面局部区域出现聚集鼓泡，大部分未起泡区域平整致密，氧化层与陶瓷基体结合良好（图 5-76）。

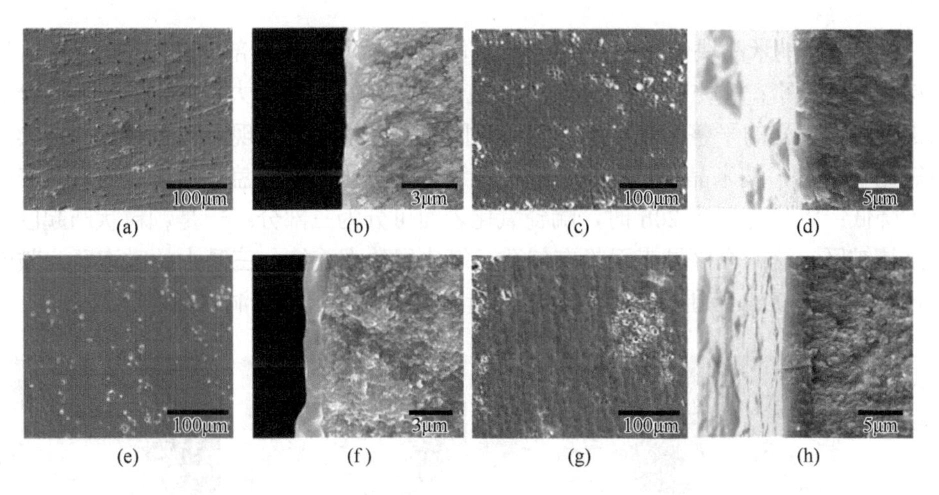

图 5-76　SiC-BN 纳米晶块体陶瓷在 1100℃流动干燥空气氧化不同时间后氧化层 SEM 表面（a）（c）（e）（g）及截面（b）（d）（f）（h）形貌[16]

（a）（b）1h；（c）（d）5h；（e）（f）10h；（g）（h）20h

SiC 纳米晶块体陶瓷在 1300℃氧化 1h 后，氧化表面出现针状方石英晶体；随着氧化时间延长，氧化层厚度增加，针状结晶物变得不明显；氧化时间延长至 20h 后，陶瓷的氧化表面较为平整；SEM 截面形貌显示，此温度下氧化层与陶瓷基体结合良好，氧化层保持连续致密。整体来看，SiC 纳米晶块体陶瓷在 1300℃氧化不同时间后，氧化层中方石英含量有所降低，且均匀覆盖在陶瓷表面，这与氧化产物 SiO_2 随温度升高，流动性增强有关（图 5-77）。

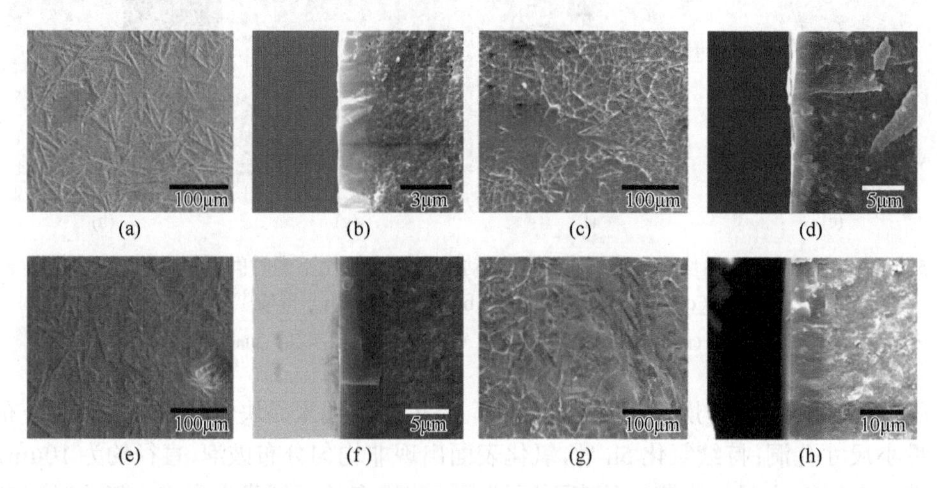

图 5-77 SiC 纳米晶块体陶瓷在 1300℃流动干燥空气氧化不同时间后氧化层 SEM 表面（a）（c）（e）（g）及截面（b）（d）（f）（h）形貌[16]

（a）（b）1h；（c）（d）5h；（e）（f）10h；（g）（h）20h

Si_2BC_3N 纳米晶块体陶瓷在 1300℃氧化 1h 后，氧化表面部分孔隙得到弥合，氧化层仍平整致密；氧化时间达 5h 时，气孔密度增加，孔径变大，氧化层表面可分成两部分：无气孔的平整区域和泡沫状鼓起区域，平整区域出现颗粒状凸起；持续高温氧化 10h 后，纳米晶块体陶瓷表面被连续致密氧化产物覆盖，氧化膜内气孔密度大大降低；氧化时间达 20h 时，陶瓷氧化表面可分为三部分：一是颗粒状凸起区，二是褶皱区，这两个区域表面没有气孔，氧化层致密连续；三是大的鼓泡区，鼓泡直径在 50～100μm 范围，鼓泡内存在大量气体逸出遗留的孔洞（图 5-78）。

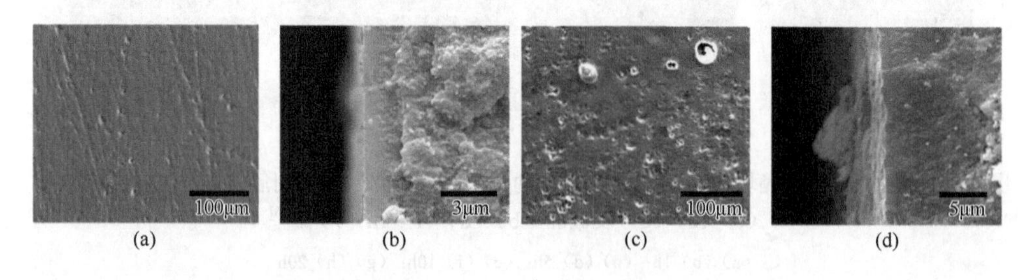

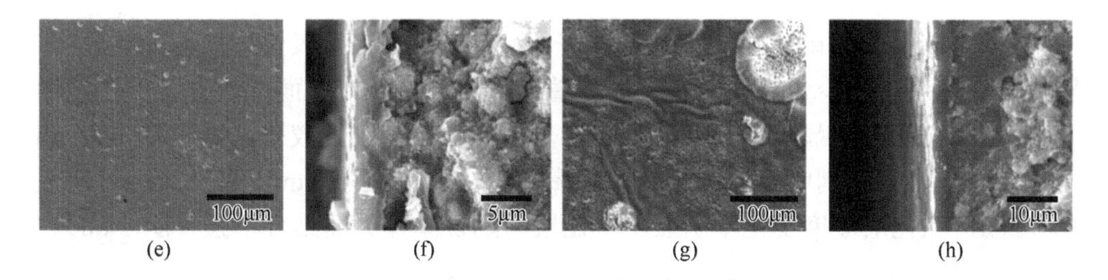

图 5-78　Si_2BC_3N 纳米晶块体陶瓷在 1300℃流动干燥空气氧化不同时间后氧化层 SEM 表面（a）（c）（e）（g）及截面（b）（d）（f）（h）形貌[16]

（a）（b）1h；（c）（d）5h；（e）（f）10h；（g）（h）20h

SiC-BN 纳米晶块体陶瓷在 1300℃氧化 1h 后，氧化表面即出现明显的鼓泡现象，鼓泡直径为 20～30μm；鼓泡现象在氧化 5h 后更加严重，鼓泡密度大幅度增加，氧化表面基本被鼓泡覆盖，无平整区域，但鼓泡直径基本保持不变；氧化时间达 10h 时，表面鼓泡数量进一步增加，氧化表面形成海绵状疏松多孔结构；持续氧化 20h 后，陶瓷表面形成了鼓泡聚集区和海绵状产物区（分布于鼓泡间），大鼓泡直径 40～60μm，由小鼓泡合并生成。氧化层 SEM 截面形貌显示，SiC-BN 纳米晶块体陶瓷氧化 1h 后，起泡处对应的内氧化层有较大孔隙；氧化时间达 10h 时，即便是未起泡区域，氧化层与基体界面处已有大量孔洞聚集，严重削弱了氧化层与基体的结合力（图 5-79）。

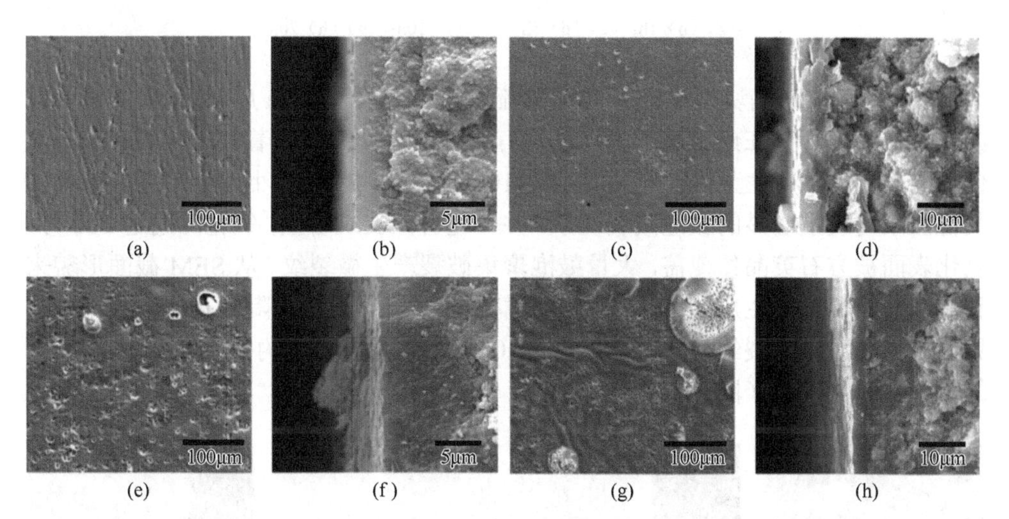

图 5-79　SiC-BN 纳米晶块体陶瓷在 1300℃流动干燥空气氧化不同时间后氧化层 SEM 表面（a）（c）（e）（g）及截面（b）（d）（f）（h）形貌[16]

（a）（b）1h；（c）（d）5h；（e）（f）10h；（g）（h）20h

SiC纳米晶块体陶瓷在1500℃流动干燥空气氧化1h后，氧化层光滑平整致密，氧化表面可观察到少量针状方石英；随着氧化时间延长，表面针状方石英含量增多；SEM截面形貌显示，氧化层与陶瓷基体界面结合强度较差；氧化时间为5h时，界面处可观察到明显的球形或椭球形孔洞，直径约0.6μm；延长氧化时间至10～20h，氧化层厚度变化不明显，氧化层与陶瓷基体界面结合不强（图5-80）。

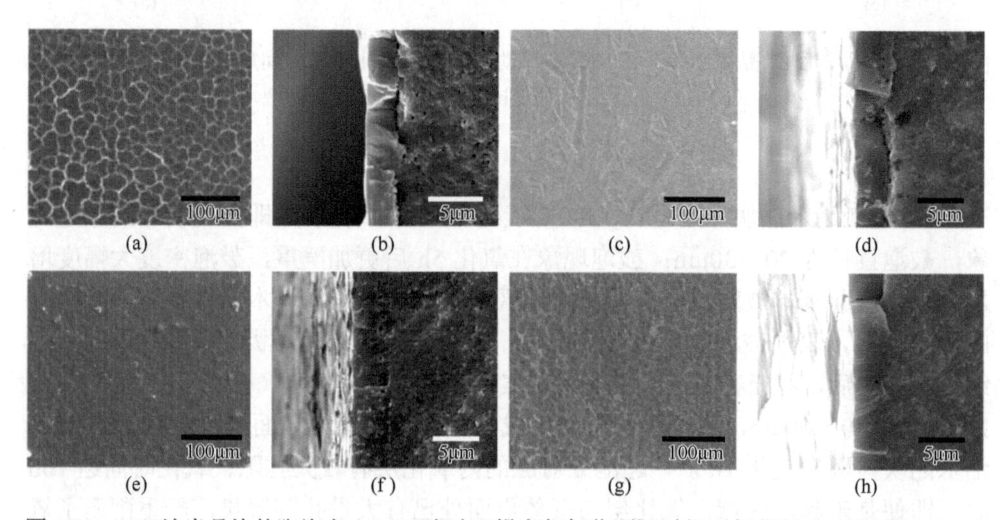

图5-80 SiC纳米晶块体陶瓷在1500℃流动干燥空气氧化不同时间后氧化层SEM表面（a）（c）（e）（g）及截面（b）（d）（f）（h）形貌[16]

（a）（b）1h；（c）（d）5h；（e）（f）10h；（g）（h）20h

Si_2BC_3N纳米晶块体陶瓷在1500℃流动干燥空气氧化1h后，氧化表面呈明显波浪状形貌，可见在此温度下氧化层具有较强的流动性；随着氧化时间延长，氧化表面部分区域产生鼓泡；氧化时间为10h时，氧化表面除小部分平整区域外，其他区域均发生明显的鼓泡破裂现象，并伴随着微裂纹萌生；氧化时间达20h时，氧化表面被方石英晶体覆盖，大量鼓泡聚集破裂产生微裂纹。从SEM截面形貌来看，此氧化温度下生成的氧化产物均匀覆盖在陶瓷表面，与陶瓷基体结合良好，界面处无孔洞和微裂纹聚集；高温氧化20h后，氧化层厚度约10μm，显示出良好的高温抗氧化性能（图5-81）。

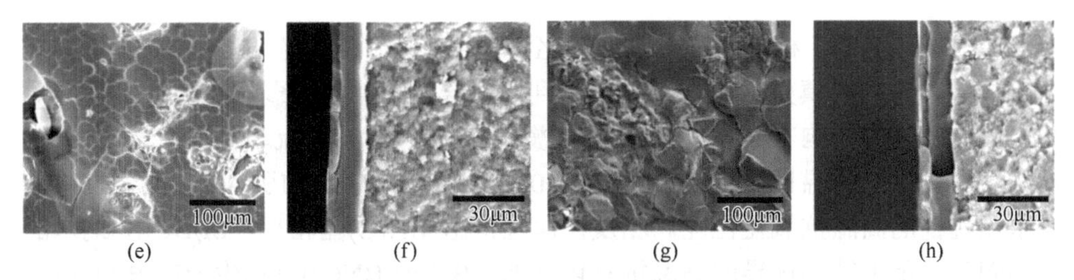

图 5-81 Si_2BC_3N 纳米晶块体陶瓷在 1500℃流动干燥空气氧化不同时间后氧化层 SEM 表面（a）（c）（e）（f）及截面（b）（d）（f）（h）形貌[16]

（a）（b）1h；（c）（d）5h；（e）（f）10h；（g）（h）20h

在相同制备工艺条件下，SiC-BN 纳米晶块体陶瓷在 1500℃流动干燥空气中的抗氧化能力远低于 SiBCN 和 SiC 纳米晶块体陶瓷。在流动干燥空气氧化 1h 后，SiC-BN 纳米晶块体陶瓷表面完全被鼓泡所覆盖，部分区域小鼓泡合并长大，并伴随微裂纹萌生；随着氧化时间延长，表面鼓泡聚集长大破裂产生较大孔洞；氧化时间达 20h 时，氧化表面海绵状区域约占氧化表面总面积的 1/3。SEM 截面形貌显示，该氧化层疏松多孔，氧化层-陶瓷基体界面处有大量气孔聚集；氧化时间 $t>10h$ 时，氧化层中孔洞数量增加、孔洞直径增大，显然所生成的多孔氧化层结构不能有效阻碍氧向材料内部扩散（图 5-82）。

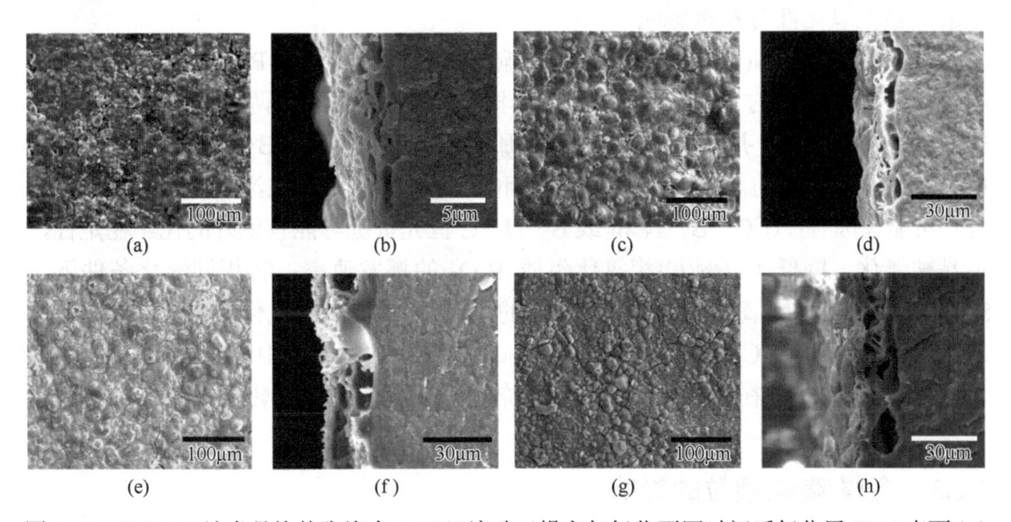

图 5-82 SiC-BN 纳米晶块体陶瓷在 1500℃流动干燥空气氧化不同时间后氧化层 SEM 表面（a）（c）（e）（g）及截面（b）（d）（f）（h）形貌[16]

（a）（b）1h；（c）（d）5h；（e）（f）10h；（g）（h）20h

经 1900℃/80MPa/30min 热压烧结制备的 SiC、Si_2BC_3N 和 SiC-BN 三种纳米晶块体陶瓷，其体积密度分别为 $2.87g/cm^3$、$2.35g/cm^3$ 和 $2.93g/cm^3$、相对密度均

在 80%～90%范围，相差不大。高温氧化实验过程中，黏流态 SiO_2 在高温下具有一定的流动性，能填充材料表面孔隙起到自愈合效果，可削弱三者致密度差异对高温氧化行为的影响。SiC 纳米晶块体陶瓷在 1100～1500℃流动干燥空气条件下，均表现出良好的高温抗氧化性能；在 1300～1500℃，BN 的引入不利于 SiC-BN 纳米晶陶瓷的高温抗氧化性能。相反，原位析出 BN(C)晶相后，Si_2BC_3N 纳米晶块体陶瓷显示出较为优异的高温抗氧化性能。BN 或 BN(C)氧化生成的 B_2O_3 可与 SiO_2 生成流动性更好的硼硅玻璃，但 B_2O_3 熔点较低（约 450℃），在 1000℃以上即可发生显著挥发。氧化产物挥发及气体产物逃逸将破坏氧化膜的完整性，削弱块体陶瓷的抗氧化性能。

为比较三种纳米晶块体陶瓷完全氧化生成的气体量，引入单位体积气体产量 g 作为对比标准，易知 $g = \rho/M_g$。其中，ρ 为体积密度，M_g 为单位物质的量陶瓷完全氧化生成的气体的物质的量。可得，SiC、SiC-BN 和 Si_2BC_3N 三种纳米晶块体陶瓷完全氧化后的气体物质的量分别为 $g_{SiC} = 9.68mol/L$、$g_{SiC\text{-}BN} = 16.78mol/L$ 和 $g_{Si_2BC_3N} = 23.31mol/L$。虽然 Si_2BC_3N 纳米晶块体陶瓷中 B 元素和 N 元素含量与 SiC-BN 陶瓷接近，但 Si_2BC_3N 纳米晶块体陶瓷的单位体积气体产量要高得多，其氧化起泡现象反而得到了明显抑制。因此，原位析出的 BN(C)晶相提高了 Si_2BC_3N 纳米晶块体陶瓷材料的高温抗氧化性能，BN(C)相中的 C 元素可能对 Si_2BC_3N 陶瓷的高温抗氧化性有积极影响。

球磨时间对 BN(C)相抗氧化性能影响的研究表明：以 h-BN 与石墨为原料，经机械合金化合成的 BN(C)相，较普通球磨的 h-BN 与石墨两相混合物的抗氧化性能要好。但 C 本身并没有抗氧化能力，那么 C—B—N 和/或 B—N—C 三元价键如何导致含 BN(C)相的 Si_2BC_3N 与含 BN 相的 SiC-BN 的氧化鼓泡具有如此大的差异呢？可能原因有：①C—B—N 和/或 B—N—C 三元价键可能有更好的化学稳定性，不易被氧化，降低了 BN(C)相氧化生成 B_2O_3 的挥发速率；②相同氧化条件下，Si_2BC_3N 与 SiC-BN 氧化层的成分是类似的，因此两种陶瓷的氧化层与基体界面处的氧通量接近，但 Si_2BC_3N 中 C 元素含量更高，氧化生成的气体中 CO 含量较高，B_2O_3 含量相对较低，CO 在 SiO_2 层中扩散能力较强，不容易产生氧化鼓泡现象。

5.1.3 金属/陶瓷颗粒的影响

1. 引入 Al 金属颗粒

将金属 Al 粉、h-BN、c-Si 和石墨按一定比例混合，高能球磨 30h 制备出 SiBCNAl 系非晶陶瓷粉体，然后在流动干燥空气中以 10℃/min 加热到 1400℃。TG 曲线显示：SiBCNAl 系非晶陶瓷粉体的氧化增重随 Al 摩尔比增大而增大，四种非晶陶瓷粉体从约 700℃开始氧化增重，但增重率不尽相同，大致可以分成两个阶段。第一阶段（700～1000℃），氧化增重量由大到小依次为 Si_2BC_3N＞$Si_2BC_3NAl_{0.2}$＞$Si_2BC_3NAl_{0.6}$＞Si_2BC_3NAl。相同氧化条件下，Si 氧化生成 SiO_2 的增重量明显大于 Al，且 Al_2O_3 的初始生成温度（约 800℃）比 SiO_2 高，因此在氧化初始阶段，氧化增重量随 Al 摩尔比减小而增大。第二阶段（1000～1400℃），氧化增重由大到小依次为 Si_2BC_3NAl＞$Si_2BC_3NAl_{0.6}$＞$Si_2BC_3NAl_{0.2}$＞Si_2BC_3N[17-20]（图 5-83）。XRD 结果表明，Si_2BC_3N 非晶陶瓷粉体在 1400℃流动干燥空气氧化后，氧化产物为方石英，而 Si_2BC_3NAl 非晶陶瓷粉体的氧化产物为方石英和莫来石（图 5-84）。

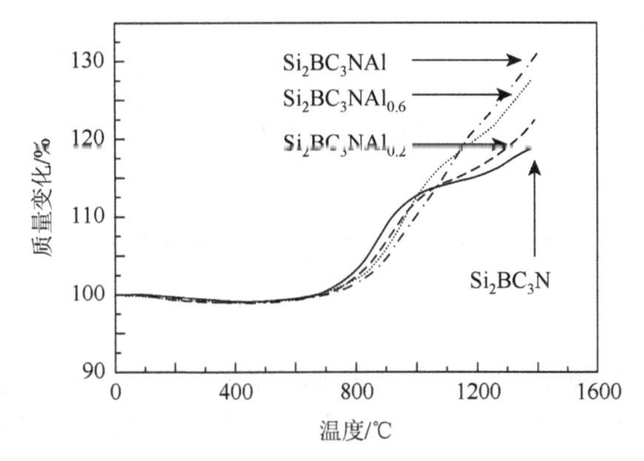

图 5-83 以 Al 粉为铝源的 SiBCNAl 系非晶陶瓷粉体在流动干燥空气加热到 1400℃时的 TG 曲线[20]

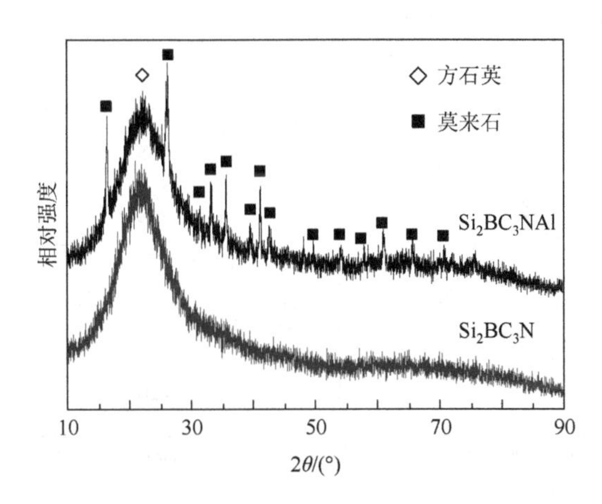

图 5-84 以 Al 粉为铝源的 SiBCNAl 系非晶陶瓷粉体在流动干燥空气气氛中加热到 1400℃后粉的 XRD 图谱[20]

以 AlN 为铝源，高能球磨 30h 制备出 $Si_2BC_3N_{1.6}Al_{0.6}$ 非晶陶瓷粉体。TG 结果表明：在 1400℃流动干燥空气条件下，$Si_2BC_3N_{1.6}Al_{0.6}$ 非晶陶瓷粉体的氧化增重量低于以 Al 粉为铝源的 $Si_2BC_3NAl_{0.6}$ 非晶陶瓷粉体（图 5-85）。

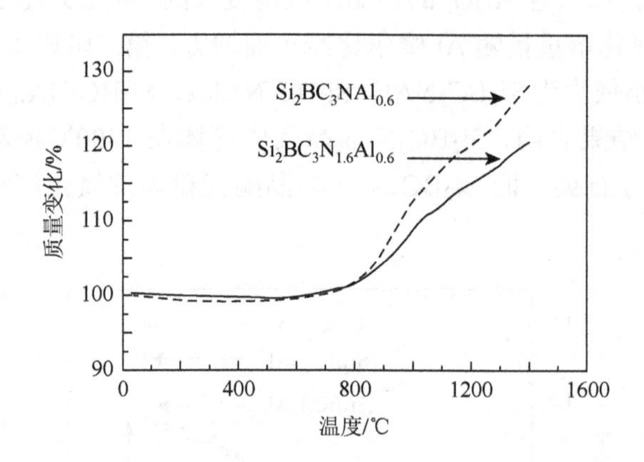

图 5-85　$Si_2BC_3NAl_{0.6}$ 和 $Si_2BC_3N_{1.6}Al_{0.6}$ 两种非晶陶瓷粉体在流动干燥空气气氛中加热到 1400℃时的 TG 曲线[20]

SiBCNAl 系非晶陶瓷粉体高温氧化时，其化学反应速率首先由反应物本身性质决定，其次也受到反应条件影响。在流动干燥空气中，以不同升温速率 β 将不同 Al 摩尔比的 SiBCNAl 系非晶陶瓷粉体加热到 1400℃。结果表明，四种非晶陶瓷粉体的 DTA 曲线有相似的峰形，随着升温速率 β 增大，氧化放热峰对应的特征温度逐渐提高（图 5-86 和表 5-6）。

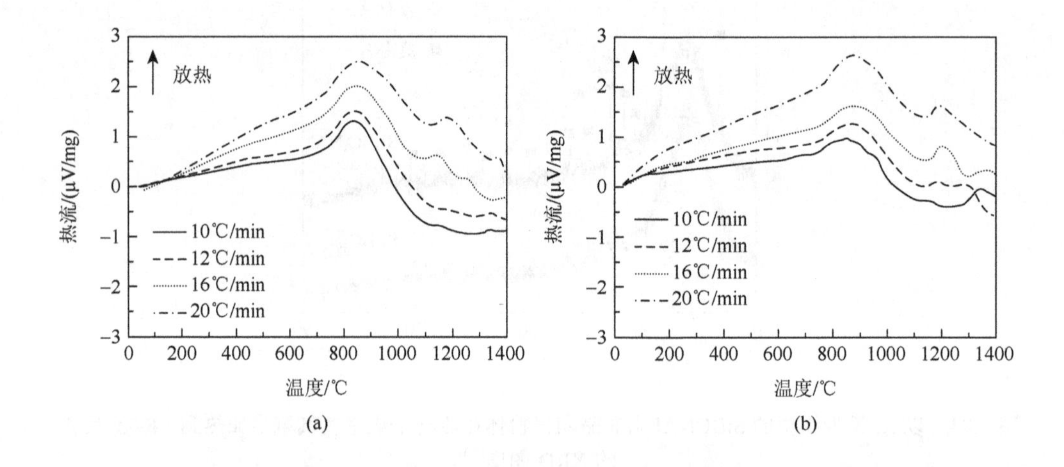

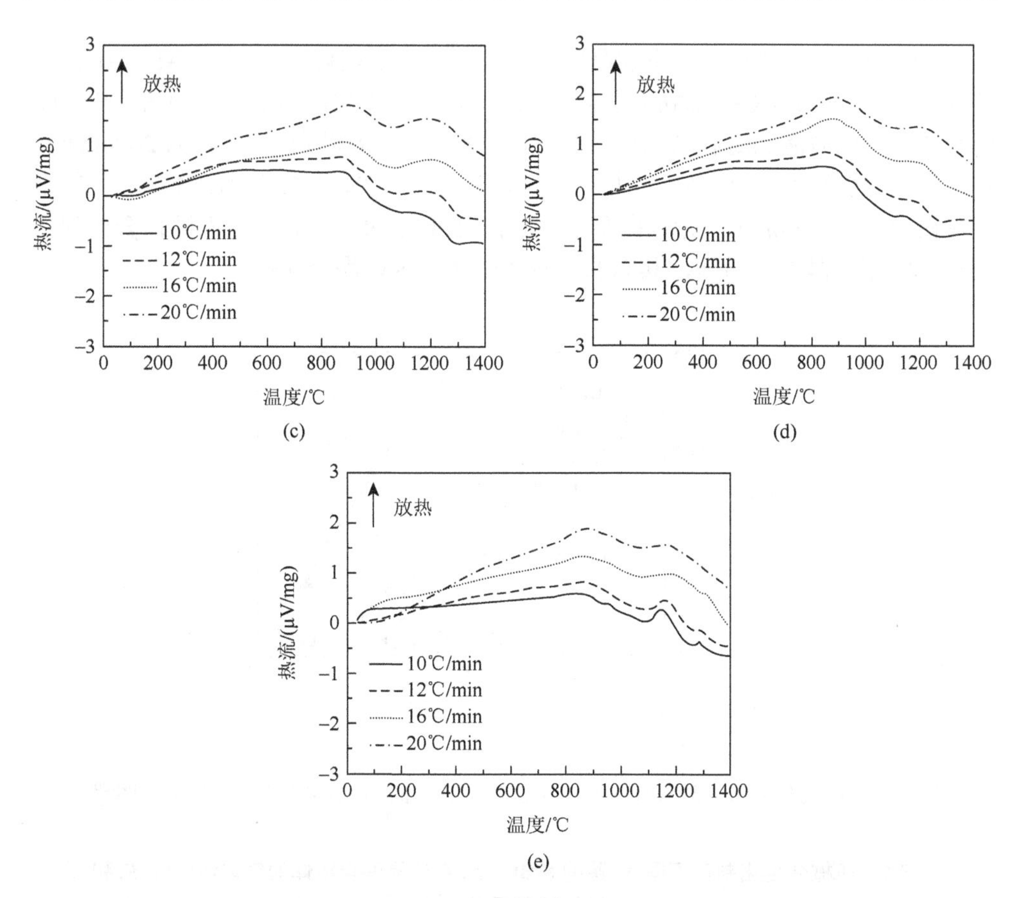

图 5-86　不同 Al 源的 SiBCNAl 系非晶陶瓷粉体在流动干燥空气中以不同升温速率 β 加热到 1400℃的 DTA 曲线[20]

（a）Si_2BC_3N；（b）$Si_2BC_3NAl_{0.2}$；（c）$Si_2BC_3NAl_{0.6}$；（d）Si_2BC_3NAl；（e）$Si_2BC_3N_{1.6}Al_{0.6}$

表 5-6　机械合金化制备的不同 Al 源的 SiBCNAl 系非晶陶瓷粉体，在流动干燥空气气氛以不同升温速率 β 加热到 1400℃时 DTA 曲线对应的特征温度[20]

加热速率 β/(℃/min)	特征温度 T/℃				
	Si_2BC_3N	$Si_2BC_3NAl_{0.2}$	$Si_2BC_3NAl_{0.6}$	Si_2BC_3NAl	$Si_2BC_3N_{1.6}Al_{0.6}$
10	834.8	852.8	859.8	855.5	849.6
12	838.1	867.3	863.6	857.1	861.8
16	846.4	878.3	885.3	883.5	876.3
20	853.8	882.3	894.8	892.6	885.6

以温度倒数 $1/T$ 为横坐标，ln（β/T^2）为纵坐标，线性拟合后由斜率求得氧化激活能 E_a（图 5-87），具体数值及线性回归系数 r 列于表 5-7。结果显示，随着

Al 摩尔比增大，SiBCNAl 系非晶陶瓷粉体氧化激活能降低；不同 Al 源制备的 $Si_2BC_3NAl_{0.6}$ 和 $Si_2BC_3N_{1.6}Al_{0.6}$ 非晶陶瓷粉体，后者氧化激活能大于前者。SiC 陶瓷粉体的氧化激活能随着晶粒尺寸减小而降低，SiC 粉体颗粒尺寸约为 200nm 时，其氧化激活能约为 82.6kJ/mol[21]。不同 Al 源的 SiBCNAl 系非晶陶瓷粉体，其平均粒径为 100～200nm，氧化激活能均大于 150kJ/mol，由此可见机械合金化制备 SiBCNAl 系非晶陶瓷粉体，其高温抗氧化性优于 SiC 陶瓷粉体。

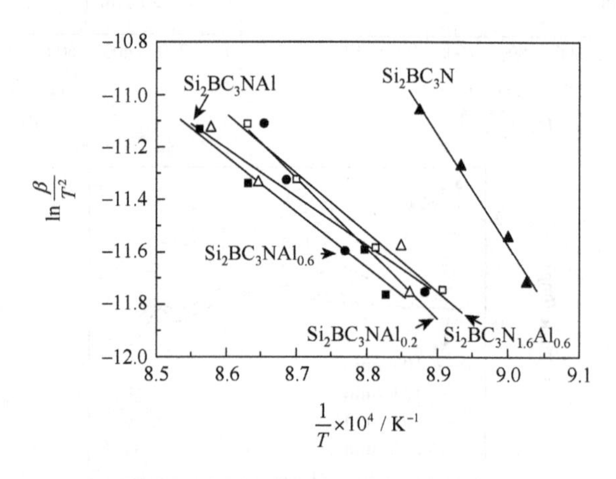

图 5-87　机械合金化制备 SiBCNAl 系非晶陶瓷粉体的 ln（β/T^2）与 $1/T$ 的关系图[20]

表 5-7　机械合金化制备不同 Al 源的 SiBCNAl 系非晶陶瓷粉体的氧化活化能 E_a 和线性回归系数 r[20]

陶瓷成分	Si_2BC_3N	$Si_2BC_3NAl_{0.2}$	$Si_2BC_3NAl_{0.6}$	$Si_2BC_3N_{1.6}Al_{0.6}$	Si_2BC_3NAl
E_a/(kJ/mol)	352.0	222.3	177.5	189.0	154.8
r	−0.995	−0.955	−0.982	−0.994	−0.965

不同 Al 源的 SiBCNAl 系非晶陶瓷粉体，经 1900℃/50MPa/30min 热压烧结制备出相应成分的纳米晶块体陶瓷。TG 结果表明：以金属 Al 为铝源的 $Si_2BC_3NAl_{0.6}$ 和以 AlN 为铝源的 $Si_2BC_3N_{1.6}Al_{0.6}$ 纳米晶块体陶瓷，氧化增重率随温度变化趋势大体相同；从室温到 1300℃缓慢增重，1300℃后氧化增重率陡然增大（图 5-88）。

在 1200～1400℃流动干燥空气氧化 80h，$Si_2BC_3NAl_{0.6}$ 纳米晶块体陶瓷氧化表面检测到 β-SiC、AlN、BN(C)、非晶 SiO_2、方石英和莫来石；氧化产物 Al_2O_3 基本都与 SiO_2 反应生成了莫来石，氧化层中并未检测到 Al_2O_3；随着氧化温度升高，BN(C)和莫来石的晶体衍射峰强度逐渐增强；1200℃氧化后，XRD 图谱中检测到

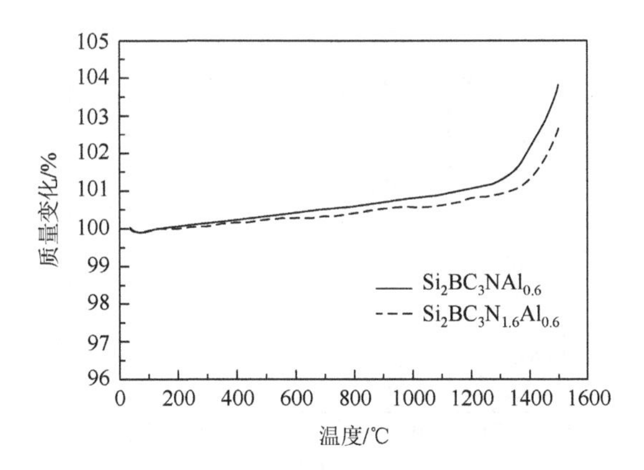

图 5-88　经 1900℃/50MPa/30min 热压烧结制备的 $Si_2BC_3NAl_{0.6}$ 和 $Si_2BC_3N_{1.6}Al_{0.6}$ 纳米晶块体陶瓷，在流动干燥空气气氛中以 10℃/min 速率加热到 1500℃时的 TG 曲线[20]

少量方石英晶体；在 1300～1400℃氧化时，方石英的晶体衍射峰强度降低，$2\theta = 22°$ 处显示非晶漫散射峰；由此可见，随着氧化温度升高，非晶 SiO_2 含量增加，方石英含量降低（图 5-89）。

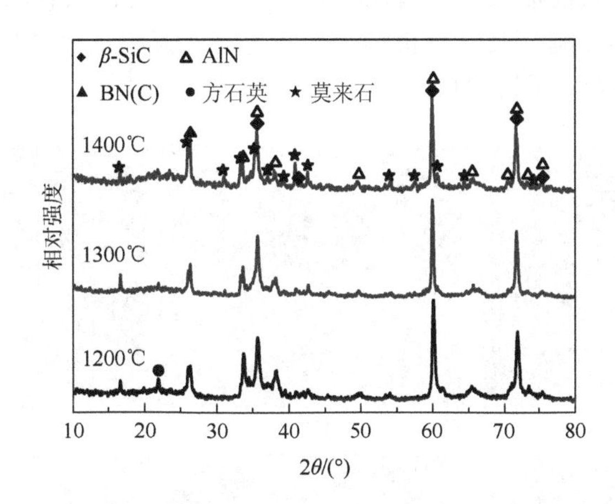

图 5-89　$Si_2BC_3NAl_{0.6}$ 纳米晶块体陶瓷在 1200～1400℃流动干燥空气氧化 80h 后氧化层表面 XRD 图谱[20]

$Si_2BC_3N_{1.6}Al_{0.6}$ 纳米晶块体陶瓷在 1200～1400℃流动干燥空气氧化 80h 后，氧化表面物相为 β-SiC、AlN、BN(C)、非晶 SiO_2、方石英和莫来石，其中 BN(C) 和莫来石的晶体衍射峰强度较高。1200℃氧化后，SiO_2 主要为方石英晶型；氧化温度升高至 1300～1400℃，方石英逐渐转变为非晶 SiO_2（非晶态漫散射峰）（图 5-90）。

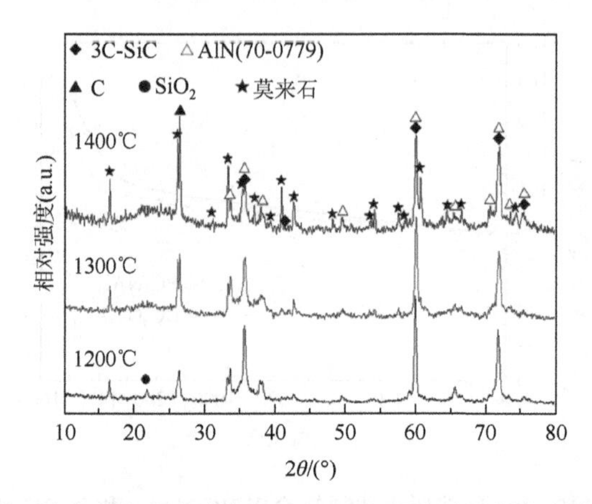

图 5-90　$Si_2BC_3N_{1.6}Al_{0.6}$ 纳米晶块体陶瓷在 1200～1400℃流动干燥空气氧化 80h 后氧化层表面 XRD 图谱[20]

$Si_2BC_3NAl_{0.6}$ 纳米晶块体陶瓷在 1200℃流动干燥空气氧化 80h 后，氧化表面连续光滑，分为致密区和气孔区；氧化温度为 1300℃时，气孔聚集破裂导致致密区面积减小，气孔孔径增大；氧化温度升高至 1400℃时，氧化表面形成了许多岛状突起，氧化层连续性被破坏，陶瓷表面凹凸不平，孔洞直径增大，黏流态 SiO_2 填充并弥合部分小孔洞。EDS 分析结果显示，岛状突起主要含 Si、Al 和 O 元素，可能是莫来石和 SiO_2（图 5-91）。

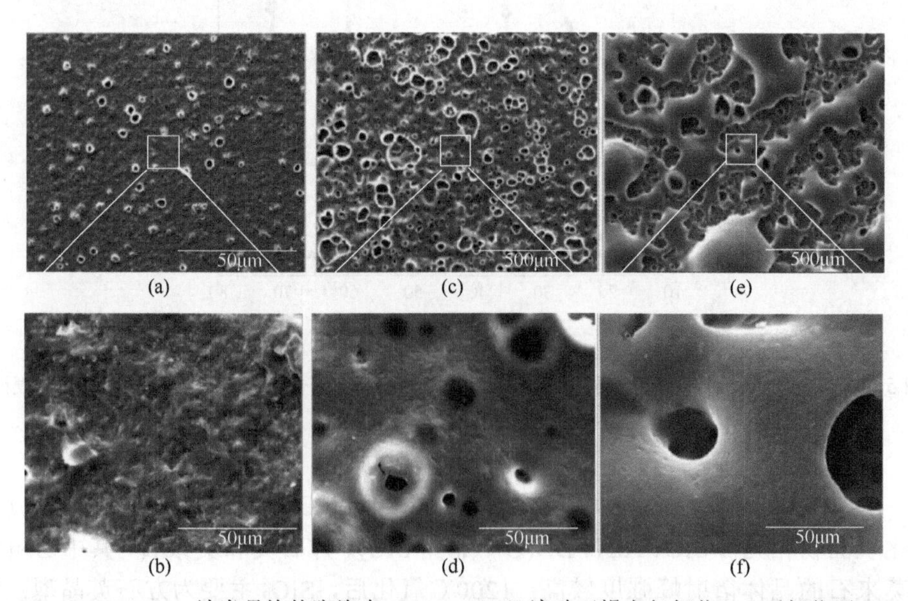

图 5-91　$Si_2BC_3NAl_{0.6}$ 纳米晶块体陶瓷在 1200～1400℃流动干燥空气氧化 80h 后氧化层 SEM 表面形貌[20]

（a）（b）1200℃；（c）（d）1300℃；（e）（f）1400℃

从氧化层 SEM 截面形貌看，$Si_2BC_3NAl_{0.6}$ 纳米晶块体陶瓷在 1200℃氧化 80h 后，氧化层均匀致密，厚度约为 9μm；由基体内部向氧化表面方向，O 含量呈递增趋势，Si 元素变化趋势与之相反，其他几种元素含量变化不明显。当氧化温度升高至 1300℃时，氧化层明显增厚，约为 30μm，氧化层中 O 元素没有形成明显的浓度梯度，但其含量明显高于其在基体中的含量；Si 元素在基体中的含量明显高于其在氧化层中的含量，其他几种元素含量变化不明显。氧化温度进一步提高至 1400℃，氧化层厚度达到约 80μm，氧化层呈隆起状态，氧化层与陶瓷基体界面处存在较大孔洞；氧化层中 O 含量很高，陶瓷基体中 O 含量较低，Si 元素含量变化趋势与之相反（图 5-92）。

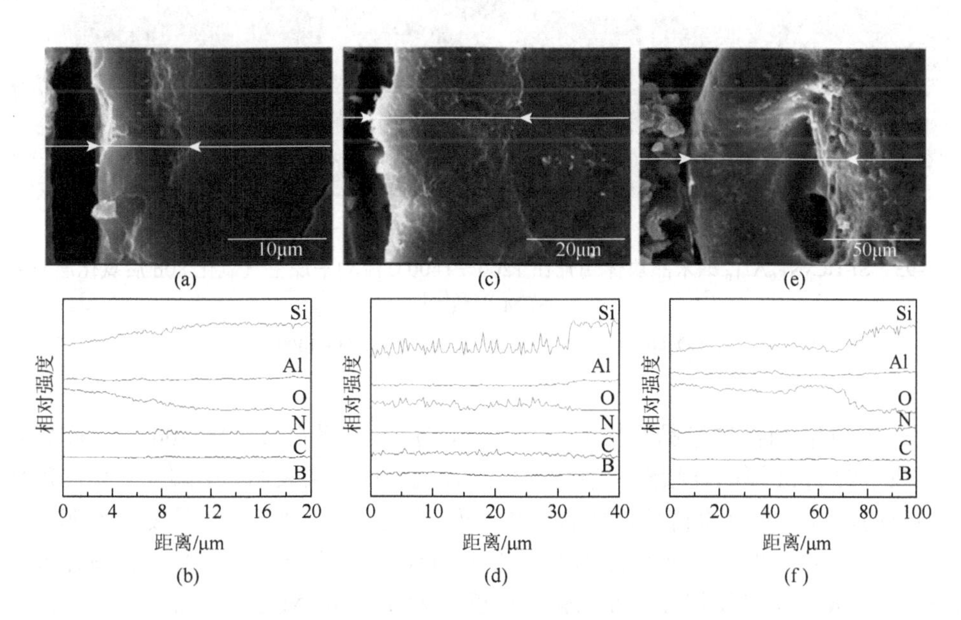

图 5-92　$Si_2BC_3NAl_{0.6}$ 纳米晶块体陶瓷在 1200～1400℃流动干燥空气氧化 80h 后氧化层 SEM 截面形貌及相应的线扫描能谱图[20]

（a）（b）1200℃；（c）（d）1300℃；（e）（f）1400℃

$Si_2BC_3N_{1.6}Al_{0.6}$ 纳米晶块体陶瓷在 1200～1400℃氧化 80h 后，氧化表面组织形貌演化规律与 $Si_2BC_3NAl_{0.6}$ 相似。在 1200℃氧化时，陶瓷表面形成连续且相对致密的氧化层；氧化温度升高至 1300℃，大量气体逃逸导致氧化表面孔洞数量增加，孔径增大；氧化温度达 1400℃时，材料氧化加剧，氧化表面产生凸起岛状物，为莫来石和 SiO_2；此外，大量气泡破裂后在样品表面形成了大孔径孔洞，氧化膜完整性遭到破坏（图 5-93）。

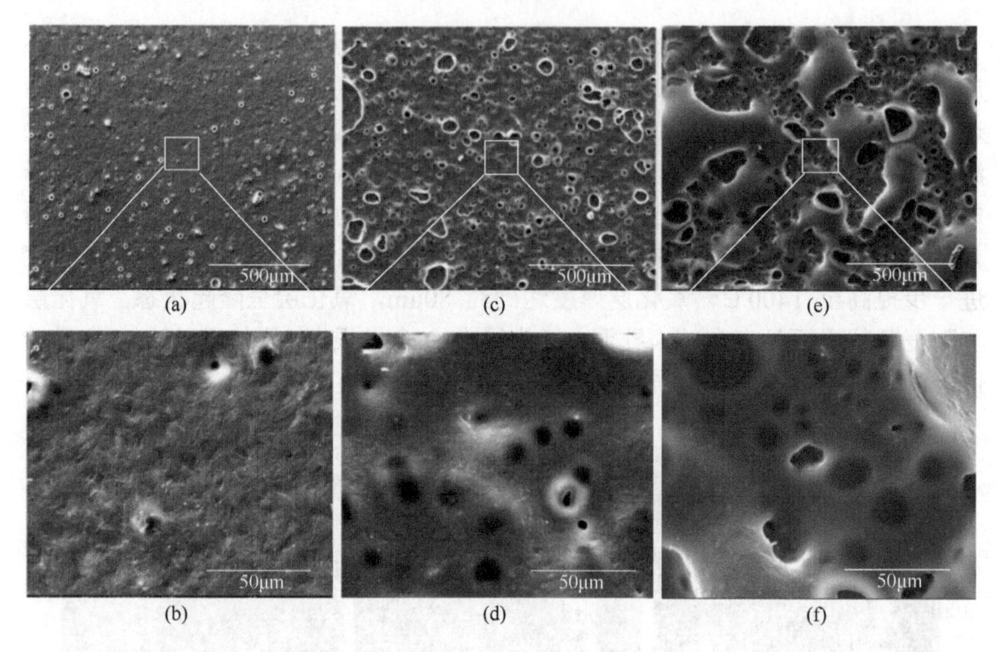

图 5-93　$Si_2BC_3N_{1.6}Al_{0.6}$ 纳米晶块体陶瓷在 1200～1400℃流动干燥空气氧化 80h 后氧化层表面 SEM 形貌[20]

(a)(b) 1200℃；(c)(d) 1300℃；(e)(f) 1400℃

$Si_2BC_3N_{1.6}Al_{0.6}$ 纳米晶块体陶瓷在 1200℃流动干燥空气氧化 80h 后，陶瓷表面生成了约 5μm 厚的连续致密氧化层；EDS 线扫描结果表明，由陶瓷基体向氧化表面方向，Si 含量逐渐降低，O 含量逐渐升高，其他几种元素含量变化不明显；在 1300℃氧化 80h 后，氧化层增厚至约 10μm，与陶瓷基体结合良好；氧化温度提高至 1400℃，块体陶瓷表面氧化层厚度约为 75μm，氧化层出现分层并萌生贯穿式裂纹，O 元素在氧化层中含量明显高于陶瓷基体，而陶瓷基体中 Si 含量较低，其他几种元素含量变化不明显（图 5-94）。

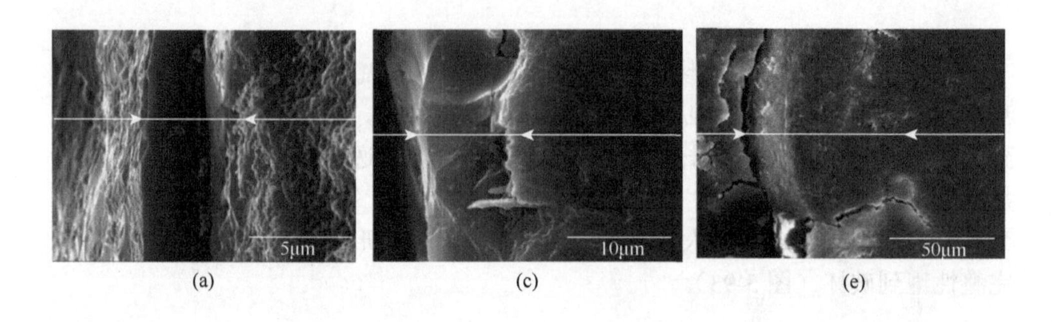

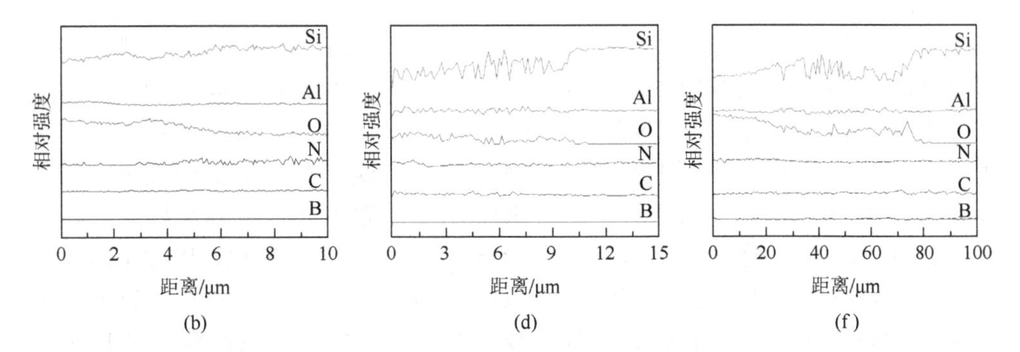

图 5-94　$Si_2BC_3N_{1.6}Al_{0.6}$ 纳米晶块体陶瓷在 1200～1400℃流动干燥空气氧化 80h 后氧化层 SEM 截面形貌及相应的线扫描能谱图[20]

（a）（b）1200℃；（c）（d）1300℃；（e）（f）1400℃

综上所述，在 1200～1300℃流动干燥空气氧化 80h 后，不同 Al 源的 $Si_2BC_3NAl_{0.6}$ 和 $Si_2BC_3N_{1.6}Al_{0.6}$ 纳米晶块体陶瓷，氧化表面相对平整，但氧化膜内分布大量气孔；氧化温度 $T>1300$℃时，陶瓷氧化程度明显加剧，氧化层完整性遭到破坏，氧化层与陶瓷基体界面处存在较大尺寸孔洞，表面形成了诸多凸起岛状物；从氧化层厚度与氧化温度的关系曲线来看，两种纳米晶块体陶瓷的高温抗氧化性能相当（图 5-95）。

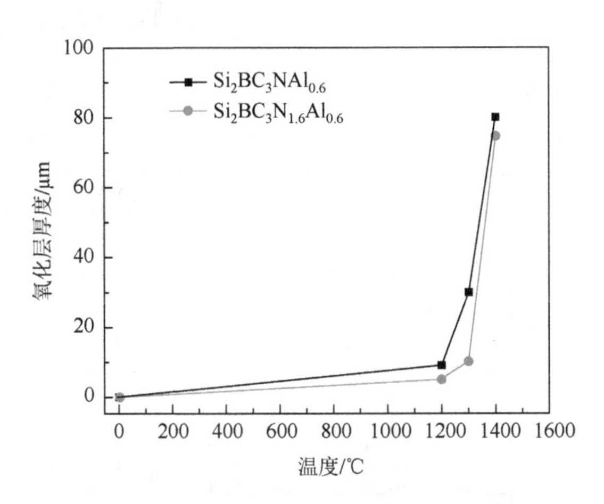

图 5-95　$Si_2BC_3NAl_{0.6}$ 和 $Si_2BC_3N_{1.6}Al_{0.6}$ 纳米晶块体陶瓷在 1200～1400℃流动干燥空气氧化 80h，氧化层厚度随氧化温度的变化曲线[20]

2. 引入 Zr 金属颗粒

基于机械合金化的一步球磨法（将 c-Si、石墨、h-BN、B 粉和 Zr 粉同时高能球磨 40h）和两步球磨法（先将 B 粉和 Zr 粉高能球磨 5h，再与 c-Si、石墨、h-BN 高能球磨 40h）制备的 SiBCNZr 系非晶陶瓷粉体，经不同温度/40MPa/30min 热压烧结制备出不同成分的 SiBCNZr 系纳米晶块体陶瓷。XRD 结果表明：不同成分的 SiBCNZr 系纳米晶块体陶瓷，其物相组成均为 ZrB_2、ZrN、α/β-SiC、BN(C)及少量 m-ZrO_2 和 ZrO_x（图 5-96）。由于原位反应生成的 ZrB_2 和 ZrN 熔点较高，原子扩散系数小，需要在更高温度和压力条件下才能烧结致密化，因此不同成分 SiBCNZr 系纳米晶块体陶瓷的相对密度较低，表面存在较多孔隙；其中 1800℃热压烧结制备的块体陶瓷表面孔洞尺寸较大且分布不均匀，更高温度（1900～2000℃）烧结制备的纳米晶块体陶瓷，表面孔洞尺寸较小；从 SEM 断口形貌来看，随着烧结温度提高，片层状 BN(C)发育良好（图 5-97）。

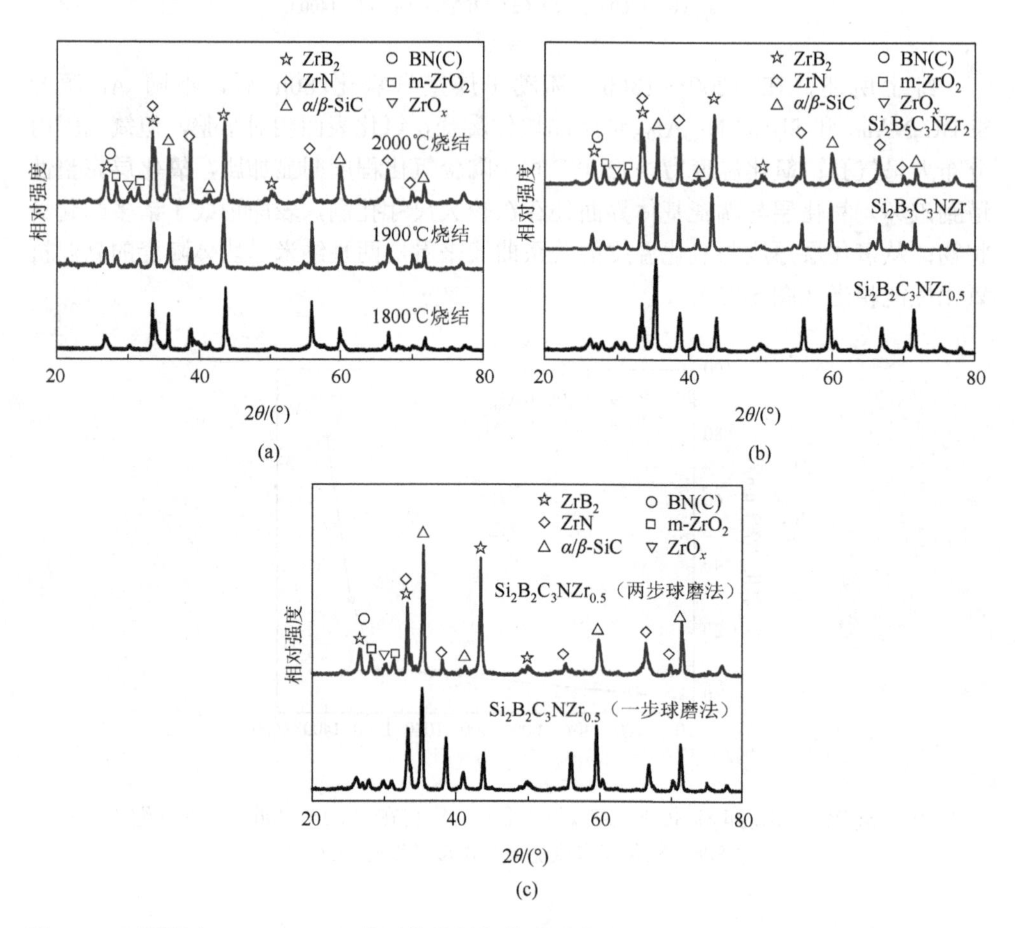

图 5-96 不同温度/40MPa/30min 热压烧结制备的不同成分 SiBCNZr 系纳米晶块体陶瓷的 XRD 图谱[22]

（a）$Si_2B_5C_3NZr_2$；（b）（c）1900℃烧结

图 5-97　热压烧结制备 $Si_2B_5C_3NZr_2$ 纳米晶块体陶瓷的 SEM 表面及断口形貌[22]

（a）（d）1800℃烧结；（b）（e）1900℃烧结；（c）（f）2000℃烧结

经 2000℃/40MPa/30min 热压烧结制备的 $Si_2B_5C_3NZr_2$ 纳米晶块体陶瓷，在 1100～1300℃流动干燥空气中氧化 1h 后，氧化产物主要为 $ZrSiO_4$、少量 ZrO_2 和方石英；随着氧化温度升高，$ZrSiO_4$ 晶体衍射强度增加；在 1100℃氧化时，方石英的晶体衍射峰较为尖锐；在 1200℃和 1300℃氧化后，方石英衍射峰强度下降，主峰半高宽增大，氧化表面非晶 SiO_2 相对含量增加（图 5-98）。

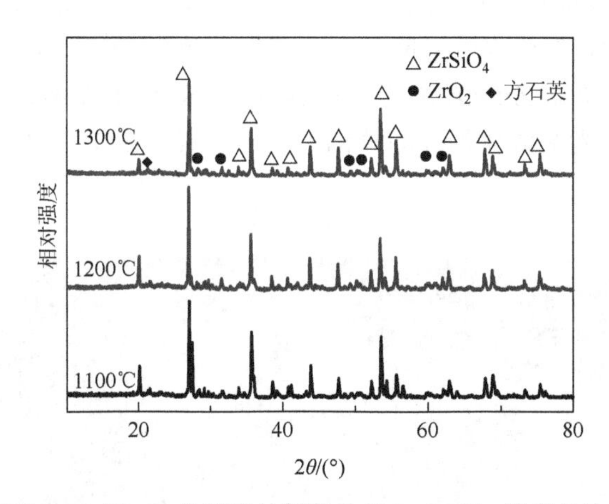

图 5-98　经 2000℃/40MPa/30min 热压烧结制备的 $Si_2B_5C_3NZr_2$ 纳米晶块体陶瓷，在 1100～1300℃流动干燥空气氧化 1h 后氧化层表面 XRD 图谱[22]

经 1900℃/40MPa/30min 热压烧结制备的 $Si_2B_2C_3NZr_{0.5}$、$Si_2B_3C_3NZr$ 和 $Si_2B_5C_3NZr_2$ 纳米晶块体陶瓷，在 1200℃流动干燥空气中氧化 1h 后，XRD 图谱显示氧化表面含有大量 $ZrSiO_4$、少量方石英和 ZrO_2；随着基体中 Zr 引入量增加，纳米晶块体陶瓷中 ZrN 和 ZrB_2 含量增加，相应氧化产物 $ZrSiO_4$ 含量增加，但 ZrO_2 含量降低（图 5-99）。

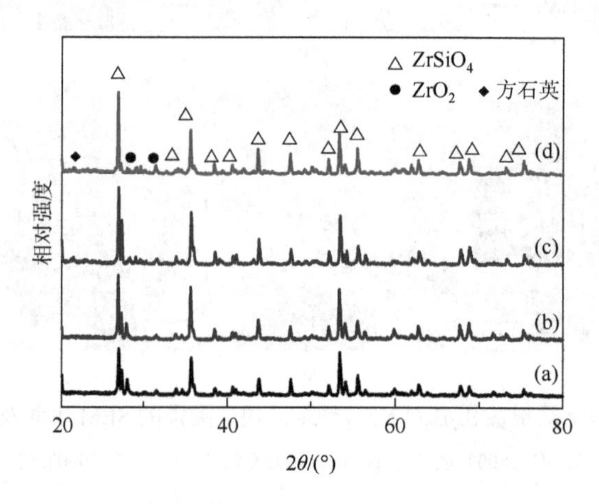

图 5-99　经 1900℃/40MPa/30min 热压烧结制备的不同成分 SiBCNZr 系纳米晶块体陶瓷，在 1200℃流动干燥空气氧化 1h 后氧化层表面 XRD 图谱[22]

（a）$Si_2B_2C_3NZr_{0.5}$（两步球磨法）；（b）$Si_2B_2C_3NZr_{0.5}$（一步球磨法）；（c）$Si_2B_3C_3NZr$（一步球磨法）；（d）$Si_2B_5C_3NZr_2$（一步球磨法）

不同球磨工艺制备的 $Si_2B_2C_3NZr_{0.5}$ 纳米晶块体陶瓷在 1100℃流动干燥空气氧化 5h 后，氧化层表面均存在 $ZrSiO_4$ 岛状突起和致密熔融 SiO_2，但两步球磨法制备的纳米晶块体陶瓷氧化表面有明显孔洞萌生；随着 Zr 和 B 含量增加，纳米晶块体陶瓷氧化表面岛状 $ZrSiO_4$ 含量增加，黏流态 SiO_2 逐渐减少；随着烧结温度提高，$Si_2B_5C_3NZr_2$ 纳米晶块体陶瓷的氧化表面逐渐被 $ZrSiO_4$ 晶体覆盖，表面凹凸不平（图 5-100）。

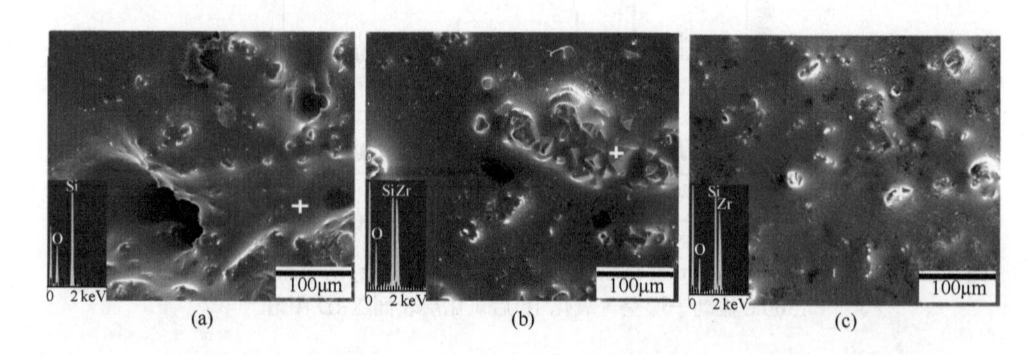

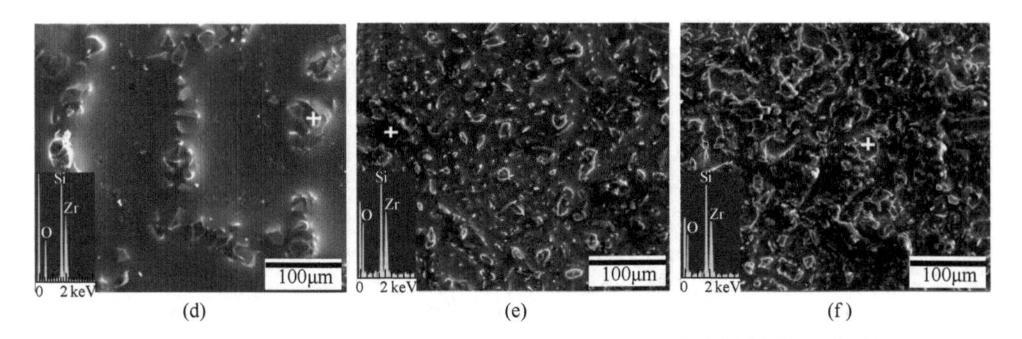

图 5-100　热压烧结制备的 SiBCNZr 系纳米晶块体陶瓷在 1100℃流动干燥空气氧化 5h 后，氧化层 SEM 表面形貌及相应的能谱分析[22]

(a) $Si_2B_2C_3NZr_{0.5}$（两步球磨法，1900℃烧结）；(b) $Si_2B_2C_3NZr_{0.5}$（一步球磨法，1900℃烧结）；(c) $Si_2B_3C_3NZr$（一步球磨法，1900℃烧结）；(d) $Si_2B_5C_3NZr_2$（一步球磨法，1800℃烧结）；(e) $Si_2B_5C_3NZr_2$（一步球磨法，1900℃烧结）；(f) $Si_2B_5C_3NZr_2$（一步球磨法，2000℃烧结）

一步球磨法结合热压烧结技术（2000℃/40MPa/30min）制备的 $Si_2B_5C_3NZr_2$ 纳米晶块体陶瓷，在 1100℃氧化 5h 后，氧化表面相对平整致密，表面仍存在液相流动后的凝固特征，但氧化层与陶瓷基体界面处分布有长条状 $ZrSiO_4$ 晶粒，晶粒间存在明显微裂纹；氧化温度为 1300℃时，陶瓷氧化表面存在部分孔洞，氧化层厚度约为 220μm，氧化膜与陶瓷基体结合不强，界面处有粗大的长条状 $ZrSiO_4$，氧化表面形成疏松多孔的氧化层结构；氧化温度提高至 1500℃，陶瓷表面有大量孔洞萌生，氧化层与基体界面处存在孔洞聚集，氧化层进一步增厚至约 410μm（图 5-101）。

两步球磨法结合热压烧结技术（2000℃/40MPa/30min）制备的 $Si_2B_2C_3NZr_{0.5}$ 纳米晶块体陶瓷，在 1500℃流动干燥空气中氧化 5h 后，氧化表面存在明显的致密平整区和多孔区；多孔区域内孔径尺寸较大，为 20～50μm，致密平整区域均匀分布着岛状 $ZrSiO_4$ 晶体；SEM 截面形貌显示，氧化层与陶瓷基体结合良好，氧化层富含 Si、Zr 和 O 元素（图 5-102）。

3. 引入 Zr-Al 金属颗粒

在 Si_2BC_3N 陶瓷基体中引入 Zr-Al 等金属颗粒，高温氧化过程中 Zr-Al 的氧化产物与基体氧化产物相互作用，可形成三元、四元化合物借以提高氧化膜的液相黏度，有助于形成具有保护性的氧化层结构。引入不同摩尔分数的 Zr-Al 金属颗粒后，该纳米晶复相陶瓷的物相组成为 α/β-SiC、BN(C)和少量 m-ZrO_2 相，但 XRD 并未检测到 Al 相关的物相，其中 β-SiC 的晶体衍射峰强度较纯 Si_2BC_3N 陶瓷明显提高。上述结果表明，在放电等离子烧结过程中部分 Zr-Al 金属颗粒逐渐氧化形成氧化物，促进了 β-SiC 晶相的结晶析出（图 5-103）。

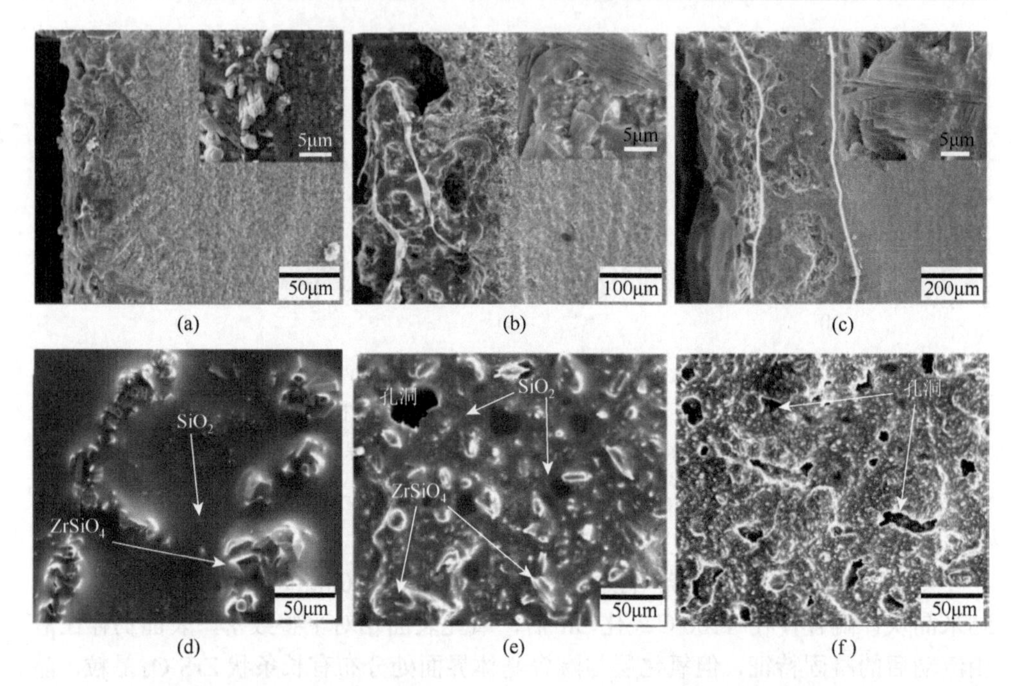

图 5-101　一步球磨法结合热压烧结制备的 $Si_2B_5C_3NZr_2$ 纳米晶块体陶瓷，在 1100～1500℃氧化 5h 后氧化层 SEM 截面（a）～（c）及表面（d）～（f）形貌[22]

（a）（d）1100℃；（b）（e）1300℃；（c）（f）1500℃

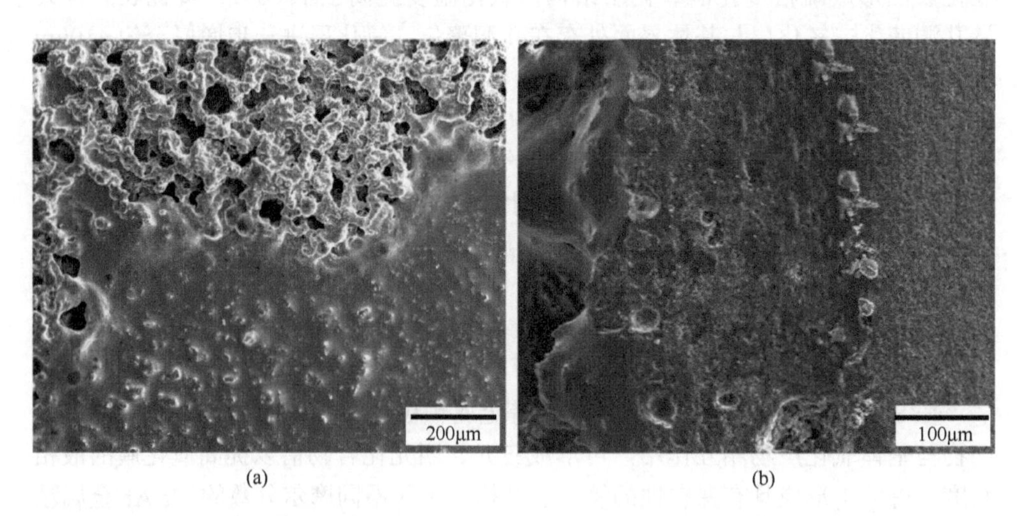

图 5-102　两步球磨法结合热压烧结制备的 $Si_2B_2C_3NZr_{0.5}$ 纳米晶块体陶瓷，在 1500℃氧化 5h 后氧化层 SEM 表面/截面形貌[22]

（a）表面形貌；（b）截面形貌

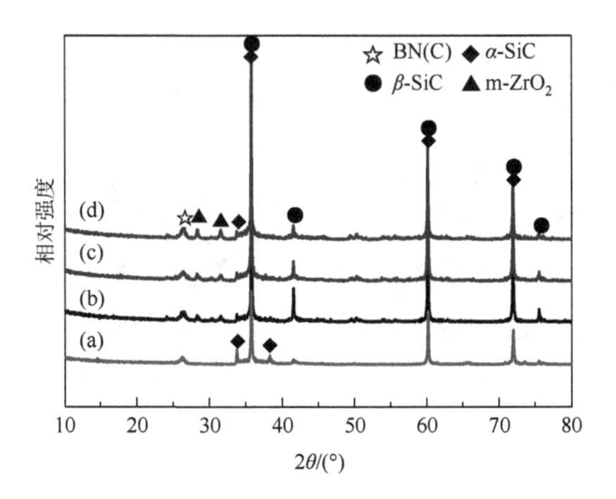

图 5-103　经 1900℃/40MPa/5min 放电等离子烧结制备的不同 Zr-Al 摩尔分数的 Si_2BC_3N 纳米晶块体陶瓷的 XRD 图谱[23]

（a）Si_2BC_3N；（b）引入 1%（摩尔分数）Zr-Al；（c）引入 3%（摩尔分数）Zr-Al；（d）引入 5%（摩尔分数）Zr-Al

在 1200℃静态干燥空气氧化后 3h 后，不同 Zr-Al 引入量的 Si_2BC_3N 纳米晶块体陶瓷，其氧化表面均检测到了方石英晶相；随着氧化温度升高，方石英的晶体衍射峰强度逐渐增强。氧化温度提高至 1400℃后，引入 Zr-Al 成分的 Si_2BC_3N 块体陶瓷氧化表面 α/β-SiC 衍射峰强度较高，而方石英晶相衍射峰强度较低；$ZrSiO_4$ 的晶体衍射峰强度随 Zr-Al 引入量增加而有所增强。在 1600℃氧化后，纯 Si_2BC_3N 纳米晶块体陶瓷氧化表面方石英晶的衍射峰强度进一步增强，而 α/β-SiC 晶相衍射峰强度减弱；引入 1%（摩尔分数）Zr-Al 的纳米晶块体陶瓷，方石英 1600℃的衍射峰最强；Zr-Al 摩尔分数更高的纳米晶陶瓷，XRD 检测到微弱的方石英晶体衍射峰（图 5-104）。

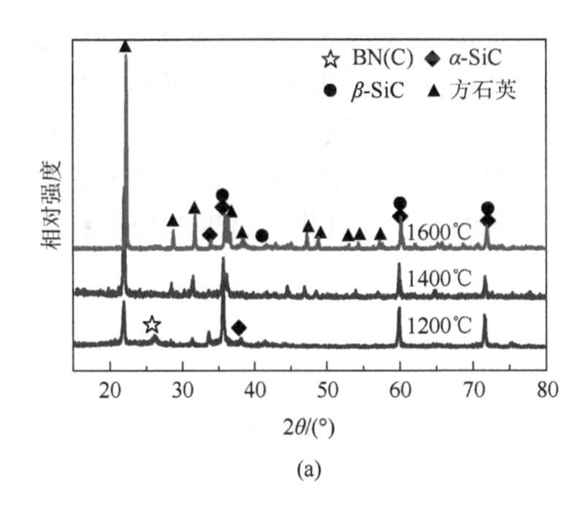

(a)

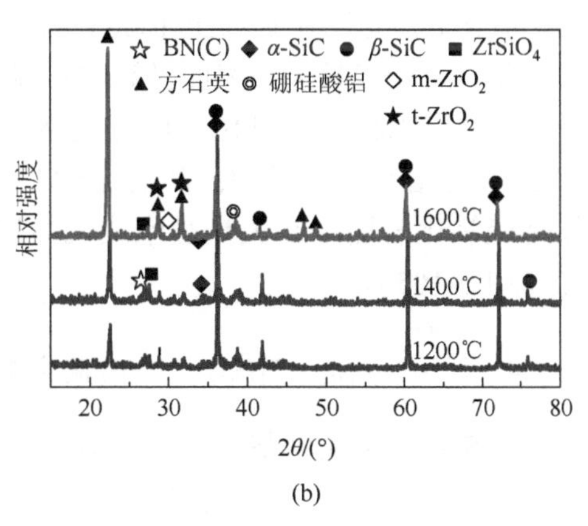

(b)

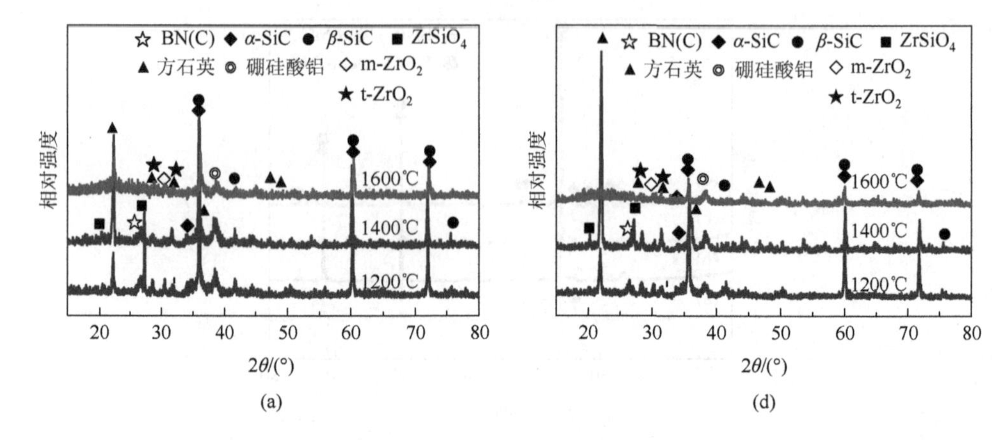

图 5-104 不同 Zr-Al 引入量的 Si_2BC_3N 纳米晶块体陶瓷在 1200～1600℃静态干燥空气氧化 3h 后氧化层表面 XRD 图谱[23]

（a）未引入 Zr-Al；（b）引入 1%（摩尔分数）Zr-Al；（c）引入 3%（摩尔分数）Zr-Al；（d）引入 5%（摩尔分数）Zr-Al

在 1200℃静态干燥空气氧化 3h 后，不同 Zr-Al 引入量的 Si_2BC_3N 纳米晶块体陶瓷氧化表面均形成了一层相对致密的氧化层，但引入 5%（摩尔分数）Zr-Al 的纳米晶块体陶瓷，氧化表面孔隙数量较多。在 1400℃氧化后，纯 Si_2BC_3N 纳米晶块体陶瓷表面观察到黏流态 SiO_2 和方石英岛状凸起，表面存在微裂纹；引入 1%（摩尔分数）Zr-Al 后，Si_2BC_3N 纳米晶陶瓷表面生成相对致密的氧化膜，主要成分是 $ZrSiO_4$、SiO_2 和 ZrO_2；引入 3%（摩尔分数）Zr-Al 的纳米晶块体陶瓷，氧化表面萌生大量孔洞，氧化膜内弥散分布微裂纹；引入 5%（摩尔分数）Zr-Al 后，该纳米晶块体陶瓷氧化表面岛状 $ZrSiO_4$ 相对含量增加，氧化层致密光滑，表面微裂纹连成网络结构。

氧化温度进一步提高至 1600℃后，纯 Si_2BC_3N 纳米晶块体陶瓷氧化表面的方石英晶体进一步长大，表面微裂纹扩展形成大尺寸裂纹；引入 1%（摩尔分数）Zr-Al 的陶瓷材料，氧化表面可观察到微裂纹萌生，但氧化层仍然很致密，岛状 $ZrSiO_4$ 相对含量增加；随着 Zr-Al 摩尔分数进一步增加，Si_2BC_3N 纳米晶块体陶瓷氧化表面存在大量鼓泡或气体逃逸遗留的孔洞，氧化层呈现疏松多孔结构（图 5-105）。

4. 引入 $MoSi_2$、$HfSi_2$、$TaSi_2$ 陶瓷颗粒

在 Si_2BC_3N 陶瓷基体中引入不同成分二硅化物，经 1900℃/40MPa/5min 放电等离子烧结制备出纳米晶复相陶瓷。XRD 图谱显示，除基体 BN(C)和 α/β-SiC 晶相外，引入 10%（质量分数）$MoSi_2$ 的块体陶瓷中还含有 MoC 和 Mo_5Si_3 晶相；

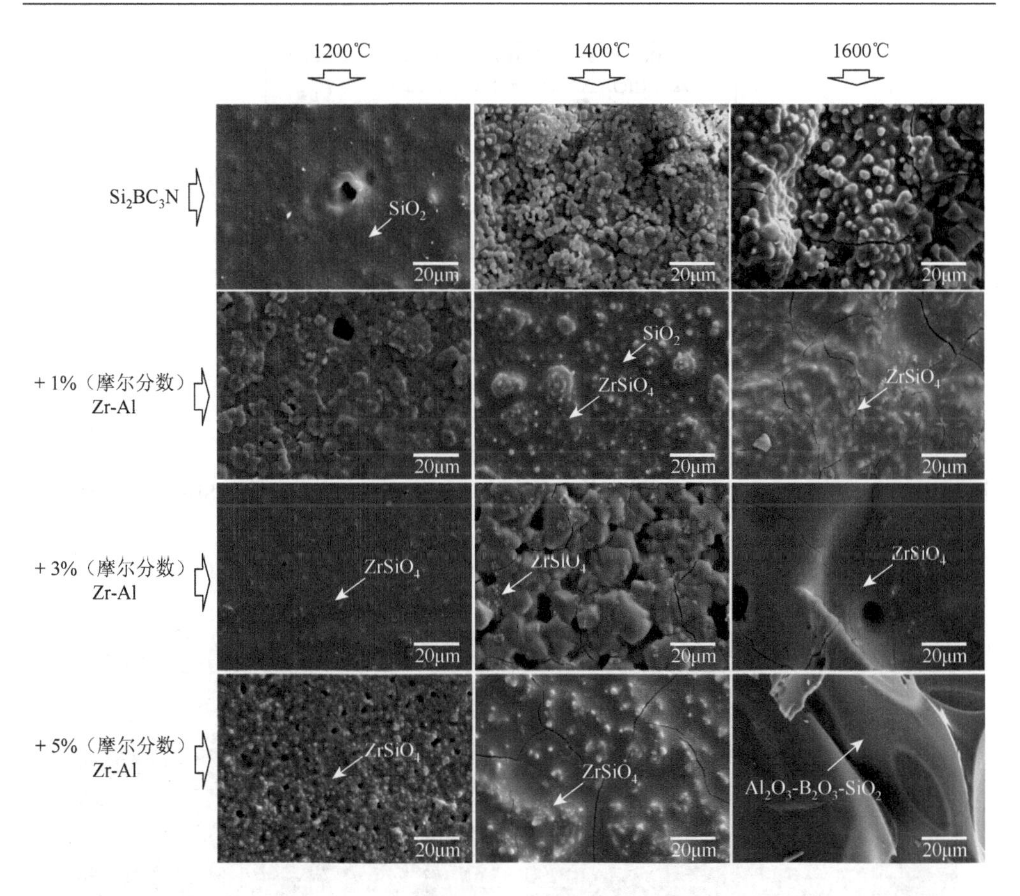

图 5-105　不同 Zr-Al 引入量的 Si_2BC_3N 纳米晶块体陶瓷在静态干燥空气不同温度氧化 3h 后氧化层 SEM 表面形貌[23]

引入 10%（质量分数）$HfSi_2$ 后，陶瓷中生成少量 c-HfO_2 和 m-HfO_2；引入 10%（质量分数）$TaSi_2$ 后，XRD 还检测 TaC 和少量 TaO；上述结果表明，引入不同种类的二硅化物后，热压烧结过程中二硅化物会与体系中的 C 和 O 反应形成新物相（图 5-106）。

引入 10%（质量分数）$MoSi_2$、10%（质量分数）$HfSi_2$ 和 10%（质量分数）$TaSi_2$ 的 Si_2BC_3N 纳米晶块体陶瓷，其体积密度分别为 2.69g/cm^3、2.73g/cm^3 和 2.80g/cm^3，相对密度分别为 89.9%、90.6%和 92.2%。引入 10%（质量分数）$MoSi_2$ 后，MoC 和 Mo_5Si_3 新相的形成对 Si_2BC_3N 陶瓷断口形貌并无明显影响，断口表面可观察到晶粒拔出；相比之下，$HfSi_2$ 和 $TaSi_2$ 的转变产物促进了 Si_2BC_3N 陶瓷基体的微结构发育，断口表面可观察到片层状 BN(C)拔出（图 5-107）。

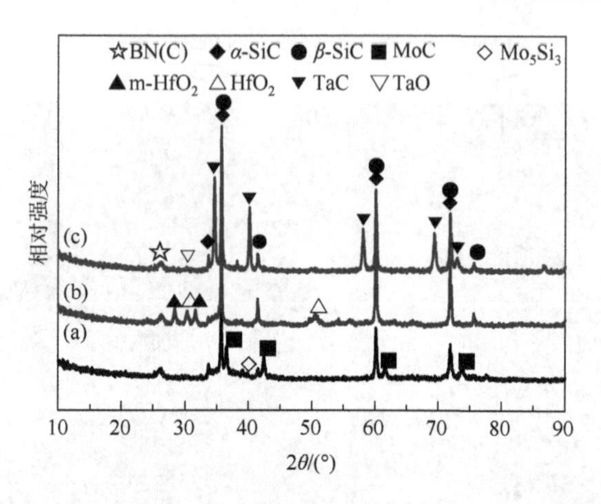

图 5-106　经 1900℃/40MPa/5min 放电等离子烧结制备的不同二硅化物增强 Si_2BC_3N 纳米晶块体陶瓷的 XRD 图谱[24]

（a）引入 10%（质量分数）$MoSi_2$；（b）引入 10%（质量分数）$HfSi_2$；（c）引入 10%（质量分数）$TaSi_2$

图 5-107　引入不同二硅化物的 Si_2BC_3N 纳米晶块体陶瓷的 SEM 断口形貌[24]

（a）（b）引入 10%（质量分数）$MoSi_2$；（c）（d）引入 10%（质量分数）$HfSi_2$；（e）（f）引入 10%（质量分数）$TaSi_2$

在 1200～1600℃静态干燥空气氧化 3h 后，引入不同二硅化物的 Si_2BC_3N 纳米晶块体陶瓷，其高温氧化产物不尽相同。在 1200℃氧化后，碳化物、氧化物等新相在很大程度上阻碍了方石英晶相的形成。在 1400℃氧化后，引入 10%（质量分数）$HfSi_2$ 和 10%（质量分数）$TaSi_2$ 的 Si_2BC_3N 纳米晶块体陶瓷，方石英的晶体衍射峰强度有所增强；而引入 10%（质量分数）$MoSi_2$ 的陶瓷，氧化表面方石英衍射峰强度较低；在引入 $HfSi_2$ 的 Si_2BC_3N 纳米晶块体陶瓷中，还检测到 HfO_2 和 $HfSiO_4$ 较强的晶体衍射峰，而引入 $TaSi_2$ 的陶瓷氧化表面则检测到 TaO 和 Ta_2O_5 晶相。氧化温度升高至 1600℃，引入 $MoSi_2$ 的纳米晶块体陶瓷，其氧化表面方石英衍射峰强度大幅度提高，并检测到硼硅酸盐相；引入 $HfSi_2$ 的陶瓷中 $HfSiO_4$ 衍射峰峰强度较高，HfO_2 和方石英晶相衍射峰强明显降低；相比之下，引入 $TaSi_2$ 的 Si_2BC_3N 纳米晶块体陶瓷，其氧化表面无方石英的晶体衍射峰，但同样检测到了硼硅酸盐相（图 5-108）。

引入 10%（质量分数）$MoSi_2$ 的 Si_2BC_3N 纳米晶块体陶瓷在 1200℃氧化后，氧化表面分为致密平整区和多孔区，部分气孔聚集破裂破坏了氧化膜的完整性；氧化温度升高至 1400℃，氧化表面大部分气孔被黏流态氧化物填充弥合，部分晶体聚集形成孤岛凸起；氧化温度升高至 1600℃时，纳米晶块体陶瓷氧化表面较为平整光滑，氧化表面内嵌部分晶相，而氧化物热适配导致大尺寸裂纹萌生。引入 10%（质量分数）$HfSi_2$ 和 10%（质量分数）$TaSi_2$ 的 Si_2BC_3N 纳米晶块体陶瓷，在 1200℃氧化后，两者氧化表面显微组织形貌相似，表面均存在大量细小气孔；在 1400℃氧化后，两种纳米晶块体陶瓷氧化表面均存在大量鼓泡和微裂纹，部分鼓泡破裂形成孔洞；氧化温度升高至 1600℃，引入 $HfSi_2$ 的 Si_2BC_3N 纳米晶块体

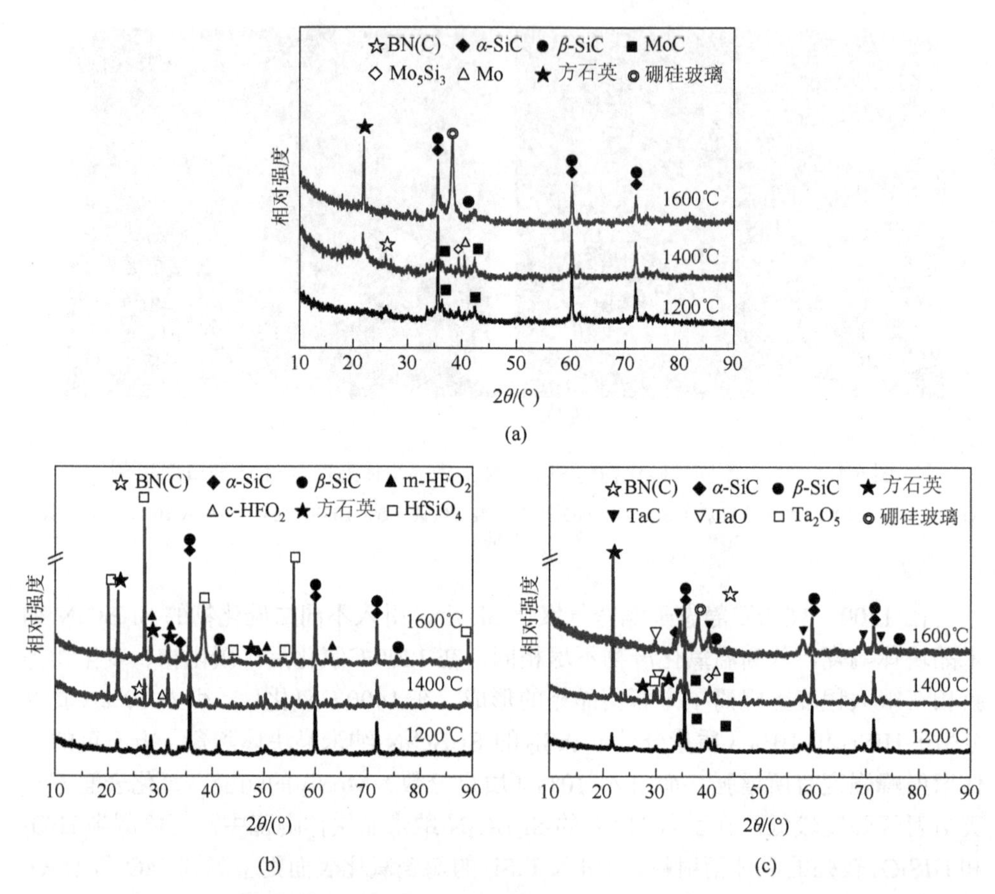

图 5-108　引入不同二硅化物的 Si_2BC_3N 纳米晶块体陶瓷在 1200～1600℃静态干燥空气氧化 3h 后氧化表面 XRD 图谱[24]

(a) 引入 10%（质量分数）$MoSi_2$；(b) 引入 10%（质量分数）$HfSi_2$；(c) 引入 10%（质量分数）$TaSi_2$

陶瓷，其氧化表面光滑平整致密，方石英晶体均匀分布在氧化层中；而引入 $TaSi_2$ 的纳米晶块体陶瓷，氧化表面观察到大量气体产物聚集形成的大鼓泡，但氧化表面仍然连续致密（图 5-109）。

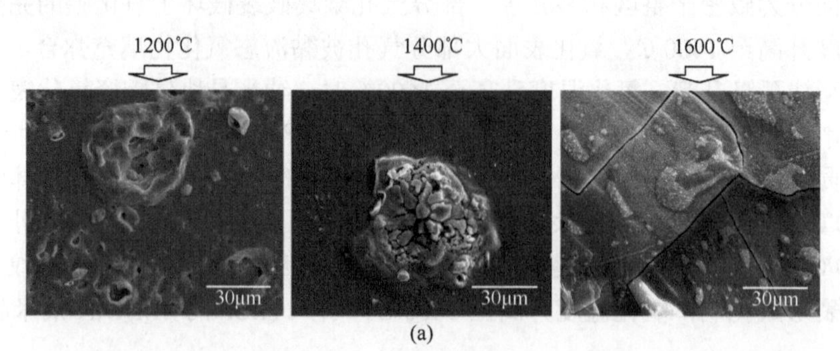

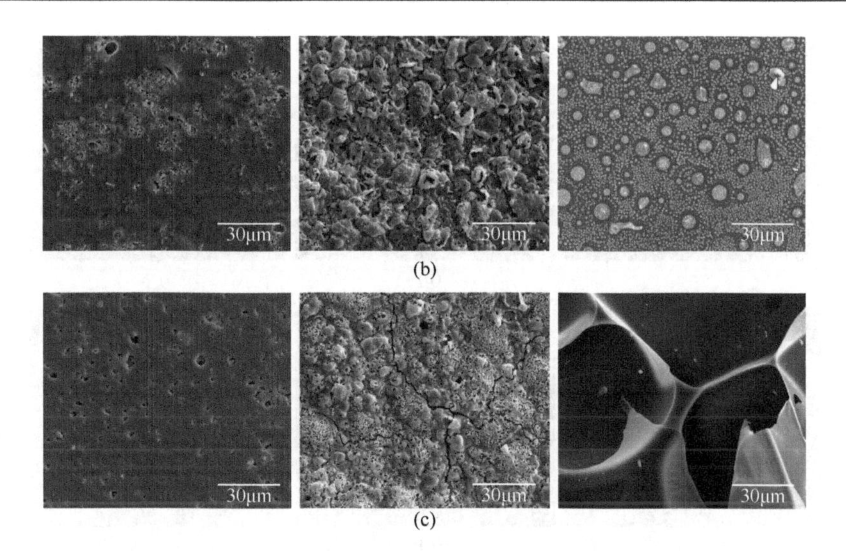

图 5-109　引入不同二硅化物的 Si_2BC_3N 纳米晶块体陶瓷在 1200～1600℃静态干燥空气氧化 3h 后氧化层 SEM 表面形貌[24]

（a）引入 10%（质量分数）$MoSi_2$；（b）引入 10%（质量分数）$HfSi_2$；（c）引入 10%（质量分数）$TaSi_2$

在 1200℃静态干燥空气氧化 3h 后，引入不同二硅化物的 Si_2BC_3N 纳米晶块体陶瓷，其氧化层与陶瓷基体结合良好，氧化层平均厚度小于 4μm。在 1400℃氧化后，引入 $MoSi_2$ 的纳米晶块体陶瓷，氧化层与陶瓷基体结合紧密，而引入 $HfSi_2$ 和 $TaSi_2$ 的纳米晶块体陶瓷，氧化层与陶瓷基体界面处分布大量孔洞，界面结合较差。氧化温度升高至 1600℃，引入 $MoSi_2$、$HfSi_2$ 和 $TaSi_2$ 的 Si_2BC_3N 纳米晶块体陶瓷，氧化层与陶瓷基体界面处无孔洞或鼓泡聚集，氧化层平均厚度小于 10μm（图 5-110）。

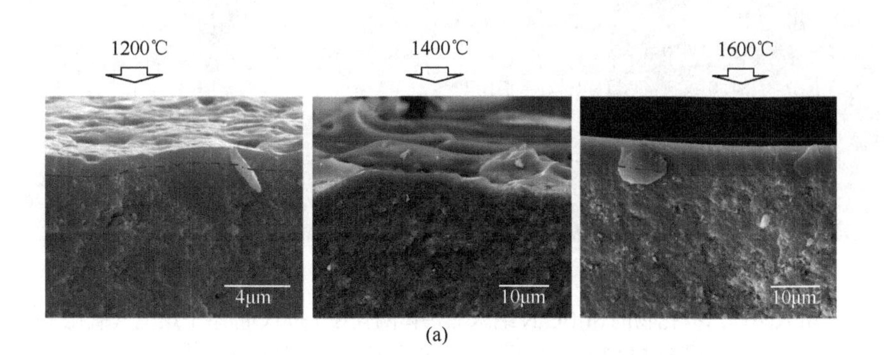

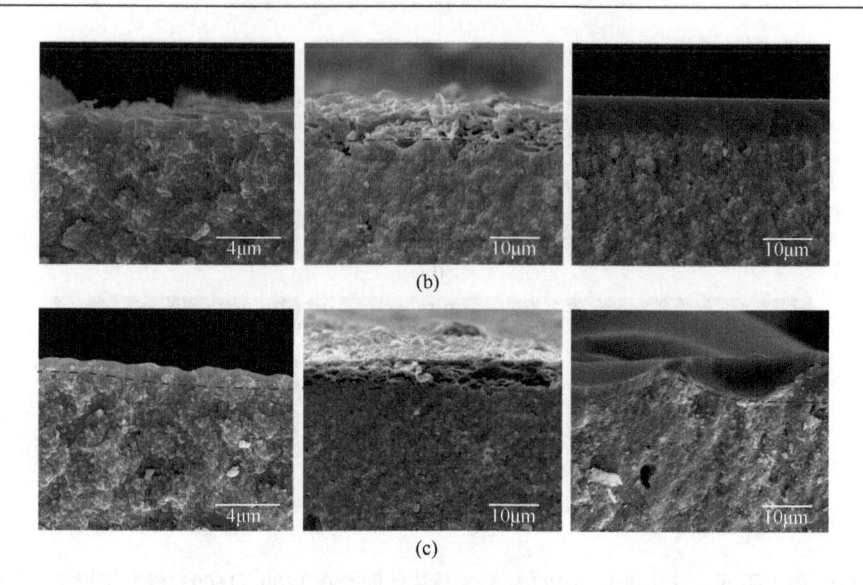

图 5-110　引入不同二硅化物的 Si_2BC_3N 纳米晶块体陶瓷在 1200℃静态干燥空气不同温度氧化 3h 后 SEM 截面形貌[24]

（a）引入 10%（质量分数）$MoSi_2$；（b）引入 10%（质量分数）$HfSi_2$；（c）引入 10%（质量分数）$TaSi_2$

在 1600℃静态干燥空气氧化 3h 后，将不同成分 Si_2BC_3N 纳米晶块体陶瓷以 100℃/min 速度冷却。氧化层 SEM 截面形貌表明：引入 10%（质量分数）$MoSi_2$ 的块体陶瓷，氧化层与陶瓷基体结合良好，界面处无孔洞和裂纹聚集；相反，分别引入 10%（质量分数）$HfSi_2$ 和 10%（质量分数）$TaSi_2$ 的纳米晶陶瓷，氧化层与陶瓷界面处存在贯穿式裂纹，界面结合强度较差（图 5-111）。

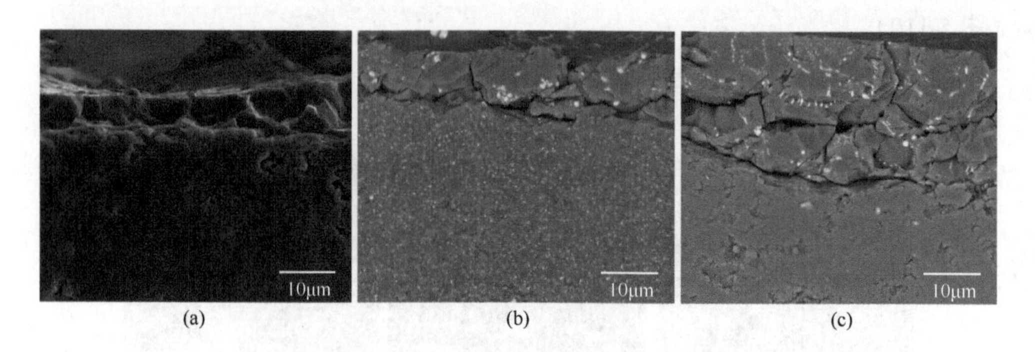

图 5-111　引入不同二硅化物的 Si_2BC_3N 纳米晶块体陶瓷在 1600℃静态干燥空气氧化 3h 后氧化层 SEM 背散射截面形貌（冷却速度 100℃/min）[24]

（a）引入 10%（质量分数）$MoSi_2$；（b）引入 10%（质量分数）$HfSi_2$；（c）引入 10%（质量分数）$TaSi_2$

5. 引入 AlN 或 ZrO_2 陶瓷颗粒

引入 5%（摩尔分数）ZrO_2 烧结助剂后，Si_2BC_3N 纳米晶块体陶瓷在 1000℃即发生明显氧化，样品宏观表面被一层白色氧化产物覆盖；引入 5%（摩尔分数）AlN 作为烧结助剂后，Si_2BC_3N 纳米晶块体陶瓷氧化更加明显，陶瓷宏观表面出现鼓泡，表面凹凸不平。氧化温度升高至 1200～1400℃后，引入两种烧结助剂的纳米晶块体陶瓷，氧化损伤更为严重，样品宏观表面氧化层厚度急剧增大，宏观表面氧化产物明显增多；其中引入 5%（摩尔分数）AlN 的 Si_2BC_3N 纳米晶块体陶瓷，宏观氧化表面鼓泡破裂（图 5-112）。

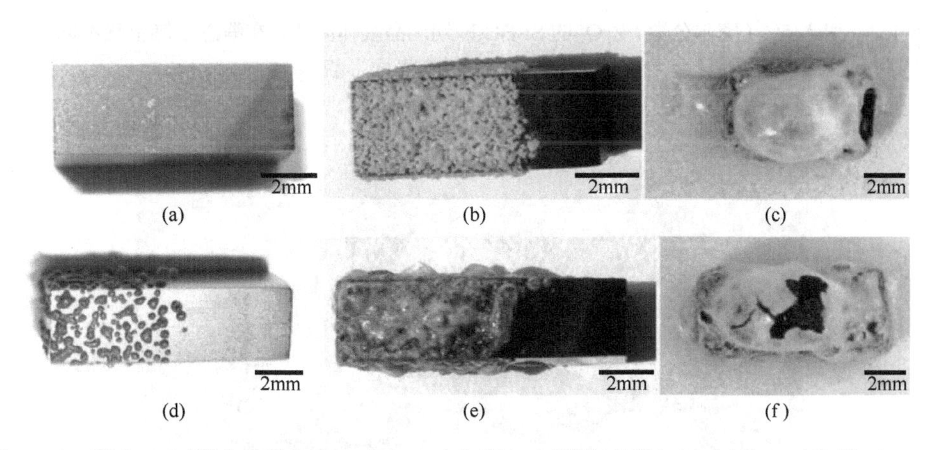

图 5-112　引入 5%（摩尔分数）ZrO_2（a）～（c）和 5%（摩尔分数）AlN（d）～（f）的 Si_2BC_3N 纳米晶块体陶瓷，在静态干燥空气不同温度氧化 10h 后样品宏观形貌变化[12]

（a）（d）1000℃；（b）（e）1200℃；（c）（f）1400℃

在 1000℃静态干燥空气氧化 10h，引入 5%（摩尔分数）ZrO_2 的 Si_2BC_3N 纳米晶块体陶瓷，通过 SEM 观察到氧化表面存在大量鼓泡，部分鼓泡破裂形成细小孔洞；氧化温度升高至 1200℃，大量气体产物聚集形成更大鼓泡，氧化表面凹凸不平（图 5-113）；引入 5%（摩尔分数）AlN 的 Si_2BC_3N 纳米晶块体陶瓷，相比前者，相同氧化温度下其氧化表面鼓泡尺寸更大，氧化层更加疏松多孔（图 5-114）。

引入 5%（摩尔分数）ZrO_2 的 Si_2BC_3N 纳米晶块体陶瓷，在 1000℃静态干燥空气氧化 10h 后，氧化截面观察到少量气体挥发后残留的微小孔洞；氧化温度升高至 1200℃，大量气孔聚集出现在氧化层下方约 100μm，孔洞分布比较均匀（图 5-115）。引入 5%（摩尔分数）AlN 的 Si_2BC_3N 纳米晶块体陶瓷，当氧化温度为 1000℃时，氧化层内部萌生大量孔洞，孔洞所处位置距氧化表面约 500μm；氧化温度进一步升高至 1200℃，氧化层内部孔洞数量进一步增多、孔径增大，最终形成疏松多孔的氧化层结构（图 5-116）。

图 5-113 引入 5%（摩尔分数）ZrO_2 的 Si_2BC_3N 纳米晶块体陶瓷，在静态干燥空气不同温度氧化 10h 后氧化层 SEM 表面形貌[12]

（a）1000℃；（b）1200℃

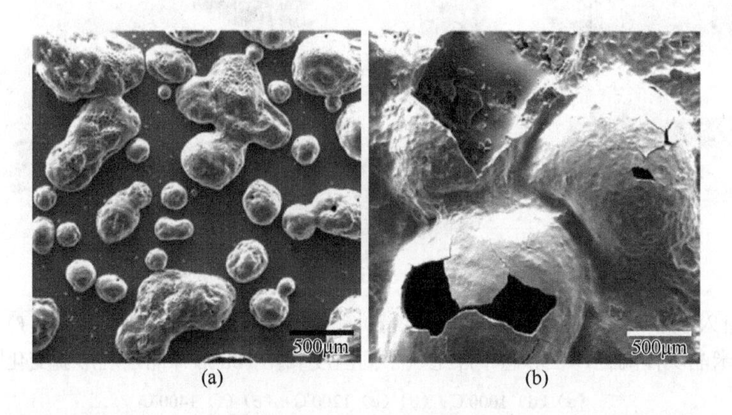

图 5-114 引入 5%（摩尔分数）AlN 的 Si_2BC_3N 纳米晶块体陶瓷，在静态干燥空气不同温度氧化 10h 后氧化层 SEM 表面形貌[12]

（a）1000℃；（b）1200℃

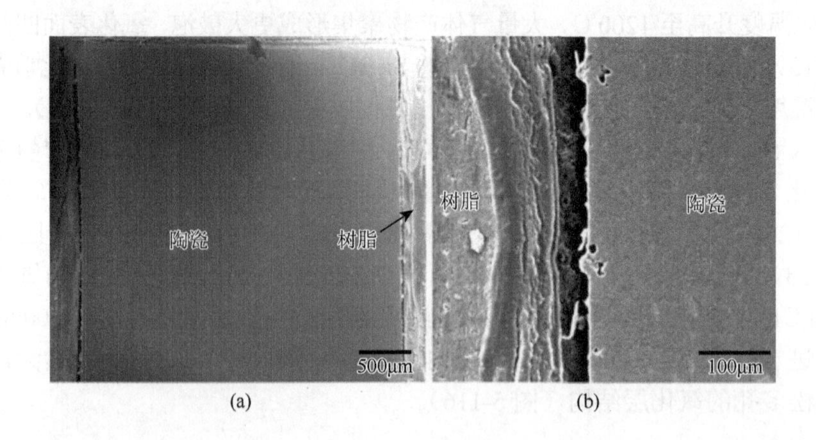

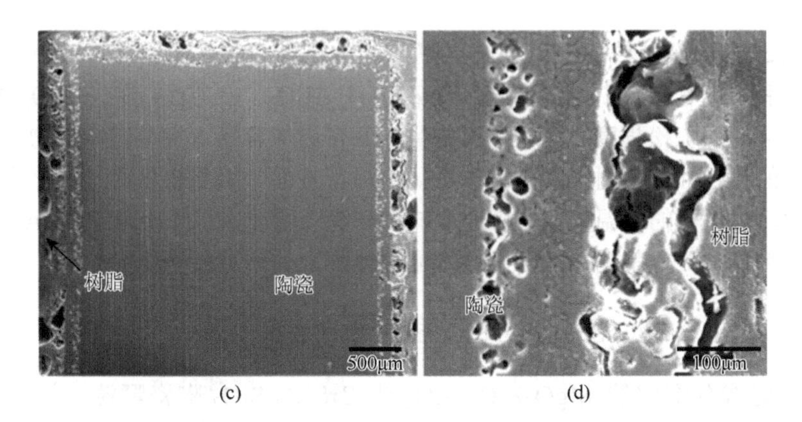

图 5-115　引入 5%（摩尔分数）ZrO_2 的 Si_2BC_3N 纳米晶块体陶瓷，在静态干燥空气不同温度氧化 10h 后氧化层 SEM 截面形貌[12]

（a）（c）1000℃；（b）（d）1200℃

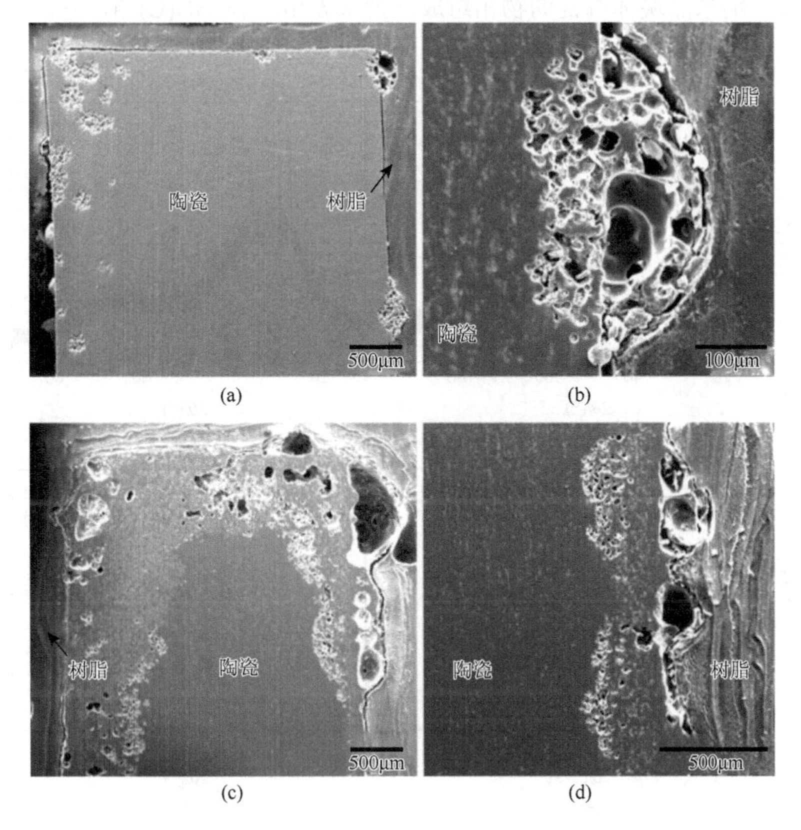

图 5-116　引入 5%（摩尔分数）AlN 的 Si_2BC_3N 纳米晶块体陶瓷，在静态干燥空气不同温度氧化 10h 后氧化层 SEM 截面形貌[12]

（a）（c）1000℃；（b）（d）1200℃

引入 5%（摩尔分数）ZrO_2 和 5%（摩尔分数）AlN 的 Si_2BC_3N 纳米晶块体陶瓷，高温氧化后，其氧化膜中包含少量晶态 ZrO_2 或 Al_2O_3。一方面，晶态 ZrO_2 或 Al_2O_3 加剧了氧化层的疏松程度，使气体产物释放变得更加容易，大量气体产物逃逸破坏了氧化膜的完整性，使材料发生持续氧化；另一方面，氧更容易通过氧化物的晶格进行扩散，使陶瓷的高温氧化反应速率加快。综上所述，引入少量 ZrO_2 或 AlN 作为烧结助剂，将严重削弱 Si_2BC_3N 纳米晶块体陶瓷的高温抗氧化性能。

6. 引入 $MgO-ZrO_2-SiO_2$ 或 $ZrSiO_4-SiO_2$ 陶瓷颗粒

将一定成分配比的 $MgO-ZrO_2-SiO_2$ 或 $ZrSiO_4-SiO_2$ 陶瓷颗粒，与 Si_2BC_3N 非晶陶瓷粉体共同高能球磨 5h。XRD 结果表明，引入 10%（质量分数）$MgO-ZrO_2-SiO_2$ 的复合粉体具有良好的非晶态，而引入 10%（质量分数）$ZrSiO_4-SiO_2$ 的复合粉体，XRD 图谱显示较强的 $ZrSiO_4$ 晶体衍射峰；经 1900℃/80MPa/30min 热压烧结后，两种纳米晶块体陶瓷的物相组成均为 α/β-SiC 和 BN(C)相，并没有检测到相应的氧化物晶体衍射峰（图 5-117）。

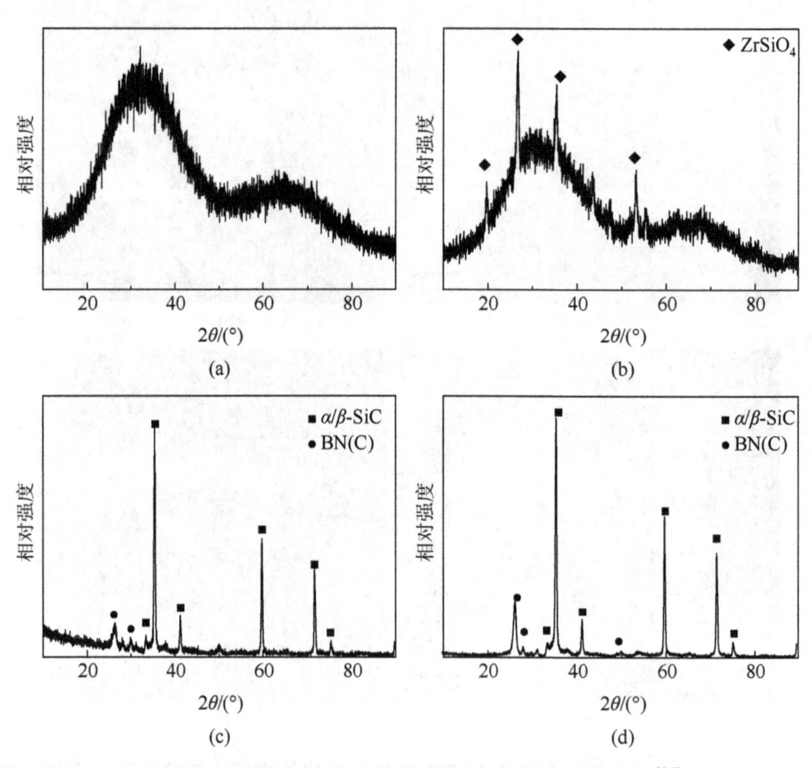

图 5-117　不同成分 Si_2BC_3N 陶瓷材料的 XRD 图谱[25]

（a）引入 10%（质量分数）$MgO-ZrO_2-SiO_2$ 的复合粉体；（b）引入 10%（质量分数）$ZrSiO_4-SiO_2$ 的复合粉体；（c）引入 10%（质量分数）$MgO-ZrO_2-SiO_2$ 的块体陶瓷；（d）引入 10%（质量分数）$ZrSiO_4-SiO_2$ 的块体陶瓷

引入 $MgO\text{-}ZrO_2\text{-}SiO_2$ 或 $ZrSiO_4\text{-}SiO_2$ 烧结助剂后，两种 Si_2BC_3N 纳米晶块体陶瓷的体积密度分别为 $2.78g/cm^3$ 和 $2.69g/cm^3$；SEM 表面及断口形貌显示，低熔点氧化物在烧结时形成了液相，促进了黏滞流动传质，实现了材料的烧结致密化（图 5-118）。

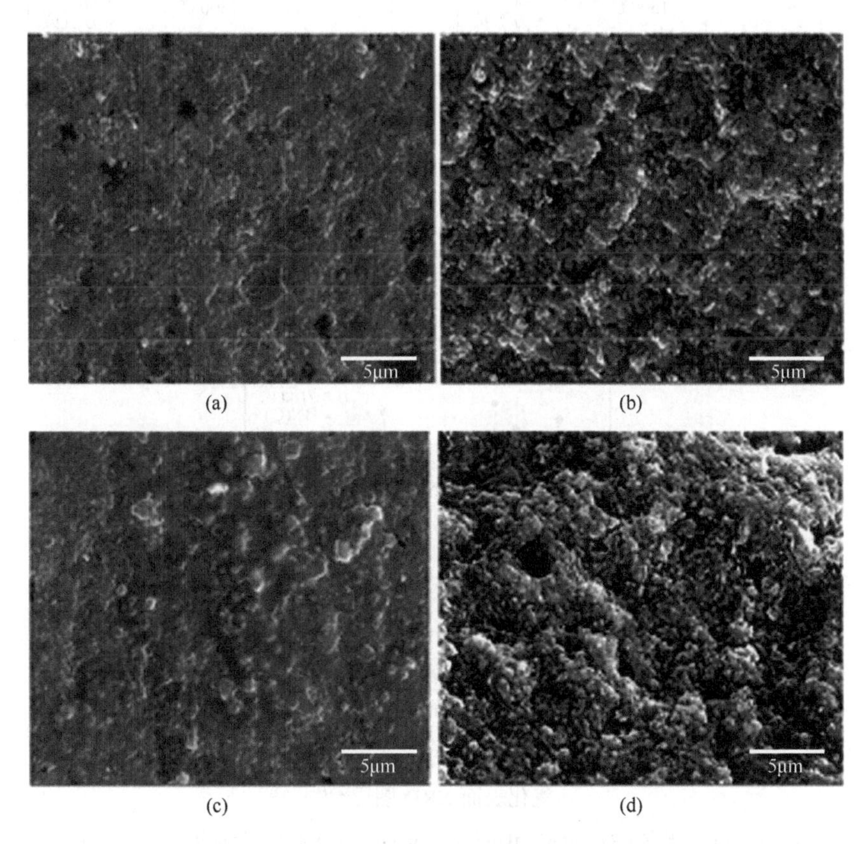

图 5-118　热压烧结制备不同成分 Si_2BC_3N 纳米晶块体陶瓷的 SEM 表面（a）（c）及断口（b）（d）形貌[25]

（a）（b）引入 10%（质量分数）$MgO\text{-}ZrO_2\text{-}SiO_2$；（c）（d）引入 10%（质量分数）$ZrSiO_4\text{-}SiO_2$

引入不同烧结助剂的 Si_2BC_3N 纳米晶块体陶瓷，在不同氧化温度/时间条件下，XRD 图谱显示氧化表面物相组成均为方石英、ZrC 和 BN(C)；引入 $MgO\text{-}ZrO_2\text{-}SiO_2$ 的纳米晶块体陶瓷，方石英和 ZrC 的晶体衍射峰强度随氧化时间延长基本保持不变；引入 $ZrSiO_4\text{-}SiO_2$ 的纳米晶块体陶瓷，方石英的衍射峰强度随氧化时间延长而降低，随氧化温度升高而增强（图 5-119）。

在 1100℃静态干燥空气氧化 5h 后，引入 $ZrSiO_4\text{-}SiO_2$ 的 Si_2BC_3N 纳米晶块体陶瓷氧化表面光滑致密平整，方石英和少量微裂纹分布在氧化层中；氧化时间延长至 10h，氧化表面被熔融氧化产物覆盖，氧化物有效填充弥合了部分孔洞，整体上氧化膜保持连续完整，但氧化层仍存在少量微裂纹；随着氧化时间进一步延长，氧化表面崎岖不平，氧化表面裂纹尺寸有所增大，并有较大的孔洞遗留（图 5-120）。

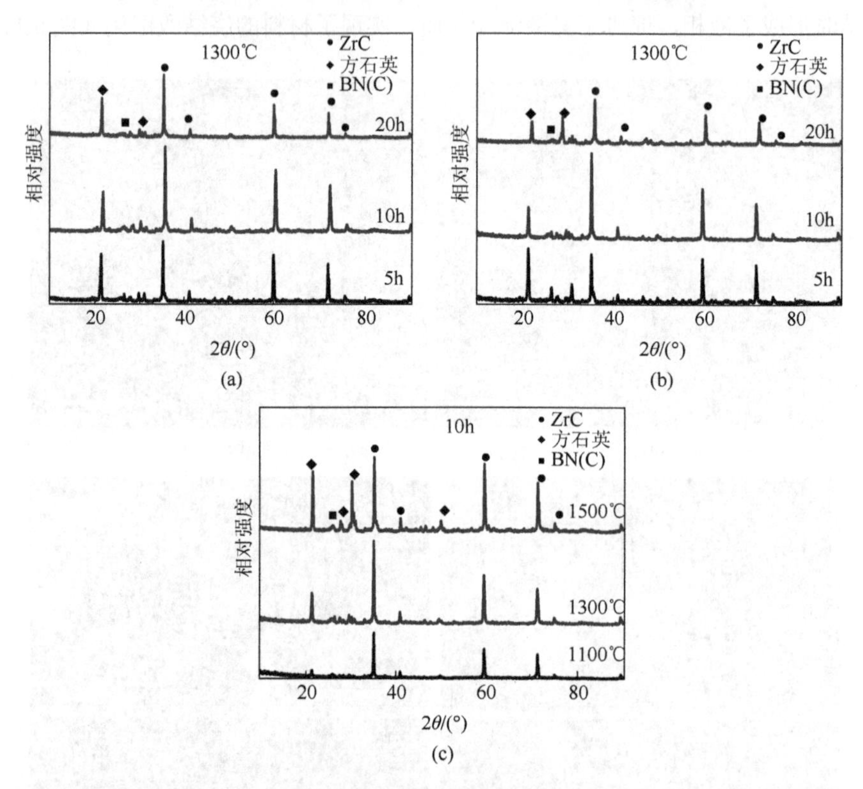

图 5-119　不同成分 Si_2BC_3N 纳米晶块体陶瓷在静态干燥空气氧化不同时间后氧化表面 XRD 图谱[25]

（a）引入 10%（质量分数）$MgO-ZrO_2-SiO_2$；（b）（c）引入 10%（质量分数）$ZrSiO_4-SiO_2$

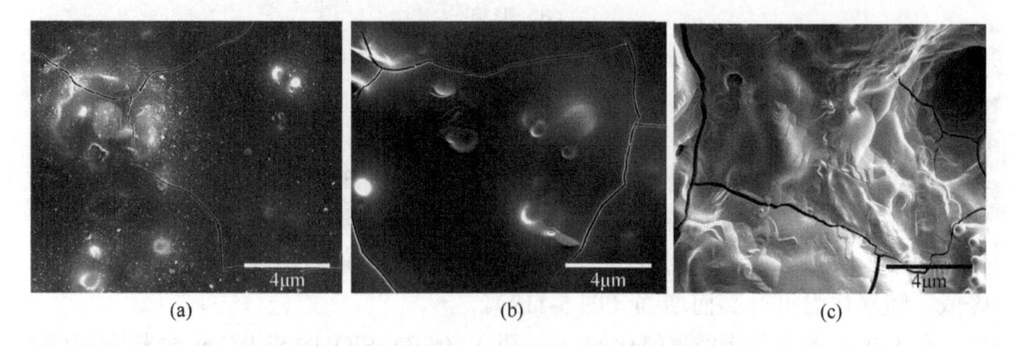

图 5-120　引入 10%（质量分数）$ZrSiO_4-SiO_2$ 的 Si_2BC_3N 纳米晶块体陶瓷，在 1100℃静态干燥空气氧化不同时间后氧化层 SEM 表面形貌[25]

（a）5h；（b）10h；（c）20h

引入 $MgO-ZrO_2-SiO_2$ 的 Si_2BC_3N 纳米晶块体陶瓷，在 1100℃静态干燥空气氧化 5h 后，氧化表面粗糙多孔，但氧化层与陶瓷基体结合良好，EDS 图谱显示表面含有 Si、O、B 和 C 四种元素；在 1300℃氧化 5h 后，黏流态 SiO_2 覆盖在陶瓷表面，氧化层平均厚度约为 3μm，氧化表面存在大小不一的鼓泡；氧化温度升高至 1500℃，陶瓷表面氧化层连续致密，所有孔洞均被氧化物填充弥合，但仍存在部分微裂纹；氧化层与陶瓷基体结合良好，氧化层平均厚度小于 5μm（图 5-121）。

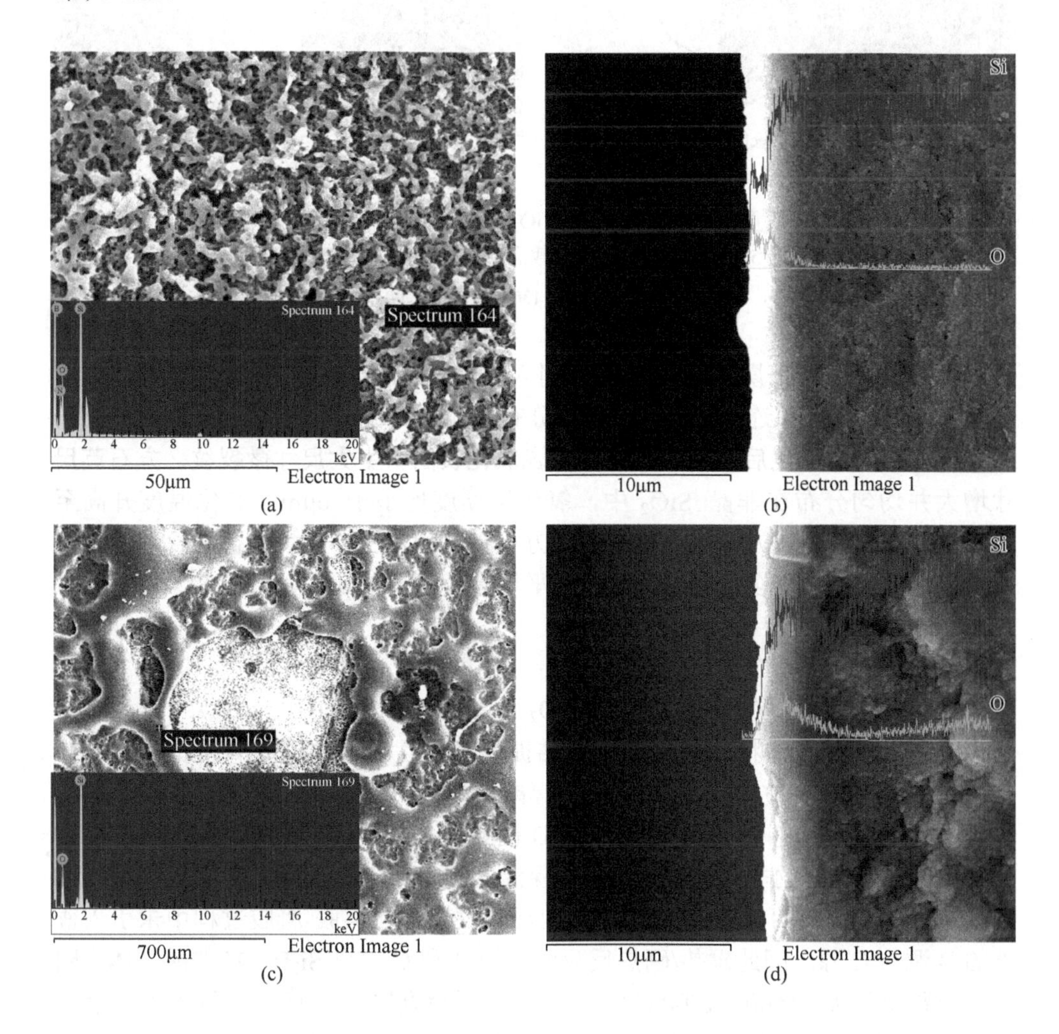

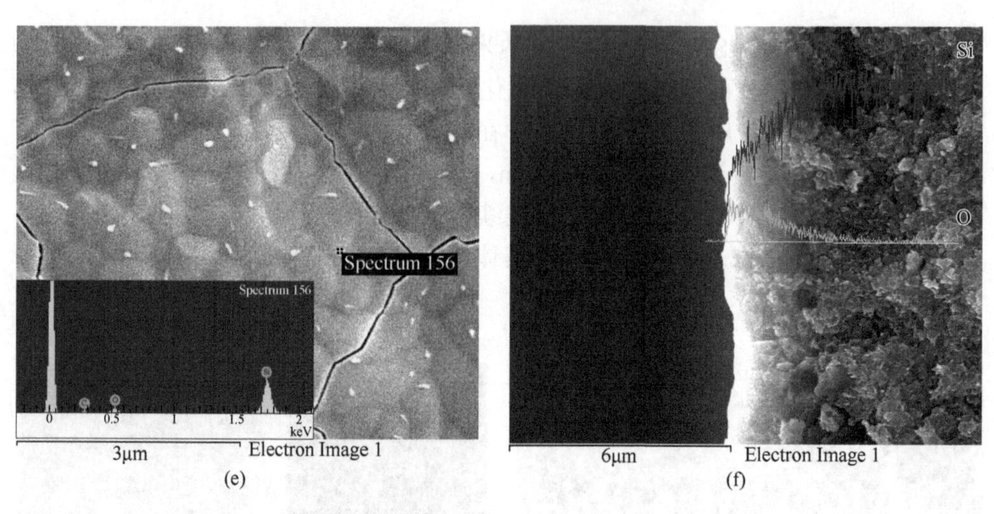

图 5-121 引入 10%（质量分数）$MgO-ZrO_2-SiO_2$ 的 Si_2BC_3N 纳米晶块体陶瓷，在静态干燥空气氧化 5h 后的 SEM 表面及截面形貌与相应的 EDS 图谱[25]

（a）1100℃；（b）1300℃；（c）1500℃

在 1100℃静态干燥空气氧化 10h，引入 $ZrSiO_4-SiO_2$ 的 Si_2BC_3N 纳米晶块体陶瓷氧化表面平整致密连续，少量方石英分布在非晶 SiO_2 中，氧化层平均厚度小于 5μm；在 1300℃氧化后，纳米晶块体陶瓷氧化表面萌生大尺寸微裂纹，方石英尺寸增大并均匀分布在非晶 SiO_2 中，氧化层厚度均小于 6μm；氧化温度升高至 1500℃，陶瓷表面被方石英晶体覆盖，方石英互相挤压导致大量微裂纹萌生，但氧化层与陶瓷基体结合强度高，氧化层平均厚度小于 15μm（图 5-122）。

7. 引入 ZrB_2 陶瓷颗粒

1）溶胶-凝胶法（sol-gel）引入 ZrO_2 原位反应生成 ZrB_2

采用溶胶-凝胶法将 ZrO_2（正丙醇锆提供 Zr 源）引入 Si_2BC_3N 非晶陶瓷粉体中，经 1400～2000℃/40MPa/5min 放电等离子烧结制备成 ZrB_2/Si_2BC_3N 纳米晶块体陶瓷。当烧结温度 T<1400℃时，XRD 检测到 ZrO_2 的晶体衍射峰，Si_2BC_3N 陶瓷粉体仍保持良好的非晶态。在 1500℃保温 5min，混合粉体中出现了 ZrB_2 和 ZrC 的晶体衍射峰，说明碳热/硼热还原反应已经发生；在溶胶-凝胶过程中未引入额外的 B 源与 C 源，因此碳热/硼热反应所需的 B 和 C 来自 Si_2BC_3N 非晶基体。随着烧结温度升高（1600～1800℃），ZrO_2 相含量逐渐降低，而 ZrC 和 ZrB_2 增多，Si_2BC_3N 非晶基体逐渐析晶出 α/β-SiC 和 BN(C)相；烧结温度提高至 1900℃，ZrO_2 和 ZrC 全部转化生成 ZrB_2，复相陶瓷的最终物相组成为 α/β-SiC、ZrB_2 和 BN(C)（图 5-123）。

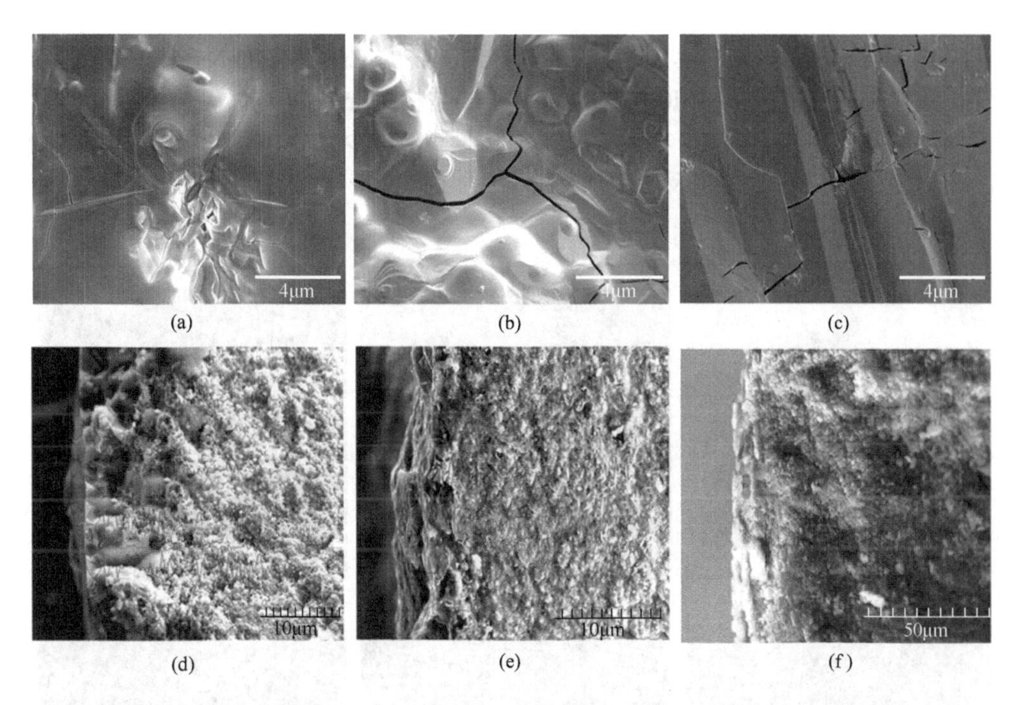

图 5-122　引入 10%（质量分数）$ZrSiO_4$-SiO_2 的 Si_2BC_3N 纳米晶块体陶瓷，在静态干燥空气氧化 10h 后的 SEM 表面（a）～（c）及截面（d）～（f）形貌与相应的 EDS 图谱[25]

（a）（d）1100℃；（b）（e）1300℃；（c）（f）1500℃

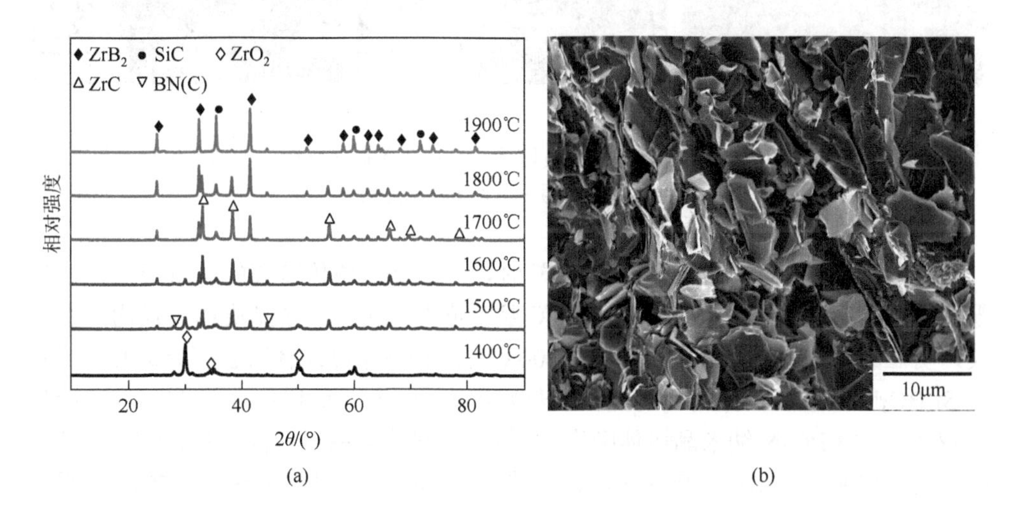

图 5-123　经 2000℃/40MPa/5min 放电等离子烧结制备的 ZrB_2/Si_2BC_3N 纳米晶块体陶瓷[26, 27]

（a）XRD 图谱；（b）SEM 断口形貌

TEM 结果进一步证实，放电等离子烧结制备的 ZrB_2/Si_2BC_3N 纳米晶块体陶瓷，最终物相组成为 α/β-SiC、ZrB_2 和 BN(C)晶相；ZrB_2 的碳热/硼热还原反应大量消耗了基体中的 B 和 C，因此 BN(C)相含量相对较少，BN(C)相多数分布于 SiC 晶相周围；引入 ZrO_2 原位反应生成 ZrB_2 促进了陶瓷基体的发育，SiC 晶粒尺寸为 1～3μm（图 5-124）。

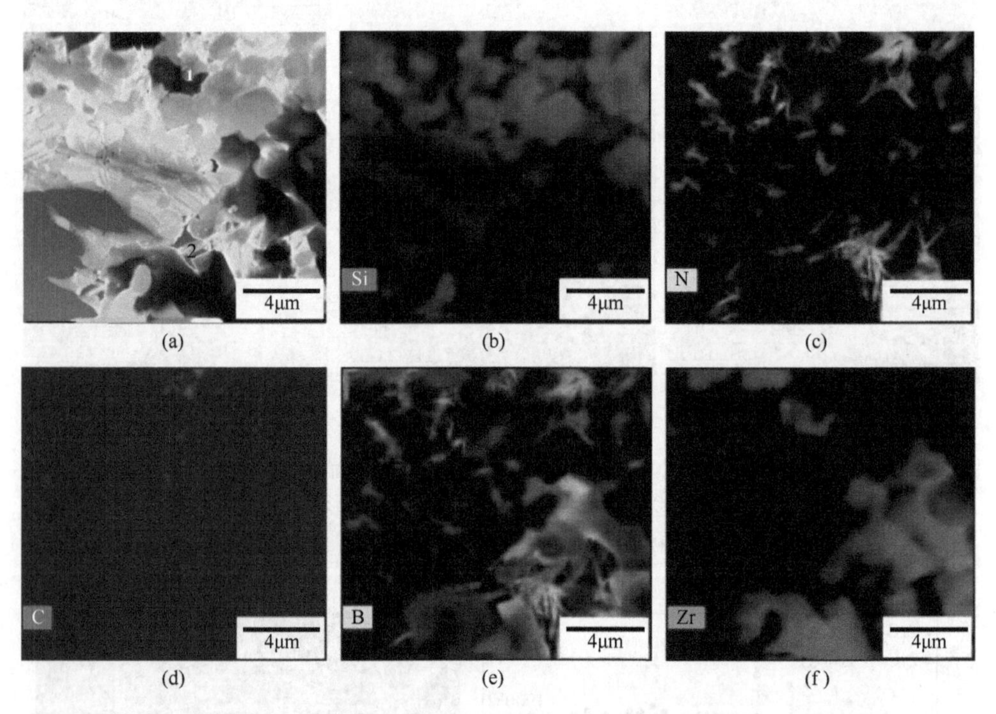

(a)　(b)　(c)
(d)　(e)　(f)

图 5-124　原位生成 15%（质量分数）ZrB_2 的 Si_2BC_3N 纳米晶块体陶瓷的透射电镜分析[26, 27]
（a）STEM 形貌；（b）～（f）相应的元素面分布图

TG 结果表明：加热温度 $T<500$℃时，两种纳米块体陶瓷的质量损失几乎为零，可忽略不计；在 $500℃<T<900℃$温度范围，两种纳米晶块体陶瓷均发生了较为明显的失重反应；加热温度 $T>900$℃，两种纳米晶块体陶瓷开始氧化增重；纯 Si_2BC_3N 纳米晶块体陶瓷的氧化放热峰约为 600℃，而原位生成 15%（质量分数）ZrB_2 的 Si_2BC_3N 纳米晶块体陶瓷，其氧化放热峰向高温方向偏移，约为 810℃；在室温～1400℃范围内，纯 Si_2BC_3N 纳米晶块体陶瓷质量损失约为 0.5%，而原位生成 15%（质量分数）ZrB_2 的 Si_2BC_3N 纳米晶块体陶瓷，其质量损失约为 2.8%；在此温度范围内，氧化失重主要来源于 BN(C)相的氧化产物挥发，而氧化增重对应 α/β-SiC 和 ZrB_2 晶相的高温氧化（图 5-125）。

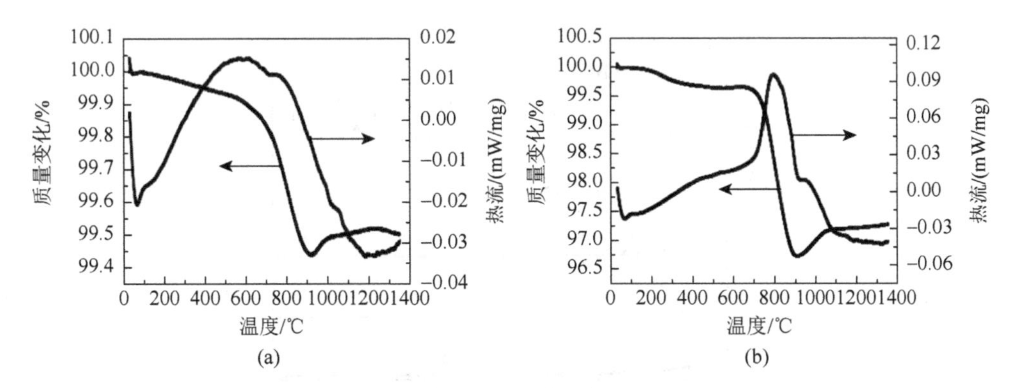

图 5-125　不同成分 Si_2BC_3N 纳米晶块体陶瓷在流动干燥空气中以 15℃/min 速率加热到 1400℃时的 TG-DTA 曲线[28]

（a）纯 Si_2BC_3N；（b）原位生成 15%（质量分数）ZrB_2

在 1500℃流动干燥空气氧化 3h 后，引入 5%～20%（质量分数）ZrB_2 的 Si_2BC_3N 纳米晶块体陶瓷，其氧化表面物相种类相同，均为 α/β-SiC、BN(C)、ZrO_2 和 $ZrSiO_4$，未检测到 SiO_2、B_2O_3 和硼硅玻璃衍射峰；随着原位生成的 ZrB_2 质量分数增加，α/β-SiC 晶体衍射峰强度逐渐减弱（图 5-126）。

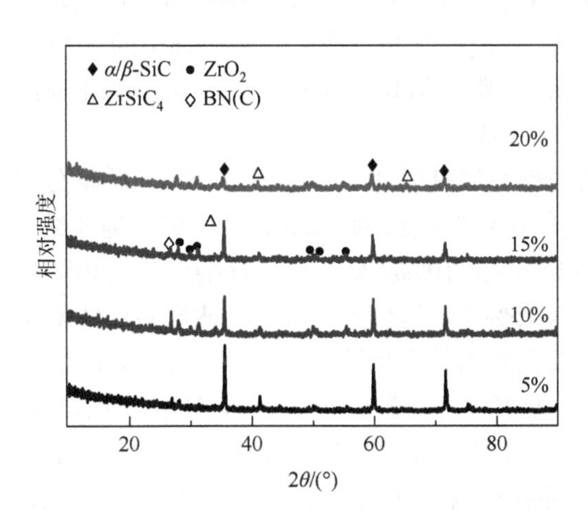

图 5-126　原位生成 5%～20%（质量分数）ZrB_2 的 Si_2BC_3N 纳米晶块体陶瓷，在 1500℃流动干燥空气氧化 3h 后氧化表面 XRD 图谱[28]

原位生成 15%（质量分数）ZrB_2 的 Si_2BC_3N 纳米晶块体陶瓷，在 1500℃流动干燥空气中氧化 1h 后，表面氧化产物为 ZrO_2、方石英和 $ZrSiO_4$；随着氧化时间延长，方石英的晶体衍射峰逐渐消失；XRD 没有检测到 ZrB_2 的晶体衍射峰，说明表面 ZrB_2 已经氧化殆尽（图 5-127）。

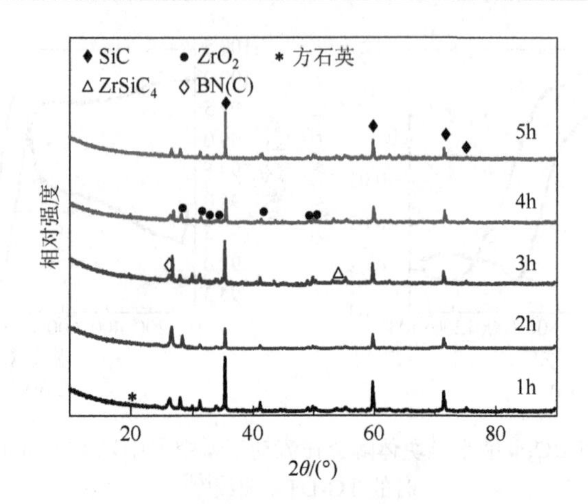

图 5-127 原位生成 15%（质量分数）ZrB_2 的 Si_2BC_3N 纳米晶块体陶瓷在 1500℃流动干燥空气氧化不同时间后氧化表面 XRD 图谱[28]

在 1500℃流动干燥空气氧化 1h 后，原位生成 15%（质量分数）ZrB_2 的 Si_2BC_3N 纳米晶块体陶瓷，氧化表面均匀致密，无孔洞和微裂纹萌生；氧化 2h 后，陶瓷表面氧化层粗糙不平，孔洞数量增多，孔洞直径达到十几微米，氧化膜完整性受到破坏；氧化时间为 3h 时，部分细小孔洞被氧化产物填充弥合，但氧化膜仍存在较大孔径的孔洞，孔洞内部和边缘分布诸多细小的 $ZrSiO_4$ 颗粒；随着氧化时间进一步延长（4～5h），陶瓷氧化表面粗糙度增大，小孔洞扩展形成大孔洞，其直径为 50～100μm（图 5-128）。

在 1500℃流动干燥空气氧化 3h，原位生成 5%（质量分数）ZrB_2 的 Si_2BC_3N 纳米晶块体陶瓷，其氧化层厚度约为 33μm，氧化层与基体结合良好，界面处无孔洞聚集；ZrB_2 生成量提高至 10%质量分数，该纳米晶复相陶瓷的氧化层厚度约为 39μm；ZrB_2 生成量为 15%（质量分数）时，该纳米晶块体陶瓷的氧化层厚度增至约 93μm，氧化层与陶瓷界面处大量孔洞萌生，但陶瓷表面仍覆盖一层较为致密的氧化膜；ZrB_2 生成量为 10%（质量分数）的 Si_2BC_3N 纳米晶块体陶瓷，氧化层内部清晰可见大量孔洞，孔径从几微米到十几微米不等。由此可见，ZrB_2 的氧化产物 ZrO_2 和 $ZrSiO_4$ 不能在材料表面生成致密连续的氧化膜，原位生成的 ZrB_2 越多，Si_2BC_3N 纳米晶块体陶瓷的高温抗氧化能力越差（图 5-129）。

2）采用溶胶-凝胶法引入 ZrO_2、C、B_2O_3 原位反应生成 ZrB_2

采用溶胶-凝胶法在 Si_2BC_3N 非晶陶瓷粉体中引入 ZrO_2（正丙醇锆提供 Zr 源）、C（糠醇提供 C 源）和 B_2O_3（硼酸提供 B 源），经 2000℃/40MPa/5min 放电等离子烧结制备成不同成分 ZrB_2/Si_2BC_3N 纳米晶块体陶瓷。引入不同含量 ZrO_2、C 和 B_2O_3 后，复相陶瓷的物相组成均为 ZrB_2、α/β-SiC 和 BN(C)；但原位生成 ZrB_2 的晶体衍射峰强度随 ZrO_2、C 和 B_2O_3 引入量增加有所提高；XRD 没有检测到 ZrO_2，

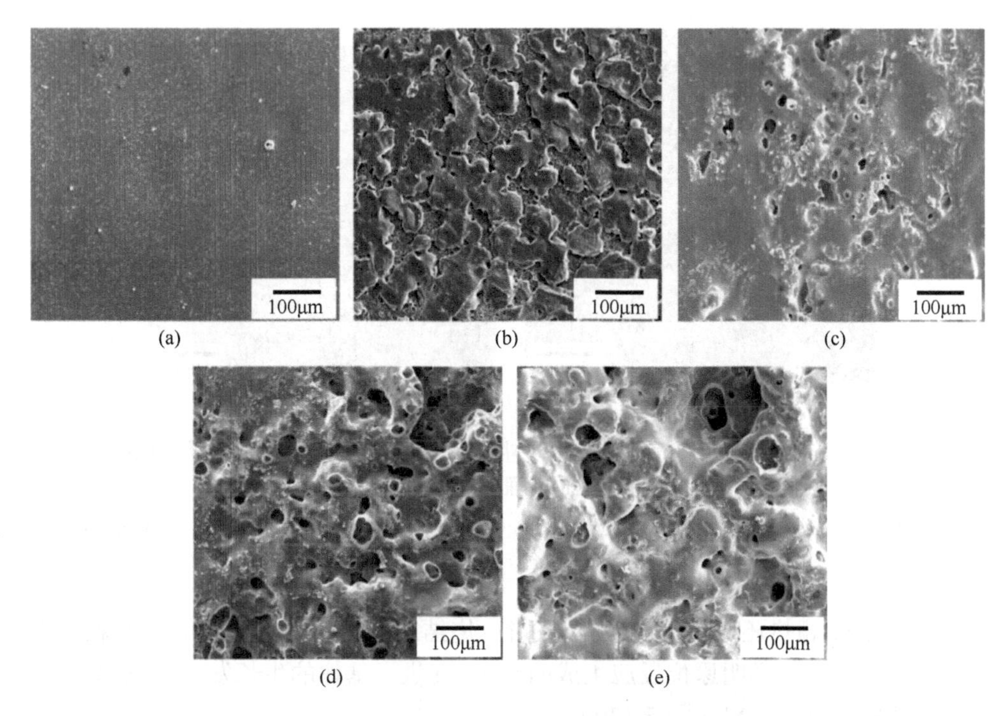

图 5-128　原位生成 15%（质量分数）ZrB_2 的 Si_2BC_3N 纳米晶块体陶瓷，在 1500℃流动干燥空气氧化不同时间后氧化层 SEM 表面形貌[28]

（a）1h；（b）2h；（c）3h；（d）4h；（e）5h

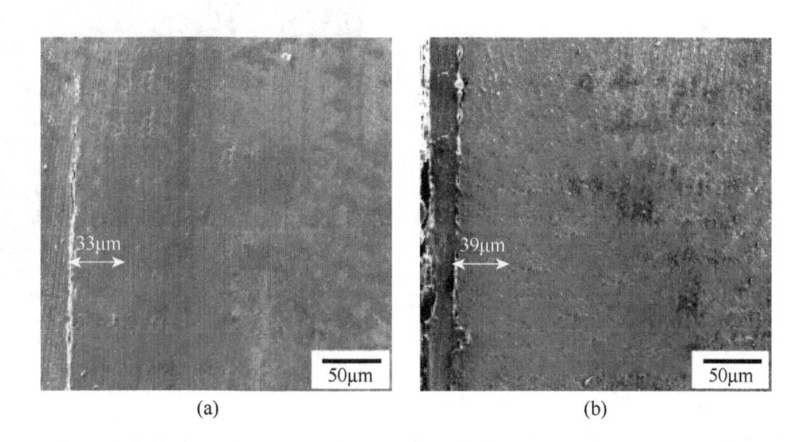

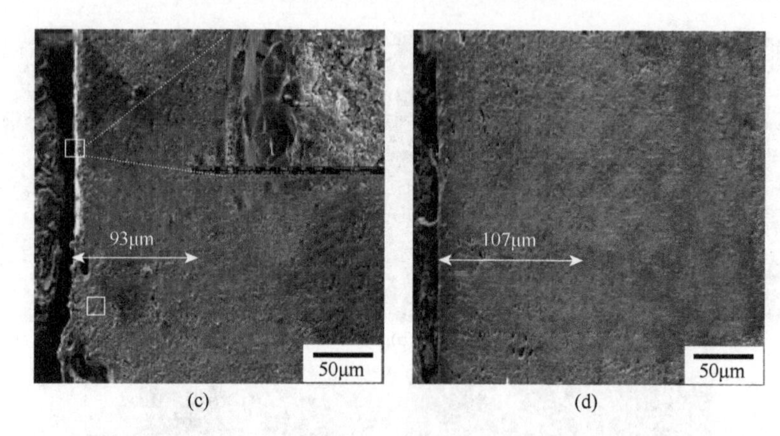

图 5-129　不同成分 ZrB_2/Si_2BC_3N 纳米晶块体陶瓷在 1500℃流动干燥空气氧化 3h 后氧化层 SEM 截面形貌[28]

（a）原位生成 5%（质量分数）ZrB_2；（b）原位生成 10%（质量分数）ZrB_2；（c）原位生成 15%（质量分数）ZrB_2；（d）原位生成 20%（质量分数）ZrB_2

说明原位碳热/硼热还原反应已经充分进行；烧结态 ZrB_2/Si_2BC_3N 纳米晶复相陶瓷的相对密度较高，说明原位反应生成的 ZrB_2 促进了基体的生长发育，SEM 断口显示层片状 BN(C)拔出（图 5-130）。

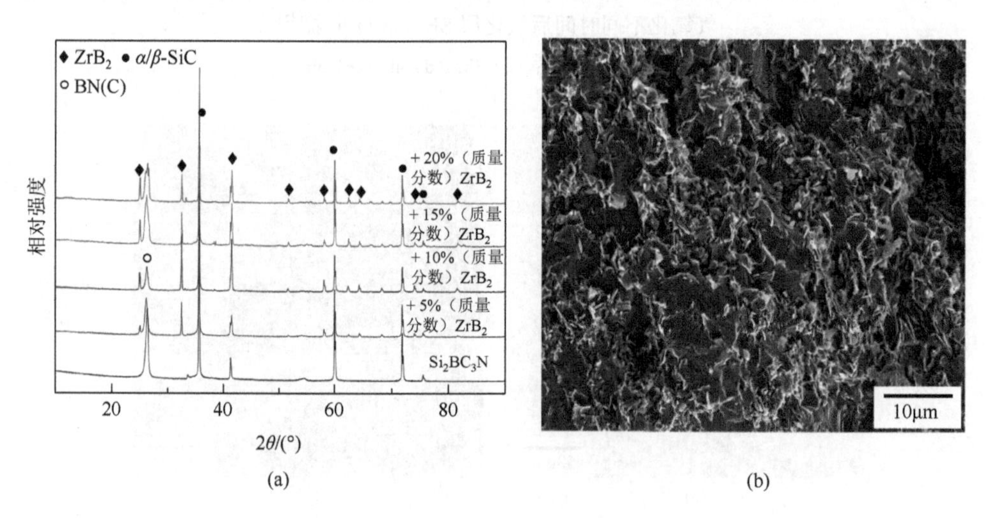

图 5-130　经 2000℃/40MPa/5min 放电等离子体烧结制备的不同成分 ZrB_2/Si_2BC_3N 纳米晶块体陶瓷[28]

（a）XRD 图谱；（b）SEM 断口形貌

TEM 面扫描结果显示：Si 和 C、Zr 和 B 具有相似的元素分布，而 N 和 B、C 的元素分布部分重叠；结合 XRD 结果，白色区域为 ZrB_2、灰色区域为 α/β-SiC、黑色区域为BN(C)相；α/β-SiC 晶粒尺寸 1～1.2μm，原位生成 ZrB_2 晶粒尺寸 300～600nm，BN(C)相晶粒较小且无固定形貌，主要分布在 α/β-SiC 与 ZrB_2 晶粒周围（图 5-131）。

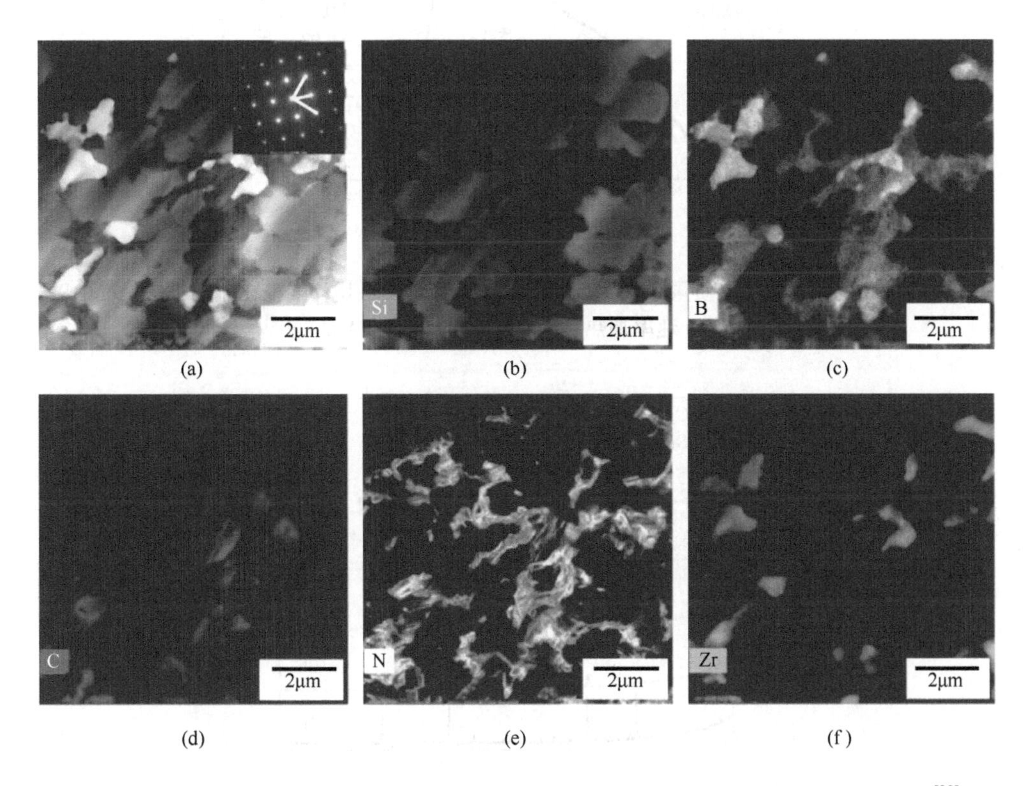

图 5-131　原位生成 15%（质量分数）ZrB_2 的 Si_2BC_3N 纳米晶块体陶瓷的 TEM 分析[28]

（a）STEM 形貌及相应的 SAED 花样；（b）～（f）元素面分布图

TG 结果表明：原位生成 15%（质量分数）ZrB_2 的 Si_2BC_3N 纳米晶块体陶瓷，先氧化失重后增重，在约 850℃出现了明显的氧化放热峰；加热温度 T<650℃，该纳米晶块体陶瓷质量基本不变；在 650℃<T<1000℃温度范围，块体陶瓷发生氧化失重，然后开始氧化增重；在 1400℃，该纳米晶块体陶瓷的质量损失约为 1.3%；相比于前者（引入 ZrO_2 原位反应生成 ZrB_2 的块体陶瓷），相同氧化条件下，其高温氧化导致的质量损失较低（图 5-132）。

原位生成 15%（质量分数）ZrB_2 的纳米晶块体陶瓷，在 1500℃流动干燥空气氧化不同时间后，氧化表面物相组成为 α/β-SiC、BN(C)、SiO_2、ZrO_2 和 $ZrSiO_4$，XRD 图谱显示无 ZrB_2 的晶体衍射峰；随着氧化时间延长，α/β-SiC 晶相衍射峰强度逐渐降低，氧化时间为 4h 时，陶瓷表面检测到方石英的晶体衍射峰（图 5-133）。

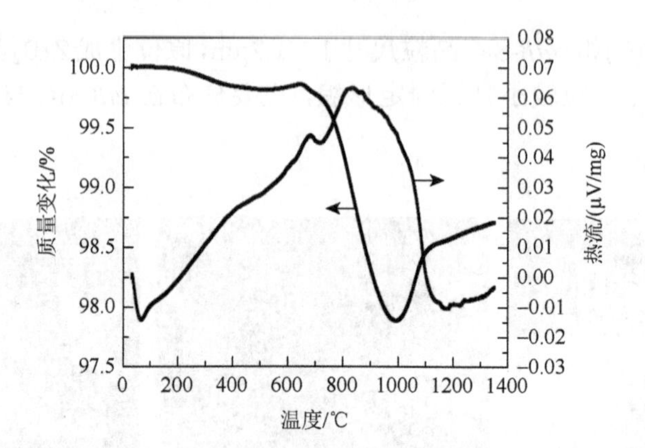

图 5-132　原位生成 15%（质量分数）ZrB_2 的 Si_2BC_3N 纳米晶块体陶瓷在流动干燥空气中以 15℃/min 速率加热到 1400℃时的 TG-DTA 曲线[28]

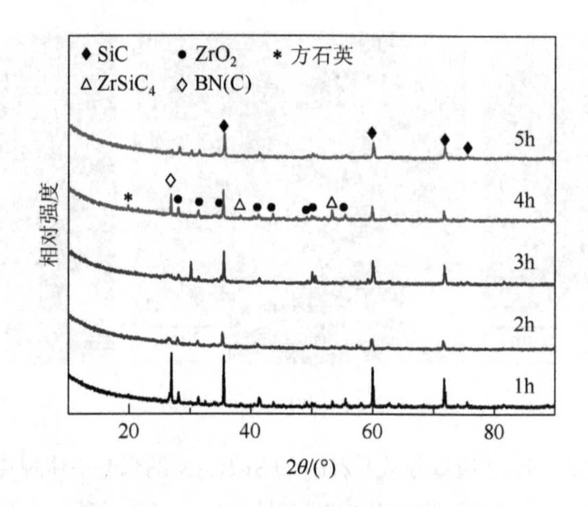

图 5-133　原位生成 15%（质量分数）ZrB_2 的 Si_2BC_3N 纳米晶块体陶瓷在 1500℃流动干燥空气氧化不同时间后氧化层表面 XRD 图谱[28]

在 1500℃流动干燥空气氧化 1h 后，原位生成 15%（质量分数）ZrB_2 的 Si_2BC_3N 纳米晶块体陶瓷，其表面形成了光滑致密连续的氧化层；氧化 2h 时，陶瓷氧化表面开始出现少量鼓泡，但氧化层仍然致密平整；氧化时间延长至 3h 后，陶瓷表面氧化现象更加明显，陶瓷表面被一层光滑连续致密的氧化层覆盖，同时观察到大量细小鼓泡；氧化时间达 4h 时，氧化层未发现明显气孔，氧化表面分为致密区和岛状凸起区，EDS 表明致密区域为非晶 SiO_2，岛状凸起为 $ZrSiO_4$；氧化时间延长至 5h，氧化层表面疏松多孔，粗糙度变大，表面可观察到大量气体逃逸遗留的孔洞，孔径 10～30μm，鼓泡数量较少（图 5-134）。

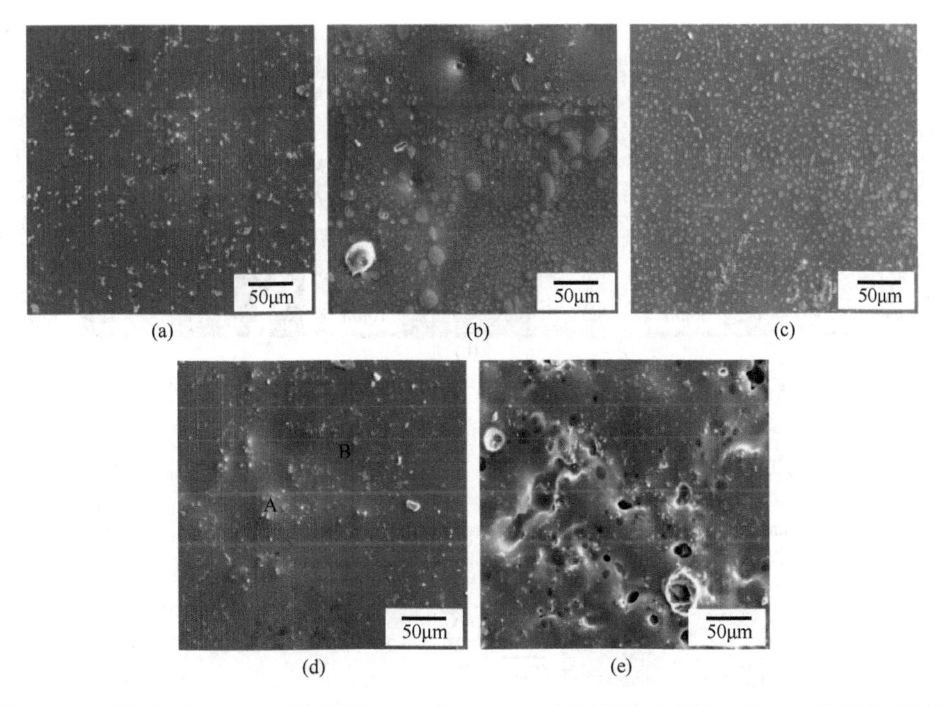

(a)　(b)　(c)
(d)　(e)

图 5-134　原位生成 15%（质量分数）ZrB_2 的 Si_2BC_3N 纳米晶块体陶瓷，在 1500℃流动干燥空气氧化不同时间后氧化层 SEM 表面形貌[28]

（a）1h；（b）2h；（c）3h；（d）4h；（e）5h

在 1500℃流动干燥空气氧化 3h 后，原位反应生成的 ZrB_2 含量越高，Si_2BC_3N 纳米晶块体陶瓷氧化层越厚，其氧化层厚度分别约为 9μm、16μm、23μm 和 96μm，整体上氧化层与陶瓷基体结合良好（图 5-135）。XPS 图谱显示 O 2s、Si 2p、Si 2s、C 1s、N 1s 和 O 1s 的特征峰，说明氧化层表面主要含有 Si、B、C、O、N 等元素；由于 XPS 检测深度仅几十纳米，检测面积仅几微米，氧化表面并未发现 Zr 的特征峰；Si 2p 拟合谱显示约 102.4eV 的 Si—O 键振动峰和约 104.5eV 的 Si—C 键振动峰；N 1s 特征峰仅对应 N—B 键振动峰（图 5-136）。与采用 ZrO_2 原位碳热/硼热反应生成的 ZrB_2/Si_2BC_3N 复相陶瓷相比，采用 ZrO_2、C 和 B_2O_3 原位碳热/硼热反应生成的 ZrB_2/Si_2BC_3N 复相陶瓷，其高温抗氧化性更优异。

3）机械合金化引入纳米 ZrB_2

将市售微米级 ZrB_2 粉体高能球磨一定程度制备出纳米 ZrB_2 粉体，并与 Si_2BC_3N 非晶粉体普通湿法混合均匀后，经 2000℃/40MPa/5min 放电等离子烧结制备出不同成分的 ZrB_2/Si_2BC_3N 纳米晶块体陶瓷。XRD 图谱显示 α/β-SiC、BN(C)、ZrB_2 和 ZrO_2 的晶体衍射峰；α/β-SiC 衍射峰强度随 ZrB_2 引入量增加而增强。SEM 断口形貌显示，引入纳米 ZrB_2 有效促进了 Si_2BC_3N 陶瓷中 BN(C)片层结构的生长发育（图 5-137）。

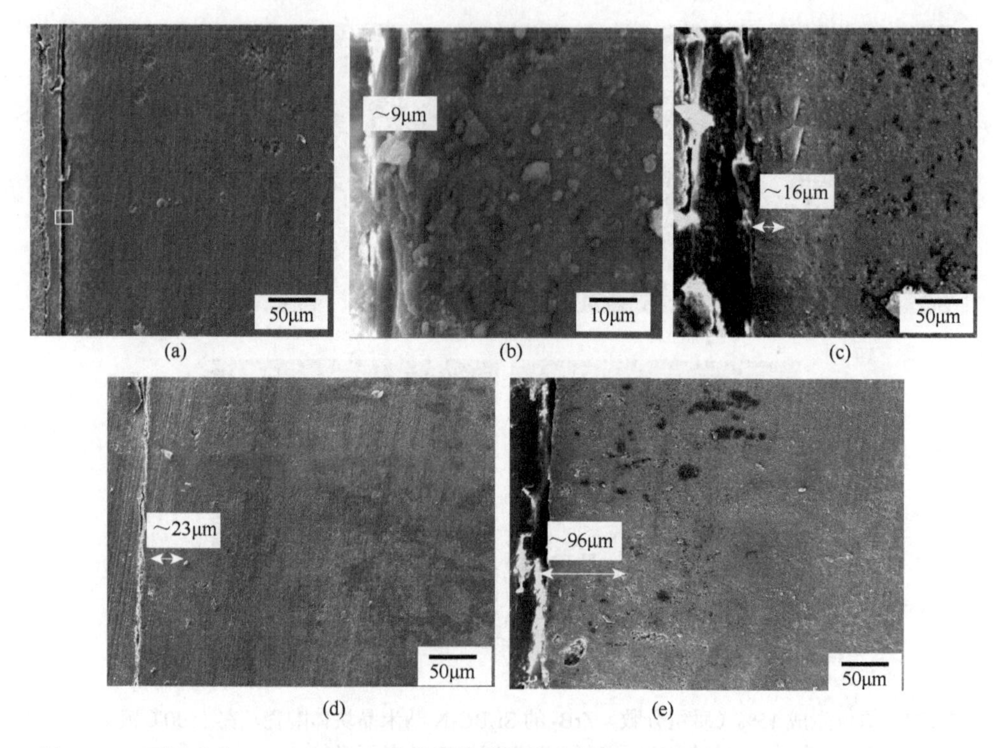

图 5-135 不同成分 ZrB_2/Si_2BC_3N 纳米晶块体陶瓷在 1500℃流动干燥空气氧化 3h 后氧化层 SEM 截面形貌[28]

（a）（b）引入 5%（质量分数）ZrB_2；（c）引入 10%（质量分数）ZrB_2；（d）引入 15%（质量分数）ZrB_2；（e）引入 20%（质量分数）ZrB_2

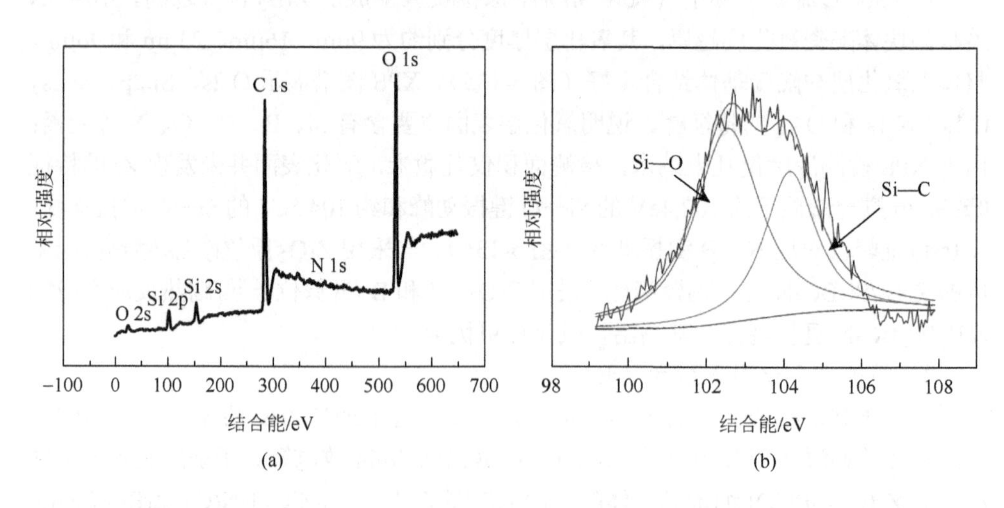

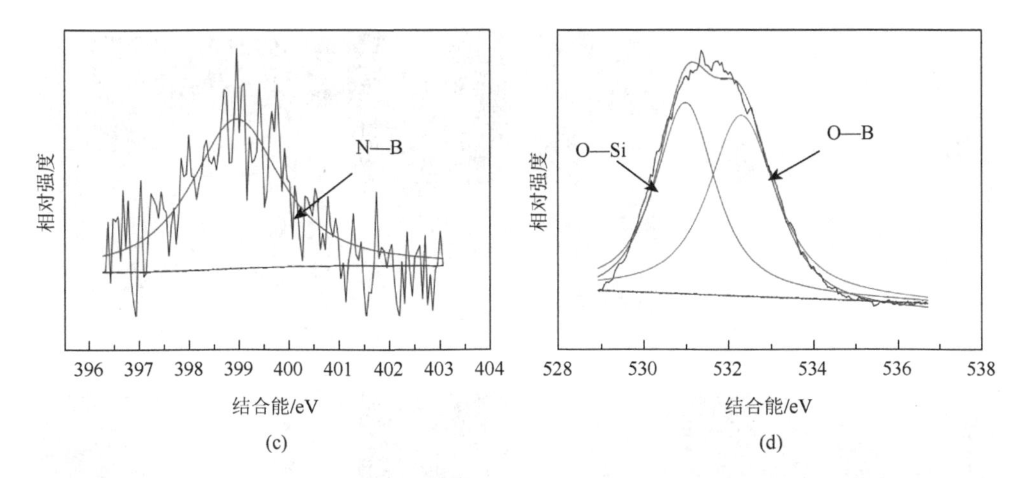

图 5-136　原位生成 15%（质量分数）ZrB_2 的 Si_2BC_3N 纳米晶块体陶瓷，在 1500℃流动干燥空气氧化 3h 后氧化层表面 XPS 图谱[28]

（a）全谱图；（b）Si 2p；（c）N 1s；（d）O 1s

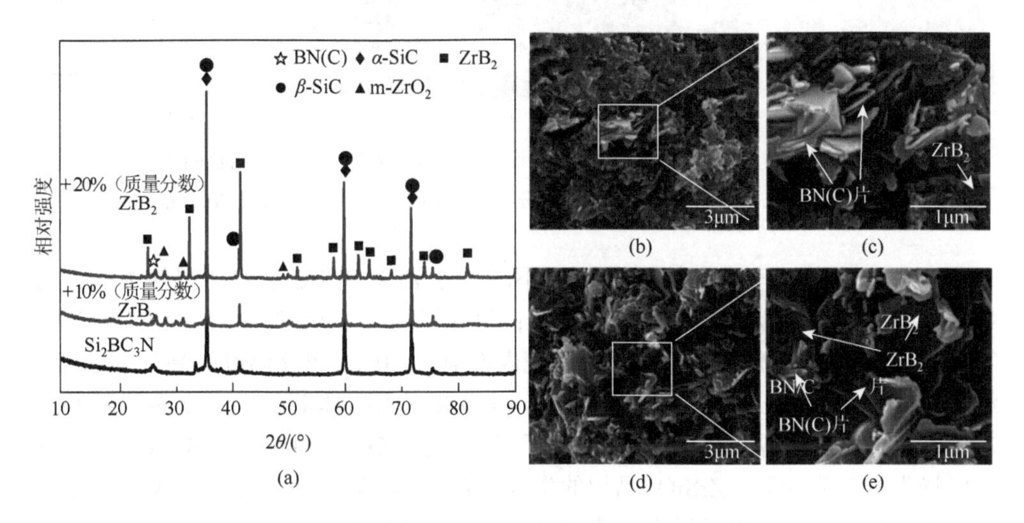

图 5-137　经 2000℃/40MPa/5min 放电等离子烧结制备的不同成分 ZrB_2/Si_2BC_3N 纳米晶块体陶瓷[29]

（a）XRD 图谱；（b）（c）引入 10%（质量分数）ZrB_2 的 SEM 断口形貌；（d）（e）引入 20%（质量分数）ZrB_2 的 SEM 断口形貌

TEM 结果证实，在烧结过程中部分 ZrB_2 原位氧化形成 ZrO_2，部分起到促进固相扩散的作用，因而 ZrO_2 周围生长了诸多 α/β-SiC 相和 BN(C)相；引入纳米 ZrB_2 促进了 α/β-SiC 晶粒和 BN(C)晶粒的长大，ZrB_2 长大为微米级晶粒；ZrB_2 晶粒被一层晶化的石墨层包裹，ZrB_2 与 m-ZrO_2 晶粒间隙分布着薄石墨层（图 5-138）。

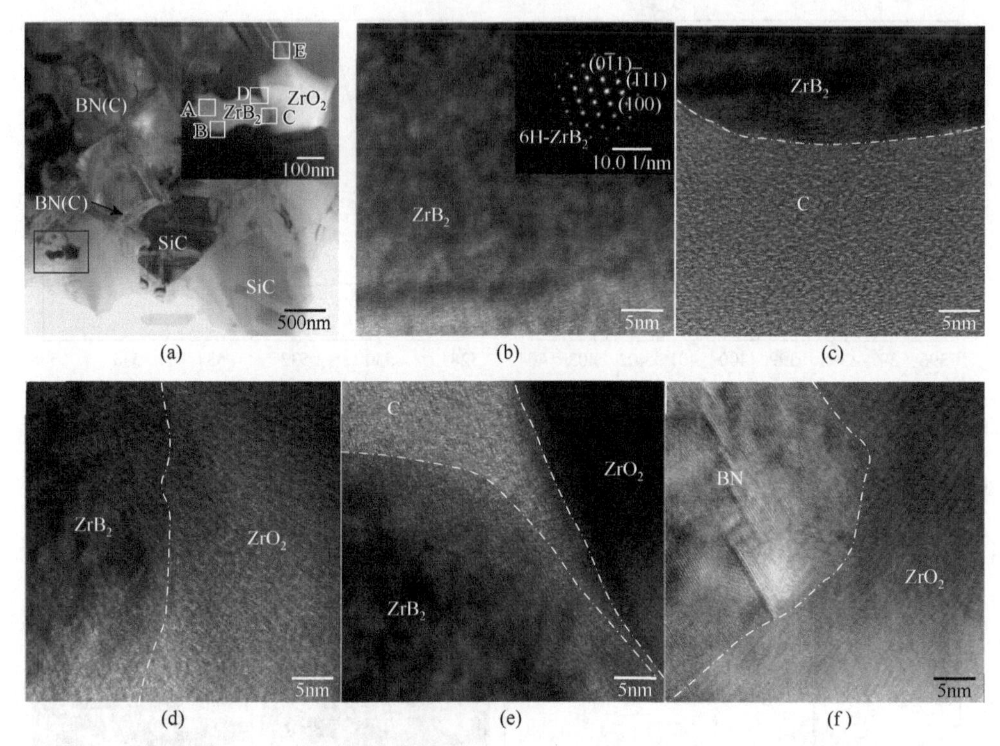

图 5-138　高能球磨引入 20%质量分数纳米 ZrB_2 的 Si_2BC_3N 纳米晶块体陶瓷的 TEM 分析[29]

(a) TEM 明场像及 STEM 形貌；(b)～(f) 分别对应图 (a) 中区域 A～E 的 HRTEM 精细结构

在 1200℃静态干燥空气氧化 3h，不同成分 ZrB_2/Si_2BC_3N 纳米晶块体陶瓷的氧化表面检测到 $ZrSiO_4$、ZrO_2 和方石英；氧化温度为 1400℃时，氧化产物 SiO_2、ZrO_2 和 $ZrSiO_4$ 的晶体衍射峰增强，陶瓷表面氧化加剧；氧化温度提高至 1600℃，纯 Si_2BC_3N 陶瓷表面生成大量方石英，α/β-SiC 的晶体衍射峰强度显著降低；ZrB_2/Si_2BC_3N 纳米晶块体陶瓷表面形成了较多的 ZrO_2 相；相反，$ZrSiO_4$ 相的晶体衍射峰强度有所减弱。$ZrSiO_4$ 晶相的生成涉及 ZrO_2 和 SiO_2 的生成与消耗速率平衡，生成和消耗速率差异过大可能导致某一种氧化产物富集（图 5-139）。

引入 10%（质量分数）纳米 ZrB_2 的 Si_2BC_3N 纳米晶块体陶瓷，在 1200℃氧化 3h 后，其氧化表面分布少许细小孔洞和凸起颗粒，主要成分为 ZrO_2 和 $ZrSiO_4$；在 1400℃氧化 3h 后，该纳米晶块体陶瓷氧化表面较为粗糙，氧化膜内分布大量气孔和鼓泡；氧化温度升高至 1600℃，该纳米晶复相陶瓷表面被连续致密氧化膜覆盖，氧化表面大量析出 $ZrSiO_4$ 和 ZrO_2。当引入的 ZrB_2 质量分数增加至 20%时，在 1200～1600℃范围内陶瓷表面生成的氧化层较为致密，其氧化层显微组织形貌演化规律与前者相似；随着氧化温度提高，氧化层内方石英含量增加，方石英呈长条状形貌（图 5-140）。

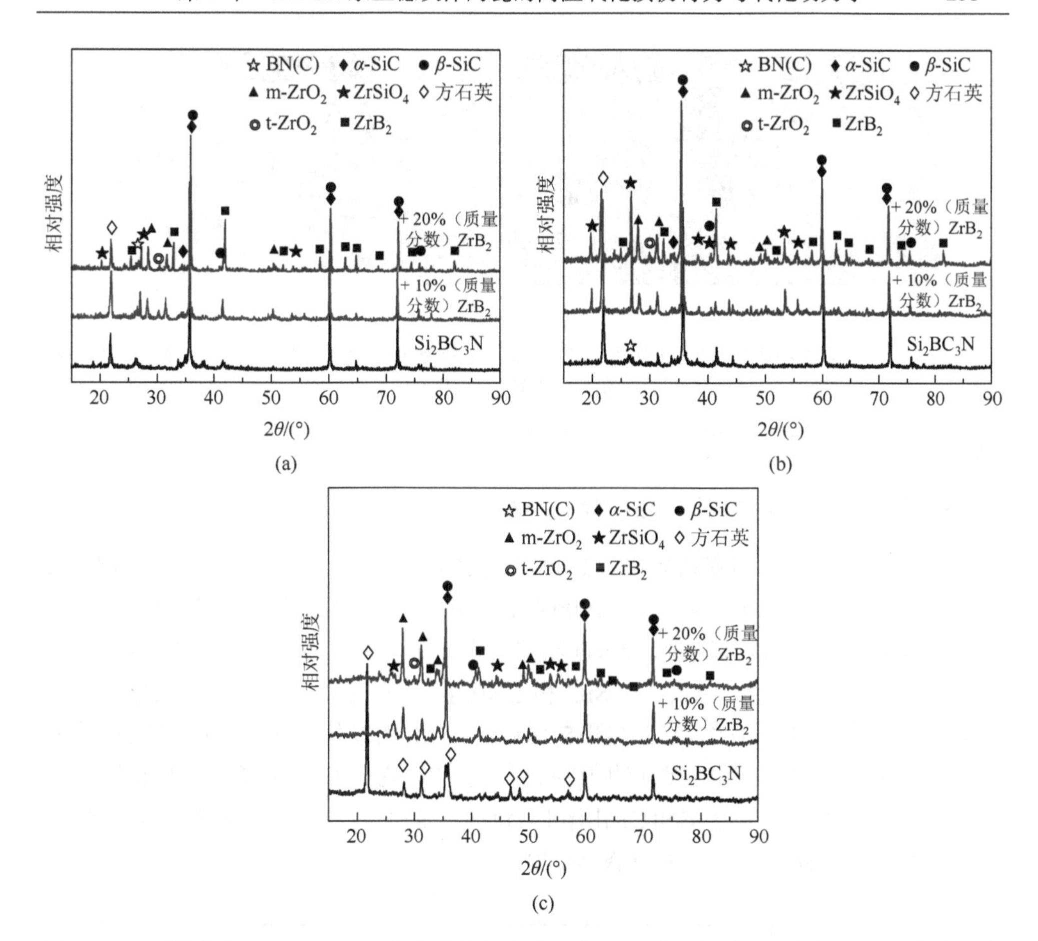

图 5-139　不同成分 ZrB_2/Si_2BC_3N 纳米晶块体陶瓷在静态干燥空气不同温度氧化 3h 后氧化层表面 XRD 图谱[29]

（a）1200℃；（b）1400℃；（c）1600℃

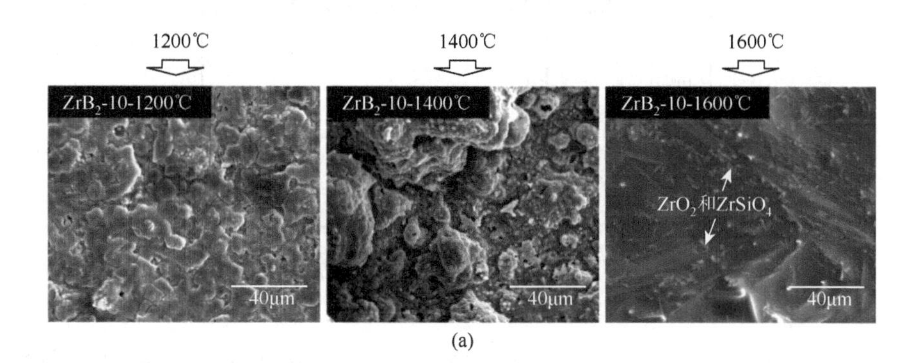

(a)

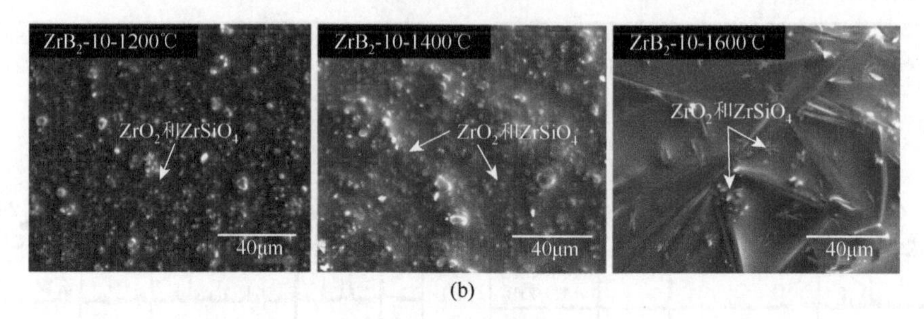

图 5-140　不同成分 ZrB_2/Si_2BC_3N 纳米晶块体陶瓷在静态干燥空气不同温度氧化 3h 后氧化层 SEM 表面形貌[29]

（a）引入 10%（质量分数）ZrB_2；（b）引入 20%（质量分数）ZrB_2

8. 采用溶胶-凝胶法引入 ZrC 陶瓷颗粒

在 Si_2BC_3N 非晶陶瓷粉体中，通过溶胶-凝胶法引入 ZrO_2（正丙醇锆提供 Zr 源）和 C（糠醇提供 C 源），经 1900℃/60MPa/60min 热压烧结制备出不同成分 ZrC/Si_2BC_3N 纳米晶块体陶瓷。XRD 结果表明，不同成分 ZrC/Si_2BC_3N 纳米晶块体陶瓷的物相组成均为 ZrC、α/β-SiC 和 BN(C)，说明 ZrO_2 与 C 已经完全反应，且 ZrC 与基体物相不发生反应（图 5-141）。TEM 明场像显示，ZrC 晶粒尺寸为 100～200nm，α/β-SiC 晶粒尺寸约 100nm；α/β-SiC 内部有高密度的孪晶和堆垛层错等原子排列缺陷，部分 BN(C)相沿其（0002）晶面有序排列，各晶粒晶界没有低熔点第二相，界面干净清晰（图 5-142）。

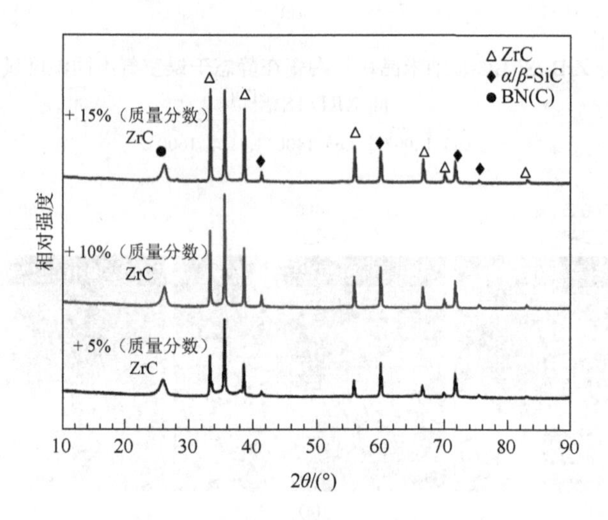

图 5-141　经 1900℃/60MPa/60min 热压烧结制备的不同成分 ZrC/Si_2BC_3N 纳米晶块体陶瓷的 XRD 图谱[30]

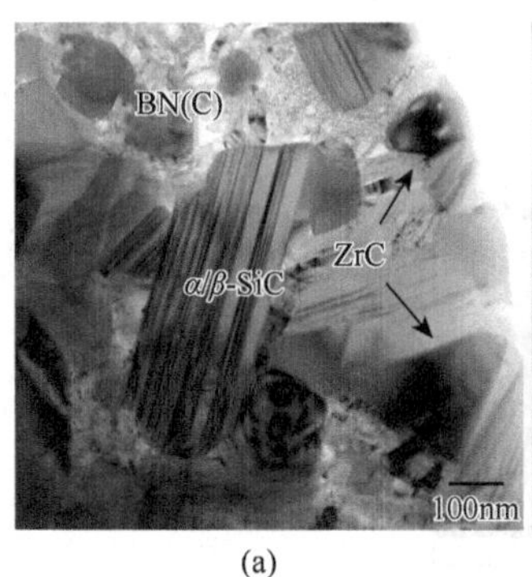

(a)

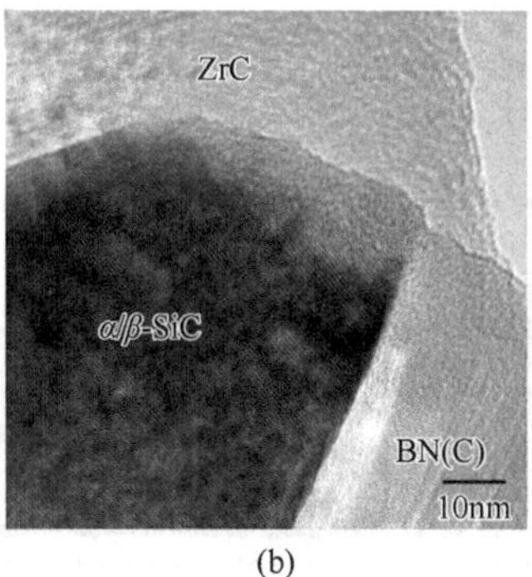

(b)

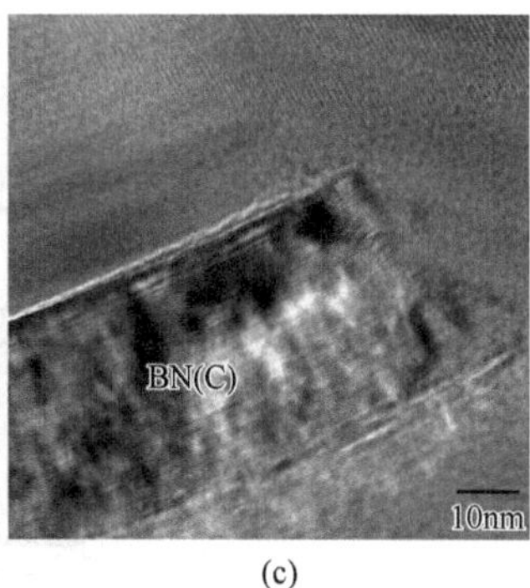

(c)

图 5-142　热压烧结制备含 10%质量分数 ZrC 的 Si_2BC_3N 纳米晶块体陶瓷的透射电镜分析[30]

（a）TEM 明场像；（b）（c）HRTEM 精细结构

XRD 图谱显示，在不同氧化条件下，不同成分 ZrC/Si_2BC_3N 纳米晶块体陶瓷的氧化表面物相种类一致，均为 α/β-SiC、ZrO_2、$ZrSiO_4$ 和方石英，XRD 图谱中没有观察到 ZrC 和 BN(C)的晶体衍射峰；在 1300℃流动干燥空气氧化 3h 后，随着 ZrC 生成量增加，陶瓷表面方石英的晶体衍射峰强度逐渐降低；ZrC 生成量为 15%（质量分数）的纳米晶陶瓷，各物相晶体衍射峰强度随氧化时间延长基本不变；ZrC 生成量为 10%（质量分数）时，随着氧化温度升高，氧化表面 α/β-SiC 晶体衍射峰强度降低，方石英和 $ZrSiO_4$ 的衍射峰增强，说明大量 ZrO_2 与 SiO_2 反应生成 $ZrSiO_4$，氧化层表面结晶程度增加（图 5-143）。

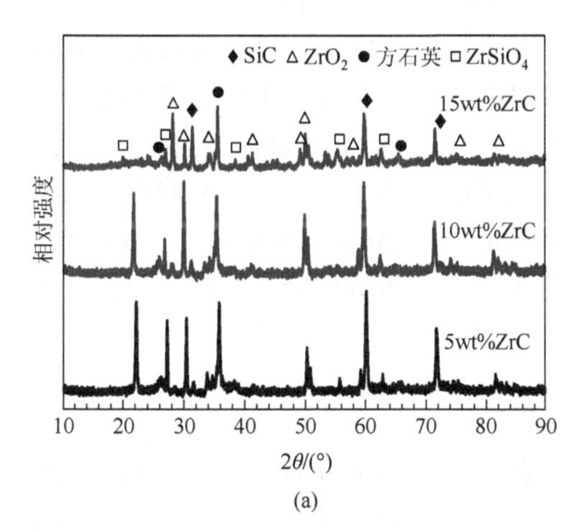

(a)

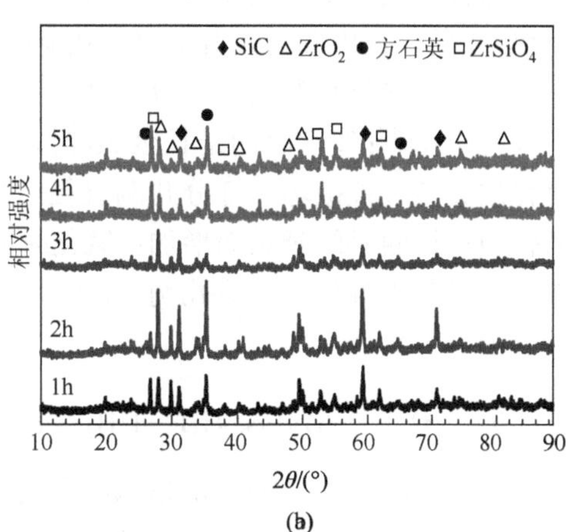

(b)

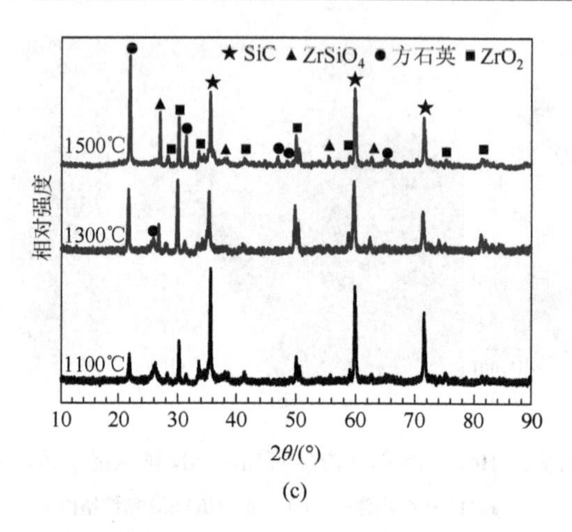

(c)

图 5-143　不同成分 ZrC/Si_2BC_3N 纳米晶块体陶瓷在不同氧化条件下的氧化层表面 XRD 图谱[30]

（a）1300℃/3h；（b）引入 15%（质量分数）ZrC；（c）引入 10%（质量分数）ZrC

在 1300℃流动干燥空气氧化 3h 后，原位生成 5%（质量分数）ZrC 的 Si_2BC_3N 纳米晶块体陶瓷，其氧化表面相对致密平整，黏流态氧化膜中分布大量方石英和 $ZrSiO_4$，但表面孔洞数量较少；随着 ZrC 生成量增加，氧化表面逐渐变得平整，但表面孔隙数量进一步增加。SEM 截面形貌显示，该纳米晶块体陶瓷的氧化层厚度随 ZrC 生成量增加而增厚，氧化层与陶瓷基体结合良好，界面处无裂纹或孔洞聚集（图 5-144）。

原位生成 15%（质量分数）ZrC 的纳米晶块体陶瓷，在 1500℃流动干燥空气氧化 1h 后，氧化表面光滑平整，孔洞数量较少；持续氧化 2～4h，块体陶瓷表面被一层熔融氧化物覆盖，部分气孔被有效填充弥合，但仍存在少量大尺寸孔洞，直径几十微米；氧化时间延长至 5h 时，聚集气孔大量破裂导致氧化表面疏松多孔，氧化层完整性被破坏，部分孔洞直径达 50～100μm。从氧化层 SEM 截面来看，氧化膜层厚随时间延长而增加；氧化时间 $t \leqslant 4h$ 时，氧化层与陶瓷基体紧密结合，界面处没有观察到气孔或孔洞；氧化时间为 5h 时，两者界面处分布较大孔径的孔洞（图 5-145）。

9. 机械合金化引入 TiB、TiB_2、TiC 陶瓷颗粒

经 1900℃/40MPa/30min 热压烧结制备的不同成分（TiB_2-TiC）/Si_2BC_3N 纳米晶块体陶瓷，其物相组成均为 α/β-SiC、BN(C)、TiB_2 和 TiC；其中引入 10%（体积分数）TiB 后，TiB 与 Si_2BC_3N 陶瓷基体反应生成 TiC 和 TiB_2；引入 10%（体积分数）的 TiC 和 TiC-TiB_2 后，TiB_2、TiC 并未与陶瓷基体反应生成新物相（图 5-146）。

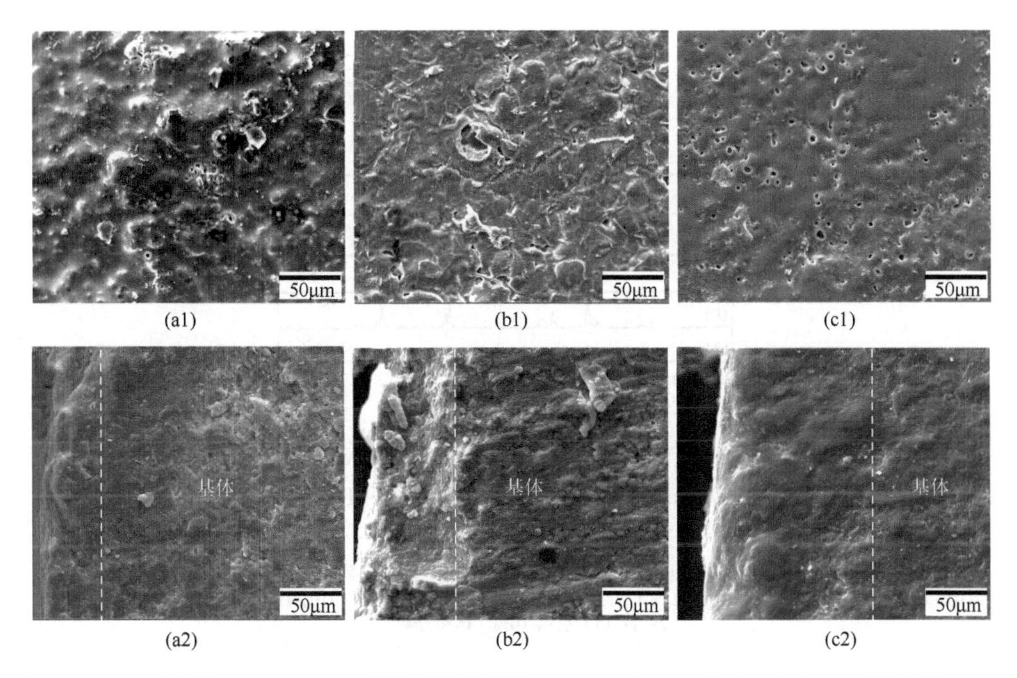

图 5-144　不同成分 ZrC/Si_2BC_3N 纳米晶块体陶瓷在 1300℃流动干燥空气氧化 3h 后氧化层 SEM 表面（a1）～（c1）及截面（a2）～（c2）形貌[30]

（a）原位生成 5%（质量分数）ZrC；（b）原位生成 10%（质量分数）ZrC；（c）原位生成 15%（质量分数）ZrC

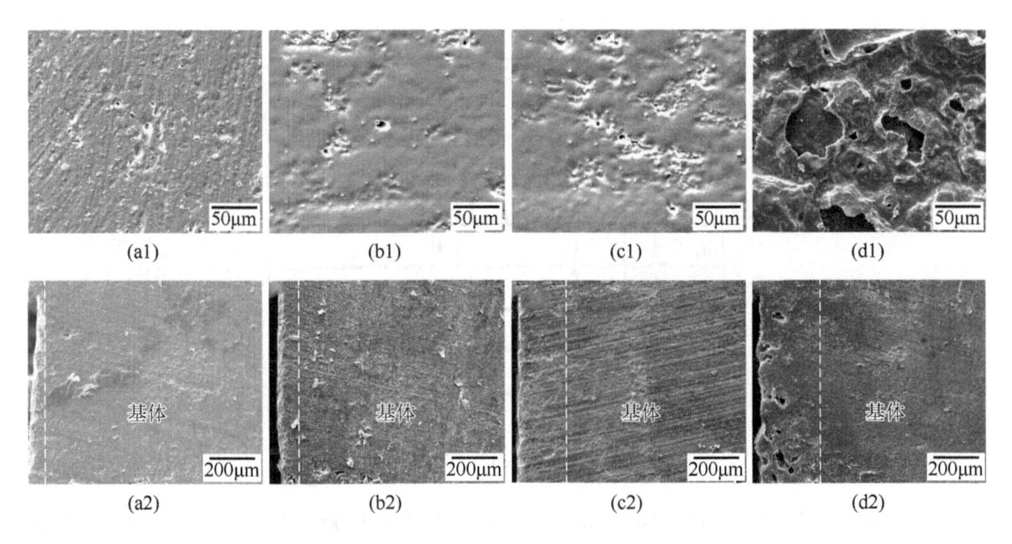

图 5-145　引入 15%（质量分数）ZrC 的 Si_2BC_3N 纳米晶块体陶瓷，在 1300℃流动干燥空气氧化不同时间后氧化层 SEM 表面（a1）～（d1）及截面（a2）～（d2）形貌[30]

（a）1h；（b）2h；（c）4h；（d）5h

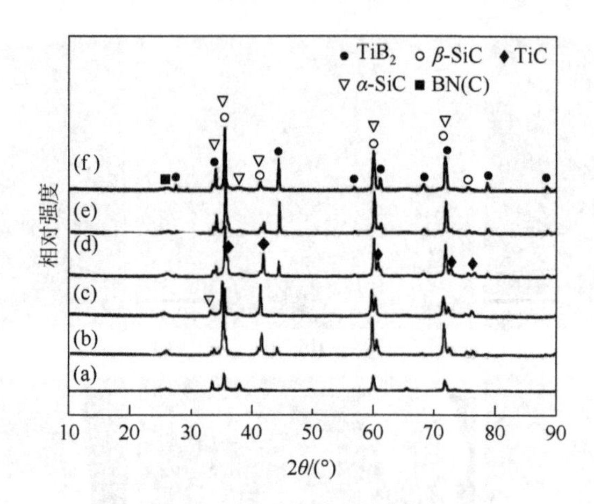

图 5-146　经 1900℃/40MPa/30min 热压烧结制备的不同成分（TiB_2-TiC）/Si_2BC_3N 纳米晶块体陶瓷的 XRD 图谱[31]

（a）Si_2BC_3N；（b）引入 10%（体积分数）TiC；（c）引入 10%（体积分数）TiB；（d）引入 10%（体积分数）（TiB_2-TiC），其中 TiB_2 和 TiC 摩尔比为 1∶2；（e）引入 10%（体积分数）（TiB_2-TiC），其中 TiB_2 和 TiC 摩尔比为 2∶1；（f）引入 10%（体积分数）TiB_2

在 1300℃静态干燥空气氧化 5h 后，氧化层表面 XRD 图谱显示：纯 Si_2BC_3N 纳米晶块体陶瓷的氧化产物主要为方石英；不同成分（TiB_2 + TiC）/Si_2BC_3N 纳米晶块体陶瓷，主要的氧化物相为 TiO_2（Rutile，金红石相）和方石英相（图 5-147）。

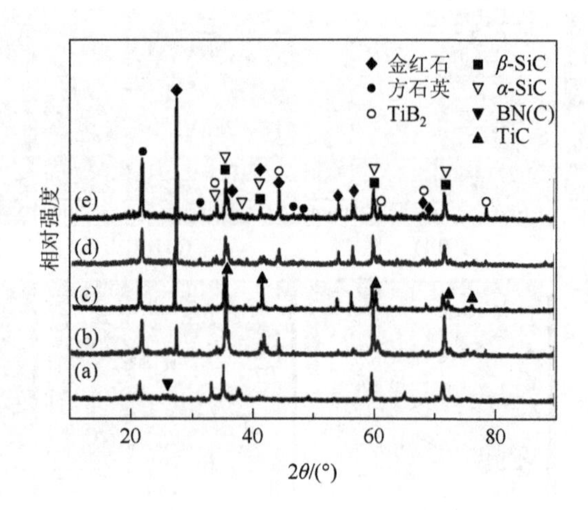

图 5-147　不同成分（TiB_2-TiC）/Si_2BC_3N 纳米晶块体陶瓷在 1300℃流动干燥空气氧化 5h 后氧化层表面 XRD 图谱[31]

（a）Si_2BC_3N；（b）引入 10%（体积分数）TiB；（c）引入 10%（体积分数）TiC；（d）引入 10%（体积分数）（TiB_2-TiC），其中 TiB_2 和 TiC 摩尔比为 2∶1；（e）引入 10%（体积分数）TiB_2

在 1300℃流动干燥空气氧化 5h 后，纯 Si_2BC_3N 纳米晶块体陶瓷氧化表面较为平整，氧化层内均匀分布细小的气孔；（TiB_2 + TiC）/Si_2BC_3N 纳米晶块体陶瓷氧化表面粗糙多孔，氧化层均呈现不同程度的颗粒凸起与褶皱；引入 10%（体积分数）TiB 的纳米晶块体陶瓷，其氧化表面颗粒凸起最为密集；而引入 10%（体积分数）TiB_2-TiC（两者摩尔比 2∶1）的纳米晶块体陶瓷，其氧化表面褶皱现象最为显著（图 5-148）。

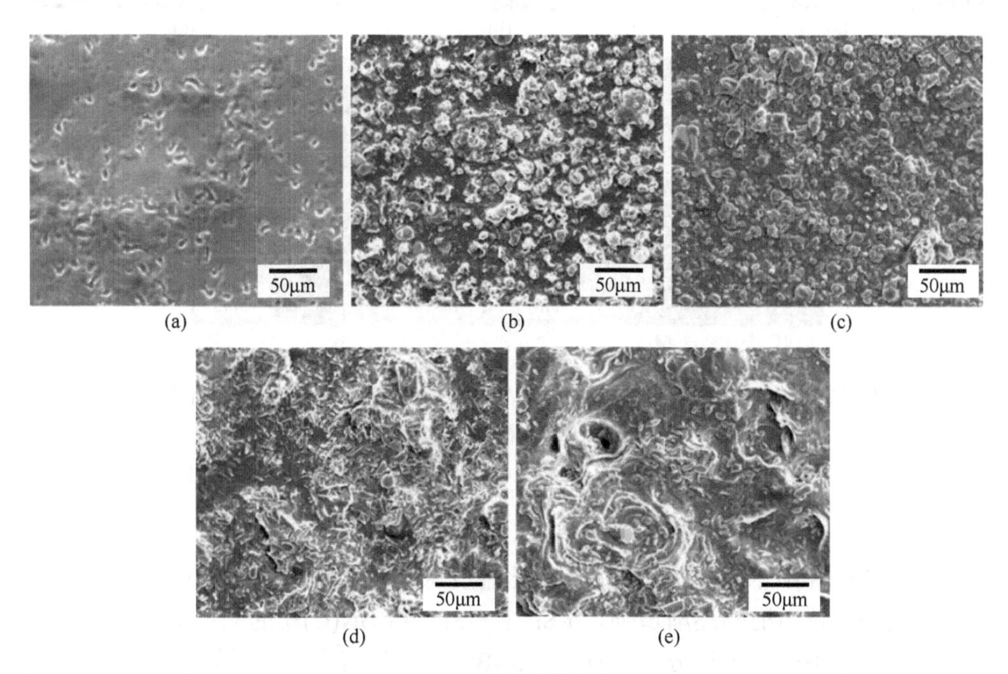

图 5-148　不同成分（TiB_2-TiC）/Si_2BC_3N 纳米晶块体陶瓷在 1300℃流动干燥空气氧化 5h 后氧化层 SEM 表面形貌[31]

（a）Si_2BC_3N；（b）引入 10%（体积分数）TiB；（c）引入 10%（体积分数）TiC；（d）引入 10%（体积分数）TiB_2-TiC，两者摩尔比 2∶1；（e）引入 10%（体积分数）TiB_2

在 1300℃流动干燥空气氧化 5h 后，纯 Si_2BC_3N 纳米晶块体陶瓷氧化层厚度仅约 2.6μm，而引入 10%（体积分数）TiB、10%（体积分数）TiC、10%（体积分数）TiB_2-TiC（两者摩尔比 2∶1）和 10%（体积分数）TiB_2 的纳米晶块体陶瓷，氧化层厚度分别约为 19.2μm、8.9μm、11.2μm 和 15.2μm；不同成分（TiB_2-TiC）/Si_2BC_3N 纳米晶块体陶瓷，其氧化层与陶瓷基体结合良好；在 Si_2BC_3N 陶瓷基体中引入 TiB_2 和/或 TiC 增强相后，材料的高温抗氧化能力有不同程度的下降，其中 TiB_2 引入量较多时，纳米晶块体陶瓷的高温氧化损伤最为严重（图 5-149）。

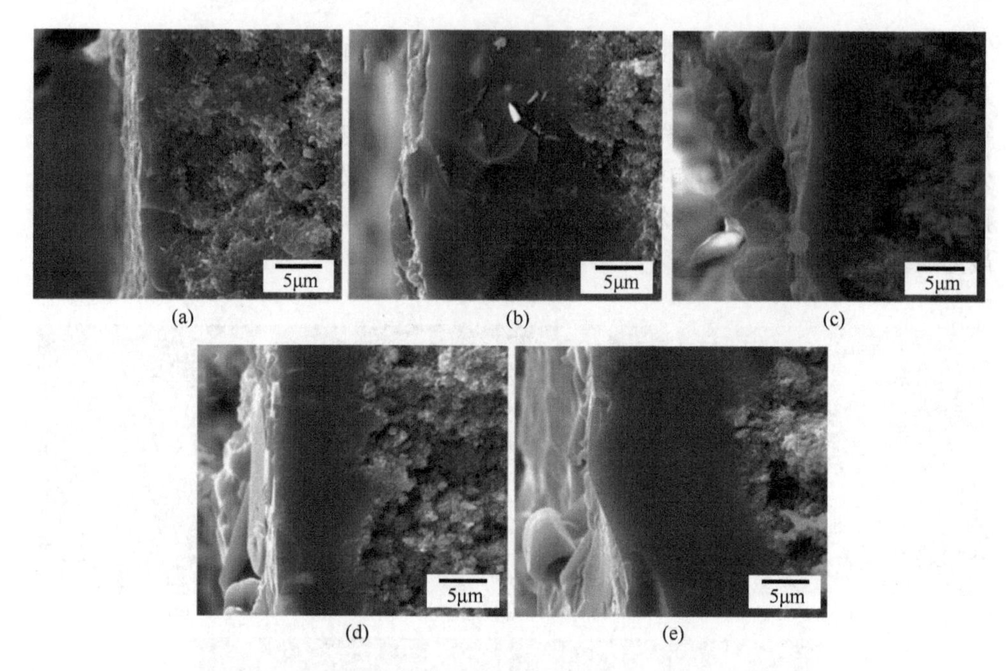

图 5-149 不同成分（TiB_2-TiC）/Si_2BC_3N 纳米晶块体陶瓷在 1300℃流动干燥空气氧化 5h 后氧化层 SEM 截面形貌[31]

（a）Si_2BC_3N；（b）引入 10%（体积分数）TiB；（c）引入 10%（体积分数）TiC；（d）引入 10%（体积分数）TiB_2-TiC，两者摩尔比 2∶1；（e）引入 10%（体积分数）TiB_2

纯 Si_2BC_3N 纳米晶块体陶瓷，当氧化温度从 1100℃提高至 1500℃时，氧化产物方石英的晶体衍射峰逐渐增强，α-SiC、β-SiC 和 BN(C)相的晶体衍射峰强度逐渐降低；引入 10%（体积分数）TiC 的 Si_2BC_3N 块体陶瓷，方石英与 TiO_2 的晶体衍射峰随氧化温度升高不断增强，TiC 的晶体衍射峰强度随之降低；引入 10%（体积分数）TiB 的 Si_2BC_3N 纳米晶块体陶瓷，各物相的晶体衍射峰强度随氧化温度的变化不明显（图 5-150）。

氧化温度为 1100℃时，引入 10%（体积分数）TiB 的 Si_2BC_3N 纳米晶块体陶瓷，其氧化表面分布大量尺寸不一的鼓泡和气孔；氧化温度升至 1300℃，氧化表面气孔逐渐被熔融氧化物填充，但表面仍存在大量鼓泡；在 1500℃氧化后，陶瓷氧化表面颗粒状凸起消失，氧化表面出现大量龟裂，但氧化层相对致密完整；从氧化层截面形貌来看，在 1100℃氧化 5h 后，纳米晶块体陶瓷与氧化层界面处存在部分孔洞；在 1300℃和 1500℃氧化后，氧化层与陶瓷基体结合较为紧密，界面处无裂纹或气孔聚集；在 1100℃、1300℃和 1500℃氧化后，该纳米晶块体陶瓷的氧化层厚度分别约为 8.2μm、19.2μm 和 16.4μm（图 5-151）。

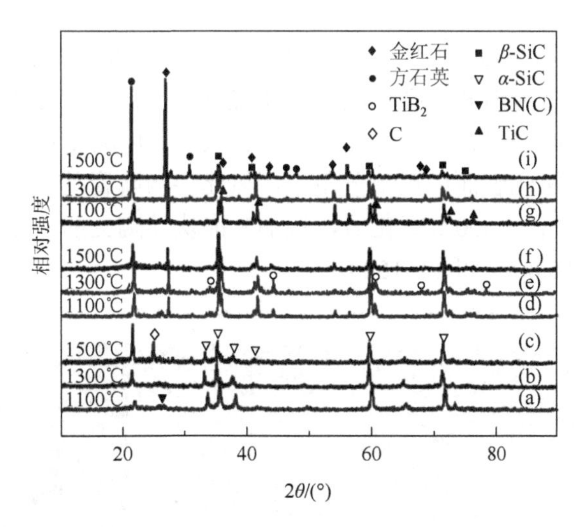

图 5-150 不同成分（TiB_2-TiC）/Si_2BC_3N 纳米晶块体陶瓷在 1100～1500℃流动干燥空气氧化 5h 后氧化层表面 XRD 图谱[31]

（a）～（c）Si_2BC_3N；（d）～（f）引入 10%（体积分数）TiB；（g）～（i）引入 10%（体积分数）TiC

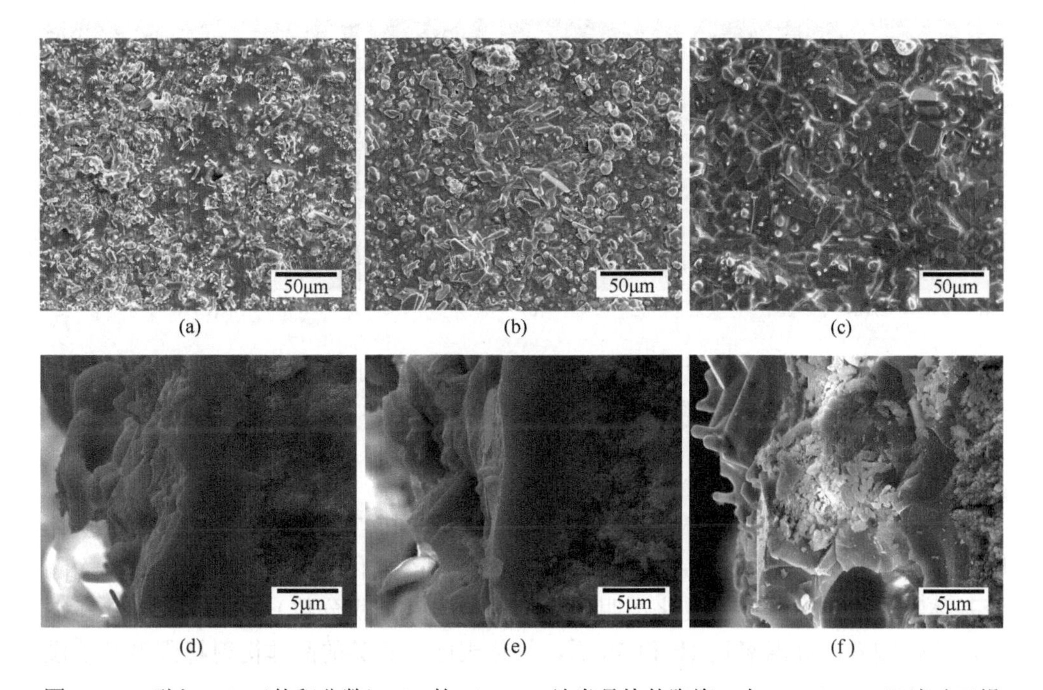

图 5-151 引入 10%（体积分数）TiB 的 Si_2BC_3N 纳米晶块体陶瓷，在 1100～1500℃流动干燥空气氧化 5h 后氧化层 SEM 表面（a）～（c）及截面（d）～（f）形貌[31]

（a）（d）1100℃；（b）（e）1300℃；（c）（f）1500℃

引入 10%（体积分数）TiC 的 Si_2BC_3N 纳米晶块体陶瓷，在 1100℃氧化 5h 后氧化表面分布大量鼓泡和气孔；随着氧化温度升高，纳米晶块体陶瓷表面气孔逐渐被黏流态氧化产物填充，TiO_2 晶粒明显长大；氧化温度升高至 1500℃，氧化层逐渐平整致密，氧化表面出现部分龟裂，氧化层与陶瓷基体界面处疏松多孔；在 1100℃、1300℃和 1500℃氧化后，该纳米晶块体陶瓷的氧化层厚度分别约为 8.4μm、8.9μm 和 16.8μm（图 5-152）。

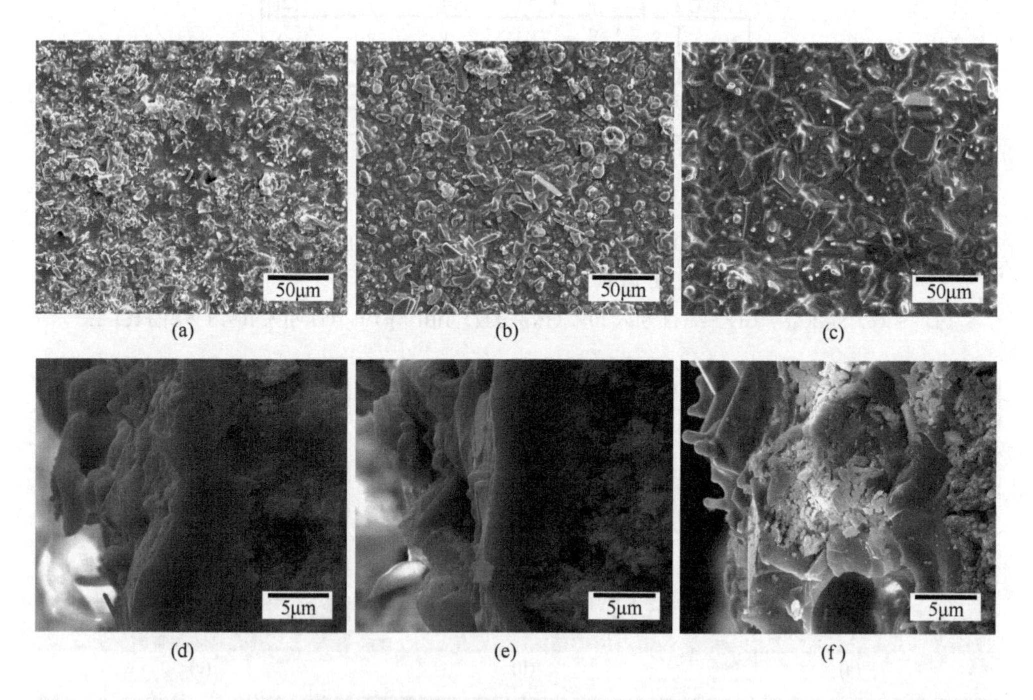

图 5-152 引入 10%（体积分数）TiC 的 Si_2BC_3N 纳米晶块体陶瓷，在 1100～1500℃流动干燥空气氧化 5h 后氧化层 SEM 表面（a）～（c）及截面（d）～（f）形貌[31]

（a）（d）1100℃；（b）（e）1300℃；（c）（f）1500℃

在 1300℃流动干燥空气条件下，不同成分（TiB_2-TiC）/Si_2BC_3N 纳米晶块体陶瓷，其高温氧化产物 TiO_2 的晶体衍射峰强度随着氧化时间延长有所提高，而陶瓷基体物相的衍射峰强度变化不明显。引入 10%（体积分数）TiB 的 Si_2BC_3N 纳米晶块体陶瓷，高温氧化 1h 和 5h 后，氧化表面方石英的晶体衍射峰强度几乎没有变化（图 5-153）。

分别引入 10%（体积分数）TiB、10%（体积分数）TiC 和 10%（体积分数）TiB_2 的 Si_2BC_3N 纳米晶块体陶瓷，在 1300℃流动干燥空气分别氧化 1h 和 5h 后，

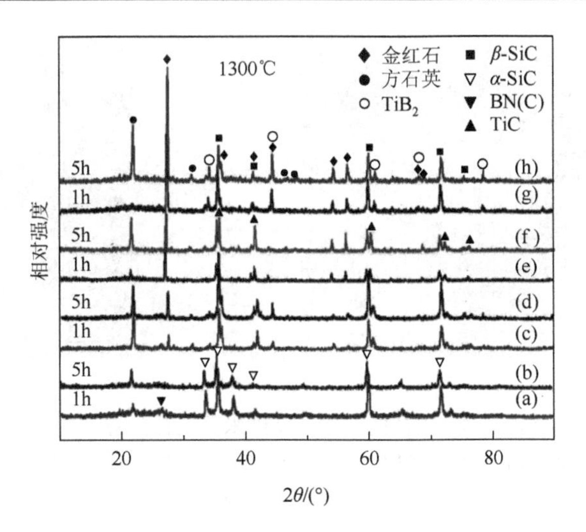

图 5-153　经 1900℃/40MPa/30min 热压烧结制备的不同成分（TiB_2-TiC）/Si_2BC_3N 纳米晶块体陶瓷，在 1300℃流动干燥空气氧化不同时间后氧化层表面 XRD 图谱[31]

（a）（b）Si_2BC_3N；（c）（d）引入 10%（体积分数）TiB；（e）（f）引入 10%（体积分数）TiC；（g）（h）引入 10%（体积分数）TiB_2

其 SEM 氧化表面和断口显微组织形貌均呈现相似的演化规律（图 5-154）。氧化 1h 时，三种纳米晶陶瓷材料氧化表面均能观察到平整致密区和颗粒状凸起区，表面分布少量气孔；氧化时间延长至 5h 后，三种纳米晶块体陶瓷表面平整区面积减小，氧化层被氧化物颗粒（金红石和方石英）覆盖（图 5-155）。三种纳米晶块体陶瓷在 1300℃流动干燥空气分别氧化 1h 和 5h 后，SEM 截面形貌显示其氧化层厚度分别约为 15.4μm 和 19.2μm、7.8μm 和 8.9μm、14.0μm 和 15.2μm，且氧化层与陶瓷基体结合良好（图 5-156）。

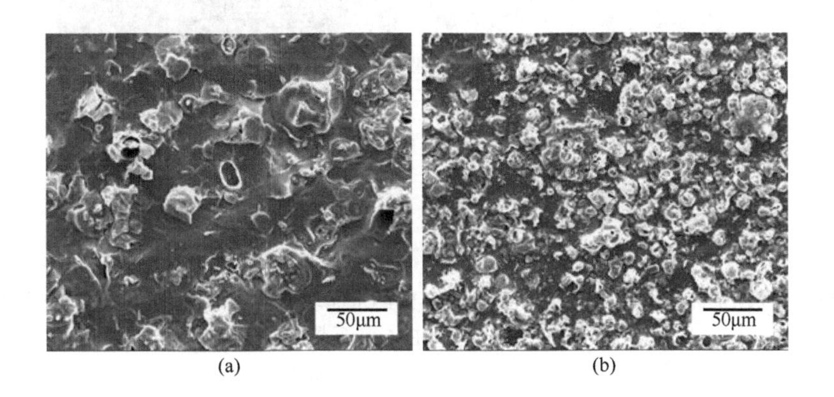

(a)　　(b)

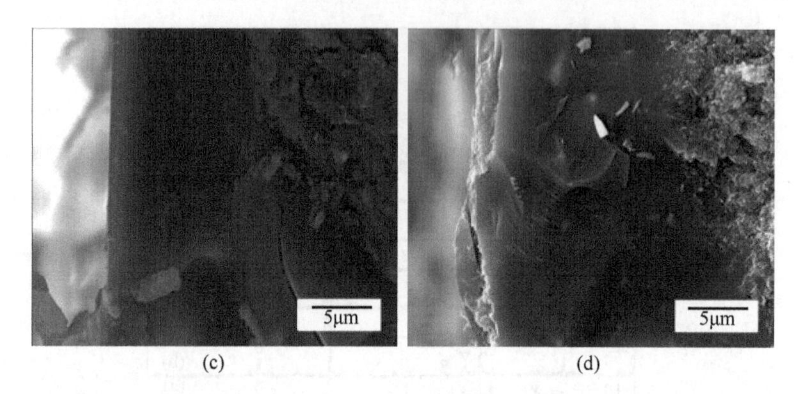

图 5-154　引入 10%（体积分数）TiB 的 Si_2BC_3N 纳米晶块体陶瓷，在 1300℃流动干燥空气氧化不同时间后氧化层 SEM 表面（a）（b）及截面（c）（d）形貌[31]

（a）（c）1h；（b）（d）5h

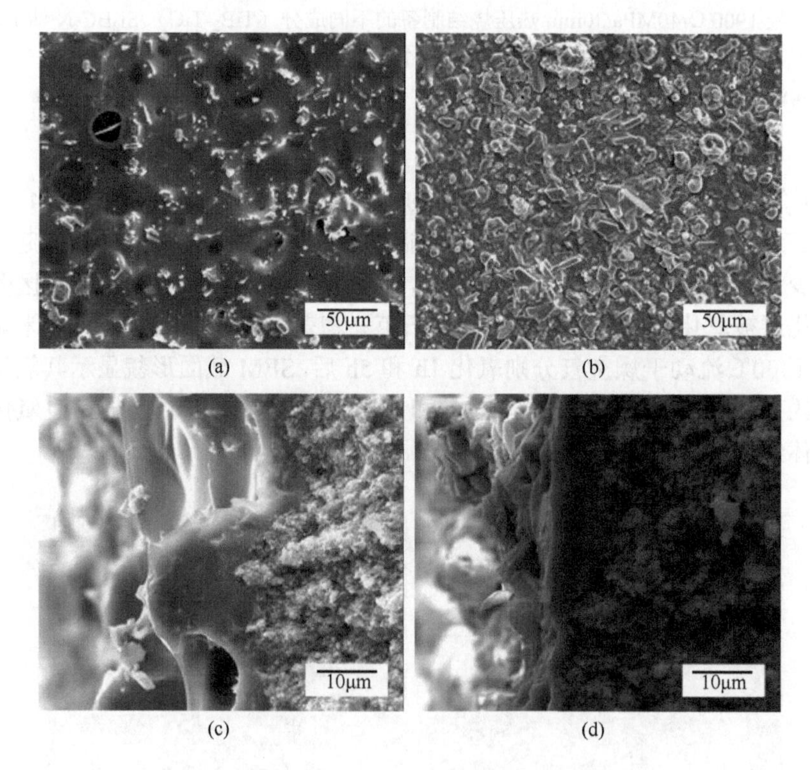

图 5-155　引入 10%（体积分数）TiC 的 Si_2BC_3N 纳米晶块体陶瓷，在 1300℃流动干燥空气氧化不同时间后氧化层 SEM 表面及截面形貌[31]

（a）（c）1h；（b）（d）5h

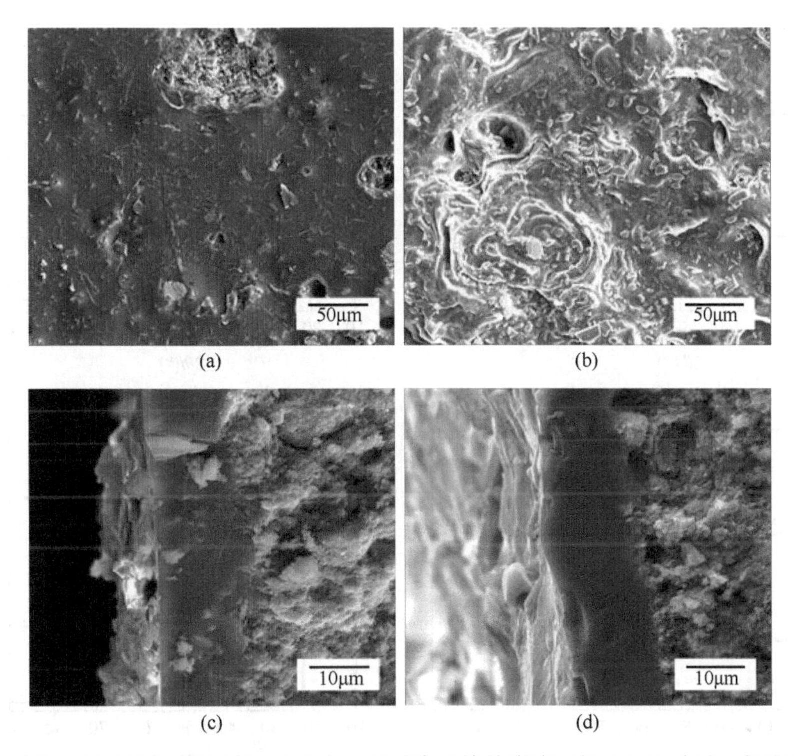

图 5-156　引入 10%体积分数 TiB_2 的 Si_2BC_3N 纳米晶块体陶瓷，在 1300℃流动干燥空气氧化不同时间后氧化层 SEM 表面（a）（b）及截面（c）（d）形貌[31]

（a）（c）1h；（b）（d）5h

10. 机械合金化引入纳米 Ta_4HfC_5 陶瓷颗粒

采用机械合金化技术在非晶 Si_2BC_3N 陶瓷粉体中引入不同质量分数的纳米 Ta_4HfC_5，经 1900℃/60MPa/30min 热压烧结制备成 Ta_4HfC_5/Si_2BC_3N 纳米晶块体陶瓷，该纳米晶复相陶瓷的物相组成均为 α/β-SiC、BN(C)和 Ta_4HfC_5。在 1400～1650℃静态干燥空气氧化 5h 后，XRD 图谱显示陶瓷表面氧化产物主要是方石英。氧化温度小于等于 1600℃时，氧化表面方石英的晶体衍射峰强度随纳米 Ta_4HfC_5 引入量增加而增强；氧化温度为 1650℃时，陶瓷氧化表面方石英晶体衍射峰强度随纳米 Ta_4HfC_5 引入量增加逐渐降低（图 5-157）。

氧化层表面拉曼光谱显示，随着氧化温度提高，Ta_4HfC_5/Si_2BC_3N 纳米晶块体陶瓷氧化层内自由碳逐渐向非晶态转变。在 1400℃静态干燥空气氧化 5h，Ta_4HfC_5/Si_2BC_3N 纳米晶块体陶瓷氧化表面显示出方石英的拉曼衍射峰；在 1500～1600℃氧化后，纯 Si_2BC_3N 和 Ta_4HfC_5/Si_2BC_3N 纳米晶块体陶瓷氧化表面仍检测到方石英的晶体衍射峰；随着氧化温度提高，引入 10%（体积分数）Ta_4HfC_5 的 Si_2BC_3N 块体陶瓷，表面方石英拉曼衍射峰逐渐消失（图 5-158）。

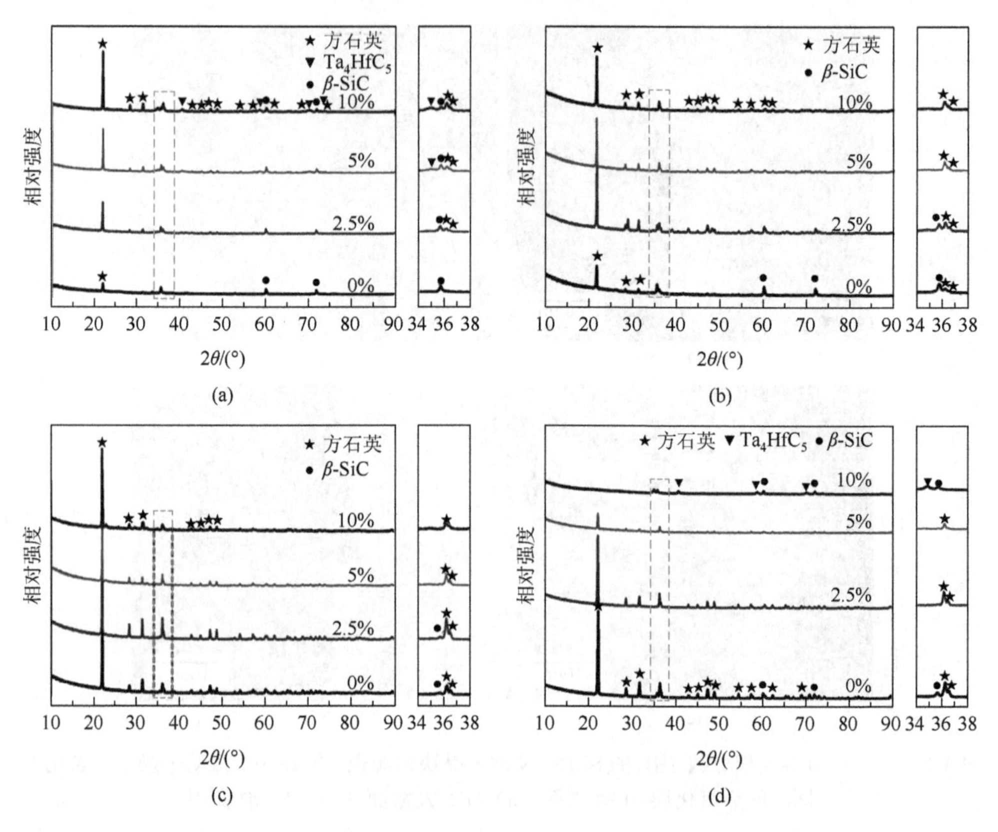

图 5-157　经 1900℃/60MPa/30min 热压烧结制备的不同成分 Ta_4HfC_5/Si_2BC_3N 纳米晶块体陶瓷在不同温度氧化 5h 后氧化层表面 XRD 图谱[32]

（a）1400℃；（b）1500℃；（c）1600℃；（d）1650℃

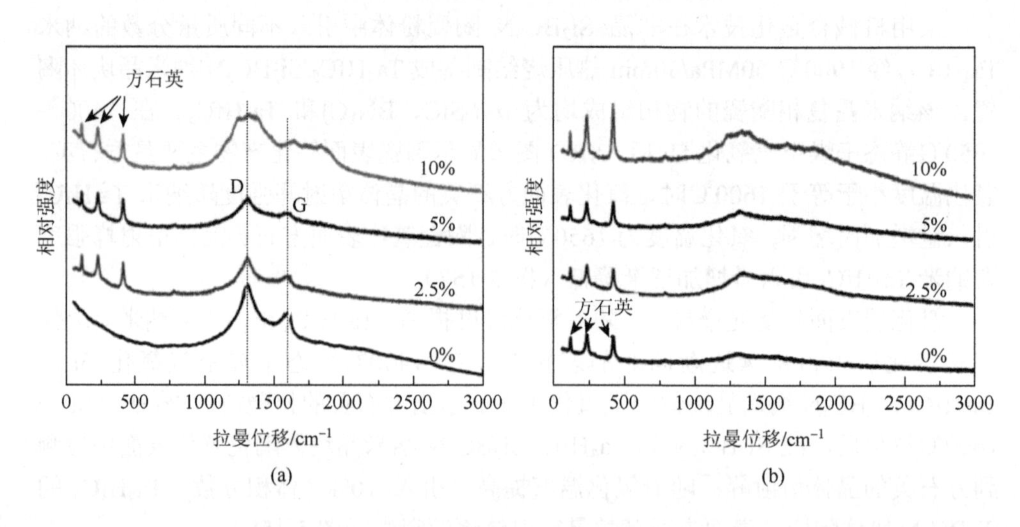

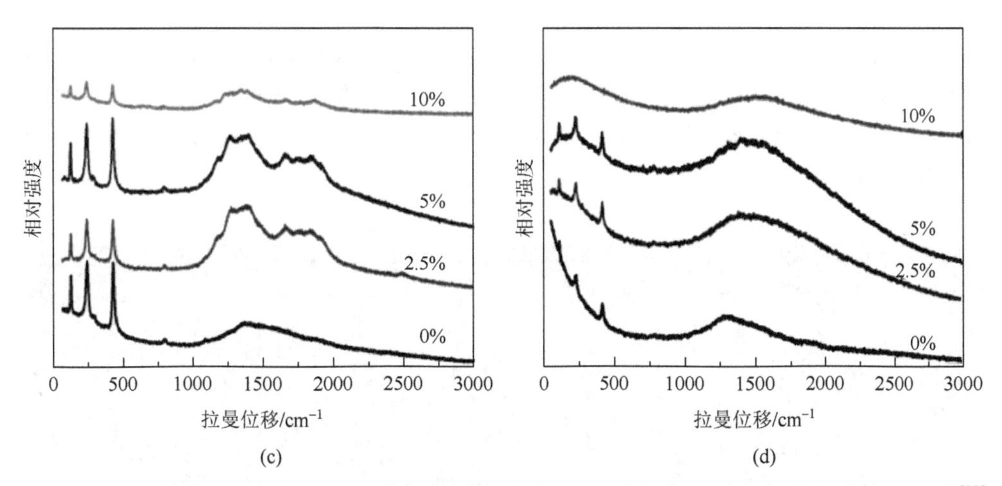

图5-158 不同成分 Ta_4HfC_5/Si_2BC_3N 纳米晶块体陶瓷在不同温度氧化5h后氧化层表面的拉曼光谱[32]

（a）1400℃；（b）1500℃；（c）1600℃；（d）1650℃

在1400℃静态干燥空气氧化5h后，不同 Ta_4HfC_5 引入量的 Si_2BC_3N 纳米晶块体陶瓷，其氧化表面凹凸不平，表面存在部分鼓泡破裂后遗留的气孔；随着纳米 Ta_4HfC_5 引入量增加，氧化层表面逐渐变得致密连续，氧化膜内分布大量方石英晶体（图5-159）。

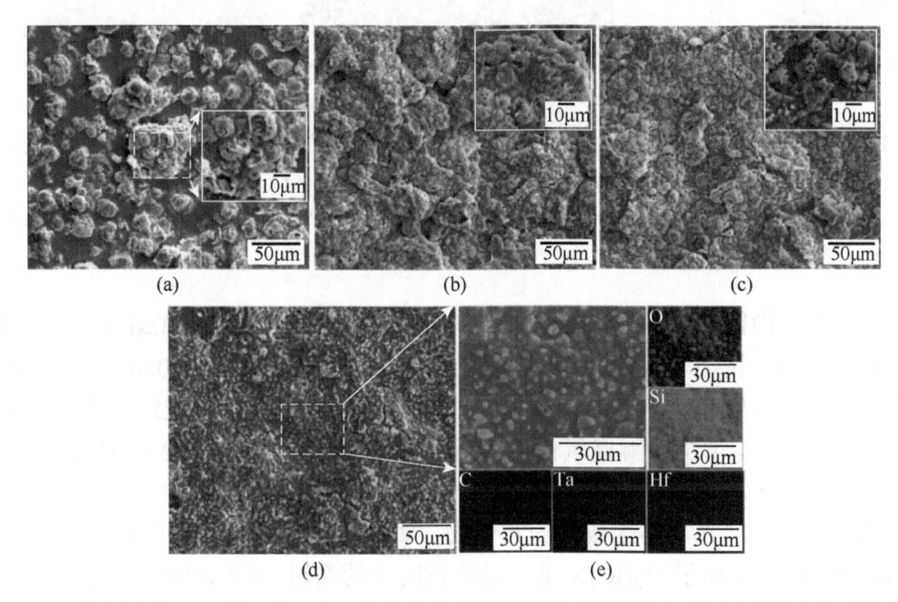

图5-159 不同成分 Ta_4HfC_5/Si_2BC_3N 纳米晶块体陶瓷在1400℃静态干燥空气氧化5h后氧化层SEM表面形貌[32]

（a）Si_2BC_3N；（b）引入2.5%（质量分数）Ta_4HfC_5；（c）引入5%（质量分数）Ta_4HfC_5；（d）引入10%（质量分数）Ta_4HfC_5；（e）相应区域元素面分布图

氧化温度提高至 1500℃，随着纳米 Ta_4HfC_5 引入量增加，Ta_4HfC_5/Si_2BC_3N 纳米晶块体陶瓷氧化表面逐渐平整致密，非晶 SiO_2 氧化层内分布大量方石英导致部分裂纹萌生；从氧化截面形貌来看，氧化层与陶瓷基体界面疏松多孔，结合力较差（图 5-160）。

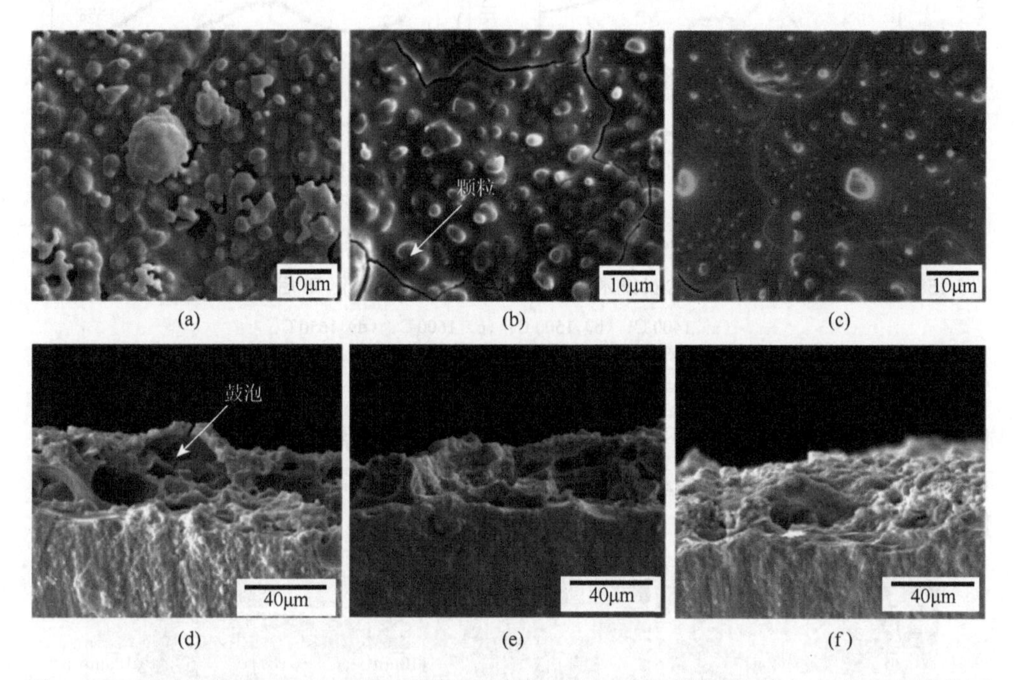

图 5-160　不同成分 Ta_4HfC_5/Si_2BC_3N 纳米晶块体陶瓷在 1500℃静态干燥空气氧化 5h 后氧化层 SEM 表面（a）（b）（c）及截面（d）（e）（f）形貌[32]

（a）（d）引入 2.5%（质量分数）Ta_4HfC_5；（b）（e）引入 5%（质量分数）Ta_4HfC_5；（c）（f）引入 10%（质量分数）Ta_4HfC_5

原子力显微镜形貌证实，在 1500℃静态干燥空气氧化 5h 后，Ta_4HfC_5/Si_2BC_3N 纳米晶块体陶瓷氧化表面较为平整，氧化层表面最大高度差约 450nm（图 5-161）。氧化温度进一步提高至 1600℃，SEM 表面形貌显示氧化层内微裂纹较少，随着纳米 Ta_4HfC_5 引入量增加，陶瓷氧化层逐渐变得致密平整（图 5-162）。在 1650℃静态干燥空气氧化 5h 后，引入 10%（质量分数）纳米 Ta_4HfC_5 的纳米晶块体陶瓷，氧化表面覆盖一层光滑连续致密的氧化物，氧化层与陶瓷基体界面结合良好，纳米 Ta_4HfC_5 有效提高了 Si_2BC_3N 纳米晶块体陶瓷的高温（$T \geqslant 1600$℃）抗氧化性能（图 5-163）。

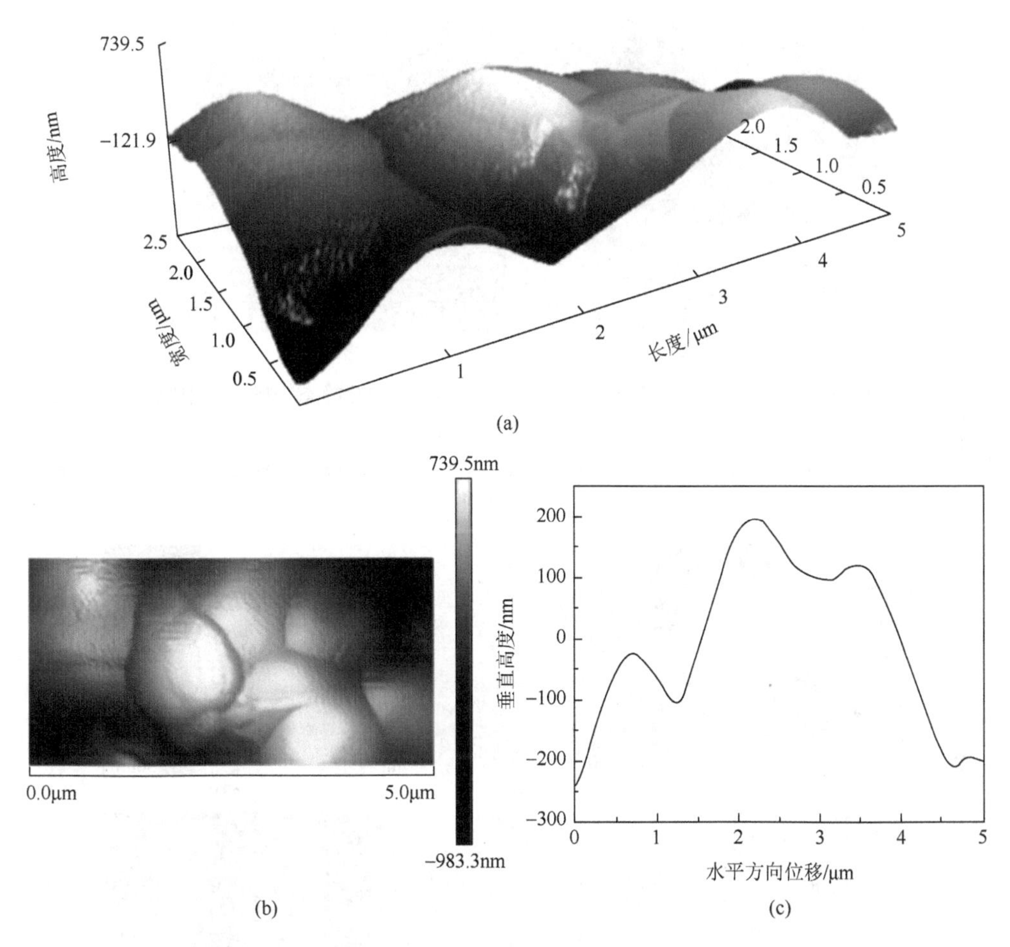

图 5-161　Ta_4HfC_5/Si_2BC_3N 纳米晶块体陶瓷在 1500℃静态干燥空气氧化 5h 后氧化表面原子力显微镜形貌[32]

（a）三维表面形貌；（b）二维表面形貌；（c）相应的高度曲线

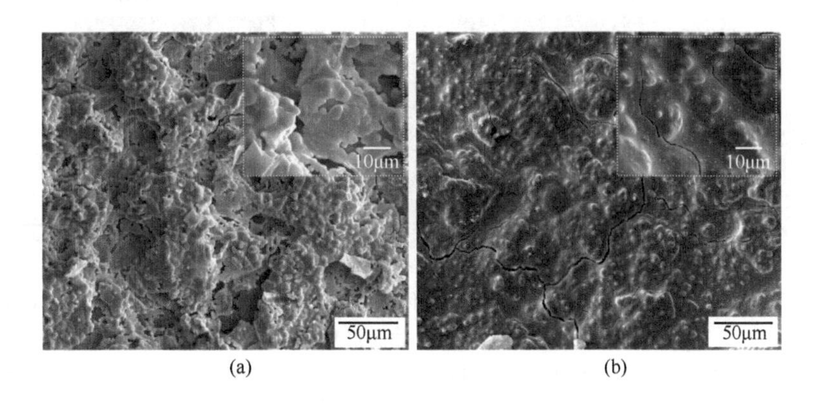

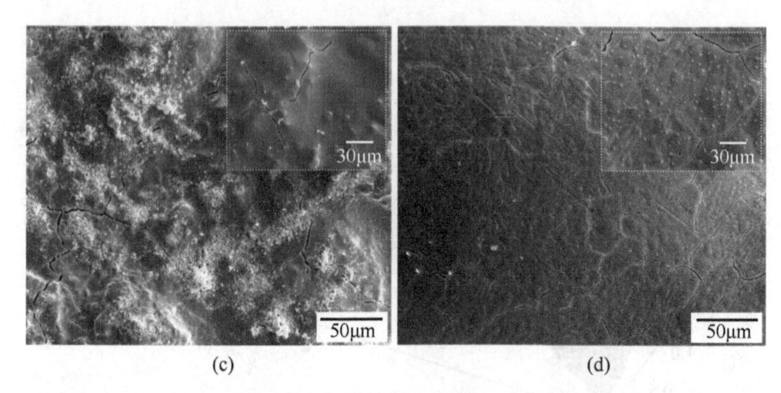

图 5-162　不同成分 Ta_4HfC_5/Si_2BC_3N 纳米晶块体陶瓷在 1600℃静态干燥空气中氧化 5h 后氧化层 SEM 表面形貌[32]

（a）Si_2BC_3N；（b）引入 2.5%（质量分数）Ta_4HfC_5；（c）引入 5%（质量分数）Ta_4HfC_5；（d）引入 10%（质量分数）Ta_4HfC_5

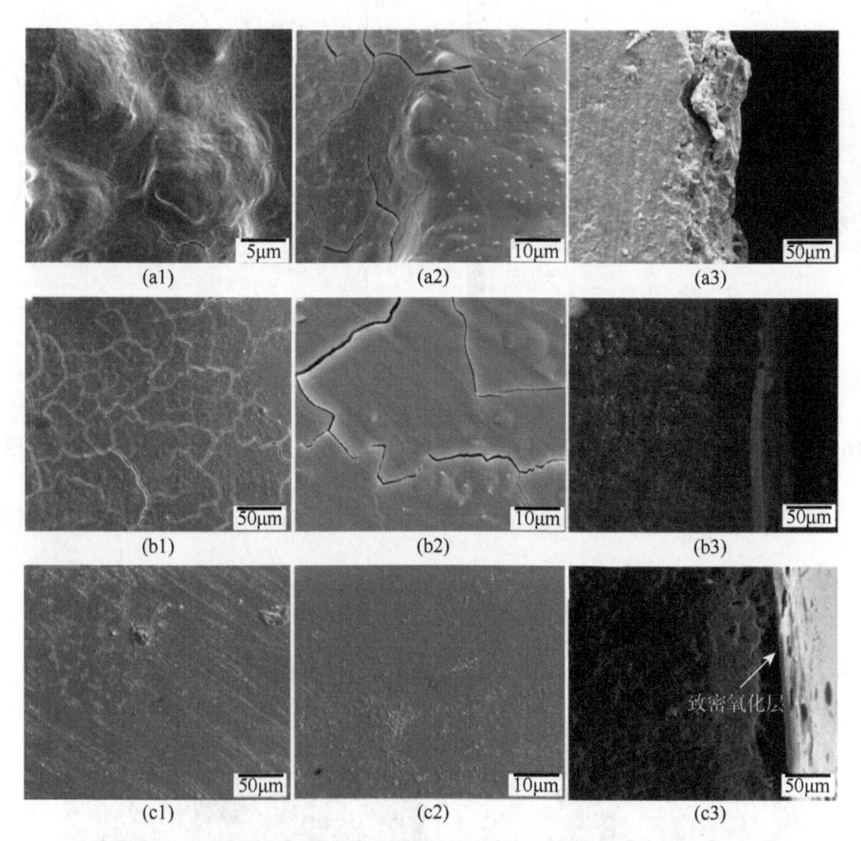

图 5-163　不同成分 Ta_4HfC_5/Si_2BC_3N 纳米晶块体陶瓷在 1650℃静态干燥空气氧化 5h 后氧化层 SEM 表面及截面形貌[32]

（a1）～（a3）引入 2.5%（质量分数）Ta_4HfC_5；（b1）～（b3）引入 5%（质量分数）Ta_4HfC_5；（c1）～（c3）引入 10%（质量分数）Ta_4HfC_5

11. 引入多壁碳纳米管或纳米 SiC 涂覆的多壁碳纳米管

采用普通球磨湿混方法，在 Si_2BC_3N 非晶粉体中引入不同体积分数的多壁碳纳米管（multi walled carbon nanotubes，MWCNTs），进一步采用 1900℃/40MPa/5min 放电等离子烧结工艺制备出不同成分 MWCNTs/Si_2BC_3N 纳米晶块体陶瓷。XRD 结果表明：无论 MWCNTs 表面是否涂覆 SiC 纳米涂层，烧结过程中 MWCNTs 并不与 Si_2BC_3N 非晶陶瓷粉体反应，材料的最终物相组成均为 α/β-SiC 和 BN(C)相（图 5-164）。

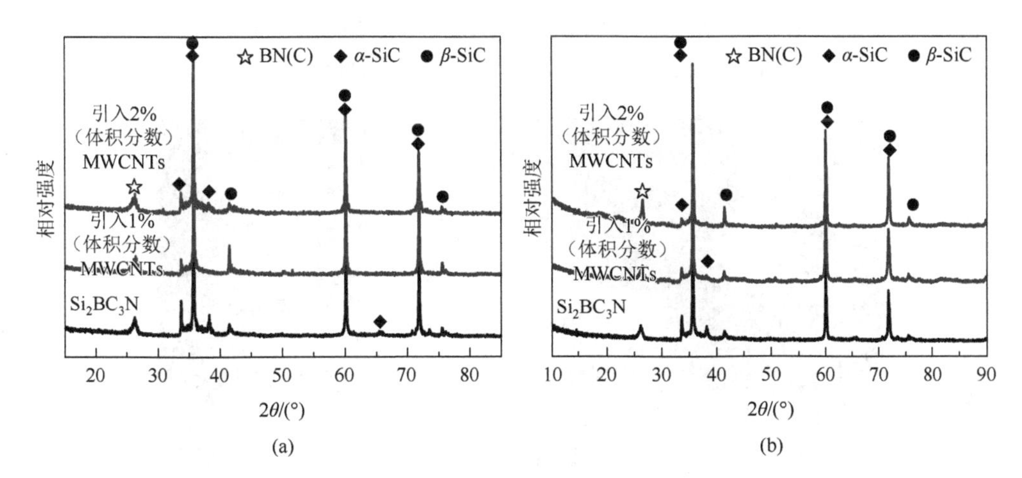

图 5-164　经 1900℃/40MPa/5min 放电等离子烧结制备的不同成分 MWCNTs/Si_2BC_3N 纳米晶块体陶瓷的 XRD 图谱[33, 34]

（a）引入未改性 MWCNTs；（b）引入 SiC 涂覆 MWCNTs

引入适量未改性 MWCNTs 增强相后，其较为均匀地分布在 Si_2BC_3N 陶瓷基体中，但局部区域仍观察到少量 MWCNTs 团聚体，未改性 MWCNTs 的引入抑制了 SiC 和 BN(C)晶粒的生长发育；在 MWCNTs 表面涂覆 SiC 纳米涂层后，改性后的 MWCNTs 在 Si_2BC_3N 陶瓷基体分布较为均匀，断口可见大量片层状 BN(C)拔出（图 5-165）。

引入 1%体积分数未改性 MWCNTs 后，TEM 明场像证实未改性 MWCNTs 抑制了 SiC 晶粒长大，MWCNTs 主要分布在 SiC 和 BN(C)相周围；在 SiC 晶粒中包埋有 MWCNTs 的一端，有利于 MWCNTs 的裂纹桥联和拔出。引入 3%（体积分数）的改性 MWCNTs 后，TEM 明场像显示部分 SiC 纳米晶与改性 MWCNTs 相互黏结，SiC 晶粒长大至约 200nm，改性 MWCNTs 的引入促进了陶瓷基体的生长发育（图 5-166）。

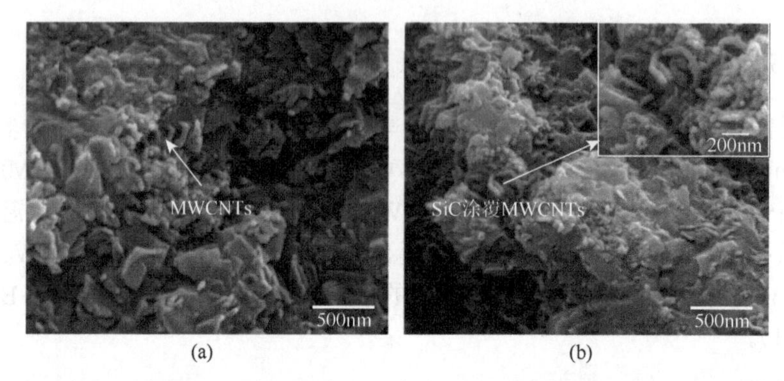

图 5-165 不同成分 MWCNTs/Si_2BC_3N 纳米晶块体陶瓷的 SEM 断口形貌[33, 34]

（a）引入未改性 MWCNTs；（b）引入 SiC 纳米涂覆 MWCNTs

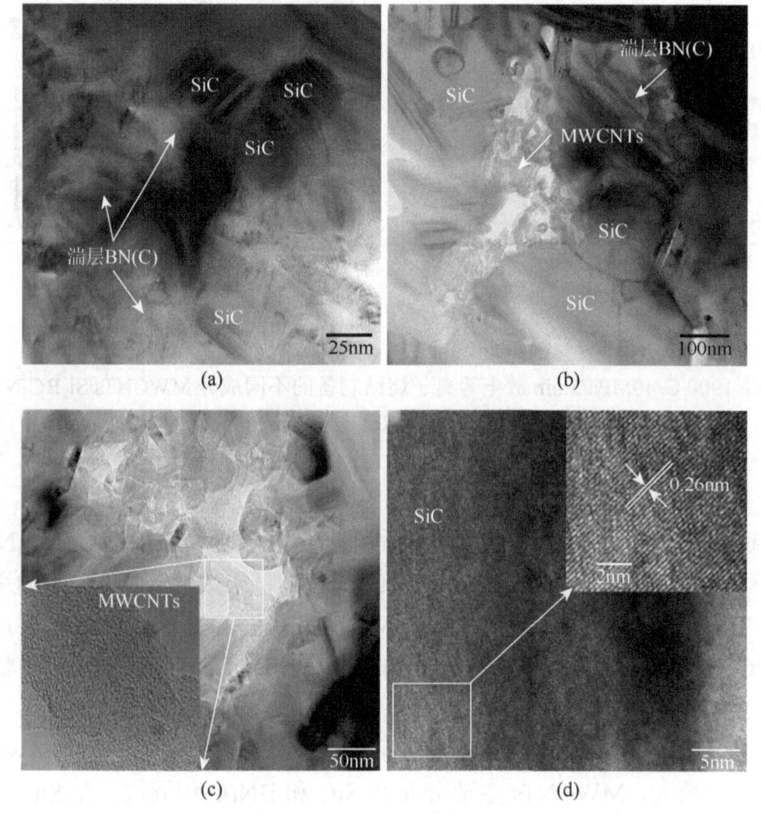

图 5-166 不同成分 MWCNTs/Si_2BC_3N 纳米晶块体陶瓷的 TEM 分析[33, 34]

（a）（b）引入 1%（体积分数）的未改性 MWCNTs；（c）（d）引入 1%（体积分数）的改性 MWCNTs

TG 结果表明，引入未改性 MWCNTs 并不能直接地提高 Si_2BC_3N 纳米晶块体陶瓷的高温抗氧化性能。随着 MWCNTs 含量的增加，块体陶瓷的氧化失重量也增加，

加热温度 T>900℃后，块体陶瓷的质量变化趋于稳定；MWCNTs 的氧化峰值温度仅约 560℃，因此陶瓷表面 MWCNTs 会逐渐氧化导致材料失重；当表面 MWCNTs 氧化后，后续生成的 SiO_2 氧化层覆盖在材料表面，氧化失重不再明显（图 5-167）。

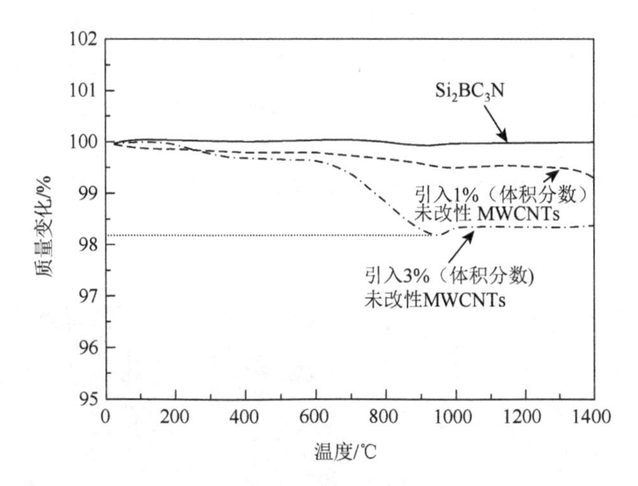

图 5-167　不同成分 MWCNTs/Si_2BC_3N 纳米晶块体陶瓷在流动干燥空气中以 15℃/min 速率加热到 1400℃时的 TG 曲线[33, 34]

不同成分 MWCNTs/Si_2BC_3N 纳米晶块体陶瓷，在 1000℃静态干燥空气氧化 3h 后，氧化表面检测到较弱的方石英晶体衍射峰；随着氧化温度升高，方石英相晶体衍射峰强度增加，相应的 α/β-SiC 晶相衍射峰强度逐渐减弱（图 5-168）。

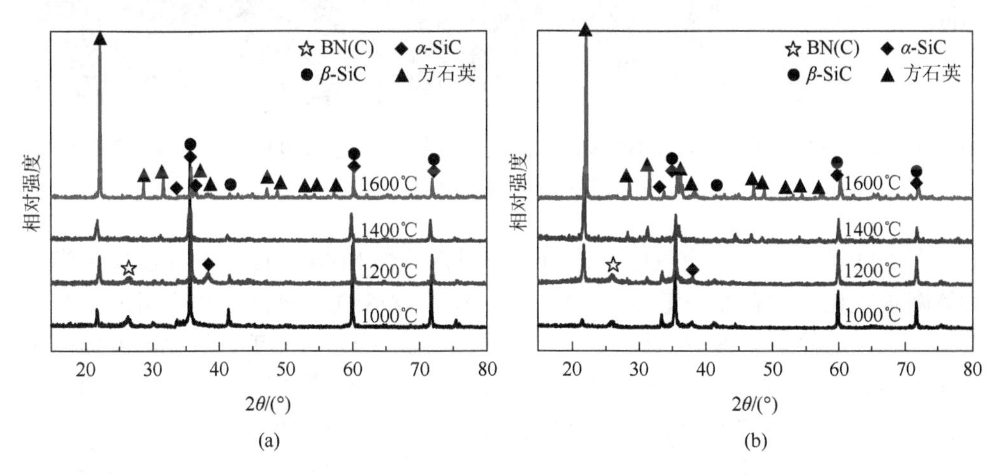

图 5-168　不同成分 MWCNTs/Si_2BC_3N 纳米晶块体陶瓷在 1000～1600℃静态干燥空气氧化 3h 后氧化层表面 XRD 图谱[33, 34]

（a）引入 1%（体积分数）未改性 MWCNTs；（b）引入 3%（体积分数）未改性 MWCNTs

在 1200℃静态干燥空气氧化 3h 后，不同 MWCNTs 引入量的 Si_2BC_3N 纳米晶陶瓷表面覆盖一层连续致密的非晶 SiO_2，其中少量岛状方石英均匀分布在氧化层内；引入 1%体积分数的未改性 MWCNTs 后，Si_2BC_3N 纳米晶块体陶瓷在 1400℃氧化 3h 后，氧化表面相对致密光滑，但氧化表面仍存在部分方石英凸起；引入 3%体积分数的未改性 MWCNTs 后，Si_2BC_3N 纳米晶块体陶瓷氧化表面方石英含量增加，粒径增大，氧化表面凹凸不平；在 1600℃氧化后，纳米晶块体陶瓷表面裂纹萌生，部分鼓泡破裂形成大孔洞、方石英尺寸有所增加；未改性 MWCNTs 引入量的增加，不利于 Si_2BC_3N 纳米晶陶瓷的高温抗氧化性能（图 5-169）。

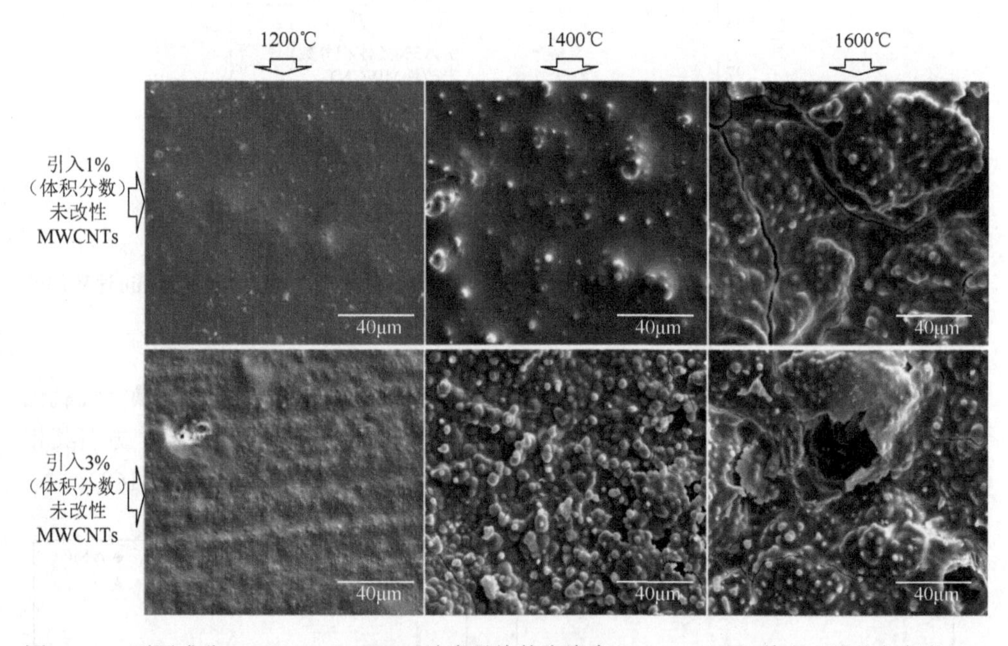

图 5-169　不同成分 $MWCNTs/Si_2BC_3N$ 纳米晶块体陶瓷在 1200～1600℃静态干燥空气氧化 3h 后氧化层 SEM 表面形貌[33, 34]

在 1200℃静态干燥空气中氧化 3h 后，引入改性 MWCNTs 的 Si_2BC_3N 纳米晶块体陶瓷氧化表面存在少量 m-ZrO_2、t-ZrO_2 和 $ZrSiO_4$（球磨过程中引入了少量 ZrO_2，氧化过程中与 SiO_2 反应导致），主要氧化产物为方石英；氧化温度提高至 1400～1600℃，不同成分 $MWCNTs/Si_2BC_3N$ 纳米晶块体陶瓷，其氧化表面的方石英含量增加，α/β-SiC 相晶体衍射峰强度明显降低（图 5-170）。

氧化层 SEM 表面形貌显示：引入不同体积分数改性的 MWCNTs 增强 Si_2BC_3N 纳米晶块体陶瓷，在 1200℃静态干燥空气氧化 3h 后，其氧化表面均可观察到较致密的氧化层；当氧化温度提高至 1400℃时，纳米晶块体陶瓷氧化表面观察到大

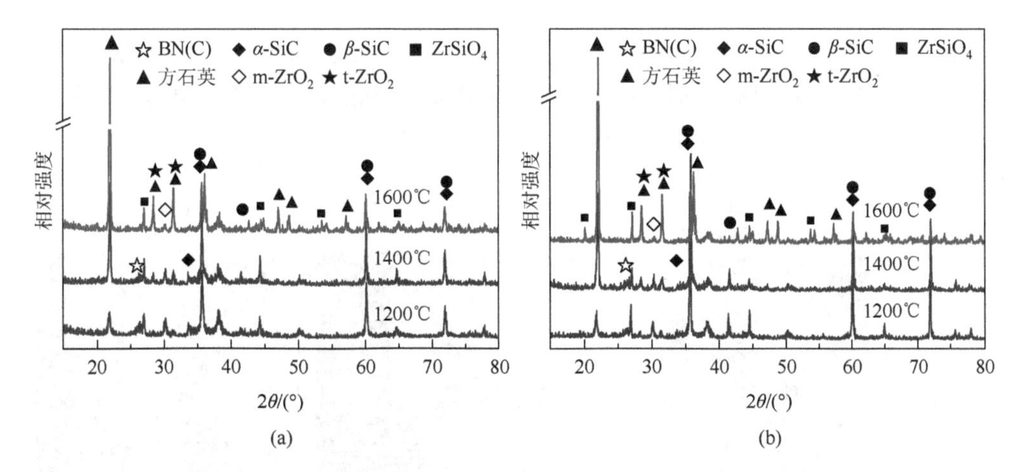

图 5-170　不同成分 MWCNTs/Si_2BC_3N 纳米晶块体陶瓷在 1200～1600℃静态干燥空气氧化 3h 后氧化层表面 XRD 图谱[33, 34]

(a) 引入 1%（体积分数）改性 MWCNTs；(b) 引入 2%（体积分数）改性 MWCNTs

量方石英颗粒，氧化层较为粗糙多孔；经 1600℃氧化 3h 后，纳米晶块体陶瓷氧化表面由于大量方石英聚集导致微裂纹扩展，形成了岛状凸起结构（图 5-171）。

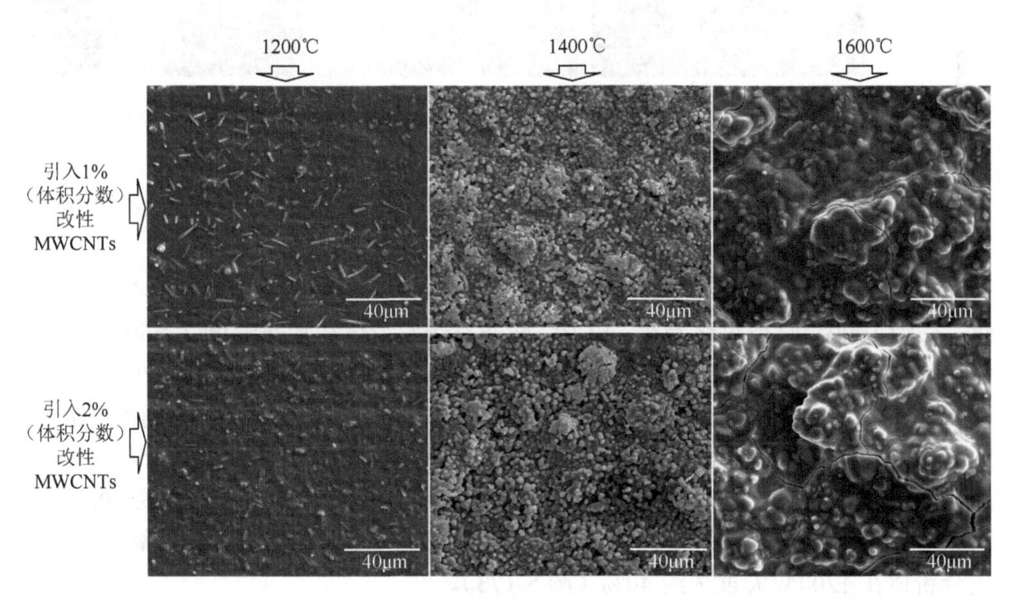

图 5-171　不同成分 MWCNTs/Si_2BC_3N 纳米晶块体陶瓷在 1200～1600℃静态干燥空气氧化 3h 后氧化层 SEM 表面形貌[33, 34]

在 1400℃静态空气氧化 3h 后，SEM 截面形貌显示氧化层与陶瓷基体界面处存在较大孔洞，氧化层平均厚度小于 10μm；在 1600℃氧化 3h 时，MWCNTs/Si_2BC_3N 纳米晶块体陶瓷的氧化层平均厚度增至约 50μm，此时氧化层与基体界面处聚集大量孔洞，界面结合强度较差（图 5-172）。

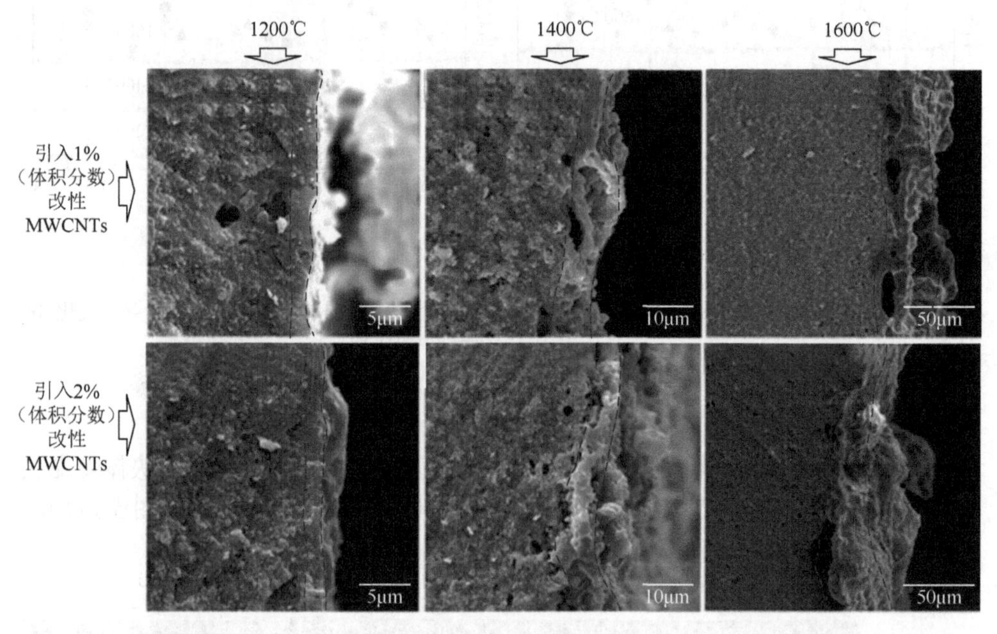

图 5-172　不同成分 MWCNTs/Si_2BC_3N 纳米晶块体陶瓷在 1200～1600℃静态干燥空气氧化 3h 后氧化层 SEM 表面形貌[33, 34]

12. 引入石墨烯

基于氧化还原法制备的石墨烯在流动干燥空气中加热将发生持续性氧化失重，在约 1000℃时被氧化殆尽。Si_2BC_3N 非晶陶瓷粉体在加热温度 $T>600$℃开始氧化增重，在约 850℃出现氧化放热峰，在 1200℃时粉体氧化增重约 10.5%。引入 1%（体积分数）的石墨烯后，复合粉体在约 500℃和约 850℃处分别出现氧化放热峰，在加热温度 $T>600$℃复合粉体开始氧化增重，在 1200℃时复合粉体失重约 4.0%。引入 5%（体积分数）的石墨烯后，该复合粉体在约 350℃、约 500℃和约 850℃出现三个氧化放热峰，同样在加热温度 $T>600$℃复合粉体开始氧化增重，复合粉体在 1200℃失重达约 40%（图 5-173）。

在 Si_2BC_3N 非晶陶瓷粉体中引入不同含量石墨烯，经 1800℃/40MPa/3min 放电等离子烧结制备出相应的纳米晶块体陶瓷。在 1100～1600℃流动干燥空气氧化 5h 后，引入 1%（体积分数）石墨烯的纳米晶块体陶瓷，氧化表面方石英晶体衍射峰不明显，XRD 图谱检测到非晶 SiO_2 漫散衍射峰（图 5-174）；石墨烯体积分数增加至 2%～5%，纳米晶块体陶瓷氧化表面方石英的晶体衍射峰强度随氧化温度升高逐渐增强，α/β-SiC 和 BN(C)相衍射峰逐渐减弱。

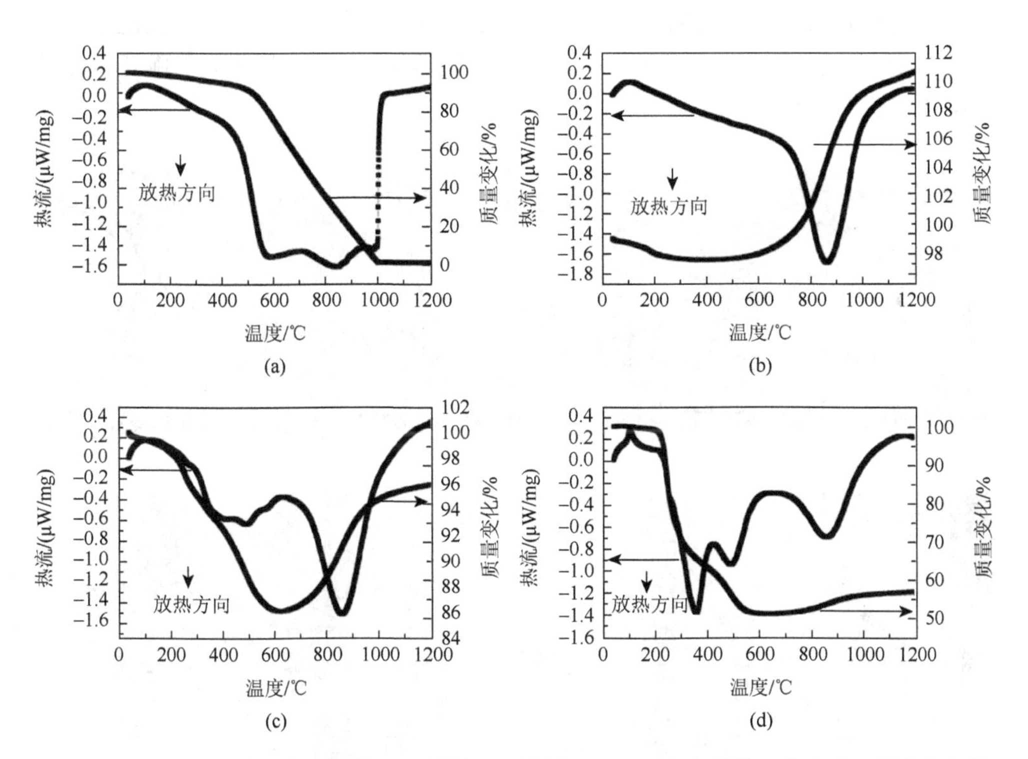

图 5-173　Si_2BC_3N 非晶陶瓷粉体、石墨烯、石墨烯/Si_2BC_3N 复合粉体，在流动干燥空气条件下以 10℃/min 速率加热到 1200℃时的 TG-DTA 曲线[35, 36]

（a）石墨烯；（b）纯 Si_2BC_3N 非晶粉体；（c）引入 1%（体积分数）的石墨烯；（d）引入 5%（体积分数）的石墨烯

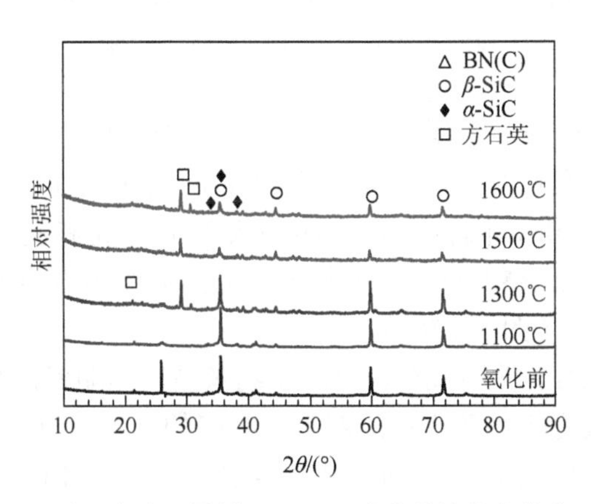

图 5-174　不同成分石墨烯/Si_2BC_3N 纳米晶块体陶瓷在不同氧化条件下氧化层表面 XRD 图谱[35, 36]

在 1500℃流动干燥空气氧化 1h 后，引入 1%（体积分数）石墨烯的 Si_2BC_3N 纳米晶块体陶瓷，其氧化表面均匀分布细密的气孔，氧化表面被熔融 SiO_2 覆盖；随着氧化时间的延长，氧化层逐渐平整光滑致密，氧化表面无孔洞和鼓泡聚集；氧化层 SEM 截面形貌显示，氧化层随氧化时间延长而增厚，氧化膜与陶瓷基体结合良好（图 5-175）。

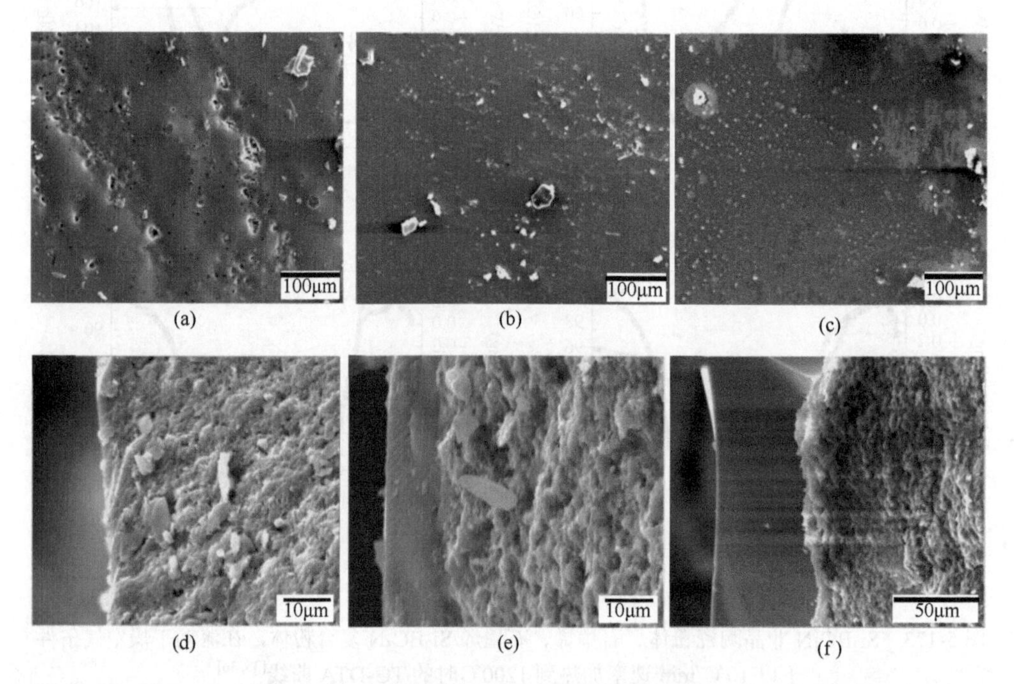

图 5-175 引入 1%（体积分数）石墨烯的 Si_2BC_3N 纳米晶块体陶瓷，在 1500℃流动干燥空气氧化不同时间后氧化层 SEM 表面及截面形貌[35, 36]

（a）（d）1h；（b）（e）5h；（c）（f）10h

引入 2%（体积分数）石墨烯的 Si_2BC_3N 纳米晶块体陶瓷，在 1500℃氧化 1h 后，陶瓷氧化表面致密光滑连续，氧化 5h 后氧化表面变得粗糙多孔；氧化时间进一步延长至 10h，陶瓷氧化表面绝大部分气孔和孔洞被熔融氧化物填充；氧化层 SEM 截面形貌显示，氧化层与陶瓷基体结合良好，氧化膜随氧化时间的延长逐渐增厚（图 5-176）。

引入石墨烯体积分数为 5%的 Si_2BC_3N 纳米晶块体陶瓷，在静态空气氧化 1h 后，陶瓷氧化表面较为平整致密；随着氧化时间的延长，氧化表面逐渐形成海绵状多孔结构，氧化层厚度由约 10.0μm 增厚至约 50.0μm，EDS 能谱表明氧化表面富含 Si、O 和 C 元素（图 5-177）。

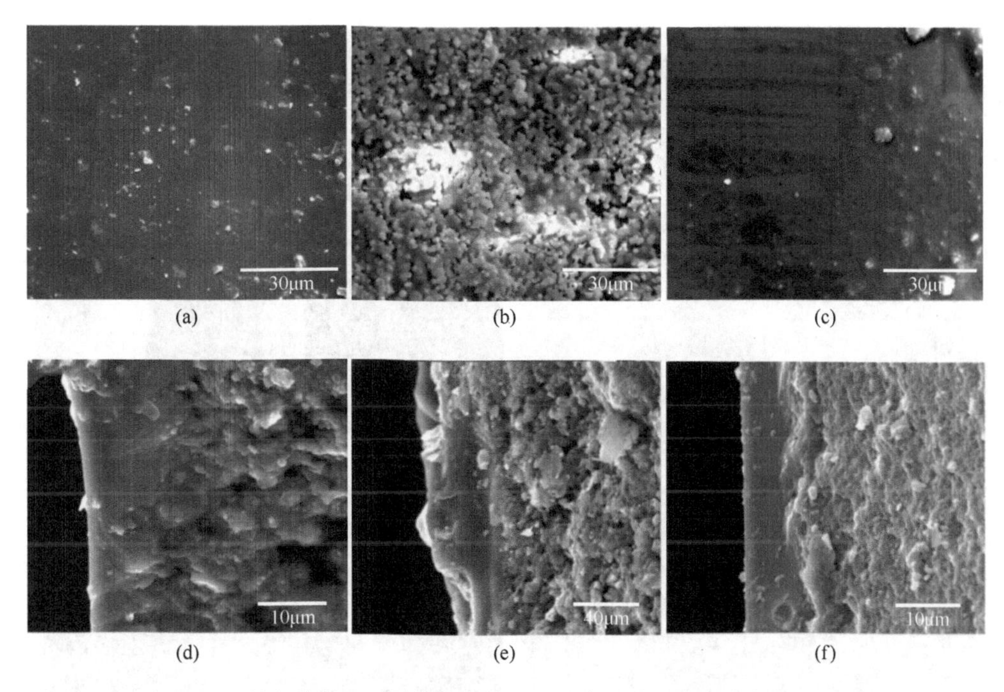

图 5-176　引入 2%（体积分数）石墨烯的 Si_2BC_3N 纳米晶块体陶瓷，在 1500℃流动干燥空气氧化不同时间后氧化层 SEM 表面及截面形貌[35, 36]

（a）（d）1h；（b）（e）5h；（c）（f）10h

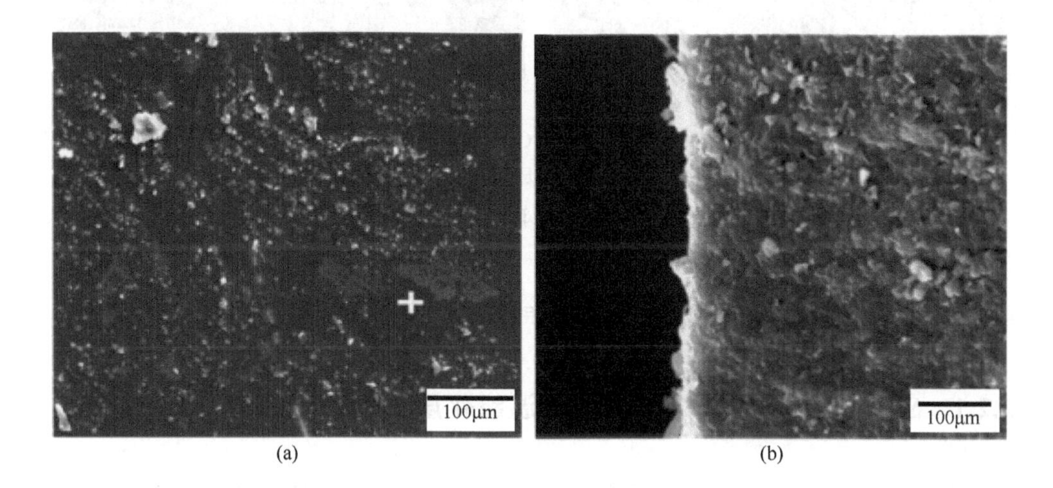

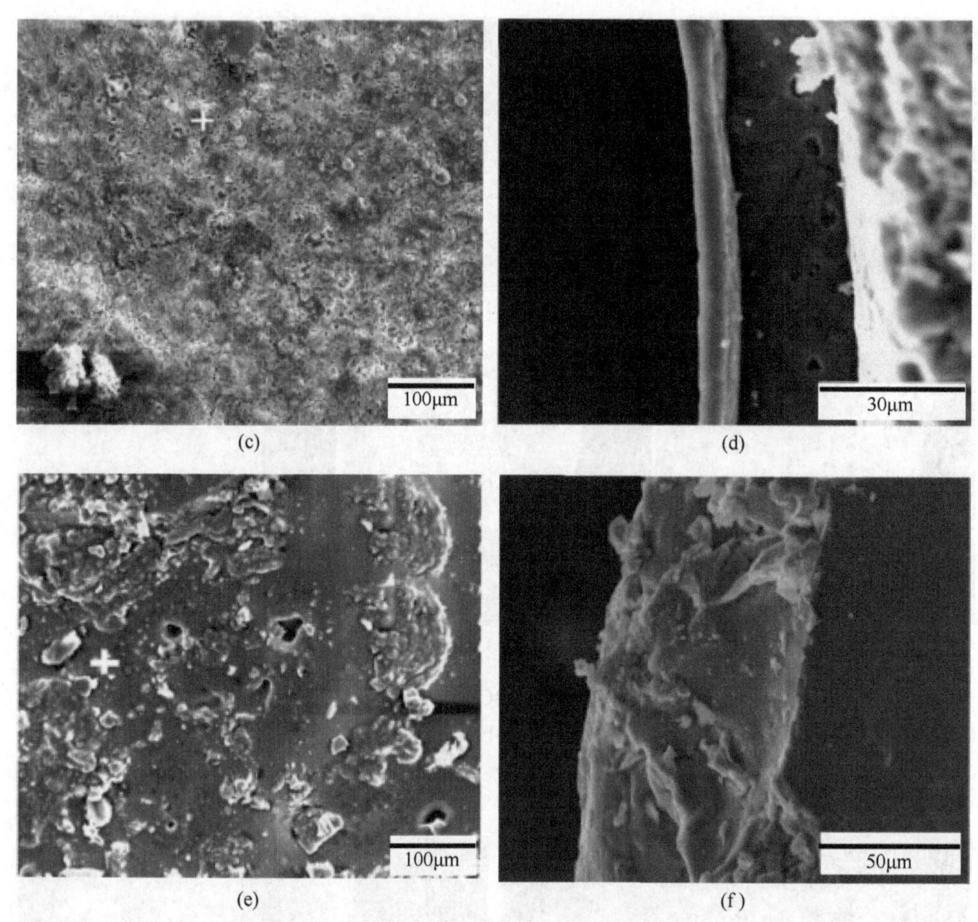

图 5-177　引入 5%（体积分数）石墨烯的 Si_2BC_3N 纳米晶块体陶瓷，在 1500℃流动干燥空气氧化不同时间后氧化层 SEM 表面及截面形貌[35, 36]

（a）（b）1h；（c）（d）5h；（e）（f）10h

5.2　高温氧化层结构

5.2.1　SiBCN 系非晶块体陶瓷的高温氧化层结构

经 1000℃/5GPa/30min 高压烧结制备的 Si_2BC_2N 非晶块体陶瓷，在 1500℃流动干燥空气氧化 6h 后，聚焦离子束（focused ion beam，FIB）切片形貌显示双层氧化层结构。TEM 明场像及相应的 SAED 结果显示，氧化层 A 为均匀致密的非晶结构，氧化层 B 存在明显的成分衬度差异，陶瓷基体 C 则部分析出了晶体；STEM 衬度形貌及相应的高分辨照片显示，氧化层 B 中区域 1 为非晶区，区域 2 为纳米相聚集区，区域 3 为氧化层 B 与陶瓷基体 C 的结合界面，界面处存在纳米析出相（图 5-178）。

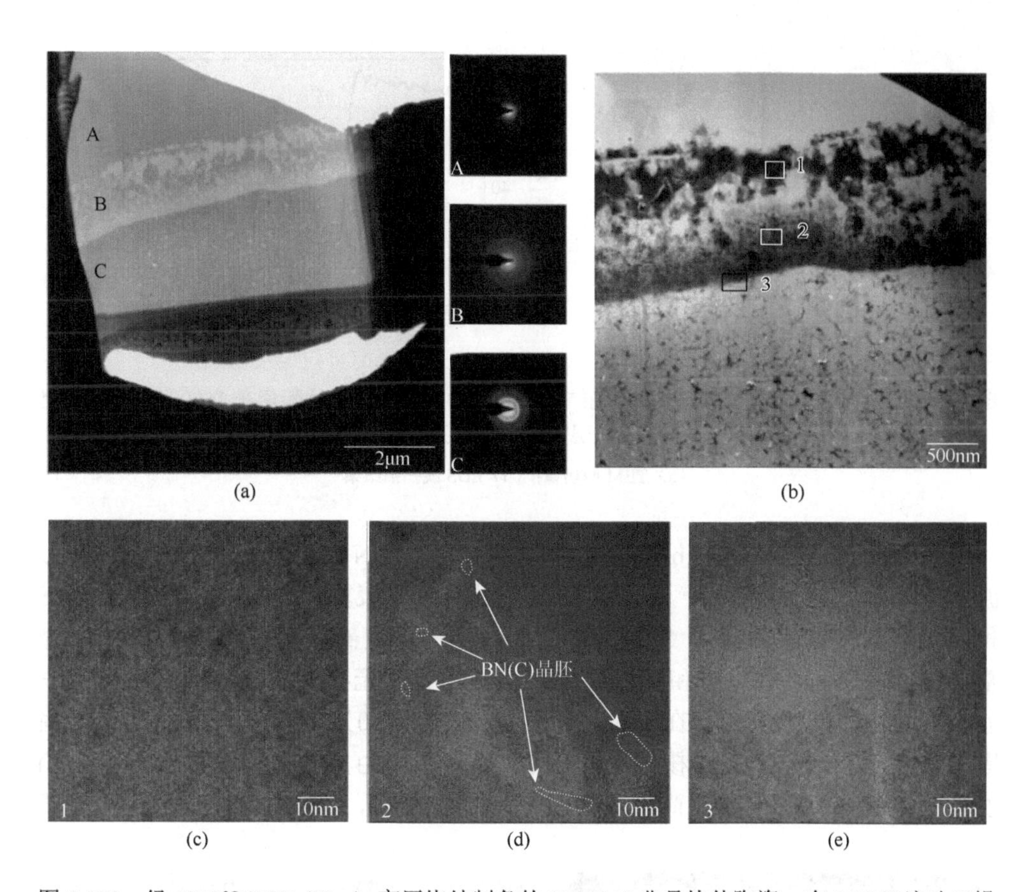

图 5-178　经 1000℃/5GPa/30min 高压烧结制备的 Si_2BC_2N 非晶块体陶瓷，在 1500℃流动干燥空气氧化 6h 后氧化层截面透射电镜分析[1]

（a）FIB 切片形貌及相应区域 A、B、C 的 SAED 花样；（b）STEM 衬度形貌；（c）～（e）图（b）中区域 1～3 相应的 HRTEM 精细结构

元素线扫描结果进一步证实：氧化层 B 的区域Ⅰ中含有大量 Si 和 O，区域Ⅱ为含 B 的富 C 区，区域Ⅲ为 Si、O、C 元素富集区，区域Ⅳ和Ⅴ成分较为相近，不过区域Ⅳ中 C 浓度较高而 Si 浓度较低。结合 XRD 和 SEM 结果发现，Si_2BC_2N 非晶块体陶瓷在 1500℃流动干燥空气中氧化 6h 后，氧化层实为三层结构：最外层为方石英 + 非晶 SiO_2、第二层（中间层或过渡层）为完全非晶 SiO_2；第三层（最内层）成分较为复杂，同时含有 Si、B、C、N、O 五种元素，其中 Si 含量较少（图 5-179）。

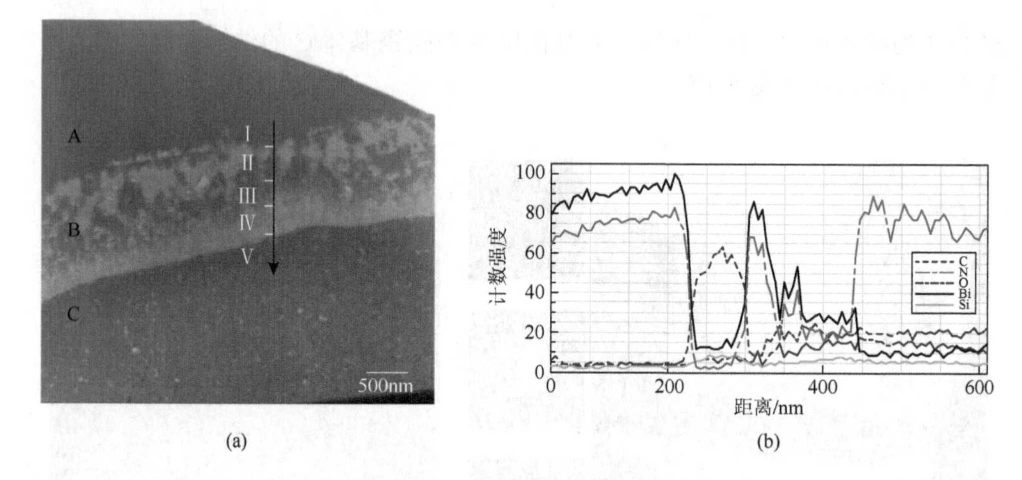

(a)　(b)

图 5-179　经 1000℃/5GPa/30min 高压烧结制备的 Si_2BC_2N 非晶块体陶瓷在 1500℃流动干燥空气氧化 6h 后氧化层（中间层）元素线扫描结果[1]

（a）TEM 明场像；（b）EDS 线扫描结果

经 1100℃/5GPa/30min 高压烧结制备的 Si_2BC_3N 非晶块体陶瓷，在 1700℃流动干燥空气氧化 8h 后，FIB 切片截面沿着氧化表面向材料内部方向显示三种组织结构：富氮的非晶 SiO_2、疏松多孔结构以及部分析晶的 Si_2BC_3N 陶瓷基体。非晶 SiO_2 氧化层和疏松层结合良好，界面无孔洞和裂纹萌生，靠近非晶氧化层内侧局部区域存在少量原子团簇（图 5-180）。结合 XRD 结果，这些原子团簇可能是方石英晶核，因此中间疏松层主要由方石英、α/β-SiC 和 BN(C) 纳米晶组成，方石英成因尚不完全清楚。一般而言，SiN_3O 四面体中 N 原子

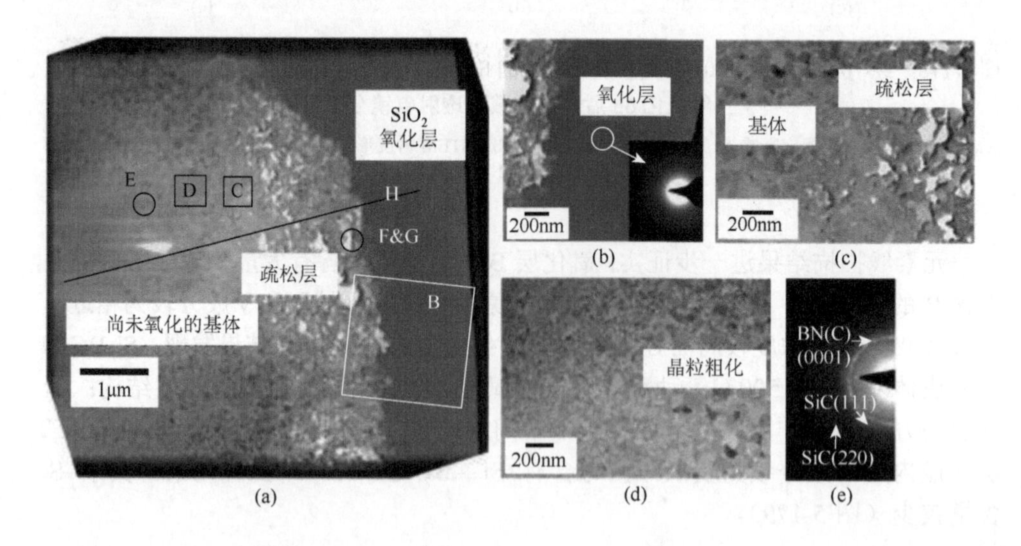

(a)　(b)　(c)　(d)　(e)

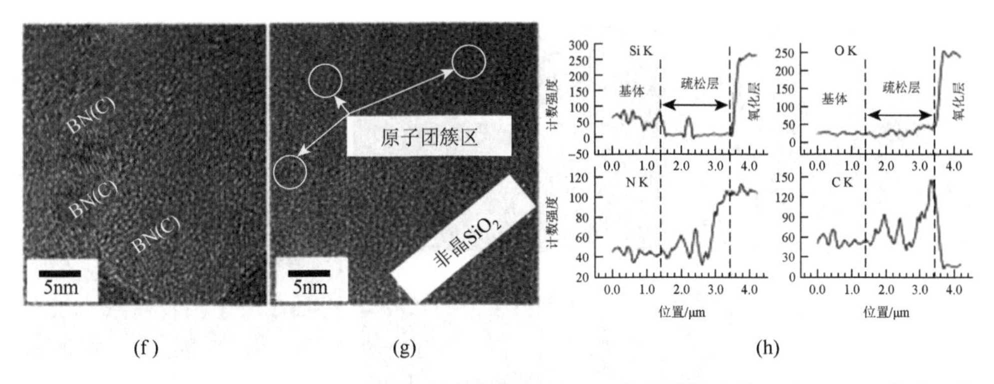

图 5-180　经 1100℃/5GPa/30min 高压烧结制备的 Si_2BC_3N 非晶块体陶瓷，在 1700℃流动干燥空气氧化 8h 后氧化层截面 TEM 分析[2]

（a）TEM 明场像；（b）区域 B 对应的高倍明场像；（c）区域 C 对应的高倍明场像；（d）区域 D 对应的高倍明场像；（e）区域 E 对应的 SAED 花样；（f）区域 F 对应的 HRTEM 精细结构；（g）区域 G 对应的 HRTEM 精细结构；（h）H 相应的线扫描结果

与三配位 Si 原子成键，而 SiO_4 四面体中 O 原子与两配位 Si 原子成键，因此 SiN_3O 四面体结构比 SiO_4 四面体更加致密，能更有效地阻碍氧向陶瓷内部扩散，因而富 N 的非晶 SiO_2 比非晶 SiO_2 更能有效地提高非晶块体陶瓷的高温抗氧化性能。

经 1600℃/5GPa/30min 高压烧结制备的 Si_2BC_3N 非晶/纳米晶块体陶瓷，在 1700℃流动干燥空气氧化 8h 后，FIB 切片截面沿氧化表面向材料内部方向同样显示三种组织结构：非晶 SiO_2、疏松多孔结构和 Si_2BC_3N 纳米晶陶瓷基体。非晶 SiO_2 氧化层与疏松中间层界面处，分布着大量 SiC 和 BN(C)纳米晶体；疏松中间层内则分布着纳米 BN(C)晶相和原子团簇。元素线扫描结果表明，与疏松中间层相比，非晶 SiO_2 氧化层中 Si、O 含量较多而 C 含量较少，两者 N 含量基本一致（图 5-181）。

经 1000℃/5GPa/30min 高压烧结制备的 $Si_2B_{1.5}C_2N$ 非晶块体陶瓷，在 1500℃流动干燥空气氧化 6h 后，结合 XRD 和 TEM 的表征结果，其高温氧化层结构可分为三层：最外层为非晶 SiO_2 + 方石英，中间层为非晶 SiO_2，最内层为纳米 SiC，BN(C)相和非晶 SiO_2；最内层 SiC 晶粒尺寸较大，在这些晶粒内部存在大量的层错、孪晶等缺陷（图 5-182）。

高角环形暗场形貌与元素面分布结果进一步表明，非晶 SiO_2 氧化层中含 B、C、N 三种元素原子，其中 B 和 N 含量较高（图 5-183）。析出的 SiC 纳米晶粒内部，Si 含量较多，同时还有少量 B、C 和 O 元素。与 Si_2BC_2N 非晶块体陶瓷相比，$Si_2B_{1.5}C_2N$ 非晶块体陶瓷的高温氧化层成分和结构发生了明显改变，主要是氧化层的最内层（第三层）化学成分和相结构发生了较大改变（图 5-184）。

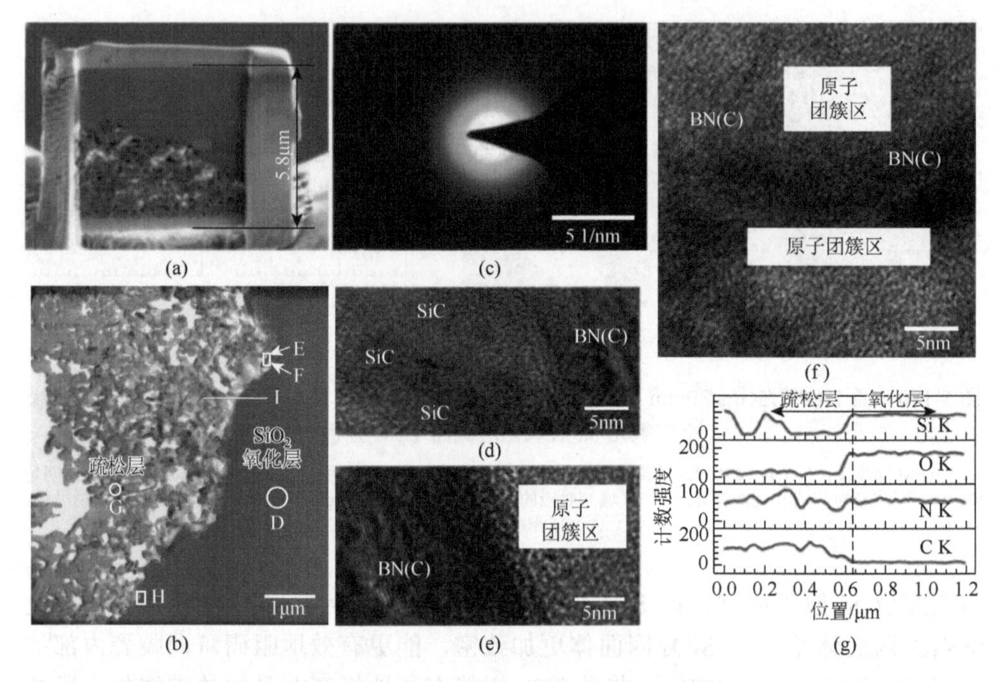

图 5-181　经 1600℃/5GPa/30min 高压烧结制备的 Si_2BC_3N 非晶/纳米晶块体陶瓷，在 1700℃流动干燥空气氧化 8h 后氧化层截面 TEM 分析[2]

（a）FIB 切片形貌；（b）TEM 明场像；（c）图（b）区域 D 对应的 SAED 花样；（d）～（f）图（b）区域 E 和 F、区域 G 和区域 H 的 HRTEM 精细结构；（g）图（b）中线 I 相应的 EDS 线扫描结果

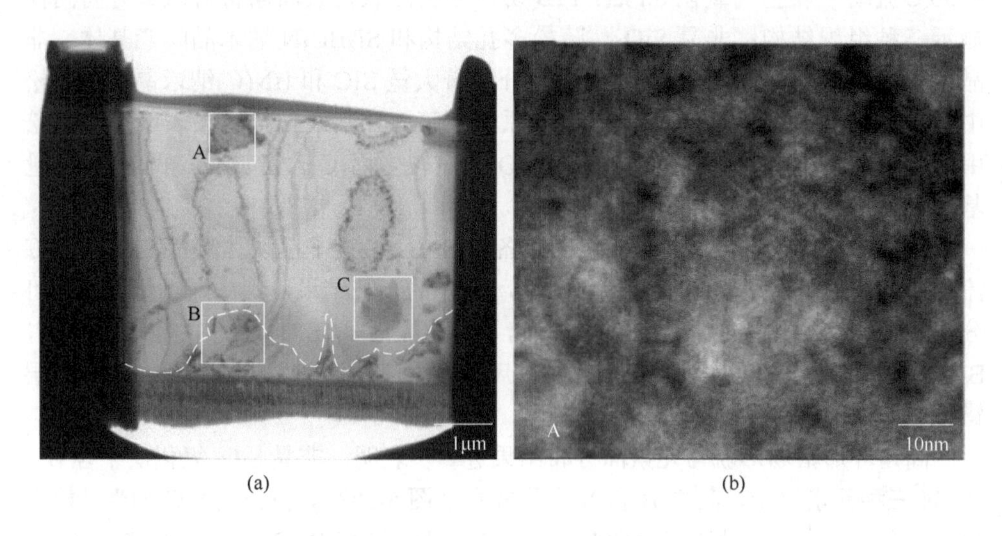

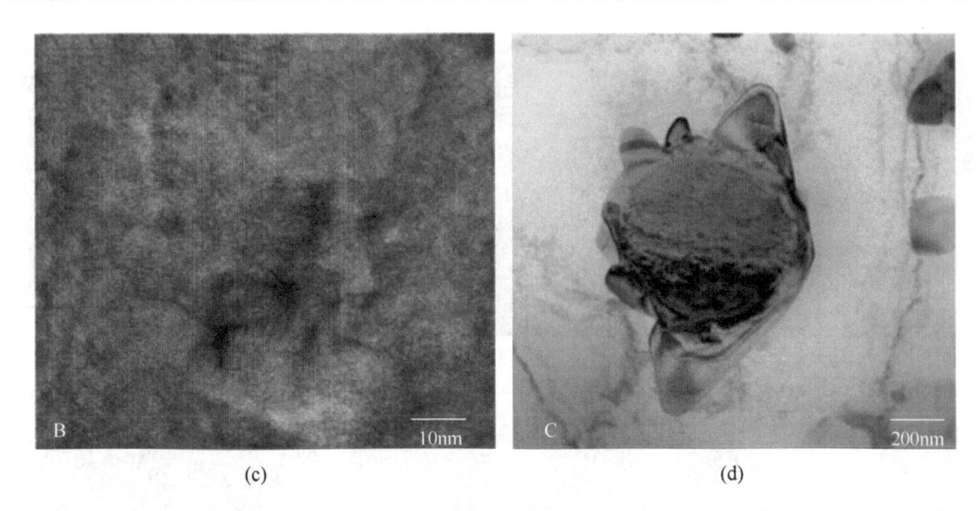

图 5-182　经 1000℃/5GPa/30min 高压烧结制备的 $Si_2B_{1.5}C_2N$ 非晶块体陶瓷，在 1500℃流动干燥空气氧化 6h 后氧化层截面 TEM 分析[1]

（a）FIB 切片形貌；（b）～（d）分别对应图（a）区域 A、区域 B 和区域 C 的形貌

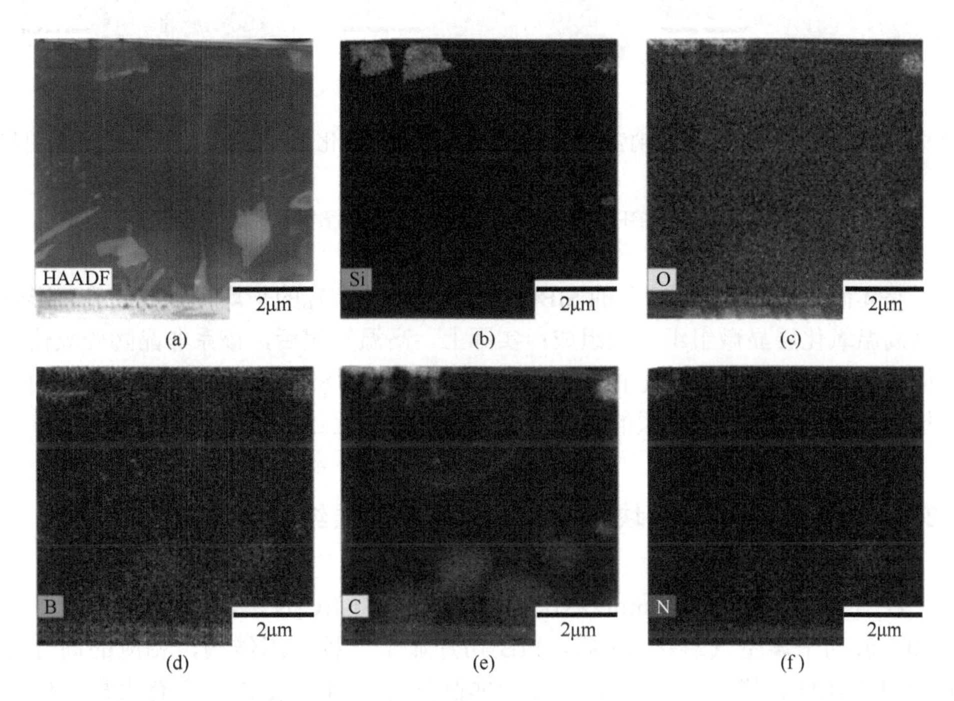

图 5-183　$Si_2B_{1.5}C_2N$ 非晶块体陶瓷在 1500℃流动干燥空气氧化 6h 后，氧化层中间层的截面元素面分布图[1]

（a）高角环形暗场像；（b）～（f）相应的元素面分布图

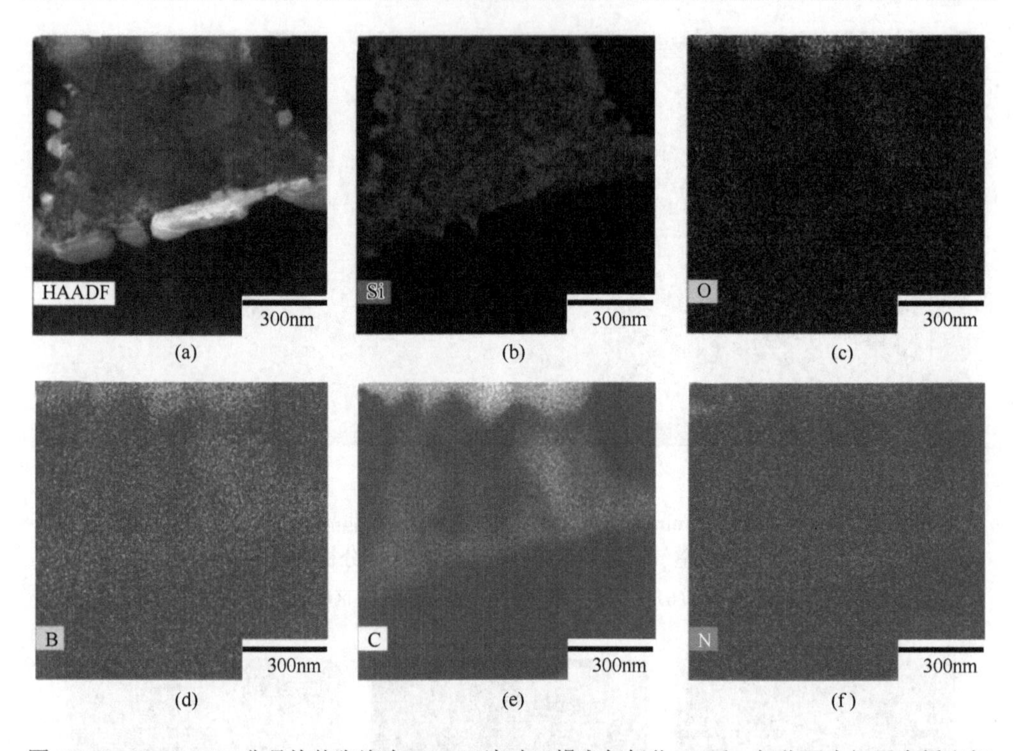

图 5-184 $Si_2B_{1.5}C_2N$ 非晶块体陶瓷在 1500℃流动干燥空气氧化 6h 后，氧化层中间层中析出相 SiC 的元素面分布图[1]

（a）高角环形暗场像；（b）～（f）相应的元素面分布图

整体而言，高压烧结制备的 SiBCN 系非晶块体陶瓷的平均化学成分显著影响了其高温氧化层显微组织与相组成；实际上，高温氧化后，该系非晶陶瓷氧化层结构相对简单，并不存在复杂的多层结构，因此四元 SiBCN 系非晶块体陶瓷的高温抗氧化性能优劣与氧化层的成分、结构复杂性并无必然联系。

5.2.2 SiBCN 系纳米晶块体陶瓷的高温氧化层结构

经 1900℃/60MPa/30min 热压烧结制备的 Si_2BC_2N 纳米晶块体陶瓷，在 1500℃流动干燥空气氧化 9h 后，FIB 切片显示三种组织结构，相应的高分辨形貌和 SAED 花样表明：氧化层 A 为非晶结构，氧化层 B 中含有大量湍层状结构（图 5-185）。氧化层元素面扫结果显示，氧化层存在明显的亮区和暗区，对应元素的富区和贫区，其中 Si 和 C 元素有相似的分布，B、N 和 C 元素三者近似重叠在一起，氧化层中除 Si 和 O 富集外，还存在部分 C 和 B 元素，没有检测到 N 元素（图 5-186）。与相同成分 Si_2BC_2N 非晶块体陶瓷相比，结合

XRD 和 SEM 结果，Si_2BC_2N 纳米晶块体陶瓷在 1500℃氧化后，氧化层最外层为方石英 + 非晶 SiO_2，中间层为含 C 和 B 元素的非晶 SiO_2，最内层为 BN(C) + 非晶 SiO_2。

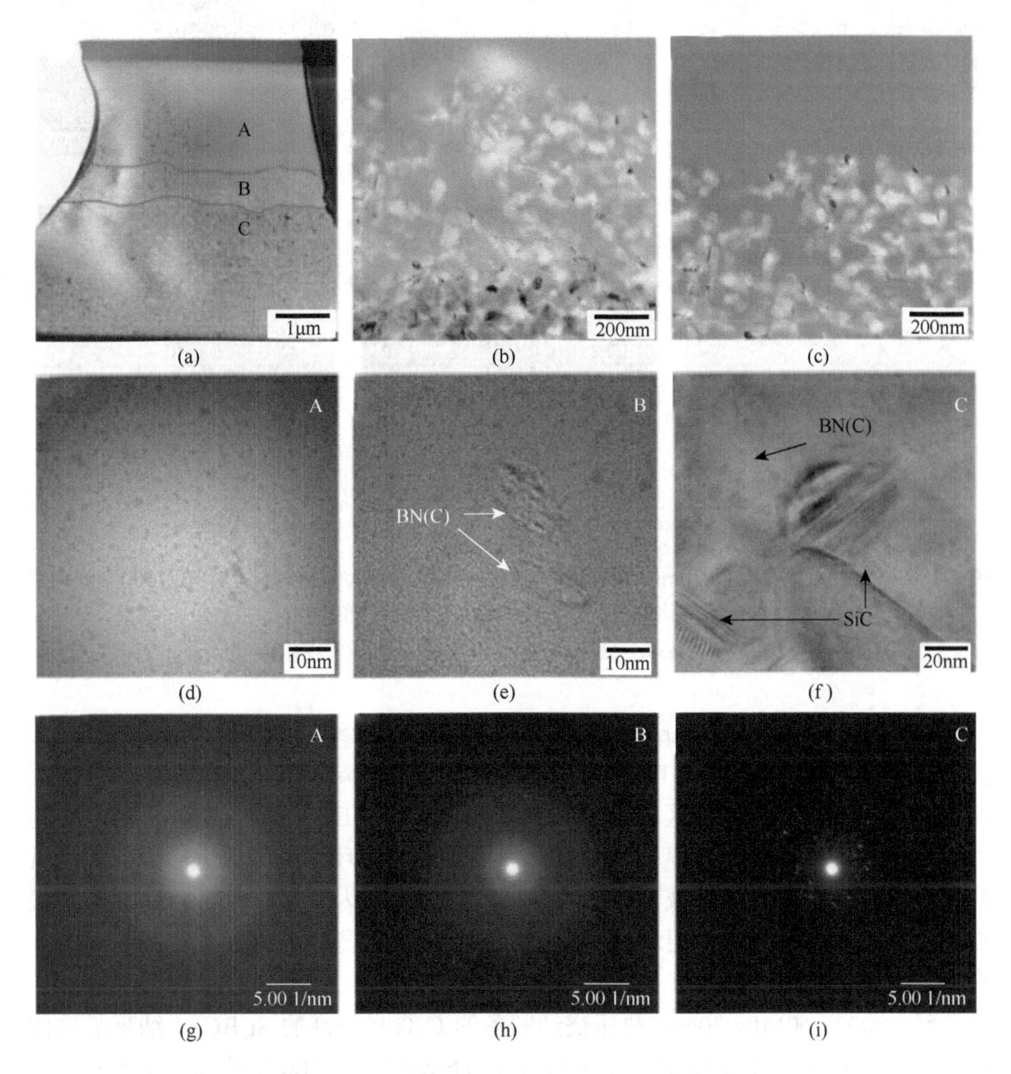

图 5-185　经 1900℃/60MPa/30min 热压烧结制备的 Si_2BC_2N 纳米晶块体陶瓷，在 1500℃流动干燥空气氧化 9h 后氧化层截面 TEM 分析[1]

(a) FIB 切片形貌；(b) 图 (a) 中区域 A 和区域 B 的界面形貌；(c) 图 (a) 中区域 A 的放大形貌；(d) ～ (f) 分别为图 (a) 区域 A、区域 B 和区域 C 相应的 HRTEM 精细结构；(g) ～ (i) 图 (a) 区域 A、区域 B 和区域 C 相应的 SAED 花样

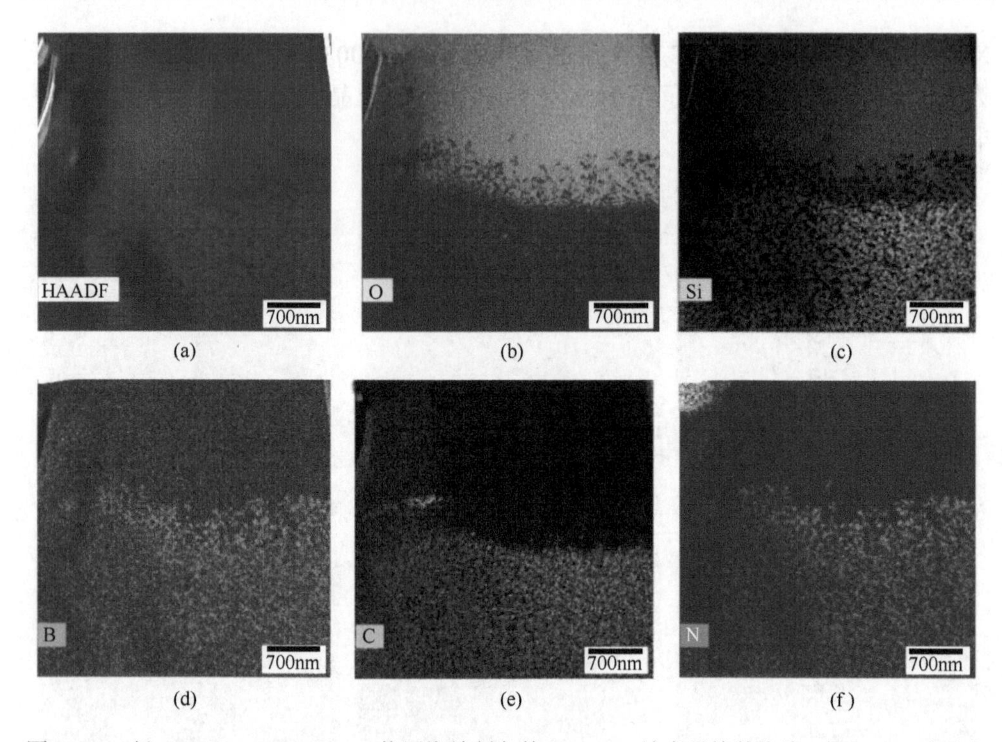

图 5-186　经 1900℃/60MPa/30min 热压烧结制备的 Si_2BC_2N 纳米晶块体陶瓷，在 1500℃流动空气氧化 9h 后氧化层截面的元素面分布图[1]

（a）高角环形暗场像；（b）～（f）相应的元素面分布图

经 1900℃/80MPa/30min 热压烧结制备的 Si_2BC_3N 纳米晶块体陶瓷，在 1300℃流动干燥空气氧化 1h 后，TEM 明场像显示氧化层与陶瓷基体结合良好，氧化层结晶程度很低，仅在部分区域析出了少量纳米晶。SAED 花样表明，析出晶相为方石英晶体（图 5-187）。氧化层与基体界面处的高角环形暗场像进一步证实，氧化层为双层结构，灰色区域为氧化层外层，黑色区域为氧化层内层；EDS 能谱线扫描结果表明，外层和内层均含 Si、C、O 元素，外层 O 元素含量最高，内层存在部分 C 富集（图 5-188）。

经 1900℃/60MPa/30min 热压烧结制备的 C 含量较高的 Si_2BC_4N 纳米晶块体陶瓷，在 1500℃流动干燥空气氧化 9h 后，TEM 氧化层为双层结构（图 5-189）。HRTEM 形貌及元素面扫结果进一步表明，氧化层 A 为非晶 SiO_2，氧化层 B 内分布大量湍层 BN(C)晶相和大量湍层碳，在这些湍层碳周围分布着大量纳米孔洞（图 5-190）。

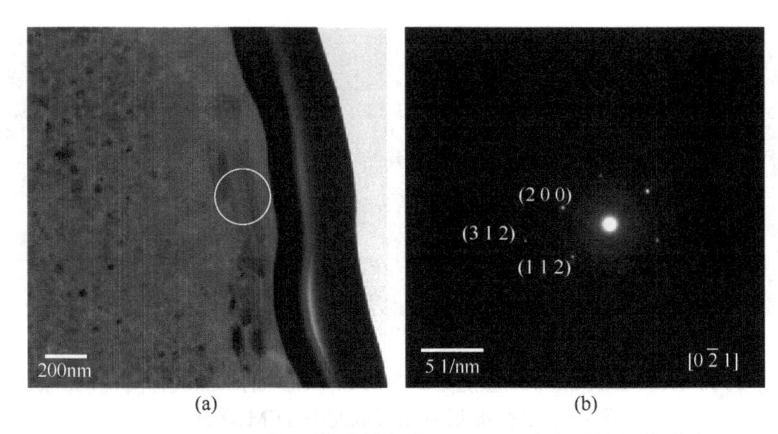

图 5-187　经 1900℃/80MPa/30min 热压烧结制备的 Si_2BC_3N 纳米晶块体陶瓷在 1300℃流动干燥空气氧化 1h 后氧化层截面 TEM 分析[1]

（a）TEM 明场像；（b）图（a）圆环区域对应的 SAED 花样

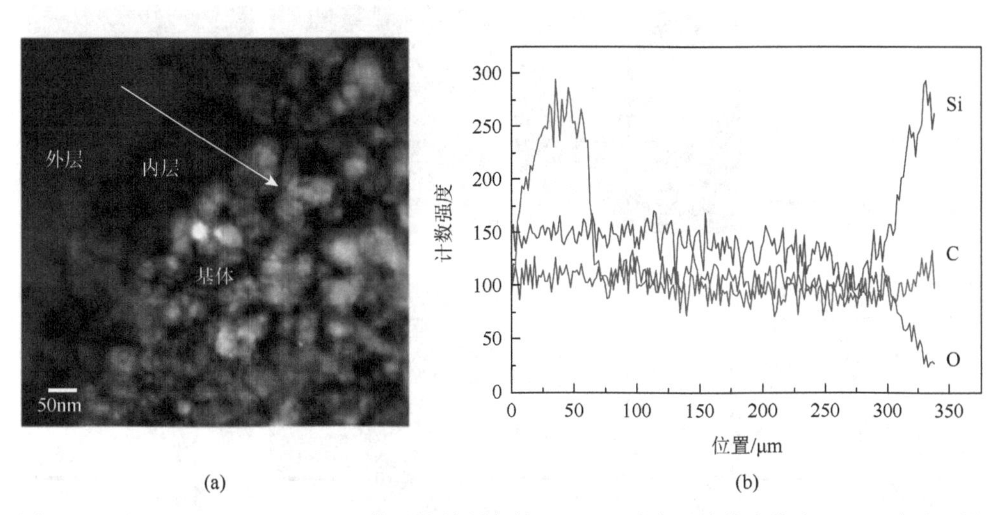

图 5-188　经 1900℃/80MPa/30min 热压烧结制备的 Si_2BC_3N 纳米晶块体陶瓷在 1500℃流动干燥空气氧化 9h 后氧化层截面的元素面分布图[1]

（a）高角环形暗场像；（b）元素线扫描图

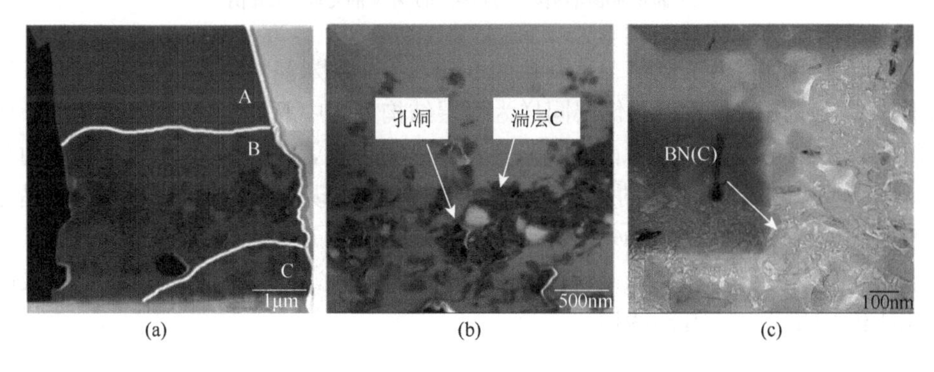

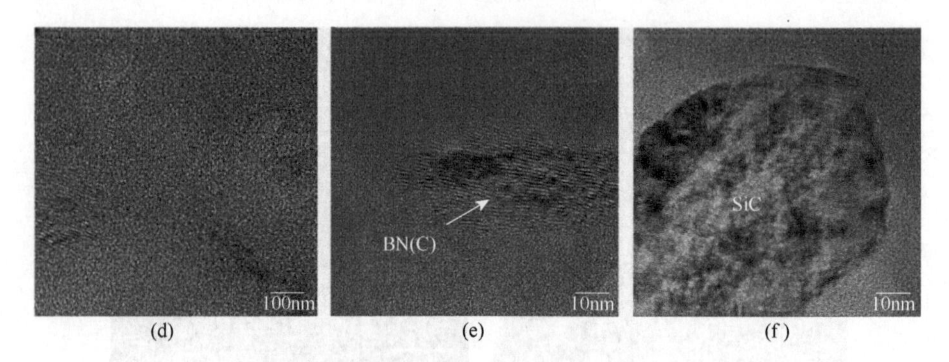

(d) (e) (f)

图 5-189 经 1900℃/60MPa/30min 热压烧结制备的 Si_2BC_4N 纳米晶块体陶瓷，在 1500℃流动干燥空气氧化 9h 后氧化层截面的 TEM 分析[1]

（a）FIB 切片形貌；（b）图（a）区域 B 的放大形貌；（c）图（a）中区域 B 和区域 C 的界面放大形貌；（d）～（f）图（a）中区域 A、区域 B 和区域 C 对应的 HRTEM 精细结构

(a) (b) (c) (d) (e) (f) (g) (h)

图 5-190 Si_2BC_4N 纳米晶块体陶瓷在 1500℃流动干燥空气氧化 9h 后，氧化层截面的元素面分布图[1]

（a）高角环形暗场像；（b）～（h）相应的元素面分布图

采用上述相同热压烧结工艺制备的 $Si_2B_{1.5}C_2N$ 纳米晶块体陶瓷，在 1500℃流动干燥空气氧化 15h 后，氧化层同样为双层结构，其中氧化层 A 为非晶结构，而氧化层 B 内则存在一些纳米晶体；元素面扫结果表明，B 和 N 元素具有相似的分布，非晶 SiO_2 中含有少量的 C 元素；进一步观察发现，氧化层 B 中的纳米晶体为 SiC 和 BN(C)相；HRTEM 结果证实，氧化层 B 内还存在纳米球形结构；氧化层中并没有发现 B_xC 相存在，说明 B_xC 已经完全氧化，B_xC 的氧化反应优先级高于 SiC 和 BN(C)相（图 5-191）。

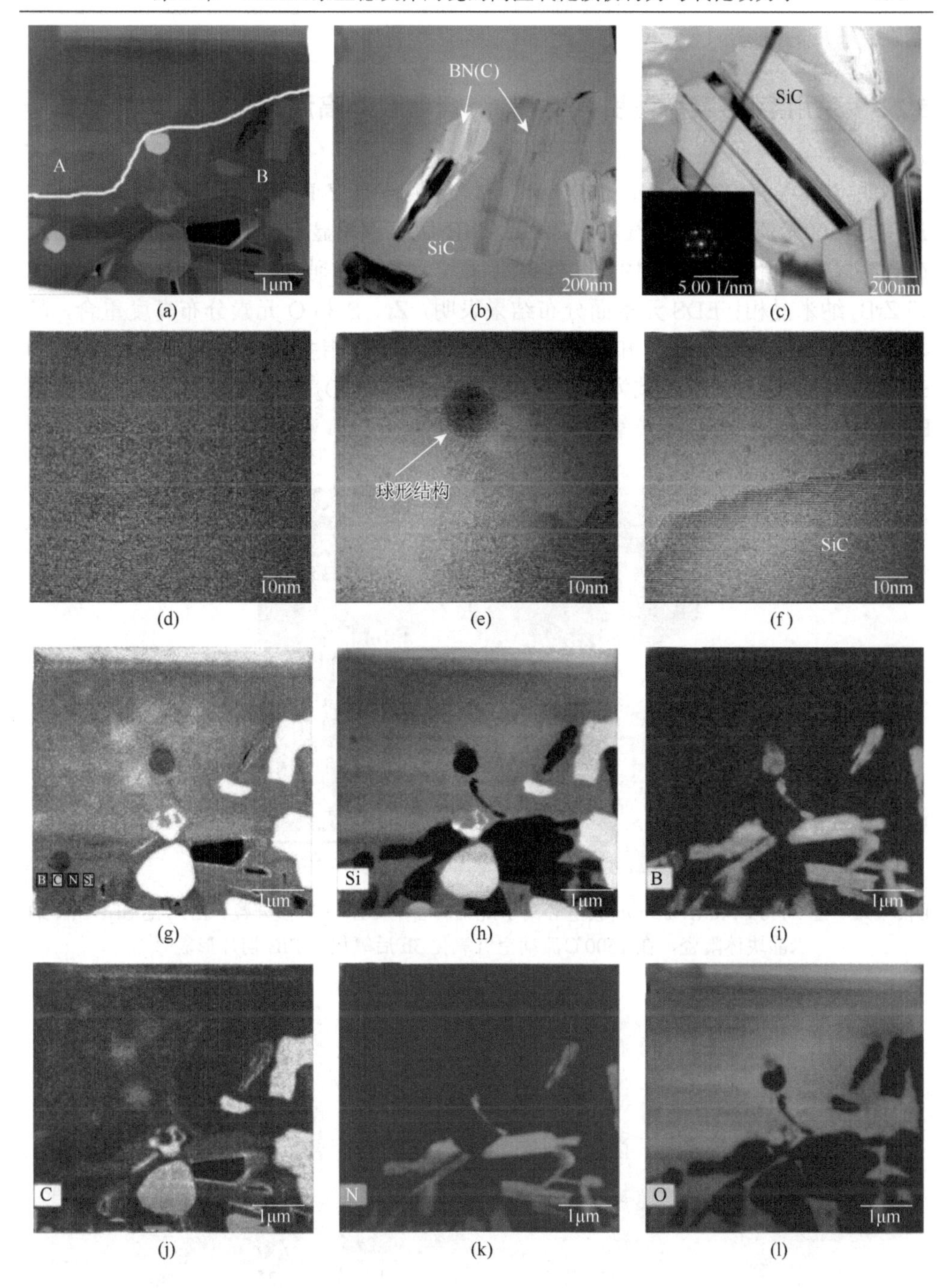

图 5-191　$Si_2B_{1.5}C_2N$ 纳米晶块体陶瓷在 1500℃流动干燥空气氧化 15h 后氧化层截面的 TEM 分析

（a）双层氧化层结构；（b）界面处明场像；（c）SiC 明场像及 SAED 花样；（d）区域 A 的 HRTEM 精细结构；（e）区域 B 的 HRTEM 精细结构；（f）界面处 HRTEM 精细结构；（g）～（l）相应的元素面分布图

5.2.3 采用溶胶-凝胶法引入 ZrB_2 陶瓷颗粒对高温氧化层结构的影响

经 2000℃/40MPa/5min 放电等离子烧结制备的 ZrB_2/Si_2BC_3N 纳米晶块体陶瓷，在 1500℃流动干燥空气氧化 3h 后，FIB 切片形貌显示该氧化条件下氧化层存在致密区和多孔区（图 5-192）。在致密区，可以检测到非晶 SiO_2、BN(C)、ZrO_2 和 ZrB_2 纳米晶相；EDS 元素面分布结果表明，Zr、B 和 O 元素分布高度重合，晶体较多的黑色区域为 ZrB_2 和 ZrO_2；边缘区条纹状物相主要含有 B 及 N 元素，为 BN(C)物相，均匀光滑区域为非晶 SiO_2；由于非晶 SiO_2 的包覆作用，ZrB_2 和湍层 BN(C)相具有较好的高温抗氧化性能（图 5-193）。

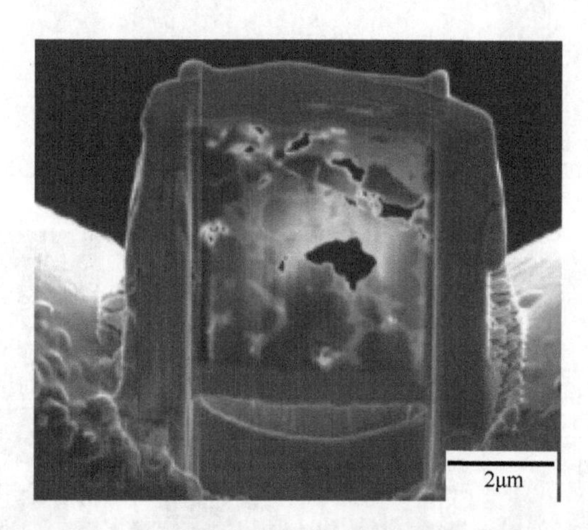

图 5-192　经 2000℃/40MPa/5min 放电等离子烧结制备的 15%（质量分数）ZrB_2 的 Si_2BC_3N 纳米晶块体陶瓷，在 1500℃流动空气氧化 3h 后氧化层 FIB 切片形貌[37]

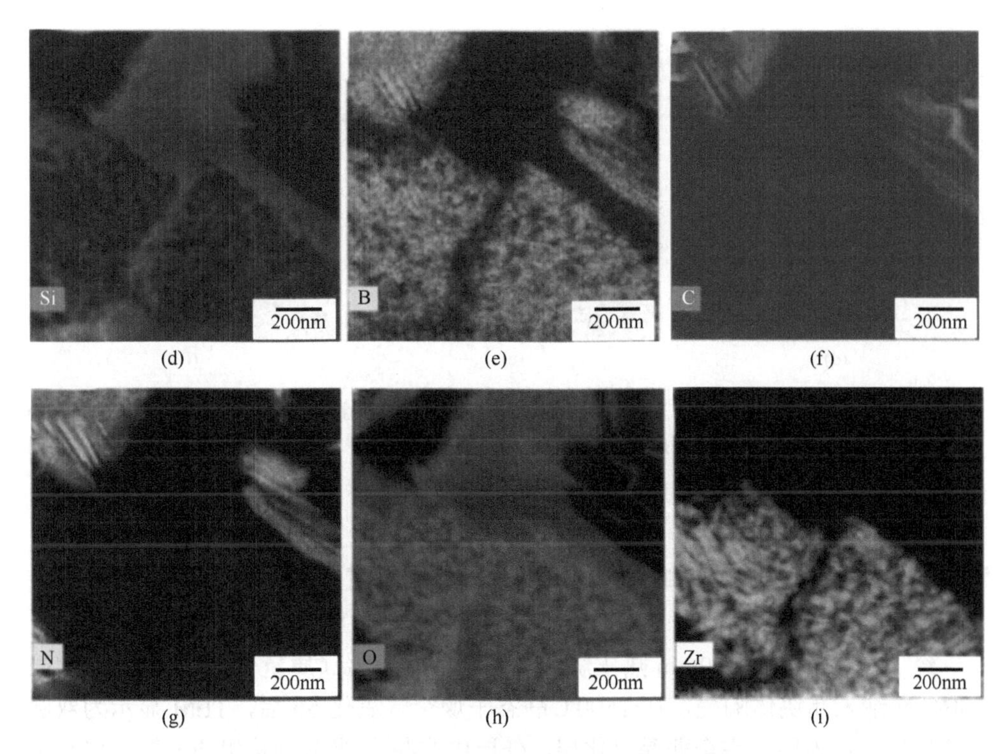

(d)　(e)　(f)
(g)　(h)　(i)

图 5-193　引入 15%（质量分数）ZrB_2 的 Si_2BC_3N 纳米晶块体陶瓷，在 1500℃流动空气氧化 3h 后氧化层致密区的 TEM 分析[37]

（a）TEM 明场像；（b）图（a）区域 1 对应的 HRTEM 精细结构；（c）图（a）区域 2 对应的 HRTEM 精细结构；（d）～（i）相应的元素面分布图

氧化层多孔区主要有 SiO_2、BN(C)和 SiC 晶相，而 ZrB_2 全部被氧化殆尽；元素面分布结果进一步证实，黑色条状相主要含有 B、C 及 N 元素，为 BN(C)相，较为光滑的灰色区域为非晶 SiO_2，非晶 SiO_2 包覆着未完全氧化的纳米 SiC 晶粒（图 5-194）。

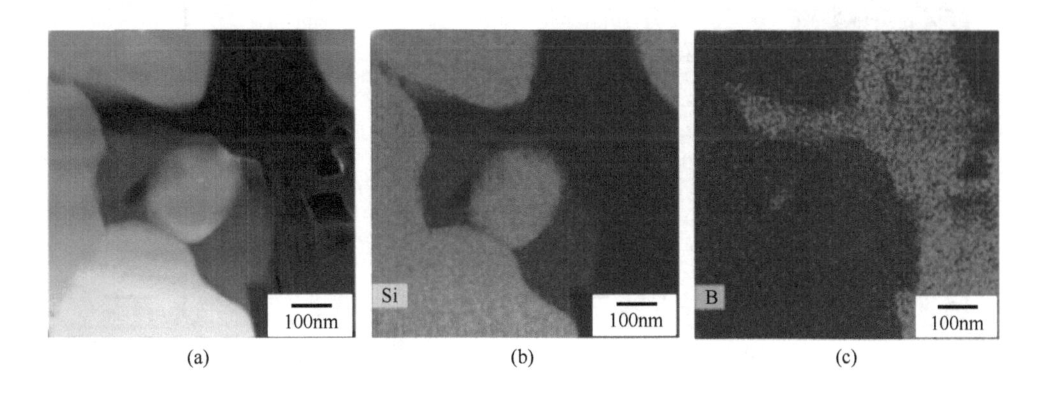

(a)　(b)　(c)

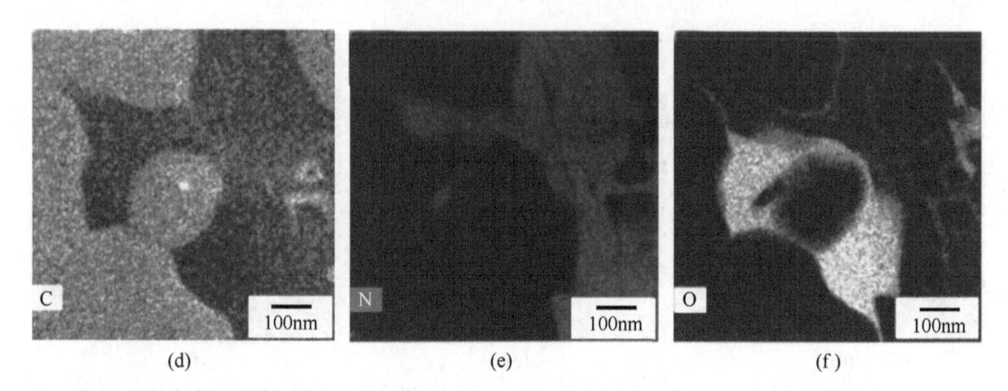

(d) (e) (f)

图 5-194 引入 15%（质量分数）ZrB_2 的 Si_2BC_3N 纳米晶块体陶瓷，在 1500℃流动空气氧化 3h 后氧化层多孔区的 TEM 分析[37]

（a）STEM 衬度形貌；（b）～（f）相应的元素面分布图

5.2.4 机械合金化引入纳米 Ta_4HfC_5 陶瓷颗粒对高温氧化层结构的影响

经 1900℃/60MPa/30min 热压烧结技术制备的 10%（质量分数）Ta_4HfC_5 增强 Si_2BC_3N 纳米晶块体陶瓷，在 1500℃静态干燥空气氧化 5h 后，TEM 显示为双层氧化层结构：内层为完全非晶氧化层，外层由非晶/纳米晶结构组成。氧化层与未氧化的陶瓷基体结合良好，界面处无孔洞和微裂纹；纳米 SiC、BN(C)、Ta_4HfC_5 和氧化产物 $Hf_6Ta_2O_{17}$ 均匀分布在非晶 SiO_2 中（图 5-195）。

在完全非晶区域（内层），EDS 元素面分布结果显示含 C 的非晶 SiO_2；在非晶/纳米晶区域，物相组成为 SiC、BN(C)、Ta_4HfC_5 和含 Ta、Hf 的非晶 SiO。其中，Ta、Hf 和 C 元素分布高度重合，白色晶体为 Ta_4HfC_5；条状物相主要含 B、C、N 元素，为 BN(C)相，均匀光滑的中心区域为非晶 SiO_2（图 5-196）。

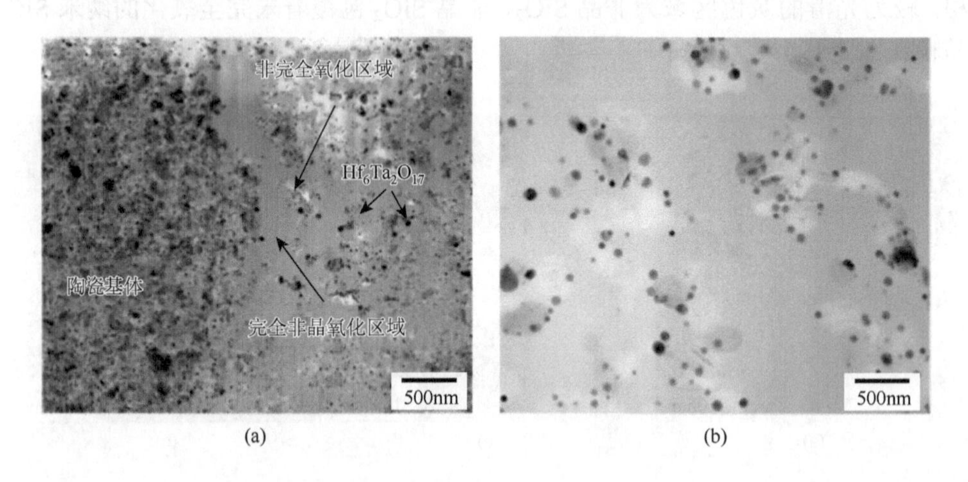

(a) (b)

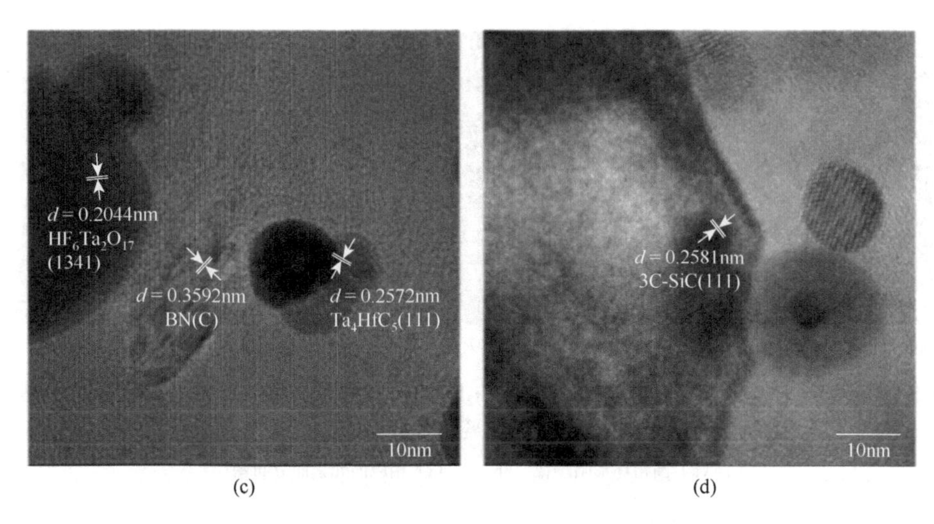

(c)　(d)

图 5-195　引入 10%（质量分数）Ta_4HfC_5 的 Si_2BC_3N 纳米晶块体陶瓷，在 1500℃静态干燥空气中氧化 5h 后氧化层 TEM 分析[32]

（a）双层氧化层结构；（b）非完全氧化层；（c）（d）非完全氧化层的 HRTEM 精细结构

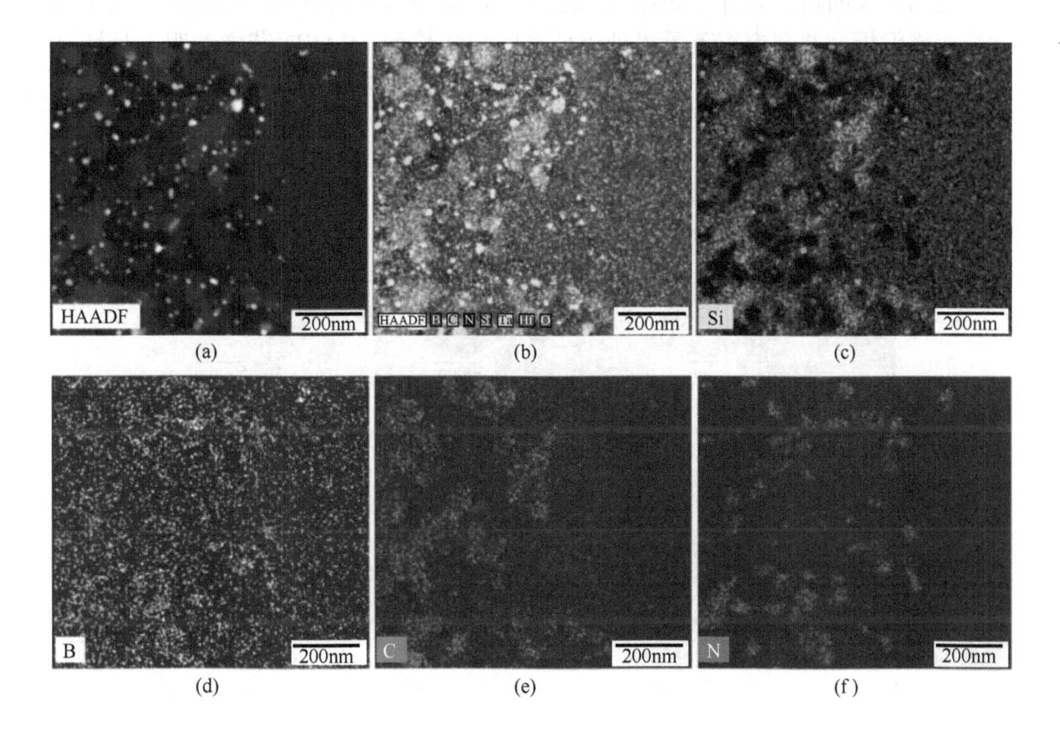

(a)　(b)　(c)

(d)　(e)　(f)

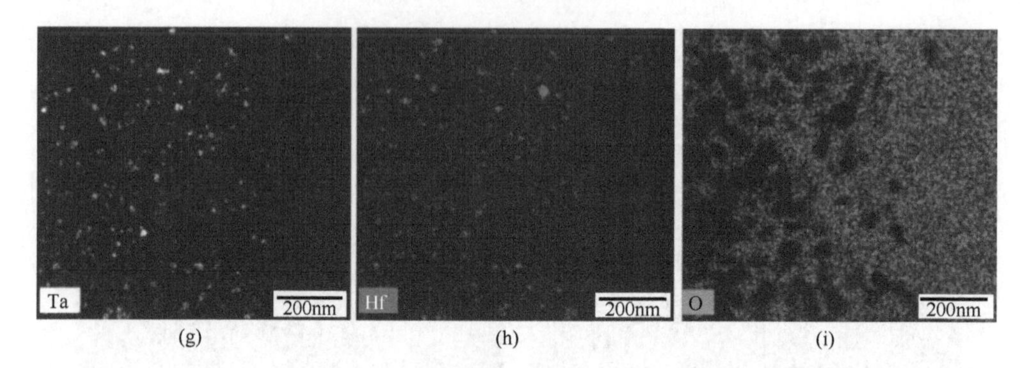

图 5-196 引入 10%（质量分数）Ta_4HfC_5 的 Si_2BC_3N 纳米晶块体陶瓷，在 1500℃静态干燥空气氧化 5h 后非晶氧化层与陶瓷基体界面的元素面分布图[32]

（a）高角环形暗场像；（b）～（i）相应的元素面分布图

将含 5%（质量分数）Ta_4HfC_5 的 Si_2BC_3N 纳米晶块体陶瓷，在 1600℃静态干燥空气氧化 3h 后，由于 Ta、Hf、Si 的较大原子序数差异，TEM 明场像和暗场像均表现出明显的衬度差异。在此氧化条件下，Ta 和 Hf 的氧化产物在氧化层中以枝晶形式偏析，并在方石英晶界处以枝晶的形式长大。SAED 花样表明，晶粒 A 是方石英晶体，晶粒 B 是 $Hf_6Ta_2O_{17}$ 晶体，而晶粒 D 主要是 Ta_2O_5 晶体（图 5-197）。

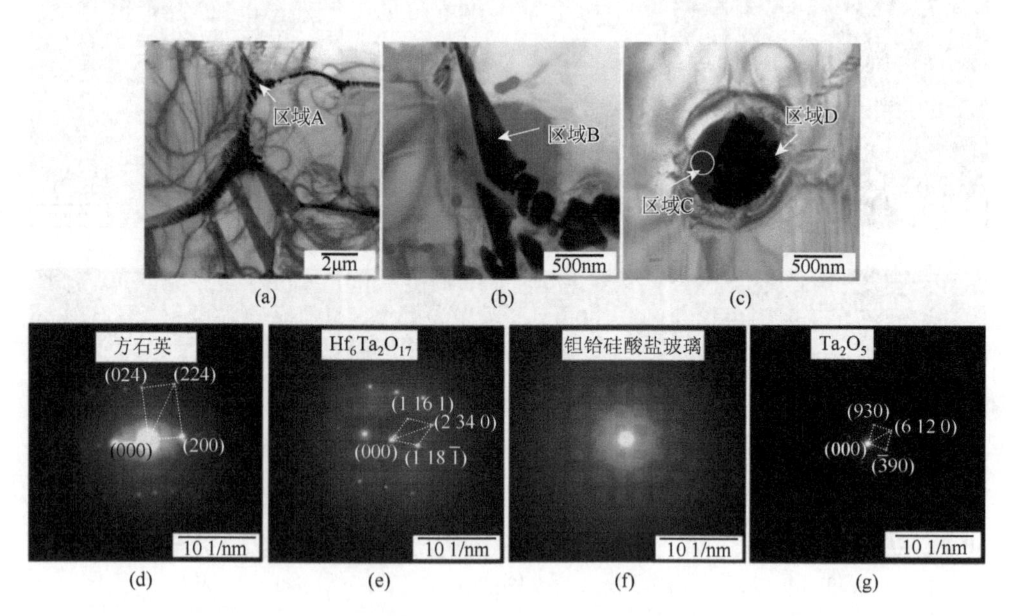

图 5-197 引入 5%（质量分数）Ta_4HfC_5 的 Si_2BC_3N 纳米晶块体陶瓷，在 1600℃静态干燥空气氧化 5h 后氧化层的显微组织结构[32]

（a）～（c）TEM 明场像；（d）～（g）区域 A～D 对应的 SAED 花样

元素面扫描结果表明，Ta 元素和 Hf 元素主要在方石英晶界处分布，氧化产物 $Hf_6Ta_2O_{17}$ 主要沿着方石英的晶界富集(图 5-198)。元素线扫描结果进一步证实，方石英所在区域（较暗区域）富集 Si 和 O，Ta 和 Hf 含量极少；而在 $Hf_6Ta_2O_{17}$ 区域（较亮区域），Ta 和 Hf 含量明显增加，而 Si 元素含量明显降低；Ta 和 Hf 的含量具有相似的变化趋势且与 Si 完全相反。在非晶钽铪硅酸盐玻璃区域，Ta 和 Hf 的含量上升而 Si 含量下降；而在玻璃相和 Ta_2O_5 共存区域，Ta 元素含量显著增加，而Si元素和Hf元素含量显著降低，因此在共存区域，Ta主要分布在 Ta_2O_5，Hf 和 Si 主要分布在钽铪硅酸盐玻璃相（图 5-199）。

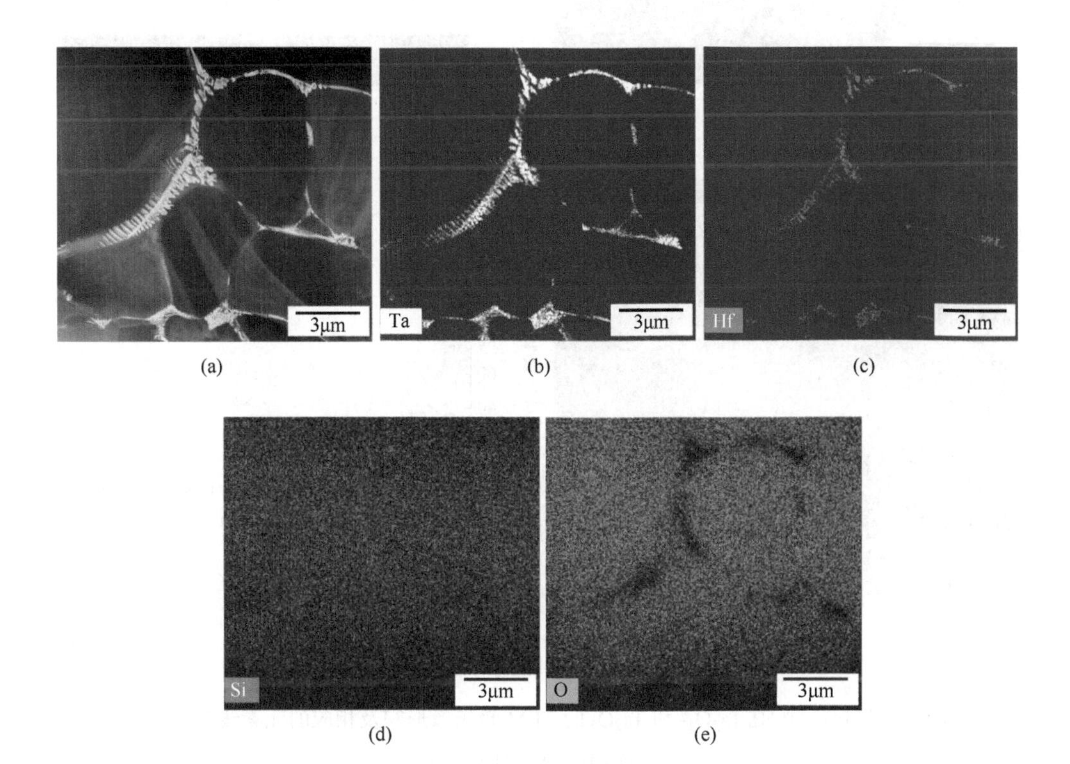

图 5-198　引入 5%（质量分数）Ta_4HfC_5 的 Si_2BC_3N 纳米晶块体陶瓷，在 1600℃静态干燥空气氧化 5h 后氧化层的元素面分布[32]

（a）STEM 衬度形貌；（b）～（e）相应的元素面分布图

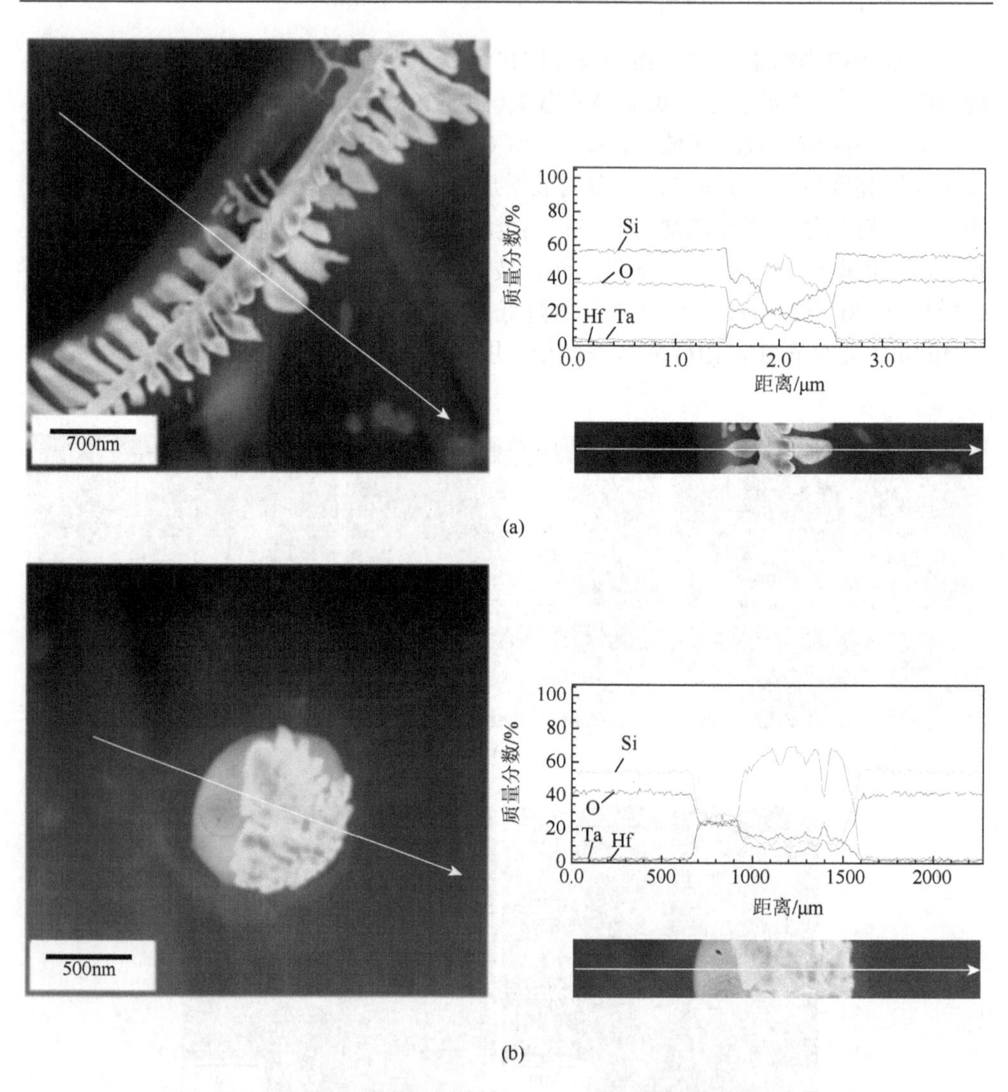

图 5-199　氧化产物 $Hf_6Ta_2O_{17}$ 和 Ta_2O_5 的 TEM 暗场像形貌及相应的元素线扫描结果[32]

（a）$Hf_6Ta_2O_{17}$；（b）Ta_2O_5

5.3　高温氧化动力学

5.3.1　SiBCN 系非晶陶瓷高温氧化动力学

在 1500℃流动干燥空气氧化不同时间后，不同 C 摩尔比的 Si_2BC_xN（$x = 1$～4）系非晶块体陶瓷，其氧化层厚度随氧化时间的变化曲线较好地符合抛物线速率规律；C 摩尔比越大的非晶块体陶瓷，在相同氧化时间下，氧化层越厚，即 C 摩尔比的增大弱化了该系非晶块体陶瓷的高温抗氧化性能（图 5-200 和表 5-8）。

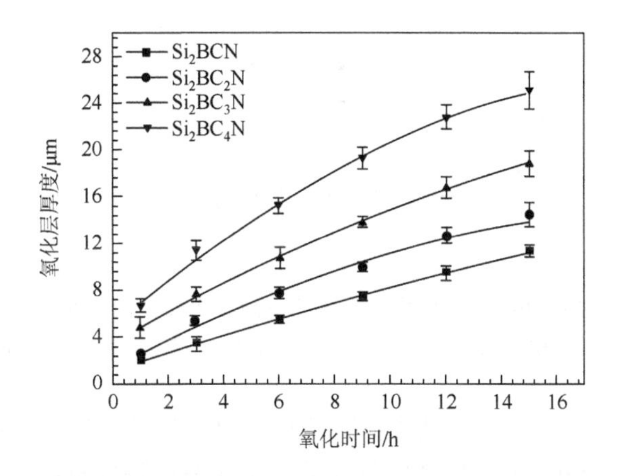

图 5-200　经 1000℃/5GPa/30min 高压烧结制备的不同 C 摩尔比的 Si_2BC_xN（$x = 1$～4）系非晶块体陶瓷，在 1500℃流动干燥空气条件下氧化层厚度与氧化时间的关系曲线[1]

表 5-8　经 1000℃/5GPa/30min 高压烧结制备的不同 C 摩尔比的 Si_2BC_xN（$x = 1$～4）系非晶块体陶瓷，在 1500℃流动干燥空气氧化不同时间后氧化层的厚度变化[1]

陶瓷平均成分	氧化层厚度/μm					
	1h	3h	6h	9h	12h	15h
Si_2BCN	1.8	3.2	5.4	7.3	9.3	11.2
Si_2BC_2N	2.4	5.3	7.6	9.8	12.5	14.3
Si_2BC_3N	4.7	7.5	10.6	13.7	16.6	18.7
Si_2BC_4N	6.5	11.2	15.1	19.2	22.6	24.9

高压烧结制备的不同 B 摩尔比的 $Si_2B_yC_2N$（$y = 1.5$～4）系非晶块体陶瓷，在 1500℃流动干燥空气氧化不同时间后，氧化层厚度随氧化时间的延长不断增大，该系非晶块体陶瓷的氧化动力学曲线可用抛物线速率方程描述；相同氧化条件下，B 摩尔比越大的非晶块体陶瓷，其氧化层越厚，即 B 摩尔比的增大弱化了该系非晶块体陶瓷的高温抗氧化性能（图 5-201）。

经 1100℃/5GPa/30min 高压烧结制备的 Si_2BC_3N 非晶块体陶瓷，在 1500℃流动干燥空气氧化 1～12h，块体陶瓷持续氧化失重，平均失重率约为 0.4mg/mm^2。

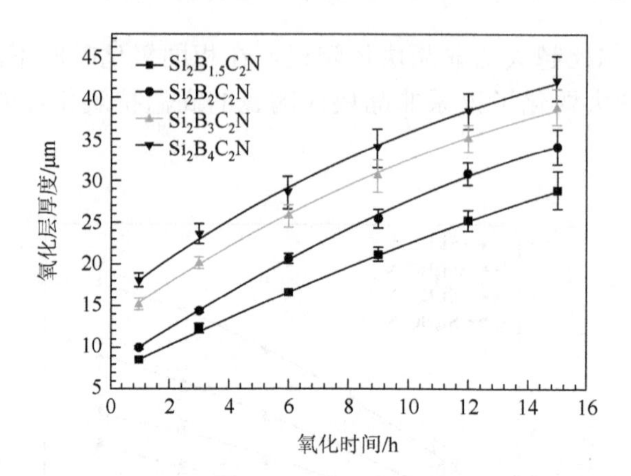

图 5-201 经 1000℃/5GPa/30min 高压烧结制备的不同 B 摩尔比的 $Si_2B_yC_2N$（$y = 1.5$～4）系非晶块体陶瓷，在 1500℃流动干燥空气条件下氧化层厚度与氧化时间的关系曲线[1]

氧化温度提高至 1600℃后，非晶块体陶瓷持续氧化失重，在 $8h \leqslant t \leqslant 12h$ 范围失重率较为明显。在 1700℃/$t \leqslant 8h$ 氧化条件下，非晶块体陶瓷持续氧化增重，平均单位面积质量变化率约为 $0.2mg/mm^2$；氧化时间 $8h < t \leqslant 12h$ 范围内，块体陶瓷氧化失重较为明显（图 5-202）。

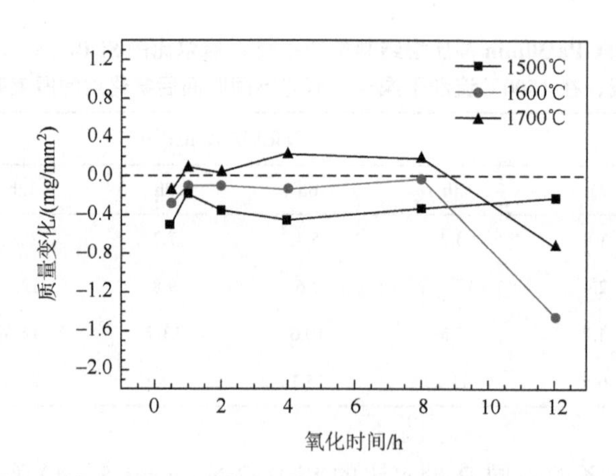

图 5-202 经 1100℃/5GPa/30min 高压烧结制备的 Si_2BC_3N 非晶块体陶瓷，在 1500～1700℃流动干燥空气条件下单位面积质量变化率与氧化时间的关系曲线[2]

需要指出的是，Si_2BC_3N 非晶块体陶瓷氧化过程中既有 CO、CO_2、SiO 等气体逃逸及 B_2O_3 挥发（导致失重），又有氧化产物 SiO_2 生成（导致增重），从而导致其质量变化曲线无规律可循（如在氧化条件下，其质量变化曲线没有表现出线性或抛物线速率规律）。其他材料体系，如 SiC/SiBCN[38]、Si[39]、SiC[40, 41]、Si_3N_4[42]、

ZrB_2-SiC-ZrC[43]等也有类似现象报道。除单位面积质量变化率这一指标外，氧化层厚度与氧化时间的关系也是一个重要的评价指标，尤其适用于氧化过程中同时伴有失重和增重现象的陶瓷材料。

根据经典氧化动力学理论，若陶瓷表面生成非保护性氧化层，则氧化行为主要受界面氧化反应速率控制，而界面氧化反应的反应速率较快，相应的氧化层厚度（或单位面积质量变化率）与氧化时间的关系曲线满足线性方程；若生成钝化且具有保护性的氧化层，陶瓷材料的氧化行为受氧在氧化层中的扩散速率控制，且氧化层的组织结构、平均化学成分、黏度等对氧的扩散速率有决定性作用，此时氧化层厚度与氧化时间的关系曲线满足抛物线关系[8]：

$$d = k_p t + A_1 \tag{5-1}$$

$$d^2 = k_p t + A_2 \tag{5-2}$$

式中，d 为氧化层厚度；k_p 为氧化速率常数（或氧化动力学常数）；t 为氧化时间（保温时间视为 t）；A_1 和 A_2 为常数。

氧化速率常数 k_p 与氧化激活能 E 满足阿伦尼乌斯方程[8]：

$$k_p = A\exp\left(\frac{E}{RT}\right) \tag{5-3}$$

式中，A 为指前因子；E 为氧化激活能；R 为气体常数；T 为氧化温度。

根据不同氧化温度对应的 k_p 值，作 $\ln k_p$ 与温度倒数 $1/T$ 的关系曲线，线性回归得到直线斜率（E/R），即可算出该系陶瓷材料的氧化激活能 E。

经 1100℃/5GPa/30min 高压烧结制备的 Si_2BC_3N 非晶块体陶瓷，在 1500～1700℃流动干燥空气氧化不同时间后，其氧化层厚度与保温时间（t≤16h）的关系曲线表明：在 1500℃和 1600℃氧化温度条件下，陶瓷表面氧化层厚度与保温时间的关系大致可被抛物线方程描述。在 1700℃/t≤8h 氧化条件下，氧化膜厚度与氧化时间的关系曲线大致遵循线性规律（t≤4h 时，两者关系曲线亦可近似用抛物线方程描述）；持续氧化 12h 后，非晶块体陶瓷氧化层厚度随保温时间延长而减小，且无规律可循。需要指出的是，在 1700℃持续氧化 16h 后，非晶块体陶瓷表面发生严重氧化损伤导致氧化层凹凸不平。因此，在 1500～1600℃流动干燥空气氧化条件下，Si_2BC_3N 非晶块体陶瓷的高温氧化速率主要受氧在氧化膜中扩散速率控制；更高温度 1700℃氧化时，氧化速率可能同时受氧在氧化膜中扩散速率和界面反应速率的双重影响（图 5-203）。

在 1500～1600℃流动干燥空气氧化条件下，由 Si_2BC_3N 非晶块体陶瓷氧化层厚度与氧化时间的拟合曲线计算得到 Si_2BC_3N 非晶块体陶瓷的氧化动力学常数分别约为 32.5μm²/h 和 86.1μm²/h。在 1500～1600℃/0.5～16h 氧化条件下，根据式（5-3）计算（阿伦尼乌斯曲线的上下限）得到的 Si_2BC_3N 非晶块体陶瓷的氧化激活能约为 116kJ/mol。

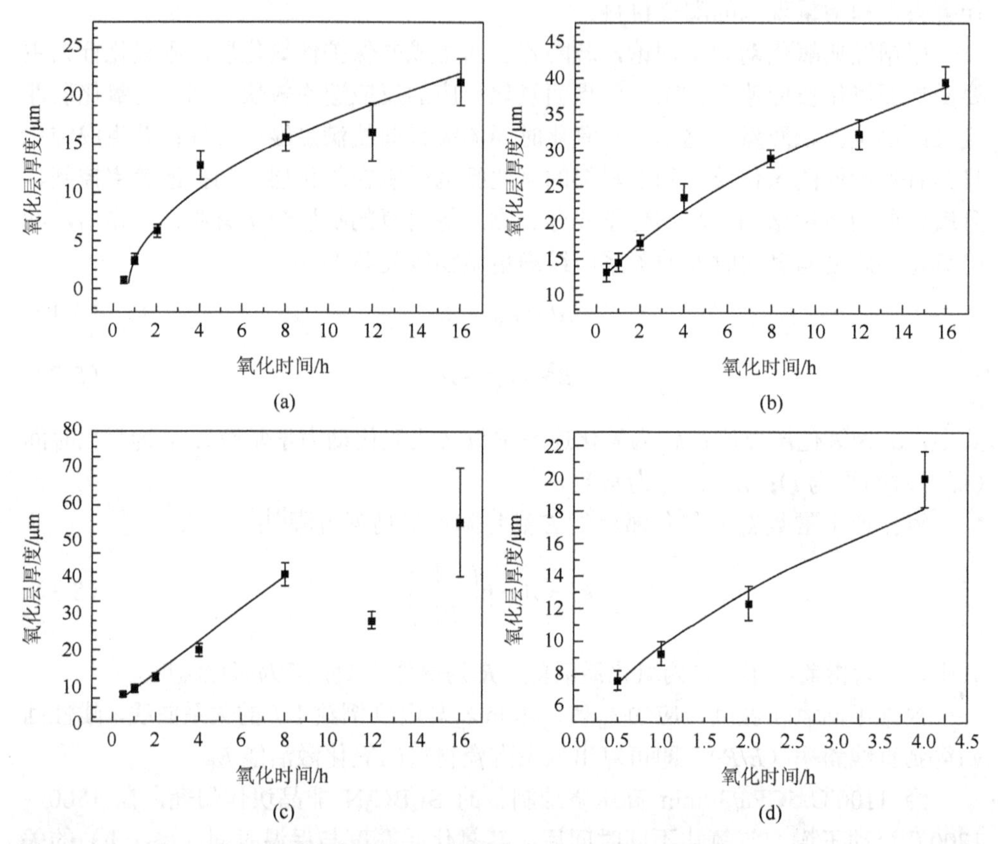

图 5-203　Si_2BC_3N 非晶块体陶瓷在流动干燥空气条件下，氧化层厚度与氧化时间的关系曲线[2]

（a）1500℃/t≤16h；（b）1600℃/t≤16h；（c）1700℃/t≤16h；（d）1700℃/t≤4h

在 1500～1700℃氧化不同时间后，1600℃/5GPa/30min 高压烧结制备的 Si_2BC_3N 非晶/纳米晶块体陶瓷发生持续氧化失重，其单位面积质量变化率与氧化时间之间并无规律可循。经 1500℃氧化 2h、1600℃氧化 2h、1700℃氧化 12h 后，该非晶/纳米晶块体陶瓷的单位面积失重率分别约为 1.4mg/mm^2、1.1mg/mm^2 和 6.0mg/mm^2。对比可知，在相同氧化条件下，Si_2BC_3N 非晶块体陶瓷的氧化失重量均小于同成分的非晶/纳米晶块体陶瓷，显示出更加优异的高温抗氧化性能（图 5-204）。在 1500℃/t≤16h 和 1600℃/t≤16h 氧化条件下，Si_2BC_3N 非晶/纳米晶块体陶瓷的氧化层厚度与氧化时间的关系曲线，近似符合抛物线方程；在 1700℃/t≤8h 氧化条件下，氧化层厚度与氧化时间的关系曲线较好地符合线性方程（图 5-205）。

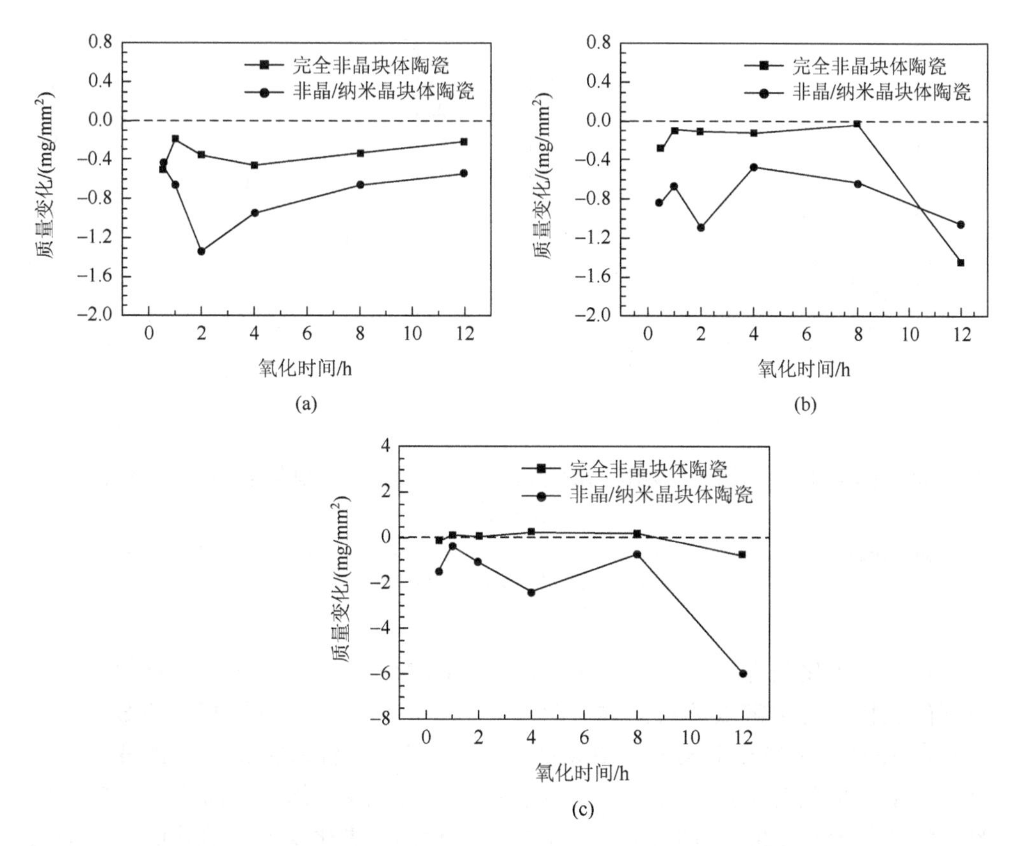

图 5-204　经 1600℃/5GPa/30min 高压烧结制备的 Si_2BC_3N 非晶/纳米晶块体陶瓷，在流动干燥空气条件下单位面积质量变化率与氧化时间的关系曲线[2]

（a）1500℃；（b）1600℃；（c）1700℃

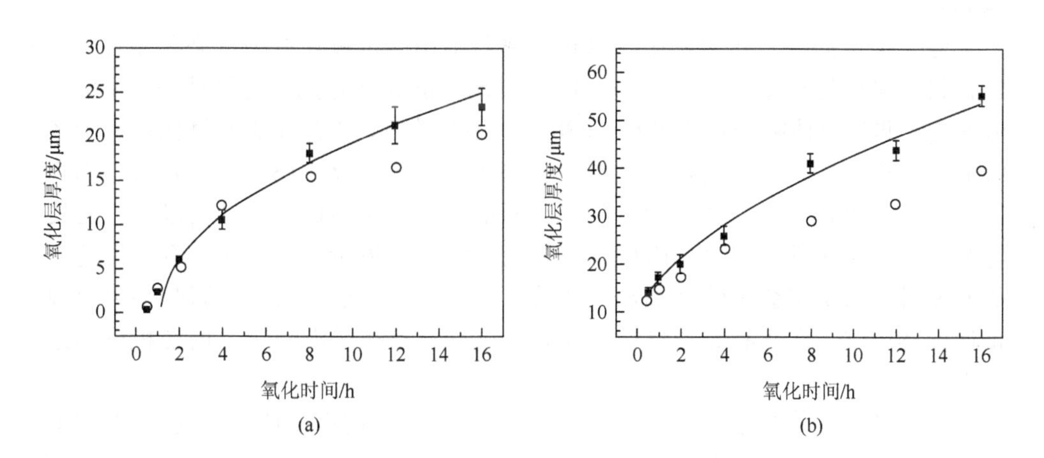

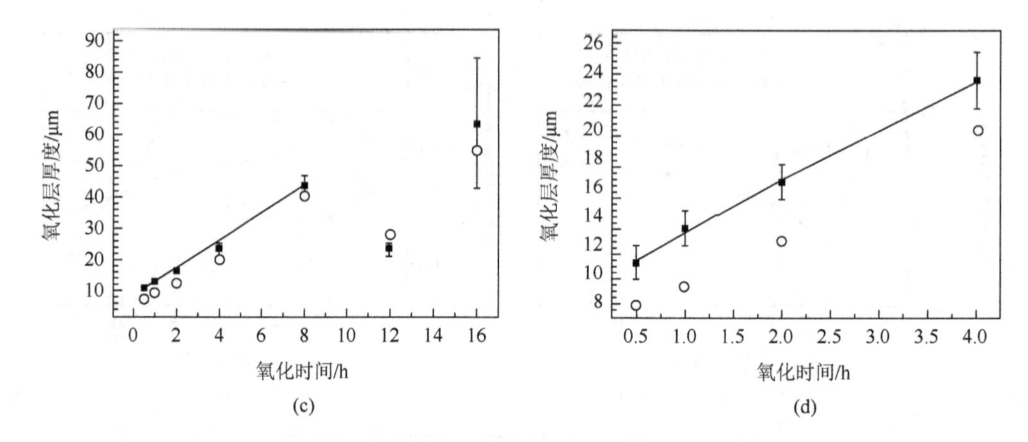

图 5-205　Si_2BC_3N 非晶/纳米晶块体陶瓷在流动干燥空气条件下，氧化层厚度与氧化时间的关系曲线[2]

（a）1500℃/t≤16h；（b）1600℃/t≤16h；（c）1700℃/t≤16h；（d）1700℃/t≤4h（圆圈为相同氧化条件下完全非晶态 Si_2BC_3N 块体陶瓷的氧化层厚度）

在不同氧化条件下，不同方法制备的 SiBCN(-Al)及 SiC 系陶瓷材料，具有不同的氧化动力学常数及氧化激活能[44]。例如，化学气相沉积制备的 SiC 陶瓷薄膜在 1550～1675℃干燥氧气中氧化后，氧化产物非晶 SiO_2 的晶化改变了氧在氧化膜中的扩散速率，动力学曲线显示分段式抛物线氧化行为曲线[41]。SiC 纳米晶块体陶瓷在 1200～1500℃干燥氧气中氧化后，氧化层厚与氧化时间的动力学曲线先遵循线性关系，然后满足抛物线方程，且氧化层的结晶析出使其氧化活化能由 120kJ/mol（氧化温度 T≤1400℃）增加到 300kJ/mol（氧化温度 T>1400℃）[39]。

需要指出的是，低的氧化层增长速率并不是高抗氧化能力的必要条件，陶瓷材料在氧化过程中的衰退速率更能真实地评价其高温抗氧化性能[45]。例如，Si_2BC_3N 非晶块体陶瓷在 1500～1600℃氧化条件下，具有较高的氧化速率和较低的氧化激活能，但在更高氧化温度下（如氧化温度 T>1600℃）则表现出良好的高温抗氧化能力。实际上，陶瓷材料的性质（化学成分、结晶度、致密度等）以及氧化条件（温度、时间、气氛及其湿度和流量、氧分压、升降温速率等）等诸多因素都会影响其高温氧化行为，多种因素耦合的交叉影响导致目前报道的 SiBCN 系非晶陶瓷材料的高温氧化行为存在很大差异，内在机理尚未清晰。

由于 ^{18}O 与 ^{16}O 的化学性质完全一致，高温氧化过程中切换不同 ^{18}O 和 ^{16}O 比例的气体对 SiBCN 系非晶块体陶瓷材料的高温氧化行为不会产生影响，而 ^{18}O 和 ^{16}O 的差异可以通过二次离子质谱来区分，这为研究氧在氧化层中随时间的扩散行为提供了一种有力的分析方法。实验中往炉管内先后分别通入 ^{18}O 和 ^{16}O 进行氧化，分析结果时以 ^{16}O 浓度作为参考，定义 ^{16}O 离子的相对质量浓度 $c(^{16}O)$为

$$c(^{16}O) = I(^{16}O)/[I(^{16}O) + I(^{18}O)] \tag{5-4}$$

式中，I 表示二次离子质谱仪探测到的相应离子强度。

Si_2BC_3N 非晶块体陶瓷在 1400℃氧化后，陶瓷表层各离子的浓度变化曲线显示：随着溅射时间的延长，即与陶瓷表面距离增加，^{18}O 和 ^{16}O 离子的浓度先增大后减小（如果继续溅射至更长时间，^{18}O 和 ^{16}O 离子的浓度将趋于 0）；Si、B 和 C 离子的浓度先增加后趋于稳定，尤其溅射时间 $t \leqslant 2000s$，B 和 C 的离子浓度增长较快。因此，$t \leqslant 2000s$ 时溅射主要发生在陶瓷表面氧化层区域，$t > 2000s$ 时溅射发生在氧化层/陶瓷基体界面区域以及陶瓷基体（图 5-206）。

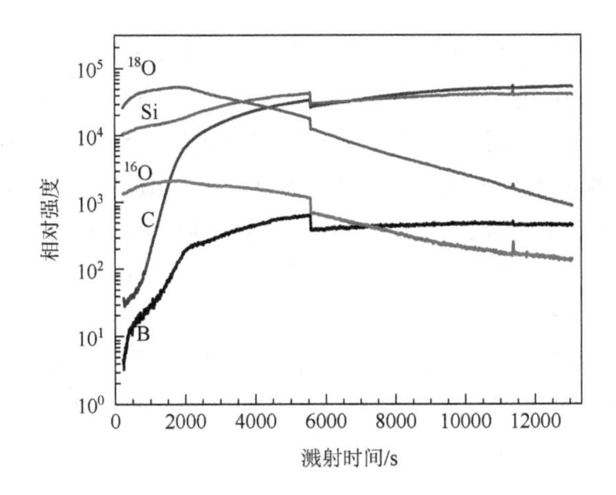

图 5-206　Si_2BC_3N 非晶块体陶瓷在 1400℃流动干燥空气中氧化后，其氧化层表面各离子相对浓度与溅射时间的关系曲线[2]

Si_2BC_3N 非晶块体陶瓷表面层 ^{16}O 离子相对浓度的变化曲线表明：随着溅射时间的延长，^{16}O 离子相对浓度先急剧减小（$t \leqslant 500s$），而后在 $500s < t \leqslant 2000s$ 范围内保持不变，然后 ^{16}O 离子相对浓度呈增大趋势（$2000s \leqslant t \leqslant 13000s$）（图 5-207）。在氧化层最外表面以及氧化层/陶瓷基体界面处，^{16}O 离子的相对浓度较高，而氧化层内部 ^{16}O 离子的相对浓度较低。^{16}O 与吸附在表面的 ^{18}O 发生同位素交换反应后，导致 ^{16}O 离子浓度比 ^{18}O 的更高；当 ^{16}O 通过氧化层向内扩散时，与 SiO_2 晶格中的 ^{18}O 发生交换导致发生损耗，导致 ^{16}O 离子浓度逐步下降。靠近氧化层的陶瓷基体发生部分晶化，少量残余 ^{16}O 分子会通过晶界向内发生短距离扩散，表现出相对较高的离子浓度。

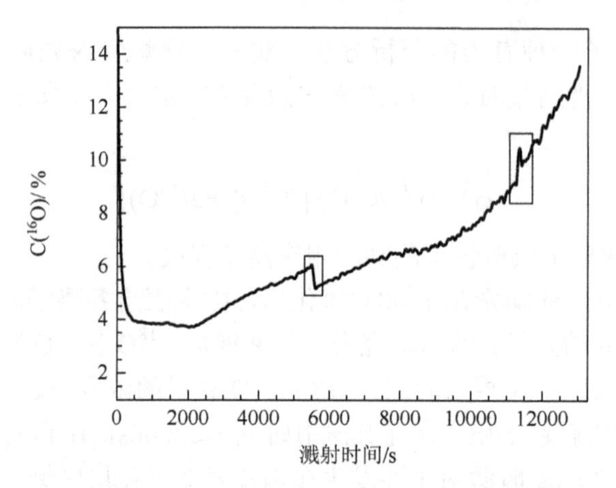

图 5-207　Si_2BC_3N 非晶块体陶瓷在 1400℃流动干燥空气中氧化后，氧化层表面 ^{16}O 离子相对浓度随溅射时间的变化曲线（框出区域处信号突变由 Bi^{3+}分析枪瞬时失稳导致）[2]

若氧在氧化层中通过氧分子（经由氧化层中的孔、微裂纹或者晶界）扩散方式进行生长，则 ^{16}O 将会集中分布在新氧化层区域，而 ^{16}O 从氧化表面通过旧氧化层向内扩散时，会与旧氧化层晶格中的 ^{18}O 发生同位素交换反应，导致其浓度沿着表面到新/旧氧化层界面逐步下降。若氧化层通过晶格扩散方式进行生长，那么 ^{16}O 将不会集中分布在新氧化层区域，但 ^{16}O 通过旧氧化层时参与同位素交换反应会导致本身浓度下降，从气体/旧氧化层界面传输到基体/旧氧化层界面的过程也会发生损耗（图 5-208）。铂纳米颗粒的 ^{18}O 同位素示踪实验表明，SiC 陶瓷高温氧化过程中，新氧化层形成于基体/旧氧化层界面（而不是气体/旧氧化层界面），即氧化层向内生长[40]。因此，Si_2BC_3N 非晶块体陶瓷高温氧化时，氧可能主要以晶格扩散的方式通过氧化层向内传输，实现氧化层向内生长。

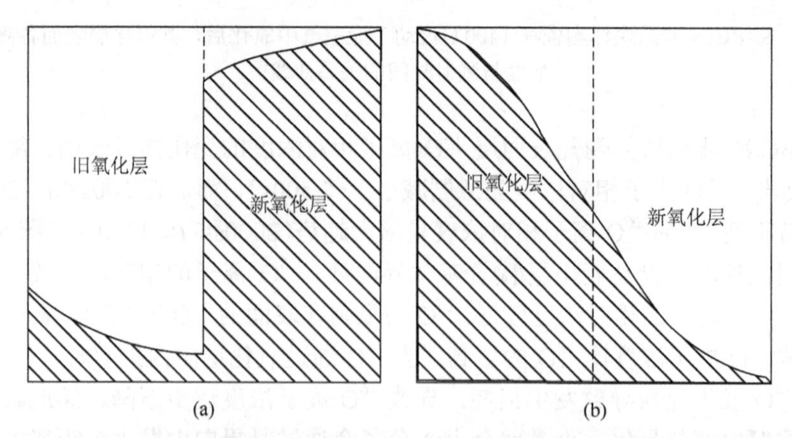

图 5-208　不同扩散机制主导下氧化层内 ^{16}O 离子相对浓度的变化示意图[46, 47]

（a）氧通过晶界向内扩散，伴随同位素交换；（b）氧通过晶格向内扩散，伴随同位素交换在 1400℃流动干燥空气中氧化后，Si_2BC_3N 非晶块体陶瓷氧化层表面较为平整，氧化层高度起伏最大达约 16nm（图 5-209）。三维离子浓度分布图表明，非晶块体陶瓷氧化表面 O 和 Si 的离子相对浓度较高，相反 B 和 C 离子集中分布在远离陶瓷表面区域，这与 SiO_2 氧化层的形成及表层含 B、C 氧化物的氧化挥发有关（图 5-210）。

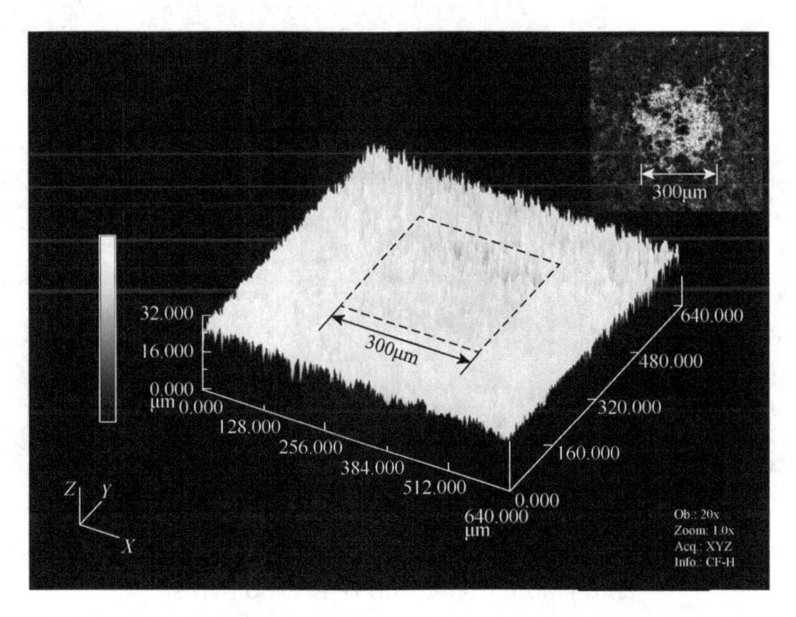

图 5-209　同位素示踪氧化和溅射刻蚀后 Si_2BC_3N 非晶块体陶瓷的三维表面形貌（右上角插图显示氧化层的溅射蚀刻面积为 300μm×300μm）[2]

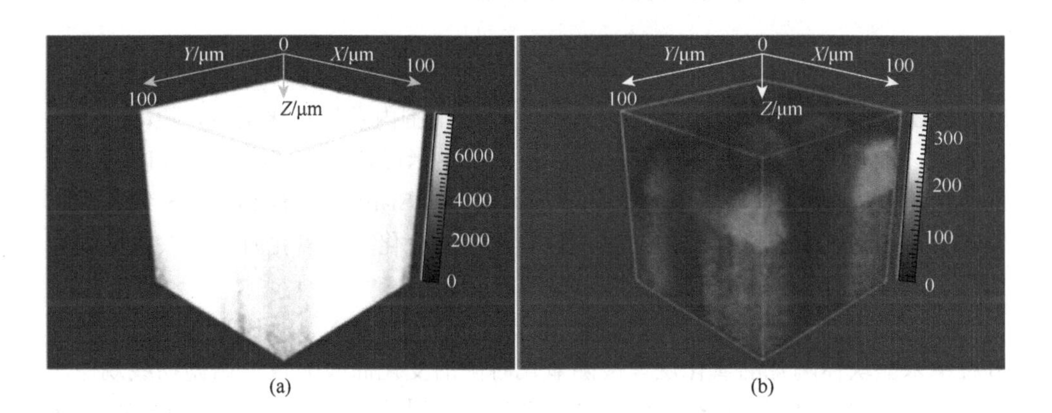

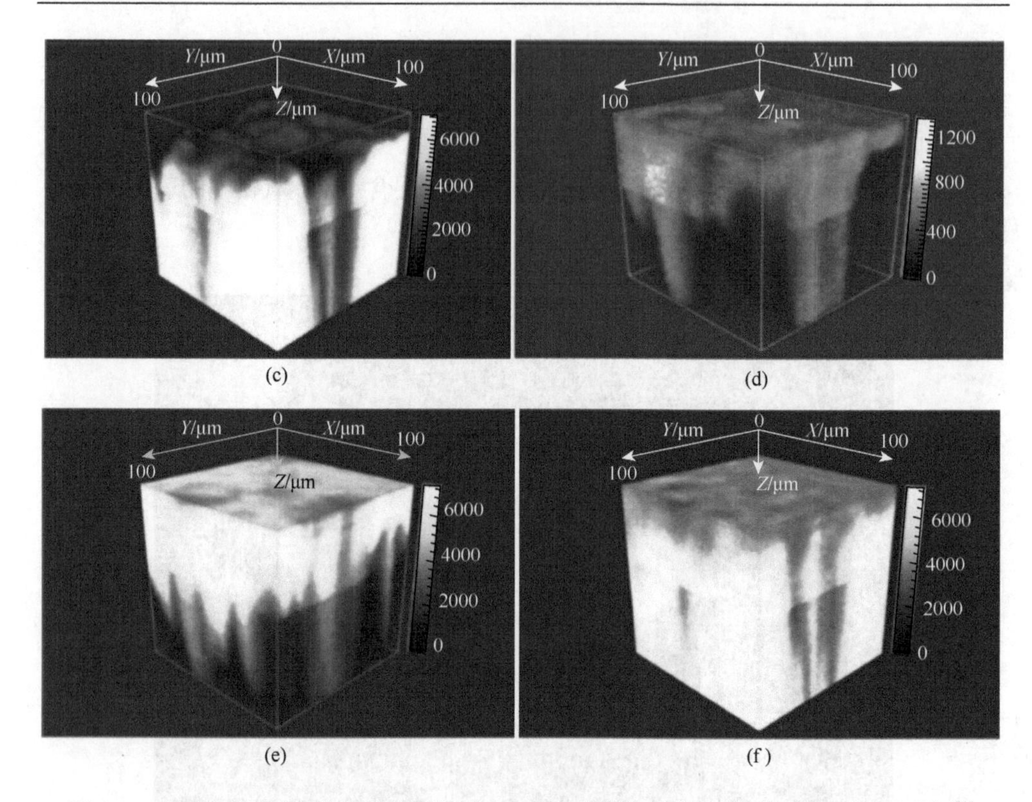

图 5-210 同位素示踪氧化和溅射刻蚀后 Si_2BC_3N 非晶块体陶瓷的三维离子浓度分布图[2]

（a）O^-；（b）B^-；（c）C^-；（d）O^{2-}；（e）$^{18}O^-$；（f）Si^-

5.3.2 SiBCN 系纳米晶陶瓷高温氧化动力学

氧化动力学曲线表明，经 1900℃/60MPa/30min 热压烧结制备的 Si_2BCN 和 $Si_2BC_{1.5}N$ 纳米晶块体陶瓷，在 1～9h 氧化时间范围内发生氧化增重，随即开始氧化失重；Si_2BC_2N、$Si_2BC_{2.5}N$ 和 Si_2BC_3N 三种纳米晶块体陶瓷在 1～6h 时间范围内持续氧化失重，随后氧化增重；C 摩尔比较大的 $Si_2BC_{3.5}N$ 和 Si_2BC_4N 纳米晶块体陶瓷，则持续发生氧化失重，其单位面积质量变化率与氧化时间的关系曲线近似满足线性方程（图 5-211）。

在 1500℃氧化条件下，Si_2BCN、$Si_2BC_{1.5}N$、Si_2BC_2N、$Si_2BC_{2.5}N$ 和 Si_2BC_3N 五种纳米晶块体陶瓷的氧化层厚度随氧化时间的变化曲线大致遵循抛物线规律。其中 C 摩尔比较大的 $Si_2BC_{3.5}N$ 和 Si_2BC_4N 纳米晶块体陶瓷，在 $1h \leq t \leq 6h$ 氧化时间范围内，氧化层厚度与氧化时间关系近似符合抛物线规律；氧化时间 $t > 6h$ 后，两者的关系曲线大致符合线性方程（表 5-9）。

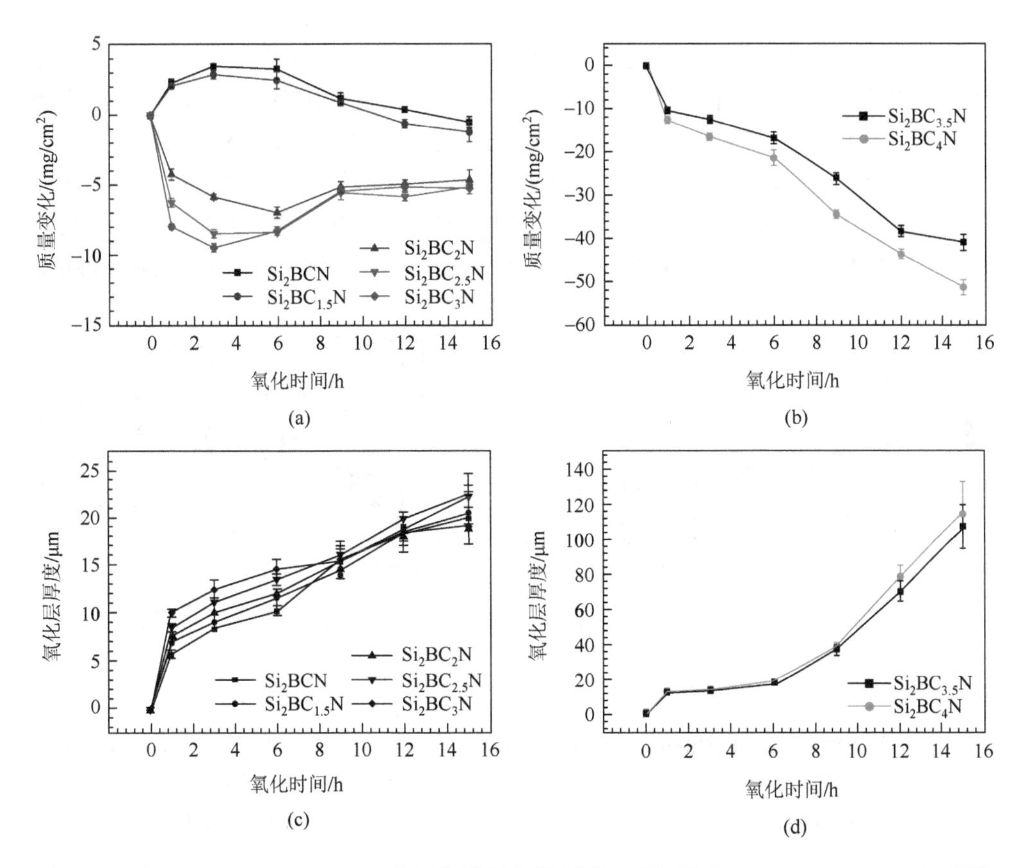

图 5-211　经 1900℃/60MPa/30min 热压烧结制备的不同 C 摩尔比的 Si_2BC_xN（$x=1\sim4$）系纳米晶块体陶瓷，在 1500℃流动干燥空气条件下的氧化动力学曲线[1]

（a）（b）单位面积质量变化率与氧化时间的关系曲线；（c）（d）氧化层厚度与氧化时间的关系曲线

表 5-9　经 1900℃/60MPa/30min 热压烧结制备不同 C 摩尔比的 Si_2BC_xN（$x=1\sim4$）系纳米晶块体陶瓷，在 1500℃流动干燥空气不同氧化时间条件下的氧化层厚度[1]

陶瓷平均成分	氧化层厚度/μm					
	1h	3h	6h	9h	12h	15h
Si_2BCN	5.9	8.6	10.4	15.8	18.4	20.1
$Si_2BC_{1.5}N$	7.1	9.2	11.7	14.7	19.0	20.7
Si_2BC_2N	7.8	10.2	12.3	15.5	18.6	19.4
$Si_2BC_{2.5}N$	8.6	11.3	13.7	16.2	20.1	22.7
Si_2BC_3N	10.2	12.6	14.8	15.7	19.2	22.4
$Si_2BC_{3.5}N$	12.3	13.7	17.1	36.4	69.8	106.7
Si_2BC_4N	13.6	14.4	18.9	38.4	78.4	113.5

不同 B 摩尔比的 $Si_2B_yC_2N$（$y=1\sim4$）系纳米晶块体陶瓷在 1500℃的氧化动力

学曲线表明，随着氧化时间的延长，该系纳米晶块体陶瓷持续氧化失重；B 摩尔比越大，纳米晶块体陶瓷氧化失重量越大，单位面积质量变化率与氧化时间之间无规律可循（图 5-212）。而氧化层厚度随氧化时间的变化曲线大致遵循抛物线法则，说明该系纳米晶块体陶瓷的高温氧化行为由氧在氧化层中扩散速率决定；纳米晶块体陶瓷中 B 摩尔比越大，氧化层越致密，氧化层越厚。氧化动力学结果进一步证实，B 摩尔比的增大削弱了 $Si_2B_yC_2N$（$y=1\sim4$）系纳米晶块体陶瓷的高温抗氧化性能。

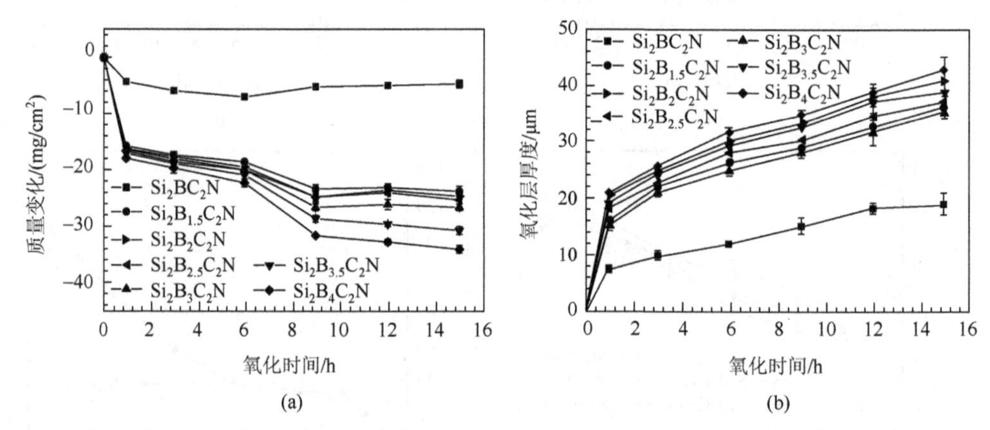

图 5-212　经 1900℃/60MPa/30min 热压烧结制备的不同 B 摩尔比的 $Si_2B_yC_2N$（$y=1\sim4$）系纳米晶块体陶瓷，在 1500℃流动干燥空气条件下的氧化动力学曲线[1]

（a）单位面积质量变化率与氧化时间关系曲线；（b）氧化层厚度与时间的关系曲线

综上所述，高压烧结制备的 SiBCN 系非晶块体陶瓷和纳米晶块体陶瓷，单位面积质量变化率-氧化时间和氧化层厚度-氧化时间之间并不存在强关联性。如 C 摩尔比较大的 Si_2BC_4N 纳米晶块体陶瓷，其高温（1500℃）氧化失重行为可以近似用线性方程描述，说明其氧化进程受氧在氧化层/陶瓷基体界面化学反应速率控制，但氧化层厚度随氧化时间的变化曲线并不满足线性或者抛物线法则。主要原因是：①高温氧化过程中，活性氧化和钝化氧化反应几乎同时进行，单位面积质量变化率是这两种氧化反应的耦合结果；②纳米块体陶瓷中存在部分非晶相，其成分无法被精确测量，其氧化行为与纳米相有所差异；③非晶相在高温长时间氧化作用下不可避免地结晶析出，氧化过程可能还伴随着物相分解导致失重，导致纳米晶块体陶瓷的高温氧化过程更加复杂。

一个有意思的现象是，Si_2BC_3N 纳米晶块体陶瓷在流动干燥空气不同温度氧化不同时间后，样品断口上均出现了肉眼可见的白层，其平均厚度约为 200μm，且其厚度基本不随氧化温度升高或氧化时间延长而增厚。在 1100～1500℃/1～20h 氧化条件下，Si_2BC_3N 纳米晶陶瓷的氧化层厚度不足 20μm，因此白层并非完全是氧化层（图 5-213）。

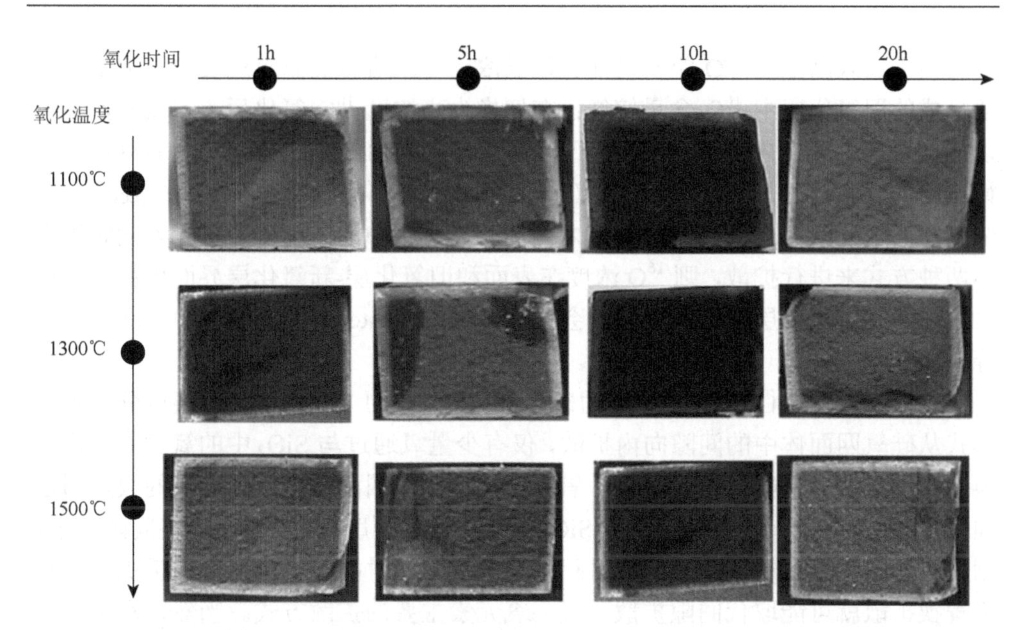

图 5-213　经 1900℃/80MPa/30min 热压烧结制备的 Si_2BC_3N 纳米晶块体陶瓷，在流动干燥空气不同温度氧化不同时间后 SEM 断口照片[16]

XRD 结果显示：在 1300℃流动空气中氧化 10h 后，Si_2BC_3N 纳米晶块体陶瓷表面的白层与陶瓷基体的物相组成相同，故白层可能是陶瓷基体成分改变导致的（图 5-214）。由于升温过程中陶瓷表面 BN(C)相优先发生氧化，氧化产物以气体为主，因此陶瓷表面白层的成分变化可能通过氧化气体产物的挥发来实现。

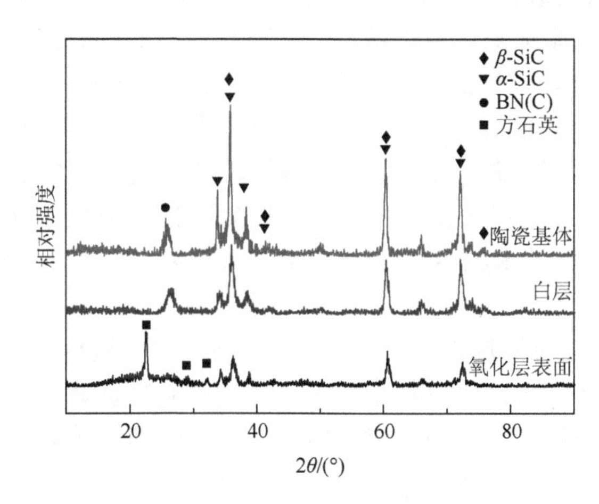

图 5-214　热压烧结制备的 Si_2BC_3N 纳米晶块体陶瓷在 1300℃流动干燥空气中氧化 10h 后，氧化表面、白层及陶瓷基体的 XRD 图谱[16]

由于通入高浓度 ^{16}O 空气之前先以低浓度 ^{16}O 进行高温氧化实验，陶瓷表面所形成的旧氧化层中 ^{16}O 含量较低；在切换为高浓度 ^{16}O 氧化后，若氧元素纯粹以晶格置换方式向内扩散，^{16}O 离子浓度由表面向内的分布应该接近菲克第二定律给出的分布情况。若氧元素以氧气分子的形式向氧化层-基体界面处扩散，则 ^{16}O 浓度在旧氧化层内会明显低于其在内侧的新氧化层中的浓度；若氧元素同时以上述两种方式来进行扩散，则 ^{16}O 浓度在表面和旧氧化层-新氧化层界面处将达到极大值，而在旧氧化层内 ^{16}O 浓度则会很低，得到 Costello 等[48]实验中出现的“双峰分布”。

目前对氧在 SiO_2 中扩散方式的研究多认为：在约 1000℃，氧主要以分子氧的形式从硅氧四面体中的间隙向内扩散，仅有少量氧通过与 SiO_2 中的氧发生晶格交换来实现扩散。从能量角度来看，氧分子通过硅氧四面体中间隙形成的快速通道向内扩散，扩散驱动力较强；但若 SiO_2 氧化层非晶程度提高，或是晶格间隙变小，则可能导致氧分子难以通过间隙进行长程扩散，这时间隙扩散所需能量更高，晶格置换扩散就可能取代间隙扩散，成为氧元素主要的扩散方式。当然，水蒸气中的氧也能与硅氧四面体发生晶格交换，进而实现氧的扩散，但这一过程在仅有痕量水蒸气的气氛中就能发生，因而实验结果中出现的晶格扩散现象可能是水蒸气作用的结果。当 SiO_2 氧化层中含有 B_2O_3 或存在 B、C、N 元素时，氧的扩散方式是否发生变化，尚未知晓。

在 1100℃进行同位素氧化实验(先以 $^{18}O_2$ 丰度为 65%的合成空气在 1100℃下氧化 30min，再通入 ^{18}O 丰度约 0.2%的普通合成空气氧化 30min)后，Si_2BC_3N 纳米晶块体陶瓷氧化表面 ^{16}O 离子相对浓度曲线表明：^{16}O 扩散过程中倾向于置换 SiO_2 晶格中的氧原子来实现扩散，而不是以分子氧形式穿过 SiO_2 晶格中间隙向氧化层内扩散。作为对比，SiC 纳米晶块体陶瓷在 2500～5000s 时间范围内，^{16}O 离子浓度出现下降，而后又升高。这一结果与“双峰分布”相类似，表明表层 ^{16}O 浓度梯度是通过氧的离子或晶格扩散产生的，而内层 ^{16}O 浓度梯度则是由 ^{16}O 分子通过氧化层长距离扩散到界面处氧化反应所建立的。因此，机械合金化结合热压烧结技术制备的 SiC 纳米晶块体陶瓷，氧元素仍以分子扩散为主（图 5-215）。

Si_2BC_3N 纳米晶块体陶瓷的高温氧化层形成动力学过程中，B 元素起两个作用：一方面，B 氧化生成的 B_2O_3 与 SiO_2 反应生成硼硅玻璃，抑制了非晶 SiO_2 氧化层的结晶析出，减少了氧间隙扩散的通道；另一方面，硼硅玻璃中的 B—O 平均键长约为 0.148nm，小于[SiO_4]四面体中 Si—O 键长（约为 0.16nm），氧化层中的间隙减少，扩散所需能量增大。由于高温氧化过程中 Al_2O_3 炉管会带来钠杂质污染，在钠元素影响下，B 元素在硼硅玻璃中除以[BO_3]结构形式存在外，还可能产生部分[BO_4]结构单元。[BO_4]结构单元使氧化层的三维网络结构变得更加紧密，

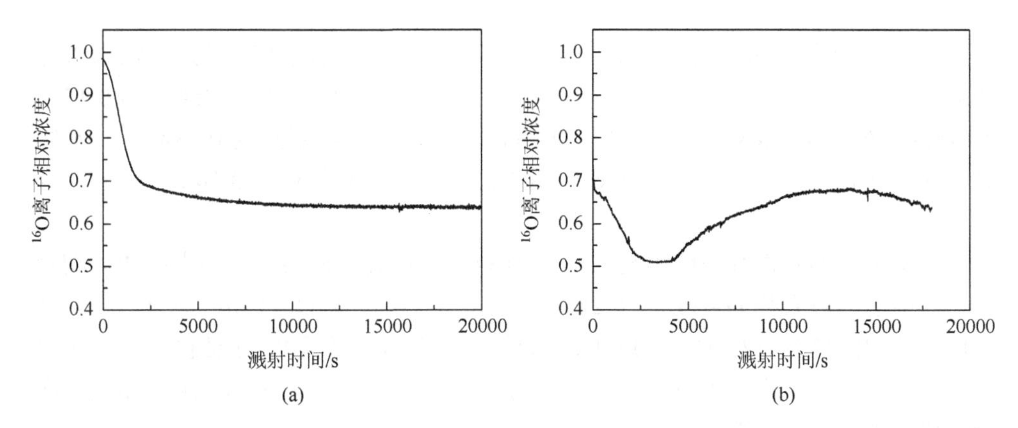

图 5-215　Si_2BC_3N 和 SiC 纳米晶块体陶瓷在 1100℃进行同位素氧化实验后，陶瓷氧化表面 ^{16}O 离子相对浓度与溅射时间的关系曲线[16]

（a）Si_2BC_3N 纳米晶块体陶瓷；（b）SiC 纳米晶块体陶瓷

进一步减少了氧分子扩散可利用的间隙数量。因此，B 元素的存在可能改变氧在 SiO_2 氧化层中的扩散方式。

在陶瓷表面接近中心区域，陶瓷表面可近似视为一维无限大平面，则氧向氧化层内扩散过程可以被一维的菲克第二定律加以描述：

$$\frac{\partial c}{\partial \tau}=\frac{\partial}{\partial x}\left(D\frac{\partial c}{\partial x}\right) \tag{5-5}$$

式中，c 为氧的浓度；D 为扩散系数；x 为扩散方向的扩散距离；τ 为扩散时间。

假定扩散系数 D 与浓度 c 无关，上述方程变为

$$\frac{\partial c}{\partial \tau}=D\frac{\partial^2 c}{\partial x^2} \tag{5-6}$$

高温氧化实验中，先通入低浓度 ^{16}O 空气进行高温氧化，再通入高浓度 ^{16}O，则初始条件为

$$c(x,\tau)=c_o \tag{5-7}$$

氧化过程中，炉管内的气体量要远远高于氧化反应的耗氧量，假定通入高浓度 ^{16}O 空气前，陶瓷表面就形成了致密的氧化层，则可认为通入高浓度 ^{16}O 空气后，氧化层表面各处 ^{16}O 浓度一致且不随时间变化。以氧化层表面为零点，由氧化层指向基体方向为正方向，可以得到：

$$c(0,\tau)=c_o \tag{5-8}$$

假定氧化层表面瞬时达到合成空气中 ^{16}O 的浓度 c_∞，方程（5-5）的解为

$$c(x,\tau)=c_o+(c_\infty-c_o)\mathrm{erfc}\left(\frac{x}{2\sqrt{D\tau}}\right) \tag{5-9}$$

实验中几个参数值定为：$c_o=0.645$，$c_\infty=1.0$，$\tau=1800$。

由于不能准确测得离子束轰击后溅射坑的深度，只能通过相关文献来进行估算。单晶莫来石样品经 17keV Cs^+ 离子束轰击后，测得其剥蚀速率为 0.15～0.3nm/s；石英经 7keV Cs^+离子束轰击后，测得其剥蚀速率约为 0.28nm/s。本实验中所采用的 Cs^+束能量仅为 2keV，预估其剥蚀速率在 0.05～0.1nm/s 是较为合理的。

经坐标变换并进行曲线拟合（图 5-216），得到氧在 Si_2BC_3N 纳米晶块体陶瓷氧化膜中的扩散系数 $D=(1.5\sim6.2)\times10^{-14}cm^2/s$；在 1100℃/0.2atm①氧分压下，氧在熔石英中的扩散系数 $D\approx1.0\times10^{-14}cm^2/s$，与前者扩散系数 D 估值在一个量级上，但数值略小。这表明由于 B 元素的存在，提高了氧在 Si_2BC_3N 纳米晶块体陶瓷氧化膜中的扩散系数。

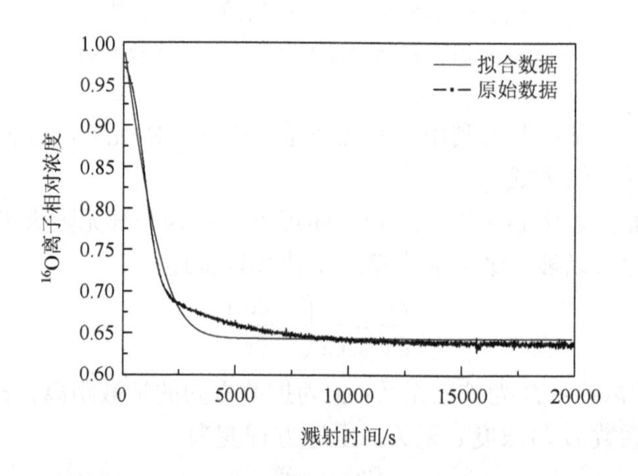

图 5-216　经 1900℃/80MPa/30min 热压烧结制备的 Si_2BC_3N 纳米晶块体陶瓷，在 1100℃同位素氧化实验后，^{16}O 离子相对浓度与溅射时间的关系曲线及其拟合结果[16]

氧化层厚度与氧化时间关系曲线的拟合结果表明（图 5-217）：在 1100℃氧化后，SiC-BN 纳米晶块体陶瓷表现出良好的高温抗氧化性能，其抛物线氧化动力学常数 k_p 仅约为 $0.24\mu m^2/h$，Si_2BC_3N 纳米晶块体陶瓷 k_p 值约为 $0.41\mu m^2/h$；氧化温度为 1300℃时，Si_2BC_3N 块体陶瓷 k_p 值约为 $0.83\mu m^2/h$，略低于该温度下 SiC-BN 纳米晶陶瓷的 k_p 值（$k_p=0.94\mu m^2/h$），此温度下 SiC 纳米晶块体陶瓷 k_p 值最大，约为 $1.17\mu m^2/h$；氧化温度达到 1500℃时，Si_2BC_3N 与 SiC-BN 纳米晶块体陶瓷的 k_p 值均大幅增加，分别约为 $11.70\mu m^2/h$ 和 $36.20\mu m^2/h$，而 SiC 纳米晶块体陶瓷的 k_p 仅约为 $0.41\mu m^2/h$。

① $1atm=1.01325\times10^5Pa$。

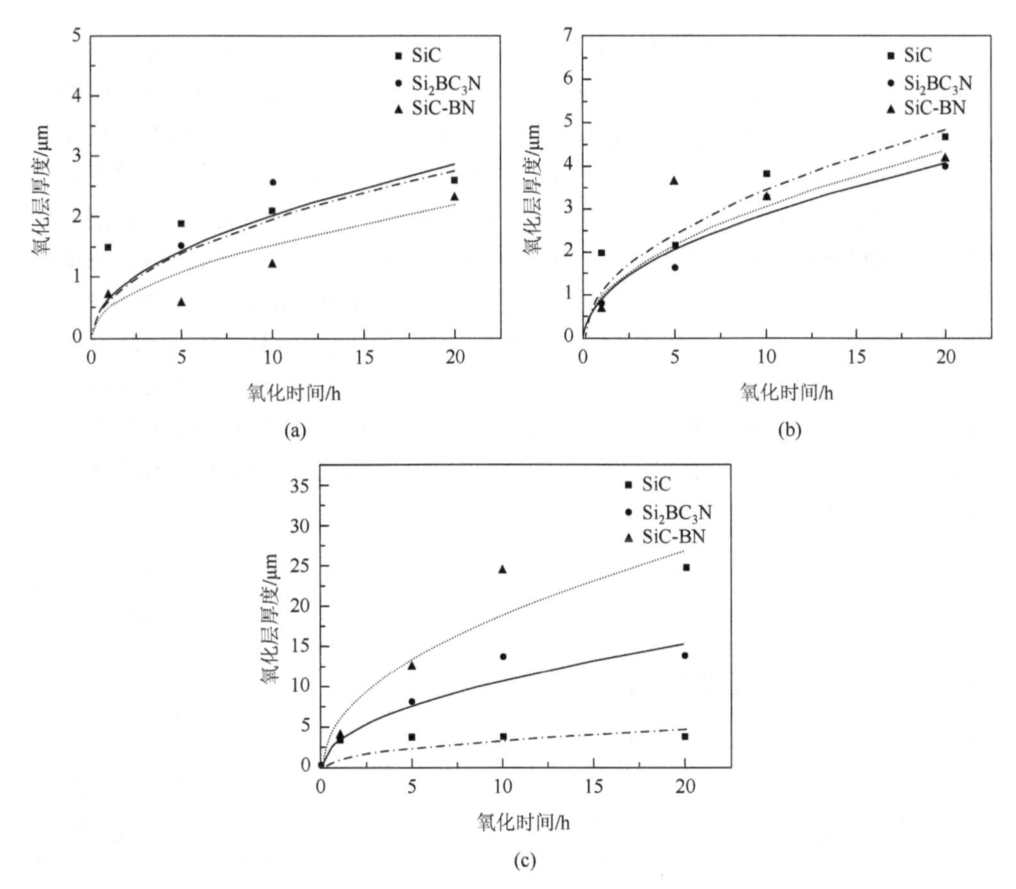

图 5-217　经 1900℃/80MPa/30min 热压烧结制备的 Si_2BC_3N、SiC、SiC-BN 三种纳米晶块体陶瓷的氧化动力学曲线[16]

（a）1100℃氧化；（b）1300℃氧化；（c）1500℃氧化

需注意的是，SiC-BN 纳米晶块体陶瓷在 1300℃氧化后，其氧化层的厚度数据取自未起泡区域，采样数据较实际值可能偏低；而在 1500℃氧化后，该纳米晶块体陶瓷起泡现象严重，氧化层疏松多孔，由其厚度值估算得到的 k_p 值较实际值偏高。Si_2BC_3N 纳米晶块体陶瓷在 1300℃以上拥有较 SiC-BN 纳米晶块体陶瓷更低的 k_p，说明体系中化学稳定性更高的 C—B—N 键或 B—N—C 键，可能抑制了 BN(C)相的高温活化氧化反应，进而提高了 Si_2BC_3N 纳米晶块体陶瓷的高温抗氧化性能。

一步球磨法结合热压烧结（1900℃/40MPa/30min）制备的 Si_2BC_3N 纳米晶块体陶瓷，其单位面积质量变化率随氧化时间的动力学关系曲线显示：在 900℃干燥空气氧化 0.5h 后，纳米晶块体陶瓷发生氧化失重，质量损失率约为 $0.203mg/cm^2$；随着氧化时间的延长，Si_2BC_3N 块体陶瓷的质量损失率几乎保持不变，表明在 0.5～85h 氧化时间范围内形成的氧化物薄膜，有效延缓了氧的向内扩散，抑制了氧化的进一步发生。在 1050℃干燥空气氧化 0.5h 后，纳米晶块体陶瓷开始氧化失重；在 0.5h<t<35h 范围内，块体陶瓷氧化失重率降低，至 35h≤t<55h 时失重率略微升高，氧化 85h 后失重率达约 0.1mg/cm^2。在 1200℃干燥空气中氧化 0.5h 后，块体陶瓷氧化失重率达约 0.73mg/cm^2；在 0.5h<t<25h 范围内，陶瓷氧化失重率降低，至 25h≤t<55h 时失重率逐渐升高，氧化 85h 后失重率达到约 0.02mg/cm^2。在潮湿空气中，Si_2BC_3N 纳米晶块体陶瓷在氧化 15h 后发生氧化增重，至 85h 后陶瓷增重率达约 0.63mg/cm^2。两步球磨法结合热压烧结（1900℃/40MPa/30min）制备的 Si_2BC_3N 纳米晶块体陶瓷，在 900℃干燥空气氧化 0.5～85h 后，该纳米晶块体陶瓷均发生氧化失重；在 1050℃干燥空气中氧化 85h 时，纳米晶块体陶瓷的氧化失重率约为 0.01mg/cm^2；在 1200℃干燥空气中氧化 85h 后，块体陶瓷的氧化增重率约为 0.22mg/cm^2。在潮湿空气中，Si_2BC_3N 纳米晶块体陶瓷氧化 5h 后开始氧化增重，至 85h 后陶瓷增重率达到约 1.51mg/cm^2（图 5-218）。

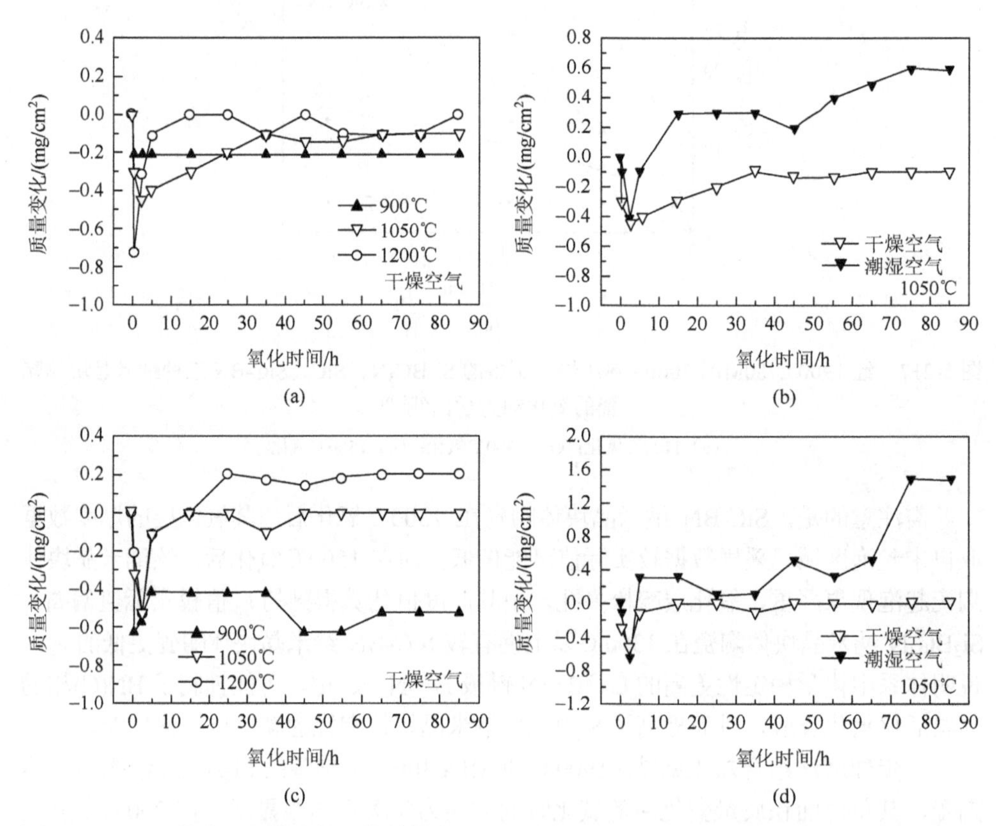

图 5-218 不同球磨工艺结合热压烧结技术（1900℃/40MPa/30min）制备的 Si_2BC_3N 纳米晶块体陶瓷，在不同氧化温度/湿度环境下单位面积质量变化率与氧化时间的关系曲线[15]

（a）（b）一步球磨法：c-Si、石墨和 h-BN 三种原料同时球磨 20h；（c）（d）两步球磨法：c-Si 和石墨（摩尔比为 1∶1）球磨 15h，随后加入剩余 h-BN 和石墨再球磨 5h

两步球磨工艺结合放电等离子烧结（1800℃/40MPa/3min）制备的不同 Si/C 摩尔比 SiBCN 系纳米晶块体陶瓷，其氧化动力学曲线表明：在相同氧化条件下，Si/C 摩尔比越大的纳米晶块体陶瓷，其高温抗氧化性能越好。在 900℃干燥空气氧化 0.5～85h 时，不同 Si/C 摩尔比的纳米晶块体陶瓷均持续氧化失重。在 1050℃干燥空气氧化 85h 时，$SiBC_2N$ 纳米晶块体陶瓷持续氧化失重，至 85h 时陶瓷氧化失重率约为 0.91mg/cm^2；Si_2BC_3N 和 Si_3BC_4N 块体陶瓷氧化 25h 后开始氧化增重，至 85h 时两种纳米晶块体陶瓷氧化增重率约为 0.12mg/cm^2。氧化温度提高至 1200℃，$SiBC_2N$ 和 Si_2BC_3N 块体陶瓷持续氧化失重；Si_3BC_4N 块体陶瓷氧化 5h 后开始增重，至 85h 后陶瓷增重率约为 0.49mg/cm^2。在 1050℃潮湿空气环境下，$SiBC_2N$ 块体陶瓷持续氧化失重；Si_2BC_3N 和 Si_3BC_4N 纳米晶块体陶瓷则显示出相似的质量变化趋势，至 85h 后前者增重率约为 2.5mg/cm^2，后者增重率约为 2.8mg/cm^2（图 5-219）。

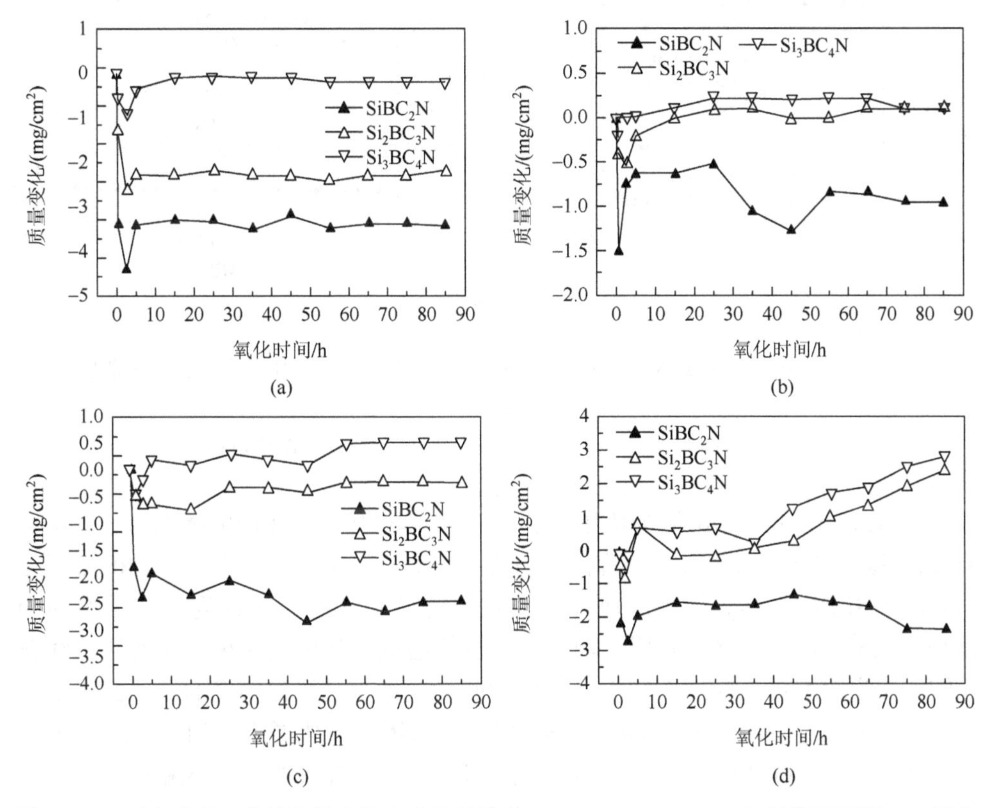

图 5-219　两步球磨工艺结合放电等离子烧结技术（1800℃/40MPa/3min）制备的不同 Si/C 摩尔比 SiBCN 系纳米晶块体陶瓷，在不同氧化温度/湿度环境下单位面积质量变化率与氧化时间的关系曲线[15]

（a）900℃/干燥空气；（b）1050℃/干燥空气；（c）1200℃/干燥空气；（d）1050℃/潮湿空气

5.3.3 引入金属/陶瓷颗粒的影响

1. 引入金属 Al 颗粒

热压烧结制备的 $Si_2BC_3N_{1.6}Al_{0.6}$（以金属 Al 为铝源）纳米晶块体陶瓷，其物相组成为 α-SiC、β-SiC、BN(C)和 AlN 相；而 $Si_2BC_3NAl_{0.6}$（以金属 AlN 为铝源）纳米晶块体陶瓷，除上述三种物相外，还含有 AlON 相。热力学计算结果表明：AlON 相最易与氧发生反应，AlN 次之，最后是 SiC；而 Al_2O_3 和 SiO_2 反应生成莫来石最难发生（图 5-220）。

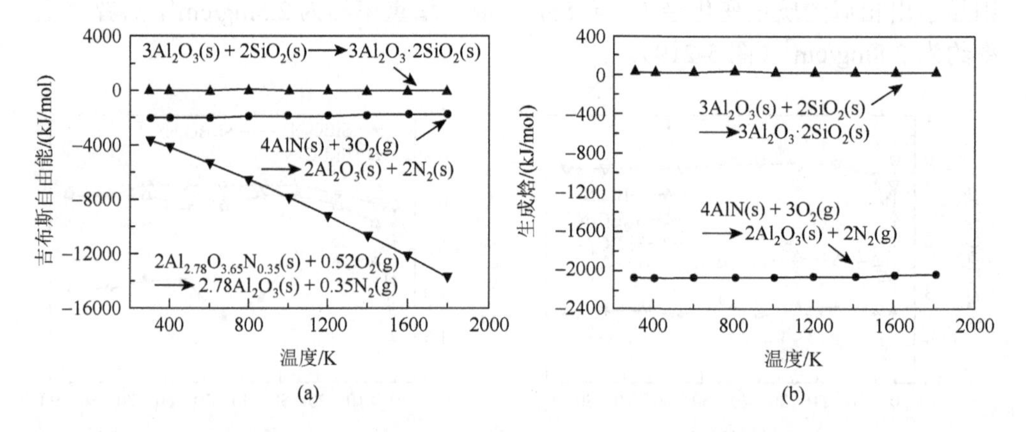

图 5-220 高温氧化过程 SiBCNAl 系纳米晶块体陶瓷可能发生的氧化反应，其吉布斯自由能/生成焓与氧化温度的关系[20]

（a）吉布斯自由能与氧化温度关系；（b）生成焓与氧化温度关系

在 1200～1400℃温度范围内，随着氧化时间的延长，$Si_2BC_3NAl_{0.6}$（以金属 Al 为铝源）纳米晶块体陶瓷先氧化失重后迅速增重（图 5-221）。在 1200℃氧化 2.5h 时，$Si_2BC_3NAl_{0.6}$ 纳米晶块体陶瓷发生明显的氧化失重行为，失重率约为 $1.20mg/cm^2$；延长氧化时间后，陶瓷持续氧化增重，其单位面积质量变化曲线斜率较大，说明增重反应速率较大；氧化 20h 后，纳米晶块体陶瓷的单位面积质量变化率进入稳定阶段；氧化 80h 后，$Si_2BC_3NAl_{0.6}$ 陶瓷氧化增重率约为 $0.2mg/cm^2$。在 1300℃氧化 20h 后，纳米晶块体陶瓷的单位面积质量变化率进入稳定阶段，氧化 80h 后块体陶瓷增重率约为 $0.39mg/cm^2$。在 1400℃氧化 5h 后，$Si_2BC_3NAl_{0.6}$ 纳米晶块体陶瓷的氧化失重率约为 $0.21mg/cm^2$，进一步延长氧化时间至 80h 时，氧化增重率约为 $0.70mg/cm^2$。

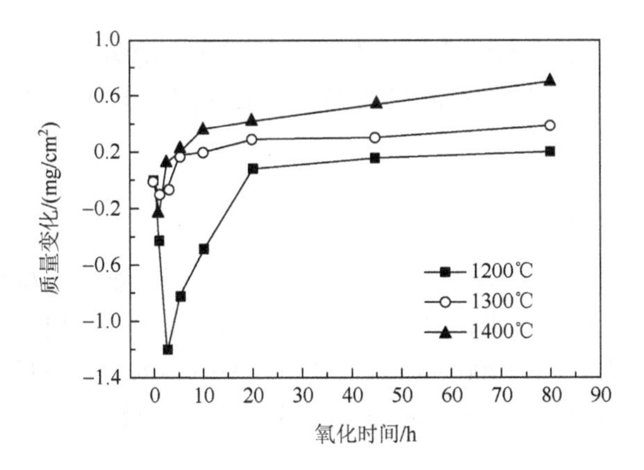

图 5-221　经 1900℃/50MPa/30min 热压烧结制备的 $Si_2BC_3NAl_{0.6}$（以金属 Al 为铝源）纳米晶块体陶瓷，在不同氧化温度条件下单位面积质量变化率与氧化时间的关系曲线[20]

在 1200～1400℃温度范围内，$Si_2BC_3N_{1.6}Al_{0.6}$（以金属 AlN 为铝源）陶瓷和 $Si_2BC_3NAl_{0.6}$（以金属 Al 为铝源）陶瓷的质量变化率与氧化时间的关系曲线变化趋势大致相同，均表现为先失重后迅速增重，直至质量变化进入相对稳定阶段（图 5-222）。不同的是，在 1300℃和 1400℃氧化 80h 后，$Si_2BC_3N_{1.6}Al_{0.6}$ 陶瓷的质量变化率分别约为 $0.22mg/cm^2$ 和 $0.58mg/cm^2$，较 $Si_2BC_3NAl_{0.6}$ 陶瓷的增重率要小；$Si_2BC_3N_{1.6}Al_{0.6}$ 陶瓷进入质量稳定阶段所需时间为 45h。

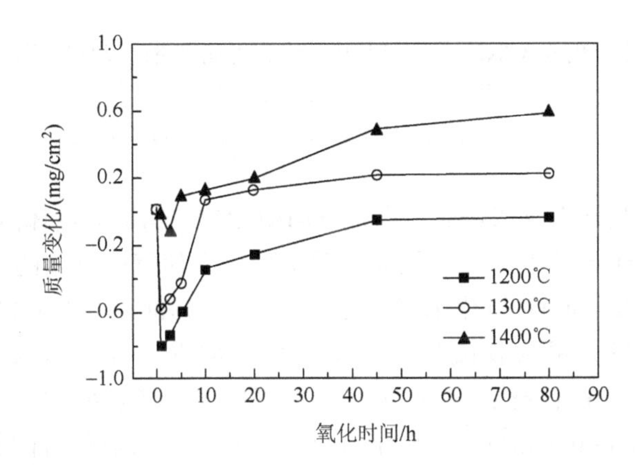

图 5-222　经 1900℃/50MPa/30min 热压烧结制备的 $Si_2BC_3N_{1.6}Al_{0.6}$（以 AlN 为铝源）纳米晶块体陶瓷，在不同氧化温度条件下单位面积质量变化率与氧化时间的关系曲线[20]

上述两种 SiBCNAl 纳米晶块体陶瓷，氧化初期（$t \leqslant 2.5h$）的氧化失重来源于 BN(C)的氧化失重；SiC、AlN 和 AlON 晶相的高温氧化均为增重反应，因此

$Si_2BC_3NAl_{0.6}$ 纳米晶块体陶瓷的单位面积质量变化率随氧化时间延长而增大；氧化时间进一步延长时，陶瓷表面形成保护性氧化层，其质量变化率进入相对稳定阶段。

2. 引入金属 Zr 颗粒

热压烧结制备的 SiBCNZr 系纳米晶块体陶瓷，在 300～2000K 温度范围内，ZrB_2 与氧的反应驱动力最大，其次为 SiC、h-BN 和 ZrN 相；从 B_2O_3-SiO_2 和 ZrO_2-SiO_2 相图来看，在 1000～1500℃氧化温度范围内，氧化层表面产物可能为硼硅玻璃、SiO_2、方石英、ZrO_2 和 $ZrSiO_4$ 等（图 5-223）。

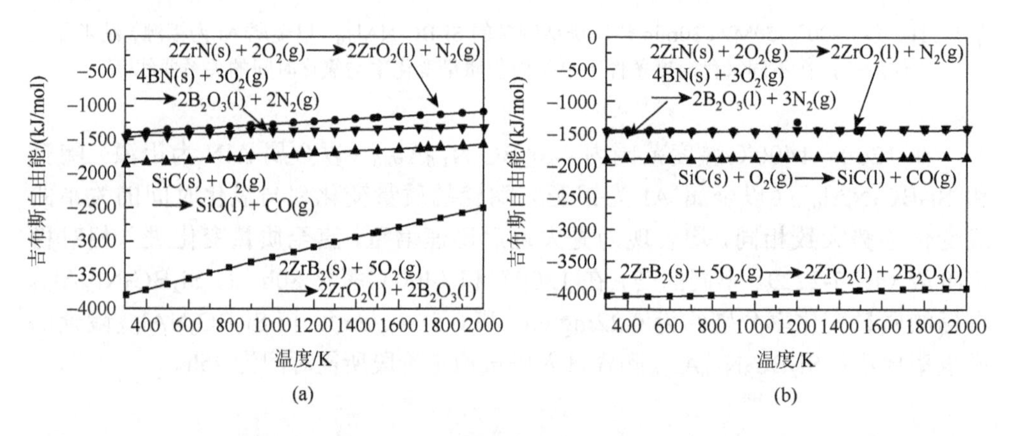

图 5-223 高温氧化过程 SiBCNZr 系纳米晶块体陶瓷可能发生的氧化反应，其吉布斯自由能/生成焓与温度的关系及相应的相图[22]

（a）吉布斯自由能与温度关系；（b）生成焓与温度关系

一步球磨工艺结合热压烧结制备的 $Si_2B_5C_3NZr_2$ 纳米晶块体陶瓷，在 1500℃流动干燥空气氧化条件下，其单位面积质量变化率随氧化时间的变化趋势较为相似（图 5-224）。在 1500℃氧化 1h 后，经 1800℃、1900℃和 2000℃热压烧结制备的 $Si_2B_5C_3NZr_2$ 纳米晶块体陶瓷，其单位面积增重率分别约为 $10.78mg/cm^2$、$11.86mg/cm^2$ 和 $8.94mg/cm^2$；氧化 5h 后，三者的氧化增重率非常接近，分别约为 $16.13mg/cm^2$，$16.49mg/cm^2$ 和 $15.54mg/cm^2$。这说明随着氧化时间的延长，相对密度对该系纳米晶块体陶瓷的氧化增重率的影响逐渐降低。两步球磨法和一步球磨法制备的 $Si_2B_2C_3NZr_{0.5}$ 纳米晶块体陶瓷，在流动干燥空气中氧化 5h 后，其单位面积质量增重率相接近，分别约为 $7.16mg/cm^2$ 和 $7.59mg/cm^2$；对比 1900℃热压烧结制备的 $Si_2B_2C_3NZr_{0.5}$、$Si_2B_3C_3NZr$ 和 $Si_2B_5C_3NZr_2$ 三种纳米晶块体陶瓷，其单位面积氧化增重率随 Zr 和 B 引入量的增加而递增。

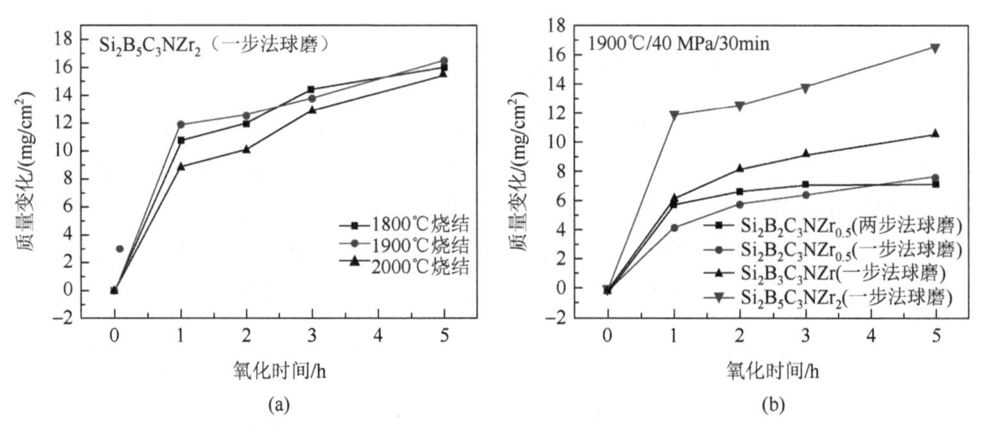

图 5-224　SiBCNZr 系纳米晶块体陶瓷在 1500℃流动干燥空气条件下，单位面积质量变化率与氧化时间的关系曲线[22]

（a）$Si_2B_5C_3NZr_2$ 陶瓷；（b）1900℃烧结制备

3. 引入金属 Zr-Al 颗粒

在 Si_2BC_3N 纳米晶块体陶瓷基体中引入不同摩尔分数的 Zr-Al 作为烧结助剂，在 1400℃静态干燥空气中氧化 3h 后，纳米晶块体陶瓷表面氧化层的平均厚度均小于 20μm；在 1600℃高温氧化时，该系纳米晶块体陶瓷的氧化层厚度明显增加，其中引入 5%（摩尔分数）Zr-Al 的陶瓷材料，其氧化层平均厚度约为 40μm。因此引入 1%～3%（摩尔分数）Zr-Al 作为烧结助剂，可以有效提高 Si_2BC_3N 陶瓷在 1400～1600℃的高温抗氧化性能（图 5-225）。

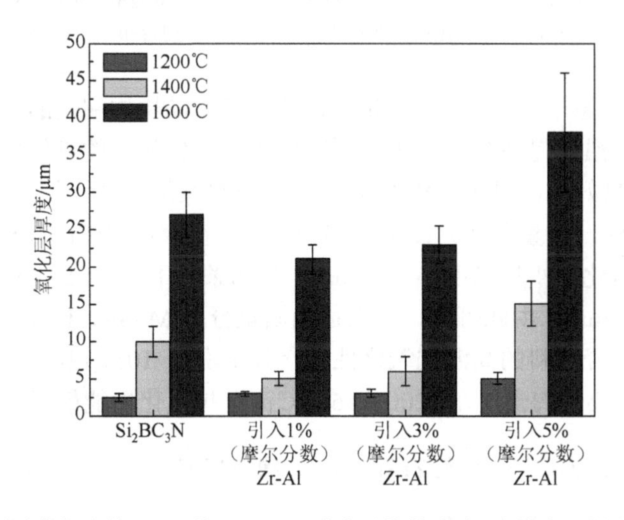

图 5-225　引入不同摩尔分数 Zr-Al 的 Si_2BC_3N 纳米晶块体陶瓷，在静态干燥空气不同温度氧化 3h 后氧化层的厚度变化[23]

4. 引入 $MoSi_2$、$HfSi_2$、$HfSi_2$ 陶瓷颗粒

引入 10%（质量分数）$MoSi_2$、10%（质量分数）$HfSi_2$ 和 10%（质量分数）$TaSi_2$ 作为烧结助剂，烧结后 Si_2BC_3N 纳米晶块体陶瓷的物相组成为 α/β-SiC、BN(C)、MoC、Mo_5Si_3、TaC 等。热力学计算结果表明：高温氧化过程中，上述物相可能发生如下氧化反应（图 5-226），且所有氧化反应在 1000～1900℃范围内均可发生。其中，$HfSi_2$ 与氧的反应驱动力最大，而 TaC 与氧的反应驱动力最低。

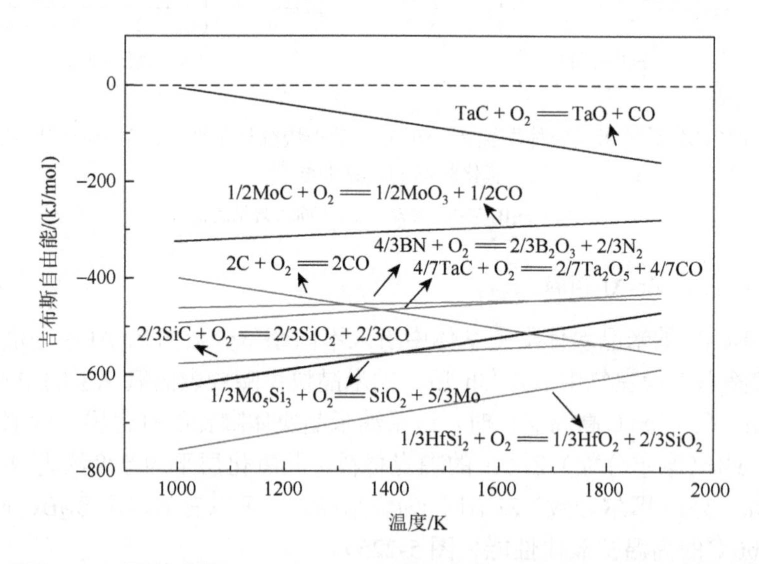

图 5-226　引入 10%（质量分数）$MoSi_2$、10%（质量分数）$HfSi_2$ 和 10%（质量分数）$TaSi_2$ 的 Si_2BC_3N 纳米晶块体陶瓷，高温氧化过程可能发生的氧化反应的吉布斯自由能与氧化温度关系[24]

在 1200℃静态干燥空气氧化 3h 后，所有纳米晶块体陶瓷的氧化层平均厚度小于 3μm；氧化温度提高至 1400℃，所有纳米晶块体陶瓷的氧化层平均厚度小于 10μm，显示出良好的高温抗氧化性能；在 1600℃氧化 3h 后，引入 10%（质量分数）$MoSi_2$、10%（质量分数）$HfSi_2$ 和 10%（质量分数）$TaSi_2$ 的 Si_2BC_3N 纳米晶块体陶瓷，其氧化层平均厚度小于 18μm，相同条件下纯 Si_2BC_3N 块体陶瓷的氧化层厚度达约 35μm。由此可见，引入适当质量分数 $MoSi_2$、$HfSi_2$ 和 $TaSi_2$，可以有效提高该系陶瓷材料的高温抗氧化性能，其中引入 10%（质量分数）$MoSi_2$ 的 Si_2BC_3N 纳米晶块体陶瓷，在 1200～1600℃高温抗氧化性能最好（图 5-227）。

5. 引入 $MgO-ZrO_2-SiO_2$ 或 $ZrSiO_4-SiO_2$ 陶瓷颗粒

引入 10%（质量分数）$MgO-ZrO_2-SiO_2$ 或 10%（质量分数）$ZrSiO_4-SiO_2$ 作为烧结助剂后，Si_2BC_3N 纳米晶块体陶瓷的相对密度显著提高。但所制备的两种纳

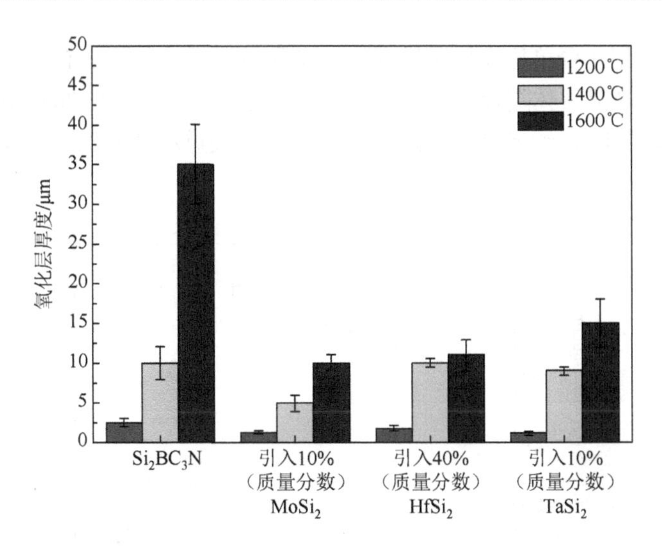

图5-227 引入10%（质量分数）$MoSi_2$、10%（质量分数）$HfSi_2$和10%（质量分数）$TaSi_2$的Si_2BC_3N纳米晶块体陶瓷，在静态干燥空气不同温度氧化3h后氧化层的厚度变化[24]

米晶块体陶瓷材料在1100℃≤T≤1500℃/1h≤t≤10h/流动干燥空气条件下持续氧化失重，其单位面积质量变化率随氧化时间延长先降低后升高，均为负值；动力学曲线表明，两种纳米晶块体陶瓷材料的高温抗氧化性能相差不大（图5-228）。

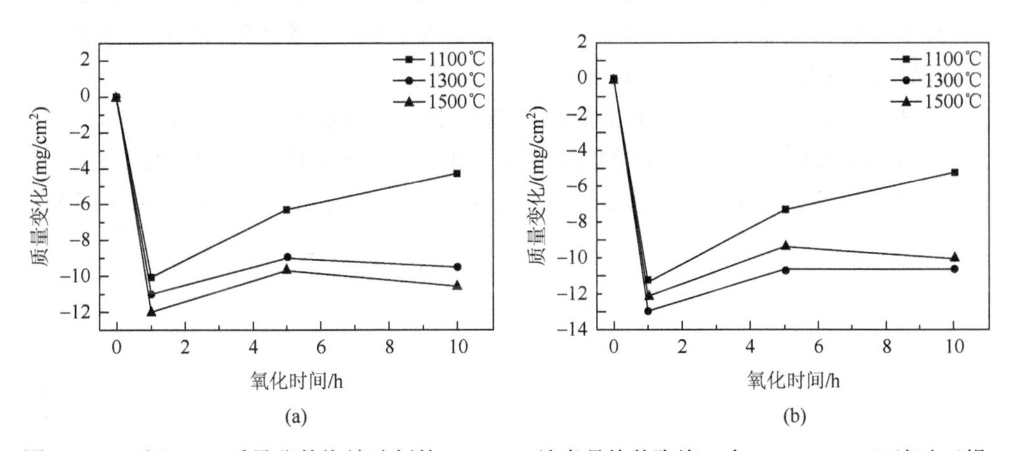

图5-228 引入10%质量分数烧结助剂的Si_2BC_3N纳米晶块体陶瓷，在1100～1500℃流动干燥空气条件下的氧化动力学曲线[25]

（a）引入MgO-ZrO_2-SiO_2；（b）引入$ZrSiO_4$-SiO_2

6. 引入ZrB_2陶瓷颗粒

采用溶胶-凝胶法引入ZrO_2原位反应生成的ZrB_2/Si_2BC_3N纳米晶块体陶瓷，在1500℃静态干燥空气中氧化3h后，其动力学曲线结果表明：随着原位生成ZrB_2质量分数的增加，复相陶瓷单位面积质量变化率先升高后降低；当 ZrB_2 增加至 15%（质量分数）时，纳米晶块体陶瓷的单位面积增重率达到约 $1.48\times10^{-4}mg/cm^2$；ZrB_2 增至 20%（质量分数）时，纳米晶块体陶瓷的单位面积失重率达到约 $2.628\times10^{-4}mg/cm^2$（图 5-229）。

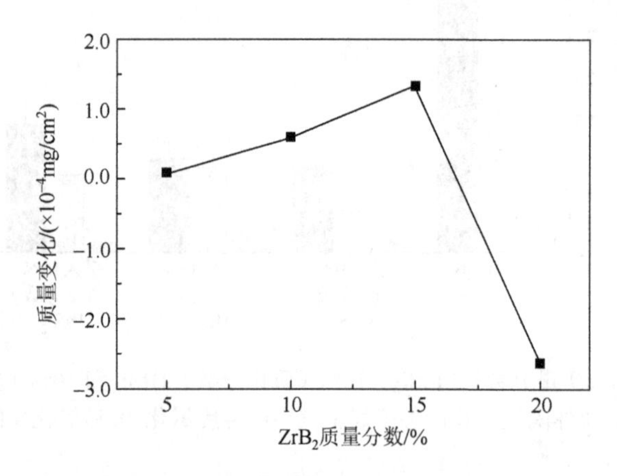

图 5-229　采用溶胶-凝胶法引入 ZrO_2 原位反应生成的 ZrB_2/Si_2BC_3N 纳米晶块体陶瓷，在 1500℃静态干燥空气中氧化 3h 后陶瓷的单位面积质量变化率与 ZrB_2 生成量的关系[28]

采用溶胶-凝胶法引入 ZrO_2、C、B_2O_3 原位反应生成 ZrB_2/Si_2BC_3N 纳米晶块体陶瓷，在 1500℃静态干燥空气中氧化 3h 后，引入 15%（质量分数）ZrB_2 的 Si_2BC_3N 纳米晶块体陶瓷，其单位面积增重率最大，约 $1.38\times10^{-4}mg/cm^3$；ZrB_2 引入量提高至 20%（质量分数），该纳米晶块体陶瓷的单位面积增重率有所下降，达约 $3.81\times10^{-5}mg/cm^2$；随着氧化时间的延长，ZrB_2/Si_2BC_3N 纳米晶块体陶瓷先增重后失重，1500℃氧化 5h 后块体陶瓷氧化失重率约为 $1.21\times10^{-4}mg/cm^2$（图 5-230）。

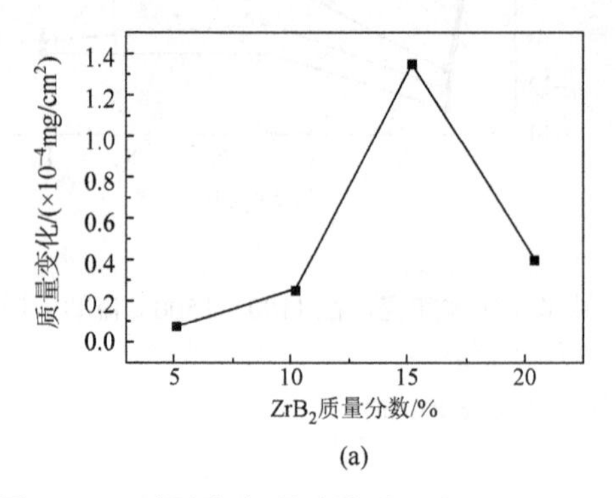

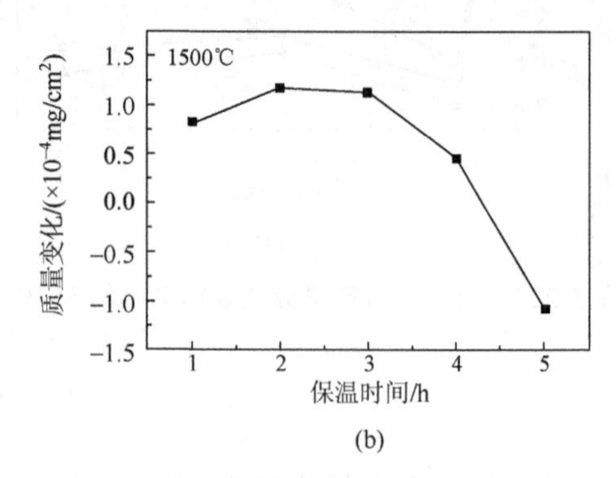

图 5-230　采用溶胶-凝胶法引入 ZrO_2、C、B_2O_3 原位反应生成的 ZrB_2/Si_2BC_3N 纳米晶块体陶瓷，在 1500℃静态干燥空气条件下的氧化动力学曲线[28]

（a）引入不同质量分数 ZrB_2，1500℃静态干燥空气中氧化 3h；（b）引入 15%（质量分数）ZrB_2，在 1500℃氧化不同时间采用溶胶-凝胶法制备的两种 ZrB_2/Si_2BC_3N 纳米晶块体陶瓷，在 1500℃静态干燥空气条件下，其氧化层厚度随氧化时间的关系曲线近似遵循抛物线规律，氧化层厚度的平方值与氧化时间的关系曲线可用线性方程拟合（图 5-231 和图 5-232）。线性拟合结果表明，在 1500℃静态干燥空气条件下，采用溶胶-凝胶法引入 ZrO_2 原位反应生成 15%（质量分数）ZrB_2 的 Si_2BC_3N 纳米晶块体陶瓷，其氧化速率常数约为 51.4μm²/h；而溶胶凝胶法引入 ZrO_2、C、B_2O_3 原位反应生成 15%（质量分数）ZrB_2 的纳米晶块体陶瓷，其氧化速率常数约为 7.0μm²/h；两种纳米晶块体陶瓷材料的氧化反应激活能分别约为 287.0kJ/mol 和 580.8kJ/mol。由此可见，采

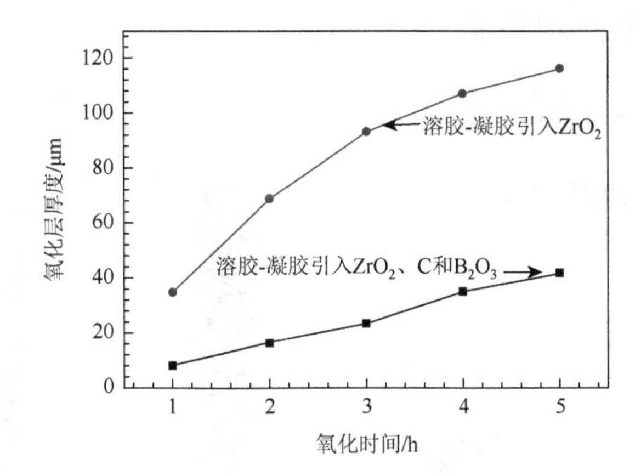

图 5-231 ZrB_2/Si_2BC_3N 纳米晶块体陶瓷在 1500℃静态干燥空气条件下，其氧化层厚度与氧化时间的关系曲线[28]

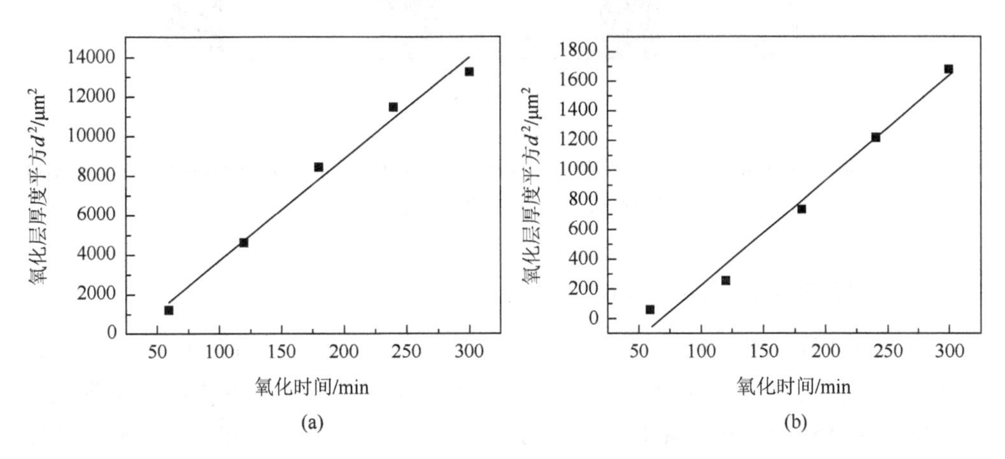

图 5-232 ZrB_2/Si_2BC_3N 纳米晶块体陶瓷在 1500℃静态干燥空气条件下，其氧化层厚度平方值与氧化时间的关系曲线[28]

（a）溶胶-凝胶法引入 ZrO_2；（b）溶胶-凝胶法引入 ZrO_2、C 和 B_2O_3

用溶胶-凝胶法引入 ZrO_2、C、B_2O_3 原位反应生成的不同成分 ZrB_2/Si_2BC_3N 纳米晶块体陶瓷，其高温抗氧化性更好。例如，在 1500℃氧化 3h 后，前者氧化层厚度约为 93μm，而后者氧化层厚度仅约为 23μm。

通过机械合金化法在 Si_2BC_3N 陶瓷基体中引入不同质量分数纳米 ZrB_2，其氧化层厚度的变化表明：引入纳米 ZrB_2 削弱了 Si_2BC_3N 陶瓷的高温抗氧化性能。例如，在 1400℃静态干燥空气氧化 3h 后，ZrB_2/Si_2BC_3N 纳米晶块体的氧化层厚度大于 20μm；在 1600℃氧化后，该纳米晶块体陶瓷的氧化层厚度增至约 70μm；从上述结果来看，无论以何种方式引入 ZrB_2，其含量应该加以控制，从而满足在中高温段长时抗氧化的性能需求（图 5-233）。

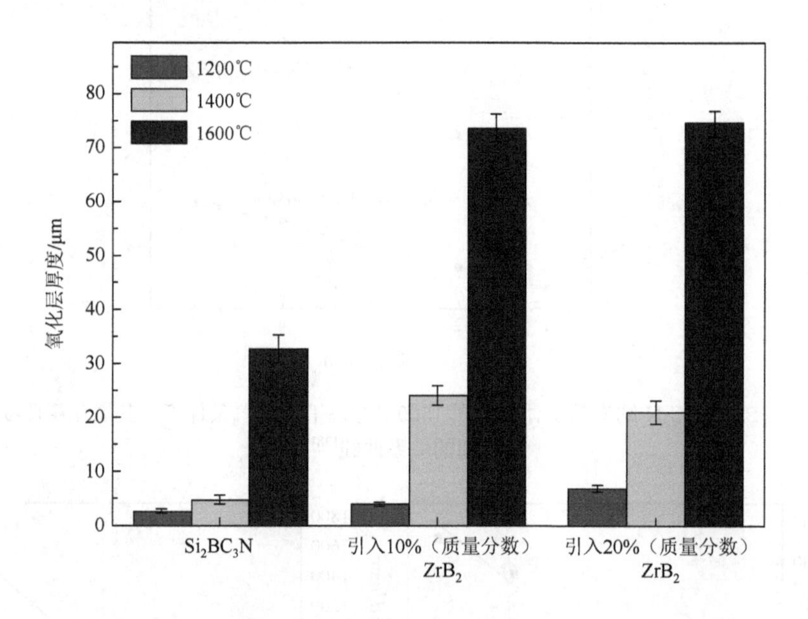

图 5-233 机械合金化引入不同质量分数纳米 ZrB_2 增强 Si_2BC_3N 纳米晶块体陶瓷，在不同温度氧化 3h 后氧化层的厚度变化[28]

7. 采用溶胶-凝胶法引入 ZrC 陶瓷颗粒

热力学计算结果表明，ZrC 与氧的反应驱动力要大于 SiC 与氧的反应驱动力。在 1500℃流动干燥空气条件下，引入 5%（质量分数）ZrC 的 Si_2BC_3N 纳米晶块体陶瓷，在 1h≤t≤5h 氧化时间范围内发生持续氧化失重，其单位面积质量变化率随氧化时间的延长变化较小；而引入 10%和 15%（质量分数）ZrC 的纳米晶块体陶瓷，在 1～5h 氧化时间范围内，发生持续氧化增重，其单位面积氧化质量变化率随氧化时间的延长逐渐降低；ZrC 质量分数的增加，削弱了 Si_2BC_3N 纳米晶块体陶瓷的高温抗氧化性能（图 5-234）。

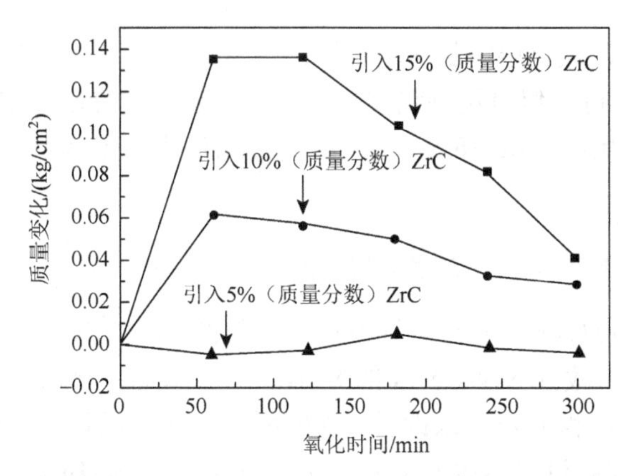

图 5-234　采用溶胶-凝胶法引入 ZrO_2 和 C 原位反应生成 ZrC/Si_2BC_3N 纳米晶块体陶瓷，在 1500℃流动干燥空气条件下单位面积质量变化率与氧化时间的关系曲线[30]

8. 机械合金化技术引入纳米 Ta_4HfC_5 陶瓷颗粒

在 1400℃静态干燥空气氧化 1～4h 时，随着纳米 Ta_4HfC_5 质量分数的增加，Ta_4HfC_5/Si_2BC_3N 纳米晶块体陶瓷的氧化层平均厚度逐渐增大，而同等氧化条件下，纯 Si_2BC_3N 陶瓷的氧化层平均厚度最小；在 1400℃氧化 5h 后，纯 Si_2BC_3N 陶瓷的高温抗氧化能力与引入 2.5%～5%（质量分数）Ta_4HfC_5 的陶瓷相当；氧化温度提高至 1650℃后，随着纳米 Ta_4HfC_5 质量分数的增加，纳米晶块体陶瓷的氧化层厚度逐渐降低。例如，引入 10%（质量分数）纳米 Ta_4HfC_5 的块体陶瓷材料，在 1650℃氧化 5h 后，纳米晶块体陶瓷表面氧化层平均厚度仅约为 14.5μm，显著低于相同条件下纯 SiBCN 陶瓷的氧化层平均厚度约 91.9μm（图 5-235（a））。由图 5-235（b）可知，氧

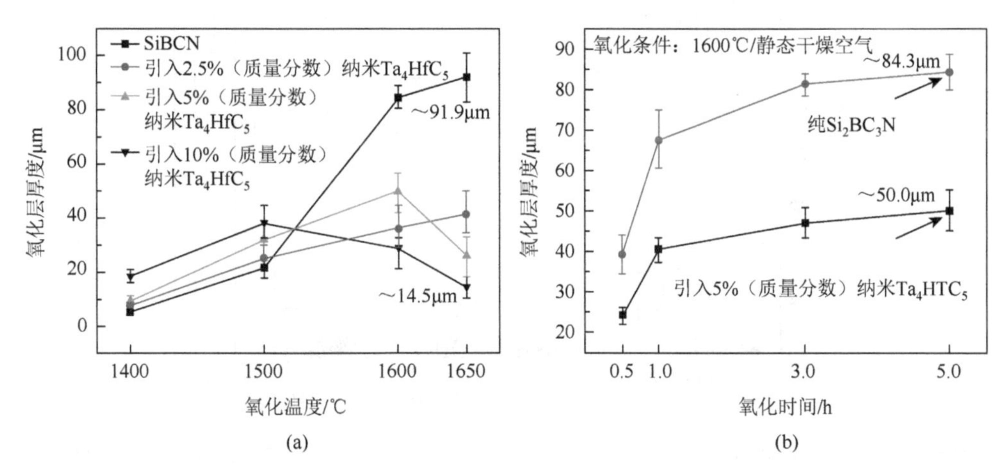

图 5-235　经 1900℃/60MPa/30min 热压烧结制备的 Ta_4HfC_5/Si_2BC_3N 纳米晶块体陶瓷，在 1400～1650℃流动干燥空气条件下的氧化动力学曲线[32]

（a）氧化 5h 氧化层厚度与氧化温度的关系曲线；（b）氧化层厚度与氧化时间的关系曲线

化初期（0.5～1h），氧化层增长速率较快；当氧化时间为 1～5h 时，氧化层厚度与氧化时间的关系可近似呈抛物线规律，氧化物层对陶瓷基体起保护作用。整体而言，引入适量的纳米 Ta_4HfC_5，可以有效提高该系纳米晶块体陶瓷的高温抗氧化性能。

9. 引入 MWCNTs 或 SiC 涂覆 MWCNTs

在 1000～1600℃静态干燥空气条件下，与纯 Si_2BC_3N 块体陶瓷相比，引入 1%（体积分数）未改性 MWCNTs 的 Si_2BC_3N 纳米晶块体陶瓷，其氧化层厚度更薄；引入 3%（体积分数）未改性 MWCNTs 的纳米晶块体陶瓷材料，其氧化表面疏松多孔，因此过量 MWCNTs 的引入管削弱了 Si_2BC_3N 陶瓷的高温抗氧化性能（图 5-236）。在 MWCNTs 表面涂覆 SiC 涂层改性后，有效改善了碳纳米管的抗氧化能力，但对 MWCNTs/Si_2BC_3N 纳米晶块体陶瓷的高温抗氧化性能改善有限（图 5-237）。

10. 引入石墨烯

引入不同体积分数石墨烯的 Si_2BC_3N 纳米晶块体陶瓷，在流动干燥空气氧化 5h 后，石墨烯/Si_2BC_3N 纳米晶块体陶瓷的单位面积质量随氧化温度升高不断降低；在 1500℃氧化后，不同石墨烯引入量的纳米晶陶瓷，其单位面积质量随氧化时间

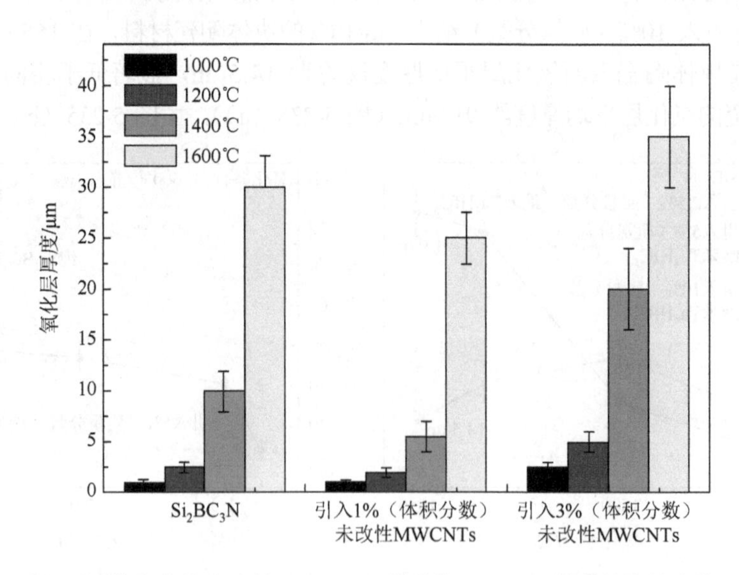

图 5-236 引入不同体积分数未改性 MWCNTs 增强的 Si_2BC_3N 纳米晶块体陶瓷，在 1000～1600℃静态干燥空气氧化 3h 后氧化厚度变化图[33, 34]

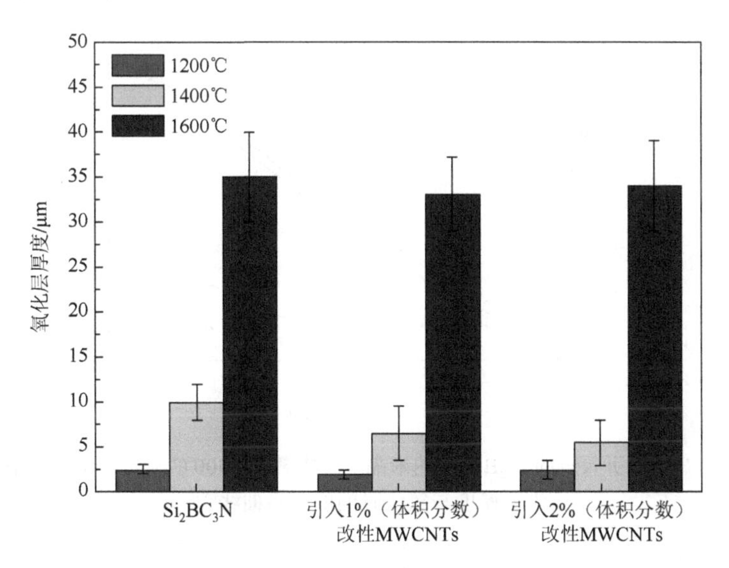

图 5-237　引入不同体积分数改性 MWCNTs 增强 Si_2BC_3N 纳米晶块体陶瓷，在 1000～1600℃静态干燥空气氧化 3h 后氧化厚度变化图[33, 34]

延长先减小后增大（图 5-238）。从氧化膜平均厚度与氧化时间（2h≤t<10h）的关系曲线看，两者近似为线性关系，因此不同石墨烯引入量的 Si_2BC_3N 纳米晶块体陶瓷，其高温氧化行为主要受界面氧化速率控制；石墨烯的引入，严重削弱了 Si_2BC_3N 纳米晶块体陶瓷的高温抗氧化性能（图 5-239）。

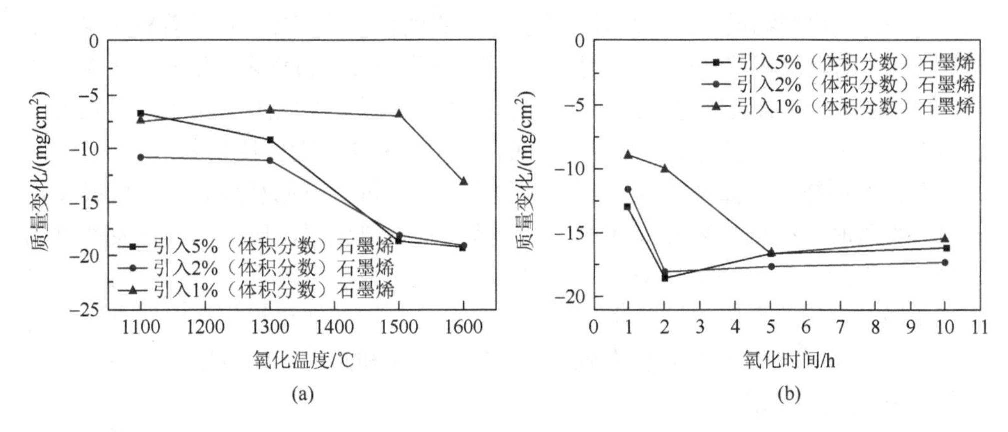

图 5-238　不同石墨烯引入量的 Si_2BC_3N 纳米晶块体陶瓷在流动干燥空气氧化条件下，其单位面积质量变化率与氧化温度/时间的关系曲线[36]

（a）氧化 5h；（b）1500℃氧化

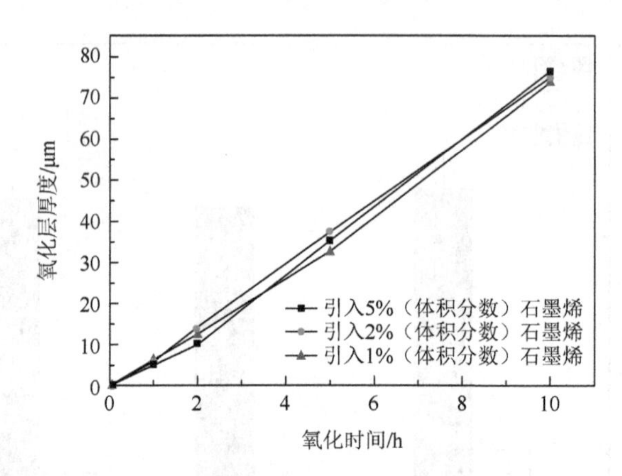

图 5-239 不同石墨烯引入量的 Si_2BC_3N 纳米晶块体陶瓷在 1500℃流动干燥空气条件下，其氧化层厚度与氧化时间的关系曲线[36]

5.4 SiBCN 系亚稳陶瓷的高温氧化损伤行为与损伤机理

非氧化物陶瓷在高温氧化后，要么以惰性氧化（或钝化氧化）方式形成相对致密的产物层，要么以活性氧化（或激活氧化）方式生成挥发性产物，后者的出现主要取决于氧化反应界面处的实际温度和环境中氧化源气体的分压。一般而言，非氧化物陶瓷的惰性氧化是由材料表面向内部的均质连续传热/传质过程，在惰性氧化初始阶段，氧化产物层较薄，此时氧化反应由界面化学反应控制；随着氧化层厚度增加，反应的限速环节迅速转变为扩散过程；此阶段形成的氧化层使非氧化陶瓷钝化，但一定厚度的氧化层与陶瓷基体热失配或氧化层内各物相热失配可能导致氧化层内裂纹萌生、氧化层脱落、分层等，进而导致非氧化物陶瓷持续氧化。

在富燃料燃烧（如液氧煤油发动机和液氢发动机）或低氧热处理环境或飞行器再入大气时，极低的氧分压并不足以形成保护性氧化层，所产生的挥发性氧化产物无法保护非氧化物陶瓷基体。通常，活化氧化并没有动力学上的阻碍（氧化源气流通过气相边界层的扩散速率可以忽略不计），因此活化氧化得以较高速率进行。对于含 Si 或 SiC 的非氧化陶瓷材料，惰性氧化和活性氧化可以通过控制氧分压和体系温度实现相互转化。

SiBCN 系亚稳陶瓷材料的高温氧化机理涉及氧化热力学和动力学问题，受到氧化源种类、元素原子本征扩散系数、气体分压和氧化层结构、平均化学成分等诸多因素影响。热力学计算结果显示，在高温 $T \geq 1500$℃氧化时，平衡条件下 SiBCN 系亚稳陶瓷中 C（石墨）优先发生氧化反应，其次是 SiC 相和 h-BN 相。在考虑动力学控制过程时，实际上也是 C 与氧的反应速率更高（图 5-240）。

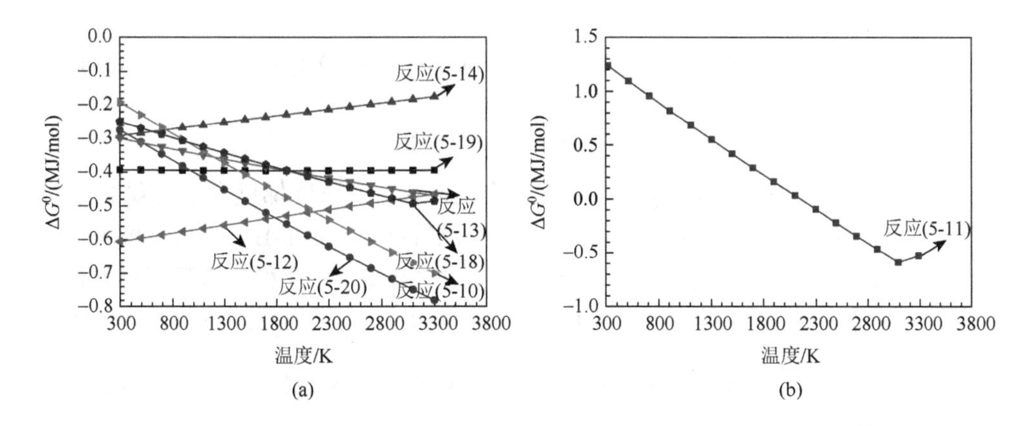

图 5-240　SiBCN 系亚稳陶瓷在高温氧化过程中可能发生的氧化反应[1]

（a）在 300～3800K 温度范围内可能发生的反应；（b）在 300～2000K 温度范围内不能发生的反应

不同 C 摩尔比的 Si_2BC_xN（$x = 1$～4）系和不同摩尔比的 $Si_2B_yC_2N$（$y = 1$～4）系纳米晶块体陶瓷，其微观组织结构和相组成不同，高温氧化行为与机理也不尽相同。C 摩尔比较小的 $Si_2BC_{0.5}N$ 和 Si_2BCN 纳米晶块体陶瓷，体系中存在较多单质 Si 和 h-BN，因此需分别考虑单质 Si、SiC 和 h-BN 三者的高温氧化行为。高温氧化过程中，无机法制备的 Si_2BC_xN（$x = 1$～4）系纳米晶块体陶瓷可能发生如下活性氧化反应：

$$2Si(s) + O_2(g) \longrightarrow 2SiO(g) \tag{5-10}$$

$$Si(s) + SiO_2(s) \longrightarrow 2SiO(g) \tag{5-11}$$

$$SiC(s) + O_2(g) \longrightarrow SiO(g) + CO(g) \tag{5-12}$$

$$SiC(s) + 2SiO_2(g) \longrightarrow SiO(g) + CO(g) \tag{5-13}$$

在反应界面氧化温度较高或氧浓度（氧分压）较低时，上述活性氧化反应在热力学上可以发生。单质 Si 的活性-惰性氧化转变和惰性-活性氧化转变之间具有相似性：活性-惰性氧化转变主要受 Si/SiO_2 界面条件控制，根据瓦格纳理论，需要足够的氧气来建立反应平衡；而惰性-活性氧化转变则受 SiO_2 分解条件控制，反应中产生的气体压力会导致平衡被破坏。在氧含量较高的地方（如大于 1bar 时），SiBCN 系纳米晶块体陶瓷可能发生如下惰性氧化反应：

$$\frac{2}{3}SiC(s) + O_2(g) \longrightarrow \frac{2}{3}SiO_2(s) + \frac{2}{3}CO(g) \tag{5-14}$$

$$\frac{2}{3}SiC(s) + O_2(g) \longrightarrow \frac{2}{3}SiO(g) + \frac{2}{3}CO_2(g) \tag{5-15}$$

$$\frac{1}{2}\mathrm{SiC(s)}+\mathrm{O_2(g)}\longrightarrow\frac{1}{2}\mathrm{SiO_2(s)}+\frac{1}{2}\mathrm{CO_2(g)} \tag{5-16}$$

$$\mathrm{Si(s)}+\mathrm{O_2(g)}\longrightarrow\mathrm{SiO_2(s)} \tag{5-17}$$

h-BN 的氧化行为受块体陶瓷材料表面孔隙率、氧浓度梯度和晶体结构的影响[49]。假如 h-BN 表面不存在任何微裂纹、孔洞等缺陷，则 h-BN 的高温抗氧化性能要高于 SiC[50]。实际上热压和高压烧结制备的 SiBCN 系亚稳块体陶瓷材料，其表面不可避免地存在较多缺陷，因此 h-BN 在 450℃以上即可发生如下氧化反应：

$$\frac{4}{3}\mathrm{BN(s)}+\mathrm{O_2(g)}\longrightarrow\frac{2}{3}\mathrm{B_2O_3(l)}+\frac{2}{3}\mathrm{N_2(g)} \tag{5-18}$$

上述氧化反应还可能生成 NO_x 等气体[51]。当氧化温度低于 1000℃时，液态 B_2O_3 的氧化生成速率远大于气态 B_2O_3 挥发速率，通常块体陶瓷表面生成一层黏稠钝化的 B_2O_3 氧化层，阻碍氧的扩散。氧化温度在 1000～1500℃时，B_2O_3 挥发速率大于其生成速率，B_2O_3 氧化层将不再具有保护性。BN(C)的氧化行为与 h-BN 相似，表面 BN(C)相在氧浓度较高的地方要优先于 SiC 相发生氧化反应。

$Si_2BC_{0.5}N$ 和 Si_2BCN 纳米晶块体陶瓷基体中不存在或者存在少量自由碳，因此氧化层中自由碳可能来源于以下反应：

$$\mathrm{SiC(s)}+\mathrm{O_2(g)}\longrightarrow\mathrm{SiO_2(s)}+\mathrm{C(s)} \tag{5-19}$$

部分自由碳可以进一步氧化生成 CO 和 CO_2 逃逸。C 在含氧气氛中抗氧化性能最差，体系中自由碳或 BN(C)中 C 可发生如下反应：

$$\mathrm{C(s)}+\mathrm{O_2(g)}\longrightarrow\mathrm{CO_2(g)} \tag{5-20}$$

$$2\mathrm{C(s)}+\mathrm{O_2(g)}\longrightarrow2\mathrm{CO(g)} \tag{5-21}$$

$$2\mathrm{CO(g)}+\mathrm{O_2(g)}\longrightarrow2\mathrm{CO_2(g)} \tag{5-22}$$

相同氧化条件下（干燥或湿润空气），单质 Si 的氧化速率要远高于 SiC（假定两种陶瓷的氧化速率受氧在氧化层中的扩散速率控制，即惰性氧化反应过程）[52]。因此 C 摩尔比较小的 $Si_2BC_{0.5}N$ 和 Si_2BCN 纳米晶块体陶瓷中，单质 Si 要优先于 SiC 和 h-BN 相发生氧化。在氧化反应初期（$t\leqslant6$h），表面单质 Si 和 SiC 倾向于发生惰性氧化反应生成致密连续的 SiO_2（Si/SiO_2 和 SiC/SiO_2 界面处氧浓度较高）。随着氧化时间的延长，氧化层厚度逐渐增加，氧化反应界面处 Si 和 SiC 在氧浓度较低的情况下发生惰性-活性氧化转变，大量气体产物挥发/逃逸导致氧化表面较为粗糙，形成相对疏松多孔的氧化层结构。

当氧化层中存在 B 时，SiC 和 Si 晶相在较低温度下就可以发生氧化[40]。在

1500℃，氧化产物 SiO_2 和 B_2O_3 还可以反应生成硼硅玻璃或 SiO_2-B_2O_3 二元熔体；氧在 SiO_2 的扩散速率要低于其在硼硅玻璃中的扩散速率。SiC/SiO_2 界面反应平衡条件对 SiC 陶瓷的高温氧化行为起决定作用[53, 54]。在反应界面处足够高温度和低氧分压条件下，SiC 发生激活氧化生成 SiO（g）通过氧化层向外表面扩散，随着与氧化表面的扩散距离缩短，氧分压逐渐提高，部分 SiO（g）在氧含量高的地方与氧结合生成 SiO_2（s）：

$$2SiO(g) + O_2(g) \longrightarrow 2SiO_2(s) \tag{5-23}$$

当氧化层中聚集的气体产物达到一定浓度时，氧化层可能会出现脱附或者分层现象。若氧化层与陶瓷基体结合强度较高，界面处聚集的 SiO、B_2O_3、CO、CO_2、N_2 等气体可以通过氧化层扩散到环境，遗留的孔洞可被熔融流动性强的 SiO_2 和或硼硅玻璃填充。

Si_2BC_2N 纳米晶块体陶瓷在 1500℃氧化后，其氧化层结构中仍能观察到 BN(C)相稳定存在于非晶 SiO_2 氧化膜中，说明氧化表面形成致密连续的保护膜后，陶瓷内部 BN(C)的抗氧化性能要高于 SiC 相。在氧化初始阶段和较低温度下，SiO_2 膜以玻璃态形式存在；氧化温度高于 1200℃时，非晶 SiO_2 最终将转变为结晶态（通常为方石英）；在 1300℃氧化 1h 后，Si_2BC_3N 纳米晶块体陶瓷中非晶 SiO_2 氧化层沉淀析出大量方石英，而氧在玻璃态 SiO_2 膜中的分子渗透率要比在方石英中快 30 倍以上。

C 摩尔比较大的 $Si_2BC_{3.5}N$ 和 Si_2BC_4N 纳米晶块体陶瓷，氧化层最内层中除了湍层 BN(C)外，还稳定分布着大量湍层碳，湍层碳周围存在较多纳米孔洞。大量湍层碳的稳定存在得益于：①熔融态 SiO_2 包裹湍层碳；②部分 B 与湍层碳的结合可能有助于湍层碳的稳定。氧化动力学曲线表明，氧化后期（t＞6h），C 摩尔比较大的纳米晶块体陶瓷，其氧化失重率与氧化时间的关系曲线近似遵循线性方程，说明 C 摩尔比增大降低了 SiBCN 系纳米晶块体陶瓷的高温抗氧化性能。

湍层 BN(C)和 SiC 相互相包裹的纳米胶囊状壳核结构，可能有助于提高 SiBCN 系纳米晶块体陶瓷的高温抗氧化性能。研究指出[49-51]，BN（0002）晶面间距越接近 h-BN 晶面间距理论值，其抗氧化性能越好。C 引入 BN（0002）晶面会使得该晶面沿着法线方向扭转、弯曲、膨胀，使得 BN(C)晶面间距变大。就此而言，C 摩尔比较大，则降低了 SiBCN 系纳米晶块体陶瓷的高温抗氧化性能，与实验结果相符。

通过引入硼粉来调控非晶陶瓷粉体中 B 的含量，随后热压烧结制备的纳米晶块体陶瓷中则含有 α/β-SiC、BN(C)和 B_xC 相。SEM 氧化表面及截面形貌显示，$Si_2B_yC_2N$（$y = 1$～4）系纳米晶块体陶瓷氧化表面致密光滑连续，与陶瓷基体结合良好；氧化动力学曲线表明，B 摩尔比的增大降低了该系纳米晶块体陶瓷的高温抗氧化性能。B_xC 相在高温氧化过程中可能发生如下反应：

$$B_xC(s)+\frac{3x+2}{4}O_2(g)\longrightarrow\frac{x}{2}B_2O_3(l,g)+CO(g) \tag{5-24}$$

在 1500℃高温氧化后，TEM 氧化层形貌显示：$Si_2B_{1.5}C_2N$ 纳米晶块体陶瓷表面的 B_xC 相被氧化殆尽。由于 B_xC 氧化产物 B_2O_3 在 1500℃高温下不具有保护性，导致不同 B 摩尔比的 $Si_2B_yC_2N$（$y=1$～4）系纳米晶陶瓷在相同氧化条件下其氧化膜生长速率较快。

氧化动力学结果表明，引入适量 $MoSi_2$ 等烧结助剂提高了 Si_2BC_3N 陶瓷基体的高温抗氧化性能。$MoSi_2$ 的氧化分为两种形式：低温阶段（673～873K）的粉化氧化和高温阶段（T>1273K）的钝化氧化形成自愈合氧化层。研究指出，$MoSi_2$ 的粉化氧化是气体元素（最可能是氧气和氮气）优先在晶界扩散同时伴有依赖于氧化温度的界面反应结果；部分研究者认为，$MoSi_2$ 的粉化现象正是由于缺陷处优先氧化，并伴随大的体积效应在缺陷处产生钉楔作用诱发更多的微裂纹，像链式反应一般使 $MoSi_2$ 粉化[8]。实际上，诸多因素，如氧分压和氧化温度、材料组成成分、缺陷（如气孔和微裂纹）等也会影响 $MoSi_2$ 的低温氧化行为。

引入少量 $MoSi_2$、$HfSi_2$ 等烧结助剂后，高温氧化过程中烧结助剂或杂质会穿过 SiO_2 氧化层再分布以达到化学式平衡。若烧结助剂中的阳离子与 SiC 氧化产物 SiO_2 反应，诱导稳定性更高的晶态硅酸盐相结晶析出（如 $HfSiO_4$），而晶体沉淀物起氧扩散屏障作用，那么就减少了可用于氧向内部扩散的非晶态横截面，提高了 SiBCN 系纳米晶块体陶瓷的高温抗氧化性能（前提是氧在晶态硅酸盐相中的扩散速率低于氧在 SiO_2 中的扩散速率）。实际上，通常扩散到 SiO_2 氧化层的杂质会降低氧化层的黏度，从而使氧通过氧化层向内扩散速率加快，加速氧化。

为进一步提高 SiBCN 系亚稳陶瓷材料的使用温度上限，通常需引入超高温组元以便在高温氧化过程中生成低挥发蒸气压氧化产物，以弥补高温长时服役环境下 SiO_2 的软化，或者与 SiO_2 反应生成稳定性更高的硅酸盐相。采用溶胶-凝胶法或机械合金化技术在 Si_2BC_3N 陶瓷基体中引入 ZrB_2，热力学计算结果表明：ZrB_2 在常温常压空气条件下即可发生氧化生成 ZrO_2 和 B_2O_3，但其在 800℃以下氧化非常缓慢；在 800℃以上开始发生明显氧化生成固态 ZrO_2 和液态 B_2O_3；在 1500℃氧化条件下，SiC 氧化的最低氧分压为 4.1×10^{-14}Pa，而 ZrB_2 氧化的最低氧分压为 1.8×10^{-11}Pa。当反应界面处氧分压低于 4.1×10^{-14}Pa 时，ZrB_2 和 SiC 相稳定存在；当氧分压等于 4.1×10^{-14}Pa 时，SiC 首先发生氧化；氧分压

继续升高至 1.8×10^{-11}Pa 时，ZrB_2 开始氧化失稳。1500℃高温氧化过程中，B_2O_3 在 SiO_2 氧化层底部含量较大时，可溶于 ZrO_2 形成 SiO_2-ZrO_2-B_2O_3 三元熔体。但由于高温下 B_2O_3 挥发，部分溶解的 ZrO_2 从三元熔体中结晶析出或形成 $ZrSiO_4$ 晶体。

Ta_4HfC_5 具有极高熔点，相应的氧化产物 Ta_2O_5 和 HfO_2 在高温下蒸气压低，不易挥发，可与 SiO_2 形成连续保护性氧化层。1500～1650℃高温氧化过程中，Ta_2O_5 和 HfO_2 可以反应生成稳定的 $Hf_6Ta_2O_{17}$，HfO_2 与 SiO_2 反应生成 $HfSiO_4$，但 Ta_2O_5 与 SiO_2 并不互溶，因此 Ta_4HfC_5/Si_2BC_3N 纳米晶块体陶瓷的高温氧化层中，可能的相结构组成为 SiO_2(-B_2O_3)、HfO_2、Ta_2O_5、$HfSiO_4$ 和 $Hf_6Ta_2O_{17}$。而氧化产物 ZrO_2、HfO_2、Ta_2O_5 和 $HfSiO_4$ 等作为高温相，可有效提高 SiBCN 系亚稳陶瓷材料的使用温度上限，但此类氧化产物自身易形成多孔氧化层结构，且氧在其中扩散速率较快，导致氧化层生长速率过快，因此需控制 ZrB_2 或 Ta_4HfC_5 的引入量。

水蒸气参与 SiBCN 系纳米晶复相陶瓷材料的高温氧化反应过程中，其往往具有双重角色：一方面，水蒸气可以充当氧化源，对陶瓷基体进行氧化腐蚀；另一方面，水蒸气充当保护性氧化层的破坏者，并进一步与氧化物反应生成挥发性氢氧化物。挥发性气体产物的生成破坏了均匀连续致密的氧化层，导致材料结构和性能持续氧化衰退，是一种限制非氧化物陶瓷寿命的降解机制。尤其是挥发性氢氧化物的形成在某些条件下，既依赖于服役环境中的水蒸气分压，又依赖于环境中的氧分压。当挥发性产物的平衡蒸气压达 10^{-7}MPa 或者更高时，挥发性氢氧化物引起的材料损失应成为非氧化物陶瓷长期应用的重要考量因素之一[8]。表 5-10 给出了几种常见氧化物在不同工作环境下的服役温度上限（以平衡蒸气压 10^{-7}MPa 为标准），可见水蒸气存在及其分压对非氧化物陶瓷使用温度上限有极大影响。

表 5-10　挥发性产物在平衡蒸气压为 10^{-7}MPa 时各类氧化物的预估服役温度上限[8]（单位：℃）

氧化物种类	总压：0.1MPa 氧分压：0.02MPa 水蒸气分压：0.001MPa	总压：0.1MPa 氧分压：0.01MPa 水蒸气分压：0.01MPa	总压：0.1MPa 氧分压：0.1MPa 水蒸气分压：0.1MPa
SiO_2	1575	1370	967
Al_2O_3	M	1864	1345
B_2O_3	M	M	700
ZrO_2	M	＞1827	＞1800

注：M 表示此时材料受限于氧化物的熔点而不是氢氧化物挥发反应。

SiBCN 系纳米晶块体陶瓷在高温水蒸气（绝对湿度 0.816g/cm^3）介入环境中，水蒸气一方面与 SiC、BN(C)相发生氧化反应，另一方面继续与氧化产物 SiO_2 和 B_2O_3 反应生成挥发性氢氧化物，具体反应式如下（图 5-241）：

$$SiC(s) + 3H_2O(l,g) \longrightarrow SiO_2(s,l) + 3H_2(g) + CO(g) \tag{5-25}$$

$$SiC(s)+2H_2O(l,g) \longrightarrow SiO_2(s,l) + CH_4(g) \tag{5-26}$$

$$BN(s) + 3H_2O(l,g) \longrightarrow B(OH)_3(g) + NH_3(g) \tag{5-27}$$

$$SiO_2(s) + H_2O(l,g) \longrightarrow H_2SiO_3(g) \tag{5-28}$$

$$2B_2O_3(s) + 6H_2O(l,g) \longrightarrow 4H_3BO_3(g) \tag{5-29}$$

$$B_2O_3(s) + 3H_2O(l,g) \longrightarrow 2H_3BO_3(g) \tag{5-30}$$

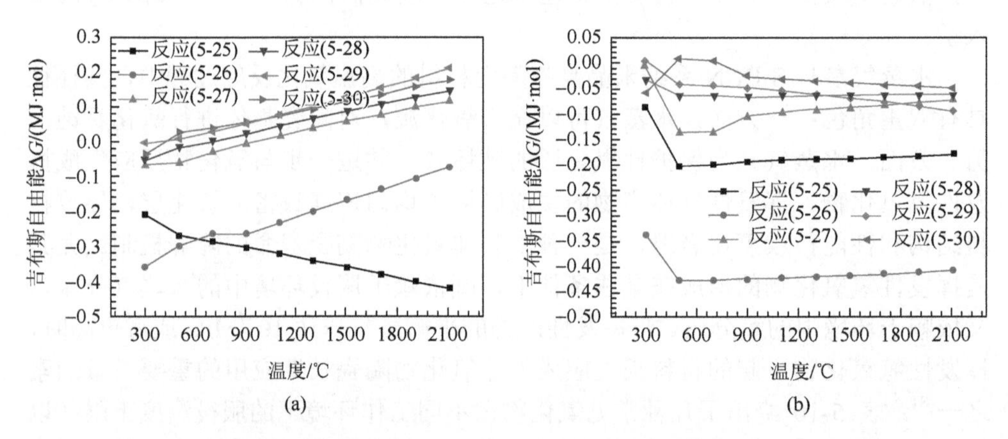

图 5-241　高温氧化过程中 SiBCN 系纳米晶块体陶瓷与水可能发生的化学反应

（a）吉布斯自由能与氧化温度的关系；（b）生成焓与氧化温度的关系

不同球磨工艺结合热压/放电等离子烧结制备的 SiBCN 系纳米晶块体陶瓷，在 1050℃流动湿润空气氧化 0.5～85h 后，几乎所有反应动力学曲线均大致包含两个反应阶段，即快速氧化失重的初始阶段直至最大质量损失率和后期慢速氧化增重阶段。初始阶段应该是表面大量 BN(C)和部分 SiC 晶相氧化反应为主导；后期慢速氧化增重阶段应为氧化和挥发性氢氧化物逃逸的混合反应，以 SiC 惰性氧化增重反应为主导。因此，在 1050℃水蒸气没有介入时，SiBCN 系纳米晶块体陶瓷氧化表面形成相对致密且较薄的 SiO_2 或 SiO_2-B_2O_3 氧化层；当水蒸气介入后，氧化层急剧增厚且形成多孔氧化结构，随时间延长氧化进一步加剧。

热力学计算结果显示：在 SiBCN 系陶瓷基体中引入第二相组元后，第二相与高温水蒸气反应生成相应的氧化物驱动力不同，氧化热力学与动力学也不尽相同

（图 5-242）。例如，在湿氮气气氛中，AlN 陶瓷氧化增重随反应时间线性增加，水蒸气提高其在空气中的氧化速率，且 AlN 在湿氮气气氛中的氧化速率比湿空气中的氧化速率快 10 倍以上；在 1250℃以下，AlN 陶瓷在水蒸气中的氧化速率由 AlN 与吸附水蒸气之间的表面化学反应控制，在 1350℃以上，由水蒸气通过 Al_2O_3 薄膜的扩散速率控制。SiC-ZrB_2 或 SiC-HfB_2 陶瓷在高温含水氧化条件下，氧化层均为双层结构：顶部为富含玻璃的 SiO_2 层，第二层为 ZrO_2 或 HfO_2 层；并没有观察到 SiC 剥离层，与其在干燥空气的高温氧化层结构明显区别。$MoSi_2$ 陶瓷在 670～1498K 含水气氛中氧化 10h，钝化的 SiO_2 层在水蒸气环境中作为氢氧化物 $MoO_2(OH)_2$ 和 $Si(OH)_4$ 挥发：前者促进均匀 SiO_2 层的形成并导致抛物线氧化动力学曲线，在 670～773K 下延缓氧化反应；后者去除保护性 SiO_2 层，使材料进一步氧化腐蚀[8]。

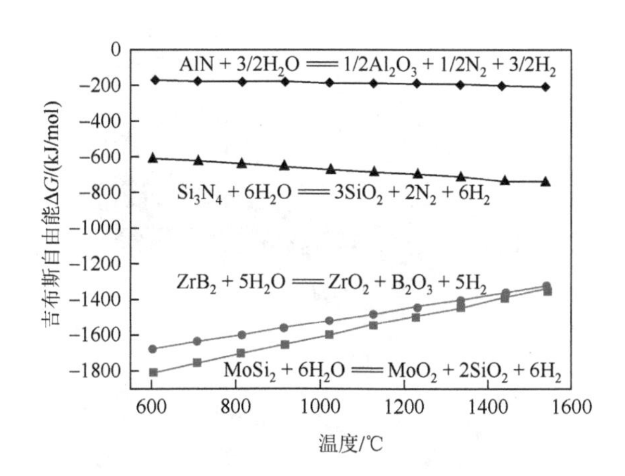

图 5-242　含水环境下典型非氧化物陶瓷的高温氧化反应吉布斯自由能与氧化温度关系[8]

相对氧而言，水蒸气是一种弱氧化剂，在高温与氧耦合作用下往往导致非氧化物陶瓷氧化产物形貌改变，进而影响后续氧化源向陶瓷基体的传输路径，通常加速陶瓷的高温氧化损伤进程。高温环境下，水蒸气与氧化产物间的挥发反应不可忽视，这往往是非氧化物陶瓷结构和性能退化的主要原因，内在反应机理还存在诸多疑问，仍需后续进一步探讨。

在 1500～1800℃高温流动干燥空气环境中，SiBCN 表面非晶成分发生氧化后，在热力学和动力学允许的条件下内部非晶相不可避免地结晶析出，因此讨论 SiBCN 系非晶块体陶瓷的高温氧化损伤行为与高温氧化机理时，需要考虑氧化过程中伴随的析晶问题，此外还需要考虑该系非晶块体陶瓷中非晶相之间和非晶相/纳米析出相之间的氧化反应优先级问题。

氧化动力学表明：1000℃/5GPa/30min 高压烧结制备的不同 C 摩尔比的 Si_2BC_xN（$x=2\sim4$）系和不同 B 摩尔比的 $Si_2B_yC_2N$（$y=1\sim4$）系非晶块体陶瓷，在 1500℃的高温氧化行为受氧在氧化层中的扩散速率控制，该系非晶块体陶瓷的高温抗氧化性能随 C 和 B 摩尔比的增大逐渐降低；其高温氧化行为与 SiBCN 系纳米晶块体陶瓷相似，说明 SiBCN 完全非晶和 SiBCN 纳米晶块体陶瓷可能有相似的氧化历程，但 SiBCN 系非晶块体陶瓷高温抗氧化性能要优于相同成分的纳米晶块体陶瓷，原因是非晶组织是各向同性的均质结构（宏观上），而纳米晶复相块体陶瓷中包含较多的晶界、位错、层错、孪晶、空位、杂质原子等缺陷，为氧的扩散提供了便利条件。例如，1500℃高温氧化 15h 后，Si_2BC_3N 非晶块体陶瓷中析出大量纳米晶体，纳米晶相之间、晶相和非晶相之间存在大量界面，氧倾向于沿着晶界向材料内部扩散，使得陶瓷氧化进程加速（图 5-243）。

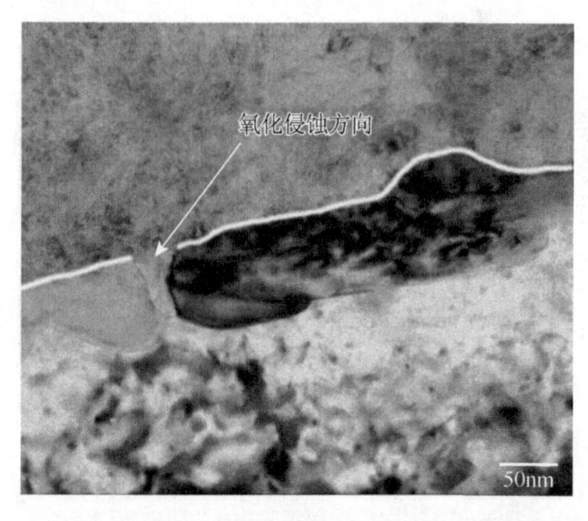

图 5-243 经 1000℃/5GPa/30min 高压烧结制备的 $Si_2B_{1.5}C_2N$ 非晶块体陶瓷，在 1500℃流动干燥空气中氧化 15h 后氧化层的 TEM 分析（氧化侵蚀优先发生在氧化物/析出相界面处）[1]

需强调的是，在 1500～1600℃氧化温度的整个氧化过程内，SiBCN 系非晶块体陶瓷氧化动力学最初可能并不遵循抛物线速率定律：氧化初期单位面积质量变化率较大，相应的氧化层增长速率最快，因此实际上初期的氧化行为可能受氧化界面反应速率控制；此外，高温氧化气氛中初始阶段形成的氧化层非常薄，如果按照抛物线速率规律外推氧化层厚度为零，那么反应速率将无穷大，不符合实际情况。但在一定的氧化时间后氧化动力学曲线遵循抛物线速率定律，这类具有两段延伸的复杂氧化曲线不能用单一动力学模型进行描述。实际上，观察到 SiBCN 系亚稳陶瓷材料的初始氧化阶段非常困难，因为在大多数情况下，陶瓷样品在升温过程中生成的氧化膜已经具有一定厚度了。当恒温氧化开始时，氧通过氧化膜的扩散已经成为速率控制过程，氧化反应速率将遵循抛物线速率规律，持续时间由样品的几何形状和氧化层的力学性质决定。

高温氧化用样品的几何形状非常重要，这是因为随着氧化反应的推进，SiBCN 系陶瓷基体将变得越来越薄，陶瓷基体/氧化层界面的面积也越来越小，当反应速率用单位面积的质量变化率表示时，如果仍把陶瓷块体样品的初始表面积当作恒定的，就会导致数值虽小但意义重大的偏差。速率控制高温氧化过程中，为保持 SiO_2 氧化层和 SiBCN 陶瓷基体的黏附（较好结合强度），氧化层必将发生弛豫，氧化层中产生内应力；若 SiO_2 氧化层不发生弛豫，则在氧化层和陶瓷基体界面处将产生孔洞和或微裂纹，将氧化层和陶瓷基体隔开（气体产物聚集也发生部分作用）。假如界面是一个平面，将不会有任何力来约束这种弛豫，但在边角处（圆柱体和长方体样品），SiO_2 氧化层不可能沿着两个或者三个方向弛豫[55]。在这些区域氧化层的几何形状是稳定的，并阻滞弛豫的进程（类似于硬纸板盒，其边和角是不会发生挠曲的），因此在这些几何形状稳定的区域，SiO_2 氧化层只能通过蠕变以保持与 SiBCN 陶瓷基体的黏附，蠕变速率由陶瓷基体的氧化速率或消耗速率决定。SiO_2 氧化层和 SiBCN 陶瓷基体之间的黏附力（或结合力）便是使氧化层发生蠕变和保持黏附的最大作用力。由此可见，除非 SiO_2 氧化层的生长速率极其缓慢或者氧化层具有非常好的塑性，否则随着氧化反应的持续进行，SiO_2 氧化层将逐渐脱附 SiBCN 陶瓷基体。当 SiO_2 氧化层越来越厚时，陶瓷样品边角或结构/成分不均匀等部位氧化层将率先与陶瓷基体脱附，或导致氧化层发生分层（多层氧化层结构且氧化层层与层之间性质差异较大时），氧化侵蚀在此处进一步深入。

扩散控制过程氧化的 SiBCN 系非晶块体陶瓷在 1500～1600℃的高温惰性氧化过程主要包括：①氧从气相扩散到 SiO_2 氧化层表面，该扩散速率非常快，故认为氧化层表面氧分压等于空气中氧分压。②氧穿过氧化层向氧化层与陶瓷基体反应界面处扩散，该过程非常缓慢，故成为氧化过程的控制步骤，这一过程与氧化层性质（物相组成及其含量、密度、黏度、稳定性等）有关，氧主要以晶格扩散的方式向内扩散。③界面反应，界面氧化反应的速率（非平衡热力学决定界面处各物相与氧的反应优先级）要远远高于扩散速率，界面反应速率对氧化过程影响很小。④氧化产物向远离界面方向扩散，伴随氧化界面的推进。

对 SiBCN 系亚稳块体陶瓷材料而言，在实际应用中惰性氧化到活性氧化之间的转化更加重要，这一转化在不稳定和多变的服役环境（如飞行器再入大气）需重点关注。氧化温度升高至 1700～1800℃后，SiBCN 系非晶块体陶瓷发生了活性氧化反应，反应的限速环节是气体氧化产物向内和或向外的传输速率；在整个氧化时间范围内，由于氧化表面无法形成钝化致密的保护膜（此时可以认为氧在氧化层外部的浓度等于其在氧化层与陶瓷基体界面的浓度），氧化始终受界面反应速率主导，氧化层厚度与氧化时间关系符合线性速率规律，陶瓷将较快地氧化殆尽。

综上所述，SiBCN 系非晶块体陶瓷的高温氧化行为可分为三个阶段（样品预先置于氧化炉中，随炉升温到预定温度）：①低温阶段（T≤800℃），表面少量无定形碳或非晶 BN(C)相中的碳率先氧化生成 CO 和 CO_2 逃逸，陶瓷表面形成非常薄的氧化膜。②中高温阶段（800℃＜T≤1600℃），非晶组元持续发生氧化的同时，逐步析出的纳米 BN(C)和 SiC 晶相也随之氧化；随着氧化温度提高，氧传输到氧化表面并透过 SiO_2 氧化层向内部扩散速率提高，氧在氧化层和陶瓷基体界面处与析出相 BN(C)、Si 和 SiC 反应，气体氧化产物透过 SiO_2 氧化层向环境扩散，氧化层表面或界面处形成部分气孔和孔洞；高温阶段 SiC 快速发生惰性氧化，黏流态 SiO_2 有效弥合气孔和孔洞等缺陷，陶瓷表面生成连续致密钝化的 SiO_2 氧化层，有效抑制了陶瓷基体的氧化速率；随着氧化时间延长，表面氧化层中部分 SiO_2 发生晶化转化成方石英。③氧化温度达 1600℃＜T≤1800℃，氧化层和陶瓷基体界面处 SiO_2 与析出相 SiC 发生反应或 SiC 直接发生活性氧化反应，形成疏松多孔的界面结构和氧化层结构；表面软化 SiO_2 的挥发速率远大于其生成速率，陶瓷发生严重氧化损伤，最终消失殆尽（图 5-244）。

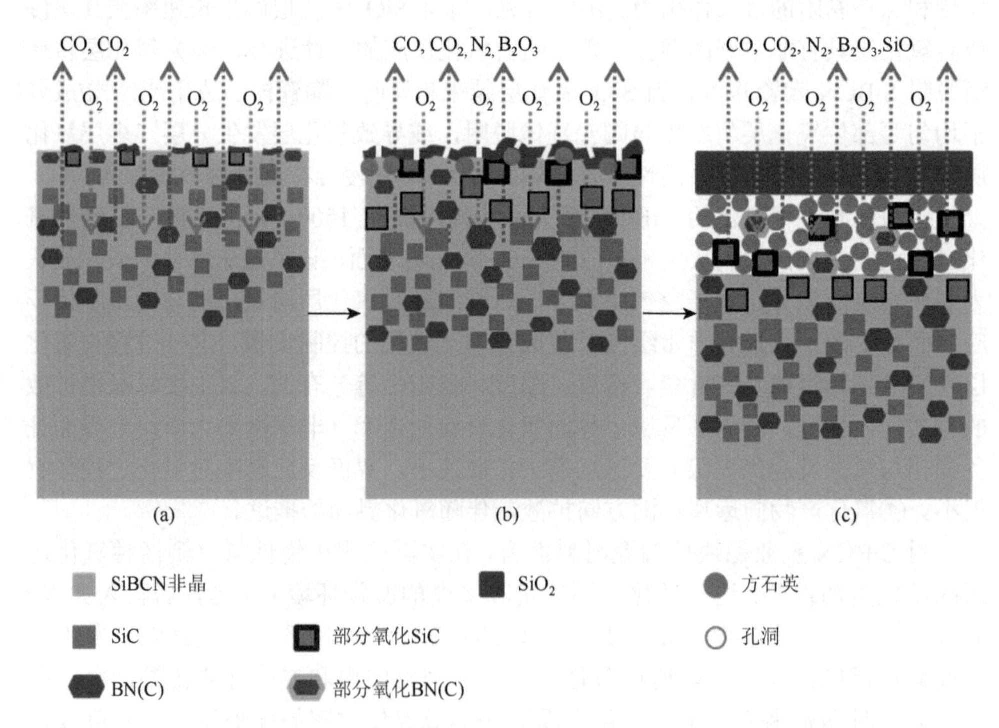

图 5-244 无机法制备 SiBCN 系非晶块体陶瓷的高温氧化过程示意图(样品预先置于氧化炉中，随炉升温到预定温度）[2]

（a）氧化温度 T≤800℃；（b）800℃＜T≤1600℃；（c）1600℃＜T≤1800℃

参考文献

[1] 李达鑫. SiBCN 非晶陶瓷析晶动力学及高温氧化行为[D]. 哈尔滨：哈尔滨工业大学，2018.

[2] 梁斌. 高压烧结 Si_2BC_3N 非晶陶瓷的晶化和高温氧化机制[D]. 哈尔滨：哈尔滨工业大学，2017.

[3] Patel M，Janardhan Reddy J，Bhanu Prasad V V，et al. Strength of hot pressed ZrB_2-SiC composite after exposure to high temperatures（1000-1700℃）[J]. Journal of the European Ceramic Society，2012，32（16）：4455-4467.

[4] Bharadwaj L，Fan Y，Zhang L G，et al. Oxidation behavior of a fully dense polymer-derived amorphous silicon carbonitride ceramic[J]. Journal of the American Ceramic Society，2004，87（3）：483-486.

[5] Costello J A，Tressler R E. Oxidation kinetics of hot-pressed and sintered α-SiC[J]. Journal of the American Ceramic Society，1981，64（6）：327-331.

[6] Narushima T，Goto T，Hirai T. High-temperature passive oxidation of chemically vapor deposited silicon carbide[J]. Journal of the American Ceramic Society，1989，72（8）：1386-1390.

[7] Seifert H J，Peng J Q，Golczewski J，et al. Phase equilibria of precursor-derived Si-(B-)C-N ceramics[J]. Applied Organometallic Chemistry，2001，15（10）：794-808.

[8] 侯新梅. 非氧化物陶瓷高温反应动力学及应用[M]. 北京：冶金工业出版社，2020.

[9] Weinmann M，Schuhmacher J，Kummer H，et al. Synthesis and thermal behavior of novel Si-B-C-N ceramic precursors[J]. Chemistry of Materials，2000，12（3）：623-632.

[10] Liang B，Yang Z H，Zhu Q S，et al. Dense，pure SiC monoliths with excellent oxidation resistance sintered at low temperatures and high pressures[J]. Ceramics International，2015，41（10）：15227-15230.

[11] Guinel M J F，Norton M G. Blowing of silica microforms on silicon carbide[J]. Journal of Non-Crystalline Solids，2005，351（3）：251-257.

[12] 张鹏飞.机械合金化 2Si-B-3C-N 陶瓷的热压烧结行为与高温性能研究[D]. 哈尔滨：哈尔滨工业大学，2013.

[13] Jorgensen P J，Wadsworth M E，Cutler I B. Oxidation of silicon carbide[J]. Journal of the American Ceramic Society，1959，42（12）：613-616.

[14] Adamsky R F. Oxidation of silicon carbide in the temperature range 1200 to 1500℃[J]. The Journal of Physical Chemistry，1959，63（2）：305-307.

[15] 杨治华. Si-B-C-N 机械合金化粉末及陶瓷的组织结构与高温性能[D]. 哈尔滨：哈尔滨工业大学，2008.

[16] 洪于喆. MA SiBCN 陶瓷的高温氧化规律与机理[D]. 哈尔滨：哈尔滨工业大学，2013.

[17] Ye D，Jia D C，Yang Z H，et al. Structural and microstructural characterization of $SiB_{0.5}C_{1.5}N_{0.8}Al_{0.3}$ powders prepared by mechanical alloying using aluminum nitride as aluminum source[J]. Ceramics international，2011，37（7）：2937-2940.

[18] Ye D，Jia D C，Yang Z H，et al. Microstructure and valence bonds of Si-B-C-N-Al powders synthesized by mechanical alloying[J]. Procedia Engineering，2012，27：1299-1304.

[19] Ye D，Jia D C，Yang Z H，et al. Microstructure and thermal stability of amorphous SiBCNAl powders fabricated by mechanical alloying[J]. Journal of Alloys and Compounds，2010，506（1）：88-92.

[20] 叶丹. 机械合金化 Si-B-C-N-Al 粉体及陶瓷的组织结构与抗氧化性[D]. 哈尔滨：哈尔滨工业大学，2012.

[21] Wideman T，Cortez E，Remsen E E，et al. Reactions of monofunctional boranes with hydridopolysilazane：Synthesis，characterization，and ceramic conversion reactions of new processible precursors to SiNCB ceramic materials[J]. Chemistry of Materials，1997，9（10）：2218-2230.

[22] 胡成川. Si-B-C-N-Zr 机械合金化粉末及陶瓷的组织结构与性能[D]. 哈尔滨：哈尔滨工业大学，2013.

[23] Liao N，Jia D C，Yang Z H，et al. Enhanced mechanical properties，thermal shock resistance and oxidation resistance of Si_2BC_3N ceramics with Zr-Al addition[J]. Materials Science and Engineering：A，2018，725：364-374.

[24] Liao N，Ji Z X，Yang Z H，et al. Improved oxidation resistance of SPS sintered Si_2BC_3N ceramics with disilicides（$MoSi_2$，$HfSi_2$，$TaSi_2$）addition[J]. Ceramics International，2020，46（11）：18079-18088.

[25] Li D X，Yang Z H，Mao Z B，et al. Microstructures，mechanical properties and oxidation resistance of SiBCN ceramics with the addition of MgO，ZrO_2 and SiO_2（MZS）as sintering additives[J]. RSC Advances，2015，5（64）：52194-52205.

[26] Miao Y，Yang Z H，Liang B，et al. A novel in-situ synthesis of SiBCN-Zr composites prepared by a sol-gel process and spark plasma sintering[J]. Dalton Transactions，2016，45（32）：12739-12744.

[27] Miao Y，Yang Z H，Rao J C，et al. Influence of sol-gel derived ZrB_2 additions on microstructure and mechanical properties of SiBCN composites[J]. Ceramics International，2017，43（5）：4372-4378.

[28] 苗洋. ZrB_2/SiBCN 陶瓷基复合材料制备及抗氧化与耐烧蚀机理[D]. 哈尔滨：哈尔滨工业大学，2017.

[29] Liao N，Jia D C，Yang Z H，et al. Enhanced mechanical properties，thermal shock resistance and ablation resistance of Si_2BC_3N ceramics with nano ZrB_2 addition[J]. Journal of the European Ceramic Society，2019，39（4）：846-859.

[30] 赵杨. 热压烧结制备 ZrC/SiBCN 复相陶瓷的组织结构与性能研究[D]. 哈尔滨：哈尔滨工业大学，2016.

[31] 廖兴祺.（TiB_2 + TiC）/SiBCN 复合材料的组织结构与性能[D]. 哈尔滨：哈尔滨工业大学，2014.

[32] Wang B Z，Li D X，Yang Z H，et al. Study on oxidation resistance and oxidative damage mechanism of SiBCN-Ta_4HfC_5 composite ceramics[J]. Corrosion Science，2022，197：110049.

[33] Liao N，Jia D C，Yang Z H，et al. Strengthening and toughening effects of MWCNTs on Si_2BC_3N ceramics sintered by SPS technique[J]. Materials Science and Engineering：A，2018，710：142-150.

[34] Liao N，Jia D C，Yang Z H，et al. Enhanced mechanical properties and thermal shock resistance of Si_2BC_3N ceramics with SiC coated MWCNTs[J]. Journal of Advanced Ceramics，2019，8（1）：121-132.

[35] Li D X，Yang Z H，Jia D C，et al. Microstructure，oxidation and thermal shock resistance of graphene reinforced SiBCN ceramics[J]. Ceramics International，2016，42（3）：4429-4444.

[36] 李达鑫. SPS 烧结 Graphene/SiBCN 陶瓷及其高温性能[D]. 哈尔滨：哈尔滨工业大学，2014.

[37] Miao Y，Yang Z H，Liang B，et al. Oxidation behavior of SiBCN-Zr composites at 1500℃ prepared by reactive spark plasma sintering[J]. Corrosion Science，2018，132：293-299.

[38] Lu B，Zhang Y. Oxidation behavior of SiC-SiBCN ceramics[J]. Ceramics International，2015，41（1）：1023-1030.

[39] Gulbransen E A，Jansson S A. The high-temperature oxidation，reduction，and volatilization reactions of silicon and silicon carbide[J]. Oxidation of Metals，1972，4（3）：181-201.

[40] Jacobson N S，Lee K N，Fox D S. Reactions of silicon carbide and silicon（Ⅳ）at elevated temperatures[J]. Journal of the American Ceramic Society，1992，75（6）：1603-1611.

[41] Borisov V G，Yudin B F. Reaction thermodynamics in the SiO_2-SiC system [J]. Refractories and Industrial Ceramics，1968，9（3-4）：162-165.

[42] Du H H，Tressler R E，Spear K E，et al. Oxidation studies of crystalline CVD silicon nitride[J]. Journal of the Electrochemical Society，1989，136（5）：1527-1536.

[43] Wu Z J，Wang Z，Qu Q，et al. Oxidation mechanism of a ZrB_2-SiC-ZrC ceramic heated through high frequency induction at 1600 ℃[J]. Corrosion Science，2011，53（6）：2344-2349.

[44] Schlichting J，Kriegesmann J. Oxidation behavior of hot-pressed silicon carbide[J]. Berichte der Deutschen Keramischen Gesellschaft，1979，56（3-4）：72-75.

[45] Müller A，Gerstel P，Butchereit E，et al. Si/B/C/N/Al precursor-derived ceramics：Synthesis，high temperature

behaviour and oxidation resistance[J]. Journal of the European Ceramic Society，2004，24（12）：3409-3417.

[46] Reddy K P R，Smialek J L，Cooper A R. ^{18}O tracer studies of Al_2O_3 scale formation on NiCrAl alloys[J]. Oxidation of Metals，1982，17（5-6）：429-449.

[47] Basu S N，Halloran J W. Tracer isotope distribution in growing oxide scales[J]. Oxidation of Metals，1987，27（3）：143-155.

[48] Costello J A，Tressler R E. Isotope labeling studies of the oxidation of silicon at 1000℃ and 1300℃[J]. Journal of the Electrochemical Society，1984，131（8）：1944-1947.

[49] Lavrenko V A，Alexeev A F. High-temperature oxidation of boron nitride[J]. Ceramics International，1986，12（1）：25-31.

[50] Jacobson N S，Farmer S，Moore A，et al. High-temperature oxidation of boron nitride：I，monolithic boron nitride[J]. Journal of the American Ceramic Society，1999，82（2）：393-398.

[51] Jacobson N S，Morscher G N，Bryant D R，et al. High-temperature oxidation of boron nitride：II，boron nitride layers in composites[J]. Journal of the American Ceramic Society，1999，82（6）：1473-1482.

[52] Motzfeldt K，Nyberg K，Ekbom K. On the rates of oxidation of silicon and of silicon carbide in oxygen，and correlation with permeability of silica glass[J]. Acta Chemica Scandinavica，1964，18（7）：1596-1606.

[53] Jacobson N，Harder B，Myers D. Oxidation transitions for SiC part I. Active-to-passive transitions[J]. Journal of the American Ceramic Society，2013，96（3）：838-844.

[54] Harder B，Jacobson N，Myers D. Oxidation transitions for SiC Part II. Passive-to-active transitions[J]. Journal of the American Ceramic Society，2013，96（2）：606-612.

[55] Birks N，Meier G H，Pettit F S. 金属高温氧化导论[M]. 2 版. 辛丽，王文，译. 北京：高等教育出版社，2010.